U0312817

后浪出版公司

王铭铭 主编

20 世纪西方人类学主要著作指南

A GUIDE TO THE MAIN WORKS
OF THE 20TH CENTURY WESTERN
ANTHROPOLOGY

民主与建设出版社
· 北京 ·

目　录

凡 例

一、《20 世纪西方人类学主要著作指南》(以下简称《指南》) 系在《西方人类学名著提要》(王铭铭主编，赵丙祥副主编，南昌：江西人民出版社，2004) 一书基础上，只择取其中 20 世纪人类学著作进行评述，经过增删，凡 58 篇，依据原典初版的年代顺序重编而成。然其宗旨未变，意在全面地反映对 20 世纪人类学思想变迁产生过重要影响的欧美名家名作。

二、《指南》分 1902—1945 年、1949—1973 年、1976—1996 年三个时间段来归并相关著作，这三个时间段大体与通常所见之"20 世纪前期""战后""后现代"相应和。编者认为，三个阶段的人类学思想有变化，也有延续，因而，不便专门对三个时间段的"范式转变"给予过多强调。

三、编写队伍为青年一代人类学研究者，其简介附在目录之后，依据姓氏笔画排列。

四、所评论之名著，有中文译本者，则尽量根据中文译本；无中文译本者，则主要以英文原著和英文译本为主。

五、《指南》在初次涉及所选人物时，加有对其生平及学术成就的简介，此后，若再涉及同一人物，则直接进入作品本身。

六、《指南》的注释采用脚注方式，书末附参考文献、人名及关键词索引（依据音序排列），以方便读者查找。

七、《指南》涉及人名、地名、专有名词时，采取同一种中文译法，如有其他常用译法，则注明"又译"。引用来自当地语言的特殊词汇时，仍采用原著中所使用之原词。为保持评论文章的相对独立性，某一译词在某篇文章中首次出现时，都在其后注明英文原词，引文除外。同篇文章不再重复标注。

八、纪年、数量等一律使用阿拉伯数字表示，但卷册和序数用汉字表示。

九、标点符号。中文文献书著类、文章类使用书名号标明；外文文献书著类标题使用斜体标明，文章类标题使用双引号标明，标题中的实词首字母大写。

述评者简介

马 啸　女，剑桥大学人类学博士研究生

田 青　女，北京大学人类学硕士，上海人民出版社编辑

伍婷婷　女，中央民族大学人类学博士研究生，中央民族大学民族学人类学理论与方法研究中心特聘助理研究员

刘 阳　男，北京大学社会学博士研究生

刘雪婷　女，北京大学人类学博士研究生，中央民族大学民族学人类学理论与方法研究中心特聘助理研究员

刘 琪　女，北京大学人类学博士研究生，中央民族大学民族学人类学理论与方法研究中心特聘助理研究员

张亚辉　男，北京大学人类学博士，中央民族大学民族学人类学理论与方法研究中心特聘助理研究员

张 帆　女，北京大学人类学硕士研究生，中央民族大学民族学人类学理论与方法研究中心特聘助理研究员

张宏明　男，北京大学人类学博士，中共中央党校副教授

张 原　男，中央民族大学人类学博士，中央民族大学民族学人类学理论与方法研究中心特聘助理研究员

杨玉静　女，北京大学马克思主义哲学硕士，全国妇联妇女研究所助理研究员

杨旭日　男，北京大学人类学硕士，北大方正集团经理

杨清媚　女，中央民族大学人类学博士研究生，中央民族大学民族学人类学理论与方法研究中心特聘助理研究员

杨 雪　女，北京大学人类学硕士研究生

杨渝东　男，北京大学人类学博士，南京大学社会学系副教授，中央民族大学民族学人类学理论与方法研究中心特聘副研究员

苏 敏　女，香港中文大学人类学博士研究生，中央民族大学民族学人类学理论与方法研究中心特聘助理研究员

岳 坤　女，康奈尔大学人类学博士研究生

罗 攀　女，香港中文大学人类学博士研究生，中央民族大学民族学人类学理论与方法研究中心特聘助理研究员

郑少雄　男，北京大学人类学博士研究生，中央民族大学民族学人类学理论与方法研究中心特聘助理研究员

胡宗泽　男，哈佛大学人类学博士

赵丙祥　男，北京大学人类学博士，中国政法大学社会学院副教授，中央民族大学民族学人类学理论与方法研究中心特聘研究员

赵旭东　男，北京大学人类学博士，中国农业大学社会学教授，中央民族大学民族学人类学理论与方法研究中心特聘研究员

梁中桂　男，中央民族大学人类学博士研究生

梁永佳　男，北京大学人类学博士，中国政法大学社会学院副教授，中央民族大学民族学人类学理论与方法研究中心特聘研究员

梁利华　男，中国政法大学社会学硕士，中央民族大学教员

曾穷石　女，中央民族大学人类学博士研究生，中央民族大学民族学人类学理论与方法研究中心特聘助理研究员

舒 瑜　女，北京大学人类学博士研究生，中央民族大学民族学人类学理论与方法研究中心特聘助理研究员

褚建芳　男，北京大学人类学博士，南京大学社会学系副教授

鲍雯妍　女，北京大学人类学硕士，复旦大学出版社编辑

第一部分

《指南》导读

为了求解一些关系到人的自我认识的问题，19世纪以来，人类学家付出了大量艰辛的劳动，游走于琐碎的事物与抽象的思想之间，企求在一种对常人而言略显古怪的求索中探知人的本性。人类学家采集常被其他学者视作细枝末节的资料，自己却坚信，对细枝末节的观察包含着某种关于人自身的宏大叙事。

　　人类学这门沉浸于人文原野里的学科，是社会科学诸领域中的一门基础学科，它从一个有个性的侧面，对社会科学的研究对象——人——提出了有广泛启发的观点。了解这门学科，乃是了解社会科学整体面貌不可或缺的环节之一。

　　如同所有学术团体，人类学家不是一个内在一体化的"族群"，他们采取的价值观和方法论存在着鲜明差异，在学术争论以至几近谩骂的相互挑战中，针对"人的问题"提出了丰富多彩的观点，共同为我们留下了不可多得的精神财富。

　　对于一些（并非所有，甚至可以说只是少数）人类学家而言，理想上的人类学是一门综合性的学科，它既包含着生物学的因素，又包含着人文学和社会科学的因素。作为综合学科的人类学，包括体质（生物）人类学和文化人类学两大支派。体质（生物）人类学是从人类的身体素质演化的研究中发展起来的，起初集中于研究人类化石证据和种族差异，后随生物学的转变而与基因的研究融合。文化人类学内部又分为考古人类学、语言人类学和社会（文化）人类学（或称"民族学"）。考古人类学主要探究史前考古，对非西方文化的历史有浓厚的兴趣，主要关注物质文化反映的社会形态和文化心态，也曾专注于人类创造和生活方式的阶段性变迁。语言人类学可分为"历史语言学"和"结构语言学"，从事这方面研究的人类学家，或从语言和方言的地理分布及历史入手，或从语言与思维的关系入手，探究语言与"语言共同体"、语言与宇宙观的关系。社会（文化）人类学有像英国和法国那样内分为亲属制度、政治人类学、经济人类学和宗教人类学的，也有像美国那样在研究的领域方面不加内部划分的。不同种类的社会（文化）人类学旨在研究现存的人类群体的生活方式、政治行为、生产与交换的实践和制度，以及对超自然力的运用方式。在人类学的教育方式上，美国人类学侧重于坚持综合性学科的做法，而欧洲英国、法国、德国等国的大学，则主要以社会（文化）人类学或"民族学"为中心展开人类学的教学。欧洲文明历史悠久，考古学和语言学的研究有深厚而独立的传统。美国的历史只有200多年，人类学起源于对美洲印第安人的研究，而广泛涉及"新大陆"的所有文化史与社会形态，长期具有适合美洲文化研究的学科综合性。

从其学科史历程表现出来的时代风格看，早期人类学家知识渊博、学科综合能力极强。而从20世纪初期开始，人类学家则越来越专注于学科的专门化，社会（文化）人类学逐步占据主流。在过去的100年中，人类学大师的作品大多保持着对历史和现状的双重兴趣，大多也期待对涉及人类存在的所有问题展开探索。但是，他们在研究和撰述中深受学科专门化潮流的影响，而倾向于用扎实的专业研究，从个别观全貌，以例证的叙述来阐述理论的含义。

《20世纪西方人类学主要著作指南》是一部导读性的编著之作，我们试图通过书目的选择、人类学家的介绍及人类学著作的评介，勾勒出20世纪西方人类学"故事"的主线。

在学派林立、学术价值各异的情况下，要挑选出够得上"主要著作"这个称号的原著，并使《指南》符合本书主旨中许诺要实现的目标，实在是一件非常困难的事。我们选进来的书目，所反映的人类学学科差异和变化，只能说还是局部的。在做书目选择工作的过程中，我们特别重视从事社会（文化）人类学研究的人类学家做出的贡献。我们做这样一个强调，自然与我们从事的专业研究有关。但是，这也牵涉到我们对学科的认识。我们之所以决心让《指南》集中反映社会（文化）人类学的代表性成就，是因为在我们看来，从这个侧面概述人类学的整体成果有其理由。人类学研究的其他领域中，"发现"层出不穷。在一些时代里，社会（文化）人类学家曾热切地接受来自生物学和语言学的"发现"。但是，从100年的历史来看，他们一以贯之地坚持自己的观点。社会（文化）人类学家在人类学家中成为思想最活跃、解释体系最具综合性的一派。他们通过自己的努力提出了丰富的理论，使人类学的大多数名著中包含的概念框架和分析手段无法脱离社会（文化）人类学内部的学术争论。社会（文化）人类学拒绝简单接受生物学对人的解释，而主张从人与他的动物同伴的分水岭上展开对人的研究。在长期的学术实践中，社会（文化）人类学家积累了大量有关人的社会性和文化性的论著，不仅为本分支领域的研究做了良好的铺垫，也启发了专门从事其他领域研究的学者。在我们看来，要把握西方人类学的整体面貌，从社会（文化）人类学的理论变迁入手，是贴切而又便利的。

《指南》的编辑和出版，首先是考虑到当前国内人类学学科基础建设方面的需要。与其他学科相比，中国人类学自恢复以来，一直未能克服其学科基础薄弱之弊病。无论是在教学还是在研究上，这门学科的从业者或多或少都面临着一种历史的尴尬。20世纪前期，中国学术界对于19世纪及其同时期的西方人类学著述的认识和翻译都比较系统。自20世纪50年代开始，这项工作停滞了，直到80年代，才开始恢复。如今人类学界出现了大量翻译作品，但远远无法挽回此前历史的损失。所有的译者对于学科的恢复，其贡献都可谓巨大。但他们是否能意识到，翻译与介绍西学，除了自身的目的，还有一个抱负，即这样的行动，乃是为了回归于知识的历史本身，挽回我们经历过的几度历史的损失？

《指南》可以说是带着这个历史的意识而编辑的。

作为一部积累性的、集体性的作品，《指南》的不同章节形成于不同时期，参与写作的作者，相互之间差异也很大，因而，收录于此的评介之作，无论是在行文上，还是在内容上，相互之间都无法达到充分连贯与呼应，不少篇章尚嫌初步。不过，此处所选择的这数十部原著，大抵能代表欧美人类学发达国家英、法、美的历史概貌。我们有自信认为，《指南》是为了在一个新时代里恢复我们对于知识脉络的系统把握而编写的。

非专业读者如何使用《指南》

《指南》有助于使读者通过浏览或阅读，对20世纪西方人类学有比较全面的了解，使读者有可能通过查阅，找到与自己的学习和研究相关的西学论著。《指南》的编写，本为专业内之事，但我们却也抱有普及人类学（特别是社会或文化人类学）的愿望，期待通过本书的编辑和出版，使更多的读者了解人类学、认识它的价值、思考它对于我们的生活和思考所可能产生的启迪。

对于人类学的非专业读者而言，《指南》能为其初步感知人类学提供一条线索。固然，要了解《指南》涉及的原著的内涵，非专业读者尚需先行接触人类学的入门教材。不过，从《指南》编排的方式与收录的述评中，非专业读者也能相对直接地认识人类学的面目。

不少读者可能是为了方便寻找西方原著才查阅《指南》的。那么，浏览《指南》之后，有意进一步阅读人类学原著的读者，又该从哪几本著作入手？《指南》的编写，本不是为了解答这个问题。编写一部相对系统地体现20世纪西方人类学历程的书籍，本意之一，恐怕还是在于让读者有一个从中进行选择的自由。非专业读者若纯粹出于兴趣而阅读《指南》，那也未必需要按部就班，从第一页读到最后一页，而可以根据自己的兴趣与爱好，从中选择相关的章节来读，或使用本书提供的线索，找到原著进一步阅读。关于原著的阅读，如果一定要我们提供一个建议，那么，我们则愿意说：阅读、浏览或查阅过《指南》而有意找到个别原著阅读的非专业读者，可以从诸如《努尔人》这样的优秀民族志入手，了解人类学研究的基本方式；从《忧郁的热带》入手，了解人类学家的精神世界。假如读者有意更系统地了解人类学原著，则以下为专业读者所提的建议，也一样适用。

专业研究人员如何使用《指南》

《指南》首先面对的是国内人类学专业研究人员。人们一般会问，既然已是专业研究人员了，那关于本学科的西方主要著作还需要什么"指南"？我们意识到了这个问题，同时意识到，像这样的书，对国内人类学的专业研究人员而言，也是有一定价值的。

在非西方国度研究和学习人类学，会对这门西来的学科产生疑惑。特别是对人类学的"自我"与"他者"观念，我们更易于产生抵御甚至逆反心态。在这门学科最核心的地带，我们这些非西方人，是研究的"对象"，是人类学家的"他者"，而非思考的主体，不是人类学意义上的"自我"。在非西方国度从事人类学研究，确有必要认清西方人类学的思考主体与被研究的客体的关系实质。然而，思考这一关系实质，不应使我们忘记：无论如何，人类学毕竟是西方产物，若要把握这门学科，便要充分了解它的来龙去脉。

我们深知，经过100年断断续续的建设，可以说国内人类学已具有了自己的"传统"，我们的人类学名著也一样多。这个时代，重新回归于20世纪的西方人类学，必要性到底有多大，学界是存在争议的。然而，我们还是相信，通过阅读原著，认识100多年来西方人类学的成就，是国内从事人类学研究的基本前提。

对于有志于从事人类学研究的人，我们的建议是分两步走。

第一步：跟随本书编目展示的原著发表时间的先后顺序阅读，形成对人类学思想史的认识，获得一定的学术感觉，培养一定的学养。这样的阅读，对于把握西方人类学的时间与空间，是最有优势的，它有助于我们比较透彻地理解学术观点与研究风范的发生与转型，有助于深入理解作品的内涵，也有助于理解主要学派之间的差异与关联。

第二步：分英、法、美三国将本书所列诸书放到一个"国别传统"的框架内，依据学术思想空间分化状态来梳理三国内部的学科思想史。如此一来，除了欧洲卡尔·波兰尼的《大转型》（1944）、约翰内斯·费边的《时间与他者》（1983）及弗雷德里克·巴斯的《形成中的宇宙观》（1987），国别人类学阅读书目可为如下：

1. 英国

2. 法国

3. 美国

　　通过《指南》提供的线索，穿梭于西方人类学原著的时间和空间之中，人类学专业研究人员有可能得到两点重要认识：

　　（1）世界各国人类学之间，是有其相互影响和共同之处的。

　　（2）世界各国人类学之间，并没有因其相互影响和共同之处，而失去了各自的风格。

　　对于民族志深入描述的珍视，对于理论研究中比较方法或综合论证的坚持，对于人文关系的重视，可谓是世界各国人类学家共同的"自我认同"。然而，正是这一"自我认同"亦有差异。从《指南》导向的那些作品可见，英国的民族志成就最好，法国的理论研究成功最多，美国人类学家则以人文关系的研究见长。通过对西方人类学原著的时间线索和空间分布的"解读"，我们能认识到，20世纪前期英国功能主义、法国社会学主义、美国历史主义三种不同的思想方法，共同为今日人类学奠定了基础。尽管在战后的数十年及20世纪最后三十年里，人类学产生了两度"大转型"，但其基本样貌还是人类学的——尽管西方人类学的发达国家仍旧百家争鸣。

　　我们相信，通过阅读《指南》涉及的人类学代表作，专业研究人员有可能更好地理解人类学的世界观，以及在中国开展人类学研究所需要认识的知识的跨文化气质与"文化自觉"的风度。我们也相信，研究者只有在这个基本的知识"背景"下思考知识、从事研究，才可能创造出真正的知识。

专业本科和硕士教学如何使用《指南》

如果说博士生以上的，都可定义为以上所言之专业研究人员，那么，对本科生和硕士生进行的学科知识传播，则属于入门教学。

当下国内学术价值观、学科观及教育观尚存在大量问题，人类学教学、科研的层级区分尚未建立。国内高等院校只有人类学硕士、博士专业教学点，综合大学有人类学本科教学点者属于极少数。在这个情况下，博士生与硕士生培养方案在层次上广泛存在相互混淆的问题；从本科生教学到专业研究人员的研究，存在着对于教材期待过高的心态。吊诡的是，人类学专业本科和硕士教学，本应属于入门性质，但在许多高校中，除了有"一本教材打天下"的误解，还广泛存在不加区分地要求学生从事所谓"原创研究"的倾向。种种混淆致使国内人类学专业的学生和专业研究人员对于该学科的重要原著阅读不足。

如果说，对于专业研究人员而言，按学术史的时间感和空间感来整体把握《指南》所列的原著是重要的，那么，对于人类学专业本科到硕士层次的师生而言，重要的则是，要清晰地对原著进行文本类型和研究内涵的区分。

在我们看来，《指南》所列原著，基本上可以分为以下五类：

1. 民族志类

《西太平洋的航海者》（1922）布劳尼斯娄·马林诺夫斯基 著 48

《安达曼岛人》（1922）阿尔福雷德·拉德克利夫-布朗 著 58

《萨摩亚人的成年》（1928）玛格丽特·米德 著 107

《阿赞德人的巫术、神谕和魔法》（1937）爱德华·埃文思-普里查德 著 135

《努尔人》（1940）爱德华·埃文思-普里查德 著 159

《上缅甸诸政治体制》（1954）埃德蒙·利奇 著 214

《东非酋长》（1956）奥德丽·艾·理查兹 著 256

《嫉妒的制陶女》（1978）克劳德·列维-斯特劳斯 著 378

《南美洲的魔鬼与商品拜物教》（1980）迈克·陶西格 著 390

《历史的隐喻与神话的现实》（1981）马歇尔·萨林斯 著 404

《尼加拉》（1982）克利福德·格尔兹 著 413

《从祝福到暴力》（1986）莫里斯·布洛克 著 484

2. 比较或综合研究基础上的理论著作类

3. 地区人文关系类

4. 学术史类

5. 人类学大家随笔或札记类

对于本科和硕士阶段教学而言，可以有如下几种可行的阅读方案：

方案一（预期目的是基本把握人类学的研究方式与思想风格）

第一步：从第 1 类中选择一部至三部民族志，特别是 20 世纪前半期的经典民族志；

第二步：从第 5 类中选择一部人类学大家的随笔或札记。

方案二（预期目的是基本把握人类学的理论研究方法）

第一步：同上；

第二步：从第 2 类中选择一部至三部比较或综合研究之作。

方案三（预期目的是培养专题研究的能力）

第一步：从第 2 类中选择与个别专题研究（如宗教、仪式、象征）相关的著作，对不同观点和解释方式进行比较；

第二步：从第 1 类中选择一部相关的专题研究民族志。

方案四（预期目的是把握人类学的学术思想史脉络）

第一步：从第 4 类中选择有关著作；

第二步：比较民族志类、比较或综合研究类、人文关系研究类，认识这三类原著分别与英国、法国、美国之间的特殊关系，思考其相互渗透和对话的过程中出现的区分。

民族志、比较或综合、地区人文关系、学术史、随笔或札记，研究和论述方式也各有不同，这五类还可以有许多其他方式的组合，通过个性组合，可以培养出对不同学术论题的兴趣和基本思考、研究素质。对于不同方式的组合可能性的认识，无论是对本科、硕士阶段教学，还是对专业研究人员，都是有重要意义的。

了解一点人类学的历史背景

对人类学学术史有一个梗概的了解，对于阅读《指南》，理解《指南》所涉及的原著，是十分重要的。

我们选编进来的原著，起自 20 世纪初，止于 20 世纪末，都可谓 20 世纪西方人类学的主要著作。有必要首先了解的是，20 世纪西方人类学与 19 世纪西方人类学形成了某种双重关系：一方面，19 世纪人类学是 20 世纪人类学的基础；另一方面，19 世纪人类学又是 20 世纪人类学试图与之相区分的思想体系。

19 世纪后半期到 20 世纪初，是人类学在教学、科研、社团、学术论坛建设方面的奠基时代。相比于 20 世纪前半期，这个时代西方的内部和平得到维持，在市场经济与国际关系秩序中占据的霸权地位相对稳固。世界依据西方与非西方、殖民与被殖民、市场与资源、文明与野蛮的差异，形成了中心与边缘的格局。这个时代的西方人类学，与其他社会科学门类形成一个分工：其他研究人的"科学"依据自然科学原理剖析西方社会内部的财政、市场及社会，而人类学则被定义为对非西方——主要是部落社会——的研究。西方人类学家，先是关注人的进化和社会的进化。他们或在人的体质进化的缺环上寻找关联线索，或在人的社会体系之进化的缺环上寻找复原历史的依据，研究成果的总结性报告一般都是针对整个人类的历史写就的，其基本特点是历史阶段论的"臆想性"（conjectural）。

生物进化论与社会进化论，几乎是同步提出的。在生物进化论中，达尔文在"存在链条"中揭示的动物与人之间的连续性，对包括人类学在内的社会科学思潮有重大影响。在人类学内部，早期的著名研究大多为受过法学训练的人类学家完成，关注的主要制度是亲属制度，特别是亲属制度中关系的定义及传承。解释事实的理论框架大抵与近代西方科层主义有关。对于"野蛮人"展开的研究，依据"传统"与"近代"二分的格局，将研究对象定义为"近代化"的对象——历史与承载历史的"文化残存"的"野蛮人"。从"臆想性的历史"推论出来的"野蛮人的特性"，表面上是进化人类学研究的最终目的。实际上，大多数进化人类学家研究"野蛮人的特性"，意在揭示西方现代文明自身的特征、形成过程与构成原理。紧接着亲属制度的研究，到19世纪晚期，人类学家的关注点转向原始文化与原始宗教，力求在人的"精神领域"发现文化差异和历史进步的理由。

随着考古研究及民族志田野工作的日渐发展，19世纪末的人类学从进化论（evolutionism）转向传播论（diffusionism）。传播论与进化论一样，对历史的解释具有浓厚的臆想性特征。然而，持传播论观点的人类学家，大多不认为人的历史状况存在任何令今人乐观的"进步性"。进化人类学家的历史叙事，大多依据从"野蛮"向"文明"、从"落后"到"先进"的时间线索展开；而传播人类学家则倾向于运用相反的规律来解释资料，认为存在于近代世界的各种"野蛮文化"，乃是古老的"文明"衰变的后果。这也就是说，传播人类学最极端的观点是，文化史研究必须把握文明古国的文化精髓在其从中心向边缘传播的过程中逐渐滥觞的线索。传播论有"多中心主义"和"单中心主义"之争。"多中心主义"主张古代文明有多种，其构成的文明体系和区域关系也是多元化的；"单中心主义"则主张最古老、最辉煌的文明，曾经只有一个（如埃及），其他文明都是由它衰变而成的。

进化人类学的原则，饶有兴味地长期存在于马克思主义人类学和自由主义经济学这两种相互对垒的阵营中。在西方人类学中，20世纪50年代前后一度有复兴趋势。传播人类学曾于20世纪初期为英国功能主义者部分接受，更于同一时代被美国人类学家改造为抵抗进化人类学的武器。进化论和传播论分别从历史的时间线索和文化的空间分布"临摹"出来的文化格局，在立论上时常相互对反、相互矛盾。相对而言，传播论对于20世纪西方人类学的影响更多，其对于"文明衰退"的考古学式思考具有文化反思力量，也因此影响了数代人类学家。然而，在20世纪西方人类学中，这两种作为思想体系的学说面临的更多的是批判和反思。20世纪的人类学家不能接受这两种理论的"历史臆想性"，并认为这两种理论带有对非西方文化的偏见，是"西方中心主义"的人类学表现。

《指南》涉及的20世纪西方人类学著作，基本上是在反叛19世纪出现的上述学派中书写出来的（尽管其中有不少著作部分地继承了它们的某些因素）。

对"野蛮人"的文化模式中蕴涵的理想因素，进化人类学家的著作早已给予关注。在1914—1945年两次世界大战期间，人类学家对这些因素的关注程度急剧上升。这个变化与20世纪前半期西方内部的政治经济变化有密切关系。与19世纪不同的是，20世纪前半期西方内部出现了利益分化，国家之间的竞争和矛盾增多，19世纪的"国际联盟"和帝国主义逐步为20世纪发达国家之间的"战国局面"所取代。在这样的状况下，西方社会思想界中一度表现出的文明自信心一时失去了根基。对"西方中心主义""自我调节的市场"理念和"政治文明"信条的反思，成为这个时代人类学理论的基本特征。1914—1945年，西方人类学研究不约而同地注重从"野蛮人""朴实"而"原始"的生活面貌中探索共同体内聚力（cohesion）的生成原理。生活在英、法、美三国的人类学家，在探索共同体内聚力生成原理的过程中，也形成了不同的看法。

在英国，功能主义（functionalism）和结构-功能主义（structural functiona-lism），分别从制度与个人需要的关系和社会局部与社会结构整体的关系展开研究。功能主义者认为，人类学的研究目的并非是求索"野蛮人"的文化丧失其现实存在理由的过程，而是为这些文化形态存在于当今世界的合理性提供解释。文化无所谓"先进"与"落后"之别，文化的意义正在于它作为满足人的基本需求的工具而存在。所有的文化形态之所以存在，是由于它们满足了不同的人群对于生存、社会团结和尊严的需要。结构-功能主义者注重研究社会结构，将文化当成体现社会结构总体形态的"形式"来研究。这一派的人类学家主张,人类学研究应成为一种"比较社会学",从不同社会形态的结构与功能的比较研究中,提出有关推动社会一体化的内聚力的一般概括。在理论解释方面,结构—功能主义者特别注重社会内部的构成部件结合为一个结构整体的原理。

在法国,"第二次世界大战"前的三十多年时间里,人类学在年鉴学派社会学原则的指导下展开研究(英国结构-功能主义理论也受此影响)。年鉴学派社会学关于宗教乃是社会内聚力的核心动力的观点,影响了那个时代法国人类学的所有研究。这种人类学研究特别注重从非西方、非工业化社会(包括文明社会)探究将不同个人和不同群体联系起来的纽带,特别注重探究围绕"礼物"和"礼仪"展开交换的社会意义。对于西方近代思想中的方法论个人主义(methodological individualism),这个学派从一开始就保持着警惕。对于19世纪西方文明中商品市场对于构造共同体之间的和平关系和导致社会内部瓦解的"双刃剑"作用,这个学派也具有最深刻的认识。

在美国,在接近于新康德主义的知识论引导下,人类学彻底舍弃了进化论,进入一个"历史具体主义"(historical particularism)和"文化相对主义"(cultural relativism)的时代。在具体民族志研究上,美国人类学特别注重对语言和物质文化的研究,深受德国传播论和人文地理学的影响,对进化论中包含的"物质决定论"和种族人类学中包含的"生物决定论"持极端鄙视的态度。为了反对西方中心主义的物质和生物决定论,这个时期的美国人类学家大多采纳"认识决定被认识的事实"的观点,由此延伸开去,他们也主张不同文化共同体的语言-观念体系决定了文化共同体的存在方式。对于社会内聚力,美国人类学家向来缺乏兴趣。他们采用美国化了的德国文化论来阐述文化决定个人-群体行为趋向的论点。从一个特别的角度,这种论点也将文化系统当成共同体的内在一致性来看待。美国人类学从被研究的"野蛮人"的"局内人"角度来判断文化价值,达成的理解也接近于社会内聚力的理解。美国人类学的"文化相对主义",与英国和法国的"普遍主义"论调,构成了鲜明差异。对这个学派的普及化起过推波助澜作用的"文化与人格"学说,使它在克服种族主义的同时创造了一种无助于认识人的共性的极端化文化差异论。

"第二次世界大战"结束后,西方内部及西方与世界其他地区的关系发生了根本变化。在西方内部,美国对于西方社会和社会科学整体面貌产生了深刻影响,使社会科学由"欧洲中心主义"向"美国中心主义"转变。发达国家分为战争国与战败国。在西方以外的地区，殖民地和半殖民地寻求民族国家主权的运动愈演愈烈，并在国际关系的新格局中获得制度化支持。接着，一大批"新国家"随之产生。"三个世界"的论断比较精确地体现了这二十多年间的世界格局。在这个新的世界格局中，西方人类学出现了危机。殖民地脱离殖民地宗主国，使人类学田野工作的深度和广度都受到限制。尽管第三世界人类学家继承了西方人类学的部分遗产，但他们对那种将他们当成"原始人""古代人"的做法极为反感。为了使人类学与自己的国家一样具有民族自主性，他们不仅对帝国主义时代的人类学加以抵制，也力求创造一种适合于自己国家的新人类学。面对世界格局的这些变化，西方人类学内部也做出了一些调整。

在英国人类学界，功能主义和结构-功能主义的理论主张得到了部分修正。从学科定位来看，这个时期出现了将人类学与"科学"区分开来的人文主义主张。为了去除人类学的知识霸权色彩，人类学家开始重新思考人类学家所从事的工作与文化格局的关系，主张将人类学视为"人文学"之一门，以此来表明人类学在跨文化理解中的重要意义。到了 20 世纪 50 年代，人类学也出现了重视历史过程和社会冲突的研究。在这些研究中，英国人类学家反观了他们的前辈在想象非西方文化时忽视的文化动态性和文化内部多元性。在美国人类学界，文化相对主义的极端形态遭到了批评。人类学家的眼光不仅从美国本土的印第安人研究放大到海外研究，也对人类学史展开重新梳理。在这个基础上，美国人类学家提出了新进化论（neo-evolutionism）、文化生态学（cultural ecology）、文化唯物主义（cultural materialism）等学说，比较深入地探讨了文化演进中一致与差异、经济生活与符号体系的关系。随着农民社会的人类学研究的开展，也开始有人类学家深入接触到马克思主义关于阶级社会的理论。在法国人类学中，对法国传统的社会结构理论进行重新诠释，提出了结构人类学（structural anthropology）的主张。这一主张显示出法国人类学家特有的对于社会中人的和平相处的机制之关怀，从通婚、神话以至任何文化事项的研究，推论出了有助于协调"原始思维"与"科学思维"之间关系的模式。

从非市场性的人际交往模式（互惠、再分配、自给自足经济），反映市场资本主义导致的 20 世纪社会内聚力缺憾问题，一直是这个时期经济人类学（economic anthropology）研究的重要主题之一。在这个时期中，政治人类学（political anthropology）也引起了广泛关注。40 年代正式出现于英国人类学中的政治人类学，对非集权政治学有专攻。通过对集权型国家之外的政治组织形态的研究，人类学家拓深了对国家社会的认识，间接地反思了西方集权主义政治的现代性与弊端。在美国新进化论派人类学和英国考古学中，国家起源问题的研究重新崛起。在丰富的考古资料和民族志素材的基础上，人类学家重新考察了"文明脱离野蛮"过程中人的生活所面对的种种问题，从一个具有历史深度的侧面，反映了近代政治文明的内在问题。为了对权力、领导权和服从等进行细致的人类学考察，政治人类学对法律实践中的条文与习俗的紧张关系，对政治支配与反支配，对政治-权力符号和意识形态，展开广泛而深入的调查研究。

在同一个时期，象征人类学（symbolic anthropology）也在西方人类学中得到了特别关注。尽管象征人类学家不乏将象征与知识相提并论的做法，但象征人类学的主要启发来自年鉴派社会学的宗教-仪式理论、结构人类学的符号理论和解释社会学的文化理论，其中关注的焦点依然是社会构成原理。在从事象征的研究中，人类学家有的将象征当成社会体系的核心内容来研究，主张象征是社会的观念形态，从一个接近于意识形态的方式，扭曲地表达、强化或创造着社会结构；有的将象征与日常生活的仪式联系起来，认为它们是潜存于实践中的道德伦理界线，社会通过它们维持着自身的秩序；有的将象征当成涵括社会结构（不为社会结构所决定）的文化体系，既是社会生活的观念形态又是社会生活的浓缩形态（condensed form）。

20 世纪 70 年代以来，西方人类学发生了重大变化。此前二十多年间人类学内部产生的学派并立的局面得以持续。同时，对既有理论的反思，对世界格局的新认识，也催生了新的人类学理论。人类学著述中一度隐含的对殖民主义、帝国主义和资本主义支配的反思，到 70 年代初期得到了直白的表述。西方人类学与殖民主义的关系，以及这一关系对于人类学认识的影响，引起了不少西方人类学家（包括在西方受学科训练、从事学科教学科研工作的非西方移民人类学家）的充分关注。马克思主义从对帝国主义和资本主义的批判中提炼出来的政治经济学原理，也为人类学家深化其对世界格局的理解提供了重要参考。在知识论方面，对知识、话语、权力的关系的揭示，以及对于西方社会科学知识论的现代主义意识形态的历史谱系之研究，共同推进了人类学学科理念的再思考。

在这样的条件下，西方人类学研究者不再满足于局限在个别群体、个别地区、个别文化的民族志研究。西方人类学家越来越感到，自 15 世纪以来，被西方人类学当成研究对象的非西方人类共同体、地方和宇宙观形态，已被纳入了一个以西方为中心的世界体系，在这个体系中处在边缘地位。怎样在人类学著述中真实地体现世界格局的中心-边缘关系？这成为诸多西方人类学著作试图回答的问题。将人类学回归于世界政治经济关系的历史分析，成为西方人类学的潮流。更多人类学家主张在坚持人类学的民族志传统的基础上，汲取政治经济学分析方法的养分，使民族志撰述双向地反映处在边缘地位的非西方人类共同体、地方和宇宙观形态的现代命运与不断扩张的帝国主义及资本主义势力的世界性影响。

与此同时，西方人类学家对于自己的工作方式包含的世界性紧张关系，也展开了深入的反思。他们意识到，自己的学科以跨文化交流为己任，但被他们跨越的文化，相互的关系是不平等的。文化之间的不平等关系是怎样生成的？当今西方文化具支配性的政治经济学前提为何？怎样在跨文化研究时保持人类学家的"文化良知"？什么是人类学的"文化良知"？这些问题被提到了人类学讨论的日程上。在讨论过程中，西方人类学家一度深陷于难以自拔的"知识政治学忏悔"之中，以为西方霸权的"忏悔"能自动地促成"文化良知"的发现。在这方面，"后现代主义"的种种论述是典型的表现。"后现代主义"促使人类学家对自己的学科提供的叙述框架进行解剖，在此基础上，又促使人类学家看到自己从事的"人的科学"的"非科学性"（如权力性与意识形态性）。为了揭开人类学的"科学面纱"，部分西方人类学家试图将人类学回归于人文学，从文学、文化研究、文化批评、艺术等门类中汲取养分，重新滋养处于"哲学贫困"中的人类学。这一做法的确为人类学在思想和文本形式方面的"百花齐放"起到了推动作用。然而，将人类学纳入西方启蒙运动以来的现代性的反思中，也使部分西方人类学家将学科推回到西方观念、政治经济体系和世界霸权的重复论证中去了。

人类学到底应在跨文化的研究中认识到西方文化的局限性，还是应在不断反思中揭示西方文化霸权？20世纪晚期，也有不少西方人类学家对这些问题采取谨慎态度。从主观意愿看，过去三十年中人类学家在对世界格局展开批判性研究时，抱着的确实是美好的人类平等理想。但在强调这一理想及其对西方造成的不平等局面的批判性时，西方人类学家却忘记了公正、良知等观念也是有特定的文化含义的。对15世纪以来的世界展开"反西方中心主义"的批判中，西方人类学家无意中忘却了非西方的各种文化自身的意义及这种意义对于"西方观念"潜在的挑战。相比之下，从60年代到90年代，坚持在结构人类学旗帜下展开文化思考的部分西方人类学家，基于对西方的方法论个人主义、犹太-基督教宇宙观、平权主义意识形态的反思，重新发现了非西方的"人的观念"、宗教宇宙观、政治形态的启发。从非西方文化的研究中揭示西方文化中的"个人自由"、宗教支配、世俗国家意识形态的文化局限性，成为晚近西方人类学的潮流。

王铭铭

2008 年 9 月

第二部分

主要著作指南

第一阶段：1902—1945 年

第二阶段：1949—1973 年

第三阶段：1976—1996 年

《巫术的一般理论》(1902)

梁永佳　罗攀

马塞尔·莫斯(Marcel Mauss，1872—1950)，出生于法国埃皮纳勒，先后在波尔多学习哲学，在高等研究学校学习宗教史。此后，他在法兰西学院任职，并于 1925 年与别人共同创立了巴黎大学民族学研究所。他与涂尔干一起编辑出版了《社会学年鉴》(*Année Sociologique*)，并在涂尔干去世后继续出版这本刊物。虽然莫斯从未做过田野调查，但其百科全书式的广博知识使他拥有非同寻常的洞察力，他由此也将法国社会学家、哲学家和心理学家的兴趣转向了

民族学，他还试图表明人类学与心理学的密切关系，这体现在他与亨利·于贝尔(Henri Hubert)合著的《献祭的性质与功能》(*Sacrifice: Its Nature and Function*, 1899)一书中。莫斯最负盛名的著作就是《礼物》(*The Gift*)。1950 年，他在巴黎去世。

1902 年发表的《巫术的一般理论》[①](*A General Theory of Magic*)，是马塞尔·莫斯宗教人类学专题研究的一部重要作品，也是为数不多的由他单独完成的作品之一。早在 1899 年，莫斯就曾与于贝尔(Henri Hubert)专门探讨过"献祭"问题。[②]他们的结论是，献祭的机制与神圣性有关，它构成了一个社会的体

---

① 1950 年再版于 Marcel Mauss, *Sociolgie et anthropologie*。

② Henri Hubert et Marcel Mauss, "Essai sur la nature et la fonction du sacrifice", *l'Année sociologique*, 2, 1899, pp.29—138. 现大陆已有中译本《巫术的一般理论：献祭的性质与功能》，杨渝东、梁永佳、赵丙祥译，桂林：广西师范大学出版社，2007。——编者注

系。神圣事物被当成了无穷无尽的力量之源，每一种仪式的基本观念就是关于神圣的观念。莫斯希望用巫术的研究来延续这个关怀，从而建立一个对宗教事实的自然分类。

显然，莫斯在着手之初，就把宗教和巫术截然分成两个领域。他提出的问题颇具基督教的文化情怀：如果说宗教仪式是有关神圣的观念，那么非宗教的仪式（包括巫术）是否也是有关神圣的观念呢？不过，他的分类不无道理，因为与宗教相比，巫术确实有它的私密性与个人性。巫术看上去游离于社会之外，所以，要揭示巫术的性质必然要理解巫术的发生背景。因此，定义巫术并观照它的神圣性和社会性便成了研究巫术性质的三个任务。

此前，巫术的研究者们都把巫术视为一种前科学。弗雷泽（James Frazer）是这项研究的集大成者。他提出的"相似法则"和"接触法则"，基本上把巫术定义为"感应巫术"，巫术代表着人类的早期思维方式。莫斯认为这种观点以偏概全，因为一两种巫术行为和巫术形式，不能概括所有的巫术，到底弗雷泽的说法能否成立，必须经过验证。而验证的第一步，就是尽可能多地观察巫术现象，并对这些现象加以分类。在此，莫斯择取了有关澳大利亚、美拉尼西亚、印第安、墨西哥、马来亚、印度、闪族，以及欧洲各族的翔实资料。

莫斯采用了演绎的方法，预先给巫术一个尚不圆满的定义。这样做的理由在于，在已知的各个社会中，似乎都存在一种可以被称为巫术的东西。这可以让人们从描述这些事项的共同特征开始。巫术和巫术仪式的一个重要特征，就是它们都源自传统，是可重复的行为。巫术的仪式性使它不同于法律行为与技艺。宗教虽然同样具有仪式性，但宗教以献祭为特征，巫术则以邪咒为特征。"宗教总在制造一种理想，让人们向它致以圣赞、誓言和牺牲，是一个靠训诫（prescription）支撑起来的理想。巫术对这个空间是避而远之的，因为巫术仪式中有跟鬼怪联系的一面，这让人类常常会产生一些粗鄙而普遍的巫术观念。"① 而且，巫术的范围总是比宗教小得多，借用格林兄弟的定义，巫术是一种"宗教类型，在家庭生活这个更小的范围内使用"。而且，宗教和巫术的外部特征也不同。第一，一个人一般不会巫、教同行。第二，巫术仪式通常不在教堂或家祠进行，而是选取偏僻幽深的地方进行。宗教仪式是公开的，而巫术仪式却要秘密进行。所以，巫师是游离于社会之外的存在。第三，巫术是没有道德的，而宗教则

---

① Marcel Mauss, *A General Theory of Magic*, trans. by Robert Brain, London: Routledge and K. Paul, 1972, p.22.

一定牵涉道德的问题。第四，巫术几乎都没有教会，而宗教则必须有教会。莫斯根据这些特征，把巫术定义为："跟任何有组织的教派无关的仪式都是巫术仪式——它是私人性的、隐秘的、神秘的。"[①]

巫术的基本要素包括三个方面：巫师、行动、表象。巫师具备很多特别之处，他要处于不平常的状态，如节欲、斋戒、冥想等。巫师对巫术拥有所有权，使它成为一种"职业"，甚至他生来就具备这种特权。

成为一个巫师并不是个人意愿所能决定的，他们的巫师身份或是后天习得，或是继承而来。巫师身份即使掩饰也很难完全遮盖住，因为他们往往身上带有明显特征，或者具有特殊身份，并与一些职业有重要联系。莫斯精辟地指出，这类人"实际上构成的是某些类别的社会阶层。他们之所以掌握了巫术力量，并不是因为他们具备的个体特异性，而是因为社会对待他们及他们这类人的态度"[②]。例如，女人就是这样的一个类别。由于女人的社会地位，在很多社会中，人们都相信女人容易成为巫师，她们经常被排除在宗教生活之外。医生、理发师、铁匠、牧羊人、演员和挖墓者的从业者也可能被当成巫师。这些力量不再属于个体特征，而属于群体特征。同样，在社会中占据权威地位的特殊身份也可以使人成为巫师。例如，有的祭司就经常被怀疑从事巫术活动。一个社区的外来者也被和巫师分成一类。例如在吠陀印度时期，巫师与"外来者"同名。

"因此，我们可以得出结论，某些人从事巫术活动是社会对待其身份的态度的结果，所以巫师（他们并不属于一个特殊的阶层）必然都是强烈的社会情感针对的对象，而且就是这些情感的一部分，这些情感指向了那些专职的巫师，指向了那些我们已经论及的所有具有巫术力量的阶层有相同性质的巫师。而且，由于这些情感基本上都是被巫师的反常特征激唤起来的，所以我们可以做出结论，如果巫师有社会身份，那么他的这个身份可以被界定为反常的社会身份。"[③]这些巫师的性质，"不是在描述虚幻，而是在描述一系列表现真实的社会习俗的事实，它们有助于我们判断巫师的社会地位"[④]。莫斯认为，"是大众舆论造就了巫师，并创造了他所拥有的力量；是大众舆论使他懂得了一切并且可以胜任一切。如果说自然对他再没有秘密可言，如果说他从基本的光源、从太阳、从行星、从彩

---

①   Marcel Mauss, *A General Theory of Magic*, p.24.

②   Ibid., p.28.

③   Ibid., p.32.

④   Ibid., p.37.

虹或从江河湖泊的最深处获得他的力量，那正是公众的观念希望他如此。而且，社会不会总是授予每位巫师以无限的力量，或者相同的力量。绝大部分情况是，即使是在紧密编织在一起的社会单元里，巫师们拥有的力量也各不相同。巫师的职业不仅仅是一个专业化的职业，而且职业本身也有它自身专业化的特点和功能"[①]。

在行动方面，巫师以仪式为行动方式，这些仪式非常符合莫斯此前在献祭的研究中得出的关于仪式的整套概念。与宗教仪式相符，巫术的操作过程，对时间（如深夜、夏冬至、春秋分），地点（鬼神出没的地方、边界），器物（如草药）的要求很严格。巫师与他的主顾所扮演的角色跟牧师和信徒在献祭中的角色是一样的。巫术仪式也可以分成积极仪式和消极仪式两种。积极仪式中，要操演的象征数量往往是有限的，咒语、发誓、请愿、祈祷、唱赞美诗、感叹和简单表白，也都与宗教仪式相似。同样，消极仪式中，巫术也与宗教有着共同之处，如要求巫师及其他参与仪式的人禁欲。

我们熟知，涂尔干在《宗教生活的基本形式》(*The Elementary Forms of the Religious Life*，1912)中，提出宗教是一种"集体表象"的论点。实际上，莫斯在此前十年，就已经有意识地用"行动"和"表象"来区分研究对象的性质了。在探究巫术的表象上，他用"抽象的非个体表象""具体的非个体表象""个体的表象"来区分巫术的不同方面。与涂尔干十年后的结论相仿，莫斯认为这三种表象实际上都是集体的，尽管它们看上去没有那样明显。

通过对巫师、仪式和表象的一般性观察，莫斯又回到了弗雷泽的问题上。他看到，巫术似乎真的介乎宗教与科学之间。但他还指出，他的观察不至于只能得出这样的结论。我们可以看到，整个巫术系统是一致的，即存在一个可以被称为"巫术"的自然范畴。与此同时，我们还可以看到，巫术是一个整体，巫师、仪式、表象三者缺一不可，"要成为一个合格的巫师，必须实施巫术；反之，任何实施巫术的人，至少在一段时间之内就是一个巫师。……表象，可以说它们在仪式之外无立锥之地"[②]。巫术是一个"整体"。与宗教相比，巫术的社会性并不逊色，只是它在总体社会事实中处于社会之外而已。宗教就它的各个组成部分而言，实质上是一种集体现象。每件事都通过群体来做，或者迫于群体的压力。信

---

① Marcel Mauss, *A General Theory of Magic*, p.40.

② Ibid., p.87.

仰和宗教活动，就其本性而言是强制性的。而巫术中也存在着类似的社会力量，它跟宗教一样，具备集体的特征。

确定巫术的集体性后，莫斯就转入了对巫术的分析。莫斯把对巫术的研究简化为探求在巫术和宗教中都起着积极作用的集体力量，他相信一旦找到了这些集体力量，就可以对巫术整体及其组成部分进行解释。为此，首先要关注各种巫术信仰的问题，然后再去分析巫术效应的概念。

从定义就知道，巫术是被人相信的，但由于它的相互混融性，极其明确的信仰也不会把它们当作对象。但与此同时，巫术全部又都是同一个承诺（affirmations）的对象。这个承诺不仅包括巫师的力量、仪式的价值，还包括巫术的整体性及其背后的原则。巫术的整体要比其组成部分更为真实，因而对巫术的信仰比对其组成部分的信仰植根更深。跟宗教一样，巫术被视为一个整体，只能选择全信或全部不信。

巫术信仰的性质与科学不同。科学是基于归纳的信仰，要求仔细观察，并且只相信合理的证据。巫术却是一种演绎的信仰，它自然而然地弥散在整个社会当中，并具有很高的威信，以至于一次矛盾的经历并不会摧毁一个人的信仰。巫术不受任何羁绊，就算是最为不利的事实也往往被认为是敌对巫术的作用或肇始于仪式中的失误，或者仪式所需的条件没有全部具备而重新转化为利势。巫术中偶然间的巧合被当作正常的事实而接受，所有矛盾的事例则被否认。所以说，基于演绎的巫术信仰是半强制性的，它与宗教信仰极其相似。

由于巫术的目的往往难以达成，因此执行巫术必然面临作假问题。莫斯告诉我们，"巫师的骗局骗的是他自己，就像演员忘了他是在扮演角色一样"[1]。巫师之所以伪装，是因为人们要求他伪装，因为他受到公共信仰的左右。他是社会授予其威信的官员，社会也当义不容辞地信任他。巫师是由社会任命的，社会把它培养巫师的权力委派给一个有严格限制的巫师群体，是这个群体在接纳巫师入门。他对这个群体非常重视，是因为他被慎重地挑选出来；而这个群体之所以慎重地挑选，乃是因为人们有求于他。巫师的信仰和大众的信任无非是一枚硬币的两面。前者反映了后者，因为倘若没有大众的信任，巫师是不可能进行伪装的。巫师与其他人共享的正是这种信任，这意味着他手上的技巧和巫术中的失败都不会使巫术本身的真实性遭到任何怀疑。"巫术是被相信的，不是被理解的。它是

---

[1]　Marcel Mauss, *A General Theory of Magic*, p.96.

集体灵魂的一种状态，这种状态通过自身结果而得到确认和证实。不过，甚至对巫师本人来说，它也是神秘的。"①

"信仰"意味着所有人都坚持一种观念，进而坚持一种情感状态、意志活动，并同时坚持一种思维过程的表象。从巫术的集体信仰中，我们看到了存在于共同体中的一致情感和普遍意志，也就是我们一直孜孜以求的那些集体表象。随后，莫斯转而探究巫术是否完全依赖于这类仅因为被人普遍接受就不再遭怀疑的观念。

在讨论巫术表征的时候，莫斯首先考察了巫师和理论家用来解释巫术信仰之效应的那些观念：感应的规则、品性的观念、鬼的观念。他认为这些观念都不足以解释巫师的信仰。莫斯认为在感应巫术中感应规则（相似生成相似，部分代表整体，相对作用于相对）不能说明仪式的全部。象征符号本身并不足以组合成一个巫术仪式。除了感应规则，实际上还有两个观念存在，其一是力量释放的观念，其二是巫术环境（magical milieu）的观念。莫斯倾向于相信这两个方面是巫术仪式的基本组成部分。感应巫术的规则只是散播在整个巫术中非常普遍的观念的抽象表述。感应是巫术力量传递的路径，它自身并不能生成巫术力量。在巫术仪式中，感应规则被抽析后的剩余则成了巫术的基本要素。

至于巫术品性的观念，莫斯认为它本身解释不了对巫术事实的信仰。因为品性的观念事实上往往是由外在赋予的，任何带有巫术品性的物体都是仪式的一种表现形式而已。而且品性的观念常常被跟力量和性质等较普遍的概念相混淆。品性的观念与巫术环境的观念也有密切联系。这种观念在一定程度上体现了力量，体现了巫术的因果关系，所以莫斯认为在把巫术视为品性的产物与集合的时候，所遗漏东西的比用感应规则来分析所遗漏的要少很多。但品性的观念显然也不是全部。

而鬼怪信仰理论更适用于鬼怪出现的仪式。巫术仪式往往在一定程度上展现个体精灵的存在，因此鬼怪理论意味着巫术必须在一个特殊的与鬼怪有关的环境中施展。这个理论还清楚地说明了巫术因果性与精灵的相关的基本特征。但是就算是在鬼怪信仰的仪式中，鬼怪也只涵盖了巫术行为中的一部分力量。作为其他表征之剩余的笼统的力量观念——巫术仪式的总体表征——在巫术中之重要，使得鬼怪的形式及鬼怪信仰的仪式根本不能反映出巫术的整体性。

<hr>

① Marcel Mauss, *A General Theory of Magic*, p.97.

　　因此，莫斯得出结论：仪式的效应既不来自"感应"，也不是来自巫术本身，更不是来自巫术所援引的鬼魅。巫术是一个综合的观念，它是一种力量，巫师、仪式和表象的力量只不过都是这种力量的不同表述而已。

　　随后莫斯引入了玛纳的观念。玛纳（mana）是人类学中的一个经典词汇。莫斯认为，大量的社会中存在着类似这个词的观念。玛纳是在美拉尼西亚发现的。无独有偶，印度、闪族、印第安等各个民族，都有与之类似的词汇（在中国，我们用"灵验"）。这种普遍性使莫斯认为完全有理由得出结论：在每个地方都发现了一个包含着巫术力量的观念。

　　玛纳不仅仅是一种力量、一种存在物，也是一个行为、一种性质、一种状态。有人说一个生物、一个精灵、一个人、一块石头或一个仪式含有玛纳，就是说它融合了行动者、仪式和物体的关系。总之，它首先是某一种在一定距离之外和在感应事物之间发挥着功效的效应。它也是一种气氛（ether），不可估量、富于沟通性，并自行扩散。玛纳还是一种环境，或者更准确地说，它像本质上就是玛纳的环境那样在发挥着功能。它是一种内在的、特殊的世界，其中发生的每件事情似乎都只包括了玛纳。在作用和反作用当中，除玛纳外别无其他力量存在。它在一个封闭的循环中被生产出来，循环中的每个事物都是玛纳，如果允许，我们可以说这个循环本身也是玛纳。玛纳包含着自动效应的观念。它既可被落实到某个地点的物质性存在，又是精灵性的。它可以在一定距离之外或通过直接接触发挥作用。它既是非个体性的，也被个体的形式所包容。它是可分割的，然而又是一个整体。玛纳使我们对巫术中所发生的一切有了概念。它提供了一个必要的场域概念，使巫师的力量具有了合法性，并解释了正常活动的需要、语言的创造性特征、感应关系，以及品性和影响的转移。玛纳把所有的巫术力量都设想为精灵的力量，所以它也解释了精灵的存在与介入。最后，它还促进了巫术中的普遍信仰，并进一步激励了这些信仰。玛纳在个体意识中的存在是社会存在的结果，它是存在于个体理解之外的一个集体思维的范畴。可以认为玛纳与神圣观念是相同的。因为有些玛纳既是巫术的也是宗教的，而且在玛纳和禁忌观念之间也存在联系。玛纳观念比神圣观念更为普遍，神圣观念发源于玛纳观念，并且被它所包容。

　　为了解决最初提及的巫术作为社会现象时与神圣观念的联系的困境，莫斯提出一些观点以突出巫术和玛纳的社会层面。玛纳的性质，以及神圣观念的性质——被认为属于在社会中位置非常确定的那些事物，它们被认为存在于正常世界和正常行为之外，为巫术提供了充满活力的力量。

　　人或事物的巫术价值导源于他们在社会中占据的相对位置或就社会而言他们处于一种什么样的位置。巫术特质和社会地位这两个观念相互契合，也相互依赖。从根本上说，巫术问题就是社会所承认的个别价值的问题。这些价值取决于大众舆论的取向赋予它们的地位或等级。只说玛纳的性质是由于事物在社会中的特定地位而被赋予的，这还不够完整。玛纳观念还是那些相对价值的观念和能力差异的观念。巫术跟宗教一样，必须关注情感，巫术也像宗教一样包括"价值判断"和表意性的警句，它们将不同的性质赋予了体系内的不同物体。这些价值判断是社会情感的表达。人的观念，比如神圣的观念无非都是一类集体思维；这种集体思维是我们判断的基础，它帮助我们对事物进行分类，确定影响发挥作用的框架，或者确立区分的界线。

　　在巫术所有的表现形式背后都发现了集体性观念，似乎我们可以借此认为巫术是一种社会现象。但是要触及那些产生了巫术的集体力量则仍需进一步研究，玛纳无非是对集体力量的一种表述。

　　由于各种类型的巫术表象都采取了判断的形式，而且所有类型的巫术实践都来自判断，这些判断往往在社会中，并通过社会的介入才能得到解释。因而了解作为判断的巫术表象和巫术实践在此成为首要任务。

　　巫术判断都是分析性的判断吗？巫术判断是不是基于归纳的综合性判断？个体的经验是不是就可进行它们所依赖的这种综合？或者这些命题都是来自主观经验？莫斯对此一一做了解答：尽管巫术理论可能被简化为分析性术语，但巫术事件发生在巫师的脑子里，巫师的判断中往往包括了无法简化成任何逻辑分析形式的术语，这个术语就是力，或者力量，或者玛纳。巫术的效应观念表现出了巫术观念，并赋予其存在性、现实性、真实性甚至力量。而理性所经历的事情从来没给巫术判断提供任何证据。个体的主观状态往往起伏不定，它本身难以解释巫术判断的客观性、普遍性和决然的真实性。

　　人们的确信使巫术能超越批评存在。在盛行巫术的地方，巫术判断都先于巫术经验而存在。简言之，巫术几乎是一个先验的存在，虽然巫术判断存在于个体的思维之中，然而它们在刚开始的时候就几乎是彻底先验而综合的判断。

　　巫术判断是以先入之见（prejudice）和约定俗成（prescription）的形式出现的，它们也以这种方式在个人的思维中出现。任何一种巫术判断都是一种集体赞同的对象。它必须得到至少两个人的支持，但事实上巫术往往得到规模更大的群体、整个社会和各种文化的支持。如果获得了巫术判断，也就意味着获得了一种集体的综合，一种为大众所接受的——在任何一个时刻——对某种观念及某种姿势所产生的效应的信仰。巫术判断是由习俗强加的，这种习俗预先就规定了符号可以创制一个物体，而部分会产生整体。莫斯认为普遍性和先验的性质是巫术判断的集体起源的标志。

只有那些被整个共同体所体验过的集体需要，才能够说服群体中的所有个体同时实施这样一个综合。一个群体的信仰和信念是每个个体的各种需要和普遍愿望的结果。巫术判断就是一种集体需要，它能使处于压力下的社会得到其所需的转化。巫术则应该被认为是一个先验的归纳体系，它在个人之群体需要的压力下运作。鉴于所有的巫术承诺都取决于对本身存在于玛纳之中的巫术力量绝对普遍的肯定，因此玛纳观念控制并调节着所有经验，在共同体和集体需要这两个术语之间提供了一个解释的场域，它使巫术变得合理，并与现实交融。

莫斯认为集体需要不会导致对本能进行阐述，也不承认存在着纯粹的集体情感。他试图说明以上提及的集体力量制造出的效果是基本或至少部分是理性的。而这种理性是通过玛纳观念获得的。巫术背后的集体力量说明：巫术存在，社会就必须存在。莫斯通过巫术中的社会规定与巫术的消极仪式与积极仪式中的集体性行为对此进行了佐证。

人们普遍认为，约定俗成和强制性是社会直接行为必然的标志。虽然巫术的观念是共享的，仪式是自愿的，但对巫术的约定俗成与规避和其中所包含的禁忌则由社会提供支持。积极仪式与消极仪式往往相互联系。而巫术的消极组成部分中有很多集体性的创造。只有社会才能以这种方式制定规程，强行实施禁忌并维系那些庇护着巫术的抵触情绪。在此莫斯得出结论，情感的状态和幻觉的生成之源是巫术的根基，这些状态并非个体性的，而是源于个体情感与作为一个整体的社会的情感的一种混合。

巫术产生了个人思维状态的兴奋度。但个人状态往往是以社会的状态为先决条件的。其中社会所发挥的作用完全是潜意识的。巫术行为总处于巫术的感应环境当中，也位于巫师这个信仰群体或这种信仰的跟随者当中。仪式是整个共同体共享的精神状态所支持的公共行为。整个社会成了仪式的期待者，并为之所迷困，虔信的群体集合到一起往往能营造出一种思想的氛围，甚至可能产生奇迹。

巫术合作并不固定为静态和非参与性。积极巫术的公共仪式中，整个群体可能都投入行动，齐心合力地去实现一个预想的目标，整个社会机体因而显出勃勃生机。与积极仪式所伴生的各种现象——意志力、观念、肌肉运动、需要的满足——完全是同时存在的。正是因为社会变得兴奋起来，巫术才发挥了效应，而正是因为有了巫术信仰，社会才会变得兴奋。所以，我们面对的不再是那些孤立的、各自信仰自己的巫术的个体，而是对群体的巫术持有信仰的整个群体。

在实施者和旁观者之间存在着一种精神和体力的分工：他们分别是仪式中发挥影响和被影响的人。在实施者和旁观者／参与者当中能看到共同的观念、共同的错觉、共同的希望，所有这些构成了他们共同的巫术。尽管此时社会可能只在一定程度上扮演角色，但社会的在场使巫师有了着魔的自信，并让他从这种状态苏醒过来继续他的仪式。而人们的期望使巫师变得兴奋，同时使他效忠于群体。社会愿意被巫师制造的各种假象所迷惑，巫师本人也可能成为首先被这种假象欺瞒的人。二者的互动构成了巫术的幻觉世界。

至于一些带有与莫斯的巫术定义不相符的强制和公共特征的仪式，只需强调这些事实并非仅仅是宗教的，问题就迎刃而解了。而那些没有巫师，而是由整个群体的所有成员共同实施的仪式则只有部分是宗教性的，并不被当成一种有组织的膜拜形式。在这些仪式中至少具有巫术的两个特征：一是强制；二是直接、自动的效应，不存在互有区别的精灵的介入。实际上我们面对的这些巫术事实，是延续玛纳所包含的那些观念，并使之永久地存在下去的事实。这些事实中巫术的因果关系取代经验的因果关系时，玛纳起了关键性的作用。由于它为我们提供了巫术事实的模型，由于已经描述过的这些涉及它的事实相互之间非常接近，所以莫斯很确信地认为，我们找到了巫术最基本的事实，它也构成了宗教的基本事实。

莫斯深信，在所有巫术展示的源头都可以发现集体情感的存在。在整个历史的长河中，巫术激起了各种集体情感的状态，它也从中获得了激励和新的活力。社会是巫师们获得巫术的源泉，不管看上去巫师跟其他人相比怎样与真实世界相隔绝，但真实世界却离他很近。他的个人意识受社会情感的影响。

巫术存在的每个方面都表现出巫术的社会起源。它的各要素，行动者、仪式和表象不仅使对这种最早的集体状态的记忆得以永存，而且使它们得以再生，尽管在形式上有些削弱。不过，虽然巫术有这样一种社会事实的基础，但一旦它跟宗教分离，就只会生成个体性的现象。教育和传统的存在使巫术能作为个体现象存在，也使巫术必须被个体所理解。但正是这种个体性使巫术中潜意识的集体事实几乎被忽视。实验和辩证理论使巫术集体性的相对意义遭到了削弱。因此，一旦巫术宣称自己产生于个体的实验研究和逻辑推导时，它就开始向科学与立足满足个体需要的技术靠近，并且最终与它们相类似。除了它的传统特征，巫术所有的集体性特征都已淡化。

论证了巫术是一种集体现象后，莫斯在结论中致力于说明它在其他社会现象中的位置。与巫术密切相关的现象，其一是宗教，其二是科学与技术。在此莫斯主要讨论巫术与科学技术的关系。

当巫术变得越来越个体化，并且在对其各种目标的追逐中变得越来越专门化的时候，它就渐渐地跟技术相接近了。巫术与技术有同样的目标，有对具体事物的偏好，并总试图进入日常生活中扮演一个实践性的角色。巫术就像我们的技术、手艺、医药、化学和工业等那样发挥着作用。本质上，巫术是一门实务的艺术。它是一种非常简单的技艺，它所有的努力都致力于成功地用形象代替现实。巫师用集体力量和观念来帮助个人对巫术信仰产生想象。巫师的艺术包括对手段的提示、对物体特征的拓展、对效果的预期，并通过这些方式彻底满足各个代际的人共同酝酿的愿望和期待。技术史证明在技术和巫术之间存在着一种谱系的联系。巫术的神秘特征对技术的增长有很大贡献，甚至曾经为技术提供保护。莫斯假设其他更为古老的技术在人类社会的开始也与巫术相混。技术就像是在巫术的土壤中孕育果实的种子。当巫术被剥离后，技术逐渐摒弃了一切带有神秘色彩的东西，保留下来的程序也逐渐失去本意，它们除了可以自动生成效应，其他什么都不具备。

巫术和科学也有联系。巫术重视知识，关注具体事物，并看重对性质的理解。有的时候，巫师会试图综合他们的知识，并且在此基础上推导出一些原则。当这些理论被巫师的社团逐渐精致化的时候，它成为靠理性的和个体性的程序。在学习其学说的时候，巫师力图尽可能地摒弃神秘的要素，使巫术呈现出一种真正的科学的特征。早期社会某些部分的科学是由巫师来详细阐述的。希腊、印度和其他地方的巫师，即那些炼金师、占卜师和医生是天文学、物理学和自然史的创始人和组成人员。可以就此想象其他更为简单的科学跟巫术有同样的谱系关系。正是在巫术的这样一些派别里才能培养出一种科学的传统和获得学问的方法。在比较低级的文明当中，巫师就是学者，学者也就是巫师。

因此，已被认为与我们相距甚远的巫术仍与我们有千丝万缕的联系，我们的观念、技术、科学，乃至我们推理的指导性原则都不能完全摆脱它们最初的色斑。

《土著如何思考》(1910)

褚建芳

吕西安·列维-布留尔(Lucien Lévy-Bruhl, 1857—1939),生于法国巴黎。1879年,毕业于巴黎高等师范学院。其后,在外省中等学校(先在普瓦提埃,后在亚眠)教哲学。1884年,列维-布留尔以"责任观念"和"谢涅卡人是怎样想象神的"通过博士论文答辩,获得博士学位。1885年受任于巴黎路易一世中学。从1899年起,列维-布留尔一直在索邦(巴黎大学)任教,1905年获教授头衔。1925年,他在巴黎大学创建民族学研究所并任所长。1905年左右,列维-布留尔在阅读了著名汉学家沙畹(Edouard Chavannes)赠送给他的译著《史记》后,对"非西方思维"感到非常震惊,从此对人类学产生了浓厚的兴趣,尤其关注世界各地"原始人"的思维特点。1910年,列维-布留尔出版了代表作《初级社会的智力机能》(*Les fonctions mentales dans les sociétés inférieures*),在学界引起极大反响。后来,他又陆续出版了《原始人的心灵》(*La mentalité primitive*, 1922)、《原始人的灵魂》(*L'âme primitive*, 1927)、《原始与超自然》(*Le mythologie et la nature dans la mentalité primitive*, 1931)、《原始神话》(*La mythologie primitive*, 1935)等著作。1917年,他被接纳为法兰西研究院院士。

在文化人类学的研究中,关于人类的不同族群是否具有心理一致性的问题历来是一个广受争议的问题。在此方面,法国著名人类学家列维-布留尔的贡献是不可磨灭的。

列维-布留尔的成名之作是1910年出版的《初级社会的智力机能》,英译本改名为《土著如何思考》(*How Natives Think*, 1926)，商务印书馆出版了丁由翻译的《原始思维》，这个译本是根据俄文本翻译的，实际上是在《初级社会的智力机能》中插入了《原始人的心灵》的几章内容。我们依据的主要是《初级社会的智力机能》一书的英译本《土著如何思考》[①]，同时参考丁由的译本[②]。

在这本书中，他的宗旨是要阐明，原始人的思维并非像我们所想象的那样，是一种与我们自己的所谓"理性""逻辑"的思维相同的形式。他们的思维与我们有着质的差别，任何企图解释原始人的观点和行为的理论，越是从我们的逻辑思维的角度讲得通，就可能越是不可靠。他们的思维乃是一种"不合逻辑"的或"原逻辑"的思维形式，它遵从一种与我们的逻辑思维迥然不同的规律。

原始人的思维首先是一种"神秘"的思维，他们并不把自然存在的客观实在与他们在这种实在中所感知到的主观的、精神的、情感的东西截然分开。对他们来说，纯物理（就我们给这个词所赋予的那种意义而言）的现象是没有的，流着的水、吹着的风、下着的雨，任何自然现象、声音、颜色，从来就不像我们所感知的那样被他们所感知。也就是说，它们从来不被感知成与其他在其前后的运动处于一定关系中的复杂的运动。当原始人感知某个客体时，他是从来不把这个客体与这些神秘属性分开来的。不管在他们的意识中呈现出的是什么客体，它必定包含着一些与其分不开的神秘属性。他们的思维总是固执地纠缠在事物的神秘属性上，而对自然存在的、第二性的属性漠不关心。对原始人来说，被我们叫作事件与现象之间的自然的因果关系的那种东西，要么根本不为他们的意识所觉察，要么对他们只具有微不足道的意义。比如，他们总是坚持认为，一个人的名字或影子具有与这个人同样的神秘的性质，对名字或影子施加影响必然会对这个人产生作用，也就是说，他们把一个人的影子或名字感知成相当于这个人本身的东西；如果一个人得了疾病或被蛇咬伤而产生不适感，那么原始人一定会认为是有人或魂灵对这个人施行了巫术，他们会竭力寻找实施这种巫术的人，而对引起病痛的自然的客观的原因不予重视。当然，他们的知觉的整个心理和生理过程与我们并无二致，但他们的知觉产物立刻会被一些复杂的意识状态所包围。可以说，他们的知觉是由浓厚的一层具有社会来源的表现（representation）所包围的核心组成的。事实上，原始人根本并未感觉到这种核心与裹住它的表现层的区别，这

---

① 　Lucien Lévy-Bruhl, *How Natives Think*, trans. by Lilian A. Clare, Princeton: Princeton University Press, 1985.

② 　列维-布留尔：《原始思维》，丁由译，北京：商务印书馆，1981。

只是我们由于我们的智力习惯所不能不做的区分，至于原始人，复杂表现在他们那里还是一种不分化的东西。在我们自己的所谓文明社会中，迷信的人，常常还有那些信教的人，都相信有两个实在体系即两个实在世界存在，一个是可触可见、服从于一些必然运动规律的现实世界，另一个是不可见不可触的彼岸的"精神世界"，后一个体系以一种神秘的氛围包围着前一个体系，而原始人的思维却看不见这样两个彼此关联的、或多或少相互渗透的不同的世界。对它来说，只存在一个世界，如同任何作用一样，任何实在都是神秘的，因而任何知觉也都是神秘的。

那么，原始人的意识对于这种或那种自然现象应该给予什么样的解释？列维-布留尔认为，这种问题的提法本身就要求先有一个不正确的假设，因为这种提法的前提就是，原始人的意识像我们的意识那样感知现象。我们猜想它一开始就简单地感知了睡眠、梦、疾病、死亡、天体的升降、打雷、下雨等现象，然后受因果性原则所促使，它又力求去解释这些现象。然而，对原始人的意识来说，自然现象（按我们为这一术语所赋予的意义来理解）是没有的。他们根本不需要去寻找解释，这种解释已经包含在他们的集体表现的神秘因素之中了。原始人的思维从来不是脱离解释来看现象的。需要弄清楚的是，现象是怎样渐渐地从以前包裹着它的那个复合体中脱离出来，怎样开始被单独地感知，那个起初作为组成因素的东西怎样在后来变成了"解释"的。

在这里，有必要考虑原始人的集体表现。事实上，正是它们把原始人的知觉与思维变成了一种与我们这里根本不同的东西。原始人的知觉之所以根本上是神秘的，是因为构成原始人的知觉的必不可缺因素的集体表现具有神秘的性质。可以说，原始人的集体表现为他们的知觉与思维提供了一个限制性的背景或前提，这种背景或前提本身的神秘性质为其中的知觉与思维赋予了神秘属性。正如涂尔干所言，集体表现是强加在个人身上的。列维-布留尔认为，原始人的集体表现具有更大的强制性。在那些重大的集体仪式中，在那些原始人所必须绝对尊重与遵从的风俗和风尚中，原始人在一些能够对它的情感产生最深刻印象的情况下获得了这些集体表现。当他们的意识中浮现出这些表现之一的客体时，即使这时他是独自一人且完全宁静的，在他身上也会立刻涌起情感的浪潮，足以使他所认识的现象被淹没在包围着他的情感中。

事实上，原始人的集体表现与我们的表现或概念有着极其深刻的差别。一方面，它们没有逻辑的特征；另一方面，它们不是真正的表现。他们的集体表现乃是一种比我们的表现更为复杂的现象，在这种现象中，我们本来认为是"表现"的东西，还掺和着其他情感的或运动性质的因素。它们表现着，或者更正确地说，它们暗示着，原始人在所给定的时刻中不仅拥有客体的映像并认为它是实在的，而且还希望着或害怕着与这个客体相联系的什么东西，它们暗示着从这个东西里面发出了某种确定的影响，或者这个东西受到了这种影响的作用。这个影响时而是力量，时而是神秘的威力，视客体和环境而定，但是，这种影响始终被原始人看成一种实在，并构成他们的表现的一部分，因而他们的表现是"神秘"的。这里的"神秘"一词，是就其最狭义的意义而言的，它含有对力量、影响和行动这些为感觉所不能分辨和觉察但仍然是实在的东西的信仰。换句话说，原始人周围的实在本身就是神秘的。在他们的集体表现中，每个存在物、每件东西、每种自然现象，都不是我们所见到的那样。我们在它们身上所见到的差不多一切东西，都是原始人所不予注意或视为无关紧要的。然而在它们身上，原始人却见到了许多我们意想不到的东西。例如，在回乔尔人那里，"健飞的鸟能看见和听见一切，它们拥有神秘的力量，这种力量固着在它们的翅膀和尾巴的羽毛上"。巫师插戴上这些羽毛，就能够使自己"看到和听到地上地下发生的一切……能够医治病人，起死回生，从天上祷下太阳，等等"。契洛基族印第安人相信，疾病，特别是风湿病，应归因于对猎人生气的动物所完成的神秘行动。由于一切存在着的东西都具有神秘的属性，由于这些神秘的属性就其本性而言对原始人来说要比我们靠感觉认识的那些属性更为重要，因而，原始人的思维不像我们的思维那样对存在物和客体的区别感兴趣。实际上，他们经常忽视这些区别。因此，如果说原始人的思维是神秘的，那么这种神秘性也就意味着他们的思维是遵从着不同于我们的逻辑思维的规律的。从这个意义上说，原始人的思维乃是"原逻辑的"。它们是同一个基本属性的两个方面：如果单从表现的基本内涵来看，它是"神秘的"，若主要从表现的关联来看，则它是"原逻辑的"。使用"原逻辑"这样的术语并不意味着原始人的思维乃是在时间上先于逻辑思维的什么阶段，而是提示它并不像我们的思维那样必须避免矛盾。具有这种趋向的思维并不惧怕矛盾，也不尽力去避免矛盾。它往往是以毫不关心的态度对待矛盾的。因此，特鲁玛伊人把自己说成是水生动物，波罗罗人硬要人们相信自己是长尾鹦鹉。在他们看来，他们既可以是人，又可以是长着鲜红羽毛的鸟，他们与鹦鹉乃是同一的。对于习惯于逻辑思维的我们来说，这是非常荒谬和不可思议的。但对原始人来说，这确实是自然而然、没有任何困难的，因为他们的思维遵循着与我们不同的规则。

　　但这并不是说原始人对现象的原因漠不关心。事实上，原始思维和我们的思维一样关心事物发生的原因，但是，它是遵循着根本不同的方向去寻找这些原因的。比如，正像埃文思-普里查德（E. E. Evans-Pritchard）所指出的，当一个原始人坐在一座房屋前休息，恰好房屋倒塌砸到了他时，他同现代人一样，知道这是因为蚂蚁把房屋的柱子咬空，使得柱断房塌，自己被砸。不过，对他来说，这个问题并不重要。他所关心和考虑的问题是，为什么恰好"我"在这里休息时房屋才倒塌？为什么没有砸到别人？这样，他们便沿着一条通向神秘解释的路径走了下去。可以说，原始思维是在一个到处都有无数神秘力量在经常起作用或即将起作用的世界中活动的。任何事情，即使是稍微有点不平常的事，都立刻被认为是这种或那种神秘力量的表现。假如在田地需要水分的时候下了雨，他们会认为，那是因为祖先们和当地的神灵得到了满足，以此来表示自己的亲善。假如持续的干旱导致庄稼枯死，并引起了牲畜的死亡，他们则认为，那一定是因为人们违犯了什么禁忌，或者是某个认为自己受了委屈的祖先在要求人们对他表示尊敬。同样，离开看不见的神秘力量的支持，任何事情都不会成功。假如没有好兆头，假如社会集体的神秘保护者没有正式许诺对自己的帮助，假如想要去猎捕的动物自己表示不同意被猎捕，假如猎具或渔具没有经过神圣化并带上巫术的力量，等等，原始人就不会去打猎或捕鱼，不会去行军，不会去耕田或修建住宅。简言之，看得见的世界和看不见的世界是统一的，在任何时刻里，看得见的世界的事件都取决于看不见的力量。对于具有这种趋向的思维来说，纯粹物质的东西是不存在的。对它来说，一切有关自然现象的问题都不是像我们那样提出来的。当我们需要解释什么事情时，我们是在类似现象的系列中去寻找那些必需的且足可解释该现象的条件。假如我们成功地确定了这些条件，知道了一般的规律，我们就满足了。原始人的态度则根本不同：他也可能发现他所关心的那个现象的一定的前提条件，而且，为了行动，他也会十分重视自己的观察，但是，他将永远在看不见的力量中寻找真正的原因。例如，在与白种人接触以前，原始人（如澳大利亚人）当然也观察到了受胎的某些生理条件，特别是性交的作用。但在这种场合中，如同在其他场合中一样，那种被我们叫作第二性原因的东西，即被我们认为是充分且必要的前提条件，在他们看来仍是次要的。受胎的真正原因在他们看来本质上是神秘的。即使他们也发现了只有妇女受孕以后小孩才能出世的事实，他们仍会认为妇女怀孕是因为有某个"魂"（通常是等待转生并准备诞生的某个祖先的魂）进入了她的身体。这当然又必须以这个妇女与这个魂同属一个氏族、亚族和图腾为前提。在阿龙塔人那里，当害怕怀孕的妇女不得不走过这些魂所在的地方时，她们都会尽快跑过去，并采取一切可能的预防措施来阻止这些魂进入自己体内。但是，斯宾塞（Herbert Spencer）和纪林（Francis Gillen）根本没有提到过她们因为害怕怀孕而完全放弃性交。因为在她们看来，只是在"魂"进入这个妇女体内的场合下她才有可能在性交以后受孕。正是由于原始人的意识中已经预先充满了大量的集体表现，一切客体、存在物或人造物品才靠着这些表现而总是被想象成拥有大量的神秘属性。因而，这种对现象的客观联系往往根本不加考虑的原始意识，却对现象之间的这些或虚或实的神秘联系表现出特别的注意。

列维-布留尔反复申明，原始人并非没有理智，他们的推论也并非没有逻辑性，只是他们据以推论的前提和文明人有所不同。他们思维中的"原逻辑"性只适用于集体表现及其关联。对于那些在不依赖于集体表现（如果这是可能的）的范围内被单个地研究的原始人来说，他们往往如我们所期待于他的那样来感觉、推理和行动。他所要做的推理，恰恰会是我们在类似情况下也觉得完全合理的推理。例如，如果他打死了两只鸟，只捡到了其中的一只，那么他就会问自己另外那只到哪里去了，并会千方百计地去寻找那只鸟；如果他突然遇到下雨，感到不便，就会去寻找避雨的地方；如果遇上野兽，他会努力避开它；等等。然而，决不能就此认为他们的智力活动经常服从于与我们相同的规律。事实上，作为一种集体的智力活动，原始人的智力活动有其特有的规律，其中第一个也是最一般的规律就是列维-布留尔所谓的"互渗律"。所谓"互渗"，就是指原始人对任何现象的思维都具有这样的特性，即把这种现象既看成其自身，又将之解释为其他任何东西。在他们的眼中，所解释的现象与将这种现象解释成的东西乃是同一的、互不矛盾的，任何画像、任何再现等都是与其原型的本性、属性、生命"互渗"的。所以，原始人经常声称自己就是其部落图腾的图腾动物（如波罗罗人声称自己就是鹦鹉），或者将捕猎时猎获动物的多少与其他某种在我们看来毫不相干的事项（如妻子是否在家里做了什么有违禁忌的事）联系起来。这种"互渗"不应当被理解成一个部分——好比说肖像包含了原型所拥有的属性的总和或生命的一部分，原始人的思维看不见有什么困难使它不去相信这个生命和这些属性同时为原型和肖像所固有。由于原型与肖像之间通过"互渗律"而表现出来的神秘的结合，肖像就是原型，如同波罗罗人就是鹦鹉一样。这就意味着，一个人从肖像那里可以得到如同从原型那里所能得到的一样的东西，可以通过对肖像的影响来影响原型。因此，假如曼丹人的首领们允许凯特林占有他们的肖像，他们躺在坟墓里就会睡不安稳了，因为，由于不可避免的"互渗"，他们那交到外国人手里的肖像不管出了什么事，都会在他们死后被他们感觉到。由于神秘的"互渗"，不管他们活着或死了，他们的状况都被认为会决定着部落的安宁、繁荣，甚至生存，以至整个部落在想到他们的去世时就会忧虑不安。

对原始人来说，客体和存在物从来都不是与其神秘属性分开的，这种神秘属性构成了那个在任何时刻都显示出是复合整体的集体表现的组成部分。后来，在社会进化的另一时期，被我们称为自然现象的那种东西显示了一个趋势，即变成独立出来的，除去任何其他因素的唯一的知觉内容。那时，这些神秘因素便具有了信仰的面貌，甚至最终具有了迷信的面貌。以对肖像的知觉为例：开始时，由于集体表现的神秘性质，肖像与其被画了的、和它相像的、被它代理了的存在物一样，也是有生命的，也能赐福或降祸。因此，人们对肖像的知觉与其对这些肖像的原型的知觉一样，都带有神秘的性质，当他们对原型的知觉不再感到神秘的时候，这些原型的肖像便失去了神秘的属性。它们不再被认为是有生命的东西，而是变成了我们文明人所认为的那种东西，即简单的物质再现。

在人类学家当中，列维-布留尔首次对人类"思维"的问题进行了系统的探讨，更深切地关注到了人的本性问题，而这一点恰恰是人类学的根本目标。从这方面来讲，列维-布留尔对人类学的贡献是不可磨灭的。他以自己对原始思维的研究来反对泰勒和弗雷泽等人从个体心理的视角解释原始人思维的做法，主张从集体表现的角度探讨原始思维。他不同意那种将人类心智看成具有普遍一致性的观点，认为原始人有着与我们本质上不同的思维形式。不过，他承认，在集体表现的影响范围以外，个体的原始人的思维与我们并无多大差别，他们能够像我们一样进行推理与判断，只是由于原始人的集体表现的神秘性质，才为其赋予了思维上的神秘性。而且，他认为，生活在现代社会中的现代人同样具有某种程度的原始性质。那么，原始人的心智是与我们的心智一致还是存在本质的不同？而且，原始人是否是一个同现代人相对的内部整齐划一的同质性整体？换句话说，我们把人类在原始与现代之间做出如此简单而武断的二元划分到底有无道理或有多大程度的合理性？他们之间的差异及我们现代人之间的差异是否比他们同我们的差异更大？对此，列维-布留尔并未给出明确回答，而且，事实上，在这方面他是自相矛盾的。不过，在我看来，人类学之所以对在时间和空间上都很遥远的异文化感兴趣，其根本出发点和最终落脚点绝不完全在于异文化本身，而是要找出一个与自己相对的"他者"，作为反观自己的镜子。而且，这样的镜子并不只是一面两面，而是尽可能地多，以至无限。也正因如此，人类学的田野民族志研究才具有不可替代的重要意义。因为只有当镜子足够多时，我们对自己的认识才能更深刻，更能接近我们所要揭示的真相。不过，人类学的民族志应该比旅行家们的游记更严谨、更深入、更具有"深厚的描述"。在此方面，限于当时的条件，正如马林诺夫斯基（Bronislaw Malinowski）以来的人类学家对以前的"摇椅上的人类学家"们所做的批评那样，列维-布留尔所据以成书的材料不可避免地具有不同程度的缺陷。然而，从另一方面讲，人类学毕竟不能被化约或等同于民族志。在揭示出某个族群或某些族群特殊性的同时，她还需要把更多更广泛的材料并置在一起，经过比较和分析，从而揭示出人类普适性的共同性的东西。我们不能停下来不做什么比较综合的工作，而是静等那些好的符合标准的民族志积累到足够多，然后再开始我们的工作。在此方面，列维-布留尔的《土著如何思考》一书为我们提供了很好的范例。如果从这个角度来看，我们也可以认为，列维-布留尔在《土著如何思考》这部著作中所关注的对象或许并不是原始思维本身，而是将其作为与现代思维进行比较的镜子；他并不是要将人类思维进行原始与现代的简单二分，而是要将两者并置在一起，互为关照。所以，他时时将原始思维与现代人的思维进行对照，这种做法很好地体现了这一点。不过，且不谈"原始"与"现代"这对词语本身所包含的意识形态色彩，单就这一比较的意义而言，作为与现代思维相对照之"他者"的"原始思维"并不等于"原始人的思维"，现代思维也不等于现代人的思维。列维-布留尔本人业已看到，原始性在现代人的思维中有着某种程度的残留。但可惜的是，在他的论述中，他确实将二者混淆了。无论如何，正如尼达姆（Rodney Needham）所公正地指出的，列维-布留尔的重要性就在于他所提出的学术问题的价值，而不是他所给出的个别回答。

《宗教生活的基本形式》(1912)

梁利华

爱弥尔·涂尔干(Emile Durkheim, 1858—1917),生于法国洛林的一个犹太家庭。后来他离家到了巴黎,于1879年考入巴黎高等师范学校,1882年顺利通过毕业考试,并开始教授哲学。1887年,他受命到波尔多主持"教育学与社会科学"。在波尔多时期,他强调社会学的价值,并就教育的理论、历史和实践发表了许多演讲,同时专注于亲属关系、犯罪、法律、宗教、乱伦和社会主义等专题的研究。从1896年开始,涂尔干将他对社会主义历史的关注暂时搁置,开始筹划一个大型出版计划。1898年,他创办了著名的《社会学年鉴》,这是法国第一份社会科学杂志。这一举措受到当时年轻有为的学者的大力支持。1902年,涂尔干被任命为教授。他戴着社会学和教育学教授的桂冠回到巴黎。但涂尔干在1916年遭到沉重的精神打击,他的儿子安德烈(一位优秀的语言学家)在德国同比利时的战争中死在了保加利亚前线。这对涂尔干来说是一个致命性的打击,一年以后,他就因此去世了。

涂尔干是社会学和人类学历史上最著名的导师之一,与卡尔·马克思和马克斯·韦伯共享社会学三大思想家的荣誉。

作为法国第一位学院式社会学家,涂尔干一生著述颇丰,其《社会分工论》(*The Division of Labor in Society*, 1883)、《社会学方法的准则》(*The Rules of Sociological Method*, 1895)、《自杀论》(*Suicide*, 1897)均为脍炙人口的名著,这三部重要著作使涂尔干跻身于学术界的最前列。1912年,涂尔干发表其最后一部重要著作《宗教生活的基本形式》(*The Elementary Forms of Religious*

Life）。这部在其晚年发表的著作往往容易被人所忽视，但仔细阅读会发现它对理解涂尔干一生的思想轨迹有着重要意义。《宗教生活的基本形式》一书甚至被雷蒙·阿隆（Raymond Aron）称为涂尔干最重要、最深刻、最具有独创性，也是其灵感表达最清楚的一本书。

　　一开篇，涂尔干就明确地指出："社会学的主旨……要解释的是能够对我们的观念和行为产生影响的现实的实在。"① 作为严格意义上的社会学作品，这部著作解释的是宗教这样一个"现实的实在"——全书试图通过对宗教这种社会现象最基本形式的本质的探讨揭示所有社会现象的本质。具体来说，在本书中涂尔干首先分析了图腾制度——这种他认为最简单、最原始的宗教制度，并掌握了所有宗教的实质：（它不过是）社会本身的变形；之后在阐明社会的这种变形过程中指出实际宗教和科学并无二致，它们均为社会的产物，这样就顺理成章地提出解决宗教科学这对"矛盾"的看法；在"结论"中，涂尔干结合"导言"探讨"范畴""概念"这些人类思想形式的起源，指出这些也是宗教的、社会的。上面即为本书以社会为核心阐述的三层内容，也是全书的核心内容。在我对涂尔干这三层思想的理解过程中，脑袋里不时会冒出埃文思-普里查德（E. E. Evans-Pritchard）的话："尽管马克思主义的理论家们将涂尔干视为资产阶级的唯心主义者，但后者却极有可能会写下马克思的那句著名格言——'不是人们的意识决定了他们的存在，而是人们的社会存在决定了他们的意识。'"②

　　在进入涂尔干对图腾制度的描述和分析之前，首先要弄清他的全部理论必须承认的几个思想预设：（1）对进化论思想的承认：图腾崇拜是最简单的宗教，从其中分析出的实质也适用于其他一切宗教——"如果澳大利亚人的神圣观念、灵魂观念、上帝观念能够得到社会学的解释，那么，原则上同样的解释对于在其中发现同样的观念具有同样的本质属性的所有人来说，也是有效的。"③ 涂尔干这样断言，需要对宗教历史做一番进化论的再现；对非进化论者而言，图腾崇拜只不过是许多宗教中简单的一种。（2）承认一种功能分析的说法：涂尔干对于原始宗教的解释带有一种实用主义的味道——宗教有助于社会的整合和连续，在这种意义上，宗教是有价值的。在涂尔干对于宗教的全部论证过程中，使用的论证方法存在理论预设：一个经过精心选择的经验能够显示出一个各种社会共有现象的

---

① 涂尔干：《宗教生活的基本形式》，渠东、汲喆译，1页，上海：上海人民出版社，1999。
② 埃文思-普里（理）查德：《原始宗教理论》，孙尚扬译，92页，北京：商务印书馆，2001。
③ 同上，75页。

本质；在对社会事实进行比较研究时，这些事实必须取自相同类型的社会，而控制得当的实验则足以建立的一种规律。但是，在埃文思-普里查德看来，"这种奇特的辩护不过就是忽视那些与所得的规律相矛盾的事例"①。

进入涂尔干对宗教的分析，首先重要的是弄清他对宗教所下的定义："宗教是一种与既与众不同，又不可冒犯的神圣事物有关的信仰与仪轨所组成的统一体系，这些信仰与仪轨将所有信奉它们的人结合在一个被称之为'教会'的道德共同体之内。"②涂尔干在抛弃偏见和积习对宗教的"某些外在的和易于识别的标志"进行的考察中，发现宗教现象的真实特征仍然是将宇宙一分为二，分为无所不包、相互排斥的两大类别——神圣世界和世俗世界。圣俗之分为宗教最基本特征，至于集体组织"教会"是宗教区别巫术的唯一特征。

考察涂尔干对宗教的定义，会发现在那里宗教明显应该是集体的事物，它是一个社会事实、一个客观事实。虽然宗教是被"个体思量、感受和意愿的——社会没有体验这些功能的心智"，但是"宗教仍然是一种独立于个体心智的社会性客观现象，也正因为如此，社会学家们才研究它"。③另外，宗教的代代相传、普遍性和强制性也着实说明了它的客观性。总而言之，宗教作为一个社会事实在下面的研究过程中起着至为关键的作用。④

明确了研究对象的内涵和外延，为引出自己研究宗教的视角，涂尔干首先批判了两种以往关于宗教的主导概念——泛灵论和自然崇拜（涂尔干在全书中使用的论证方法都是这样：先对所研究的对象下定义，然后批驳先前的解释，最后论证自己的关于研究对象的社会学理解。这与他在《自杀论》等作品中使用的方法一脉相承）。泛灵论的主要观点为"信仰宗教就是信仰神明"，而这些神明起初是原始人从自己身体力行的梦境中产生的互体观念乃至"灵魂观念"。涂尔干指出，为什么原始人对梦的现象如此重视，乃至于从其中产生互体观念？而这些又是如何产生的？灵魂观念如何还原为互体观念，乃至于产生祖先崇拜？而最核心的是，为什么人们要神化每个人都有的"双重性"？（既然互体是膜拜的对象，

---

① 埃文思-普里查德：《原始宗教理论》，69 页。

② 涂尔干：《宗教生活的基本形式》，54 页。

③ 埃文思-普里查德：《原始宗教理论》，65 页。

④ 涂尔干在《社会学方法的准则》中对"社会事实"做了如下的定义："一切行为方式，不论它是固定的还是不固定的，凡是能从外部给予个人以约束的，或者换一句话说，普遍存在于该社会各处并具有其固定存在的，不管其在个人身上的表现如何，都叫作社会事实。"在文中使用这个定义对全文主题有不言而喻的点题作用。

那么它必须具备划入圣物之列的特征。）自然崇拜反对泛灵论，认为"宗教似乎不应该是模糊不清与混乱不明的梦，而应该是具有牢固的现实基础的观念和仪轨的体系"——宗教崇拜的对象实质是改变了面貌的自然力量。但首先事实表明膜拜最初所针对的反而是一些卑贱的动植物；同时逻辑分析上，涂尔干说，原始人对大自然非常习惯，它无法激起人们的反思，而且仅仅对自然力量的惊异也不足以使它显得神圣——宗教情感和惊异、惊奇是无法混为一谈的。总而言之，在这里涂尔干同样找不到产生两重性观念的起源——大自然即使广袤绵延也不过是无限重复自己，它的神圣性到底从何而来？这个核心和涂尔干对泛灵论的批判实质不谋而合，同时紧扣涂尔干对宗教所下的定义。

涂尔干说，泛灵论和自然崇拜都把宗教相当于"集体的错觉"，并要求"我们在自然、人类自然或宇宙自然中找到世俗事物与神圣事物之间的巨大对立的萌芽"。[①] 这项事业是不可能实现的，因为它是名副其实的无中生有（ex nihilo）的创造。这个由批驳带出的疑问：人类为什么会想到现实中存在着两种性质迥异而且不可比拟的事物范畴呢？这刚好击中了涂尔干要解决问题的核心。在批驳了两种主导观念后，涂尔干提出自己的解决方案：回到更基本更原始的宗教——图腾崇拜中去寻找宗教实质。这种研究是以某些澳大利亚的宗教为实验案例，以北美印第安人的宗教为检验而进行的。

涂尔干对图腾崇拜的研究以麦克伦南（John Ferguson McLennan）、摩尔根（Lewis Morgan）、弗雷泽（James Frazer）等人类学家的考察资料为依据。图腾崇拜——氏族的神就是被神圣化了的氏族本身，而氏族又是和图腾紧密联系在一起的。涂尔干使用氏族和图腾这两个概念分析了图腾崇拜：氏族是一个并非由血亲关系组成的同种集团，连接氏族成员的纽带非常特殊，就是他们拥有相同的名字，而且这种名字也是一个特定的实在存在的物种名字。用来命名氏族集体的物种被称为图腾，氏族的图腾也是每一个氏族成员的图腾。

在澳大利亚部落中，图腾不仅是一个名字，它也被运用到宗教仪典的过程中，是礼拜仪式的一部分，具有宗教性——"事实上，图腾与事物的圣俗之分有关，它是一种典型的圣物"。但进一步考察发现：仪式表演所真正关注的对象是图腾形象，例如澳大利亚部落中的礼拜法器纳屯架（nurtungja）、旺宁架（waninga）的宗教性均归功于它们所带有的图腾标记。而且图腾形象并不是唯

---

① 涂尔干:《宗教生活的基本形式》, 113 页。

一的圣物——"有一些真实的事物也是仪式的对象，因为它们与图腾有关。首先，便是图腾物种的生物和氏族的成员。"① 这在圣餐仪式中有体现。作为一种宗教，图腾崇拜有自己的宇宙观，这种宇宙观（思考世界的方式）是和图腾体系紧密相连的。

在对图腾崇拜做了详细分析后，我们自然而然会产生这样的疑问：图腾制度或者说集体图腾崇拜中膜拜的对象到底是什么呢？这是探讨图腾崇拜本质的关键。

在上面的介绍中，我们已经知道：图腾制度中，图腾形象、氏族用来命名的动植物、氏族成员皆可被称为圣物，只是程度不同而已；这些神圣事物都能在信仰者心中激起同样的尊崇感情。因为正是这种情感使它们具有神圣性，因此我们说："这种情感显然只能来自某种共同的本原。"这里，涂尔干指出这一共同本原即为一种匿名的和非人格的力。"从宽泛意义上讲，我们可以说这种力是每种图腾所敬仰的那个神，但它是非人格的神，没有名字和历史，普遍存在于这个世界之上，散布在数不胜数的事物之中"，并且"不与任何一个相混同"。② 这种力"如同名副其实的力：在一定的意义上它们甚至是物质的力，能够机械地产生物理效力……"但是除此之外，更重要的是这种力所具有的"道德属性"——只有这种力才是非常容易"转化成为一种确切意义上的神性"的力。这种道德力表现在图腾崇拜中就是"图腾是氏族的道德生活之源"③。

总之，涂尔干关于这种力的精彩概括为："澳大利亚人认为一种冷漠的体现在植物、动物或它们的图像中的无以名状且没有个性的力量，是世俗世界内在的东西。信仰和崇拜都是以这个无以名状且没有个性，又是内在的和超经验的力量为对象的。"涂尔干关于这种力的论述几乎可以适用于任何形式的宗教，它体现了涂尔干"图腾信仰或仪式在本质上都显然和任何宗教的信仰和仪式相似"的观点。到这里涂尔干已清楚展示了宗教崇拜的不过是一种匿名的和非人格的力，但距离其著名结论——"宗教是社会的产物"——还需一个桥梁：这种力是社会本身产生的，社会是使人们产生圣俗之分的来源。涂尔干是如何建造这个桥梁的呢？首先分析图腾制度——图腾首先是一个符号，是对另外某种东西的有形的表达。但是，它表达的究竟是什么呢？涂尔干认为"从我们一向专注的分析可以知

---

① 涂尔干：《宗教生活的基本形式》，169 页。

② 同上，253 页。

③ 同上，225 页。

道"：图腾所表达的和符号化分明是两类不同的事物——图腾本原或神的外在可见形式及名为氏族的确定社会的符号。那么，据此我们是否可以这样认为：既然它兼为神与社会的符号，莫非是因为神与社会只不过是一回事？因为"如果群体与神性是两个不同的实体，那么群体的标记又怎么能够成为这种准神的象征呢？"因此，氏族的神图腾本原都只能是氏族本身而不可能是别的东西。"是氏族被人格化了，并被以图腾动植物的可见形式表现在人们的想象中。"图腾崇拜的实质是变形了的社会。那么，现在的问题是，这种神化如何可能？又为什么恰好以这种方式发生？人们是如何被引向产生神圣观念的？人们又是用什么来建构这一观念的？

"一般来说，毫无疑问，一个社会能够通过它自身对人类的影响，使他们产生一种神的感觉，因为社会是属于它的成员的，就像神属于它的信徒一样。事实上，神首先是人类从某些方面为自己描绘的一种高于自己的东西，人类相信自己从属于这种东西。"[①]社会使人产生的这种感觉实则是因为社会不同于个体的本性。"社会天生具有凌驾于人们之上的权力"，它给我们永远的依赖感，独有一种和我们个体不同的本性并追求其独有的目标，而且在它以我们为媒介达到其目标时并不仅因为一种物质力量，更重要的是它激发出了尊崇——一种自动地引发或抑制我们的行为而不计行为的任何利弊后果的情感（精神力量），虽然它使我们感觉到的（或者这是社会作用的表现形式）是不能不让步的物质力量。社会作用的方式都标志有能够招来尊崇的痕迹。"我们每个人内心对这些作用的表现所具有的强度，都是任何单纯私人的意识形态所不能达到的。因为它的力量来自形成它的无数的个体表现。"[②]社会的这种作用方式以舆论的形式表现出来："舆论是所有权威之母。"即使是科学，如果没有足够的权威也不可能去担当对抗并修正错误舆论的重任。总之，"社会使我们感觉到神的存在：它不但是一个令人敬畏的统帅，而且是一个在质量上比个人高得多的实体，使我们必须尊重它、忠于它，并且崇拜它。"它提升了个人，使人们产生了在个人状态下不具有的情感和"智力的兴奋"。当原始人在单调刻板的经济生活之外感受令人激动不已的集体生活时，他难免会产生社会具有双重性的想法；而图腾制度中人们之所以选择与其本质毫无关涉的形式来表现这些力量是因为：社会作用的实施方式太过曲折隐

---

① 阿隆：《社会学主要思潮》，葛智强等译，237 页，北京：华夏出版社，2000。
② 涂尔干：《宗教生活的基本形式》，277 页。

蔽，所采用的心理机制又太过复杂。涂尔干所定义的宗教不仅包括信仰，还必须包含仪式，他认为仪式的目的在于不断重新加强个人属于集体的观念，使人们保持信仰和信心，使共同体维持下去。

涂尔干从社会学角度所做的解释有两种形式：一种是，"人类是在不知不觉之中崇拜他们的社会的，神圣的东西首先依附在集体的、非个人的力量之上，这种力量恰恰就是社会本身的再现"①。另一种是，当集体生活本身极度紧张，使得社会处于激动人心的状态时，社会本身就会去创造神或宗教。例如澳大利亚人在集体欢腾中野蛮兴奋时，又如法国大革命时。这样说涂尔干就可以在分析原始宗教本质的基础上建立一种现代社会所需要的新的宗教，同时为解决其关于宗教与科学的矛盾提供理论前提。

雷蒙·阿隆有这样一个"不合时宜"的概括：作为同一时代的三位伟大的社会学家——爱弥尔·涂尔干、维尔弗雷多·帕累托和马克斯·韦伯，"他们思考的基本主题是宗教与科学的关系问题"②。即使事实上涂尔干他们所处的年代可以被视为欧洲历史上最值得庆幸的时期，但那时宗教信仰与科学之间的确存在着难以克服的矛盾——科学在现代工业社会取得了无与伦比的地位，但宗教信仰作为维系社会一致的"共同信念"被科学动摇。因此分析宗教与科学的关系，寻找让社会稳定的方式对于致力于维持社会结构并保持其一致的三位社会学家来说是迫切且重要的。而涂尔干作为一位一生致力于进行法国全民道德教育以至建立社会团结的思想家，没有什么比发现在现代社会中"基于宗教之上的传统道德"未曾得到现代社会科学精神所需要的道德的代替更能让他觉得不安的了。这种危机感使他致力于弄清科学与宗教的关系并力图建立社会协调一致所需的，受科学精神启示的道德"宗教"。

首先，涂尔干以为社会生活事实中存在这样一种真相："宗教是自古以来人们心中获得他们生活所必需的能量的观念体系。"③法律、道德甚至科学思想本身都是从宗教中产生的，他认为科学始终与宗教混同在一起，始终渗透着宗教的精神。这种说法实际上无非是说今天我们可以很清晰地看到科学是关于自然现象的科学；它研究的对象是社会实在，应该始终适用于真实的资料；它教会我们不仅认识事物的外观，而且区别其最本质的属性。但同时，根据涂尔干在前面关于宗

---

① 阿隆：《社会学主要思潮》，240 页。
② 同上，208 页。
③ 涂尔干：《宗教生活的基本形式》，85 页。

教实质的论述，我们会看到，宗教膜拜的也是变形了的社会，它反映解释的也是社会实在。这样，从根本上讲宗教与科学并无二致，它们只不过是两套不同的解释体系。

这种看似以经验现实为基础得出的分析要想使人信服，还需要细致的论证过程。于是涂尔干同样回到了图腾制度之中。

涂尔干在分析图腾信仰的起源时，有这样一个结论：原始人倾向于对我们所区分的界域和类别产生混淆，"而这些混淆的根源——在对图腾制度的实质的阐述中可以看到——如何为科学开辟了道路"[①]。我们今天看神话会发现里面的角色具有多重性质，会上天入地、七十二变，涂尔干说在原始氏族那里各个界域都是相互混淆的，这是因为氏族图腾、图腾动植物、氏族成员均分享了同一本原（宗教中的匿名的和非人格的力），因此氏族包括的不仅为人，它还把动植物氏族中的每一件事物（自然存在）均包含在内。涂尔干在前面已得出结论，宗教中的匿名的和非人格的力来自社会，上述混淆是社会作用的必然性——宗教中的力来自社会，但社会作用的方式过于曲折隐晦以至于人们用与他们生活最密切的动植物来表现它；并为简单起见用标记的方式表达它，这样这些动植物与氏族的名称人员分享了同一本原而共同成为氏族成员。原始人这种混淆的逻辑，即使粗糙，对于人类认识的发展过程仍有至为关键的作用——实际上，正是通过这种逻辑，人们对于世界的最初解释才成为可能。在涂尔干看来，"解释就是要把事物彼此联系起来确定它们之间的关系，使之在我们看来互有作用，并且按照一种基于本性的内在法则发生和谐的感应"[②]。原始人的图腾崇拜最重要的贡献是，由于对世界的匿名的和非人格的力的膜拜，建构了事物之间可能存在的亲缘关系的最初表现。这项事业可能是不太可靠的，但"尝试比成功更重要"，因为原始人这种混淆的尝试学会了统辖事物的外观并把感觉所分裂的东西联系起来。当然追根溯源，原始人之所以能完成是因为他们图腾崇拜中的宗教力，而宗教之所以能够扮演这个角色那完全是因为它是一种社会的事物。

前面说科学的基本观念起源于宗教，那么宗教又是如何产生这些观念的呢？或者换个说法：既然宗教思想表达的实在就是社会，那么使社会生活成为逻辑生活的源泉又在哪里？进一步简化：逻辑思维是由概念构成的。那现在要问的就

---

① 涂尔干:《宗教生活的基本形式》, 306 页。
② 同上，308 页。

是，社会在概念的形成过程中如何起作用？

在解决这个问题之前，涂尔干如往常般首先明晰了概念的含义（至少是作为他研究的对象时的含义）。涂尔干认为概念不能仅仅被当成一般观念，事实上，"有许多概念都仅仅是以个体为对象的"①；同时它不同于感觉、知觉和意象等各类表现。感觉表现处在永远的流动中，它只有在产生的瞬间才是完整的；而概念恰好相反，它存在于时间和变化之外，栖身于我们内心中的一个独特之处，即一个更平静、更稳定的地方。"概念作为一种思维方式，只要它是其所应是，它便一成不变。"②而且在这相对的不变之外，概念也是普遍的：它是"一种非个人的表现，人类的智识只有通过概念才能进行沟通"。涂尔干认为，在我们对概念的这种认识中，本身就包含了概念的起源——如果对所有人来说都是共同的，那么它就是共同体的作品了。而且概念之所以比感觉和意象更具稳定性，是因为集体表现要比个体表现更加稳定，非重大事件不会使社会的精神状态发生改变。这样在生活中的每时每刻，"我们都会面对一种思想和行动的类型，它们以同样的方式作用于特定的意志和智力；这种施加在个体身上的压力，充分说明了集体的介入"③。由此我们可以总结一下"概念都是集体表现"的含义。首先，概念是属于整个社会群体的；其次，"概念所对应的乃是社会这种特殊的存在依据其自身经验来看待事物的方式"④。通过对概念思维的这种理解，涂尔干认为"我们就弄清了概念思维对我们具有如此重大的价值的原因所在了"。下面就可以据此来考察社会在逻辑思维的形成过程中究竟起到了什么样的作用。

首先，"只有当人们在感觉经验所形成的即兴的概念之上，成功地形成了作为所有知识共同基础的、整个稳定的观念世界时，逻辑思维才成为可能"⑤，而这种可能正好由概念思维所具有的伟大价值提供了，即由社会提供了。其次，集体生活的经验产生了力量这个概念，正是社会使人们想象到一种高于个人力量的力量，这种高于个人力量的力量即社会使人产生的"存在高于私人观念的绝对观念"的力量。

今天在人们的脑海中有这样一种根深蒂固的看法：宗教与科学是对立的。因

---

① 涂尔干：《宗教生活的基本形式》，569 页。
② 同上，570 页。
③ 同上，571 页。
④ 同上，572 页。
⑤ 同上，564 页。

为宗教意味着神秘、随心所欲、忽视逻辑准则的存在；而科学意味着理性、规律、条条框框的准则；所以宗教与科学的对立可以说成是不可跨越的信仰与理性的对立。但是，在涂尔干对宗教实际的考察过程中我们已然清晰地看到：宗教不仅为一个仪轨体系面向行动；还是一个观念体系——宗教丰富和组织着这些思想，其目的是要解释世界（宇宙观）。这也就是宗教具有的两个基本功能之一，即思辨功能；而且宗教思辨所针对的实在恰恰也就是后来哲学家们所反思的主题：自然、人和社会。宗教周围的神秘气氛完全是表面的，它也总是试图用理智的语言来转述现实，它在本质上与科学所采用的方式并无不同之处：两者都力图将事物联系起来，建立它们的内部关系，将它们分类，使它们系统化。涂尔干认为科学使用的基本观念，只不过对它们进行了重新阐释：排除了所有的偶然因素，又以宗教所忽视的"具有普遍意义的方式"将批判精神引入其中；同时，"科学还在自身周围建立起预防措施，要避免盲动和偏见"：它摒弃了狂热、偏执和一切主观影响。① 但无论如何，这种完善仅止于方法层次；科学与宗教针对的仍为同一对象，方法层次上的区别并不足以使它们泾渭分明。

　　总而言之，涂尔干认为宗教与科学不存在冲突；它们实际是一码事，只不过给人头脑建立的知识图式不同。首先，在宗教原有的两个功能中有且只有一个越来越远离宗教本身，这正是宗教的思维功能。宗教的这种退让，不是与科学斗争、冲突的结果，而是发现科学比自己更完善之后的"退位让贤"。其次，为发展自身，或者仅仅为了维持自身，宗教必须证实自身即形成一种理论去解释膜拜和信仰。很显然，这种理论从存在的那一刻起，就必须以各种不同的科学为基础。比如说各种社会科学、心理学、自然科学等。最后，即使存在冲突，宗教也仍然是存在的，它还是既定的事实体系。针对宗教存在的这种必然性，涂尔干是这样解释的：无论这些从科学中得到的事实多么重要，它们始终无法替代信仰的存在。科学是无法与信仰相提并论的。科学是片段的、不完整的；它虽然在不断进步，却很缓慢，而且永无止境，可是生活却等不及了，"注定要用来维持人类生存和行动的理论总是要超出科学，过早地完成——只要我们模糊地感受到迫切的现实和紧要的生活，便有可能将思维向前推进一步，超出科学所能确定的范围"②。这说清楚了为什么即使最合理、最世俗的宗教也不能而且永远不能不保有

---

① 涂尔干:《宗教生活的基本形式》, 567 页。

② 同上，567 页。

特定的思考形式。正是这种不是真正的科学思维，却以"模糊的直觉取代逻辑理性思维方式"，使它能够用来维持人类的生存和行动。因此，综上所述，我们可以这样理解：在原有宗教的面前"崛起了一股反抗力量"；尽管这种力量来源于宗教，然而后来它却迫使宗教屈从于它的批判和控制，而且"所有情况使我们可以预见：这种控制将会继续变得更加广泛、更为有效"。但是，这种反抗力量（科学）与宗教实质并无二致。

到这里，涂尔干作为一个对他们的时代有深刻思考的学者，他的论断就具有了现实意义，并有可能解决前面他所焦灼不安的社会团结问题：在现代工业社会，科学拥有至高无上的知识权威和道德权威。随之，个人主义和唯理主义充分发展并起决定作用。那么，在这样的社会，社会学家最关注的社会团结如何实现？涂尔干从解决宗教与科学的矛盾入手：科学本身难道不是正好揭示了宗教实际上不过是社会面貌的变形吗？"如果透过历史，在图腾或天主的形式下，人们出于信念向来只是崇拜集体现实生活的变形，而不是什么别的，就有可能摆脱僵局。"宗教科学显示出有可能恢复对协调一致来说必不可少的信仰；这倒不是说因为宗教科学足以产生集体信仰，而是因为它能使人们产生这样的希望：未来的社会仍将有可能制造众神，往昔诸神不过是变形了的社会而已。这也就是说，社会制造现代社会团结所需的"众神"。

最后，涂尔干在《宗教生活的基本形式》中，根据对图腾崇拜的研究提出了社会学的认识论。在他的关于"和宗教信仰密切相连的人类思维方式的"认识过程中，突出的是社会在其中的核心作用——无论在他关于范畴、概念、分类等基本观念的论述中，还是在关于科学思想的原始核心论述中，以及关于经验论和先验论矛盾的解决方法中，社会都是至为关键的本质因素。同时，这些人类思想形式的社会学思考从另一个方面印证了涂尔干宗教与科学只不过是一回事的看法。

现在大家可能都会知道（只是有时我们并未察觉）："在我们得以做出任何判断的基础中，都有若干基本观念支配着我们的整个智识生活。"这就是被亚里士多德以来的哲学家们称之为知性范畴的东西，如时间、空间、类别、数量、原因等。它们对应着事物最普遍的属性，就像是"将所有思想都涵括在内的坚固的框架"。涂尔干认为："当人们系统地分析原始的宗教信仰时，会很自然地发现某些主要范畴。"而根据涂尔干对宗教的总结论——宗教明显是社会性的，我们自然会得出这样一种假设：如果范畴起源于宗教（据前面的假设），那么它就应该有一切宗教事实所共有的本性；也就是说，它们还应该是社会事务，以及集体思想的产物。总之，这些"知性范畴"中应包含丰富的社会因素。

首先分析时间范畴。时间"不仅仅是对我们过去生活部分或全部的纪念，还是抽象的和非个人的框架；它不仅仅包含着我们的个体实存"①。事实上，它"就像一张无边无际的图表，所有绵延都在心灵之前展开，所有可能发生的事件都可以按照固定的确定标线来定位"。显然，据此安排的时间并不是我的时间，而是普遍的时间，是"同一个文明中每个人从客观出发构想出来的时间"。所有这些足够暗示涂尔干这样理解：这种时间安排应该是集体的。据他观察，事实确实如此，甚至被作为时间标线的日期、星期等也与公共仪典的周期性重现相互对应。空间也是如此。"本质而言，空间的表现是感官经验材料最初达成的协调。"②而既然有"协调"，很显然空间并非如康德所言是同质的；事实上，空间本没有左右、上下、南北之分，但如果说空间无划分和区别，人们就不可能在空间上安排事物，那空间也就不能被称为空间。究竟空间是如何有所区分的呢？涂尔干指出所有区别都来源于这个事实：它们起源于社会对应于各个地区所有的不同情感价值。这点在涂尔干对分类思想的论证（及另一部著作《原始分类》③）中有具体阐述。涂尔干认为甚至可以去讨论矛盾的观念是否也取决于社会条件的问题。今天"同一律"主宰着科学思想，然而我们仍然会在庞大的表现系统中发现它被抛弃。例如在神话中。神话的通则是，"它们既是一，也是多；既是物质的，也是精神的；它们能够无穷无尽地把自己分割开来，却又不失其基本构成"④。这至少说明指导我们的逻辑准则经历了变化，这种变化证明这些准则并不能永远铭刻在人们的心理构造之中，"在它们中间，至少有某部分是受历史因素决定的，是受社会因素决定的"。

涂尔干这些关于知识范畴的解释是"人类思想形式的起源是社会的"一种假设，他甚至设想这种社会学的认识论能够提出解决经验论和先验论之间矛盾的办法。接着看看涂尔干对原始人分类法社会起源的考察。

考察原始部落会发现原始人"最初的逻辑体系的统一性只不过是社会统一性的翻版"：这种分类以最接近最基础的社会组织形式为模型，并且"分类体系的分支也正是社会本身的分支社会"；同时不仅类别的外在形式具有社会的起源，

① 涂尔干:《宗教生活的基本形式》，10 页。
② 同上，11 页。
③ 涂尔干、莫斯:《原始分类》，汲喆译，上海：上海世纪出版集团，上海人民出版社，2005。
④ 涂尔干:《宗教生活的基本形式》，12 页。

而且"把这些类别相互连接起来的关系也源于社会"。涂尔干在胞族的分类中发现，"每个胞族中，分归一个氏族的事物与该氏族的图腾似乎最具同质性"，同时，他以为这种例证足以表明，由事物所引起的对于相似性和差异性的某种直觉在这种分类的形成过程中扮演了重要角色。但涂尔干同时指出，这种相似的感觉是不同于类别观念的："类别"是让人觉得形式相似、内容有点相近的那些事物的外在框架，但内容和框架是存在固有矛盾的——内容是由模糊和变换的意象构成的，而框架是一种限定的形式，具有固定的轮廓。实际上，"每一种类别都具有不断扩展的可能性，可以远远超过我们直接经验或相似经验的对象范围"，但通常意象是自发呈现在意识之中的，只是相似的边界非常模糊的表现；类别是一种逻辑符号，借助它我们可以有区别地思考那些相似的事物或可以分出类别的事物。从上面的这种区分中可以很明显地看出类别观念是人构想出来的思维工具。这种思维工具如何可能被建构？在这个问题的回答上，涂尔干果断地指出，"除了在集体生活的场景，我们很难找到这种必不可少的模型"。事实上，"类别不是一种理念，而是明确界定的一群事物，在它们之间存在着类似于亲属关系的内在联系"，而这种类别界定的实质对人而言最初只会在群体中感受到——"唯一能够通过经验了解到的这类群体，就是人们自己联合而成的群体"。在原始社会中，由于人类群体和逻辑群体的相互混淆，人们萌生出把宇宙万物统一到称为"类别"的同质群体中去的想法。另外，还有一点我们需要十分注意——因为它恰恰印证了社会为我们提供分类法的轮廓的说法——分类法是一种把各个部分按照等级顺序排列起来的体系，这里面有支配性的成员，也有从属于前者的其他成员。例如种及其特质都依赖于类别（纲）及其属性，而属于同一类别（纲）的不同又应该处于同一层次。而无论是物质的自然景观还是心理联想的机制都不能为这些知识提供等级体系，等级体系完全是一种社会事务。

前面关于概念的社会起源也可以拿来印证这种说法。

总之，在对这些人类思考形式的社会学论述中，涂尔干强调了社会的作用："社会绝对不是无逻辑或反逻辑的存在，也不是混乱和虚幻的存在"；"集体意识是精神生活的最高形式，它是各种意识的意识"。"不管集体表现在刚刚形成的时候有多么的粗糙，但实际上正因为有了集体表现，全新的心态才开始萌发；而单靠个体的力量无论如何也不可能把自身提高到如此程度：正是借助集体表现，人类才能够开始辟出通向稳定的、非个人的和有组织的道路。"

通过上面对以社会为核心阐发出来的三层内容，可能容易形成涂尔干是简单的社会决定论者的印象；的确，涂尔干关注现代社会的道德匮乏状态，期望通过分析宗教社会的起源，指望它创造出现代社会所需的道德宗教——但其实这里最关键的（这也是涂尔干的初衷）是："人何以成为具有团结精神的社会性的人？"或者说为什么人类不得不竭力摆脱个体性而伤害自身呢？为什么非个人法则一定要通过具体化为个体而消弭自身呢？这可能就是所谓的思想家的张力所在吧！

《古代中国的节庆与歌谣》（1919）

张宏明

马歇尔·葛兰言（Marcel Granet，1884—1940），著名汉学人类学家。他出生于法国德龙省的一个小镇，1904 年考入巴黎高等师范学校，主修历史学。在此期间，他成为涂尔干的得意门生，并深受莫斯的影响。1907 年，他参加中学教师资格考试并获高中历史教师证书。从巴黎高师毕业后，因得狄爱尔基金会的资助，师从著名汉学家沙畹（Edouard Chavannes）学习汉学。1911 年到中国做实地调查。1913 年回到法国，在巴黎高等研究院继沙畹任"远东宗教"讲座的研究主任。1914 年服兵役。1918 年奉法国外交部之命再次来到中国。次年回国，仍在高等研究院任前职。1920 年，获巴黎大学文学院博士学位，其博士论文有二：《古代中国的节庆与歌谣》（Fêtes et Chansons Anciennes de la Chine）、《中国古代之媵制》（Polygynie sororale et sororatdans la Chine Féodale）。同年被聘任为巴黎大学文学院讲师，主讲"中国文化"。1925 年，任巴黎东方语言专门学校"远东史地"讲座教授。1926 年又任巴黎中国学院校务长，并出版另一部代表作《中国古代的舞蹈与传说》（Danses et légendes de la Chine ancienne）。1940 年，葛兰言去世。

葛兰言（Marcel Granet）在社会科学界的地位颇为模糊。[1] 在西方已经高度专业化的学科分类体系中，葛兰言同时被归类在两个不同的学科内。莫斯

---

① 对葛兰言的介绍文字主要参考 Maurice Freedman, "Marcel Granet, 1884—1940 Sociologist", *The Religion of the Chinese People*, Oxford: Basil Blackwell, 1975；以及杨堃：《葛兰言研究导论》，见王铭铭编：《西方与非西方》，北京：华夏出版社，2003。

（Marcel Mauss）在葛兰言的墓碑上称其为"中国研究专家"，但稍后的弗里德曼（Maurice Freedman）又坚决地称其为"社会学家"。此中缘由与葛兰言的师承及研究领域有着直接的关系。葛兰言在巴黎高等师范学校学习时，正是涂尔干授课之时，因此他受涂尔干思想的影响极深。但由于葛兰言本人对"封建社会"研究的兴趣，又师从法国著名的中国学家沙畹，研究远东文明的"封建社会"，因此中国成为其专门的研究对象。葛兰言在研究方法上认同涂尔干及其学术的继承人莫斯提倡的社会学研究方法，研究对象又专注于中国学的领域，这样的学术嫁接就使其研究在两个学科中都只获得有限的承认。但在这种有限的承认之外，一些与中国研究有关的著名学者，却对葛兰言的研究极为推崇。杨堃在 20 世纪 40 年代对葛兰言的推介中，称其为"法国现代社会学派内一位大师，西洋中国学派内一个新的学派之开创者"。所谓"新的学派"就是在西方中国学中原有的语文学派之外，由葛兰言的研究所代表的社会学派。弗里德曼这位"社会人类学中国时代"的倡导者，在论及葛兰言表面上给人以中国学家印象的时候，指出事实恰恰相反："葛兰言是一个追求普世性的人文主义者，对中国文明的研究只是突破欧洲地方主义的局限，探索另外的文化世界的一种方法。"二人推崇葛兰言的原因虽然有所不同，但对其研究方法的肯定却是一致的。葛兰言研究方法的突出特点就是对社会的整体把握。在杨堃看来，与西方中国学中注重考证的语文学派相比，葛兰言从历史事实中探寻整体社会事实的社会学研究方法，更为有效。而弗里德曼为解决社会人类学转向研究文明社会或有国家社会所面临的方法论难题，也从葛兰言这里获得了最有力的学理支持。弗里德曼在权衡了葛兰言主要依靠中文古文献，对民族志材料却有所保留的研究方法之后，确认"在限定研究时段，限定研究材料的基础上"，对社会的整体把握还是可行的。因此，对于已经明了了学科分类的人为性，经历了中国社会科学的本土化之争的中国学界而言，葛兰言的研究对中国的社会科学研究与社会科学的一般理论之间的关系会给出有力的启示。

在《古代中国的节庆与歌谣》[①]中，葛兰言以《诗经》为主要文献，在对其中的诗句原文、历代注疏进行条分缕析的考证基础上，展现了中国上古时期整体的社会面貌，对官方仪式与民间集会的关系，对民间节庆与官方仪式本质的探

---

① 葛兰言:《古代中国的节庆与歌谣》，赵丙祥、张宏明译，赵丙祥校，桂林：广西师范大学出版社，2005。

讨，以及对国家建立前后中国社会的变化都有独到的洞察，真正在一般社会理论的层面对"何为社会"这个问题做了一个中国版的回答。全书正文总共分为四个部分，分别为序言、诗经中的情歌、古代的节庆，以及结论。正文之后还有附录若干，主要是与主题讨论相关的一些民族志材料。下面就对正文的四个部分做扼要的介绍。

一

作者开门见山地指出，本书的目的是要了解中国上古的宗教习俗和信仰，主要依靠上古文献。尽管现有的研究已经表明，现存的上古文献不仅稀少，而且多是后人伪作，但凭借学者应有的谨慎，以及对后人所处历史社会环境的把握，可以察知其作伪的缘由，由此来揭示上古文献的本来面目。但仅仅做到这一步，只是了解了中国上古的官方宗教。对于中国的宗教观念中存在的基本原则，对于上古官方宗教所赖以生长的习俗和信仰，仍然无能为力。时下流行的历史学家以当前事实来解释一切的研究方法，以及民俗学家用调查对象的解释或某种学术流派的理论来随意描述事实的研究方式，都不是真正具有批判性的研究方法。

真正具有批判性的研究方法，必须加倍谨慎。首先，必须说明所使用文献的确切价值。本书选择的《诗经》，价值表现在两个方面：一方面是现代学者公认，《诗经》中的《国风》部分实际上是民间的情歌；另一方面是在中国历史上，包括《国风》在内的《诗经》被视为道德教化的经典之一，与中国社会的最高秩序相关。《诗经》同时具有情歌与道德教化两种功能所形成的反差，把情歌产生的仪式场合及相应的上古信仰突出出来，道德教化就是仪式和信仰中所蕴含的力量的延续。这种延续是通过象征的手法，把情歌的字面意思转喻为道德教诲而实现的。诗歌这种体裁，也能够有效地防止注释的混入，有助于在诗歌原文的基础上理解上古社会，以及随后附加上去的象征性注释。

其次，在对文献反映的事实有了清晰的理解之后，需要在事实构成的整体之内进行更为谨慎的解释。其中，首要任务是，把实际的信仰和纯粹的表现（représentation）区分开来，即无须在信仰和仪式之间相互寻找源头。承载着信仰和仪式的习俗，可以拥有无穷的功用，但在无穷的功用的表现之下，唯一不变的是习俗的力量。因此，最关键的步骤是从最一般的方面出发，对上古节庆这种习俗的力量进行深入思考。上古节庆中的季节性、表示社会公约（pacte social）

的山川祭祀、两性和集团之间的竞赛、两性之间的约婚及联盟的巩固等，都在解释习俗的力量之源。

　　凭借这种批判性的研究方法，本书将阐明中国人的某些信仰究竟是如何起源的。它还将为一种文学形式的产生提供有用的信息，也将为一种考究的仪式如何从民间节庆中产生的过程做些铺垫。但对于中国宗教史的研究而言，只能算勾勒了一个轮廓。

二

　　作者首先提出了如何阅读《诗经》的问题。对《诗经》的解释，中国人以象征主义解释为主，西方学者则以文学解释为主。本书采用的解释，却是要超越文学解释与象征主义解释，去发现这些诗歌的原初含义。作者通过对《桃夭》和《隰有苌楚》两诗的逐字逐句分析，证明了中国学者在坚持以道德原则来解释诗歌的前提下，并不必然会歪曲诗歌的原义。在细节上，这些学者的训诂学独立于他们的道德原则。因此，准确地理解《诗经》中的诗歌原文是有可能的。为了尽量准确地理解《诗经》中的《国风》部分，作者提出了16条阅读原则。这些原则的核心就是如何在借助历代注释的同时又避免其干扰，达到理解诗歌本来含义的目的。这就要求能够区分训诂性的注释和引申性的注释，善于把同类主题的不同诗歌放在一起比较，做到以诗歌原文来解释诗歌。这样的结果，虽然也有某些局限性，但却能够揭示某类诗歌的基本要素。因此，这种阅读方式真正关注的是诗歌的主题，而不是诗歌本身。按诗歌的主题来分，可以分为以下三类：

　　1. 田园主题，以《隰桑》《东门之杨》等20首诗歌为例。这些诗歌的共同特征是，包含动物、植物及气候等在内的自然界的景象构成了人类情感表露的一个框架。虽然中国古代的学者一致认为，以自然界的事物来象征人类情感，不过是"比"和"兴"这样的文学修辞手法而已，但事实上还有更深一层的意义。如果仅仅是比喻修辞，这样的修辞手法在《诗经》中就显得过于千篇一律，诗人的想象力也过于贫乏。田园景象的运用，并非只是人们感叹自然之美，而是在田园景象之中赋予了道德的价值，即顺应自然就是合乎道德。田园景象的真正喻义乃是季节的变化，是中国上古时期的社会所遵循的农事历法。上古时期的《夏小正》《月令》《管子》卷三及《汲冢周书》卷六中关于历法的记载，表明了《诗经》中的自然景象，恰恰是历法中区分不同时期的标志。因此，田园主题是与诗歌产生的季节性仪式联系在一起的。季节性仪式的存在，也就使中国古代学者对《诗经》所做的道德教诲的象征性解释有了基础。

2. 乡村爱情主题，以《出其东门》《衡门》等 21 首诗歌为例。虽然《诗经》中存在着田园的主题，但这尚不足以完全确定《诗经》中的《国风》部分为民间情歌。因为这些诗歌与历法的出现时间，存在孰先孰后的谜团，宫廷学者完全可能借用上古历法中的自然景象，创作诗歌来为道德教化服务。此说看似能够自圆其说，但两方面的分析可以推翻这种说法。

其一，中国古代学者本身对诗歌来源的争论。尽管这些学者坚持作为道德教诲的《诗经》出自学者之手，却也无法否认某些诗歌违背了道德教诲。正是这些违背道德的诗歌，使道德家们的说法陷入了困境。相对而言，如果承认这些诗歌表明了中国上古社会的道德观念，而这些道德观念与后世的道德观念有所冲突，或许才更好地解释了古代学者面临的困境。

其二，对诗歌的分析表明，这些诗歌是在乡村的即兴对歌中产生的。首先，诗歌的起源是非个人性的。虽然是情歌，但这些诗歌中不含任何个人情感。所有的恋人都是一副面孔，都以同样的方式表达他们的情感。最常用的词，意义也最含糊，表示青年男女的词都是集体名词。这些没有个性的恋人表达的只是没有个性的情感。实际上，与其说歌谣表达了情感，不如说表达了情感主题，如约会、订婚礼、口角和分离等。自然场景本身也尽量地一成不变。尽管它们都是完全真实的，但只是一个要塞进歌谣里的固定程式。它们构成了一种固定不变的图景，目的是要把感情与普遍的风俗联系在一起。其次，诗歌的艺术创作手法简单直白，其魅力并非人们有意为之，而是事实本身的结果。简洁的景象和直露的感情相结合，是诗歌最大的魅力。受比类思维（deux pensée）的影响，《诗经》中运用最具技巧性的修辞手法——对仗，就是事物之间的相似性在诗歌创作中自然而然导致的措辞上的对应。这种艺术手法完全是原始的手法，它表达观念时几乎没有使用任何技巧。诗歌中还包含表达动作的叠词。某些诗歌的对仗句中，除叠词的差异外，诗句的含义几乎没有区别。这就使叠词表示的动作具有特殊意义。因此，可以推测，诗歌是在载歌载舞的场合中运用的。

3. 山川主题，以《桑中》《竹竿》等 23 首诗歌为例。从诗歌中可以归纳出，中国上古时期，在一定的时间和地方，存在大规模乡村集会的习俗。这些集会都在河岸或山上举行。而且，集会的具体时间在各个诸侯国是不一样的，但大致是在春秋两季。在这两个季节里，泉水才会特别充沛，而河流也都涨满了。由田园主题标志的季节变化，就与河流的丰枯转变紧密地连接在一起，也正是这种事实使得在漫长的冬季休耕期的开始或结尾举行集会成为正当之举。

　　大致可以断定，当时的每一个诸侯国中只有一个这样的集会场所。年轻人从各自的村庄出发，以步行、乘车或坐船等方式赶往目的地。在集会的地方，年轻人要进行一些带有竞赛性质的活动，如涉河、登山、赛马、采花和伐薪等。在这些活动中，有时年轻人要排成一个队列，在其他人击鼓呐喊的助威声中去争取竞赛的胜利。除此之外，更重要的是青年男女会分成两队，举行唱歌和跳舞的竞赛。唱歌是以对歌的形式进行的，诗歌和爱情就在这样的对歌过程中产生了。男女青年从最初的陌生人变成了难分难舍的恋人，山盟海誓、定情信物都不足以满足他们的热恋情感，结合的欲望促使他们成双成对地离去。最后要举行一场盛大的宴会来结束整个节庆。山川的节庆情况大体如此。涉河和采花在春季节庆中起着重要作用，而登山和伐薪则在秋季节庆中起着重要作用。春季似乎是订婚的季节，而秋季则是成婚的季节，相比而言，春季节庆带给人最大的欢娱。

　　从以上三类主题的诗歌中可以看出，季节性节庆标志着乡村生活中每一个具有决定意义的阶段，竞赛也将不同村落的青年男女以相互冲突的方式汇集到一起，在这其中，爱情就从乡村集会和歌舞中产生了。爱情的表现方式在其中极其关键。诗歌中，爱情被表现为人们在心里感受到的一种痛楚，而非一种欢娱的感受。因此，男女两性间的吸引力在于一种缺失感，在于一种对自身本性之不完整的缺憾。在这些季节转换的间歇期，阴阳在世界中合为一体，而男女青年则通过结合而充分发展他们的本性。爱情是一种沟通的方式，能够把两个本属不同性别、不同家族的陌生人结合在一起。当时的社会中，家族集团和性别间的对立是社会组织的基本原则，由对立而形成的分离原则只有在某些重大场合才能暂时得以缓解。这些重大场合，正是季节性的节庆。

　　季节性的节庆也直接影响了诗歌的创作手法。每一首诗歌，都保持了适合轮流合唱的形式、与舞蹈合拍的韵律、模拟对象的拟声叠词，以及特意要唤起情感的田园主题。对仗的句法以韵律确立了事物和世界的平行关系，这其中丝毫没有作者的影子；而在文学讽喻中，则是凭借唤起传统意义的主题来表达情感，个人的情感则深深地掩藏在古老的情感之下。这两种手法共同使得中国诗歌具有了非个人性的特征，在艺术发展的早期阶段，这种特征是即兴创作诗歌的实际环境——季节性节庆活动的必然结果。虽然发现了这样一种文学形式的源头，但研究的任务却不是去追溯它的发展过程，只是想表明，这些起源对它的发展具有怎样巨大的影响。

　　除去以上对《诗经》原文的研究，还需要比较研究来检验以上的推论，以得出正确的结论。根据民族志对普遍见于中国西南地区和越南的赛歌风俗的记载，可以证明，《诗经》中的诗歌与当前的风俗都具有共同的特点：歌谣起源于青年男女间的轮流合唱；合唱随即兴歌谣的改变而改变，男女青年以之相互挑战或表达爱情；赛歌与其他的竞争方式一起出现在大规模的季节节庆场合中；赛歌在不同村落的男女两性间进行。

　　因此，《诗经》中《国风》部分的诗歌，乃是春季节庆中神圣情感的产物。这些歌谣带有仪式起源的印记，在歌谣里保留了某种神圣起源的东西。正因为诗歌最初具有的神圣性，使其成为道德教化的经典。正统经典背后隐藏的古老习俗，揭示了上古时期存在着乡村的、季节性的节庆。这些节庆决定了中国农民生活和两性关系具有的节奏性，表明爱情的情感，以及这些情感与社会习俗和一定的社会组织的关系。因而，这些诗歌的价值绝不仅仅局限在文学史研究上。这些歌谣让我们确实能够确定农业节庆的意义，确定季节仪式的功能，并由此理解社会实在本身是如何向前发展的。

三

　　以《诗经》中的四种地方节庆为例，探讨中国上古时期节庆的特点。四种地方节庆分别发生在郑国、鲁国、陈国和周王室所在地。虽然这些节庆已经分为民间节庆和官方仪式两类，但实质上都是同一类型的，主题都涉及春季节庆中男女两性的结合。由此还可以分析出民间节庆与官方仪式的关系：即官方仪式是从民间节庆中产生的。二者相比，官方仪式的时间缩短了，进行仪式的地点被固定下来，仪式的参与者逐渐减少，以及仪式本身变得越来越专门化。明白这一点，在研究中首先就必须警惕把晚近的解释误作古老的信仰；其次要明确，即使确实存在的信仰，也不能成为上古节庆产生的直接原因。这就要求破除仪式目的论的影响。因为手段与目的之间的关系是非常含混的，或者说，它们的关系只是间接地确定下来的。必须避免在节庆中找寻一种基本行为的企图，幻想着以此单独的基本行为来解释整个节庆。因此，有意义的、能够解释整体的东西并不是个人的行为，是节庆使得行为具有了多种多样的效用。把节庆放在中国上古社会中来分析，才是理解这些节庆本质的关键。

1. 季节的节律。虽然中国上古节庆具有季节性的特点，但这一特点并不是因为要遵循太阳的运转周期、植物的生长周期或农作物的春种秋收规律而形成的，恰恰是农民生活具有的节律决定了上古节庆的季节性特点。春秋两季的节庆所分隔的，正是农民生活中两种截然不同的生活方式，即充满生命力的劳作收获的生活和无生命力的休养生息的生活。腊八节明确地体现了在两种生活方式的转换瞬间，自然与人类的和谐统一。它首先具有终结的意义，预示着农事年的结束。人们回到自己的村落，自然界的万物也各归其所，在这样的隔离中培养各自的元气，以待来年。其次，具有报恩的意义。人要用自然界的万物向自然界的万物进行全面的祭祀，以此达到物质世界和人类世界，以及人类世界内部的和谐统一。这双重的和谐统一是以对立的原则实现的，人类群体的所有成员都被分为两个对立的集团，与自然界中的万物也被分成两个对立的范畴一样。可以说，中国人按照他们自身生活的原则来想象自然的法则，自然的行为与人类的行为是完全一致的。他们自身生活的节奏决定着季节的交替。如果他们的习俗没有规律，宇宙也会马上陷入紊乱状态。这并不是出于什么巫术的目的，恰恰是因为，他们日常的生活节律是对事物的自然规律的精确模仿；但这种自然的规律性却只有通过他们自身生活的统一过程才能为他们所理解，而且正是由于这同一种过程，他们才会用规律性来统领整个宇宙。节庆正是在上古农民有节律的生活中的转折时刻发挥其黏合剂的作用，由此具有季节性的特点。

2. 圣地。中国上古时期，山川常常被视为圣地。其原因通常被庸俗地归结为山岳雄奇、河川澎湃等自然属性。事实上，关键不是受崇拜的山川本身，而是圣地的存在。中国上古的观念中，山川是季节转换的控制者，它在自然界中的地位就相当于王侯在社会中的地位。现实中也只有君主王侯才有祭拜山川的权利。当关系到自然界的事务时，王侯是以人类的名义与山川协调的。但这并不意味着二者是对立的关系，实际上，山川的力量不过是王侯力量的另一个面相。山川之德完全依赖于君主之德。在任何方面，它们都依赖于人类政治：只要人类政治运行良好，它们也就运行良好；而一旦人类政治走向末路，那么它们也必然要遭到同样的结局。王侯的力量与该国山川的力量是完全一致的。可以说，山川乃是统治显示自身的原理。这种王侯的山川崇拜很容易与季节性节庆联系起来。王侯有责任维持社会与宇宙的良好秩序，而季节性节庆则是展示共同体生活的正常进程，二者的目标是一致的。因此，节庆举行的具体地点所在的山川，由于季节性节庆所激发出来的神圣力量，而具有令人敬畏的神圣性。季节性节庆年复一年、代复一代地在那里举行，使社会契约得到周期性更新的同时，也使山川的神圣性得以保持。当王族统治确立起来，当王侯们树立同样的权威（majesty）以统一全体人民的时候，他们就设想圣地和王侯之间存在着一种合作关系。

3. 竞赛。所研究的节庆中，每一种仪式活动都采取了竞争的方式。究其原因，参加仪式的人群之间本身就存在着对立，对立就是竞争的最初起因。但由于节庆的目的是达成全面的和谐，因此，竞争的结果必然是对立双方的联合统一。竞争性的仪式活动就是把对立转换成和谐的中介，其中最主要的方式就是音乐的竞争——赛歌。不过，对立具有两个层面的意义。第一个层面是社会组织之间的对立。家族集团是中国上古时期主要的社会组织，人们在日常生活中归属不同的家族集团，同一个家族集团内部的生活培养出的家族感情极其平静、恒久而且单纯。相应地，家族集团的对外策略就是家族排外主义。但在节庆的时刻，家族排外主义只得到了节制的表露，即以竞争的形式出现，在随后的竞争中，家族排外主义完全被压制了，一种更强烈更和谐的激情迸发出来，超越家族集团的地方共同体诞生了。节庆在社会组织的层面上就是一次次地确认家族联盟形成的地方共同体的再生。第二个层面上的对立更为根本，是第一个层面的对立得以和谐的基础，这就是两性的对立。不同家族集团的男女面对面站在一起，最初的陌生对立感随着赛歌的一来一往，逐渐转换成亲密的爱慕之情，由两性的结合达成了家族集团间及地方共同体内的结合，最终达成全面的和谐。因此，两性交换是所有结盟的基础，从最根本的层次上说，也就是社会结合的原则。基于此根本原则，社会对两性的结合就必须有明确的规定。中国上古时期，联盟内婚制和家族外婚制就是所有婚姻都必须遵循的最普遍的、最基本的规则。每个家族的所有女子都必须用来交换，最主要的交换方式就是婚姻。族外婚削弱了家族排外主义，而联盟内通婚的规则证明了共同体更为重要，这就在每一个共同体内都促成了一种全面的团结感。在此严格的规则下，造成了爱情的非个人化，即爱情全然不受欲望的折磨，不受激情的驱使，只是遵照舞蹈的节律而对传统主题的模仿。即使在竞赛中，青年男女以个人的身份彼此挑战，他们也主要是其性别的代表和各家族集团的代表。因此，正如在赛歌中没有自由的想象一样，在原初的婚姻中也不会有真正的个人选择的力量。一夫多妻制中妻姐妹婚的形式，正显示了婚姻规则中把夫妻关系化约到最简单的两个家族的关系、两性关系的努力，避免妻子来自不同家族可能带来的问题。但随着社会结构日趋复杂，婚姻联盟具有越来越大的自由度，婚姻联盟曾作为巩固公共秩序的主要手段的功能逐渐消失。某些混乱时期，乡村节庆很可能退化为放荡和性放纵，成为混乱状态的明证。社会的变化，使民间节庆遭到极大的扭曲，以至于难以明了那些仍然以民间习俗面目延续着的行为究竟起源于何处。

四

以上的研究是把《诗经》作为研究的基础，其中古老歌谣的起源、保存和解释都是事实，统统作为一个整体来研究。但研究的结论，需要从文学史和宗教史的双重研究脉络中加以说明。

从文学史的角度看，《国风》的大部分内容都是情歌，它们是在传统诗歌主题的基础上创作的，而这些主题又起源于人们即兴创作歌谣的节庆场合。正是节庆场合，对诗歌的创作手法及中国诗歌的形式和内涵有极大的影响。节庆场合的神圣性和庄重性，给参加者以情感的激荡，需要一种与日常语言不同的语言来表达这种庄严的情感，于是诞生了诗歌的语言。赛歌的过程中，男女双方以姿态和歌声相互应答，这种重复的轮流对唱就是诗歌语言中节律原则的最初来源，并表现在诗歌的形式上。诗歌的基本形式是对句，而一组对句又是由两个单句构成，单句中包含着数量相同、意义对应的词语，而且结尾的押韵词语还强调音乐的韵律。诗歌的形式表现为既对立又相似的两两对称布局。在这种对称的诗歌形式之上，又发展出诗歌创作的原则，即重复运用只有少许变化的对句。这使诗歌创造中运用已有的诗句成为可能，这种可能又因对句中的两个单句之间无须押韵的事实而成为普遍的创作技巧。运用现有诗句形成的重复带来两个后果：一是完全重复构成叠句，表明观念随着舞步有节奏的前进；二是有少许变动的重复，表明观念按队列顺序次第地递进。

仅就诗歌的形式，还难以把握诗歌的内涵。除去诗歌中存在的某些描写补助词，用表示姿态和动作的方式来加强诗歌的情感，更重要的是在男女之间有节律的对唱与诗节的重复变化之中产生的复杂意象。在诗歌并置的句子中，可以发现一个基本的模式，即一个句子指人类的行为，另一个句子指对应的自然现象。这样并置的句子在男女双方的对唱中反复出现，双方所指的主题并非毫无关系，实际上每一方所指的意象都与对方的意象形成象征互体的关系。这种联系是依靠传统主题公认的自然现象中具有的意象获得的。传统的主题指代的不仅仅是自然现象，还包括自然规律与人类习俗之间的对应性。诗歌中人类行为与自然现象并置的基本模式，与传统主题，以及节庆一样具有极大的强制力，是必须遵循的规范。赛歌就是把一系列的人类现象归置到那个基本模式之中，直到对方理屈词穷。这一过程要遵循诗歌所要求的类韵规则，但类韵又恰恰是人类社会与自然界的内在联系所要求的。无论赛歌的胜负如何，人类社会和自然界的对应关系，作为诗歌中的一个基本模式，都得到了强化。诗歌在赛歌中的即兴创作完全是遵循传统的，而非个性的张扬。《国风》由民间情歌成为官方道德教化的经典，虽然遭到了全新的解释，但那个神圣的基本结构依然保持下来。

从宗教史的角度来看，中国上古节庆可以由当时社会本身的结构来解释。对《诗经》的分析已经表明，节庆标志着社会生活的节律，两性交换是节庆能够包容对立与统一的根本原则。与日常的家族生活相比，节庆时期是短暂的，但却充满了激烈，甚至奇异的情感。这不同于日常生活中的平淡感觉，其带来的崇高感和神圣感，都与日常生活划清界限，专属宗教的领域。节庆的神圣性在于，人们认为仪式行为能够对人类社会和自然环境产生决定性的影响。这种虔信感就是中国宗教和中国思想的教义原理得以形成的信仰基础。

中国上古时期，家族集团和地方共同体是社会的基本单位。一年的大部分时间里，人们局限在家族集团的地域内，彼此隔离地生活。生活严格控制在日常的私人领域中，此时没有所谓的"社会生活"。节庆的到来，才打破了各家族集团之间的隔离状态，地方共同体的统一状态才得到恢复。就春秋两季的节庆而言，春季节庆具有更强烈的性狂欢的特征，因为它标志着一个季节的开始，而在这个将开始的季节里，两性间的对抗状态是非常强烈的。而秋季节庆则是饮食的狂欢，因为在它之后的时期里，各个彼此隔离的家族集团在储存生活用品的过程中，会进一步加强他们的独立性。节庆正好使人类社会内部及其与自然界的多重对立同时获得了和谐统一。由此节庆中可以概括中国人基本的思维观念：

（1）世界是由阴、阳主宰的。这是两个基本的思想范畴。阴阳合一，促成世界的和谐状态。

（2）空间是一个有机的整体，由不同种类，即男性或女性、阴或阳的延展构成，它们是正好相对的；空间是面对面的延展体的集合。

（3）时间是由两类对立（阴或阳、男性或女性）的时期重复轮替构成的，这些时期在时限上是等长的。

（4）时间和空间形成了一个同质的整体，交替对应的原则和位置对称的原则构成了时间和空间的基础。

　　从中可以看出，上古时期的两性劳动分工规则给中国人的思维提供了主导原则。这些原则指导着人们的世界观，并在现实的习俗中主宰着自然的演化过程。节庆中的竞赛只是古老的社会结构的一个戏剧性表象，两性劳动分工是社会结构中的原初事实。

《西太平洋的航海者》(1922)

梁永佳

布劳尼斯娄·马林诺夫斯基（又译"马凌诺斯基"，Bronislaw Malinowski，1884—1942），出生于波兰的一个贵族家庭，初学理学，获得物理学和数学博士学位，后受到尼采、冯特，尤其是弗雷泽等人的著作的影响，其兴趣开始转向人类学。1910年，马林诺夫斯基入伦敦经济学院学习，1927年成为该院社会人类学首席教授，1939年出任耶鲁大学教授。马林诺夫斯基对人类学的主要贡献在于两个方面：一是功能主义文化论，二是田野民族志方法。前者一度成为人类学的主要范式，后者则一直主导着当代人类学的走向。他的功能主义思想，把整体内的各个部分视为有意义的、有功能的、有目的的元素。人类诸文化的各种习俗、制度、行为、活动，都是服务于整体的、有功能的事项，而不是割裂的、残缺的"遗存"。他的田野工作方法，响应了其师里弗斯（William Rivers）等人的倡议，强调用土著语言进行长期的、高密度的"参与观察"。1915—1918年，他曾两次深入英属新几内亚的特罗布里恩德群岛从事田野工作。1922年，他出版了成名作《西太平洋的航海者》(*Argonauts of the Western Pacific*)。此后，他又陆续发表了不少影响巨大的民族志作品，晚年则注意文化变迁的研究和文化理论的研究。除上书外，其著作还有《原始社会的犯罪与习俗》(*Crime and Custom in Savage Society*, 1926)、《野蛮人的性生活》(*The Sexual Life of Savages in North-western Melanesia*, 1929)、《科学的文化理论》(*A Scientific Theory of Culture*, 1944)、《自由与文明》(*Freedom and Civilization*, 1944)、《文化动态论》(*The Dynamics of Culture Change*, 1945)和《一部严格术语意义上的日记》(*A Diary in the Strict Sense of the Term*, 1967)等。

对于人类学家来说，1922 年是不同凡响的一年。人类学史上的两位巨擘，都在这一年出版了自己的首部民族志田野报告：拉德克利夫-布朗（A. R. Radcliffe-Brown）发表了《安达曼岛人》；马林诺夫斯基出版的，就是这本《西太平洋的航海者》①。

马林诺夫斯基的田野工作有点歪打正着的意味。1914 年，他来到澳大利亚的时候，本来要做马雷特（Robert Marett）主持的一个项目。不想"一战"爆发，尽管马林诺夫斯基当时任教于伦敦经济学院，但他身在波兰的父母因反抗奥国统治遇害，他也被视为英国的敌对国国民。好在有人力保，他才得到"自由羁押"的宽大处理。他便跑到英属巴布亚新几内亚东部地区，一去四年，其中有两年零十个月待在一个叫特罗布里恩德的小岛上，并且不时探访邻近岛屿。他学会了土著语言，调查了各种风俗，写成了多部专著。

《西太平洋的航海者》洋洋 40 万言，但抱负不大，写的全部都是一种叫"库拉"（kula）的交换制度。巴布亚新几内亚东部的岛群，大致呈环状，岛上的居民，素来交换两种东西：一种叫 soulava，是用红色贝壳打造的项圈；一种叫 mwali，是以白色贝壳琢磨的臂镯，它们统称为 vaygu'a（宝物），有特定的产地。除了在少数仪式中佩戴，它们没有实际用途。土著人十分看重它们，谁的宝物多且名贵，谁的声望也就越大。很多宝物具有专名，土著人不仅耳熟能详，还能如数家珍般给你讲一串它们的故事。

库拉交换的首要规则，是宝物一定要按规定的方向不定期流动。这便形成了一个闭合回路，马林诺夫斯基称其为"库拉圈"（kula ring）。两种宝物各有流向，非常明确：soulava（项圈）按顺时针方向流动，mwali（臂镯）按逆时针方向流动，从来不会走错。如果你站在库拉圈的任意一点上，面对圆心，那么你的左手永远接到 mwali，传出 soulava；右手永远接到 soulava，传出 mwali。库拉宝物不能永远占有，只能保留一段时间，最长不过几个月，顶多一年，然后就要在下一次交换中送出去。否则别人会责备你"太慢"。不过短暂的保留也会给持有者带来荣耀和声望，拿到名器更会令整个社区侧目动心，有点儿像在体育比赛中得到奖杯。

库拉交换大多在集体参与的仪式中进行，宝物却只在个人之间结成的"库拉

---

① 马林诺夫斯基（马凌诺斯基）:《西太平洋的航海者》，梁永佳、李绍明译，北京：华夏出版社，2001。

伙伴"中传递。参与库拉的人主要是男子，不同村落的参与规模也不尽相同。不论是参与者还是库拉宝物本身，永远不能退出。"一旦库拉，终身库拉。"由于两种宝物的流动方向一定，所以每两个伙伴之间的交换关系也不容更改。例如，甲根据住地的相对位置，按宝物的流向送给乙臂镯，那么乙就要回给甲项圈，次序永远不能颠倒，除非其中一个把家搬到相反的位置。

地位越高，库拉伙伴也越多，酋长则多达数百。经他之手传递的宝物也比一般人多。一件宝物在库拉圈上循环一周，大致要几年，一般人很少能两次得到同样的宝物。这是因为酋长的伙伴多，经常能改变宝物的流通路径，如同扳道工。一个人通常在成年之际，得到父亲或舅父赠送的宝物，然后他再用这件宝物打入"库拉圈"，建立自己的伙伴。伙伴应该有两个，一个送他 soulava，一个送他 mwali。库拉伙伴分内陆和海外两种：内陆伙伴主要在自己的亲朋中发展，海外伙伴则是他们在异地的接待人、保护人和盟友。土著人非常害怕巫术、飞妖和食人族等海外危险，所以海外伙伴的重要性可想而知。但是每个社区的海外伙伴都有极限，不得超越。

项圈和臂镯在互赠的时候，珍贵程度应该相当。这由受礼者决定，方法是回一件价值相当的礼物。即使回礼不等值，对方也不能拒绝，但可以抱怨，取得他人的同情。库拉宝物从来不能马上对换。一赠一回必须隔开一段时间，从几个小时到一年不等。如果手头没有合适的宝物做回礼，你就要在库拉交换的场合送一件次等的过渡礼物，等有了合适的宝物再做正式回礼。如果你得到一件贵重的宝物，你的伙伴们也可以送去索要礼，争取你的青睐。索要礼有很多种，都不属于库拉宝物。

库拉宝物有两种交换场合：内陆交换和海外库拉，后者的交易量最大。海外库拉以"库拉社区"为单位，由临近的岛屿和村落结成，整个库拉圈共有 17 个"库拉社区"。同社区的村落定好时间，建造或翻新船只后，一齐开往海外另一个"库拉社区"。海外库拉的目的是获取库拉宝物，且有竞争意义，所以任何人都不许带宝物。海外库拉牵涉的巫术仪式、神话传说、风俗信仰最为丰富。

海外库拉必须造船。土著人建造的，是一种能承载 20 多人的轻便独木舟，叫 masawa。造船的工序是先把一根树干挖空，两侧绑上围板加高船舷，船头船尾镶嵌围板，上刻有巫术意义的图案，船身髹漆，船帆则用露兜树叶织成。另用木棍做一副巨大的浮架绑在一侧船舷上，中间隔开一段距离，这样可以保持船身在水中的平衡。造船需要大量人手，有时全村人都要参加，所以一般由酋长出面组织，他也就成为这艘船的 toliwaga（toli 意为"主人"，waga 指船，toliwage 意思为"船主"）。toliwaga 有权主持仪式、决定出海人选、取得库拉的最大收益，并有责任施行独木舟巫术。特罗布里恩德人的母系制度，要求男子必须把自己的农业收获送给自己姐妹的丈夫，所以只有独享多妻特权的酋长才有足够的财力负担建造船只、组织大型仪式等活动的必要支出。此外，造船还需要工程专家和巫术专家，指挥整个建造过程。

马林诺夫斯基泼墨如水，全程描述了特罗布里恩德和多布的一次海外库拉交易。在造船阶段，特罗布里恩德人伐木挖树、绑制浮架、雕刻围板、髹漆堵缝，每一道工序都有严格的巫术仪式伴随。各村船只大致同时造好，然后举行下水礼。下水之后，由出航的船队首领出资，举行食物分派仪式（sagali）。新舟还要到邻近的村落探访，由主人为客人的船只"破脑"。至此库拉船队才真正集结出发。他们先在穆瓦岛稍做停顿，举行一次食物分派仪式。然后穿过惊险刺激的海面，来到安富列特群岛，稍做交易，随即出发，奔向目的地多布群岛。一路上都有船只加入，每艘船只都不停地施加各种巫术，增加速度，回避危险。在抵达多布之前，旅团要在萨洛布沃纳海滩实施祈美、祈安等巫术，争取最多的库拉收获。

多布人是可怕的食人族，但是他们不会吃库拉伙伴。旅团到来的时候，独木舟连成一排，由船队头人指挥，划向他的主要伙伴所在的村落。他在上岸前就会得到第一件库拉礼物，然后法螺齐鸣，岸上的人拿着项圈各自寻找他们的伙伴。接待礼完毕后，船队分头行动，每艘独木舟的 toliwaga，都把船只带到自己的主要伙伴所在的村落。礼物的收受颇为复杂，例如你必须把礼物抛给对方，一脸不屑；或扔在地上，让对方的随从去捡。toliwaga 在收足礼物之前，不能吃当地的食物。如果礼物不多，他还会装病博取伙伴的同情，这是一种索要方式。此外，他还会用巫术网罗伙伴交出宝物。

海外旅团还会进行附属贸易。交易物品多为实用目的，一般是家乡的物产或采购来的工业制品。在土著人看来，它的重要性远在库拉交换之下。附属贸易必须在非库拉伙伴的主客之间进行。他们通过讨价还价达成交易，这就是著名的 gimwali，即以物易物。他们还会探亲访友，但是不能接近当地女人，这使性行为自由的特罗布里恩德岛来客颇为烦恼。停留三四天后，他们便起航回家。回航途中，旅团还在萨纳沃阿海湖潜采 kaloma 贝壳，带回去请人制造库拉项圈。返抵家乡之前的最后仪式，是在穆瓦岛展示各船的收获。

六个月之后，多布人组织船队，回访特罗布里恩德。他们的活动，与特罗布里恩德岛的访问大同小异。但是这一次，作者让我们看到了特罗布里恩德岛上的准备工作。其中一项重大事宜，就是那里的酋长到临近的村落换取库拉宝物，准备送给将要来访的多布人。内陆的库拉交换相对频繁，但是随着殖民政府对酋长制度的破坏，酋长的风光已经今非昔比。

如此大规模的区域交易制度，完全是为两种"没有用"的装饰品而设。它们维系着土著人的光荣与梦想，消耗着他们的时间和精力，激励着他们的聪明与才智，撩拨着他们的贪欲和野心。土著人对工作的激情，让自命勤劳的殖民者望尘莫及；土著人对秩序的服膺，让满腹经纶的传教士大惑不解；土著人对风俗的遵从，让残守"绝对命令"的哲人陷入沉思；土著人对私人占有的渴望，让信奉"原始共产主义"的经济学家哑口无言。这就是人类学历史上的经典案例——库拉，它使马林诺夫斯基当之无愧地成为经济人类学的奠基人。

与库拉制度密不可分的，是土著人的神话和巫术。马林诺夫斯基对这两个题目可谓情有独钟，他的大半著作都对此做过专门探讨。在本书中，有关神话和巫术的篇幅也超过了一半。马林诺夫斯基告诉我们，土著人的神话，是有关超自然事件的故事，现在绝对不会发生。之所以不会发生，是因为神话英雄使用过的巫术失传了。否则人们可以起死回生，可以驾独木舟飞行。神话和巫术实际上形成了互证的关系。"神话被结晶为巫术咒语，后者倒过来又证明神话的可信性。通常，神话的主要作用在于给整套巫术提供一个基础，巫术支撑制度的地方，神话也是它的根基。这恐怕就是神话在社会学上最重要的地方，它通过相关联的巫术对社会制度发生作用。在这里，社会学的角度和土著人的观念惊人地相似。"[1] 可以说，巫术是神话与现实的桥梁。

马林诺夫斯基对巫术的剖析也颇为透彻。在土著人的观念中，巫术是人固有的力量，不属于自然。它只作用于人或人造物身上。例如，在增多食物的巫术中，巫术的目的是让人的胃口变坏，而不是让食物增多。巫术主宰着生活的方方面面。一切幸运和灾祸，既不来自个人的原因，也不来自上帝安排，而是巫术所为。"土著人认为巫术支配着人类的命运，为人类提供主宰大自然的力量，它是人类抵御各种危险的武器和盔甲。……人只不过是巫术力量、妖魔鬼怪和黑巫术

---

① 马林诺夫斯基：《西太平洋的航海者》，263 页。

的玩偶而已。"[1] 木鬼 tokway 的巫术能把人弄痛，巫师 bwaga'u 的巫术能置人死地，飞妖 mulukwausi 的巫术能攫人内脏。另一方面，所有的巫术都有反巫术来对付。没有自然死亡，也没有自然康复，那都是巫术所致。

在重要的人生阶段，在重大的利益关头，都有巫术的成分。有保护婴儿的巫术，有杀人的巫术，有防止甘薯腐烂的巫术，有加快独木舟的巫术，有逃避飞妖的巫术，有获得爱情的巫术，有减轻重量的巫术，还有风巫术、阳光巫术、战争巫术、催长巫术、避雷巫术、治牙巫术、保存食物的巫术等，不一而足。真可谓"生死由巫，富贵在术"。

巫术来自传统。每一种巫术都有它的起源神话，但是那神话从来都说巫术是由某某"带到"世界上来的，而不是被发明出来的。巫术从哪里带到地上来，那里的人就成为巫术的所有者。因此，巫术是高度地区性的，必须由神话中原先拥有巫术者的后人施行。所以巫师在念咒语的时候要读一长串巫术所有者及其后代的名字，并讲述有关的神话。执行巫术的时候也不能有半点差池，否则"神灵会变得很愤怒"。可以自由买卖的巫术很少，大多巫术只能在一个氏族分支内流传。它们多数属于不同的巫术系统，构成系列，执行时不可省略，不可颠倒次序。系统性巫术通常和一些大型活动有密切关系，例如建造独木舟或库拉旅程、潜采贝壳或整理园圃和收割等。单个巫术则微不足道。

巫术和工作并行不悖，二者不曾偏废。例如造一艘独木舟，当然需要细致精巧的技术，巫术不能代替。但是如果两艘同样好的独木舟，一个快一个慢，那便是巫术的功劳了。在园圃耕作中，巫术也不能代替勤劳，但是巫术可以招致好运，使自己的收成比别人强。

总结起来，"巫术对土著人来说是一种特殊的门类。它是一种特别的力量，其特色是属人的（human）、自主的和独立的。这种力量是某些词汇的内在属性，由通过社会传统或遵守某些禁戒而取得资格的人在某些行为伴随之下念出。这些语言和行为有本身的力量，直接作用于某些事物上，无须能动者参与。这些力量不是得自神灵、妖怪或超自然的存在，也是从大自然中得到的。语言和庆典仪式的力量是基本的、无法削弱的，这是土著人巫术信仰的最终教条；因此土著人建立了以下的观念：人没有能力干涉、改变或修正巫术；传统是巫术的唯一来源；

---

[1]　马林诺夫斯基：《西太平洋的航海者》，340 页。

传统在人可以想象的时间以前已把巫术带到世上，巫术不能自然产生"①。

马林诺夫斯基在自己的第一本民族志著作中就表现出对理论的谨慎。他拒绝对"库拉"做理论概括，只是在结尾强调了一下库拉的几个特性及其潜在的民族学价值。他认为，库拉介于商业和仪式之间。它不是以物易物，而是严格根据风俗信仰而进行的延迟性等价交换。这是一种全新的交换方式，它彻底打破了西方经济学家对原始经济的虚构。它告诉人们，原始人不是唯利是图的小人，他们不是非到要交换不可的时候才去交换，也不是只为生活必需品才去交换。事实上，库拉有助于理论经济学反思"通货""商业"和"所有权"等概念。虽然后来的再研究［如韦娜（Annette Weiner）］证明他的观察有很多错误，但是马林诺夫斯基对这个案例的发现颇为志得意满。他预言，库拉的交换形式还会在世界的其他地方发现，就像"马纳""图腾""塔布"一样，"库拉"将成为经典的人类学概念。

预言似乎没有实现，但这种自信的原因是值得追究的。不难发现，马林诺夫斯基日后的功能主义文化理论，已经在本书的结尾一章初露端倪。试看他的自白："（土著人）为了交易而交易，以满足内心深处的占有欲。""拥有 vaygu'a 是令人身心愉快、慰藉情感的事"，"它（挂在垂死之人身上的宝物）既有抚慰的作用，也有增强信心的作用"。并"足以让土著亲属观念中受到死亡打击最大的人感到安慰"。②可见，马林诺夫斯基相信库拉的背后是心理动力。从这本书开始，他一直都在为文化找寻一个原因，不论这原因是心理的、生存的，还是别的，总之必须有一个。在他看来，文化必须满足生活，这就是后来被他命名为"科学的文化理论"的功能主义文化论。

《西太平洋的航海者》一书，在研究方法上，开创了科学的田野工作之先河。在本书的导论部分，作者旗帜鲜明地提出，他追求的是科学的方法，叫作民族志的方法。马林诺夫斯基认为，科学的研究方法，必须交代观察的条件和情境。如果对自己的研究方法和研究过程讳莫如深，那么他的研究结论便不可置信。所以他公开了自己的田野工作时间表和参与观察的方式（虽然他把对土著人的反感，全都发泄在了死后出版的日记里）。

要把亲身观察和土著陈述的原始材料整理成一本有条理的民族志，中间要经

① 马林诺夫斯基：《西太平洋的航海者》，366 页。
② 同上，4 页。

历长年累月的辛劳。与土著人接触的艰苦、语言的障碍、民族志者的身心承受的巨大压力，都是成功的田野工作必须克服的困难。要克服这些困难，必须具备三个条件，这是民族志方法的三大原则，也是田野工作取得成功的三大基石。"首先，学者理所当然必须怀有科学的目标，明了现代民族志的价值与准则；其次，他应该让自己具备良好的工作条件，主要指完全生活在土著人当中而无须白种人介入；最后，他得使用一些特殊方法来搜集、处理和核实他的证据。"[1]

前两点不难理解。一个学者当然要具备一定的专业知识和真诚的科学态度。"良好的工作条件"是指田野工作必须摆脱白人的陪同，住到村子里，保持与土著人密切接触。而不是待在白人的住处，定期冒出来"做"土著人。否则人们无法在民族志者面前行为如常，民族志者也会遗漏很多有意义的事件和细节。

关于某些搜集整理材料的方法，马林诺夫斯基提出了三步策略：用大纲表格勾画出部落生活的骨架，用不可测量的例证填充部落生活的血肉，收集语言材料和精神生活资料。

首先，部落组织及其文化构成必须以翔实明确的大纲记录下来，这一大纲必须以具体的、统计性资料的方式提供，这被称为"具体证据统计文献法"。"可以这样说，每一现象应该就其具体表现尽可能广泛地研究，每一研究都应对详细的佐证做穷尽的调查。如果可能，应该把结果简化为某种图表，既用作研究的工具，又作为民族学文献。"[2] 这一步可以通过询问和统计来实现。但是一定要用具体的案例询问，而不是直接问土著人"你们是怎样惩罚犯罪的？"这一类宽泛的问题。民族志田野工作的第一步，就是尽快找到那些常态的、多发的情况，并总结这些实例，归纳出土著文化和社会框架。

然而，大纲图表还较为粗糙，不能代替具体生活，必须以鲜活的细节填充。民族志者长期在土著社会逗留，为的就是观察原则、规定之下，人们是如何行为的，他们的感情如何，某些活动的生命力怎样。例如，在某一公众集会，人们是敷衍塞责、无动于衷，还是积极热情、自觉自愿？这些现象，不能用询问或统计资料的方式记录下来，而只能在具体的状态中观察，这被马林诺夫斯基称为"实际生活的不可测度方面"[3]。马林诺夫斯基无疑已经发现，人们经常说一套做一套，所以不能完全依赖访谈。

---

[1] 马林诺夫斯基：《西太平洋的航海者》，442—444 页。

[2] 同上，13 页。

[3] 同上，14 页。

最后，土著人的观点、意见、说法等心理状态，由于可以左右他们的行为，所以也必须予以观察记录。作为社会学家，不必纠缠于难以捉摸的个人心理，而是努力找出典型化的思想和情感使之与某一给定社区的习俗和文化对应，并以最有说服力的方式理清结论。具体方法是"一字不易地引述关键的陈述"[①]，甚至直接用土著语言做笔记，顺便形成一份对语言学研究也有意义的土著语言材料集成。

他还提出了两条重要的原则，受到了人类学后继者的重视。第一是整体论的原则。他主张田野工作不能只是猎奇，或者仅仅研究一个方面（如社会组织），而是"对整个部落文化的所有方面都给予研究"[②]。第二是主位法的原则。他指出，民族志田野工作的最终目标，"是把握土著人的观点、他与生活的关系，搞清他对他的世界的看法"[③]。

总结马林诺夫斯基的研究方法，可以归纳为六句话：通过学科训练树立科学的态度，学习土著语言进行独立的参与观察，通过访谈和统计理清土著社会文化的框架和原则，通过具体观察捕捉土著生活的细节，使用土著语言记录土著人的心理状态，总结全部资料理解土著人眼中的世界。研究对象则可以总结为制度、行为、心理三个方面。

这一套方法，固然为人类学今后的研究奠定了重要基石，但是也存在严重的不足。首先，这里的整体论方法，其实是胡子眉毛一把抓的方法，只具备整体观的雏形。显而易见，民族志者根本无法记录土著生活的所有方面。日常生活的复杂程度，并不因土著社会"简单"、人口规模小就能够完全付诸文字。即使是我们社会中的伟大作家，也只能描述生活的片段，何况只在异乡待过几年的民族志者。马林诺夫斯基自己也没有做到既全面，又充满细节。《西太平洋的航海者》虽然长达448页，也不过是对库拉制度的描述。我们阅读的时候，经常会发现想要了解的某些方面付之阙如。例如，母系制度的细节，库拉圈东部和南部的情况，等等。韦娜更从全新的视角，发现了他从未发现的内容。[④]弗雷泽在序言中预告的有关特罗布里恩德土著生活的全面记录，也从未问世。马林诺夫斯基的弟子埃文思–普里查德（E. E. Evans-Pritchard）在《阿赞德人的巫术、神谕和魔

---

① 马林诺夫斯基：《西太平洋的航海者》，17页。

② 同上，8页。

③ 同上，18页。

④ Annette Weiner, *Women of Value, Men of Renown*, Austin: University of Texas Press, 1976.

法》中，明显地表现出对马林诺夫斯基的做法不以为然："写作赞德人的神秘信仰和仪式实践，我就必须描述整个赞德的社会生活吗？描述农业和狩猎魔法，我就必须完整地叙述经济活动吗？提到歌唱和舞蹈魔法，我就必须描述歌唱和舞蹈本身吗？我认为不必。万事万物最终互相关联。但是除非做抽象，否则我们研究不起所有现象。"①

把土著生活划分为基本原则、行为方式、社会心理三个领域的方法，尽管有所贡献，但是仍有先入为主之见僭越民族志事实的嫌疑。具体地说，就是假定了人的社会生活存在一定原则，人们根据这些原则行为，并常做变通，行为的背后又有心理因素。这是典型的功能主义的认识论。实际上，"原则""行为""社会心理"都只是"制度"的一面，它们不是社会，甚至不是马林诺夫斯基标榜的文化的全部。土著生活中，还存在象征、结构、逻辑、历史等领域，这都不是上述三项可以囊括的。还有，土著人自己造就的世界，不可能是西方心理学为人类社会编织的生活范畴。这项原则，使人类学研究对象只能是大而无当的"土著人"。一句话，马林诺夫斯基虽然标榜科学方法，却不能找到一个有认识论基础的研究对象。

用土著语言记录土著人精神的方法固然价值很大，但是马林诺夫斯基没有把问题引向深入。他所追求的，是一份原汁原味的土著语言材料库。然而知道如何使用这些语言材料的独具慧眼的人士并没有像他想象的那样如期而至。但是用土著语言记录关键词汇的方法，则得到如埃文思–普里查德等后继者的发挥，成为理解土著人的核心范畴的必由之路。

马林诺夫斯基不是第一个亲自到田野去的人类学家，但是他是第一个用土著语言进行田野工作的人类学家。《西太平洋的航海者》也就成了在这种田野工作的基础上写成的第一部民族志。自此以后，他的做法被人类学界普遍接受。用土著语言进行一定时间的田野工作，并写成一部民族志的方法，最终成为人类学家的"成丁礼"。尽管在后人看来，本书存在诸多缺陷，但是比较一下本书之前和之后的人类学作品，就会明白这本书的影响之巨，可以说没有几本著作可以与之媲美。

---

① E. E. Evans-Pritchard, *Witchcraft, Oracles and Magic among the Azande*, Oxford: Clarendon Press, 1937, p.2.

《安达曼岛人》[①]（1922）

梁永佳

阿尔福雷德·拉德克利夫-布朗（Alfred Reginald Radcliffe-Brown，1881—1955），生于伯明翰。1910年，他首次到澳大利亚旅行，并与其他人一起开始研究澳洲土著部落。从1926年到1931年，他在悉尼大学教授人类学，后又在牛津大学执教。1922年，他发表了名著《安达曼岛人》（*The Andaman Islanders*），1931年又发表了《澳洲部落的社会组织》（*Social Organization of Australian Tribes*）。拉德克利夫-布朗在使人类学成为一门"科学"方面做出了巨大的贡献，他始终相信人类学家可以运用"科学"方法来研究一个社会及其一般价值，即所谓的"集体意识"。在这个意义上，他奠定了英国现代社会人类学的方法论基础。正因如此，他和他的"科学"方法也终于有"资格"成为当代人类学家的反思对象。

约70年前，吴文藻先生在《北平晨报》副刊《社会研究》上发表了一篇题为"功能派社会人类学的由来与现状"的文章，他说："为了实地观察的技术与社会学的理论解释二者独立而并行发展的结果，人类学上遂产生了一种趋势，形成今日所谓之'功能的观点'。此新趋势发起于1922年。是年同时出现了两部重要专刊：一为马林诺夫斯基（Bronislaw Malinowski）的《西太平洋的航海者》，一为拉德克利夫-布朗的《安达曼岛人》。二书之长处，在于使完善的理论观点与精细的实地调查打成一片。这在人类学的研究史上是别开生面的，已成为

[①] 此书评由《安达曼岛人》（中译本，梁粤译，北京：华夏出版社，2005）的"译序"修改而成。——编者注

人类学文献中的重要典籍。"① 这段文字是为迎接拉德克利夫-布朗来华所作，平实之中渗着功力，今天捧读，仍自愧心目中所知二书者，不外于此。个中原因并不复杂，两本著作均长逾 500 页，洋洋 40 万言，能凝神静气读上一遍，实在不容易。二书地位虽早成学界共识，却一直无人将其译成中文以飨读者，无怪乎有识之士慨叹道："英国功能学派被中国引进、推崇和批判迄今凡 70 年，但学人们至今读不到马林诺夫斯基《西太平洋的航海者》（1922）和拉德克利夫-布朗《安达曼岛人》（1992）的中文译本。"② 可喜的是，《现代人类学经典译丛》编委于 2002 年组织翻译了《西太平洋的航海者》，2005 年又与广西师范大学出版社一起努力，促成了《安达曼岛人》中文版的问世。

　　安达曼群岛坐落在孟加拉湾东部，由 200 多个岛屿组成，原为英国殖民地，"二战"中被日本占领，现已成为印度一省。由于它孤立于大陆之外，人口稀少，所以近代以来一直处于封闭状态。英国曾将这里辟为颇为有名的囚禁地，柯南道尔在《福尔摩斯探案集》中还提到过它。印度独立后，在此建立军港，不仅禁止外国人涉足，就连本国人也很难与安达曼人接触。以至于拉德克利夫-布朗之后，研究安达曼人的人类学家寥寥无几，且探讨不深。值得一提的是，印度女人类学家 Sita Venkateswar 于 2004 年年底出版了一本《发展与种族灭绝——安达曼群岛的殖民实践》（*Development and Ethnocide—Colonial Practices in the Andaman Islands*），很可能是有关这个民族的最后一部实地调查研究了。

　　安达曼群岛分成大、小安达曼两个部分。大安达曼原有十个部落，小安达曼只有两三个部落，这些准确的分类都是拉德克利夫-布朗的功劳。安达曼人很可能是从非洲迁徙过来的，英国殖民之前估计有 5000 多人，1901 年只剩 2000 多人，到了印度独立时只有 1000 人。印度政府出于保护原住民考虑，尽量减少与之接触，仅有少数政府公务人员定期向岛民派送食物和礼品。可是，保护政策似乎适得其反：印度食物使他们很不适应，礼物冲击了他们的政治构架，接触带来传染病。据最近的人口统计，安达曼人仅剩下 5 个部落，不到 900 人，其中大安达曼岛人仅有 36 人在世。2004 年 12 月 26 日的印度洋大海啸席卷整个群岛，安达曼岛人遭遇灭顶之灾，已经濒临绝种，一切似乎都来不及了。

---

① 吴文藻，《功能派社会人类学的由来与现状》，原载《北平晨报》副刊《社会研究》，第 111—112 期，1935；转引自王铭铭编：《西方与非西方》，103 页，北京：华夏出版社，2003。

② 《人类学名著译丛》编辑委员会："丛书总序"，见拉德克利夫-布朗：《原始社会的结构与功能》，潘蛟等译，2 页，北京：中央民族大学出版社，1999。

　　拉德克利夫-布朗说，安达曼岛人靠天吃饭，每 20～50 人组成一个地方群体（local group），这些群体由几个核心家庭组成。他们不仅没有中央权威，甚至没有地方群体领袖，[①] 所以它的社会控制是非正式的。地方群体之间关系松散，两个相邻的群体经常调换住地，有时共同举行仪式活动，并形成通婚关系。大家一般相安无事，即使有冲突，也能很快结束。安达曼岛人以单偶核心家庭为最小单位，实行外婚，且很少离婚，生了孩子更不会离婚。收养很常见，许多孩子年纪尚幼就被送到别家抚养。

　　1906 年，25 岁的拉德克利夫-布朗来到安达曼群岛，待了两年左右。他如何进行田野工作，我们所知甚少，他很可能得到了第一个进行安达曼岛人口统计的坦普尔（Temple）的帮助。他使用的材料，相当一部分来自前人，尤其是英国殖民地官员马恩（Edward Horace Man）和被誉为"安达曼岛人之父"的波特曼（Maurice Vidal Portman）。拉德克利夫-布朗并没有像马林诺夫斯基那样，坦率地交代自己的田野工作背景和状况，也没有写过暴露隐私的"严格意义上的日记"。但他对于前人呈现的凌乱材料，有着一种超凡的驾驭能力。他将这些材料分门别类，阐发他的功能主义思想。正是这种做法，给社会人类学带来了革命性的转变。

　　《安达曼岛人》经常被误解为一本用个体心理学视角写成的民族志。实情却并非如此，拉德克利夫-布朗没有深刻的心理学背景。他的全部命题和探索，都跟涂尔干的思想有关。众所周知，拉德克利夫-布朗一生倾心于涂尔干，早期著作中更是如此表现，《安达曼岛人》的论题显然来自涂尔干的《宗教生活的基本形式》。涂尔干在该书中认为，神乃是社会的自我神化，宗教通过一整套信仰体系和仪式实践，象征了超越个体的社会本身。社会通过各种象征和仪式，尤其是"集体欢腾"，在个体心理中激发出超越性感受，让个体感受到自己的存在。该思想的核心问题在于，社会如何使个体获得这种感受，让个体为它生存、向它膜拜、替它服务。拉德克利夫-布朗希望能够用安达曼岛人的神话仪式来说明社会是如何通过组织、仪式、习俗、巫术、信仰、宗教、神话等象征手段进入个体心理的。他认为，社会是一个独特的事实，它凌驾于个体，无影无形，所以必须通过各种制度把自己"落到实处"，这就是一个民族看似无关的各种"文化事项"的使命。用他的话来说，这就是所谓的"功能"。

---

① A. R. Radcliffe-Brown, *The Andaman Islanders,* The University of Cambridge Press, 1922, p.44.

　　《安达曼岛人》分别探讨了社会组织、仪式习俗、宗教和巫术信仰、神话与传说。其中，仪式与信仰占了最大的篇幅，呼应了《宗教生活的基本形式》中突出仪式与信仰的做法。社会组织只是给了全书一个背景。不难看出，日后曾经构成拉德克利夫-布朗学说基础的"社会结构"概念，还没有发展出来，他的"结构-功能主义"，也仅仅具备"功能主义"部分。

　　可是，这本被人类学界奉为圭臬的著作，却受到了很多学者的质疑。例如，1997年成立的"安达曼协会"（the Andaman Association）在它的官方网站上认为，《安达曼岛人》的材料并不可信："拉德克利夫-布朗的理论建构所用的安达曼岛人材料，从来没有得到其他学者的检验……拉德克利夫-布朗的理论，建立在他对安达曼岛人的研究之上，它未加证明地登上了学术大雅之堂。细品该书，人们不禁会提出令他难堪的问题：他的精致理论真的像他想让我们相信的那样，出自真凭实据吗？抑或他只是因为想找到某些东西才去寻找那些东西的？他不是第一个这样做的人类学家，也不是最后一个。人类学的多数领域都属于非常软的科学，它要求资料收集者和研究者具备绝对诚信，尽量摆脱先入之见。1906—1908年的安达曼之旅，是拉德克利夫-布朗的第一次田野工作，他并没有像他伪装得那样脚踏实地，也并不冷静和理性。"[1]他们继续追问："除了这些问题，拉德克利夫-布朗显然不愿意告诉我们他的材料如何得来。他是自己收集的？还是从别人的研究中得到的？他没有说……他是在安达曼群岛学的安达曼语吗？还是借助于口译？如果这样，口译是谁？他们的质量如何？可能大安达曼岛人具备足够的英语知识，可以向他解释复杂的习俗和信仰细节，那么他采访的土著是谁呢？很遗憾，作者忙着他的理论，无暇告诉我们。"[2]这个报告还说，1906年，英国殖民当局已经把大安达曼岛人弄得不成样子，根本不可能实施调查，可拉德克利夫-布朗却还能写出一篇有关大安达曼岛人的文章来，而且漏洞百出。[3]

　　这番评论固然存在误解，但无疑很有分量。与记录安达曼岛人的先驱如马恩、波特曼相比，拉德克利夫-布朗呈现的材料的确没有生活气息。对他来说，似乎每个个体只是社会的玩偶，每天按照涂尔干的理论生活在远离现代理性的世

---

　　[1]　The Andaman Association, "Appendix A: Pioneer Biographies of the British Period to 1947: Alfred Reginald RADCLIFFE-BROWN（1881—1955）", http://www.andaman.org., 下载时间为2005年3月22日。

　　[2]　The Andaman Association.

　　[3]　A. R. Radcliffe-Brown, "Notes on the Languages of the Andaman Islanders", *Anthropos*, 9, 1914, pp.36—52.

界之中。这的确是拉德克利夫-布朗的风格：他主张用"函数""变量"或"功能关系"解释社会。在他看来，社会人类学等于"比较社会学"，是一门有关人类社会的自然科学，所用的方法与物理和生理科学所用的方法基本相同。他也不认为小个案可以得出大理论，只有对众多个案进行机械提炼，才能得出人类社会的一般构成。这种做法，被利奇（Edmund Leach）讥讽为"采集蝴蝶标本"①。那么，这本书真的一无是处吗？

后人尽可以怀疑拉德克利夫-布朗的诚实，怀疑功能主义理论的信度。但瑕不掩瑜，这本著作在学术史上的地位不容置疑。只要比较一下该书出版前有关"原始社会"的报告和该书问世后人类学的转变，就可以清楚拉德克利夫-布朗为人类学带来了什么。

首先，用土著人的社会关系阐发人类学理论，明显不同于以往用某些器物、制度、工艺等事项建立人类发展序列的方法。可以说，拉德克利夫-布朗用他的民族志方法在英语世界中建立了真正的"社会人类学"，而以往的英语人类学家，包括同时代的马林诺夫斯基，仍属一种"文化人类学"。以"文化"为关键词的人类学家如泰勒（Edwark Tylor）、弗雷泽（James Frazer）、博厄斯（Franz Boas）等人，要么醉心于某文化事项的流变，要么专注其传播。马林诺夫斯基虽指出整体民族志的意义，却把人类文化归结于满足人的心理需要。这种种做法，或多或少把人类学的对象托付给历史学、地理学、生理学、心理学等学科，这无疑把人类学家辛辛苦苦经营的土地廉价地出售给别人。相比之下，拉德克利夫-布朗把"社会"认定为一类特殊事实，认为它需要独特的方法才能研究。这种学说稳住了人类学的阵脚，功不可没。

其次，田野工作的特殊性，并不能因其不可验证而失去信度。拉德克利夫-布朗当年使用的田野工作方法，仍然是今天每个人类学者都要使用的方法。田野工作方法的主体框架，是拉德克利夫-布朗与马林诺夫斯基共同搭建的。今天的人类学非但没有改进这种方法，还被所谓民族志的"表述危机"弄得手忙脚乱。即使其他所谓"过硬"的社会科学方法，也遭到后现代主义的冲击。这并非是说，后现代主义比人类学传统方法高明，恰恰相反，后现代主义解构一切的魄力，几乎把人类学逼进了一条没有是非的死胡同。人们早已认识到，任何研究者都无法"客观""全面""正确"地呈现一个族群。那种唯我独尊式的田野工作，

---

① Edmund Leach, "Rethinking Anthropology", *Rethinking Anthropology*, Athlone, 1961.

不过是自命为"理性主义者"的欺人谎言。

　　那么，如何在承认田野工作的主观性的同时，肯定田野工作的成绩呢？一条重要的出路或许在于"再研究"。成功的研究，只有跟进反复的"再研究"，才有可能使之成为"经典案例"。"再研究"不必专门验证前人田野工作的信度，而应专注于开掘前人未加注意的问题，坚持下去，就可能在很大程度上使该社会在人类学家的头脑中运作起来。这样的研究往往需要几代人共同努力才能有所收获。拉德克利夫-布朗的《安达曼岛人》，正是吃了没人跟进的亏。《西太平洋的航海者》则十分幸运：美拉尼西亚地区因为有了塞利格曼（Charles Seligman）、贝斯特（Elsdon Best）、马林诺夫斯基、弗思（Raymond Firth）、霍卡特（Arthur Maurice Hocart）、古德利尔（Maurice Godelier）、斯特雷森（Marilyn Strathern）、韦娜（Annette Weiner）等一大批区域专家，所以成为人类学最重要的思想宝库之一。《安达曼岛人》几乎"前无古人，后无来者"，却仍可以屹立在世界民族志之林，已足见作者的大家风范。只是因它孤掌难鸣，才横遭后人指摘，这不是拉德克利夫-布朗的责任。

　　第三，拉德克利夫-布朗并没有仅仅让材料服务于他的理论。作者对于《安达曼岛人》中的多数细节，都采取"存而不论"的态度，从而记录了很多可供后人研究的资料。现举一例，在谈到安达曼人的护身符时，他说道：

　　　　有个小安达曼岛的土著在脖子上挂着一个护身符，他好像对它评价甚高，于是我就把它买下来了。我猜想那里面可能包着一块人骨，但当我解开绑线，打开包在外面的树皮后，却发现里面只不过是一段用海芙蓉树纤维做成、细心折叠好的绳子。[1]

作者似乎表达了一种失望情绪。他接着讲一个巫师用天南星藤制止了一场暴雨，另一个巫师又用榕树制止了另一场暴雨。可是，这一切到底意味着什么，作者没有提出解释，而是继续他的"巫术和神话乃是表达各种物品的社会价值"的理论。

　　这段文字令我想起了半个多世纪后古德利尔描述的一次戏剧性的田野经历：他在巴布亚新几内亚的巴鲁雅人中做了多年的田野工作，终于获得了特别的信任：一位战争巫师决定让他一睹自己最秘密的宝物——kwaimatinie 的"内部"。

① A. R. Radcliffe-Brown, *The Andaman Islanders*, p.263.

巫师来的时候，全村人都知趣地回避，他走到古德利尔面前，郑重地打开包袱，眼含热泪，声音哽咽，面色凝重。古德利尔看到，包袱里只有三样平凡的东西：一块黑乎乎的石头、几根长骨头、几只铜碟子。①

　　这个"小题大做"的举动，在古德利尔那里得到了深刻的阐发：这些"不起眼儿"的东西，却是社会构成中最神圣的东西，是不可让渡的所有物，它们的不动是其他物品可以让渡的前提，社会就是因此获得神圣性的。显然，拉德克利夫–布朗记录的标明巫师身份的护身符绳子，也具备这种"不可让渡"的特征。拉德克利夫–布朗很可能已经为后来者找到了一个储量丰富的矿脉。

---

① Maurice Godelier, *The Enigma of Gift*, Chicago:The University of Chicago Press, 1999, p.125.

《人与文化》（1923）

梁中桂

克拉克·威斯勒（Clark Wissler，1870—1947），美国著名人类学家。他生于印第安纳州，1893 年入印第安纳大学攻读心理学，1897 年获学士学位。1897—1899 年他一边在俄亥俄州立大学教授心理学和教育学，一边继续在印第安纳大学修心理学研究课程，并于 1899 年获硕士学位。1899 年，他进入哥伦比亚大学做心理学的博士研究并于 1901 年取得心理学博士学位。在哥伦比亚大学时他受博厄斯（Franz Boas）的影响开始对人类学发生兴趣，选修了博厄斯和卡特尔（James Cattell）所开的人类学课程。1902 年，他开始任职于纽约美国自然历史博物馆，并且从 1907 年起到 1942 年退休一直担任此馆的人种学部馆馆长。此时他的兴趣已经从心理学转到了人类学，并于 1902—1905 年花了大量时间对印第安人的黑脚部落、达科他部落及蒙大拿州的各个苏族部落做了民族志田野考察工作。1924—1940 年他还任教于耶鲁大学，1931 年耶鲁大学人类学系建立后，他成为该系的第一个人类学教授。

威斯勒在博物馆就任期间，赞助发起过众多的田野考察，收集了很多民族学藏品，鼓励考古学和体质人类学研究，并启动和完成了一个非常有抱负的出版计划。而他个人的研究兴趣主要是探讨文化的地理学基础和地区分布等，这无疑是受到他的老师博厄斯的影响。他和博厄斯被认为是人类学中广义传播论的代表。传播论中非常有名的"文化区域"概念和"年代–区域"假说都跟他有关联，前者是他在跟博厄斯合作中提出的，后者是他与克鲁伯（Alfred Kroeber） 起提出的。在他的学术生涯中，除写出了两百多篇的专题论文外，还有大量的著作。主要著作包括《北美平原的印第安人》（*North American Indians of the Plains*, 1912）、《美洲印第安人》（*The American Indian*, 1917）、《人与文化》（*Man and Culture*, 1923）、《美国土著人与自然的关系》（*The Relation of Nature to Man in Aboriginal American*, 1926）、《美国印第安人》（*Indians of the United States*, 1940）等。

《人与文化》初版于 1923 年，曾先后四次再版。[①]此书是威斯勒根据他在 1921—1922 年在密歇根、艾奥瓦、内布拉斯加和堪萨斯州立大学及圣路易斯人类学会和纽约高尔顿学会所做的一系列演讲的内容汇编而成。本书关注的中心问题当然是人与文化的关系，而其中的重点是文化与其生物学背景的关系。读此书，最好先了解一下此书成书之时的人类学学科背景。19 世纪末 20 世纪初，人类学界正是单线进化论和极端传播论进行大论战的时期，两个理论流派各执一端。单线进化论认为全人类都具有共同的心理，因此即使相互隔绝的部落，其文化也可以以同样的方式成长起来，并按固定的程式进化发展，其最终结果必然也是一样的。而极端传播论则认为全世界的文化都只是从一个中心发明出来并四处传播扩散的，同样的文化事物绝对不会出现两次，世界上不同地域的文化相似性都是传播的结果。可以说威斯勒的《人与文化》是对这两种理论的改造和综合，其中既有明显的传播论的痕迹又有进化论的影子，结果当然是超越了它们，形成了自己的广义传播论。全书分三大部分共十七章，下面顺着威斯勒本身的思路对内容进行简要概括。

一、从欧美文化说起

本书的第一部分共三章，在此部分，威斯勒的思路是从自身社会的文化特征谈起，继而推及美国文化所属的欧美文化类型的特点，以此为导入为更为一般的文化特性的探讨做准备。他是用一种比较的方法来谈自身的文化的。这是典型的人类学方法。他说对不同民族的研究中所取得的巨大收获之一就是获得了开始从外部观察我们自身文化的观点或视角，也就是说要"像别人观察我们那样来观察我们自己"。

从与爱斯基摩人的文化的简单对照中，威斯勒切入到对美国文化的主要特征

---

① 本书所据版本为威斯勒：《人与文化》，钱岗南、傅志强译，北京：商务印书馆，2004。

的梳理。他认为，美国文化的主要特征通过四个方面表现出来：机械发明、民众教育、普选制和民族主义。美国文化在很大程度上可以认为是以重视机械发明为其特色的。机械发明是一个以创造观念为基础的巨大综合体，几乎囊括了美国生活的全部客观存在，反映了美国文化追求发明和发现的理想。而民众教育可以说是美国的宗教。人们相信教育是可以让人自由行动的机会领域，是调和自然目的的机制。个人通过教育就可以有机会实现自己的目标。这其实跟原始部落中的人们通过巫术来调和以任何形式的神灵出现的自然或大自然所孕育的各种力量的公式是一样的。民众教育就是美国的一个伟大且全面的公式，美国人希望通过它来使他们的文化永存并日趋完善。普选制也是美国文化的一个突出特征。它也是美国人的一种信仰，认为解决社会问题的正确方法就是投票。这种信念出自一种关于文化存在的假设，它严格制约着人们，以致文化的目的只能由每个通过投票行使自己的理性权利的个人来实现。也就是说，他们认为，投票是某种超个人的条件赋予每个人的权利，社会问题要通过个人理性选择的投票结果来解决。民族主义是美国文化中又一个突出的概念。它反映了刚才说的那个超个人存在的观念。民族主义非常接近社会自我意识，正因为有了它，全民族才会像一个人那样思考、行动和前进，个人和阶级都自愿地为未来的民族利益做出巨大的牺牲。其中最重要的是对民族命运或使命的信念。通过它，人们深信他们具有一种民族生命，一切都必须从属于民族的命运和使命。美国人的那种不择手段地将他们的文化传播到世界各个角落的信念和热情就是他们的民族主义的一个反映：他们认为他们所拥有的是最好的。这些就是美国文化的特征。

美国文化其实也并不是那么独特，它只不过是一个广阔的文化地区或文化区域的组成部分，也就是欧美文化类型中的一部分。威斯勒认为文化是分类型的，而这些类型的数量也不是很多。近五百年来的所谓高层次的文化现存的只有两种，其余的则构成了不足五十种原始类型。欧美类型是两大类型中的一个（另一个是亚洲文化）。欧美类型的地理分布范围很广，包括欧洲的大部分，北美洲、南美洲的一部分，以及欧洲国家在非洲和大洋洲岛屿的殖民地。而标示欧美类型的文化特质综合体主要有以下几个方面：其一是机械方面的，比如航海、铁路、电报、电灯、汽油、报纸等；其二是宗教和伦理方面的，是对《圣经》的信仰，人们遵守同一个安息日；其三是法典和法律；其四是军国主义。当然这些特质的分布是不均衡的，其中最为典型的几个中心是英国、法国、德国和美国。欧美类型是现代文化，通过便捷的通信手段，它有可能成为统一的整体。它的一个特征就是超越距离和地理环境的障碍扩展它的疆界的倾向。事实上，它势将侵入地球上最偏僻的角落。这是近一百年前威斯勒的预言，现在的事实已经不幸被他言中了。

在对这些具体文化特征的分析中，威斯勒也开始逐渐提出了一些文化的一般特征。在这部分，主要有两条：一是文化的传播扩散性，二是文化的连续性。他通过对印第安文化，当然还有欧美文化的分析，向我们说明，文化的疆界与政治组织的疆界并不相同，文化常常嘲笑政治的边界，越界扩散。也就是说，文化统一体与政治统一体不仅没必要携手并进，而且文化统一体往往更为广大，超越政治的边界。即使是敌对的国家也常常受着同样文化的支配。同样，文化也无视语言的差异，跨过语言的边界而行，语言的差异在文化的分布中没有什么意义。威斯勒认为，可能语言统一体和政治统一体之间存在着明确的相互关系，语言与政治组织往往是一致的，但是文化不同，文化不顾语言和政治边界的差异。当然，文化也往往会越过地理障碍而四处传播扩散。因为只要有文化接触，即使是单纯的接触，哪怕是最敌对的接触，都会导致文化的交流与促进。此为文化的传播扩散。

威斯勒通过追溯美国文化的源流，表明欧美文化与亚洲文化是同源的。文化的根源似乎在旧世界的正中心。文化从古代亚洲发源。然后因人类的发展、分化，文化扩展到了整个地球，这样从一些最初的发明——比如制作石片、取火、制绳、缩编投掷器、鱼叉和弓等——产生的第一个伟大的推动力的浪潮到达了地球最边远的角落。而在文化的故乡，又出现了许多伟大的新发展，其中大多数远在它们到达偏僻、更为原始的民族之前就消失了。文化史就是这样发展着，新的特质一个接一个地在内地聚集起来，互相激发。也就是说，文化从根本上来说，是同一起源的，随后才出现了分化和不同的积累，有了文化的差异。在后来的发展过程中，虽然有些部落、民族可能因为停顿和偶然倒退而处于劣势地位，但文化系列却是一个真正的连续统一体。换言之，部落可以产生，可以消亡，但文化却永远向前发展。文化是通过积累成长的，它的价值一点都不会损失，兴起和衰落的仅是部落实体或体现了文化的政治集团。文化是有顽强的生命力的，可以说是不灭的。即使是在政治组织的相互征服中也是如此：作为一个平衡整体的文化类型可能会因为实践这种文化的民族的不幸命运而遭灭绝，但除非它们被迅速消灭，否则这种文化的许多因素将会寻找自己的途径进入征服者的文化中。政治组织通过对其他组织的征服而成长，但是文化征服往往是一种妥协；另外，政治组织本身就是文化的一种特质。因此没有理由认为文化会灭绝。由此也可以知道，文化的差异是永远都会存在的，不会因为政治或文化的征服而消失。威斯勒面对当时欧美文化向全世界传播的强大潮流时说，可以想象，尽管全世界都采用了生产的工厂体系、航空技术等，但重大的文化差异依然存在；然而，随着这一进程的发展，这些差异当然会减少，至少在当今的潮流中，我们越来越多的文化特质将变得标准化，但是没有理由认为这很快就会为文化带来一种统一的标准。此为文化的连续性。

二、文化内容和文化模式

本书的第二部分承接第一部分，开始深入地分析文化的一般特征。此部分共八章，详细地分析了文化的形式与内容，在此我将它归纳为文化内容和文化模式两大主题。当然在书中它们是交织在一起进行论述的，先分别概括性地论述了文化的内容和文化的一般模式的内涵，然后具体地通过分析文化特质的来源，文化的传播、扩散、建设和起源等问题来具体解说文化内容和文化模式的关系。贯穿其中的一个总的观点是，全球各个文化在内容上是有差异的，但在模式上却是一致的。

对文化内容的内涵的论述，威斯勒几乎就是在给我们解释概念。他认为人类学对文化的研究是以部落为单位的。部落以语言差异为标志，是政治的统一体，占据有连续的地理环境。而部落文化又是以各种各样的显著特征来描述的，这些特征元素就是文化特质。使一个部落文化与别的部落文化相区别开来的就是这些文化特质的差异。文化特质不是独立的单位，而是一种综合体，可称之为特质综合体。特质综合体是易变的，但它们不过都是围绕一个中心观念（部落规范）的偏离。这种部落文化的规范或标准形式就是文化类型，它意味着与其他文化相区别。可见文化类型是一种分类方法，可以用它对文化本身进行分类。文化类型有它的地理条件，因为一种文化特质并不是胡乱散布的。同类文化的散布将构成地理区域，这种以同一类型文化为特征的地理区域就叫作文化区域。可以说文化区域规定了文化类型的地域范围。文化区域是普遍存在的，因为文化总是趋于扩散的，不过一个区域的部落单位会分出边缘的和中心的。文化特质综合体从中心向外传播扩散，在边缘地带以减弱形态显示，它们将失去中心地带具有的许多因素。在理想状态下，它们是一组同心圆的环状区域。当然在现实的具体文化区域中，会为地形地理状况所扭曲，往往不是标准的同心圆。这些同心圆的圆心就是文化区域的中心，它不仅是特质综合体向四处连续传播出来的扩散点，也是通常意义上的发源地。如果不同的特质综合体同时出现在一个文化区域中，它们的这种重合关系就叫作黏合，也就是指"彼此黏附在一起的状态"。黏合的文化特质综合体或许有逻辑或功能性的关系，或许仅仅是历史性的重合。总而言之，一种部落文化就是特质综合体的集合，是在部落生活的过程中发展和获得的。

威斯勒认为，尽管文化具有各种类型，但始终有一种相似性。而上面说到，文化是由它们所具备或不具备的一些特质综合体相互区别开来的，因此可知文化的差异在于它们的内容。那么，相似的又是什么呢？那就是文化模式。他认为，所有的文化，从最原始的到我们现代的文化，都是建立在一种一般模式之上的。这个一般模式就是文化模式或文化架构。他用它来表示各种文化之间的基本相似性。那么，什么是文化模式呢？他用盖房子来打比方说明：如果我们把特质综合体比作建筑材料，那么房屋的设计就相当于文化模式。文化模式是由文化综合体构成的。在书中，他列出了一个他认为可以适用于所有文化的文化纲要，其中包含了九种文化综合体：言语、物质特性、艺术、神话和科学知识、宗教活动、家庭与社会制度、财产、征服，以及战争。当然每种文化综合体下又包括几个小项，这里就不列举了。威斯勒认为，原始文化与较高级文化之间，除了文化综合体的复杂性或内容的丰富性上存在差异，几乎不可能做出满意的区分。也就是说，虽然文化的内容是很不一样的，但它们的模式却是一样的。而在文化的发展进步过程中，这些文化综合体不断完善与丰富，但其模式并不变。接着，他还详细地分析了言语、物质工具和家庭这三种文化综合体，向我们进一步说明，每一个综合体其实也存在着相对简单而又基本的关系结构（也是一般模式），它不仅为其自身的综合体规定了形式，也为文化本身在更大的范围规定了形式。而这三种综合体之间的关系也构成一种普遍模式。其实所有的文化综合体都有这一种相似的特性，文化综合体的整个系列都可以分解为补充性结构（工具等）和人的神经肌肉结构，它们都是按照这样的普遍模式形成的。由此可见，文化模式是贯穿文化之始终的，并且是普遍的。正因为如此，世界各种文化就具有了相同的形式，显示了相同的过程。

在接下来的几章中，威斯勒对一些具体的文化问题进行了细密的论述分析，因涉及的内容非常繁杂，这里不可能一一详细复述，因而仅对每章做一点非常简略的内容介绍。第六章讲述文化特质是如何获得的，他认为来源有三：独立发明、借鉴模仿和趋同。在这里，他批驳了进化和极端传播论，认为文化肯定有扩散，但扩散并不排除同一特质在不同地方独立发明的可能。而趋同、扩散和独立发明只不过表明了不同的途径，通过这些途径，文化可以趋于相似。第七章以马文化和玉米综合体的传播历史为例来说明文化传播的特性和模式。马的例子说明，一种文化在吸纳一个新特质时往往先让它适应身边最接近的综合体，然后才会把更激进的应用方法加诸其上。玉米的例子说明了两种不同的传播模式，一种是当一个新事物或孤立的观念被带到遥远的地方，落在一个陌生的文化群体中时，会发展出一种新的特质或仅是简单地采用某些现成的样式；而另一种是一个群体本身落在一种陌生的文化群体中或仅仅与其建立了联系时，全部综合体将被完整地接受下来。第八、九章分别讨论了文化扩散的两种方式，一为自然扩散，一为有组织的扩散。前者考察了文化特质在自然扩散中与地理状况和环境资源的关系、扩散的速度、扩散的变形形式、文化区域性及世界范围的分布等问题，认为文化扩散会受限于地理边界，扩散形式往往由环境决定；而不同的文化特质其传播速度差异极大；文化区域之间的文化特质只是相对的差异而非绝对的差异，区域间不是孤立的而是相互吸收的，等等。而有组织的扩散往往跟移民、殖民、传教、战争和军国主义有关。其中着重讨论了军国主义的问题，提出了非常深刻的洞见。由于我们的惨痛历史记忆，而且现在依然生活在战争的阴影下，这里不妨稍微具体一点来介绍他的看法。

通过将军国主义放到历史的长河中来考察，威斯勒认为军国主义也是一种文化综合体，从古到今历来就有，因此近代欧洲的军国主义的基本形态也是历史上常见的类型，并不特别，它们都是部落、民族优越感的极端表现。而且他认为军国主义征服通常伴随文化扩散而来，而物质综合体和艺术则是扩散的先锋，为征服提供了舞台。征服的目的是要求物质特质、艺术和贸易具有相当的一致性。在当时他就预测说，完全可以设想，欧美文化的持续扩散会为新的军事行动铺平道路，这将使世界所有民族群体降服，只有那些非常边远的野蛮民族的可怜残余或许是例外。此又被他不幸言中，"二战"的惨痛经历有必要让我们好好思考一下他的洞见。然而他相当乐观地认为，军国主义对文化传播是无能为力的，它不过是加速了物质文化的统一，而现在绝对不会因地理形态造成其他文化阶段毁灭。尽管我们说文化体系兴起了、衰落了或陷入循环，但世界上真正重要的东西从来都没有遗失过，文化中心只是转移了或合并了。急剧兴起和衰落的乃是军国主义。现在的我们是否还如此有信心呢？

第十章主要讲文化的创造、借鉴模仿、文化周期和文化中心转移等问题。他将文化内容与文化模式结合起来分析文化过程中的异同，认为文化特质不断创新流变，文化中心时有转移，但始终不超出文化模式所规定的范围。比较有意思的是他认为每种特质、每个文化中心都有兴和衰的周期，而总的文化则不受这些具体兴衰的影响，还是一直往前发展。也就是说在整体文化进化的直线的时间里，也还是有部分生死兴衰的循环的。另外，值得一提的是在这里威斯勒对文化与生态环境的关系也提出了非常深刻的洞见，不过在此不赘述了。第十一章，即本部分的最后一章，讲文化的起源问题，追溯了文化模式的起源及其在台地、冻土地带与丛林地带所经历的适应性变化发展的历程和现状。其中最为重要的观点是强调初始条件和模式对后来文化发展的重要性。

三、文化的先天基础

本书的最后一部分，在第一、二部分所完成的文化特性的研究基础上，进行更为深入的探索，探讨文化的生物学先天基础，讨论文化与人的关系。威斯勒认为文化是人类行为的结果，因而它也就受限于它的生物学基础和起源。文化不仅仅是客观的构造，也是某种意义上的人类遗传。虽然各个人群的文化差异极大，但基本先天素质却是一样的，因此我们才说人是相同的，属于同一物种。上面谈到的全人类文化都共享的文化模式，就根植于人类种质的先天基础之中，正因为如此它才是普遍的。因此，威斯勒将人类的行为分为先天行为和后天行为两种：后天行为产生了差异的文化内容，而先天行为则产生了普遍的文化模式。在讨论人类先天行为时，他对人的先天素质进行了分析，认为这些先天素质表现为一些冲动与反应，比如条件作用的反应、保护性反应、反思性反应、创造文化的冲动等。而对文化的产生而言，反思性反应或者说思维，是最为重要的。他认为反思性思维的先天素质是人类所特有的特征，是唯一可以明确地肯定是专属于人类的思维，是人的天性。人类的文化就是由人类反思性思维发展出来的积累性结构。简单地说就是文化之所以存在，是因为人类会反思，即思考。世界上没有一种发明不具备反思性思维，语言、工具、礼仪、宗教等都是反思性思维的结果。而且在这种反思性思维中存在着快乐，或者说，在其背后存在一种冲动。因此人类的发明创造不是对环境的消极被动的反应，而是能动地、愉快地接受大自然的挑战，狂喜地与困难搏斗。也因为这样，各个具体文化的内涵又是多样的，是反应模式面对环境和偶然原因时的特殊化结果。

此部分还谈到了种族、人类的驯化、环境和文化进化等问题。这里仅简要提一下其内容。现在我们都知道种族问题其实是一个文化问题。不过，当时威斯勒认为种族还是根据血统来划分的。而且威斯勒虽然一方面认为现代人比原始人在技术上更优胜只是因为解决问题的方法更为优秀，同样现代人能成为比洞穴人更好的思想者只是因为有更好的思维方法；但他另一方面又认为种族差异其实是人类神经系统机制效能上的变异。这多少是有点种族主义倾向的，虽是时代的局限所致，但还是需要批评的。说到人的驯化时，他说人类是自我驯化的动物，人是被自己的天性自我驯养的。不过这是一个文化过程，从旧石器时代以来人的身体就没有发生重大变化了，人类用来保护自己不受环境直接变化影响的方式就是文化。论及人与环境的关系时，威斯勒认为人类是要受环境制约的，人类生命的状况可能会随着环境的变化而起伏，甚至环境还能直接影响人的神经和精神机制。但这不是决定性的。比如在文化特质发明中，环境提供的材料只是限制了发明，但决定性因素还是存在于精神活动当中。而且文化不仅是人类克服自然环境的斗争，还是消灭地理环境隔绝状态的斗争，例如现代的人类交通、通信工具就使得人类得以飞跃发展。谈到文化的进化时，他认为文化的进化其实就是理性化过程，是由基于先天特性或行为的那些习惯理性化而推动的。另外，他还提到了文化权利、文化与国际关系、人口极限等问题，提出了一些非常有意思的看法，这里就不复述了。

四、讨论

最后谈谈笔者对威斯勒这本书的一点感受。这本书给人的印象之一就是宏大。这可能也是那个时代的人类学著述的一个特点吧。从局部到全球，从古到今，其视域之深广确实惊人，而且本书论证非常细密，以大量的文化事实为基础。虽然比之于后来的理论，它无疑显得有些粗疏和机械，但相比于之前的进化论和传播论，确实又严密了很多，至少主观臆断的成分少了很多，还是显得很"科学"的。当然在内容和观点上它还是继承进化论和传播论而来，此著作可以被看作进化论和传播论的集大成者。一方面坚持认为文化整体犹如一个生命体有其自身的进化发展的使命，类似于黑格尔所谓的精神，不断趋于进步和完善。在对文化的相似性的解释方面，还是如进化论一样回到了人的晦暗不明之处，虽然进化论讲的是人类的共同心理，而威斯勒讲的是先天生物学基础。另一方面，在对文化内容的讨论上，它又与传播论有更多的相似之处，强调文化的扩散传播和地理环境对其的影响。当然它无疑是超越了进化论和传播论了的，具体的观点内容已经说得很明显了。它将文化内容的差异性和文化模式的一致性很好地结合了起来，对文化现象的解释力度增强了很多，甚至有点后来的结构主义的影子。美国后来出现的多线进化论的逻辑其实跟这差不多，当然论证就比这更为严谨精密了。的确，20 世纪 20 年代以后，由于田野调查原则的确立，人类学家的目光更多地集中到了某个具体的文化上，对文化的理解也更为深入和精细。不过这也不是没有代价的，我们在对社会和文化进行精确的解剖时，往往就忘记了社会文化其实不是孤立的与静态的，它们是有联系的，它们也有历史的流变。这样看来，抛开具体的观点不论，威斯勒的那种将文化放在广大的地理区域中和放在长时段的历史纵深中来理解的宏大视域，对我们理解今天的文化现象还是很有借鉴意义的。毕竟现在不是正嚷嚷着全球化的浪潮吗？

《礼物》[①]（1925）

杨渝东

在《礼物——古式社会中交换的形式与理由》（以下简称《礼物》）一书发表的前一年，也就是 1922 年，马林诺夫斯基（Bronislaw Malinowski）出版了他的《西太平洋的航海者》。他写此书，目的之一就是通过特罗布里恩德群岛的库拉交换，来反思西方社会市场交换所表现出来的极端功利主义倾向。在《礼物》英文再版的前言中，玛丽·道格拉斯（Mary Douglas）写道，《礼物》也是有组织地讨伐当代政治理论的一个组成部分，它搭建起一个反对功利主义的平台。莫斯在全书的最后也提示我们，表面上他关心的是原始人群的经济道德和交换方式，但实际上他关注的是指导着当代社会的道德、宗教、经济动机的一门高超艺术，即苏格拉底所说的政治学。

尽管站在相同的政治立场上，莫斯与马林诺夫斯基的观点还是发生了分歧。马林诺夫斯基在给特罗布里恩德人的礼物分类时提出，尽管他们的礼物大多数都是要求回偿的，但是丈夫定期给妻子的礼物却是无偿之礼（free gift）。莫斯否认了马林诺夫斯基的这个判断，斩钉截铁地说："无偿之礼？一派胡言！特罗布里恩德的男人是在因性的满足而回报他们的妻子。"之所以如此坚决，或许是因为"无偿"和"有偿"背后所蕴含的社会意义有天壤之别，而莫斯《礼物》一书所要探讨的，也正是"有偿"之礼所包含的社会观念与道德原则及由它所导致的社会结果。

道格拉斯指出，《礼物》中的理念一扫过去关于礼物的成见，富有极大的创造性。很大程度上，这要归功于莫斯渊博的知识和深刻的洞察力。埃文思–普里查德说，莫斯眼光极深，置身书斋，却能看到亲赴土著社会的调查者不能理清的规则。譬如，他首先看到了交换在原始社会中的三个基本特点，这也成为他着手

---

① 本文主要依据莫斯：《礼物——古式社会中交换的形式与理由》，汲喆译，陈瑞桦校，上海：上海世纪出版集团，上海人民出版社，2005；同时参考其英文译本 Marcel Mauss, *The Gift: The Form and Reason for Exchange in Archaic Societies,* trans. by W. D. Halls, London & New York: Routledge, 1990。

本项研究的一个起点。

莫斯指出，在落后于西方社会的经济和法律中，从未发现个体之间经由市场达成的物资、财富和产品的简单交换。首先，不是个体，而是集体之间互设义务、互相交换和互定契约；其次，他们所交换的，并不仅限于物资和财富、动产和不动产等经济上有用的东西。他们首先要交流的是礼节、宴会、仪式、军事、妇女、儿童、舞蹈、节日和集市，其中市场只是种种交换的时机之一，市场上的财富流通不过是远为广泛、远为长久的契约中的一项而已。再者，这些呈献与回献尽管从根本上说是一种严格的义务，但它们却往往通过馈赠礼物这样自愿的形式来完成。

那么，原始社会的部落具体是以什么样的方式进行交换的呢？莫斯拿出一个极端的例子，这就是西北美洲印第安人中特林基特人（Tlinkit）和海达人（Haïda）中的夸富宴（potlatch）。他把这种制度称为"总体呈献体系"。所谓"总体呈献体系"，简单一点，就是说礼物成了互惠体系的一部分，而在这个体系中赠予者和接受者的荣誉及精神得以充分地展现；若要复杂一点，那么就牵涉到方法论的问题。它背后的一个概念是"总体社会事实"，要理解这个概念，我们只要回想一下在1922年之前，早期人类学民族志撰述的大体风格就可以扼其要领。出现在这些民族志中的，是孤立的亲属制度、孤立的宗教和孤立的政治制度，它们被并置在一个文本中，却仿佛在说亚洲与美洲的两个不同部落的事情；这两个部落相距遥远，但在被描述时却又像是走到了一块儿。"总体社会事实"却打破了这个易犯张冠李戴的错误的表述窠臼。莫斯认为，这个概念意味着，某些事实启动了社会及其制度的总体。有些现象既是法律的、经济的、宗教的，也是美学的、形态学的。列维-斯特劳斯（Claude Lévi-Strauss）在《马塞尔·莫斯》（Marcel Mauss）一书中，对此概念也颇费笔墨。他认为，"总体社会事实"关系到我们是怎样来界定社会现实（social reality）的，或者说怎样界定作为现实的社会。他提出，社会只有被整合到一个系统当中时，才显得真实。他进而确立了总体社会事实的三个维度：社会学的维度，这是共时性的维度；历史学的维度，这是历时的维度；还有身体和心理的维度。他认为，在个体身上这三个维度得以集中，因此我们可以说个人就是社会。他认为，《礼物》是莫斯论述其总体社会事实理论最透彻的一篇。那么我们需问，在原始人群中礼物交换的总体呈献体系究竟表现成什么样？

上述特林基特人和海达人，他们居住在落基山脉与海岸之间。一到冬天，这些原始部落就接二连三地过节、宴庆和开集市，这些活动也是整个部落的盛大集会。氏族、婚礼、成年礼、萨满仪式、大神膜拜、图腾崇拜、对氏族的集体祖先或个体祖先的膜拜，所有这一切都纠结在一起，形成了一个由仪式、法律呈献和经济呈献所组成的错综复杂的网络，而也是在其间，人群、部落、部落同盟乃至族际间的政治地位得到了确定。竞争与对抗的原则贯穿于这些仪式，其激烈程度超出一般的想象：不仅人们相互发生争斗，有首领或显贵丧命；人们还会不惜将自己积攒的财富一味地毁坏殆尽，只为了压倒竞争对手和盟友。这种充满了强烈的地位竞争、财富炫耀的总体呈献，莫斯进一步称之为"竞技式总体呈献"。

莫斯认为，夸富宴作为一类总体呈献体系，其总体性体现在它既是宗教的、神话的和萨满的，因为参与其中的首领们再现了祖先与诸神的名字，跳祖先与诸神的舞，并附有其灵；而且它也是经济的，其交易数额庞大、惊人，应该对这些交易的价值、重要性、原因与后果做出估量；同时它还是一种社会形态学现象：部落、氏族和家庭乃至部族在夸富宴上集会，造成了强烈的紧张与兴奋，互不相识的人却亲如兄弟，在接二连三的竞争中，人们互相沟通或者互相对立；最后，它还是一种特殊的法律契约，在夸富宴上交换的事物本身有一种特殊的品性，它既能使之被送出，更能使之得到回报。这最后一点，成为莫斯在本书中最关注的问题。之所以如此，是因为莫斯相信，在纷繁复杂的现象背后，有一个基本的道德原则在支撑，这就是前面所说的"有偿之礼"。换句话说，倘若没有回礼，这些仪式、交易、争斗都是无稽之谈，而人们也正是在送礼和回礼的过程中结成了一种持久性的物质联系，任何一方都不可轻易打破这种联系，否则就会遭到对方的诅咒或者是黑巫术的袭击。

接下来，莫斯用波利尼西亚的民族志资料揭示了夸富宴上的事物到底有什么特殊的品性，他在此关心的核心问题是礼物中究竟有什么力量使得受赠者必须回礼？他提出"礼物之灵"（spirit of the things given）这个概念，此概念作为莫斯论述的核心不断遭到其他学者的批评。

所谓"礼物之灵"，就是说礼物不单是一件简单的物品，它还含有灵魂，这种灵魂犹如中国古代文人，有一种思乡之情，想问"明月何时照我还"。礼物即使被送出，或者交换物品的契约已经履行，它仍然要回到它的第一个主人那里。如果接受它的人不让它回去，它就有产生危害的可能。具体到波利尼西亚的例子，萨摩亚人、毛利人、汤加人把他们的财富称为 taonga，任何珍贵的物品都可以叫作 taonga，它们可以使人富裕、有权势、有影响，也可以用来交换与赔偿。taonga 之灵是 hau。莫斯的故友赫茨（Hertz）为他留下了下面这段笔记：

> "hau" 指的是事物中的灵力，尤其是丛林及林中猎物的灵力……毛利人 Tamati Ranaipiri……他说："我来告诉你们什么是 hau……hau 不是吹来吹去的风。根本不是。比如说你有一件什么东西（taonga），你把它送给了我；你送我的时候，也不必说它值多少，我们不是在做买卖。但是，当我把它送给另一个人以后，过了一段时间，他就会想好回报给我某样东西作为偿付（utu），并把这样东西（taonga）馈赠给我。可是，他给我的这份 taonga 是你给我而我又转赠给他的那份 taonga 的灵力（hau）。我应该把因为你给我的 taonga 而得到的 taonga 还给你。我要是留下了这份 taonga，那将是'不公正'（tika）的，这份 taonga 会很糟糕，会令人难受。我必须把它们给你，因为它们是你给我的 taonga 的 hau。这份 taonga 如果被我自己留下，它会让我生病，甚至丧命。这就是 hau，个人财产的 hau，taonga 的 hau，丛林的 hau。就是这样（Kati ena）。"①

莫斯把礼物之灵 hau 当作打开回礼难题的钥匙。回礼，是因为接受者收到某种灵活而不凝滞的东西。即使礼物已被送出，这种东西仍然属于送礼者。有了它，受礼者就要承担责任。taonga 可以到很多人的手里，但是 hau 却想回到它的诞生处，回到它的主人那里。taonga 及它的 hau，会依次附着在这些使用者身上，直至他们以宴席或馈赠的方式，各自回报以等值或更高价值的 taonga、财产，抑或劳动与贸易。

进一步，莫斯把人与人的交换拓展到人与神的交换。人们相信，同死者、诸神及各种事物的精灵交换礼物，会让这些神灵"对他们慷慨大方"。神是世界上事物与财富的真正所有者，不与他们交换就可能一无所有。比如，楚克奇人（Chukchee）在冬季举行旷日持久的"感恩仪典"。每家每户都要在此期间举办仪式，把残余祭品丢入大海或者散落风中，这意味着它们回到了它们的发源地，并会带着猎物在明年再度回来。杀掉祭品，是希望来年的回报；点燃珍贵的油膏，把铜器丢入大海，甚至放火烧掉豪宅，是为了显示实力、富有，也是为了祭神。

从波利尼西亚的这些典型例子可以看出，礼物交换中物与物的关系，实质上

---

① 莫斯：《礼物》，19—20 页。

是灵魂之间的关系，馈赠某物给某人，就是自我的呈献。人与物是相互交融的，礼物是人与人的互惠，双方都可以从交换中得到收益。礼物的社会后果是使参与交换的各方结成一种团结关系，这种团结关系的形成不仅是因为人们在分享共同的规则、道德和情感，而是人获得了一种象征性的交流，这种象征性超过了社会的物理性结构关系本身，并始终维护着人之存在的整体性，使人不会被分裂。

在这里，我们看到莫斯与涂尔干在社会团结论述上的分歧，后者认为共享的集体表象是原始社会之机械团结的根源，而莫斯则强调有一种机制使个人在追求自身利益而进行交换时形成了一个牢固的社会体系。涂尔干还认为，现代社会与原始社会不同，是有机团结的社会，这使他的社会团结理论带有传统和现代截然分开的色彩，摇曳着斯宾塞（Herbert Spencer）进化理论的影子，而莫斯的处理方式却给我们在理论上提供了一种交流的可能性，使得原始可以同现代产生互惠的交换，没有截然割裂原始与现代。可惜的是，莫斯的这种关怀并没有被真正理解和采纳，在我们今天的社会实践中，仍是进化论占据主流，而且仿佛遥无绝期。尽管与涂尔干的观点有很大差别，但作为涂尔干去世后涂尔干学派的中流砥柱，莫斯并没有公然反驳涂尔干；反倒他在这里的处理办法是涂尔干式的，认为他们是在共享着一种学术团体的集体表征，捍卫集体利益高于争取本人利益，可能莫斯本人也未曾想到，他的这种选择会对后世社会学的发展方向产生何等深远的影响。

撇开社会团结理论的观点不论，莫斯关于 hau 的论述遭到了后来学者很多批评。列维—斯特劳斯认为，拉纳比利对 hau 的回答是面对研究者的提问而想出来的答案，hau 的真实意义可能并非如此。而就算 hau 确实具有拉纳比利所说的这些意义，它也是通过语言有意识地表达出来的概念，而无疑在它的背后还有一个深层的无意识的概念，这个概念才是支配回礼的决定性力量，因此莫斯的错误在于，他把当地人回答问题的答案当成了自己的答案，而无视那些隐含而有待发掘的潜在观念体系。

萨林斯（Marshall Sahlins）在《石器时代的经济学》（*Stone Age Economics*，1972）一书中则更为明确地指出，莫斯对这段材料的运用是为了达到自己的理论目的而断章取义的。拉纳比利说得很明白，hau 是森林之灵，并不是某件物品之灵。毛利人在森林中打了猎物之后，把它们分为两类，一类他们自己食用，另一类则要交给祭司，由后者把猎物放回森林，作为献给森林之灵 hau 的祭品，hau 则在来年提供更多的猎物给毛利人，然后他们又把猎物分成两类，一类留给自己，一类交给祭司，如此循环，生生不息。萨林斯指出，这种交换不是互惠，而是祭司、森林之灵和毛利人三方形成的交换，而在此过程中毛利人看中的不仅是森林之灵会回报，而且是它会回报得更多。因此，萨林斯认为，虽然"利润"（profit）这个概念并不很适合毛利人，但是却可以拿来表示 hau 的含义，hau 并不像莫斯说的那样是礼物之灵，是一种精神（spirit）。

不过，莫斯既已确立了他的理论基调，他就力图把从波利尼西亚社会得出的结论推向其他社会，以此来证明其理论的普遍性。他在这里应用的比较方法与泰勒（Edward Tylor）、弗雷泽（James Frazer）等的比较研究大有不同，因为他在梳理民族志材料时很明确这些材料在什么意义上具有可比性。我们看到在安达曼群岛、美拉尼西亚和西北美洲都普遍存在着他所说的总体呈献体系，只是具体的表现有所不同。

在拉德克利夫-布朗（A. R. Radcliffe-Brown）笔下的安达曼群岛上，男人和女人都力图表现得比别人更为慷慨大方。他们将事物融于灵魂，也将灵魂混融于事物，通过物品的交换，人们的生活彼此相融。

美拉尼西亚的新喀里多尼亚人当中有一种典型的夸富宴，它由 pilou-pilou 和各种宴庆、赠礼和呈献等组成。举行仪典的人们要呈献出薯蓣，他们相信这些事物自己可以重新回来。

在新喀里多尼亚的另一端，就是特罗布里恩德群岛。岛上的居民是制造陶器、贝币、石斧和其他珍宝的富有工匠，也是生意兴隆的商人和勇敢豪放的水手，他们以自己的开化而闻名于美拉尼西亚。不过，特罗布里恩德人最有名的还是他们的库拉贸易。库拉（kula）是一种大型的夸富宴，承载了特罗布里恩德群岛各个部落及周边社会的贸易，通过库拉的方式，所有的这些部落、沿海远航、珍宝器物、日用杂品、有关仪式或性的各种服务、男人女人等，才被纳入一个循环之中，并且围绕着这个循环在时间和空间上规则地运动。库拉分为赠送和接受两个方面，这次的受赠者到下一次就成了赠予者。尽管伴随库拉交易有一些小的生意活动，但人们在真正的库拉交易中从不讨价还价，而是抱着宽宏大量之心参与交换。库拉赠予采取的形式是非常庄严的形式，在这个过程中要凸显出来的是慷慨、自由和隆重。交换的主要物品是贝臂镯和项链，它们都是由工匠精心打磨而成的珍宝，其中，贝臂镯始终由东向西在各个部落间流转，而项链则始终由西向东流动。原则上，每一个受赠者不得占有该物品，他必须在下一次库拉中把它赠送给他的库拉伙伴。这样，一件库拉宝物就在各个部落之间周而复始，永不停息地流动。伴随着这种交换制度的还有神话、宗教和巫术。每个贝臂镯和每条项链都有自己的名字、一种人格、一段历史，甚至一段传奇，它们具有超常的和神圣的性质。拥有一件宝物是令人欢欣鼓舞的事。因之，契约本身也受到了库拉宝物这种性质的影响，人们在库拉交换的仪式中要为朋友间的交易祛除邪恶。可以说，库拉交易实质上也是事物、价值、契约及其中所表现的人共同形成的混融。在莫斯看来，特罗布里恩德人的生活就是不断地"送与取"，礼物交换制度已经渗入他们每个人生活的各个方面，它使整个部落跨出了原有疆界的狭小范围而与外界发生着持续不断的联系。这种联系并非仅是简单的贸易联系，也是一种以物品为中介交换人的精神和灵魂的联系。

西北美洲的夸富宴制度则更为极端也更加突出。前面提到的特林基特人、海达人，还有英属哥伦比亚的土著是这一地区的主要居民。信用和期限的观念在他们中间业已非常明确。礼物带有"期货"的性质，一顿饭、一个护身符都不可能马上回报，因为完成任何回献都需要时间。所以，在涉及拜访、缔结婚姻或联盟、确立和平、轮流举行宴庆及相互表示敬意等时，都必然会逻辑性地附有期限的观念。那种认为原始社会是以物易物，而当代社会是实行信用买卖的进化观念是错误的。礼物必然导致信用的观念。正是在有时间延搁的赠礼与还礼体系的基础上，才一方面通过简化，使被分开的时间结合起来，从而形成了以物易物，另一方面又形成了延期交割和现金交易的买卖及借贷。

荣誉观念在西北美洲也扮演着重要角色。首领为确立个人的荣誉和氏族的荣誉，往往需要巨大的花费，这种花费也意味着把别人施加给自己的义务再转化成加在别人身上的义务。消费和毁坏毫无限度可言。在一些夸富宴当中，人们会倾其所有，分文不留。其中，基本的原则是对峙与竞争，这种"财产之战"是人们获得个人或氏族的社会等级的一种重要手段。几乎一切都被当成了"财富之争"。子女的婚姻、盟会中的地位完全都取决于交换或回报的夸富宴，如果在夸富宴上失败，那将失去婚姻或地位。甚至有时毁坏成为唯一有效的方式，这就是说根本不想让对方来还礼，这样可以彻底地打垮对手。这种交易是贵族式、充满礼节、富于慷慨的，如有人心怀他念，着眼于一时之利，都会遭人看不起。

莫斯提出，除了回礼，礼物还包括赠礼与收礼两个方面。尽管他在本书中只力图回答为什么人们要回礼这个问题，但他认为在夸富宴中，礼物的这三个主题——给予的义务、接受的义务和回报的义务——都有极其明确的体现。

给予的义务是夸富宴的本质，在上面所述的社会中，几乎都有送礼的压力，即使是在平时，人们也不得不邀请他们的朋友，与之分享神明与图腾所赐的猎物林产；不得不把刚刚从夸富宴上分得的所有东西再分送给亲友。对于贵族来说，如果违反这些礼节，就会导致地位的丧失。接受的义务也是具有约束力的，人们没有权利拒绝接受礼物，拒绝参加夸富宴。原则上，礼物总是被接受并进而得到赞美。一旦接受了，人们也就知道他们已经立约了。他们所收到的是"负在背上的"礼物。这不仅仅是享用一样东西或一次宴会，更是接受了一次挑战。回报的义务在一般情况下是夸富宴的根本。通常而言，夸富宴总是应该要高息偿还的，甚至所有的礼物都要高息回报。有尊严地回报是一种强制性的义务。如果不做出回报，或者没有毁坏相等价值的东西，那就会一辈子丢脸。比如，在海达人那里，不履行回报的义务，惩罚将是做奴隶抵债。

礼物所产生的三种强制性义务也跟原始人对物品的分类有关。在原始人看来，物品可以分为两类，一类是消费品和日常分配的东西，这些东西一般是不用于交换的；另一类是家庭的宝物、护符、纹饰铜器和装饰织物，这类物品则要被郑重其事地送出。它们具有法力，代代相传，它们具有精神性的起源和本质。毯子中住着神灵，屋顶、火焰、雕塑、绘画都能言善语。此外，这些宝物自身还具有一种生产的品性，它们是财富的记号和保证，具有魔力，是等级与富裕的宗教本原和巫术本原。

其中，最典型的财物就是纹饰铜器。在原始人看来，铜器都是活着的，每个原始部落都有对这些铜器的膜拜或关于铜器的神话。氏族首领家中每一件主要的铜器都有名字，有各自的个体性，也有真正的巫术价值和经济价值；其次，铜器还有一种吸引的品性，能够唤来其他的铜器；第三，铜器还具有神性，对于一个成年人来说，是神灵使他成为铜器和护符的所有者的，而这些铜器和护符本身也是获得铜器、财富、等级直至神灵的手段。

通过讨论夸富宴，莫斯认为在原始社会的各个部落中，灵魂、精神、等级的观念都普遍存在于交换的过程中。同时，在夸富宴之外，这些社会更普遍地存在着赠礼与回礼的交换形式，由此，事物的流通也是权利与人的流通。礼物，并不是纯粹的物，它把人、灵魂、物品、社会等级融合在一起，它的流通实际上就是这些物项在社会生活过程中的展现。

在利用太平洋诸原始社会的民族志资料论述了礼物交换的原则之后，莫斯进而讨论了罗马、印度和日耳曼民族的古代法律，来说明在这些文明社会中仍然存留着更早期的礼物交换的原则。他认为，今天我们生活在一个个人权利与物权、人与物截然分开的社会中，这种区分实际上直到很晚近才在近代文明社会的法律中出现，它对于上面论述的社会来说非常陌生。但毫无疑问，此前，这些文明社会也曾经历过一个没有冷静计算的心态的阶段，有的社会也曾实行过人与物融合在一起的交换礼物的习俗。对印欧法律的某些特点的分析表明，文明本身经历过这种嬗变。

在古罗马市民法中，财产的转移始终都是庄重的、相互的，要经由群体来实现。古罗马的家庭（familia）不仅包括人，还包括物（res）；上溯得越久远，"familia"一词中的"res"的含义就越显著，甚至可以指代家庭的食物或生活用品。在物的划分上，古代罗马人把事物区分为"屋"里的永久而基本的财物与可以流转的事物；后者包括食物、在远处草地上的牲口、金属、银钱等。而且，"res"的本意即取悦他人之物，它们往往印有家族标志的财产标记，一旦经过庄重的转交，就会结成一种法律的纽带。虽然这种形式的法律、道德和经济在古罗马很普遍，但是最早把个人权利和物权区分开来的也是罗马人。他们把买卖从赠礼和交换中分离出来，使道德义务与契约各自独立，特别是在观念上区分了仪式、法律和利益。这场革命意义重大，它们超越了陈旧的道德和赠礼经济体系，因为赠礼制度在根本上是反经济的。

在古印度，赠礼与回报是法典和史诗取之不尽、用之不竭的主题。印度人相信，送出的东西会在今生或来世得到报偿。它会自动给施予者带来与之相当的东西，所送出的物并没有失去，它会自己再生产；人们在他方又会得到与之相同者，而且有所增值。送出的食物会在此生回归施予者；同时，那也会成为施予者在另一世界的食物；而且，这些食物还会出现在他此后轮回再生之中，成为别人用以给他止渴的井水和泉水，成为他在诸生诸世中的衣服和金钱，成为他在炎炎烈日下借以前行的伞盖。婆罗门阶层居于印度社会等级的最高位，他们接受礼物的方式跟美拉尼西亚和美洲的传统惊人地相似。他们有一种不可克制的高傲，拒绝那些会牵涉到市场的事物，甚至不能接受来自市场的任何东西。即使在已经存在城市、市场、货币的部族经济中，婆罗门却依然忠实于大平原上的土著农民或异族农民的经济与道德。

日耳曼民族在相当长的一段时期里没有市场，买卖和价格的观念是很晚近才形成的，甚至这两个词都出现得很晚。古代日耳曼文明，夸富宴极其发达，尤其是赠礼的体现最为突出。在相当大的范围内，即在部落内部的各个氏族之间、首领之间甚至国王之间，人们的生活在道德上和经济上都是处在家庭群体的封闭圈子之外的，因此，他们就借助于大规模的抵押、宴会和馈赠，通过赠礼和结盟的形式，相互沟通、相互帮助、相互联合。在德国的一些村庄中，有一种"gaben"的制度，它规定，在洗礼、圣餐、定亲或结婚的时候，被邀请者在宴会的前一天或后一天要送出贺礼，其价值通常都会高出宴会的开销；还有一种契约抵押的制度，它规定任何契约都必须有抵押，被接受的抵押可以使立约双方履行承诺，因为用作抵押而被给出的事物本身自有的品性就足以构成约束。另外，在日耳曼人的古老法律和古老语言中，礼物或转交物代表着危险的意思，致命的赠礼及礼品或财物变成毒药的故事是日耳曼民间传说中的一个根本主题。

如果说人类学的目的是通过研究原始文化或他者文化而对现代文化或研究者本人的文化加以反思，那么莫斯的《礼物》就是典范之作。在本书的最后，他力图把礼物道德经济的原则施加于20世纪20年代的资本主义工业世界。在这个世界，市场交换是经济秩序的主体，在其中是亚当·斯密（Adam Smith）所说的"看不见的手"在调配着物资的流动，而人受制于物，人与人建立的物的关系是剥削与被剥削的关系，人如果在经济领域失败，则意味着在整个社会的出局。人与物的精神关系被赤裸裸的利益关系所取代。面对这样的经济道德，莫斯认为，工人把他们的生命和劳动一方面交给了集体，另一方面也交给了他们的雇主，而这些雇主不能只付工资然后就一走了之，国家作为共同体的代表，也和雇主一样对工人生活中的某些安全问题负有共同的责任，以应付失业、疾病、年老和死亡。社会要以一种奇特的心态来重新找回个体，这种心态掺杂了权利的情感，也包含有其他一些更为纯粹的情感：仁慈之情、社会服务之情、团结之情等。这样礼物、礼物中的自由与义务、慷慨施舍及给予将会带来利益等主题，又会重新回到我们当中。莫斯相信，他所谈的不是法律、制度，而是人、人群；因为自古以来经纶天下的乃是人和人群，是社会，是深埋在我们的精神、血肉和骨髓中的人的情感。

萨林斯说，《礼物》一书是莫斯的政治宣言，霍布斯（Thomas Hobbes）曾说人对人都是狼，而莫斯则说人与人之间是交换关系。"一战"之后的社会理论，有必要反思一下导致战争的社会根源。资本主义追逐利益的经济理性主义的极端化是其中的一个重要原因。莫斯在书中还对"利益"这个概念进行了"考古"，他指出利益是一个相当晚近的词，它源于拉丁语中的会计术语"interest"，当时人们把它写在账簿中，用以标示有待收取的利息或租金。在最具伊壁鸠鲁学说倾向的古代道德中，它指的是人们寻求的善与快乐，而不是物质的有用性。要到理性主义与个体的观念主义胜利之后，获利的观念和个体的观念才被提升为至上的原则。这不禁让人想起涂尔干在《社会分工论》"序言"中说的那段话：

> 然而迄今为止，这种混乱状况从来没有达到这么严重的程度。这主要是近二百年来经济功能不断发展的结果。尽管在以前，经济只居于次要的地位，而今天它已经站在最醒目的位置上了。尽管很早以前，人们还轻蔑地把经济功能划归在下等阶层的范围里，但现在我们却看到军事、宗教和管理等领域的功能已经越来越屈从于经济基础。①

在《礼物》这本书的开始，莫斯引用了斯堪的纳维亚的古老诗集《埃达》，其中有这样一段诗句："你知道，如果你有一个令你信赖的朋友，而你又想有一个好的结局，那就要让你们的灵魂交融，还要交换礼物，并且要常来常往。"在本书的结尾，莫斯转述了布列塔尼人（Breton）的《亚瑟编年史》中的一个故事，亚瑟王用一位木匠创造了一个奇迹：木匠为他制作了一张漂亮的圆桌，这张圆桌可让一千六百多个骑士围坐下来，没有一个会被排斥在外。这样，这些骑士们再也不会因可鄙的嫉妒而相互争斗了，因为对于这张桌子来说，上首和下首都是平起平坐的。想来，莫斯用礼物建构起来的"圆桌"应该更大、更漂亮，它混融人物，"经纶天下"。

① 涂尔干："第二版序言"，见其：《社会分工论》，梁东译，15—16 页，北京：生活·读书·新知三联书店，2000。

《两性社会学》[①]（1927）

岳　坤

《两性社会学——母系社会与父系社会之比较》[②]（以下简称《两性社会学》）是马林诺夫斯基对精神分析学说的人类学批评。全书共四编，前两编以作者在美拉尼西亚土著社会的实地调查为依据，分别讨论了不同家庭组织对于家庭情结的影响及家庭情结（complex[③]）在母权社会的影响；后两编则是就精神分析学家对前两编的批评加以讨论。

一、情结的形成

在马林诺夫斯基写作本书的年代，精神分析学说正"如日之升"，而他本人亦一度受到弗洛伊德（Sigmund Freud）、里弗斯（William Rivers）、荣格（Carl Jung）等人的影响。但是作为一位曾经长期从事田野研究的人类学家，马林诺夫斯基很快从最初的热情中清醒过来，并对这一学说中关于社会学、人类学的部分观点进行反思。他认为，从根本上说，精神分析学说是家庭生活对于人心影响的学说；而人在幼年所感受到的种种心理印象又能够预定某种社会系结的形成，概括个人在传统、艺术、思想宗教等领域所有的感受性和创作能力。由此，马林诺夫斯基指出："情结除了心理学的研究，还应当增加两篇社会学的东西：一篇绪论，述及家庭影响所有的社会学的性质；一篇尾跋，分析情结对于社会的影响。"[④] 本书的第一编围绕"绪论"展开，着重讨论这样一个问题：既然

[①]　英文原著 *Sex and Repression in Savage Society*, London: Kegan Paul, Trench, Triibner&Co., 1927。本文以中文译本为依据。——编者注

[②]　马林诺夫斯基：《两性社会学——母系社会与父系社会之比较》，李安宅译，上海：上海人民出版社，2003。

[③]　需特别说明的是，李安宅先生将 complex 译为"复识"。鉴于这个术语目前大都统一译为"情结"，为了便于读者理解，故在此改用"情结"一词。凡在引文中用作"情结"的地方，在这个译本中均作"复识"。

[④]　马林诺夫斯基：《两性社会学》，4页。

家庭并非在任何人类社会都是一样的（通过对土著社会的实际观察，这一点是很明显的），则家庭情结是怎样在某一个社会里面被家庭组织所影响和改变的？为回答这个问题，马林诺夫斯基用全书近1/4的篇幅分别就儿童发育过程的四个时期——（1）婴儿期。由降生算起，断乳为止。（2）幼孩期。经常为三四年，孩子因而到了6岁左右。此时的孩子，虽尚依附于母，然已能动转、说话。（3）成童期。孩子开始上学或学徒或初步的入社仪式，这个时期到少年期为止。（4）青春期，又叫少年期。介乎生理的青春发动期和社会的充分成熟期之间，通常以结婚和成家为此期的完结——对他所亲身观察的两种极不相同的家庭组织形式，即近代文明之父系家庭与西北美拉尼西亚的特罗布里恩德人之母系家庭，进行了详尽的比照和分析。

　　这一部分的比照分布于第一编的六个章节（从第三章至第八章），婴儿期和青春期（少年期）各一章，幼孩期和成童期各两章，即在此二期中将性的题目与社会学的方面分而论之了。之所以做这样不均衡的安排，马林诺夫斯基的解释是，与婴儿期不同，从幼孩期开始至成童期，孩子开始了独立的游戏且有性欲的出现，因此可用社会学在外面观察，然而这两阶段中，性与生活的其他方面之勾连还不似青春期时那样密不可分，于是他能够"将性的题目分别处置，以便加重社会学的方面，且以避免母子依恋或'力比多'的性质如何这样聚讼理论的分别"[1]。

　　以儿童的家庭生活史为线索，首先是婴儿期。这一时期孩子与母亲发展出互相联结的亲密之情。这种亲密和依恋的关系不仅得自生物的本能，也是由社会的力量所推崇的：怀孕、生育及哺乳期的种种禁忌、礼节、仪式，加上周围社会的态度都强化了母子之间的纽结。在父系与母系社会中，此期的母子关系是相仿的。论及与父亲的关系，两种社会的异处在这个时期则已开始鲜明地显现出来：文明社会中的父亲常扮演一个不帮助也不干涉的角色；而在特罗布里恩德人那里，尽管被认为与孩子缺乏生理上的联系（事实上，对于孩子的产生，特罗布里恩德人相信是母族女魂将幼小精灵送进母怀的缘故），父亲却更为关心地执行着看护的义务，从而在孩子降生伊始就着手培育情感的系结。总的说来，在婴儿期，除了少数的例外，两种社会里面，生物学的趋势和社会状况都无冲突的机会。

---

[1]　马林诺夫斯基：《两性社会学》，35页。

　　以断乳为标志，孩子进入生活的第二个时期。此期于生物趋势的方面，孩子开始缓慢地从母体取得独立；然于社会的方面，在文明社会里，断乳及随之增加的对限制母子身体亲近的种种障碍要来得相对突然，并通常给孩子的情感带来扭伤或是留下缺憾。比较而言，特罗布里恩德人的母职则更依顺于生物的趋势：断乳以孩子无需要为限，且母亲在断乳后对孩子依旧保持了亲密的态度。再看父亲这方，西洋文明里，父亲保有父权制的地位，标志着血统和经济的源流，在孩子的面前便代表了权威和责罚（下层阶级中往往代表了粗暴）。此外，这个时期的父亲开始将孩子看作自己的承接人并由此生出某种程度的仇视情绪；然而对于特罗布里恩德人的父亲，情况全然相异：既没有统系的传承也非家庭饮食的主要供给者（真正的供给者是孩子的母舅），父亲不是具有专权的一家之长，相反，出于生物的趋势和作为孩子母亲的丈夫的义务，他继续做着孩子的温婉的照看人。现在转到此期孩子性欲的题目。据马林诺夫斯基观察，欧洲的儿童在三四岁的时候，开始对事物有"正的"和"邪的"两种范畴之划分，并且儿童就这个通常是表现在排泄机能上的暴露主义和邪僻游戏的"邪"的部分发展出包含罪意的兴趣和隐秘的消遣。而在美拉尼西亚，儿童的身体没有遮蔽，排泄机能公开、自然地进行，因此这种隐秘消遣的婴期邪僻是找不到的。事实上对于这些儿童，并不存在"正的"和"邪的"的范畴划分。

　　现在到了儿童的第三期——成童期。依马林诺夫斯基的划分，这一时期起始在5岁到7岁。此时的孩子开始独立，开始游戏并寻求同年的玩伴。在欧洲和美拉尼西亚，这种独立的过程显出很大的差异：欧洲的孩子通常是自家庭的亲切关系过渡到学校或其他预习过程里的冷酷训练，而美拉尼西亚的解放过程则是缓慢自由而愉快的。伴随这个独立过程，欧洲的母亲或多或少地对于孩子不再对自己倾吐一切的趋向产生回怨；而美拉尼西亚的母亲采取了顺其自然的态度。此期的父亲呢？我们看到，在文明社会里，父亲具有的一家之长的权威和经济势力开始为孩子所了解，理想化的父亲形象开始形成。但与此同时，一种属于承接人和被代者之间的敌竞因素也成形于儿子和父亲之间（这种敌竞的因素在父女之间较不显著）。回头看美拉尼西亚。则父亲依然是孩子的伙伴和保护人。但在这个时期，母舅——母权社会里的男家长，开始代表着部落的法律和权威制度影响孩子的生活。母舅的角色类似于文明社会中的父亲，他拥有权势，是理想化了的。他带来义务、禁令和约束，也教给孩子野心、荣耀和社会价值。此期的孩子逐渐理解自己是母舅的继承人，同时开始抓住母系的宗亲原则和指向于同一宗亲的性的禁忌。现在来讨论这个时期儿童的性欲。马林诺夫斯基证实，此期在文明社会上层阶级的孩子中间存在着一种被弗洛伊德称作性欲的抑制（现译"压抑"）的现象——按照弗洛伊德的描绘，在抑室的潜在期内，性的机能和冲动发育都暂时停歇；与此相连的还有一种遗忘，它可以铲除婴儿期性欲的记忆——他进一步指出，这个潜在期的出现源于富有孩子早期已然存在的"邪僻"的好奇心与相对较晚的生殖知识之间的一个罅隙。这个罅隙起于6岁左右，持续两年到四年，此期的孩子离开了育婴室，且由于获得新的趣意而对性无暇他顾。至于美拉尼西亚的孩子，他们完全没有这样的潜在期，相对应地，是儿童的独立时期：男女小儿，在儿童共和国里共同游戏，而其中的主要兴趣之一，就是性的消遣。大人对于儿童的性游戏普遍认为是自然的。当然，有一个禁令必须严格地执行，那就是兄弟姐妹之间的禁忌。

最后，约由9岁至15岁的时候，儿童便过渡到青春期（少年期）。基于男孩和女孩此时在性的事件上的完全不同，这个阶段的比较，马林诺夫斯基对他们是分别进行的。首先来看文明社会中的男孩。少年期的意义对他而言，是获得完满的心理能力和生理上的成熟，并且形成性的品格。这个时期的男孩面对母亲时通常感到失措；而对于父亲的理想亦需要新的实验和确证。在性的态度上，对于父母关系的认知将深刻影响男孩的性欲观。至于别的异性，他也开始出现一种态度，"那就是某种失措与欢迎拒绝的两极端"。在少年期的末段，一种新出现的情欲常常与婴期记忆中的母性温柔相混杂而在男孩的心中形成乱伦试探的影像。对于文明社会中的女孩，初期月经带来一个生理的转折。父女之间特殊温婉的关系和母女之间的敌竞关系常在此期出现，并由此导出仇母情结（electra complex）。现在转到特罗布里恩德群岛。这里的孩子一到少年期即要对早已开始的兄弟姊妹的回避行一种更为严格的禁忌：停止住在父亲的家庭中，进入供此期男女儿童的团体所用的名为"布库马图拉"的房屋。这种分离使得此期的男孩轻松彻底地离开了母亲，也减少了与父亲的接触；倒是作为师傅的母舅成为他最大的趣意所在。性的态度上，父母的关系对男孩没有直接的影响。发生深刻影响的，是存在于兄弟姊妹之间的禁忌，以及由此扩展开来的，对于同一母党所有女性的禁忌。然而恒常的互相回避及恒常的互相注意（兄弟要作为姊妹家室的饮食供给者）又必带来抑室的诱惑。相比于男孩，美拉尼西亚的女孩除对于兄弟的态度外，与欧洲的女孩有相似的情操。在她的婚姻布置上充当保护人的是父亲。因此，在父女之间的亲密关系同样包含某种诱惑的因素。只是由于女孩在家庭以外享有许多性的自由，所以通常情况之下，纵使不能避免父女乱伦，至少避免了母女的敌竞。

逐一比对之后，一条清晰的线索在马林诺夫斯基的笔下展现出来：在欧洲和美拉尼西亚两种不同的文明里，是家庭内宗亲的纪认、权威的分布、禁忌的投入及性的自由程度的不同，最终为我们呈现了相异的"家庭情结"。即"在父权社会，儿时的敌竞和以后的社会功用，使父子的态度，除了相互依恋，也有某种程度的回怨和憎恶。另一方面，儿时不成熟的分离则在母子之间留下深切未满的渴望；以后有了性的趣意，这原来未满的渴望就在记忆中与新的肉体渴望混在一起，常使恋爱性质借着睡梦和其他玄想来出现。在特罗布里恩德，父子之间并无阻力；一切儿童对于母亲的渴望都被容许渐以自然自动的办法发挥尽致，崇敬与憎恶这种两面同值的态度，乃存在于男孩和母舅之间；乱伦试探被抑窒的性的态度，则仅对于姊妹始能见到。若用一个简洁（虽然有些粗气）的公式，来描写两种社会，我们不妨说父权社会的恋母情结[①]有杀父娶母的被抑窒的欲望；在特罗布里恩德的母系社会，则有杀母舅娶姊妹的欲望"[②]。这个考察结果回答了本书一开头提出的"绪论"部分的问题——将家庭情结置于不同的家庭组织之下进行研究——而结论证明：情结实际具有依赖家庭生活和性的道德的特点。在此基础上，马林诺夫斯基进一步对弗洛伊德派的心理学进行反思。他指出，对于该理论的心理学公式应当赋予伸缩的余地。具体地讲，"也就是不要假定恋母情结有普遍的存在性，而要在研究每种文明的形态的时候，都建立特别属于该形态的特定情结。"[③]

二、传统的镜影

在第二编中，马林诺夫斯基分析了在第一编里提出的第二个问题，即"尾跋"的部分：母系情结既然在发生和性质上完全不与恋母情结相同，是否也在传统和社会组织上具有一个不同的影响呢？这些土人的社会生活及民俗信仰里面是不是也有不会看错的特殊抑窒显示出来呢？此编"疾病和反常""梦想和行事""猥亵和神话"三个章节就从不同的侧面来分析母系情结的镜影。

[①] 在李安宅先生的原文中译为"燕母复识"。

[②] 马林诺夫斯基：《两性社会学》，77 页。

[③] 同上，79 页。

"疾病和反常"一章的分析并不深入。正如马林诺夫斯基承认的，既然缺乏精神病的专门知识而材料上的准备亦不够整齐，他在这个章节所做的工作就只是指出问题，而不去解答。依据马林诺夫斯基走访所见，特罗布里恩德人与在其南面 30 英里左右（约 48.3 千米）的埃姆弗来特群岛的居民在种族、风俗、言语上都实质相似。然在社会组织上，后者具有更为发达的父权制的权威，在性的抑窒力上也强得多。另一方面，埃姆弗来特人给人的神经衰弱的印象也是在特罗布里恩德人那里所没有的。此外，性的反常——同性恋在马林诺夫斯基目击的美拉尼西亚世界里也明显地与性的抑窒发生关联。

"梦想和行事"一章建立在马林诺夫斯基搜集到的几个实例之上，着重讨论了特罗布里恩德人的母系情结在土著的梦和行事方面的影响。在前面的论述中已经提到，兄弟姊妹的乱伦是这个母系社会中最为严厉的禁忌，而以此为扩展还发端出族外婚制度——认定与同母系族的任何女人发生关系都是非法的。然而正是在指向姊妹的这一事件上，破除禁忌的试探表现得极为强烈。根据马林诺夫斯基婉转获得的信息，在土著那里实际存在着一个"与姊妹发生关系"的模式梦，且发生频繁，缠绕梦者。除此以外，更有具体的乱伦案例在部落中被谈论。相比之下，与同一母系族的女人发生关系则被视作具有难度的风流事件，甚至有一种专门的巫术用以祛除这种犯忌带来的生理惩罚。土著被抑窒的欲望，除性以外，还有一点，是指向母舅的。这种犯忌的欲望体现于特罗布里恩德人的梦里，就存在这样一种信仰：凡做梦预言死兆的，通例是外甥预梦母舅的死亡；体现于行为中，则可以找到这样的一个事实：凡习得疾病的黑巫术的男人，必在他亲近的母系亲属之中，选择初次牺牲者。很多时候，据说选择的是自己的母舅。马林诺夫斯基于此惊异地发现，"欲望倾向的潜流非常厉害得逆着习俗、法律、道德等趋势走"，而"羁绊和樊笼，结果更要激起情绪的反动"。

"猥亵和神话"讨论了民俗信仰与母系家庭所有的模式情操的关系。按照弗洛伊德派的观点："童话和传说是借以满足被抑窒的欲望的东西；谚语、形式的笑话、言谈和刻板式的辱骂方法，也都是这种东西。"[1] 马林诺夫斯基借用了这种观点，他对乱伦形式的辱骂、模式的语言及神话传说——做了探讨以求证情结对于文化的影响。首先是辱骂。在土人那里有三种乱伦的说法："kwoy inam"（与你的妈去睡），"kwoy lumuta"（与你的姊妹去睡），"kwoy um' kwava"（与你

---

[1]　马林诺夫斯基：《两性社会学》，102 页。

的妻去睡）。这三种说法的严重程度是逐一上升的。指向母亲的骂语因为现实中母子乱伦的不存在而只被当作缓和的戏谑；指向姊妹的辱骂则不同，因为尽管有着强力的禁忌，偏偏与姊妹乱伦又代表着一种较为实际的真正倾向，要去违犯禁忌，因此非到真正发怒不会引用；而指向妻子的骂语是最严重的。因为这种辱骂所揭示的是对于直接性欲的暴露，必会激起强烈的羞怒。接着谈到模式的语言，这里只有一个——"路古塔"（luguta），意为"我的姊妹"，在巫术里表示不相容和互拒的意思。最后，让我们来看看丰富的神话世界。马林诺夫斯基详细地列举了特罗布里恩德岛上属于三种范畴的神话[①]：（1）关于人类和一般社会制度的起源的神话，特别是关于图腾分界和社会品级；（2）关于文化变迁和成就的神话，有的关于英雄事迹，有的关于风俗、文化特点和社会制度等建设；（3）与一定巫术相关的神话。在逐个解析了这些神话的具体形式之后，马林诺夫斯基明白地告诉我们，美拉尼西亚母权社会的神话中，母系情结的痕迹清晰可见，它们包括母系的宗亲形态（体现于女祖传种的神话之中），外甥与舅舅之间的责任与冲突（体现于杀死吃人妖的英雄故事之中），兄弟之间的义务和敌竞（在解释吃人习俗的故事和关于飞行独木舟巫术的神话中它是核心的问题），兄弟姊妹乱伦的禁忌（为恋爱巫术提供了神话传说的由来），等等。

这一部分的例证充分表明，母系情结在母权社会中产生了特殊的影响。因而弗洛伊德派认定的家庭情结具有深切的重要性是对的，但认定一种基本的家庭情结——恋母情结具有普遍的存在则是错误的。

三、精神分析与人类学

本书的第三编既是对琼斯（Ernest Jones）的两篇批评文章的回应，也可看作对于弗洛伊德关于文化起源假设的全盘思维方式的批判。与预先发表过的前两编相比，在书写这后一半的内容时，马林诺夫斯基自己的见解也在某些方面有所改变和发展。

在弗洛伊德的理论中，文化的起始源自这样一个事件：原始集群中一个强暴妒忌的父亲，占有一切女性，赶走一切正在发育着的儿子们。一天，被逐出的弟兄们统一了势力，杀死了父亲，然后将他吃掉，覆没了父亲的集群。在完成这罪

---

① 马林诺夫斯基：《两性社会学》，105 页。

行之后，儿子们又懊悔起来，为了注销他们已犯的凶行，他们宣告禁杀父亲的替身（图腾）；另一方面，他们对于父亲被杀而得解放的妇女不去占有。由此，由着儿子的犯罪之感，创造了图腾制的两种基本禁忌。对于这个原初的图腾犯罪，马林诺夫斯基集中在两个地方予以反驳。第一处，在他看来，弗洛伊德在借用达尔文关于"原群"（primal horde）的叙说时忽略了类人猿家庭和人类家庭的区别。他说，既然图腾犯罪被放在文化本身的起源之上，那么其发生必在一个天然的状态之下，换言之，发生在类人猿或者说动物状态的家庭之内。那么，早于人类的人猿家庭是什么样的呢？马林诺夫斯基认为，那是个被先天的情绪态度所固结和管理的家庭。这个家庭中，本能反应，环环相扣，每一个链条，一旦功用停止立刻发泄出去，因此每一项新的反应的出现都必抹杀旧的情绪。在这样的家庭状态里，实际上完全没有被抑窒的态度，因而也永不具备杀老的动机。而弗洛伊德所说的强暴妒忌的父亲和仇视的儿子及诸如此类的许多"趋势、习惯、精神态度等重负"，其实是把"欧洲中产阶级家庭的一切偏见、失谐及坏脾气"放在"史前的森林中放肆大闹"。弗洛伊德的另一处破绽见于他所假想的首代犯罪发生之后。根据他的描述，弑父的儿子们在凶行之后，紧接着就由于"懊悔"而忙着制作法律宗教等禁忌，建设社会组织的形式了。然而此处他又犯了与第一处相近的错误：一方面将故事的主角置于天然的状态之下，另一方面却凭空为他们假设了文化的背景，这种背景体现为叙述中所包含的设置道德价值、宗教仪式、社会系结乃至立法的种种可能。事实上，在一个缺乏一切物质发明、语言、传统和概念思想的准备的前文化组织中，"完全没有任何媒介能使图腾犯罪的结果固定在文化制度里面；完全没有任何文化媒介，去包含仪式、法律和道德"。将上述的两种反驳归结起来，则在弗洛伊德那里属于创造行为的文化的起源，在马林诺夫斯基的追问之下变得不可能了。

在前面已经分析过的根本性反驳之外，马林诺夫斯基的批判还涉及弗洛伊德提出的"群众心理"的概念及琼斯"以父权制为恋母情结的快活解决，又为它的原因"的理论。"群众心理"是弗洛伊德在解释人类经验态度如何代代相传时所做的一个方法论上的虚构。但是在马林诺夫斯基那里，这个概念全无生存的必要，因为他找到一个更好的容器和媒介用以贮藏历代传给后人的经验。这种媒介是物质什物、传统及刻板式的思想过程所有的总体，叫作文化。再来讨论父权制的话题。在精神分析学家看来，恋母情结是个普遍而原初的存在。基于此，后代社会的种种文化制度不过是要为这个由首代犯罪留下的困难寻找解决的途径。琼斯的观点认为，马林诺夫斯基所考察的母系制度在本质上是用不识父性和母权制度来转移"发育着的男孩对于父亲所感受的恨怒"的；而"父权制里的意义则在于人类的驯服，是恋母情结的逐渐同化"。马林诺夫斯基否定了这种观点，他指出，恋母情结根本上是近代父权制社会的发现，而在母系社会的考察结果并不能带来所谓"扭转"的结论，既然在那个社会里所见的事实是另一种特殊的欲望趋势——杀母舅娶姊妹——那么就不该对恋母情结做普遍的假设。

在第三编的最后，马林诺夫斯基对于自己在前文分析中所使用的"情结"的概念进行了反思并最终决定对这个源于病理学的词汇予以抛弃，转而投奔山德（A. F. Shand）的"情操"概念，即一种协调于环境的有组织的情绪系统，它的反应为周围的人或物所要求，也以这些人或物为对象。至此，马林诺夫斯基将"核心家庭情结"的说法替换为"情操所协调的系统"，也就是"特别出现于某种社会的多数情操的结晶"。

四、功能和文化

如果说在前面的三编中，马林诺夫斯基都采取了一种破而不立的态度，那么第四编就是他对于立的努力。正如他自己所说，这一编的目的是要"研究人类本能在文化之下所起的变化"，"证明在文化的萌芽就已包含本能的抑窒；恋母情结或任何其他'情结'所有的要件，都是文化逐渐形成的过程必然发生的副产品"。[①]

马林诺夫斯基认为，要研究本能反应的改变必须在动物家庭和人类家庭之间进行比较。因此，他用了四个章节的内容分别从求爱、交配、婚姻关系和亲子关系上论述了两类家庭的异同。他发现，动物和人类所有的行为形式及功用，都属相似。用选择的配合、婚姻的独享、父母的看顾等绵延族类，既是动物本能的主要目的，也是人类制度的主要目的。但尽管目的是相同的，动物和人类达到目的的手段则完全相异。动物进行选配行为，维持婚姻关系，建立父母照管子女的习惯等所有的手段都是完全出自先天的赋予，以解剖学上的安排、生理的变动、本能的反应作为基础。但是在人这一方，固然也有求爱、偶配、照顾子嗣的普遍趋势，然这等趋势之间的天然界限已不分明——人类的性欲冲动是永远活动的；人

---

① 马林诺夫斯基：《两性社会学》，180 页。

类不但没有天然的父性，就是母性关系，也不仅为先天反应所制定。因此，我们所有的手段，就不是本能的要素，而只能是支配先天趋势的文化要素。这些文化的安排包括禁止乱伦和奸淫的禁忌，配偶本能的文化的宣泄（受到婚姻系结的合法赞许），以及种种支配父母趋势、表现父母趋势的命令。文化一经插手，在动物社会由本能来结合的家庭，进入到人类社会，则改为由文化来系结。马林诺夫斯基接着指出，这里的"文化"实际必以一个"可变的本能"为基础，不仅继续社会传统是需要个人的情绪关系使多数反应训练成复杂态度，社会的分工合作也要求可变的社会系结及足以适应的情绪系统。

在前几个章节的分析基础之上，马林诺夫斯基进入"人类学里讨论最多而且最感烦困的问题"——乱伦禁忌的"起源"。并尝试给出解释。他认为乱伦禁忌是文化下面的两个现象的结果。第一种现象，是在组成人类家庭的手段之下发生严重的乱伦试探。第二种现象，是因为有了乱伦的趋势，所以特殊的祸变便与性的试探同时发生在人类的家庭。具体分析起来，首先是在母子关系与性的关系之间存在着一个两者同具的质素，即来自肉体接触的快活感觉。而借用心理学的一个普遍原理：即晚期生活的经验，没有不由婴儿期激起类比的记忆来的。那么当孩子长大，有了性欲关系的肉体接触之后，就会产生反省，激活早年母子关系的同样经验的记忆。然而在这个时期，母子之间的情操早已脱离婴儿期的感官依恋，且因着文化教育的需要转为精神和道德的依赖，指向母亲的性的欲望与长期以来构建的虔敬的态度发生抵触并最终被抑窒下去。而下意识的乱伦试探，则因早年记忆与新的经验相混合而暗暗形成了。但是这种乱伦必须严禁，因为它与文化初基的建设不相容。对于母亲的性欲试探不但颠覆子与母的关系，也间接颠覆了子与父的关系，这就要解组家庭的根本基础，一切社会系结的基本模式也全被破坏。至此，马林诺夫斯基得出结论，引入乱伦的试探的乃是文化，乃是因为有建设永久有组织的态度的需要，同时，他还将乱伦禁忌的必要性溯源于本能赋予的变化，那就是必与社会组织和文化相平行的变化。

"权威和抑窒"这个篇章里，马林诺夫斯基讨论了父子的关系。他认为在文化条件下的人类家庭之中，父亲担当着两个方面的职责：一方面是持续族姓的绵延，这就要求他发展出一种基于生物学之上的温婉的情感——他是孩子的保护者；另一方面是保证文化的继续，这就要求他建筑一项苛求、冷酷、强迫的抑窒关系——他代表了家庭和部落的权威。因此，恋母情结所体现的对于父亲两面同值的温婉之感和排斥作用，实际上是根据家庭由天然过渡到文化的发育过程的副产品。马林诺夫斯基指出，唯一可以避免那些集中在父子关系的危险的途径，就是像在母权社会看到的那样，将父亲所有的显然照例的质素放在两个人身上。

"母权和父权"讨论了母系后嗣和父系后嗣的问题。马林诺夫斯基的观点是无论母权或父权都不能单独作为纪认宗亲或后嗣的唯一原则。只有在递嬗物质、道德、社会等性质的有形价值的过程中，才有两种原则之一的合法加重。母权与父权的社会各有优点，但母权的一个重要价值是可以免掉父的情操里的强力抑窒，并使母亲在地方社会所有的性的厉禁方案里面站在更一致、更适应的地位。

在第四编的最后一个章节"文化和'情结'"中，马林诺夫斯基对整本书的内容进行了重新梳理并再次对精神分析学说"以恋母情结为文化的首要原因"的论点予以批评。他强调，家庭是一个由本能结合的群体发展成为文化系结的群体，情结便是当时文化不可避免的副产物。这在心理学上的意义，便是心理驱策的锁链所保持的结合，变成情操组织的系统。情操的建设，遵从许多心理学的规律，那就是指导心理的成熟以使某项情操免掉一些态度、适应和本能的规律。而情操的建设及建设情操所有的冲突和失调，大都是社会环境借着文化的框架和直接的个人接触之手段而产生影响的。这种手段的主要方面包含了婴期性欲的调正、乱伦的禁忌、权威的委任、族外婚及家庭组织的形式。最后，马林诺夫斯基总结道，情结不是原因，而是副产物；不是创造的原则，而是失调。这种失调，在母权之下所取的形式，比在父权之下是为害较少的。

《人类学与现代生活》(1928)

苏 敏

弗朗兹·博厄斯(Franz Boas, 1858—1942),出生于德国西伐利亚省明登的一个犹太裔中产阶级家庭。早年对自然史感兴趣,在海德堡、波恩和基尔等地的大学中学习地理学。1883—1884 年第一次到加拿大北方旅行,在那里体验爱斯基摩人的文化,从此对民族学和人类学产生兴趣。1886 年移居到美国,并在马萨诸塞和伊利诺伊等地工作,后在哥伦比亚大学得到教职,1899 年任全职教授。数十年间,他培养了一代又一代优秀的文化人类学家,是真正的美国人类学之父;他和他的学生们一起确立了更复杂的文化和种族的概念,也开创并确立了美国人类学的田野调查原则,其中,他早年所受的地理学训练对他的人类学思想也有重大影响。在希特勒上台之后,他开始抨击种族主义和纳粹,这部与人合著的《人类学与现代生活》(*Anthropology and Modern Life*)就是他的此类表述之一。他的其他重要著作还有《儿童的成长》(*Growth of Children*, 1896—1911)、《原始人的心理》(*The Mind of Primitive Man*, 1911)、《原始艺术》(*Primitive Art*, 1927)、《种族、语言和文化》(*Race, Language and Culture*, 1940)等。他对夸库特印第安人的社会与文化的记录与调查已经成为经典的民族志,近年来已汇编成多卷文集。

在《人类学与现代生活》[①]一书中,博厄斯说:"我渴望从更广的角度来说明一些目前最根深蒂固的、以偏见的形式表现的观点;人类学知识使我们在面对现

[①] 博厄斯:《人类学与现代生活》,谭晓勒、张卓宏译,北京:华夏出版社,1999。

代文明所带来的问题时有更大的自由。"他在该书中描绘了一幅用人类学来看待现代生活及其问题的图画,指出了以异文化研究自诩的人类学对于我们理解现代生活的意义。对于今天的许多人类学学生,这本书谈论的东西似乎有很多已经"过时"了。但是,如果我们看一看今天的"种族战争",想一想时下仍在流行的生物决定论,读一读那些唯科学主义的著作,那么,我们会觉得,这本写于20世纪二三十年代的著作仍需要现代人继续阅读。当年,正是人类纷争、白人种族的优越感、绝对伦理对现代行为规范的鉴别等问题,才促使博厄斯不断地认识到自己必须继续坚定文化决定论、文化相对主义的观点,继续与流行观念唱反调。这就是倔强而执着的"博厄斯老爹"。

博厄斯兴趣广泛,从小就做了很多生物学和自然科学的实验,大学时代他开始了对最终学术追求的思考。他的博士论文是关于海水颜色的研究,通过对人脑、对海水颜色变化的分析,他逐渐认识到,人作为"主体",会对外界做出"主观"的判断,而不是机械地反映外部的刺激。他强调整体性、精神性地了解人与自然环境的关系,以此挑战传统的物质决定论,逐渐从方法论上的问题走向知识论及心理物理学上的问题。他在巴芬兰岛的地理学和民族学调查促使他放弃了传统地理学的研究问题(如迁移),而关注人类行为及文化的稳定性。更重要的是,他开始建立起文化相对论的信念,对德国文化传统甚至整个西方文明的优越性展开批判。他执着地坚持自己的学理观点,以经验材料进行抽象的思考,也用抽象原则来进行普通法则的寻求;他对学生要求严格,男学生们有时会对他过分精细的管教感到反感,而女学生们则称呼他为"博厄斯老爹"。他批判物质论,以文化生活的特殊性及历史性挑战演化论的假科学分类;他强调文化整体观、文化相对论,投入反战、反纳粹及反种族歧视的运动之中。不过,有学者认为,博厄斯虽然有一套自己的想法,但是他缺乏足够有效的方法论,在对经验现象的分析中缺少应有的洞察以处理他的文化整体观;而且,他原先的自然科学底子在他将两种科学等同看待的同时也影响了他的分析视角。

一、人类学之于理解人类社会的视角

博厄斯认为:"人类学通常是指一门搜集各种奇风异俗,说明异地居民的奇异长相并描述其独特风俗和信仰的学科。"人类学并不是供人消遣、似乎与现代文明社会的生活毫无关联的学问,人类学原理有助于人们理解时代的社会进程,能够指导我们应当做什么和应当避免什么。

人类学的研究领域是"人的科学"。它的具体研究范围早已随着时代和人类学理论与方法的发展而有所转变了，但它对个体的研究依然注重于将其视为群体的成员来理解，对决定群体内形态和功能分布的因素备感兴趣。人类学不是一门单一的科学，它运用解剖学、语言学、心理学和生理学等方面的知识考察其对于群体的个人或整个群体的影响。个人是作为种族或社会集团中的一员而发育和行动的，他的体质形态是由遗传和生活环境共同决定的，身体的功能在被体质构造决定的同时依赖于外部的环境。生活的例子告诉我们，本质上具有共同血统的人在不同的社会背景类型里有不同的行为；而不同的种族群体在相同的生活环境中也会有相似的生理行为及其他社会行为的表现。我们在讨论个体对同伴的反应、研究人与人的社会关系时，不能将个人作为孤立的实体来研究，必须将他置于其所处的社会背景中加以认识。最终的问题是，在普遍的社会事实和个人生活的形式与表现之间，能不能发现普遍性，即是否存在统治社会生活的普遍而真实的法则。博厄斯指出，人类学正是用"纯科学"（不涉及技术应用与实用价值而论抽象价值）的标准观点来看待社会现象，来分析研究现代生活中的问题。博厄斯是主要的文化决定论、文化相对论、历史特殊论的领航人，他致力于论证人与人的相对独立性和相互关联性，指出人的发展之历史性特殊线路；他站在文化相对主义的立场上，挑战当时各种以种族体质的因素来解释文化成就的理论，呼吁反种族主义、反对具有侵略性的民族主义。这位著名的掀起历史具体主义流派的大师，从自然科学的道路中岔路分行，在人类学的路途上追寻，他执着地运用一些自然科学的学理标准，从生物学、心理学等视角步步为营，建构了自己的人类文化观。

二、生物决定论与文化决定论

人们往往依据种族类型划分文化形式，直到日本人开始介绍欧洲文化模式，以致人们看到欧洲内部也存在着很大的文化差异，从而使有关种族和文化的互动问题得到越来越多的关注。由于这些差异都与不同的体质形态有关，因而许多人不断验证着一个假设，即各个种族都具有决定其文化和社会行为的心理特征。这样一来，有些国家（特别是美国）曾有大量关于混种影响的言论发表，担心其他种族的特征融入本国人民的血统，从而导致国民性格的改变和堕落。

　　一般来说，我们所言之种族的概念还有待明晰。人们谈的种族特征指每一种族中由遗传决定并为所有种族成员共享的那些特征。严格地讲，如果仅仅是群体中的一部分成员具有这些明显的特质，这些特质便不再是真正的种族特征了。我们往往受一般印象的迷惑（似乎每个国家只居住着某一特定类型的人），并在平时的经验基础上形成主观臆断，设想出一个典型的个体，在他身上集中一个群体里所有其他成员的特质。我们往往也以此方式来认识种族类型，并依据以往的经验来划分类型的多样性，而且倾向于假定所谓的纯粹类型。从生物学角度来说，这是不合理的假设。极端类型是没有必要存在的纯种族类型，我们并不知道他们的后代会有什么样的变化，也不知道他们的祖先究竟是什么样子。

　　"种族遗传"（racial heredity）这个术语，严格地说，只有在指一个种族的所有个体都享有某种解剖学特征时才能使用。在每一种族内部，整个家族体系在遗传特质上也是有差异的。种族遗传的说法暗示着一个假定，即一代死亡，下一代能代表相同的种族类型。但我们知道，任何自由选择的婚配，由不同的死亡率、出生率或移民所带来的选择的变化，必定会导致群体遗传组成的变化。以遗传学观点来看，我们现代的族群没有一个是固定的，人类从早期开始便拥有一幅连续迁徙的画面，人类特殊类型的混合也已持续了几千年，我们并不知道在没有外族血统的混合前一种类型能在多大程度上发生变换。环境对种族的形成施加了重大影响，研究表明身体的形状和大小并不完全由遗传决定，大量的变化与生物决定种族的心理没有多大关系，而多是社会行为（如公共健康的加强）的结果。我们描述一个群体的特征，往往只是将大多数个体所具有的特质概念化。正因如此，这些特质也深入人心。整个种族所表现的功能可被定义为是世袭的，甚至不弱于其解剖特征。但机体功能是会发生变异的：同一个人在新环境中，他的身体功能会有很大的变化；两个不同器官机能的个体在同一环境中会具有相似的功能反应。博厄斯认为，宣称身体形态与生理和心理功能没有任何联系是不恰当的，机体的差异可以被环境影响所掩盖，即使在最合适的条件下，一个白痴家庭的心理活动绝对与一个高智商家庭的心理活动不同；另一方面，环境也可能削弱和掩盖了人体反应的结构决定部分。农村人反应慢，但是判断更准确；城市人追求效率，反应快不过准确率低，这是效率和压力的结果，它与天生的智力没有关系，是一种文化状况的结果。我们不得不思考，当我们面临两个处于不同环境中的个体时，能否区分他们的反应是由环境决定还是由机体决定。

　　我们早期开始模仿所处环境的行为，而后期行为是由孩童时代学习的知识决定的。对个体来说，这或许受机体、遗传的境况所影响，但对大众来说却非如此。在同性质的社会群体中，儿童时代获得的经验颇为一致，因此经验影响比机体结构的影响更为显著。考虑到心理反应，对一些移民群体的种族差异所进行的研究使我们怀疑究竟决定性因素是文化经验还是种族传统。民族学家的一般经验指明：在考虑到对文化生活的影响时，种族间的机体差异是微不足道的，文化形态是不依赖种族的。血统最不相同的人们也可以有相同的发明；不同种族的相同特质是通过传播或独立发明而发生的，无论其起源如何，它们都令我们确信种族和文化是无关的，因为文化的分布并不是随着种族血统而发生的。因此，从纯生物学的观点来看，种族实体的概念是不成立的。包含于每个种族中的大量谱系血统，以及个体和家庭类型的多样性如此巨大，所以没有一个种族能够被视为一个实体。从功能性来看，相邻种族的相似性甚至相距遥远的种族的相似性也很大，从而不能确定个体究竟属于这一群体还是那一群体。

但是，种族意识仍然存在，并对现代生活产生巨大影响。那么，种族意识和种族憎恶、种族歧视究竟是本能的还是由儿童时期发展的习惯建立起来的？种族意识和种族憎恶的基础是一种教条的信仰，即一个种族内所有成员拥有相同的基本体质和心理特征。不过，在人类各群体中，种族憎恶有不同的形式，而且表现出不同的强烈程度，因此，我们必须思考种族意识是否是一种本能的现象。第一次看到一种完全陌生的类型可能给我们留下对立意识的影响，但是这种对陌生面孔的最初反感不是由种族决定，而是由我们好恶的伦理标准所决定的。在原始时期，每个部落组成一个封闭的社会，维护社会团结的原则是各种各样的，但共同之处在于：对其他对等群体的敌对感情。每个种族的血统有生理上和心理上的差别，而且各种族机体功能都发现了相似的现象，因此我们必须在社会基础上理解种族群体的构成。多个事例告诉我们，所有表面出自本性且根深蒂固的反感事实上都是社会现象。博厄斯期待人们认识到所谓"本能的"种族憎恶论是不成立的，期待着人们能够达成文化的合作，而前提正是我们必须建立团结的原则，建立不依据种族原理划分的社会群体。

博厄斯在本书中用"nationality"指称拥有共同文化、共同语言而不考虑其政治派别的群体。他指出，每个民族包括许多不同种族的个体，"民族"一词指社会意义，而不是种族意义；他从欧洲各国的混血遗传来说明世界上不存在某一纯种族类型的纯粹后代，习惯比遗传更能引起人们的注意，从而批评美国的种族隔离。国家并非源自血统或语言的结合，而是由情感生活和社团所组成的，它们组成了一种所有人都能自由活动的媒介。现代民族主义的先决条件是有一个团结得像民族的群体，发展加强个体的社会生活和想法，决定自己的活动，即成为一个拥有控制自己主权的国家。现代强权国家的发展是强烈的民族主义发展的条件。民族是在各种各样的环境中产生的，经济利益和文化接触会打破一个国家，并产生新的民族。毫无疑问，民族理念一直是创造性力量，通过扩展个人活动领域，使权力有可能发展，并通过设立明确的理想来扩大合作的群众数量。

人类的历史向我们展示了，人类群体时刻准备着同他们界线之外的群体发生战争。形成敌对的群体并没有任何理性的原因，只是一种用以维持每个群体成员的共同生活和团结的情感，这使得某一群体不可能向其他群体妥协。源自生理差别的情感会转变为心理差别的情感，对种族优越感的现代热情便是经过伪装的社会集团间特殊差异的旧情感。事实上，我们目前的教育系统中，几乎没有提到文化民族主义，而强调政治民族主义，这使得对其他国家的敌对和竞争情感永存于年轻人的头脑中。国家的要求和国际的义务常常是绝望地不相符合的。如果我们在教育中将国家利益高置于人类利益之上，那么，我们的教育就是侵略性的民族主义而非国家的理想主义，就是扩张而不是内部发展，就是对战争的崇拜。英雄行为将会使人类学的利益遭到恶劣的对待。

生物决定论还引导了优生优育的浪潮。优生学的信徒们宣扬可以用明智的方法来提高人类的生理与心理标准，以优生的标准来规划人类婚姻，预测后代健康问题。试想，只有能够保证全人类都会谨慎地以生物学原则来选择配偶，我们才有权假定：通过阻止低劣的心理与生理血统的繁殖，一个民族的总体平均标准可以得到提高。事实上，这种方法的应用是很有限的，优生学的选择只能影响遗传的体形。因此，优生学家必须不带有任何偏见地了解哪些是遗传的，哪些不是遗传的。但是这种方法却未得到履行，反而导致人们错误地以为遗传的因素更大。大多数优生学家完全受"功能依赖于形式"这一概念的影响，他们为所有功能的差异追求解剖学的依据。生物学家倾向于假设，更高的文明取决于更高级的类型，良好的社会健康仅仅只依靠一种较好的遗传血统。但人类学家则认定，不同的解剖形态可以造就相同的社会功能，不同形态的人类都能达到同等的文明。激进的优生学家以一种纯理性主义的观点来研究生育问题，并假定人类进步的理想在于人类生活的彻底理性化。但研究人类的风俗习惯而得出的结论表明了这种理想是不能实现的，尤其是有关生育的情感是不能根除的。优生学一方面追求人类体质的进步，一方面要直面许多残缺者的家庭为人类世界做出了巨大贡献这样的事实，从伦理和社会标准来看，优生学恰恰成了双重人道主义的自相矛盾和斗争。优生学不应使我们产生这样的误解：我们应该努力扩大超人的种族。而且，优生学也不应把排除一切痛苦和磨难作为我们的目标。

在研究人类的生理特征时，人类学家还考察了儿童的成长和发展状况，提供了预测不同年龄段儿童特征的方法，这对调整教育方式有重要价值，由此产生了教育人类学。此后，许多教育学家便致力于调查儿童期和青春期孩子身体的形态和功能，希望建立起能调节我们对儿童生理和心理行为要求的标准；教育学家甚至希望给每一个孩子以恰当的定位，并预测他的发展进程。这是人类学方法无法达到的。儿童成长的速率既由遗传决定，又受外界条件的强烈影响；身体各部分的发育是相互联系的，但是这些联系受到许多外界条件的干扰（如营养），比纯粹解剖关系更重要的是身体功能和发育状况的关系。外部环境对生理变化的影响是很大的，每个个体受遗传和环境的共同影响，没有详细的个体研究，就不能得到适当的有针对性的教育方法，而且环境的影响使得没有人能够对一个正常个体的未来发育做出任何有保证的预言。

在 19 世纪与 20 世纪初的西方社会中，"生物决定犯罪类型的存在"和"犯罪行为会产生遗传"的假设影响了犯罪学的发展。但身体形态和心理的互动关系实在不那么密切，因此无法说某种在生理和心理上有缺陷的人一定会成为犯罪分子。在由犯罪学家界定的体质特征和社会的甚至生理的缺陷之间根本没有任何清晰的心理联系，根据个体的体形特质来判断他是否属于某个种族集团便更是荒唐。而且，不同的国家对于同样的事件可能有不同的罪行界定，在一个国家里被视为罪行的事例在别的国家里很可能根本不是那么回事。犯罪的定义复杂易变，可以说完全依赖社会条件而定，因此，决不能说犯罪本身是遗传的。要解释个人特质便不能忽视遗传决定与外部环境的共同塑造。如果说罪犯家庭的后代也会成为罪犯，这是没有深入证据的，也是缺少社会事实支持的。就好比农民的亲戚绝大可能是农民，但农民这种社会身份并非遗传特质。那么，罪犯的亲戚常有犯罪行为并不表示犯罪行为遗传法则的存在。事实上，对于我们的分析而言，较大的困难仍在于辨明环境因素与遗传因素的差别。

三、文化的动态历史

在无外界干扰的条件下，人类社会的变化进程是很慢的。只要社区缺乏改变其社会结构和精神生活的动力，它的文化就会不易改变。人类伊始至今，世界变化越来越快，形式也日益复杂，不过我们仍可以找到一些具有稳定性的社会方面。我们习惯用暗含速变的文化成就来测定某种族的能力，似乎变化最为迅速的种族才是发展程度最高的。因此，研究造成稳定或变化的原因及究竟是机体还是文化决定了变化就显得至关重要。

　　由机体决定的行为叫本能，开口说话是机体的决定，但说什么则完全由环境决定，是自发的行为。本能行动的一致性由机体结构决定，而自发行为则由习惯决定。自发行为的正负面影响暗示了一种不断重复同样行为的文化必定是稳固的，只有当自发反应的一致性被打破时，文化的稳定性才有可能被削弱乃至丧失。我们应从通过文化获得的不同自发习惯中来探究，社会群体习惯的普遍性造成全部个体的一致性。当所有人以同一方式反应时，个人若想冲破习俗将是件很困难的事；而在一个有多种态度价值观的复杂社会中，社会单元内群体差别越大，群体间接触越多，任何传统的界限确立并自发化的机会就越小。个人对文化也有一定的影响，这不仅依赖于他的力量，也有赖于社会接受变化的意愿程度。只有用强力把一种新文化强加到某一群体上时，才有可能成功地使其文化发生激进的变化。习俗是自发的，是经过长期连续不断的习惯行为确立起来的。当它们逐渐上升到意识层面，我们理性化的冲动就会要求一种满意的解释，紧跟而来的便是一种思想模式的流行。早年儿童期养成习惯之后形成的自发行为是最稳固的，这有利于形成社会与文化的稳定性。但他认为，传统多使人受情绪的影响而非进行理性的思考，正是人们的不理性造成了对传统的迷信，多情绪的放任是形成自我中心的关键，对传统的依赖则是产生民族隔阂的原因。因此他蔑视传统和权威，认为认清传统加在我们身上的枷锁决定着我们的整个社会。不过他指出，谴责盲目追随祖先理念的做法并不是说要抛弃历史；我们通过利用祖先的成果来建立新的理念，将自己从传统的偏见下解放出来，并在传统中寻找正确的观点，努力解放未来一代的头脑。

四、价值相对的人类学研究

　　每个民族都有自己独特的历史，有自身的特点和发展规律，有自己的文化，这必然会产生文化相对论。博厄斯指出在社会科学的实际运用中不存在绝对标准，只要我们突破现代文明的局限去看看别的文明，就会发现争取最大利益的困难大大加强了。不同的文明赋予人类行为的价值观是不可比较的。对普遍化社会形态的科学研究要求调查者从建立于自身文化之上的价值标准中解脱出来；我们只有在每种文化自身的基础上深入该文化，深入该民族的思想，并把人类在各部分中发现的文化价值列入总的研究范围中去，才有可能进行客观严格的科学研究。不同的人类群体以不同的形式显示自己的基本伦理态度，不存在道德观念的进化，但伦理行为的进程是存在的，它建立于对社会成员共享权力的更大群体的认可和社会控制增强的基础上。界定伦理观念的进步很困难，辨明社会组织的普遍正确的进步更困难，因为所谓的进步依赖于我们所选择的标准。人类学者的基本目标之一是分清哪些行为（若有）是机体决定的，也因而是人类的共性；哪些行为是受我们所处的文化决定的。我们必须在自己的文化背景中有意识地认识到情绪的价值标准和态度，由此得到的对全人类都适用的心理和社会的数据是所有文化的根基，而且不受各种价值观的支配。在此基础上，人们可以做到以批评的眼光来审视自己的文明，通过异文化研究认识自己的社会理念与价值，并且以相对不受本文化影响的心理对各种价值进行比较研究。

博厄斯开创的历史学派研究与文化哲学有关，它是一种以文化决定论和文化相对论为基础的文化区域分析法。这是针对地理决定论和经济决定论提出的。他认为不同力量的相互作用十分密切，以致选择单一因素的创造理论会造成对发展过程的错误印象。社会现象不能诉诸实验，因为在社会中不可能获得排除外部干扰的控制条件。我们必须把每个文化当作一个历史发展物来理解，它在很大程度上是由并非产生于人们内部生活的外界事件决定的。博厄斯指出，他并非是在宣称不存在与现存文化发展有关的通则，无论它们是什么，都在每一个特殊例子中被大量潜在于生活实际的偶然事件所掩盖。另外，所谓的社会法则是对传统行为和信仰的再解释；它可以作为一个通则，但其对习俗和态度的解释与历史起源无关，而是建立在给出解释时的文化总趋势上的。当我们试图将人类学的研究结果应用于现代生活问题时，一定不要希望能像在可控制条件的实验中取得一样的结果那样。现实情况复杂，是否能发现有意义的"通则"令人怀疑。因此，在这种意义上而言，人类学决不会成为精确的科学，我们可以做到理解社会现象，但决不能通过将之付诸社会法则以做到解释它们。

对原始社会的观察研究为我们理解现代生活提供了另一视角，由原始社会妇女产生的文化价值使我们对男女之间存在的创造力的基本差别产生了疑惑。原始社会的婚姻、财产等观念也有助于我们理解现代社会问题。但，人类学能控制人类文化发展和幸福吗？或者我们只能满足于记录事物的进程，让它们自己发展？
博厄斯指出，我们可以学习人类学知识来指导我们政治生活的诸多方面，但这并
不意味着能预测人类行动的最终结果。除了最规范化形式的法则，人类不能建立
发展的一般法则，也不能预测发展的详细过程。我们所能做的是天天观察和判断
我们在做什么，在已知知识的光亮中去理解，并相应地形成适合我们的步骤。

《萨摩亚人的成年》（1928）

杨 雪

玛格丽特·米德（Margaret Mead，1901—1978），生于美国费城。年轻时进入巴纳德学院学习经济学和社会学，在这里她遇到了后来成为她导师的博厄斯（Franz Boas）和他的助手本尼迪克特（Ruth Benedict），后者也成为她的终生挚友，她在两位良师的指导下研习人类学。其间，她开始考察萨摩亚社会，并以所获得的资料写成了《萨摩亚人的成年》（*Coming of Age in Samoa*）一书。从 1931 年 开 始，她着手考察和研究新几内亚阿拉贝什人（Arapesh）、穆杜古摩尔人（Mudugumor）和柴布里人（Tchambuli）的文化与性别，以此为素材出版了《三个原始社会中的性与性情》（*Sex and Temperament in Three Primitive Societies*，*1935*）。她还参加了对印度尼西亚巴厘岛的田野考察工作。她的重要著作还有《一个印第安部落的变迁文化》（*The Changing Culture of an Indian Tribe*，1932）、《人与地方》（*People and Places*，1959）、《文化与诺言》（*Culture and Commitment*，1970）等。米德对心理学和人类学领域产生了巨大影响，此外，她和本尼迪克特等一道为人类学"他者化"时代的真正到来做出了开拓性的贡献。

玛格丽特·米德师承美国现代人类学的开创者博厄斯，也是博厄斯"文化论"的坚定支持者和捍卫者。米德的一生充满着职业人类学家的信念和理想，同时洋溢着浪漫温馨的女性情怀，这使得她的作品不仅透露出对人类本质的思考，也让读者沉浸于她的曼妙优美的文字描述之中。

米德的第一本书，即她的第一次田野工作的记录，就是这本著名的《萨摩亚人的成年——为西方文明所作的原始人类的青年心理研究》①（以下简称《萨摩亚人的成年》）。正如米德自己所说，她对萨摩亚人青春期问题的研究及这个研究得出的结论是一个历史的偶然。1924 年，米德在参加完那个让她下决心尽快走入田野的国际人类学会后，决定一写完博士论文就去东波利尼西亚的土木土群岛调查那里的文化变迁，因为她的博士论文就是有关波利尼西亚的文化比较研究，她阅读过的材料让她对那片土地无比熟悉。但是，博厄斯希望她去美国印第安部落研究青春期问题，他希望通过这个研究能够评估出青春期的困境在多大程度上取决于特定的文化态度，又在多大程度上是这个生理阶段自身所具有的心理-生物发展——比如成长的不平衡、新的冲动等引起的。而选择美国的印第安部落则是出于安全考虑。师徒俩商议的结果是双方都做了妥协，博厄斯同意米德去波利尼西亚，但必须选择一个至少每月有船往返的岛，而不是遥远的土木土群岛；米德也放弃了研究文化变迁的初衷，同意去研究青春期问题。这就促成了米德在1925 年的萨摩亚之旅。

根据博厄斯的旨意，米德应将研究的重点放在萨摩亚的年轻姑娘身上，尽量少“浪费”时间去做萨摩亚文化的整体研究。但米德并未囿于这个主题，而是试图描绘出萨摩亚社会的风俗画，因为在她看来，这些背景知识的介绍，将有助于对萨摩亚姑娘如何度过青春期的理解。“萨摩亚一日”就是这样一个简略的介绍。米德在这一章中用散文般的优美笔调描写了萨摩亚村庄普通的一天——美丽的自然风光、勤劳的村民、活泼贪玩的孩子，还有甜蜜的爱情、令人振奋的卡瓦酒会和优雅简洁的晚祷……除了另一个村子里一个亲人的故去引起了些许不安，这里有的是伊甸园般的宁静和安详。这无疑为全书奠定了感情基调，在这样的世外桃源中，似乎不会有冲突、焦虑、嫉妒、紧张、困惑等不和谐因子的存在。

如果说“萨摩亚一日”是一幅简约的空中鸟瞰图，那么在接下来的几章中，米德用更加细腻的文笔展示了萨摩亚人生活中的多个“分镜头”。一个萨摩亚村庄大约由三四十个家户组成。这种“户”的构成，不同于那种由双亲和子女组成的生物学家庭，而可能存在着血缘、姻缘或收养等多种关系。一个户有一二十人，由一个被称为“玛泰”的头人负责管理，这些头人具有酋长或参议酋长的头衔。户是一种严格的地方单位，也是一户人相互依赖得以生存的经济单位。和大

---

① 米德：《萨摩亚人的成年——为西方文明所作的原始人类的青年心理研究》，周晓红、李姚军译，杭州：浙江人民出版社，1988。

多数的原始社会一样，萨摩亚社会是一个有着等级差别的社会。等级差别在一个户中表现为根据年龄来划分等级：新出生的孩子地位最低，受该户中所有人甚至在其他户中生活的亲戚的支配，年龄的增长亦不能改变他们的这种服从地位，除非又有一个孩子诞生。这样一个年龄正值青春期的姑娘实际上往往处于一种中间地位，有许多人必须服从她的管束，她也必须服从另一些人的管束。这种依年龄来划分等级的现象在极少数的情况下也有例外，比如村庄里具有世袭权力的大酋长，可以把自己户中的某个女孩封为该户中的"陶泊"，即该户礼仪上的小公主。她具有显赫的尊严，村里上了年纪的妇女也必须给予她礼节上的尊敬。但是，"陶泊"只能有一两个，她们的出众反而加强了普通姑娘们原先的地位。人们在村子中的等级和在户中的等级往往相互衬托，但孩子们更多受本户中掌权者的气质而不是等级的影响。对一个女孩子来说，一个与她朝夕相处、性情凶蛮的老年妇女和她的一个当"玛泰"的叔叔相比，前者对她的影响要大得多。

就是在这样一个等级社会中，米德试图展示出萨摩亚姑娘从呱呱坠地到垂暮之年整个人生的生活图像，她们将遭遇哪些问题，如何解决，解决问题凭借的价值观是什么，以及她们和这个南太平洋上的小岛同生共死所遭际的一切痛苦和欢乐。

正如前面所说，萨摩亚婴儿的出生从不会引起过多的关注，尤其是在婴儿断奶之后，照顾他们的是本户中六七岁的小女孩。这些户中多的是不同年龄的孩子，所以每一次婴儿的降临，都不用担心会缺乏照看他们的小保姆，而他们的母亲将不会自己管教孩子。对这些小女孩来说，照看那些调皮好动的小孩子并不是件易事。她们尽可能地做出让步，要哄诱，逗他们高兴，否则，小孩子的号啕大哭是会招来大人的责骂的。也许正是这些让步，让小孩子更加依恋他们的小保护人，而不是对他们感情冷淡的母亲。而一个姑娘最初的母性情感可能就是由这些年幼的弟妹触发的。这些小女孩还可以在午后或傍晚时分玩一玩，比如去海边捉鱼，做玩具风车，爬椰子树，还跳一种"斯哇"舞。但总的来说，这个年龄阶段的女孩的主要任务就是劳动——照料更小的孩子，承担一些琐碎的事务和听从大人没完没了的差遣。但是，即使是在这种大人们监控的眼光和支配的权力无所不在的情况下，孩子们也不会感到过于压抑。因为对孩子们来说，一旦对家有所不满，她可以随时走出大门，搬到另一个更能使她满意的亲戚家去，而她的所有亲戚都会毫无怨言地欢迎这位小投奔者，因此很少有孩子从小到大都待在同一个户中，只要她愿意，她总能找到让她心满意足的地方，而不会在家中郁郁寡欢。对大人们来说，这些孩子是家里不可或缺的帮手，所以他们也不会对孩子们进行严厉惩罚把她们吓跑，顶多做做样子吓唬吓唬而已。与这些受到拘束的女孩子相比，男孩子的生活要更加丰富自由，他们会在兄长们的带领下，组成各种工作团体或参加各种游戏。从这时起，因性别而引起的差别变得明显，女孩子开始羞于和男孩子交往，这种回避的态度会一直持续到十三四岁，即她们进入青春期的时候。这些小女孩也许会和与自己毗邻而居，彼此又有近亲关系的女孩结成关系较密切的群体，但是这种群体形成的机遇很小，她们更多地依赖本户的亲戚。

当这些女孩子快到发育的年龄时，照看小孩子的责任，所有琐碎的日常家务转到十四岁以下的女孩子身上。她们现在所面临的是学习复杂的生活技能：编织用来携带生活用品的篮子，烹制"帕鲁沙米"（一种制作过程复杂的食品），在海边捕鱼，还要编织一种精美的草席，这是新娘子必不可少的陪嫁物。但是这种种要求并不会给姑娘们增加任何压力，因为她们懂得怎样掌握事情的平衡：一方面具备最低限度的知识，不至于让自己落得个既懒又笨的坏名声而使自己在婚姻方面受挫；另一方面又不要太"上进"，不要过于心灵手巧而使自己忙碌不停。青春期毕竟是个美妙的时期，有许多更诱人、更有趣的事情在等着她们，比如参加"奥拉鲁玛"，这是一种由年轻姑娘、没有头衔的男子的妻子和寡妇组成的组织，它完全受制于"陶泊"个人，是一种荣誉少女群体。她们几乎不从事什么劳作，其主要任务是在"玛泰"的妻子们聚会时担任礼仪上的助手，也是村庄内部生活的女当家人，此外，她们还有机会参加"麦拉卡"，即正式的旅行聚会，去和外村的小伙子们见面。"陶泊"和属于"奥拉鲁玛"组织的姑娘是受到她们所在社区的认可和尊重的，而普通的姑娘却无足轻重，受到漠视。但这些没有地位的姑娘们却并不因此而羡慕或嫉妒那些位高而有尊严的姑娘。因为有得必有失，身为"陶泊"的姑娘在享受特权的同时必须掌握细致、丰富的知识，她不仅要了解本村的社会布置，还要了解邻村的社会布置，这样才能在卡瓦酒宴上表现得落落大方，不出一点差错。更重要的是，"陶泊"必须保持贞洁的名誉，这使得村里很少有哪个小伙子敢当她的情人。相比之下，普通的姑娘们则更加自由和随意，她们不用关心村庄的传说、衔位的系谱和错综复杂的社会组织，不用熟悉各种繁杂的礼仪，还可以在去捕鱼、搜寻食物及编织原料的长途探查中充分享受谈情说爱的机会。而这些姑娘在童年时可能形成的那种同龄孩子之间的友伴关系也早已结束，此时，她们可能只信得过一两个有亲属关系的伙伴。但总的来说，如果一个人没有和你共同参加危险的活动，没有与"相会在棕榈树下"（秘密的恋爱）相似的冒险经历，她就不值得信任。总之，姑娘们信奉君子之交淡如水，这也就避免了许多矛盾和冲突。在这些无忧无虑的姑娘们中，也有少数姑娘的性情和行为背离常规，这些姑娘或是有对强烈感情的渴望从而影响了户中其他人的平静生活，或是受到牧师学校的影响而向往一种与传统生活模式迥然不同的新的生活，但她们的这种气质及行为的差异仅仅表现为冲突的可能，并没有导致任何真正令人痛苦的后果。

与姑娘们自由散漫的生活相比，小伙子们则拥有一定的压力。他们要参加一个叫"奥玛珈"的社区组织，这是个由小伙子和年龄稍大但仍未取得头衔的男子组成的团体。在这一群体中，充满了竞争的气息，每个人都希望自己在某种技能上出类拔萃，但又不能表现得太有能耐、太过突出，不仅因为负责监督他们的长辈们并不宽宥早慧而更乐意鼓励甚至袒护落后，还因为这会招来同伴的仇视和谩骂。他们渴望自己有朝一日能荣膺"玛泰"的头衔，但又不愿意过早地承担责任而失去年轻人应有的自由生活。总之，无论在礼仪还是在实际上，整个村庄的生活都依赖于这些小伙子们和那些没有头衔的男子们的辛勤劳作。这也是当"奥拉鲁玛"在萨摩亚的许多地方已经趋于分崩离析时，"奥玛珈"却牢固如初的原因。小伙子们需要一点压力，但也不会为此而放弃该找寻的乐趣。

对于处在青春期的姑娘和小伙子而言，爱情无疑是他们生活中最美好的事情。除了正式的婚姻关系，多多少少获得萨摩亚人正式承认的两性关系只有两类：一类是岁数相近的两个年轻人之间的性爱关系，这种关系有时会导致双方缔结姻缘，有时不过是萍水相逢、朝聚暮散；另一类就是私通关系。萨摩亚人从不相信传奇式的爱情故事，嘲笑那些仍旧痴情于长期不归的妻子或情人的男子，他们坚信新的爱情会很快消除以往的痛苦。对他们而言，谈情说爱就是爱情本身，恋人之间不必有海誓山盟，不必忠贞不渝，也不可能掺杂别的什么关系。而婚姻则是另一回事，婚姻是一种社会-经济安排，人们须权衡考虑包括财富、等级、丈夫及妻子的技能在内的各种因素，而不是靠两性之间短暂的激情来维系。那么，这种没有压力的恋爱就成为年轻人乐此不疲的事情。出身低微的人可以随意与情人秘密"相会在棕榈树下"，即使是出身高贵的"陶泊"，如果不喜欢那个与她门当户对的新郎，也可以和情人"阿瓦加"（公开的私奔）。同样，人们对性行为的态度也是随意而宽容的。此外，离婚也是一件极为简易且不正规的事情。他（她）只需回到自己的家，他们的关系便告终结。这是一种非常脆弱的一夫一妻制，这也使得通奸和离婚一样寻常，因为通奸并不会威胁到那对夫妻的关系的延续，即使威胁到了，离婚也并不是个痛苦的结局。但是，人们对私奔的指责要比一般的不正常的两性关系（如通奸）严厉得多，因为人们总是感到，社区正常的秩序被这种胆大的行为搅得混乱不堪。总之，青春期是姑娘们一生中的黄金岁月，婚姻是不可避免的，但还是尽量来得晚些好。

当这些年轻姑娘在经历了甜蜜的恋爱阶段之后，结婚、生子就是顺理成章的事情。她们只需安心做一个能干尽职的妻子——给婴儿喂奶，在地里从事繁重的劳动，或捕鱼、编织，除此之外，再没有其他重要的事情了，直至暮年。相比女人平静的一生，男人在一段相当长的时期内仍需要竞争、拼搏，才有希望获得头衔。只有这样，在他们行将暮年之际，当他的头衔被剥夺，他仍会被赋予另一种称号，与村中其他"玛泰"平起平坐，安度晚年。此时，这些老人们，就可以坐在一张草席上，不必顾忌各种禁忌和性别界限，看着夕阳西下，回忆往事了。

萨摩亚人的一生，就像米德在书的开头定下的感情基调那样，是轻松而愉快的。正如他们对待人格的态度，他们用"有情可原"或"无缘无故"来区分表达感情的方式，他们和中国的儒家一样崇尚中庸，超度的感情、强烈的偏爱、过分的忠诚及对别人事情过度的热心都被看成无缘无故的情感表露，是不被赞赏的。相反，适中的感情才是合理的，所以，他们从不感到生活的过度压力，他们只需做到"一般好"即可。

至此，米德在描述萨摩亚姑娘的生活中已经隐约透露了她的结论，萨摩亚姑娘和世界上每个角落的姑娘一样，在青春期要经历同样的身体发育过程：乳牙破肉而出，尔后一一脱落，第二批牙齿又重新长出；她们长得又高又丑；她们月经初临，步入豆蔻之年，渐渐身体丰盈；不久，她们已发育成熟，能够生儿育女。然而，不同的是，生理的变化并没有伴随着明显的心理变化，那种在别处会出现的青春期的不安和压力在这里消失了。对萨摩亚姑娘而言，青春期和生命中的其他任何时期别无二致，甚至会因为可以自由地谈情说爱而显得更加美好。原因何在呢？米德认为这正是她花了许多篇幅所勾画的萨摩亚社会的文化背景所决定的。萨摩亚社会轻松愉快的生活态度使青春期变得容易度过。正如米德在1930年发表的《原始社会和现代社会中的青春期问题》一文中说的那样，"由于处在发育阶段的女孩既不会遇到揭露、限制，也不会遇到选择的困难，由于社会盼望她能够像花朵一样慢慢地、平静地开放，所以萨摩亚少年在成长过程中没有冲突"。那么，其他地方如美国的青少年的苦恼和困惑就不可能是由"青春期"造成的。换句话说，青春期的危机不是由先天因素而是由后天因素决定的。

米德在这项研究中得出的结论无疑是一个让博厄斯满意的答复。当米德把《萨摩亚人的成年》的手稿交给博厄斯请他指教时，博厄斯提出的唯一批评是她还没有说清楚激情与浪漫主义的爱情有什么不同。如果我们再稍稍回顾一下美国当时的社会科学背景，也许就能发现米德的结论对博厄斯的文化论派有多重要。在 20 世纪 20 年代末期，那场历时漫长的有关"先天—后天"在人类行为中的作用的争论依然十分激烈，争论的一方是以达文波特、奥斯本、格兰特为主的极端遗传论派（生物决定论派），他们主张是先天而非后天决定人的行为，并企图通过发动优生运动来改良种族；另一方就是以博厄斯和他的学生为主的文化派，他们认为"文化之本是文化"，"社会刺激比生物机制远为强烈"。虽然两派各执一端，互不妥协，但是博厄斯仍然对"什么是可以遗传的，什么是不可遗传的"这个问题百思不得其解。他希望能通过对一个迥然不同于西欧和美国的文化做有关青春期问题的调查的实例，来验证自己的理论，解答自己的困惑。令博厄斯欣慰的是，米德的结论与他的理论假设完全一致，"先天—后天"之争有了最终的了结，文化论得到了彻底的证明。这在博厄斯的序言中有清楚的反映，博厄斯认为，是米德与萨摩亚年轻人的朝夕相处并对那个文化中的年轻人所经历的欢乐和痛苦所做的生动而明晰的描述，证实了人类学家长期以来的猜疑：以往我们归诸人类本性的东西只不过是我们对于生活于其中的文明施加在自身上的种种限制的一种反应。

对博厄斯来说，米德对萨摩亚人研究的全部意义就在上述结论。然而，对于米德自己来说，也许她更愿意把这部作品当作一面镜子——在展示遥远的萨摩亚社会生活的同时，折射出美国文明的局限性。米德在本书的最后两章，在重新系统地叙述萨摩亚养育儿童的方法的基础上，进一步与美国儿童的教育实践联系起来并做了对比剖析。这种方法，现在看来，应该是一种泛文化并置法。通过这种并置，米德想告诉读者，"我们（西方）自己的方法并不是人类所不可避免的，也不是上帝确定的，而和许多原始社会一样，是因为历史的偶然性而发展出来的，因此，就不可避免地有很多局限性"。这是一种文化批评的态度，米德在这一层面上比她的老师博厄斯走得更远。如果说，博厄斯是一个绝对的文化相对主义者，那么，米德在尊重异文化价值的基础上，开始了对本文化的反思，尽管这种反思是初步的。

在这里，我们还必须提到另一本与之相关的书，即弗里曼（Derek Freeman）的《玛格丽特·米德和萨摩亚》（*Margaret Mead and Samoa: The Making and*

Unmaking of an Anthropological Myth, 1983）。这本书曾在拥有最广泛读者的美国人类学杂志上引起了一场反响强烈的争论。此书试图揭露米德作品的真实性问题。弗里曼声称自己断断续续地对萨摩亚群岛做了长达40年的调查，发现在许多方面萨摩亚完全不是米德在她的书中描绘的那样，米德笔下的简直就是一个臆造的神话。弗里曼不仅针对米德在书中涉及的生活侧面——进行了反驳，而且试图分析出米德曲解的原因。总之，弗里曼想要指出的是，米德代表了一个科学的丑闻，它使读者了解到，他们被知识的不准确性和欺骗性所迷惑。弗里曼的批评自然有它合理的一面，比如，他指出米德过多地受到文化决定论思想的影响，在"先天—后天"的争论中，她急切地想证明她和博厄斯、本尼迪克特共同持有的那些观点的正确性，这无疑导致了她在萨摩亚时对那些与她观点相反的证据视而不见，而且她理所当然地认为萨摩亚是一个简单的社会，这就意味着米德会被一些表面的东西，被一些信息提供者虚虚实实的说法所迷惑，而不愿深入地研究。总之，弗里曼的这本书是一本较早的再研究性质的书，但这不意味着就是一次上乘的再研究，因为他并未意识到他自身的局限性，比如他更多从生物性而很少从文化上解释社会行为。

正如米德自己所说，评价一本书是否过时，是否有意义取决于许多东西。在一定程度上，人类学家对任何一种生活方式的整体图像的记录将永远不会消失，因为这种记录就是那种生活方式本身，它记录了许多代人一直保持着的又彼此紧合着的对生活的创造及属于这种生活方式的活力和美丽。一旦被记录下来，就成为永久的宝贵财物。米德也的确做到了。

《人类史》（1931）

杨 雪

格拉弗顿·埃利奥特·史密斯（Grafton Elliot Smith, 1871—1937），英国著名解剖学家、人类学家，传播学派泛埃及主义主要代表人物之一。他出生于澳大利亚新南威尔士，1892 年在悉尼大学获医学学士学位，1896 年起在剑桥大学从事解剖学研究，1900 年被任命为一所国立医学学校的解剖学教授，1907 年起参加对非洲努比亚的考古工作。1909—1919 年，他出任曼彻斯特大学解剖学教授。在此期间，他发展出一种文化传播学说，这体现在他的另外两部重要著作

《古代埃及人与文明的发源》（*The Ancient Egyptions and the Origin of Civilization*, 1911）和《早期文化的迁徙》（*The Migrations of Early Culture*, 1915）中。1930 年他出版《人类史》（*Human History*）一书。从 1919 年到 1937 年去世，他一直担任曼彻斯特大学和伦敦大学学院的解剖学教授。

　　格拉弗顿·埃利奥特·史密斯的学术背景在《人类史》[1]中体现得淋漓尽致。考古和生物学知识的游刃有余的运用，人文史和自然史的有机统一使这本书具有独特的魅力。但史密斯意不在于展现那些令人眼花缭乱的人类文化的成就，而在于"研究人类发展过程的深远动机，并提起人们对人类思想行动中至关重要的各种因素的注意"。这种研究对整个人类都是十分重要的，正如卢梭所说，"所有人类知识中最有用而最落后的是对人本身的了解"。史密斯的写作精神也在于此。

---

① 史密斯:《人类史》，李申等译，北京：社会科学文献出版社，2002。

　　《人类史》展现的并不是一部完整的人类画卷，它截取的是从洪荒之初的原始社会到拥有璀璨文明的古希腊时期。在这段文明从无到有的过程中，史密斯指出"生命探索"是所有人的思想和行动，也是文明产生的最主要的诱因。与其他生物不同的是，人在维护生命的过程中，"不能独善其身"，每个人在其生命的每时每刻都在参与文化的传播，而且文化不仅在传播，也在有选择地吸收和改造。史密斯认为埃及是产生文明的源头，文明从埃及向四周传播开去。

　　史密斯指出从始新世到公元前 3000 年，是文明产生之前的原始社会时期。公元前 4000 年左右，在埃及、美索不达米亚、西亚和克里特等地，文明伊始。史密斯的研究思路非常明确，他希望能从原始人相对简单的生存环境中弄清他们的行为动机，从而探索出文明产生的动机。

　　从始新世开始，灵长目动物就在其游荡过程中周游了世界，这种迁徙与其他动物一样是为环境所迫。在上新世结束之前，各种类人猿因为人的素质的获得，比他们的先辈和任何其他动物都更有能力在不同的气候条件和环境中生存，并能很快地游荡到大地的尽头。这种游荡一直延续到人类种属的出现。这种对人种的追溯是建立在解剖学对诸如头盖骨的遗骨化石的分析之上的。

　　除了遗骨化石，一些燧石器和工艺品也是史密斯分析的基础。这些石器、陶器或其他物品，都可以成为探讨整个古代人类时代的线索，可以用来研究古代社会人们的生活方式和文化的迁移。史密斯首先指出"旧石器时代"和"新石器时代"的划分是容易引起误解的。这个划分原本是对西欧制作粗石器和抛光石器时期的区分。史密斯认为，除石器外更多的证据显示，所谓旧石器时代晚期和新石器时代的燧石工艺的亲属关系比旧石器时代晚期和早期的关系密切得多。而且旧石器时代晚期的一系列其他工艺、石器制作的新方法、造型术、绘画及其他各种艺术作品，都表现出人类的现代精神，这是在旧石器时代早期所没有的。更为重要的是，现代类型的人，即智人，是在奥瑞纳时期（旧石器时代晚期）开始时登上历史舞台的，并取代了莫斯特文化时期（旧石器时代早期）的尼安德特人。因此被史密斯称为新人的时期开始于奥瑞纳时期，并包括随后的人类史上的各个时期——奥瑞纳时期、梭鲁特时期和马格德林时期。这三个时期被法国人称为驯鹿时期。最早的公认石器是"阿布维利"石器，发现于巴黎附近的阿布维利，这种粗糙而笨重的卵形燧石具有多种用途，而制造它们的布维利人曾经生活在欧洲的几个国家，他们可能是从直布罗陀海峡来到欧洲，游荡的目的显然是为了搜寻燧石。通过探讨这种非常古老的燧石加工方法，我们可以判断最早期的人类的生活方式。史密斯尤为强调的是，欧洲驯鹿时期的几个文化时期不能被看成整个人类史上的几个时代，因为并不是每个民族的发展都必然经过这些时期，比如意大利、西班牙南部和大部分地中海地区都没有经过梭鲁特和马格德林文化时期，而直接从奥瑞纳文化时期进入新石器时代。而"新石器时代"作为一个特定的历史时期所具有的文化特征有：（1）用磨制的方法制造石头武器；（2）驯养动物；（3）种植谷物和果树；（4）树立巨石碑；（5）制作陶器；（6）织造亚麻布；（7）有了明确的宗教信仰和葬礼等。只有在解释西欧的文化现象时不会发生混乱，比如当巨石遗存在西欧之外的地方被发现时，常常与当地所处的金属、青铜或铁器等"时代"联系在一起。西方的新石器文化时期直到东方使用金属好几百年甚至好几千年后才开始，受到东方的启发并接受了东方的文化资本。事实上，从智人来到欧洲并从东方带来被称为奥瑞纳文化的萌芽之时起，出现了一系列的移民浪潮，移民通过各种不同的路线进入西欧，并不时传进新的文化成分。而这些石器为古代文化的迁移的真实性提供了证明。

当智人最终分裂为不同人种的群体时，这些人种可以简单地划为六种，分别是澳大利亚人种、蒙古人种、尼格罗人种、地中海人种、阿尔卑斯人种和诺尔狄克人种。从史密斯对每一类人种进行的详尽的分析中，我们看到每一个人种都有着自己独特的体貌特征，但是在形成他们的特征之前，他们一直都居无定所，处在游荡之中。在这种游荡中，文化得以传播。即使是被视为最原始的土著澳大利亚人，他们的文化也是极其复杂的，包含着许多外来的成分。而占据着智人发源地的地中海人种被认为是文明的发明者，因为最早从古代传下记录的是埃及人和苏美尔人，提供最丰富和最有启发性的考古资料的也是埃及、苏美尔、埃兰、克里特、叙利亚和小亚细亚这些地中海人种占据的地方。这种文明在其他人种进入这些地区之前很久就已经具有了自身与众不同的特点并逐渐传播开去。其他人种在对这种文明的借用基础上形成了自己的文化。

除了对文化传播的论述，史密斯希望阐明的另一个问题是人类的本性。欲了解人类的本性就必须了解自然人的思想和行为，因为人类的精神在每一时期都是相同的。史密斯不惜笔墨地描绘了原始人的田园牧歌式的单纯的生活方式，认为这就是古希腊诗人笔下的"黄金时代"。在那时，人类善良淳朴的本性得以充分的表露。他的"人性本善"的观点来源于生物学的分析和旅行者及人类学家的实地观察资料。从生物学的角度，史密斯指出，人的本能的感觉和感情主要依赖于丘脑，这是一种天生的（丘脑的）诚实和善良的观念，但是大脑皮层根据它所存储的经验能够控制丘脑的感情方面的活动，因此人的是非观念是从培养他的那个社会获得的，这是一种后天的（大脑皮层的）道德观念。由于大脑皮层控制的强烈影响，人的天生的观念很容易被每个人的亲身经历所扭曲。这一生物学的分析得到实地观察资料的证实。从刚果盆地的俾格米人、南非的布须曼人、锡兰的维达人和澳大利亚土著居民等食物采集者的生活习俗中，我们可以看到，这些原始人满足于在没有房屋和衣服的情况下生活，除了制造少数简陋的工具，他们没有发明什么工艺；家庭群体是他们基本的社会单位，除此之外没有创建任何社会组织；他们没有财产也没有发展任何妨碍其自由或限制其行动的风俗或信仰。总之，原始人并不企图创造一种文明制度或叫作文化的任何事物，他们甘愿做友好快乐的大自然的宠儿，而这正是人类的真实性格。原始人的这种伊甸园式的生活被打破，导致人们激怒、妒忌和怨恨的根源，正是他们与文明的接触。

文明的创造无疑是整个人类史上最大的一次革命。与原始人简单朴素的生活状态相比，文明不仅仅意味着一堆杂乱无章的新艺术和新手艺的产生，它还是一种极其复杂的体制，它使人对世界有了全新的看法。文明始于农业和灌溉产生之时，农业的发展促使人们制造陶器，建造谷仓和房舍，编织亚麻布，发明算术和日历，并使得村庄得以建立，村庄最终导致了君主制的国家制度的建立。农业还发展出天体控制人的命运从而影响他们的福利的思想并创造出一个太阳神。这一切文明的发明如同原始人发明燧石器等工具一样，是出于维持生命的需要，而这一文明的创造者正是史密斯在介绍人种知识时所提到的属于地中海人种的埃及人。我们已看到，农业的起源对文明的产生具有根本性的意义。发现种植粮食作物的方法是结束以采集食物为生的基本因素。史密斯通过对公元前4000年的埃及前王朝时期的一系列墓葬的考察看到，大麦是早期埃及人的主要食物，推测农业最早出现于埃及。而另一个重要的原因是，农业的产生完全取决于灌溉，而灌溉是从模仿洪水泛滥使得土地肥沃这个天然过程开始的：挖掘渠道扩大洪水达到的地区。在洪水所到的区域，埃及有世界上其他地区所没有的特点，最重要的特点是洪水的发生是季节性的。这种周期性的洪水与尼罗河两岸的凉爽天气正好适合小米和大麦的季节性生长。这些都说明：农业是埃及人的发明，是尼罗河的特殊礼物。那么文明的起源就归因于人们偶然发现在尼罗河流域生长的一些有食用价值的植物，而且又极偶然地发现进行培植的可能性。苏美尔、叙利亚和亚洲次大陆采用从埃及学来的农业和灌溉技术，以后不久，这种技术又从苏美尔和埃兰扩散开去。

　　正如我们已知，农业和灌溉的发展使村落得以产生，人们对河流的依赖使得控制灌溉的人成为统治者，同一村的所有人都成为他的臣民。人们相信这位君主也是一个先知，控制着自然力，因为他不仅能够预告河水的涨退变化，而且他就是那些变化的原因。君主就是那条河，是那条河赋予人民生命和繁荣的能力的化身。河流本身成为联系国家的纽带，君主与国家也等同起来。臣民因为对其生命源泉所怀有的一种神秘的忠诚而对他忠诚无比。君主的权力被神化了，这种神化更体现在君主死后，他的尸体被制成木乃伊使其不致损坏，人们认为他可以复活而且永生不死。整个国家的繁荣集中表现在君主的木乃伊身上，这具木乃伊虽然密封在一个地下墓穴中，却被认为是有生命的神的不朽之躯，称作"俄赛里斯"。

　　这种将君主神化的做法使君主和臣民之间的距离增大，君主是神，而他的臣民不过是凡人。产生的后果之一就是乱伦被当作统治者的合法婚姻，而在普通老百姓中间被严令禁止。这种乱伦婚姻后来被族外联姻所取代。产生的另一个后果是老百姓的结婚仪式仿效君主的结婚仪式，而王室婚礼也是君主的加冕仪式，这个任职仪式和婚姻本身在生理上的功能一样，是使国王获得赋予生命的能力。史密斯指出，不仅仅是这些仪式，古代社会中的戏剧、舞蹈、音乐、喜剧和一些体育竞赛都源出于"俄赛里斯"之死而后他的尸体被制成木乃伊又复活的故事。这些同样是出于人们想维持生命的信念。

　　除了通过制作木乃伊将君主神化以保证其生命复活和永垂不朽，黄金也作为一种能够赋予生命或免除死亡的护身符出现在人类历史中。它被等同于控制着赋予生命权力的男女神祇。史密斯指出，黄金的这种价值并非与生俱来，它是逐渐被创造出来的。对黄金神圣属性的分析，来源于对埃及第一王朝时期（约公元前3300年）墓地的考察。从这些坟墓中发现的最早的黄金制品是贝壳和其他与生命赋予女神哈索尔有关的物件。史密斯分析到，在最早使用黄金以前很久，贝壳就已经获得一种神秘的含义，它被视为妇女生育能力的象征，并发展成为一种护身符。最终，这种被赋予了母性的贝壳被神化为伟大的母亲并与哈索尔成为一体。贝壳的这种魔力使埃及人开始用黏土、石头和各种材料来制作贝壳。具有美丽光泽的黄金制成的贝壳很快变得比真正的贝壳更为众人喜爱，赋予生命的声誉随之在很大程度上从单纯的护身符形式转移到这种金属本身。黄金与贝壳一样与哈索尔女神成为一体，它的神圣性进一步提高。当获取黄金成为古埃及的一项国策时，就进一步提高了黄金的价值。对它的追求成为人们从事海上冒险和陆地远征的主要吸引力。而这种探险活动本身就是古代文化传播的最有力的体现。换句话说，对黄金的追求是导致过去 5000 年在世界上传播文明的主要因素。与黄金相似，铜的发现也是追求生命的结果。早期埃及人认为绿色是一种代表新生命的颜色，因为这种颜色在洪水唤醒看上去已经死亡的大麦并使它们展现新的生命时显示了自身。铜矿孔雀石由于其绿颜色而分享了这一声誉。人们用孔雀石粉末涂面以求自我保护，可能正是在这样做时发现了从矿石中提炼有黄金般光泽的铜的方法。人类由此进入了黄金时代，人类的手工艺因使用金属工具而发生巨大的变化。除了黄金和铜，另外一种人类寻找的保护生命的手段是图腾制。这种图腾后来演化成了旗帜。对图腾制的分析可以追溯到对分娩现象的研究。古埃及人将分娩时随同婴儿一起被排出母体的胎盘视为保存生命物质的储存器。它是婴儿的孪生兄弟和保护神，即使在其死后也是如此。当国王的木乃伊被埋入墓穴，还要制作一尊雕像在地面上保留死者的形象，他的孪生兄弟会使这个雕像重获生命。从考古发现的一块用于仪式的石板上可以看到，胎盘出现在距离国王最近的仪仗上，这类仪仗最早被看成国王有生命力的代表。结合别的地区的资料，史密斯指出，胎盘就是最初的图腾。这种图腾使得国王通过血缘关系与其臣民成为一体，国王是其臣民的创造者，他们有一个共同的祖先——神牛哈索尔。

国王的无限权力被人们象征性地用动物来表现，因为动物具有常人所无法企及的能力，比如动物比人更大、更强壮，还具有人类不具备的飞翔能力。除了母牛、眼镜蛇、猎鹰这些真实存在的动物，人们还创造出各种奇形怪状的怪兽，这些动物和怪兽即图腾，与不同的人类群体有着幻想出来的亲属关系。这种风尚从埃及传播到印度、中国和欧洲，并出现在中美洲和秘鲁。动物的神秘象征意义对艺术构思和文学也产生了深刻的影响，这些史诗般的文学作品反过来又为文化的传播提供了证据。

在史密斯一个接一个地研究文明的构成因素时，这些研究也一次次令人信服地证明了文明不是零碎地建立起来的，而是一个相互关联紧密结合的整体。这一点在史密斯再一次以埃及木乃伊为研究对象时表现得最为明显。木乃伊是埃及文明最独特的发明，而制作木乃伊的技术实际上是一个核心，建筑学、石工、木工及塑像等文明结构在其周围形成。而更为重要的是它代表了保证生命复活和永垂不朽的基本灵感。我们可以看到，当棺材和墓室的出现使得尸体不再像放在简陋的坟墓里与炎热干燥的沙土相接触时保存得那么好，给尸体防腐变成了当务之急，因为保存尸体是延长生命的基本条件。埃及人保存尸体的方法借助于储存食物的经验——用盐来达到目的。而将财宝和死者一起埋葬也是认为诸如贝壳、珍珠、黄金、玉石等具有赋予生命之力量的物品在尸体防腐中起作用。这种技术是与关于永垂不朽的思想密切相关的，这是埃及文明传遍世界的最显著的标志之一。在许多很少或根本不知道制作木乃伊的地方，如中国或北美部落，其神话和民间传说中也表现出珠宝保存尸体的思想。而当人们意识到使用防腐涂料并不能保存死者活着的样子时，为了便于识别，就试图用石头、木料或熟石膏来制作塑像，这种栩栩如生的复制品被认为给了死者新的生命，是其存在的一次再创造，这是人们关于可以使死者复生的信仰的起源。 随着为死者供奉的粮食和随葬品的增多，墓室也逐渐扩大，在埃及第二王朝末期（约公元前 3000 年）时，墓井也深入岩石之中，人们已开始用石块来修筑墓室，这也是人类第一次深入岩层并进行了真正的石工工程。这种还没有坟头的石板墓（即古埃及式坟墓的地下室，也是坟墓最重要的部分）被传播到世界各地，这也是最早传遍世界的文化。 坟墓的地上部分最后发展成为供祭品的庙宇，也是举行宗教仪式的场所。我们可以看到整个建筑史是由石庙进化而来的，建筑学本质上就是殡葬仪式的组成成分。即使是当制作木乃伊的技术迅速退化并最终被放弃时，与木乃伊制作相关的思想影响还根深蒂固地存在于世界各地的成年仪式、加冕典礼、结婚典礼、巫医的产生和偶像崇拜之中。

最早的埃及文明和最早的西亚文明有着十分密切的继承关系，从考古发现可以看到，埃兰文明和埃及前王朝中期的文化极其相似。两者都有用于丧葬的彩陶和用于日常生活的雕刻陶器，还都拥有天青石念珠、铜凿子、磨光的石头工具、石罐、动物型和鸟型瓶罐、石调色板和四肢屈曲的葬礼风俗。但不同的是，苏萨（埃兰的古都）文化是作为一个整体突然出现的，因而这一文化显然来自别的什么地方。而埃及前王朝中期的文化与它的早期文化是一脉相承的，并没有任何外来的干预。这就是说，在埃及人还没有像苏萨最早的居民那样达到全面文化发展阶段以前，在前王朝早期，埃及就已有了苏萨的某些文化要素。在苏萨以现成的形态出现的一部分文化要素，在前王朝时期的埃及则是经历了一个演变过程的。而前文史密斯不厌其烦的叙说正是为了证明埃及最早的文明是迄今已发现的最原始的文明。那么，苏萨文明无疑也是这一文明传播的受惠者之一。而苏美尔的早期文明则更晚于以苏萨为中心的埃兰文明，和埃及第二王朝后半期大致属于同一年代。这又一次说明，文明是埃及的发明，是埃及移民把文化的发酵剂带到埃兰和苏美尔并扩散到更大的区域的。但是，所带去的并不是整个文明，只有这个文明的一部分得以生根。

　　史密斯认为人类史上的两大奇迹是文明的创造和人类理性从早期国家学说的专断中解放出来。第一大奇迹已经在埃及古老的文明中得以体现，那么第二大奇迹则属于希腊。史密斯首先追溯了希腊文明的渊源——克里特岛上的弥诺斯文明。弥诺斯文明在公元前 1500 年前后达到顶峰，但整个弥诺斯文明时期，它的全部文化要素都是从别处尤其是从埃及引进而来的。从岛上发现的大量文物可以证明，尼罗河三角洲的利比亚人是弥诺斯文明的建造者。事实上，在弥诺斯时期早期以后，埃及在克里特岛上的影响就没有中断过，这也是弥诺斯文明大发展的主要原因。在弥诺斯时期中后期，它的文明在许多方面已经超过了埃及文明。在弥诺斯文明之后的迈锡尼文明出现在希腊本土，而它最初不过是前者的翻版，但晚期的迈锡尼文明已与弥诺斯文明有所区别，并在一定程度上受到希腊青铜时代文化的影响。克里特和希腊本土较早期的开发为希腊城市爱奥尼亚的变革铺平了道路。正如《荷马史诗》中所描述的，爱奥尼亚人的宗教已高度理性化，而且包含着怀疑论哲学的一些萌芽；他们发展出一种非常有利于社会进步的社会制度——城邦共和国；他们从一开始就是一个无畏的海上种族。可以毫不夸张地说，希腊文明的突出成就就是爱奥尼亚人的创作。正是爱奥尼亚人使得文明复活。因为在文明创造之初，君主被视为生命及繁荣的唯一源泉，是全宇宙所发生的一切事件的仲裁人。社会礼仪的设计是模仿创世，为的是延长国王的生命。人们接受这些仪式是一种信仰而不是理性。知识与宗教、政治与社会是没有区别的。国王即国家，他是所有知识的储藏库，他用来控制臣民的措施是他个人的行为，这种行为是不容置疑的。接受文明就意味着套上这种文明的枷锁。爱奥尼亚人进行了一场伟大的革命，他们开始批判仪式对人的束缚，这种批判摧毁了僧侣统治的传统，把科学从神学中区分出来；放弃了认为国家、社会、知识和行政管理都集中在国王手里的信条，同时第一次采用了理性的探究方法。而这场革命恰巧发生在爱奥尼亚人获得金属货币的时刻，爱奥尼亚人正如荷马所描述的那样是一个醉心于海上贸易的民族，对他们而言，金属货币是最强有力的商业工具。但又不仅仅限于此，货币的发明使商人不再依赖国家，他们赢得了思想和行动的自由。货币也是革命的工具，它使人们获得个人的权力并摧毁了王权和国家体系。正是爱奥尼亚人使希腊文明重新变得光彩夺目。公元前 7 世纪时，默姆纳底的新吕底亚王朝是萨蒂斯成为世界上兴起的最重要的贸易中心，吕底亚商人成了希腊和远东的中介人。埃及恢复了它的繁荣并和它的邻国——包括希腊——开始迅速地发展商业及其他关系。那也是一个智力特别活跃的时期，泰利斯和其他许多爱奥尼亚学派的哲学家都不是现代狭义的哲学家，他们大多数人都把他们的科学用于实践和商业的目的。这个古老的时代中的希腊文明在很多方面都不可思议地预示了西方现代思想和能量的主要趋势。公元前 5 世纪和公元前 4 世纪时，希腊在艺术、文学和哲学方面的成就达到了最高点。

如同埃及一样，希腊文明为西方文明及亚洲和哥伦布到达以前的美洲文明提供了大部分原则。希腊文明的要素在西方的传播是多方面的而且延续了很长时间。而希腊对东方同样产生了深远的影响。这两种影响主要是通过宗教实现的。佛教、基督教和伊斯兰教与希腊思想紧密地交织在一起，并以不同的形式传遍世界。操阿拉伯语的民族和基督教民族在古希腊文明的进一步发展过程中充当了非常对立而又互补的角色。

以上就是《人类史》的主要内容。我想史密斯关心的主要有两点：第一，西欧的文明不是自身进化的结果，它也是通过传播逐步发展起来的。而文明的起源也并不是自恃为文明顶点的欧洲，而恰恰是那些被看作"边缘"的地区。第二，正如史密斯在此书的结束语中所说，"文明的禁锢是人类自身造成的"，文明的发展不总是一种由落后到先进的过程，这种反思意识正是人类学的基本精神之所在。

《文化模式》（1934）

褚建芳

鲁思·本尼迪克特（Ruth Benedict，1887—1948），美国著名女人类学家，生于纽约。本尼迪克特两岁丧父，幼年的这一经历激发了她对生命和死亡命题的敏锐感。中学时代的本尼迪克特热爱文学，曾用笔名"安·辛格顿"发表了一些诗作。1905—1909年，她就读于瓦萨尔学院，主修英国文学。1919年，因受戈登威泽（Alexander Goldenweiser）等人的影响，本尼迪克特开始对人类学产生兴趣，并于1921年进入哥伦比亚大学学习，师从博厄斯（Franz Boas）。1923年，本尼迪克特以《论北美洲守护神灵的概念》（"The Concept of the Guardian Spirit in North America"）一文获博士学位。此后，她长期担任博厄斯的助手并与萨皮尔（Edward Sapir）、米德（Margaret Mead）结下了深厚的友谊。1930年，本尼迪克特受聘于哥伦比亚大学，任助理教授；1948年，任教授；同年在纽约去世。除《文化模式》（*Patterns of Culture*，1934）外，本尼迪克特的主要著作包括《祖尼人的神话》（*Zuni Mythology*，1935）、《种族、科学与政治》（*Race, Science and Politics*，1940）、《菊与刀》（*The Chrysanthemum and the Sword*，1946）。

《文化模式》[①] 是本尼迪克特的代表作之一。全书共分八个章节，前三章依次阐述了"关于习俗的科学""文化的差异"和"文化的整合"，第四章至第六章则以三种不同的文化为例揭示了文化模式的不同选择在各个行为领域的表现。最后，在第七章和第八章，本尼迪克特讨论了"社会的本质"及"个体与文化模

---

① 本尼迪克特：《文化模式》，王炜等译，北京：生活·读书·新知三联书店，1988。

式"。在这部著作中，本尼迪克特强调一种文化的整体观和相对论。此外，她将个体心理学的概念运用于团体的分析，从而在文化人类学领域开创了集体心理学的研究。

本尼迪克特认为，人类学的一个显著标志在于对我们自己的社会之外的社会进行严肃的研究。而在这个研究过程中，人类学家应当具有的一个基本素质就是将不同社会的习俗（包括我们自己的）看作解决同一社会问题时的不同的社会范型，而不存在轻重厚薄之分。她说，每个人在看待世界时，总会受到特定的习俗、风俗和思想方式的剪裁编排，而这一切都得之于个体所生活的社群传统。但是，人类学应当修炼到这样一个程度：我们不再认为自己的信仰比邻邦的迷信更高明；我们应当认识到，对那些基于相同的（可以说是超自然的）前提的风俗必须通加考察，而我们自己的风俗只是诸习俗之一。

本尼迪克特看到，由于西方文明凭借先进的运输工具和发达的商业布局得到较广泛的流传，白种人便把人类本性看成与他们自己的文化准则等价，而忽视了这种一致性毕竟只是一种历史的偶然。在本尼迪克特看来，这种总要把自己的局部行为等同于一般行为，把自己社会化了的习惯等同于人类本性的观念可以回溯到一个古老的命题上："我自己的"封闭性群体与外来人具有种的差异。在现代社会，此一命题找到的种种表现形式涉及宗教、种族等诸多领域。因此，通过研究不同的文化形式来重新确立一种文化相对性视野就显得意义重大并且被认为可以对当时的社会发挥现实的影响。其一，对于本尼迪克特身处的那个时代正在经历的文化变迁，很多人保有抵制的心态。本尼迪克特分析到，这种抵制变迁在很大程度上是我们对于文化惯例的误解所造成的结果，尤其是拔高了那些碰巧属于我们民族、我们这一时代的文化惯例所造成的结果。因此，对别的文化惯例有所了解，就有助于促成一种合乎理性的社会秩序。其二，本尼迪克特发现，现代生活已把多种文明置于密切的关联之中，而与此同时，对这一境况的绝大多数反应却是民族主义的和带有种族上的好恶的。因此，需要一批具有真正的文化意识的个体，可以客观地看待别的部族之受社会调节与制约的行为，并且，通过承认在不同的文化中发展起来的不同的价值，达到用现实主义思想取代诸如血统遗传之类的危险的象征主义。

要讨论文化形式和文化进程，要区分那些受文化制约的人类调节手段和那些人类共同的调节手段，按照本尼迪克特的观点，最有启发性的材料是那些历史上不仅与我们无关，而且相互之间也无关系的社会材料。这些社会在相互隔离的地区历经数百年的时间发展了它们选定的文化主题。因此，在这些被本尼迪克特比喻为文化实验室的原始地区，人类学家可以比较清晰地研究人类风俗的差异性。与复杂的西方文明相比，这个实验室的另一个好处是，这里的文化传统简单得足以为其个体成年人所把握，而且该群体的规矩和道德也像是在一个界限清楚的一般模式里铸出来的。这就有助于评价在我们复杂文明的交融中所不能评价的那些特性之间的相互关系。

本尼迪克特指出，生活的历程和环境的逼迫为人们提供了数量大得令人难以置信的可能的生活之路，因此，文化生活中首要的就是要进行选择。她假设文化中存在一个巨大的弧，上面排列着或是由于人的年龄圈，或是由于环境，或是由于人的各种各样的活动所形成的各式各样的可能的旨趣，每一个地方的每一个人类社会都在它的文化风俗中对这一弧上的某些片段进行选择。这种选择的结果千差万别，通常在一个社会中被当作基本要素的可能在另一个社会中只是细枝末节。然而文化的差异还不仅源于此。在本尼迪克特的描述里，各种传统风俗的最后形式在更大程度上依于文化各种特征之间相互结合的方式。以梦幻为例，在北美不列颠哥伦比亚高原部落里，梦幻的体验与青春期性成熟仪式结合；而在南部平原，它则与克兰组织联系在一起；最后，到了加利福尼亚，梦幻却成了萨满术士的专业担保。因此，本尼迪克特告诉我们，文化诸特征的相互交织既有发生，也有消失，而文化的历史在很大程度上就是一部这些特性的性质、命运，以及它们之间的关联的历史。并且，由于这种可能的联系是无限多种多样的，任意以一大批这样的联系为基础便可建立起适当的社会秩序。

文化的差异尽管可以无止境地用大量文献来证明，然而在我们清楚地理解了文化是地区性的、人为的和大可改变的之后，本尼迪克特告诉我们，文化还能够被整合。她说，一种文化就像一个人，是思想和行为的一个或多或少贯一的模式。每一种文化都会形成一种并不必然是其他社会形态都有的独特的意图。在顺从这些意图时，每一个部族都越来越加深了其经验。与这些驱动力的紧迫性相应，行为中的各种不同方面也形成一种越来越和谐一致的外形。换言之，指向生计、婚配、征战及敬神等方面的各色行为按照在该文化中发展起来的无意识的选择标准而纳入一种永久性模式。本尼迪克特认为过去大多数人类学家研究的弱点正是太过专注于分析文化的特性而忽视了文化作为合成的整体这一事实。整体决定着局部，认识行为细节之意义的唯一方法就是把在文化中规范化了的动机、情感和价值作为背景。也就是说，我们应当研究那些活着的文化的完形。因为正是这些完形在文化特性的嵌入过程中赋予了其形式和意义。

在上述篇章所倡导的相对性和整体性的文化关怀之下，本尼迪克特用全书3/5的篇幅逐一展开论述了三种不同的文化模式：新墨西哥的普韦布洛人、美拉尼西亚的多布人，以及美洲西北海岸的已经消失了的克瓦基特尔人。

首先是普韦布洛人，本尼迪克特对他们这样描述道：普韦布洛人是一个讲究礼仪的部族，他们把庄重和不与人为害的价值看得高于所有别的德行。他们的兴趣集中在他们那种丰富而复杂的礼仪生活。普韦布洛人主要拥有三种不同的礼仪结构：祭司、扮神祭典及各种巫术社团。事实上，对他们而言，再也没有哪一方面的生活内容可与舞蹈和宗教的典礼媲美。普韦布洛人具有一种很强的社会化文化，没有更多的兴趣去注意那些个人所关心的事情。在亲属制度方面，本尼迪克特告诉我们，普韦布洛人是那种在礼仪上统一于神圣偶像的所有权和照管权的母系家族。这个社群有永久而重大的共同关系，但不具有经济上的功能。男人在家族中的地位不是从他作为养家糊口的人的地位中衍生，而是看他和这家人所崇拜的圣物的关系。至于经济事务的方面，所有传统的做法都倾向于尽可能减小财富在礼仪特权的行使方面的作用。对于普韦布洛人而言，声望来源于个人在礼仪中充当的角色。因而，"有身份的"人家，总是拥有永久性偶像的家庭，大人物就是担当了很多礼仪角色的人。

在为读者勾勒出普韦布洛人社会的大体结构之后，本尼迪克特将笔锋一转，开始讨论普韦布洛人与北美其他印第安人文化的本质性区别。她借用了尼采在古希腊悲剧研究中使用的一组概念——阿波罗式和酒神式。本尼迪克特认为普韦布洛人都是阿波罗式的人，他们总是持一种中庸之道，循规蹈矩，任何冲击了传统的东西在他们的风俗中都是不相宜的而且极受轻视，而这些东西中最大的就是个性。与之形成对比的北美的其他印第安人则都是酒神式的（尽管它们各自也有极其鲜明的特色），他们崇尚一切极端的体验，崇尚一切人类可以据以突破日常感性规则的手段。对这些体验，他们赋予了最高的价值。正是在这样两种截然相反的精神气质引领之下，普韦布洛人与其周围的别的印第安人呈现出截然不同的生活图景。在北美其他的印第安人那里，他们通过骇人听闻的折磨、禁食、吸毒、饮酒及疯狂的舞蹈来寻求超自然的梦幻体验，并且相信这些幻觉决定了人们的生活，给人力量，带来成功。但是对于一个普韦布洛人，一种可耳闻目睹的幻想只会被当作死亡的标记而被极力地避免。超自然的力量来自参加祭礼的资格。这是一种曾为之付出代价，曾一招一式、一字一句地学习礼仪才得来的资格。普韦布洛人拒斥折磨，他们的鞭笞风俗只是一种驱妖除灾的仪式，而与自我摧残毫无瓜葛；禁食在他们中间也不过是维护仪式纯洁性的要求；吸毒是为了抓贼并且在使用后被小心翼翼地清除干净；最后，舞蹈同样不是借助来达到出神境界的方式。事实上，普韦布洛人的舞蹈仅仅是要靠单调的重复来迫使自然的力量显出功效。总之，北美其他的印第安人用来追求梦幻经历的种种行为在普韦布洛人中间都不会引起那种超出了一般感性范围的经历体验，因为普韦布洛文明所钟爱的中庸之道没有给这些破坏性的个体体验留下地盘。

普韦布洛人的这种阿波罗精神在本尼迪克特看来切实地模塑了他们生活的其他特性。其中之一是缺乏个人权威的行使。在宗教信仰方面，根据本尼迪克特的观察，北美印第安部落普遍存在着依赖幻觉体验而从神那里直接获取力量的萨满术士。但是，普韦布洛人中没有萨满术士，只有祭司。祭司所具有的一切权威性都来自他所主持的公务和他所主管的仪式。一个有权力的人被他们表述为"一个知道该怎么办的人"。换句话说，他们的权力是从传统之源逐字逐句学来的。这里根本没有机会允许他们把自己在宗教上的权力用作任意行事的特许权。而在世俗的生活方面——不论是在由祭司们组成的高级议事会里或仅仅是在家庭的内部——普韦布洛人同样避免行使权威。如果说平原印第安人的理想人格是英勇果敢、力求上进，那么，在普韦布洛人那里，一个渴望权力的人只能受到非难且可能会在兴使妖术的罪名下受到惩罚。一个好人应当是"谈吐文雅、性情柔顺、胸怀大度"的。本尼迪克特指出，与这样一种缺乏行使权威之机会的情况交织在一起的还有另一种基本特性，那就是普韦布洛人坚决要求个人融入团体之中。在这里，所能接受的接触超自然的东西的方式就是团体仪式，所能接受的养家糊口的方式也是家庭合作。因此，不管是在宗教生活中还是在经济生活中，个体的动机和行为与个人职权毫无关系。由是，个性也完全包容于社会法定的那些形式之中。同一逻辑上延伸，普韦布洛人生活的第三个特性表现在他们对于情感的把握上。本尼迪克特分析到，因为在普韦布洛人看来，无论是怒是爱，是妒是悲，适度均是第一美德，所以当他们遇到可能带来极端情绪的事件时，比如遇到近亲的死亡或杀人，他们就将丧葬仪式做得尽可能的简单，或者让杀人凶手在祭司们的监督下静修并接纳他加入战争社团。总之，他们发展出各种技巧来将这些事件的影响减弱到最低的程度。除此之外，普韦布洛人的阿波罗精神还表现在他们文化的另一些层面上。例如，他们从不去发挥那些有关恐怖和危险的主题，出生、青春期、妇女的经期和巫术等在别的部落那里引起特别的关注甚至恐慌的事情，在普韦布洛人中间都被轻描淡写了；丰收的祭礼在世界上绝大多数地方都是一种酒神节式的场合，但是对于普韦布洛人则变成了通过单调重复的舞蹈来求雨；他们用某种不恰当的别的说法来解释性象征并在同一种无意识的防御之下抹去了性行为中有关世界起源的宇宙论传说的全部痕迹；他们的宇宙论观念只是他们对自己那种异常坚定的阿波罗精神的另一种形式的解释，超自然的神灵具有和他们一样的性格并且喜欢人所喜欢的东西；最后，在普韦布洛人眼中，人与世界、人与宇宙的关系是合一的，出于这样的心态，那种由欲望而引起的对强力的屈服和顺从也就失去了地盘。

普韦布洛人，依据本尼迪克特的总结，他们创造了一种文明，其形式受典型的阿波罗式的选择所支配，这里的一切愉悦都极拘谨，而这里的生活方式也是极有分寸、有节制的。

按照本尼迪克特的描述，多布人的社会组织是按照许多同心圆排列的，每个同心圆都有一些特有的、传统的敌对形式。多布人的最大的功能群是一个大约包括四个到二十个村庄的特定区域。这是一个战争单位，与每一个别的同类区域处于永久的区际敌对关系之中。除非杀人或袭击，没人胆敢步入异己的地域。然而最大的危险是存在于本区域内的。只有同一区域的人才相互伤害——既有超自然的也有现实的伤害。他们捣毁别人的收获，扰乱别人的经济交易，带来疾病和死亡。因此，人们与之日常交往的正是一些威胁他们事务的巫婆和巫师。然而，处于这一区域群中心的是一个要求别样行为的群体——"苏苏"，由同一母系血统及其各辈女性的兄弟构成而绝不包括这些兄弟的子女（他们属于各自母亲的村庄）。这个群体继承不断，协作永存。苏苏通常与近亲苏苏一起居住在自己的村庄里，拥有自己的田园、房产和公共墓地，严格地奉行独居的习俗。由于对妒忌巫术的危险十分敏感，多布人从不允许外人出现在他们的村子里。

多布人的婚姻有两个要求：夫妻共同居住，以及共同负担他们自己及其子女的口粮。这在西方文明中是再基本不过的，但是在多布却成为必须正视的难题并常常导致婚姻的破裂。首先是夫妻共住的问题。因为夫妻要各自忠于自己的苏苏，多布人找到的解决方案就是从婚后直到去世，夫妻双方轮流在两处居住——一年在丈夫村里，一年在妻子村里。然而，在住在配偶村里的这一年期间，那些外来的男女总是成为一个蒙受耻辱的角色：他们永远是这个村庄的局外人，在村庄主人面前忍气吞声甚至不得不面对配偶与同村"兄弟"或"姐妹"通奸的凌辱。其次，共同的经济负担也同样麻烦，因为这里通常卷入了那些基本权力及巫术特权的冲突。在多布，所有权的极端排他性最强烈地表现在有关对甘薯的世袭所有权的信仰上。每个苏苏世代所种的甘薯品种是确定不变的。因此，即使是已婚夫妇，他们也必须分开，各自耕耘自己的田园，播种自己世袭的薯种，并用各种苏苏族系所个别密藏的巫术符咒来催生助长。这样，任何一方土地的歉收都会引起对方的极度不满，而且会成为婚姻纠纷和离婚的原因。

多布人在其婚姻前景中表现出来的妒忌、怀疑，以及所有权的强烈排他性同样充分反映在他们的宗教信仰里。多布人相信：没有巫术，在任何生活领域都不能获得成果。巫术咒语是如此重要，可是那些程式从来都是不公开的，即使在苏苏内部也只是极严格地挑选个别人来把巫术世代相传下去。这种矛盾导致获取巫术程式的激烈竞争。多布人"汝失吾得"的信条和恶意在巫术咒语的内容上同样得到体现：施用在甘薯上的符咒就是为了诱惑别人种的甘薯停留在自己的地里，换句话说，就是为了偷窃；"致病符"则是给占有它们的人制造一种机会，可以率直发泄该文化所允许的恶意。而有权有势的巫师所使用的致命的诅咒——"威达"（vada），更是以一种极端的形式强调了多布风俗中那种极端的恶意及其最终结果的恐怖。

再来看多布人的经济交易。支配着那么多美拉尼西亚部落生活的无休止的商业交往癖好在多布也表现出来。然而，本尼迪克特认为，在多布这样一个充斥着背叛与猜忌的社群里，推动其参与库拉圈的动力与别的文化模式下的动力机制不同。在他们的理解中，既然丰收的结果只会带来别人致命的巫术诅咒，那么最好的经商技巧就是一种本钱体制，即本钱流经每个人的手，却又不作为一种永久性的财产留在他那儿。此外，在库拉交易中，多布人一如既往地发扬了他们损人利己的观念，那就是"瓦布瓦布"的做法：将仅有的一件财宝许诺给好几个人从而得到多个回报。当然，"瓦布瓦布"的收获在多布是最令人妒忌的成就之一，因此很容易遭到同船的经商伙伴的敌意报复。

上述种种包括在婚姻、巫术、耕作和经济交易中的态度，在临死的时候以一种最强烈的方式表达出来。本尼迪克特告诉我们，多布人在死亡面前的直接反应就是想到一个替死鬼，而这个受害者通常是死者的配偶。他们相信，同床共眠的夫妇应对一方的致命疾病负责，或是丈夫用了他的致病符咒，或是妻子用了魔法。因此，夫妇一方患了重病，夫妇双方必须立即搬到患者的村子，这样，活着的配偶就落在死者苏苏的掌心里。他（她）将受到严格的管束，要做出无偿的服务，直到生者的克兰给死者的克兰以更多的报偿为止。

在多布，盗窃和通奸就是那些受人敬重的人所用的极有用的符咒的目的。多布社会缺乏合法性，背信弃义是他们的伦理观。多布的生活酿成了敌意与恶意的种种极端的形式，他们把这种恶意归咎于人类社会和自然力量。在他们看来，整个生活就是一场残酷无情的斗争，那些不共戴天的仇敌为了争夺每一份生活之必需品而相互倾轧。在这样的争斗中，猜忌和残忍是他们所信奉的手段，他们绝不怜悯别人，也绝不想得到别人怜悯。

曾经居住在美洲西北海岸的克瓦基特尔人是个信奉酒神狄俄尼索斯的部族。他们的酒神倾向不仅在"坎尼包尔舞者"入会仪式上发挥得淋漓尽致，而且在他们的经济生活、战争和丧事中同样强烈地表现出来。然而克瓦基特尔人文化模式的真正奇特之处是由其特有的有关财产和理财的观念错综复杂地交织而成的。西北海岸的各部落都有大量的资产，这不仅包括土地和海洋的世代传承，共同占有的资产，更为重要的是那些高于物质福利的种种特权。所有的这些特权虽由某一血缘族系延续，但并非共同占有，而是暂时为某一个人所有，他独揽由此而来的种种权力。在这些特权中，最重要的，作为所有其他特权基础的，就是贵族的头衔。在西北海岸，能否接受这样的名头，并不仅仅根据血统。这些头衔首先是长子的权力，其次是享有一种头衔的权力必须由占有大量的财富来表明。这些财富的内容包括草席、篮子、雪松皮铺垫、独木舟及作为货币的贝壳，此外还有一种虚构的大面值货币单位——"铜币"。通常这些资产是一种复合金融体制的货币，它通过一种超常利率的收集而运转，借贷的年息一般为百分之百，具体的形式就是散财宴。对于克瓦基特尔人而言，特权和头衔可以因各种世袭、馈赠或联姻而得到，然而使得所有这些特权和头衔生效并得以适用的，是散财宴。因此，每个人（除了奴隶）都热衷于这种游戏并不同程度地投身其中。

但是，财富和贵族头衔的效力之间的这一基本联系只是这幅图景的一部分。本尼迪克特认为，这些西北海岸的人关注贵族的头衔、财富、纹饰和特权的根本原因其实正揭露了这种文化的主要动力：他们利用这些东西是想在竞争中羞辱他们的对手。克瓦基特尔人最显著的特点就是他们无论干什么事情都是为了显示自己比对手优越，并且这种对于优越感的意愿总是以一种毫不掩饰的自夸和嘲弄别人的方式表达出来。在这种文化里，人们对两性关系、宗教，甚至灾祸是否精心，都依它们是否为借分发或自毁财产来显示优越提供机会而定。这类机会主要是指继承人受封、婚礼、接受与显示宗教权力、丧葬、战争，还有灾难。继承人受封显然是一次毫不掩饰地标榜自己高贵的机会。每个名头、每项特权都必须赠予某个男性的继承人，而这种赠予必须通过那种独特的财产分发和自毁才生效。不过，更充分表现了这个部落文化的是以婚嫁为中心的散财宴。西北海岸的婚姻会以一切可能的方式来达成一种商业交易，而且都遵循着同一种特有的规则。首先是新郎为新娘付出聘金，这个过程通常是和铜币买卖的情形一样步步涨价，直到新郎拿出的财产压倒岳父家的，显示出自己的高贵。然而这种场合所带走的并不只是新娘，更重要的是她有权传给子女的那些特权（在有些例子中甚至不必有真正的新娘，一个渴望得到特权转让的人可以假婚——娶岳父的"左脚""右臂"或其身体的别的部分）。等到新娘的子女出生或成年的时候，还债的机会就到了，岳父必须通过一个固定而富有戏剧性的礼仪偿还数倍于聘金的财产，同时，还要给予女婿一些名头和特权，也让他有权把这些东西传给外孙，这些都成为女婿的财产。这样，西北海岸的婚姻其本质上变成一种转让特权的形式上的方法。当然，这种方式不是唯一的，克瓦基特尔人谋取特权最体面的手段是谋杀占有者。对方可以是人，也可以是神，但只要杀死他，凶手就拥有了受害者的特权。除上述的方法，成为一名萨满术士也是获得某些特权的可行之路。并且，克瓦基特尔人的萨满教和围绕着种种纹饰及证实名头有效的世俗竞争是并行不悖的。梦幻在西北海岸只是纯粹形式上的教义，克瓦基特尔人中的萨满术士惯于使用隐蔽的手段来使自己的表演成功，而一旦被识破，则与散财宴竞争中的失败者没有两样。萨满术士特权的合法化和任何世俗首领一样需要借助于分发财产。而在比试声望时，萨满术士和贵族首领以同样的方式使用他们的特权：他们指名道姓地奚落对手们那些神秘的意图，和他们比着显示自己高超的力量。

在本尼迪克特看来，在西北海岸，人的一切行为完全为下述需要所支配，即显示自身的高贵和对手的低下。这种行为带着毫不加掩饰的自我吹嘘，以及对对方的肆无忌惮的嘲弄和侮辱。然而这种情形还有它的另一面，即克瓦基特尔人同样十分害怕受到嘲弄，也千方百计地解释那些受凌辱的经历。他们中间的经济交易、婚姻、政治生活和宗教活动都是以那种受辱或当众施辱的形式进行的。同样的行为模式还在和外部世界及自然力量的关系之中表现出来。一切灾祸都是使人遭羞辱的事情。对于小灾小祸，他们惯用的手段就是用分财来消除耻辱，重建优越感；而面对大灾大难，一般就要举办冬庆礼，取敌首级，要么就自杀。总之，对于克瓦基特尔人，他们所认可的全部情感——从成功到耻辱——都最大限度地夸张了。成功就是无限制地着迷于狂妄自大，而耻辱则成了死亡的原因。

普韦布洛、多布和克瓦基特尔三种文化不仅仅是行为和信仰上的不同成分的花色杂陈。它们都有各自的行为所指向和各自的风俗所推进的确定目标。它们互不相同并不只是因为一种特性在这里存在而在那里不存在，也不是因为这一种文化中的特性在另外两个地方以另外两种不同的形式表现出来。它们之所以不同，更多是因为它们作为整体适应于不同的方向。

在分析了上述三个文化完形的基础上，本尼迪克特阐发了自己对于文化整合、文化模式等方面的一系列思考。她认为，要把握整合的本质，最为基本的是要通过较好的实地调查做到能够描述一种文化。而在这个描述的过程中，实地考察者必须忠于客观，也就是必须记下全部的有关行为，而不是根据任何有争论的假说去选择那些适合于命题的事实。对文化整合轻而易举地做出一些概括是最危险的事。对于文化整合与有关西方文明的研究，本尼迪克特指出，当前大部分的研究都犯了一个简单的技术性错误。原始社会通常是整合在一个地理单位之中的，而西方文明是分了层次的，在同一时间和地方的不同社会群体都依照十分不同的标准来生活，由不同的动机来推动。因此，试图把人类学意义上的文化区域运用到现代社会学中的尝试就只能取得有限的成果。谈到对于社会有机论的争辩，本尼迪克特将其归为一场语词之争。她的观点是，在所有有关社会习俗的研究中，事情的关键在于有意识的行为必须通过社会的接受这个"针眼"，只有在最宽泛的意义下的历史才能给出一个社会的接受及拒绝的说明。因而任何对于文化的构成性的解释既依于心理也依于历史。本尼迪克特反对用生物学的遗传、种族的差异来解释文化的特性。她坚持任何文明的文化模式都只是利用了所有潜在的人类意图和动机所形成的大弧形上的某个片段。而这种为每一文化所选择并用来创造自身的意向则比其他以同样方式所选的技术或婚姻形式的特定细节要重要得多。所以，有意义的社会学单位不是风俗而是支配着这些特性的文化的完形。

在本书最后一个章节里，本尼迪克特首先批判了将社会和个体二元对立的观点。她指出，在本书所讨论的意义下的社会从来就不是一种能和组成它的个体分开的实体。没有个体参与的文化，个体就根本不可能去接近他的潜在的那些东西。相应地，文明的任何成分归根结底都是个体的贡献。因此，强调文化行为并不是否定个体主动性。而有关个体的问题不是以强调文化与个体间的对抗来解决的，而是要强调二者的互补。之后，本尼迪克特对于如何理解个人行为给出了自己的见解。她说，我们看到，任何社会都要选择人类可能的行为这个弧上的某个片段，只要这个社会要完成整合，它的种种风俗就倾向于去推进它所选择的那个片段的表达，同时去阻止那些相反的表达。但是这些相反的表达都是些情趣相投的反应，不过，却是那种文化的载体求得一定的均衡的反应。我们知道，这种选择是文化上的选择而不是生物学上的。因此，我们不可能想象，所有做出这种选择的人的所有情趣相投的反应都会受到任何文化的种种风俗的平等待遇。理解个人行为的途径就是不仅要把他的个人生活史和他的天分联系起来，还要把这些东西与各文化模式任意选择的常态做一对比，而且更进一步地，还要把他的种种情趣相投的反应和那种在他那文化的种种风俗中选择出来的行为联系起来。正如我们所见的，不管在什么社会，不管这个社会的风俗有多古怪，生长在这个社会的绝大多数个体是按照这个社会所指定的行为方式来行动的。然而这种形式并不是对每个人都那么合适，在我们所讲到的每一个部落里都有一些格格不入的"反常"的个体。本尼迪克特强调，这些所谓的变态事实上不是任何意义下的精神病患者，他们只是不受他们的文明所有的那些风俗支持的人。她举例说，同性恋和阴魂附体在西方文明中被视为反常，然而在美洲印第安人的观念里，同性恋是一种特殊的能力，受到尊重；而阴魂附体正是加利福尼亚印第安人产生权威和领袖的唯一途径。这些例子说明：文化，在社会上，可以对那些极不稳定的人类形态进行评价，也可以使之变得有价值。由此得到启发，本尼迪克特对存在于西方文明中的精神病的治疗给出两种建议：首先，让这些精神病患者和现实世界保持一定距离比坚持让他们去接受他们根本接受不了的样式要来得明智。另一个可行的见解是既通过那些不适应个体的自我教育，使他们学会对自己与典型之间的差距泰然处之；在社会的一面，则对这些不太常见的类型多一些宽容忍让。此外，本尼迪克特还提醒到，由于任何社会都按照它的主要偏好，增加甚至强化歇斯底里、癫痫、妄想狂的症状，而同时，整个社会又在越来越大的程度上依赖于那些自我炫耀的个体。由是，每个文化中都可能存在着这样一些变态者，他们代表了那种局部文化形态的极端发展。这些人在同时代的人眼中不会被当作疯子，然而从另一代人或另一种文化的角度看，他们一般就是那个时代最古怪的精神病类型，例如 18 世纪新英格兰的清教牧师和本尼迪克特那个时代自我满足的极端者。最后，本尼迪克特倡导，当前社会思想在这个问题面前的唯一重要的任务就是对文化相对性做适当的说明。在她看来，只有这样，和平共处及多种生活模式的共存才有希望被宽容地接受。

《阿赞德人的巫术、神谕和魔法》（1937）

褚建芳

爱德华·埃文思-普里查德（E. E. Evans-Pritchard,
1902—1973），生于英国苏塞克斯，学生时代在牛津
大学学习现代史，后在伦敦经济学院师从马林诺夫斯
基（Bronislaw Malinowski）学习人类学。他主要在
苏丹南部的阿赞德人和努尔人中做田野调查，这些田
野资料成为其前半生也是其最知名的人类学著作的基
础。他后来的著作大都是理论作品，内容大多关注人
类学与其他社会科学的关系。正是由于他在社会科
学领域内的巨大影响，牛津大学的社会人类学才吸

引了全世界的众多学生。他还作为殖民地社会科学研究部的委员发起了对非洲
和其他地方的大规模调查。1946—1970 年，他一直担任牛津大学人类学教授；
1971 年被授予爵士；1974 年在牛津去世。他的主要著作包括《阿赞德人的巫
术、神谕与魔法》（ Witchcraft, Oracles and Magic among the Azande, 1937 ）、《努
尔人》（ The Nuer: A Description of the Mode of Livelihood and Political Institutions
of a Nilotic People, 1940 ）、与福特斯（Meyer Fortes）合编的《非洲政治制度》
（ African Political System, 1940 ）、《努尔人的亲属关系与婚姻》（ Kinship and
Marriage among the Nuer, 1951 ）、《努尔人的宗教》（ Nuer Religion, 1956 ）、《社
会人类学论集》（ Social Anthropology and Other Essays, 1962 ）、《原始宗教理论》
（ Theories of Primitive Religion, 1965 ），以及《阿赞德人——历史与政治制度》
（ The Azande: History and Political Institutions, 1971 ），都是久负盛名的作品。

《阿赞德人的巫术、神谕和魔法》[1]是英国著名人类学家埃文思–普里查德的开山之作。在这本书中，埃文思–普里查德的主要目的是对阿赞德人的信仰体系，主要是巫术信仰进行讨论。在该书中，他将阿赞德人的信仰体系分为四个部分。这四个部分依次是巫术、巫医、神谕、魔法。在他看来，要理解阿赞德人的巫术，就要将其与神谕、魔法和巫医联系起来，一起加以理解。埃文思–普里查德指出，对阿赞德人来说，巫术是从一个方面，而神谕、魔法和巫医则从另外一个方面构成了同一个信仰的两个不同侧面。正是神谕、魔法、巫医的表演和参与揭示出巫术是导致不幸的原因，而阿赞德人正是通过参加巫医的降神会、使用魔法及请教神谕了解到了巫术的范畴和性质。[2]

从这种讨论的字里行间，我们可以看到，埃文思–普里查德表面上探讨的是原始人的超自然信仰或"原始宗教"问题，而实际上，这种探讨已经深入到了阿赞德人的法律、政治、经济、道德、艺术及宗教信仰体系诸问题，并把这些领域的诸多问题串联成一个有机统一体，展示了人类学的整体视角和理解异文化的学术旨趣。

在埃文思–普里查德对非洲阿赞德人进行人类学田野调查的那个年代，阿赞德人（单数形式是赞德人）是一个住在尼罗–刚果分水岭上的黑人民族。他们属于同一种族，由许多部落混合而成。这些部落曾经都有自己的语言和政治制度，但是，在过去的两百年里，它们被占主导地位的姆博穆（Mbomu）文化兼并。[3]维系阿赞德公共生活的纽带是赞德政治体制而不是他们的氏族结构，尽管阿赞德人中血统相同、图腾信仰相同的多个族群之间有通婚关系，但是这些族群不住在同一个地区，这些族群的成员也不分担经济和仪式方面的事务。[4]

埃文思–普里查德指出，在阐述阿赞德人其他信仰的时候，巫术是必不可少的背景：阿赞德人请教神谕，主要是请教有关巫师的问题，他们请教占卜师也是出于同样的目的，他们的魔法、医术及秘密会社也是用来对抗巫术这个敌人的。[5]在他们的社会生活当中，巫术无处不在，它涉及阿赞德人生活的每一个活动，例如：农业、渔业和狩猎、各户的家居生活，还有地区和朝廷的公共生活。

---

[1]   埃文思–普里查德：《阿赞德人的巫术、神谕和魔法》，覃俐俐译，北京：商务印书馆，2006。
[2]   同上，267 页。
[3]   同上，29—30 页。
[4]   同上，31 页。
[5]   同上，37 页。

它是阿赞德人精神生活的一个重要主题，并且是对神谕和魔法进行全面描述的背景。它对法律和道德规范、礼仪和宗教都有着明显的影响。它在技艺和语言方面也占据显著的地位。……实际上，在任何时候，任何失败或不幸降临在任何人身上，都可以归咎于巫术，不管这种失败或不幸是与此人生活中的哪一个活动相关。[1] 对他们而言，巫术几乎就是一件天天谈论的平常事。在阿赞德人的生活中，巫术很平常，它几乎可以被认为是任何事情的原因。[2]

对我们而言，巫术是让我们那些容易受骗的祖先既担忧又憎恶的某种东西。但是阿赞德人认为他们在白昼和黑夜的任何时候都有可能碰到巫术。如果他们哪天没有接触到巫术，就会感到奇怪，就像我们在面对巫术时会感到奇怪一样。对于阿赞德人，巫术没有任何特别之处。人们认为狩猎活动可能会受到巫师的干扰，但是人们可以采用一些方法对付巫师。即使发生不幸的事件，他也不会因为超自然的力量在起作用而充满畏惧。……他们对这些事情的反应是愤怒而不是畏惧。[3]

在阿赞德人看来，巫术是一种器官性的、遗传性的现象。他们认为，巫术是巫师体内的一种物质。巫术不仅是身体特征，而且具有遗传性。它由父母传给孩子，不过这种遗传是单系遗传：一个男性巫师的儿子都是巫师，但女儿不是；一个女性巫师的女儿都是巫师，但儿子不是。在赞德信条里还包含这样的观念：即使一个人是巫师的儿子，而且体内有巫术物质，但是他也有可能不使用这种物质。在他的有生之年，巫术物质可能一直处于无效状态，即如阿赞德人所说的"冷的状态"[4]。

阿赞德人相信有些人是巫师，他们凭借与生俱来的能力伤害他人，他们既不举行仪式，不念咒语，也没有魔物，因此他们的巫术行为只是一种精神行为。阿赞德人还相信妖术师通过运用坏的魔药实施魔法仪式，从而对他人造成伤害。阿赞德人把巫师和妖术师区分得很清楚。在他们看来，妖术师和巫师的区别在于前者使用魔法技巧并从魔药中获得力量，而后者既不举行仪式也不念咒语，而是通过遗传的精神–通灵力量来达到自己的目的。[5] 阿赞德人通过请来占卜师、运用

---

[1] 埃文思–普里查德，《阿赞德人的巫术、神谕和魔法》，82—83 页。

[2] 同上，83 页。

[3] 同上，83—84 页。

[4] 同上，37—67 页。

[5] 同上，398 页。

神谕和魔药等仪式来抵御巫师和妖术师的伤害。[1]

在埃文思-普里查德看来，"巫术既是一种行为模式又是一种思维模式"[2]。他认为，巫术的概念给阿赞德人提供了一种自然哲学，根据这一哲学，阿赞德人可以解释人与不幸事件的关系，巫术的概念也给阿赞德人提供了一种现成的、定型的对不幸事件做出反应的方式。巫术信仰还包含了一套调节阿赞德人行为的价值体系。[3]

关于这种给阿赞德人提供了"解释人与不幸事件的关系"的自然哲学，也给阿赞德人提供了"一种现成的、定型的对不幸事件做出反应的方式"的巫术概念，作者举了下面的例子加以说明：

> 小男孩的脚踢在丛林小路中间的小木桩上在非洲是常见的事情，他会因此遭受疼痛和不便。由于伤口的位置在脚趾上，不可能不粘上尘垢，伤口开始化脓，小男孩会宣称是巫术使他的脚踢在木桩上。……他同意巫术与路上的树桩没有关系，但是他补充说，为了防止踢在木桩上，他把眼睛睁得大大的，确确实实做到了任何赞德人都能够达到的谨慎程度，如果不是巫术的作用，他就应该能看见木桩。作为他观点的最后论证，他说伤口一般不用花那么多天才能愈合，相反，它们往往好得很快，伤口本来就是这样子的。所以如果没有巫术在背后起作用，为什么只有他的伤口化脓，还不愈合？……这种对疾病的解释可以被认为是赞德式的诠释。[4]

不过，作者指出，阿赞德人并不只用神秘原因去解释现象的存在及其作用。他们用巫术所解释的是一连串因果关系中的某种特定情形，通过诸如某人受伤这些具体情形把个人和自然发生的事件联系在一起。那个把脚踢在木桩上的男孩并没有用巫术来解释这个木桩，他既没有表示任何人在任何时候把自己的脚踢在木桩上都肯定是巫术造成的，也没有解释说伤口就是由巫术所致，因为他清楚地知道那确实是木桩造成的。他所归之于巫术的是这一特定的情境，尽管他和平时一样谨慎，但是就在这一次，他把脚踢在了木桩上，而另外他有过一百次机会，都没有踢伤脚，而且就在这一次，伤口化脓了，他知道踢伤可能导致化脓，但是他

---

[1]　埃文思-普里查德：《阿赞德人的巫术、神谕和魔法》，37页。

[2]　同上，102页。

[3]　同上，83页。

[4]　同上，84—85页。

曾经踢伤过几十次都没有化脓。这些奇怪的情况确实需要给出解释。[①]

然而，阿赞德人并不认为巫术是现象的唯一原因。赞德思想只不过确信：巫术把受伤人与受伤事件联系起来。[②] 巫术解释是导致事件发生的那些具体的可变化的条件，而不是一般的具有普遍性的条件。火是烫的，然而不是因为巫术它才是烫的，这是火自身的性质。燃烧是火的普遍性质，但是烧伤"你"不是火的普遍性质，这种事情可能从来不会发生，或者一辈子就发生一次，那就是在你受到巫术作用的时候。[③]

关于这一点，埃文思-普里查德给出了一个经典的例子：

> 在赞德地区，有时旧粮仓会倒塌，这种事情本没有什么特别之处。每个赞德人都知道，随着时间的推移，白蚁会蛀蚀支柱。粮仓用了多年以后，即使最坚硬的木料也会腐朽。现在赞德人家把粮仓用作消夏的处所，白天气温高的时候，人们坐在粮仓下聊天，玩非洲的击球入孔的游戏（hole-game），或者做手工艺活，这样会有一些人在粮仓倒塌的时候被砸伤，因为粮仓是一个由梁和泥土构成的沉重的建筑物，里面还可能储藏着谷物。现在的问题是，为什么在粮仓坍塌的这个特定时刻，是这些人正坐在那里？粮仓的坍塌容易让人理解，但是为什么在它坍塌的这个特定时刻是这些人坐在它下面？过了那么多年，它早就可能坍塌了，为什么正好当这些人在这里舒适地乘凉的时候，它却倒塌了？我们解释说粮仓坍塌是因为白蚁蛀蚀了支柱，我们还说人们在那个时候坐在它的下面，是因为天气很热，他们认为在那里谈话和工作很舒适，这才是粮仓坍塌的时候人们正好坐在下面的原因。在我们看来，这两个有着各自原因的事实之间的唯一联系是时间和空间的巧合。我们没有解释为什么这两条原因链在特定的时间和地点交叉，因为它们之间没有相互依赖的关系。赞德思想能够提供这个缺失的链接，阿赞德人知道白蚁在逐渐破坏支柱，他们也知道为了躲避高温和炙热的阳光，人们坐在了粮仓下。但是除此之外，他们还知道为什么这两件事情精确地在同一时刻和同一地点发生，那正是由于巫术的作用。如果没有巫术的作用，当人们坐在粮仓下面的时候，粮仓不会倒塌在他们身上，或者粮仓倒塌了，却无人在下面乘凉。巫术正好可以解释这两件事情的巧合。[④]

---

① 埃文思-普里查德:《阿赞德人的巫术、神谕和魔法》, 86 页。
② 同上, 87 页。
③ 同上。
④ 同上, 87—89 页。

如果某个赞德人告诉你"某某人受到了巫术的作用，自杀了"，甚至只说"某某被巫术弄死了"。他告诉你的是此人死亡的根本原因，而不是次要原因。你可以问他"他是怎么自杀的？"他会告诉你，此人是在树枝上吊死的。你还可以问"他为什么要自杀？"他会告诉你，因为这人和自己的弟兄生气。这个人的死因是吊在树上，而他上吊的原因是和弟兄生气。如果你接着问某个赞德人，既然这个人因为和弟兄生气而自杀，为什么还要说他是受到巫术的作用而死的，那人会告诉你，只有疯了的人才会自杀，而且如果每个和弟兄生气的人都自杀，世界上的人就会死光了，如果这个人没有受到巫术的作用，他就不会自杀。如果你坚持要问为什么巫术会导致这个人自杀，这个人会回答说有人恨这个人。如果你继续追问，为什么有人恨他，这个信息提供人会告诉你，这是人的本性。[1]

在阿赞德人看来，巫术是在特定的地方、特定的时间对特定的人产生有害现象的原因，它不是事件发生次序之内的一个必然环节，而是处于事件之外，从外部参与事件之中并赋予这些事件特殊意义的某种东西。[2]

阿赞德人不能用我们接受的表达方式清楚地阐明一个有关因果关系的理论，他们用自己特有的解释性用语来描述所发生的事件。他们意识到和人有关系的事件在发生时所处的特定环境，以及事件对某个人造成的伤害都是巫术存在的证据。巫术能够解释为什么事件对人是有害的，而不能解释事件是如何发生的。阿赞德人与我们都用同样的方式感知事件如何发生，他们看见的是大象而不是巫师冲撞人，他们看见的是白蚁逐渐蛀蚀粮仓的支柱，而不是巫师推翻粮仓。他们看见的是普普通通的一束燃烧的稻草点燃了茅草屋顶，而不是超自然的火焰。他们在感知事件如何发生的时候跟我们一样清楚。[3]

> 阿赞德人对巫术的信仰与他们从实际经验中归纳出来的有因果关系的知识并不矛盾，他们与我们一样通过感官真切地了解世界。我们切忌被他们表达原因的方式所蒙蔽，也不要因为他们说某个人被巫术杀死了，而以为他们会完全忽略那些不重要的原因，即在我们看来是导致此人死亡的真正原因。他们缩短了事件的关系链，并且在某个特定的社会情形中选取了巫术这个具有社会意义的原因，从而忽视了所有其他原因。[4]

---

①　埃文思-普里查德:《阿赞德人的巫术、神谕和魔法》，90页。
②　同上，91页。
③　同上，90页。
④　同上，91页。

阿赞德人的巫术思想有它自己的逻辑和原则，但是它们并不排斥自然的因果关系。阿赞德人对巫术的信仰与人的责任及他们对自然界的理性理解是一致的。

> 相信自然原因导致死亡与相信巫术导致死亡并不相互排斥，相反它们互相补充，其中一个原因能够解释另外一个原因所不能解释的东西。……把死亡归因于巫术并不排斥我们所认为的真正死因，但是巫术这个原因被置于其他原因之上，而且它还赋予社会事件道德价值。[1]

阿赞德人认识到原因的多元性，也认识到是社会情形确定了其中一个原因具有意义，因此我们能够理解为什么巫术原理不能用来解释每种失败和不幸。有时社会情形要求对原因做出常识性的而不是神秘意义的判断。[2]他们并不用巫术解释所有的事件：当从巫术的角度所做的神秘解释与以法律和道德规范的形式所表现的社会要求发生冲突时，他们便会拒绝这种解释。[3]

在这种情况下，阿赞德人认为具有社会重要性的是自然原因而不是神秘原因。在这些情形中，巫术是次要原因，虽说没有被完全忽视，它也没有被确定为因果关系中的主要因素。在我们自己的社会里，在处理道德和法律责任的问题的时候，有关因果关系的科学理论即使不被完全忽视，也只被认为是非重要的因素，与此相同，在赞德社会里，在处理道德和法律责任问题的时候，有关巫术的原理即使不被完全忽视，也只被认为是次要的。我们接受有关疾病原因的科学解释，甚至是对精神病原因的科学解释，但是我们不接受对犯罪和违反道德规范所做出的种种科学解释，因为它们对身为公理的法律和道德规范产生了不利影响。阿赞德人接受对不幸、疾病和死亡的原因所做的神秘解释，但是如果这种解释与以法律和道德规范的形式所表现的社会要求发生冲突，他们就会拒绝这种解释。[4]

事实上，阿赞德人对巫术拥有的是感觉经验，而不是思考经验，阿赞德人对巫术没有一个详尽而一贯的表述可以用来具体地解释巫术的运作，也没有关于自然界的详尽而一贯的表述可以用来说明自然界按照什么样的逻辑次序运作，以及自然界各部分之间有什么关系。他们对巫术的理性认识很初级，一旦受到巫术

---

[1] 埃文思-普里查德：《阿赞德人的巫术、神谕和魔法》，92 页。
[2] 同上，92—93 页。
[3] 同上，94 页。
[4] 同上，93—94 页。

的袭击，他们更多的是知道如何做，而不是如何解释这件事情。他们的反应是行动，而不是分析。[①]……阿赞德人把这些信仰化作行动，而不是对它们进行纯理性的研究，他们的信条体现在有社会约束的行为里，而不是以教条的形式表达出来。[②]

在此方面，阿赞德人必须根据传统的方法做事，这些方法包含了历代阿赞德人从经验教训中积累的知识。尽管阿赞德人坚持使用这些方法，但是一旦遇到失败，人们就会归咎于巫术。[③]

不过，作者提醒读者注意的是：

> 千万不要产生这样的想法：对于每一疑问或不幸，阿赞德人都会去请教毒药神谕或其他更加经济、更加容易获得的神谕。人生短暂，阿赞德人不可能总是去请教神谕，……巫术无时无处不在，你不可能把它从生活中清除掉。谁都会有对头，但是人们不可能因为敌人可能使用巫术就把所有的敌人都找出来。人们总要冒些风险，所以当赞德人说自己是由于巫术而遭受了损失，他不过是用在这种情形中常用的词句来表达他的失望，千万不要以为他的情绪会因此受到很大的干扰，会马上去查找给他带来损失的巫师，他十有八九不会采取任何行动。他们颇具哲学家的头脑，知道生活中既要接受幸运也要接受不幸。[④]

只有在健康受到影响的时候或有关较为严肃的社会和经济活动的时候，阿赞德人才会就巫术的问题请教神谕或巫医。[⑤]而且，只有当不幸事件是死亡的时候，阿赞德人才会坚持为巫术造成的损失进行报仇和要求赔偿。对于其他没有造成死亡的损失，他们只是披露应对损失负责的巫师，并劝说他收回有害的影响。[⑥]

如果遭受不幸，你不能打击报复造成不幸的巫师，因为除了损失全部的谷物庄稼这种特殊情况外，法律唯一认可的处罚巫师的理由就是用巫术杀人。谋杀罪必须通过亲王的毒药神谕的裁决来确定，并且亲王一个人就能批准被害人进行复仇或索要赔偿。在阿赞德人通常采用的程序中，不会出现复仇的行为。只要受伤害方和巫师都遵守正确的行为模式，他们在这个事件结束的时候既不会说难听的

---

① 埃文思-普里查德：《阿赞德人的巫术、神谕和魔法》，100 页。
② 同上，101 页。
③ 同上，97 页。
④ 同上，106 页。
⑤ 同上。
⑥ 同上，102 页。

话，更不会发怒，双方关系决不会恶化。你有权利要求巫师不要干扰你的平静生活，甚至你可以去警告他，如果你的亲属死了，他会被指控为谋杀者；但是你不能侮辱他，也不能伤害他，因为巫师也是部落成员，只要他没有杀人，他就有权利让自己的生活不受干扰。但是巫师必须遵从习俗，如果巫术受害对象要求他收回巫术，他就应该收回。如果有人攻击某个巫师，这个人就会失去威信，最后导致自己在法庭上承担赔偿的责任，而且还会使这个巫师对他产生更多的仇恨。而这个习俗的目的就是息事宁人，通过礼貌的方式要求巫师停止对受害对象的骚扰，让巫师收回他的巫术。然而从另一方面来说，如果巫师拒绝遵从受害方按惯常方式提出的要求，他就会失去社会威信，到时必须公开承认自己的罪过，并且承受巨大的风险，因为他造成了受害者死亡从而无法逃避报复。[1] 总之，在受到巫术作用的时候，受伤害的一方和巫师都要按照传统规范来行事。[2]

作者强调：在研究阿赞德人的巫术的时候，我们必须记住，他们的巫术概念首先是与不幸情景联系在一起，其次是与人际关系相关的。[3] 而且，巫术概念不仅是不幸和人际关系的函数，还包含着道德评判：巫术总是同"不好的""不幸的""恶的"意义与情感相联系。因而，在这种巫术观念的背后，阿赞德人中存在着关于罪过认定与惩罚的看法。比如，所有的阿赞德人都认为，只要有不幸事件发生，都是因为有人实施了巫术，因而，遭受损失的人就可以按照规定的渠道对某个被认为实施了这个巫术的人进行报复。[4]

值得一提的是，赞德道德规范与赞德巫术有着紧密联系，甚至可以说前者包含了后者。[5] 赞德短语"那是巫术"经常被理解为"那是不好的"。我们已经了解到，实施巫术不是漫无目的的随意行为，它是一个人向仇人发起的有计划的攻击。巫师经过充满恶意的预谋后才采取行动。阿赞德人说在仇恨、嫉妒、争风吃醋、背后诽谤、当面诋毁等之后随之而来的就是巫术。一个人必然是先在内心仇恨敌人，然后才对敌人实施巫术。如果巫师没有真心悔恨，即使他喷水（表示撤除巫术），也没有什么作用。阿赞德人的兴趣不在巫师本身，也就是说，不在于巫师的静止状态，而在于巫师的活动，这样就产生两个结果：第一，巫术往往被

---

① 埃文思-普里查德，《阿赞德人的巫术、神谕和魔法》，105—106 页。
② 同上，117 页。
③ 同上，123 页。
④ 同上，131 页。
⑤ 同上，124 页。

认为是导致巫术实施的各种情感的同义词，所以阿赞德人用巫术思想来思考仇恨、嫉妒和贪婪，又以巫术揭示的情感来思考巫术。第二，即使某人对别人实施了巫术，也只有在造成不幸的期间及他和这些特殊情况有关联的时候，他才被认为是巫师，事后他则不被视作巫师。……巫师只有在某些特定的情境中才被认为是巫师。赞德巫术观念表达了在不幸的情境中人与人的动态关系。赞德巫术概念的意义在很大程度上依赖情境，而情境都是转瞬即逝的，一旦导致对某人进行指控的情境不复存在，这个人就极少还被看作巫师。①

> 阿赞德人不同意恨别人的人就是巫师，也不认为巫术与仇恨的意义相似。在他们对巫术的表述中，仇恨是一回事，巫术是另外一回事。任何人都可能对邻居产生敌对情绪，但是如果事实上他们的腹部不存在巫术，仅仅不喜欢仇人并不会造成任何伤害。②

此外，根据赞德思想，一个人不一定仅仅因为他是巫师就伤害别人。如果他是一位正派的人，既不怨恨邻居，也不嫉妒邻居的幸福，这样的人仍是一位好的公民。对阿赞德人来说，好公民的品行包括愉快地履行你的义务并且对邻居总是充满友善。一位好人既要有好的秉性，又要慷慨大方；既应是孝顺的儿子、体贴的丈夫，又应是慈爱的父亲；还要对亲王忠心耿耿；在和同胞打交道的时候应该公平正直；忠实履行和别人达成的协议；他不仅自己守法，而且应调解矛盾；他对通奸深恶痛绝；谈起邻居总是言辞和善；一般说来他应该是好脾气而且谦恭有礼的；不过不要求他爱敌人，宽容那些伤害他的家人和亲戚的人或和他的妻子通奸的人。这种人被认为是平静、和蔼可亲的人，但是没有突出的个性。阿赞德人崇尚严厉、易冲动的性格，有这种性格的人在受到不公正待遇的时候容易被激怒并进行报复。但是如果一个人没有受到不公正待遇，他就不应该对别人表示敌意。在赞德文化中亲王之间、巫医之间、歌唱者之间的对抗或竞争是允许的。除此之外，嫉妒都是邪恶的。③

阿赞德人的这种道德评判同其观念中的正统标准密切联系：

> 如果某人的行为和赞德观念中的正统标准发生了冲突，即使行为本身并没有巫术的参与，但巫术是这个行为的推动力，这种违背行为标准者都会是最为

---

① 埃文思-普里查德:《阿赞德人的巫术、神谕和魔法》, 124 页。
② 同上, 124—125 页。
③ 同上, 126—127 页。

经常被披露为巫师的人。如果考虑到那些使人联想到巫术概念的情形及人们采用的确认巫师的办法，我们马上就会知道巫术的概念还包含了被人的意志操纵的特点及道德特点。对巫术的道德谴责是预先决定的，如果一个人遭到了不幸，他就会暗自思考他的烦恼，琢磨邻居中有谁对他表示了他不应该受到的敌意，谁对他怀有不公正的怨愤。因为这些人伤害了他并希望他倒霉，所以他认为就是这些人对自己实施了巫术，因为一个人是不会对自己毫不怨恨的人施加巫术的。[①]

在作者看来，在区分善恶行为方面，赞德道德观念和我们的道德观念没有太大的不同，但是由于他们的道德观念不是用有神论的术语加以表达的，所以赞德道德观念与著名宗教阐释行为的准则之间的相似性不是显而易见的。[②] 作者指出，阿赞德人正是在巫术习俗中表达了他们的道德原则。他们说："因为巫术，所以嫉妒不好，一个心怀嫉妒的人可能会杀害别人。"[③] 在谈到其他反社会的情绪时，他们也说诸如此类的话。

> 如果阿赞德人说某种行为不好或某种情绪不好，他们的意思是这种行为或情绪是肮脏的，并且是应当受到公共舆论谴责的。因为它们会促使人使用巫术，而且多少会使运用巫术害人的人蒙羞，所以它们是很不可取的。……我们所谴责的情感和他们所谴责的情感是大体相同的，不仅赞德父母反复教育孩子们抵制这种情感，亲王也警告侍臣避开这些情感。你如果没有充分的原因就对邻居怀恨在心，那就是在表现性格中的弱点，人们会疏远你。如果你诋毁你的邻居，这会使你的名声不好，人们会说你是撒谎的人，即使你把案子提交到亲王那里，他也不会相信你。如果你是一个贪婪的人，人们不会邀请你分享他们的食物，对于你的缺席，邻居往往会用隐晦的言语进行议论，当你不在场时，他们就拿你开玩笑，这样会使你蒙羞。同样，如果某人很吝啬，他就会不受欢迎，并成为邻居打趣的对象。但是阿赞德人不喜欢这些行为或性格缺点，主要因为它们既是巫术的根源，又是巫术的动因。如果你问赞德人为什么这些缺点不好，他会回答说它们不好是因为会导致巫术。[④]

---

① 埃文思-普里查德：《阿赞德人的巫术、神谕和魔法》，127页。
② 同上。
③ 同上，128页。
④ 同上，128页。

信仰巫术是克制邪恶念头的一剂良药，因为显露坏脾气、吝啬或敌意都会导致严重的结果。……他必须抑制自己的嫉妒心。[1]

与此相关，巫医的魔法和魔药也被赋予道德属性：阿赞德人不是因为魔法破坏别人的健康与财产而指责它不好，而是因为它无视道德与法律的原则。好魔法可以有破坏性，甚至让人致命，但是它只是打击犯罪的人，好的魔药不允许用于邪恶的目的。而坏的魔法的使用则完全出于私怨，被袭击的人并没有违反任何法律或者道德原则。某些魔药被归为好魔药，某些被归为坏的魔药，还有一些魔药则没有明显的道德标记，阿赞德人还不能确定它们是好魔药还是坏魔药。[2]

在阿赞德人看来，好魔法师是公正的，因为它们被用来对付未知姓名的人。如果某个人已经知道是谁与自己的妻子通奸，是谁偷了自己的矛，是谁杀了自己的亲戚，他就会把这件事告到法庭，根本没必要实施魔法。只有在他不知道是谁做了坏事的情况下，他才用魔法抗击这个不知姓名的坏人。[3]在阿赞德人实施复仇魔法之前，他们应该先从毒药神谕那里得到确认，即他们的亲戚是死于巫师或妖术师，而不是因为犯了罪而受到好魔法的制裁。[4]

对于一个赞德人来说，公正判决这个概念就相当于主持正义，其意义与我们在自己的社会中使用这个词汇的时候没有什么不同。如果魔法的实施符合常规而且公正，即使它伤害人，也能够从道德与法律上得到社会的许可。[5]

作为对巫术伤害的对抗，阿赞德人中存在着巫医。对于后者，只有考虑到巫术信仰，才能得到真正理解，这就好比要真正理解警察就必须把犯罪活动结合起来进行考虑。就像每位警察是犯罪活动的专业指针（professional indicator），每位巫医是巫术的专业指针。巫医的舞蹈是抗击巫术的公开表现形式，是一种更有说服力的表现形式，因为它具有更大的公开性和戏剧性，能够有效地维护和灌输巫术信仰。如果没有巫术信仰，就没法理解巫医，而巫术信仰也要依赖巫医、神谕和魔法，这几个方面之间存在着相互作用。实际上，巫术是从一个方面，而神谕、魔法和巫医是从另外一个方面构成了同一个信仰的两个不同侧面。正是神谕、魔法、巫医的表演和参与揭示出巫术是导致不幸的原因，而阿赞德人正是通

---

[1]　埃文思–普里查德：《阿赞德人的巫术、神谕和魔法》，134 页。
[2]　同上，399 页。
[3]　同上，403 页。
[4]　同上，401 页。
[5]　同上，402 页。

过参加巫医的降神会、使用魔法及请教神谕了解到了巫术的范畴和性质。[①]

与巫医相比，神谕更加令人信服地预测未来，披露现有的隐秘。阿赞德人认为作为占卜者的巫医只能提供一些初步的证据，在所有的重大事情上，人们首先听取巫医的说法，然后把这个说法放在更为重要的神谕面前进行验证。如果某个人要采取什么公开的行动，验证就更有必要了。巫医是有作用的，因为他们能够迅速地回答很多问题，初步地筛选出怀疑对象，但是他们都不可靠。[②]而神谕在阿赞德人的生活中占有极其重要的作用：

> 如果一个赞德人没有神谕会怎么样？他的生活将毫无价值。巫师会使他的妻子和孩子生病，会破坏他的庄稼，会使他在打猎的时候一无所获。他做出的每次努力都会遭到挫折，他付出的每份辛劳都会没有收获，在任何时候，巫师都可能杀死他，他丝毫不能保护自己和家人。有人可能会强奸他的妻子、偷窃他的东西，他怎样才能够确定谁是奸夫和盗贼，并向他们报仇？他知道如果没有毒药神谕的帮助，他就会完全在恶人的控制之下，毫无办法。有了神谕，他才有了导向和顾问。阿赞德人经常说："毒药神谕不出错，它是我们的纸张。毒药神谕对于我们就像纸张对于你们那样重要。"他们知道书写技能是欧洲人知识与准确记忆的源泉，欧洲人用它记录所发生的事情并由此预测未来。每当赞德人的生活中出现危机，都是神谕告诉他应该如何去做。神谕为他揭露谁是敌人；告诉他在何处能够脱离危险，找到安全；向他展示隐藏的神秘力量；给他说出过去和将来发生的事情。没有本吉，赞德人确实无法生活。剥夺了赞德人的本吉无疑就是剥夺了他的生活。[③]

不仅是我们认为比较重要的社会事务阿赞德人需要请教神谕，针对日常生活中的一些小事他们也请教神谕。只要时间和机会允许，阿赞德人愿意就生活中的每一步请教某一个神谕，不管是哪一个。而这显然不可能，但是那些知道如何使用摩擦木板神谕的老年人通常会随身携带一个，一旦心中有疑问，就马上请教它以便解决自己的疑惑。欧洲人最好能够记住这一点，如果阿赞德人的行为与我们的意愿及劝告背道而驰，这时候往往是因为他们掌握了一些我们不知道的有关未

---

① 埃文思–普里查德：《阿赞德人的巫术、神谕和魔法》，267 页。
② 同上，268 页。
③ 同上，274 页。

来的信息。①

　　不过，对于与神谕有关的信仰，人们常常选择有利于自己的解释：在某些特定的情景里，出于个人的需要，阿赞德人会选用那些最能够满足他们愿望的思想概念。

　　　　阿赞德人的信仰不是不可分割的思想体系，而是一些概念的松散结合。……处于某个具体情境中的人只会利用信仰中对他当时有利的因素，而忽视其他因素，但是换了情境他也有可能利用其他因素，所以不同的人对同一事情可能会联想起许多不同的，甚至是对立的信仰。②

　　读罢这本书，我们可以发现，这部著作的逻辑脉络可以概括如下：一个社会的各项制度，包括经济、政治、司法、医疗、宗教、艺术、审美等，都是建立在一定的秩序、规范和规则之上的，后者构成该社会的法律基础。这种法律基础的核心问题是该社会和文化关于"什么是公正、什么是道德"的看法、信仰和规定。而这种看法、信仰和规定的基础则是各个社会、文化或文明的"理性"③。不同的社会和文化对"什么是理性"这个问题具有不同的理解和看法，因而形成了不同的具体的社会制度。而这些不同的社会制度对于一个具体的社会来说，则是一个不可分割的复杂合一的整体。

　　对我来说，在对阿赞德人关于巫术、巫医、魔法与神谕的信仰的讨论中，埃文思–普里查德的这部著作最富启发之处在于其对法律问责的文化规定性的讨论。这种法律问责的基础是对因果关系的推论。正如作者在该书中指出的，阿赞德人观念中的因果关系始终是其感兴趣的内容。④ 在作者看来，"巫术既是一种行为模式又是一种思维模式"⑤，正是它反映着阿赞德人观念中的因果关系，即他们对人们在社会生活中遭遇不幸的责任追究这一普遍现象的不同处置方式和认识逻辑。

---

　　① 埃文思–普里查德：《阿赞德人的巫术、神谕和魔法》，275 页。

　　② 同上，551 页。

　　③ 翁乃群把这种"理性"理解为人们在社会生活中对于不幸的责任追究方式。他指出："埃文思–普里查德对阿赞德人巫术、神谕和魔法的研究，就是对人们社会生活中遭遇不幸的责任追究这一普遍现象的不同处置方式的研究。当遭遇不幸，是指控他人或自负责任，不同处置方式其背后必然存有着社会本身的合理解释。而这些合理解释（意识层次）和不同处置方式（行动层次）构成不同社会对遭遇不幸的特种处理系统。"（翁乃群：《埃文思–普里查德的学术轨迹》，见埃文思–普里查德：《阿赞德人的巫术、神谕和魔法》，代译序，9 页。）

　　④ 埃文思–普里查德：《阿赞德人的巫术、神谕和魔法》，90 页。

　　⑤ 同上，102 页。

关于此，作者认为，阿赞德人的思维与我们并无二致，只是在追究问题的原因时所看重的侧面与我们有所不同：他们与我们一样通过感官真切地了解世界。……他们缩短了事件的关联链并且在某个特定的社会情形中选取了巫术这个具有社会意义的原因，从而忽视了所有其他的原因。[1] 阿赞德人并不会把巫术的作用同我们所相信的自然作用混淆起来，然而，他们所追问的问题与我们不同。比如，对于白蚁蛀蚀粮仓支柱导致粮仓坍塌砸伤下面乘凉聊天的人这样的事件。阿赞德人同我们一样明白白蚁蛀蚀支柱使得粮仓坍塌，也知道高温和骄阳是使人们躲在粮仓下面乘凉聊天的原因，但是，除此之外，他们还知道为什么这两件事情精确地在同一时刻同一地点发生在特定的人身上，那就是巫术的作用。[2] 巫术是在特定的地方、特定的时间对特定的人产生有害现象的原因，它不是事件发生次序之内的一个必然环节，而是处于事件之外，从外部参与事件之中并赋予这些事件特殊意义的某种东西。[3]

由此，我们可以看出，对于阿赞德这个被认为"原始"的人群及其社会文化而言，其所具有的理性与我们这些自认为先进、发达的文明其实并无本质的不同。对于世俗的日常生活而言，他们所持的看法和我们的并无二致。

在我们看来，阿赞德社会的这种对罪责断定和追究的做法是其文化传统所硬性规定的，具有一定的武断性。然而，在阿赞德人看来，我们的社会对于罪责断定和追究的做法同样是武断的甚至是不讲道理的。对此，本书作者埃文思-普里查德富有洞见地指出：

> 巫术案完全由神谕来解决，……对于阿赞德人来说，所有的死亡都是谋杀的结果，这是赞德文化中最重要的法律程序的出发点，因此，阿赞德人很难理解在他们看来如此显而易见、如此令人震惊的事情，为什么欧洲人就是不承认。[4]

可见，对于事件原因的确认和责任追究，是具有文化规定性的。而且，对于不同的社会文化及其不同历史时期来说，这种规定也是不同的。同样，我们可以看到，这种规定是武断、强制和相对的，例如，中国古代对于妇女"贞节"的规

---

[1] 埃文思-普里查德：《阿赞德人的巫术、神谕和魔法》，91 页。
[2] 同上，89 页。
[3] 同上，91 页。
[4] 同上，277 页。

定，在当今的人们看来，是血腥的和灭绝人性的。然而，在奉行那种制度的时代，这种规定却是社会的普遍道德规范，并具有法律强制力。

从这个意义上说，阿赞德人关于巫术的信仰同样具有道德和法律的含义，并且被人们所遵行。

要了解赞德法律程序，必须清楚地知道毒药神谕是如何操作的。我们知道现在的法律程序在原则上必须有证据、法官、陪审团和证人，而过去毒药神谕单独承担了这些角色的大部分内容。过去，巫术案与通奸案是两类典型的案件。巫术案完全由神谕解决，因为只有借助毒药，神谕的神秘力量才能发现神秘的行为。死者的亲属把巫师的名字告诉亲王，而亲王要做的事情就是把这些名字放在自己的神谕前进行确认。巫师因为犯罪要付的赔偿在习俗中有明确的规定。

有意思的是，在认定谁是那个实施巫术的人的时候，阿赞德人的看法有着鲜明的特色。他们会为此请教神谕，包括各种级别，比如，摩擦木板神谕、白蚁神谕、普通人的毒药神谕、亲王的毒药神谕等。随着神谕级别的升高，神谕判决的权威性不断加强，其法律效力也随之加强。到了亲王那里，这种毒药神谕的判决实际上已经具有了最高效力。这种情形就像我们的各级法院的判决情形那样。那些被认定为巫术实施者的"罪犯"的认罪与辩解也不同于我们的情形。他们要么需要提供明确的自己不在现场的证据，要么通过神谕的方法进行辩解。

当然，毒药神谕并不负责实施制裁，而是判决谁是罪犯。制裁的实施是由受害者及其亲属执行的。不过，这种实施仍然要遵照阿赞德人的传统习俗。

同样有意思的是，那些被认定为巫术实施者的"罪犯"的认罪与辩解也不同于我们的情形：被指控的人在为自己辩护的时候，更多的是表示愿意做一个神谕测试，而不是强调证据不足。

比如通奸案，应该是可以找到证据的，但是实际上这样简单的案子很少有。当奸夫和奸妇在树林里，或者当奸妇的丈夫外出，奸夫和奸妇在她家里发生关系的时候，时间就是短短几分钟，当场被发现的概率很小。怀疑妻子有奸情的丈夫依照的唯一确切的证据是由毒药神谕提供的，因为即使妻子为自己的不忠行为感到悔恨并把情夫的名字告诉了丈夫，情夫还是有可能否认这个指控。丈夫确实也可以在亲王面前强调其他证据，但是他的指控主要以神谕的判决为依据，除此之外不需要其他证据。他被要求从宫廷选出一个有财产的正规侍从，然后要这个侍从把通奸的问题放在神谕前面，由这个侍从给他测试。这个侍从代表亲王行事，他的神谕判决就能够最后定案。在阿赞德人看来，这是解决通奸案的最完美的办法，阿赞德人不同意欧洲人判案的方法，因为他们认为神谕测试是唯一可以证实是否有罪的方法，而欧洲人却不允许使用。[①]

在欧洲政治力量进入当地以后，阿赞德人这种在当地具有普遍意义的道德和司法力量却遭到了一定程度的贬斥和排挤。对此，埃文思-普里查德指出：

> 我们这些不相信毒药神谕的人会认为我们建立的法庭才是公平的，因为它只认可我们认为是证据的证据。我们自以为我们允许当地人掌管了这些法庭，它们就是当地人的法庭。而阿赞德人则认为，他们不能够接受仅和案件本身真正有关的证据这一观点，也不能够接受掌管司法的亲王舍弃信仰，照搬欧洲人的法律原则，因为这些法律原则根本不符合赞德习俗。[②]

所以，罪过与惩罚是由文化界定的，而不是像我们通常想当然所认为的那样，是自然而然的。在不同的文化中，关于罪过与惩罚的界定是不同的。当我们理解不同文化对罪过与惩罚的界定时，我们会发现，这种界定是多么武断和粗暴。然而，对于特定时期的特定社会、人群和文化而言，这种武断和粗暴的界定既是必需，也是事实。而且，关于罪过与惩罚的界定被赋予了道德伦理的色彩，具有正义或邪恶、好或坏之分，影响到了人们生活的各个方面。这种道德伦理代表了一种"秩序观"，各个社会或文化的法律（界定罪过与惩罚的制度）便是生根于这种关于秩序的道德伦理信仰体系之中的，而外界力量的介入恰恰对之造成一种威胁、动摇甚至破坏。不仅阿赞德人的情形如此，包括中国在内的其他社会与文化亦面临同样的情形。

一个社会的文化或文明是建立在自身特有的根基之上的。这个根基是在千百年来的历史进程中形成的。然而，当这种文化与另外一种文化尤其是一种支配性的强势文化相接触时，会面临什么样的境况？是像我们不少人所想当然地认为的那样，成为非理性的、落后的，还是具有自身合理性？这种文化的未来发展趋势将会如何？是一种文化彻底压倒另一种文化，还是实现所谓的相互融合？传统与变迁到底会发生怎样的关系？对于认识当代中国社会来说，这样的问题同样具有重要意义。当包括许多政治权力精英和文化精英在内的人们在中外关系上崇洋媚外地批评中国人是非理性的时候，当许多精英在考虑中国境内汉族与少数民族关系时不自觉地流露一种欧美发达国家看待我们时所具有的优越感，认为他们是非

---

① 埃文思-普里查德：《阿赞德人的巫术、神谕和魔法》，277—278 页。
② 同上，278 页。

理性的时候，我们应该反思：这到底是不是"理性"的。换句话说，这种"理性"到底是一种什么样的理性？弱势文化的非理性到底是其自身具有的，还是被不平等的政治经济权力关系所建构和想象出来的？

作为一门研究人的学科，人类学最引以为豪的地方在于其文化比较和文化批评的视角与方法，在于其对人类不同文化的内部逻辑和理性的理解。在理解和评价一个异文化时，人类学给我们的一个启示是，每个文化都是一个由地方性知识构成的体系，这种地方性知识体系不仅包括成文的司法、政治、经济、艺术、审美等方面，还包括流传于民间的不成文的各种关于人与人关系和世界理解的道德规范与理论体系，以及体现在各种民间信仰中的关于公平、公正的理解，等等。因而，每个文化都有其自身的理性和逻辑。正如埃文思-普里查德让我们看到的，阿赞德人关于巫术、巫医、神谕和魔法的信仰实际上反映了其社会文化的逻辑和理性。

《文化论》(1940)

梁永佳

1936年，吴文藻先生游历欧美各国时，在伦敦结识马林诺夫斯基（Bronislaw Malinowski）教授，二人初遇即相互引为莫逆。岁暮分别之际，马林诺夫斯基以《文化论》初稿相赠，以示对中国社会学的关注与鼓励。费孝通先生承担了翻译工作。随后，部分译文陆续发表在《社会研究周刊》（天津《益世报》副刊）上。但因兵荒马乱，译文发表工作屡被搁浅。1940年，《文化论》中文版终于独立刊行，列在《社会学丛刊》甲集之首。半个世纪后，这本书又经中国民间文艺出版社和华夏出版社两次再版。①

马林诺夫斯基是第一位用土著语言进行田野工作的人类学家，几本民族志动辄洋洋数十万言，但他的一般理论性著述却甚为浓缩。据说，他在理论建树上极为谨慎，下笔字斟句酌，手稿反复修改，不肯轻易示人。《文化论》是马林诺夫斯基在人类学一般理论方面的第一部著作，但这本书的英文原稿并没有出版。直到他在美国溘然长逝，有关文化的总体论述仍未完成。后人据其手稿，整理出一本《科学的文化理论》(The Scientific Theory of Culture, 1944)，与《文化论》在体例和文字上虽都不一样，但旨趣相同，观点接近，"很可能是中译本的原稿经过多次修改后的面貌"②。马林诺夫斯基提炼思想时的严谨作风，由此可见一斑。

《文化论》全书分为二十四章，精练地阐述了作者对文化的基本观点，以及功能派的主要理论与分析方法。全文逻辑严谨，观点鲜明，一气呵成，记录了经验功能论的思想精髓。

开篇第一章，马林诺夫斯基首先指出，在形成人类多样化个性的诸多因素

① 关于这段故事的介绍，详见费孝通：《从马林诺斯基老师学习文化论的体会》，见其：《论人类学与文化自觉》，38—39页，北京：华夏出版社，2004；以及《读马林诺斯基遗著〈文化动态论〉书后》，同上，251页。本文所选用版本为马林诺夫斯基：《文化论》，费孝通译，北京：华夏出版社，2001［1940］。

② 费孝通：《从马林诺斯基老师学习文化论的体会》，39页。

中，文化的差异远甚于体质的不同。那么，"文化是什么？"马林诺夫斯基提出文化由四个方面组成：（1）物质设备——文化中最易明白、最易捉摸的一方面，常受到进化论者的偏爱，以此评判人类前进的步伐；（2）精神方面——其最基本的要素是标准化的、身体上的习惯或风俗，即机体上较巩固的修正；（3）语言——语言知识的成熟实质上等于他在社会中及文化地位的成熟，它不是一个工具的体系，而是一套发音的风俗及精神文化的一部分；（4）社会组织——物质设备及人体习惯的混合复体，是集团行动的标准规矩。此外，在文化科学中被神秘化的实体——社会精神的或心理的实体，以经验论的观点来解答，其最后的媒介总是个人的心理或神经系统。如果研究人类机体如何陶炼、神经系统如何熏染等课题，就需要将其与物质文化和已有的风俗相联系。

在评述进化论与传播论弊端的基础上，马林诺夫斯基回答了"文化是什么"，这也是功能派的基本观点：文化是包括一套工具及一套风俗——人体的或心灵的习惯，它们都直接地或间接地满足人类的需要。一切文化要素一定都是在活动着，发生作用，而且是有效的，因此可以"功能"为人类学的主要概念。并将器物和风俗列为文化的两个基本方面。马林诺夫斯基使用了他比较喜爱举的例子——"木杖"，简单说明了某一器物在各项不同的用处中，进入了不同的文化布局。它所有不同的用处都包围着不同的思想，表现了不同的文化价值。

在第六、七、八章节中，马林诺夫斯基结合着一些事例，阐明了器物的文化同一性，不在它的形式而在它的功能。由于文化中真正永久、普遍、独立的要素是人类活动有组织的体系，即"社会制度"，因此分析一器物的文化同一性，需要把它放在社会制度的文化布局中，说明其所处的地位，解释其具有的文化功能。正是这些功能决定了器物形式中的某些不变因素。

马林诺夫斯基将第九、十章的话题放在"需要"这个功能派的关键词上。他明确地指出：人类有机的需要形成了基本的"文化迫力"，强制了一切社区发生种种有组织的活动。一切人类社区的第二个主要的需要就是种族的绵续。它并不是靠单纯的胜利冲动及生理作用满足的，而是一套传统规则和相关物质文化活动的结果。第二个需要即文化需要是社区生存和文化绵续必须满足的条件，这种集体需要也可转变为个人动机。

马林诺夫斯基随后谈了在风俗、仪式活动、奇异字词、家庭生活及其物质设备四个方面，文化功能的具体表现。在风俗文化中，马林诺夫斯基选择了"求偶"这一人类学中的老题目，分析了风俗依传统力量而使社区分子遵守标准化行为方式的功能。其后以"产翁"为例，阐释"产翁"绝非是已死的及无用的"遗俗"或"特质"，而是一种建立在家庭制度基础上的有创造性的仪式举动，它的功能是用象征的方法把父亲同化于母亲，以确立社会性的父道。奇异字词的功能则在于用语言上的模仿来推广称呼有部分相同性的事物，在初民生活中，人们把对于父母兄弟及姊妹的称呼用于其他很多人，即是一个很好的例证。在第十四章中马林诺夫斯基提出，家庭生活及其物质设备的一个重要文化功能是培养每一代家庭继承人传承社会传统。在这四章的行文中，马林诺夫斯基多次提及进化论与传播论的"遗俗""特质""特质丛"等观点的错误与不可靠。

第十五章是关于"文化迫力"的论述。"文化迫力"是一种集体的需要，是以牺牲私人兴趣及倾向为代价的，从而使个人服从集体的共同目的和利益——"需要"。文中提到三种"文化迫力"：经济组织、法律组织、风俗教育。同时，马林诺夫斯基强调文化迫力无异于生理上的需要，人类生存的维持亦有赖于文化的维持。

除上述三种文化迫力，马林诺夫斯基还逐一阐释了知识、巫术、宗教、娱乐、艺术等文化的需要与功能。知识体系连接了人类的各种活动，把过去的经验传递于将来的活动，这是文化绝对不能缺少的，也是一种衍生的迫力。人类借此可以归纳、配搭各方面的经验，从而完成自己的活动。

巫术是马林诺夫斯基论证的重点。这与他在新几内亚东岸特罗布里恩德岛（Trobriand Islands）上的田野工作有很大关系。马林诺夫斯基也多以该岛上的土人为例，以功能派的观点分析巫术。他认识到，人们只有在知识不能完全控制处境及机会的时候才使用巫术。巫术不是科学，亦不是假科学。在个人方面，巫术可以增加自信，发展道德习惯，并使人对难题抱着积极应付的乐观信心与态度，于是处在危难关头，亦能保持或重新调整个性及人格。在社会方面，它是一种组织的力量，供给着自然的领袖，把社会生活引入规律与秩序，它可以发展先知先觉的能力，并且，因为它常和权势相关联，便成为任何社区中——特别是初民社区——的一大保守要素。简言之，"巫术体系"的功能在于，它是全部落人民共同经营的事业里最有效的组织及统一的力量。因此我们不能简单地把巫术看作宗教信仰或科学发展中的一个进化阶段。

宗教信仰满足了一种固定的个人心埋需要。尤其在宗教仪式中，它使人生的重要举动和社会契约公开化，使传统标准化，并且加以超自然的裁认，这增强了人类团结中的维系力。可以说，宗教的需要是出于人类文化的绵续，其内涵是，人类努力和人类关系必须打破鬼门关而继续存在。在伦理方面，宗教使人类生活和行为神圣化，于是它成为最强有力的一种社会控制。

文化现象终究依赖于生物的需要，娱乐便是其中之一。小孩游戏的主要功能在于教育方面，而成年人游戏的主要功能是娱乐，此外，它对于社会组织，艺术、技巧、知识的发展，学习礼仪的伦理规律、自尊心理及幽默意识的培养，也都有很大贡献。

艺术的基本功能在于满足人类有机体的一些根本需求，如声、色、味、形等。艺术的次要功能为它有一种重要的完整化的功能，驱使着人们在手艺上推进到完美之境，是激励他们工作的动机。同时，它也是创造价值和标准化的情感经验的有效工具。值得一提的是，马林诺夫斯基强调只有把某种艺术品放在它所存在的制度布局中，只有分析它的功能，即它与技术、经济、巫术，以及科学的关系，我们才能给这个艺术品一个正确的文化定义。

文章的终结处，马林诺夫斯基再次提到了"文化"和"需要"这两个功能派的主题词：文化根本是一种"手段性的现实"，为满足人类需要而存在，其所取的方式却远胜于一切对于环境的直接适应。文化深深地改变了人类的先天赋予。在这种作用中，它不但赐福于人类，并且给人以许多义务，要求个人为公共而放弃一大部分的自由。并且文化在满足人类的需要当中，创造了新的需要。文中有一段关于"人"的精彩界定："人是一个制造、使用工具的动物，是一个在团体中能够传达、交通的社员，一个传统绵续的保证者，一个合作团体中的劳动单位，一个留恋着过去和希望着将来的怪物。最后，靠着分工合作和预先准备而获得的闲暇和机会，他又享受着色、形、声等造成的美感。"

文化的真正单位是"制度"，而不是"特质""形式""丛体"等。在一个制度中，一种需要并不是只得到一种满足，制度显然混合着多种功能，因为"文化迫力"总是彼此相依相连，而趋于实现完整作用，即把人们组织成固定而永久的团体，从事于某种固定的工作，并占有一部分特殊的土地与环境为其根据地。

最后，马林诺夫斯基断言：我们现在需要一种经验的文化论。这种文化论是承认文化的差异性，不问文化的起因，只问文化是什么，它怎样发生作用、怎样变迁。因为唯有认清了文化现实和文化历程的定律，我们才能谈得上改造文化；除非以功能论为基础，传播论者和进化论者都不能建立文化史。功能始终产生于人类对文化迫力的反应，综合前文所述，这种迫力分为基本的或生物的、衍生的或手段的、完整的或精神的，在经济、法律、教育体系中出现，由完整的需要产生了知识、巫术、宗教、艺术等。

马林诺夫斯基的功能主义文化论，遏制了人类学中的空想世界史的倾向［因此，英国传播论者史密斯（Elliot Smith）不久就退出了皇家人类学会］，摆脱了把非西方社会想象成落后社会的进化论思路，结束了孤立看待文化事项的做法，成为人类学史上一个影响深远的研究范式。但是，它也存在严重的问题。首先，它把文化假定为人类的体外器官，认为一切文化都是为了满足物质生产和种族绵延的需要。这种功利主义的假设，使文化成为需要的附属品，从而大大化约了文化本身的意义。我们发现，他辛辛苦苦得出的结论，不过是其他学科（尤其是心理学）的常识而已。其次，马林诺夫斯基的整体论视角，过于依赖"冲动""需要"等心理学名词，致使他只能从心理学关系看待文化事项的联系，从而用西方现代科学的分类僭越了土著人固有的分类。例如他把文化分成物质设备、精神方面、语言、社会组织四方面的做法，就有明显的"自然"和"人"二分的西方宇宙观背景。人们经常感叹，在民族志呈现方面如此杰出的马林诺夫斯基，竟然只能提出如此简单化的理论。其次，功能主义很难解决文化变迁的问题。如果文化事项与文化整体只是在"科学的功能"意义上构成关系，那么解释文化事项的变迁就非常棘手：假如文化事项之间的关联只是服务于一个均衡的文化整体，那么文化事项的变化是否会打破这种均衡？变化了的文化事项是否还有助于维持这个社会？是否仍与这个社会构成所谓"科学的功能"关系？

后一个问题触及人类学的方法。在马林诺夫斯基看来，社会的历史与社会的本质无关，参与观察足以揭示后者。这种主张，在研究无文字、"无历史"的部落社会中是有效的，因为人类学家是这种社会的第一个言说者，他没有已有文献的负担，他的言说就是权威。但是，拿这种方法研究有文字、"有历史"的社会，则显示了功能主义解释的局限。有文字记载的社会往往会告诉我们，文化变迁是社会的常态，在人类学家前去之前，被研究者已经经历了无数的变化。况且，有文字社会中，精英阶层掌握的知识，几乎无一例外地来自社区之外更大的传统。此时，我们常常会发现，"功能"无非是人类学家在没有史料可资参考的时候，所求助的一种理论替代品而已。这是"太平洋经验"应用在像中国这样的"文明社会"时，难以解决的困境。可惜，有此缺陷的功能主义，长期被不加反思地继承下来，无怪乎有人说："时至今日，有一个马林诺夫斯基的幽灵仍然徘徊在我们的人类学里面。"

"幽灵"未必是贬义，马克思就是用"幽灵"代表共产主义的。所以，我们必须看到，功能主义在引入中国人类学之初，大大促进了人类学的繁荣。中国人类学的早期成就，几乎都是在功能主义的范式下取得的，其中尤其以费孝通先生的《江村经济》和林耀华先生的《金翼》最为显著。作为马林诺夫斯基的普通读者，关心功能主义的缺陷是一件自然而然的事。但是，学术思想并不是一个可以简单褒贬的东西。费孝通先生在《从马林诺斯基 ① 老师学习文化论的体会》一文中，对《文化论》有详尽的评论。作为马林诺夫斯基的弟子，费孝通先生对老师的《文化论》有深切的体会、真实的经历、独到的见解，那是只有及门弟子才能领会到、说得出的学术遗产。

---

① 此处保留了费孝通先生所采用的"马林诺斯基"的译法。——编者注

《努尔人》(1940)

褚建芳

《努尔人——尼罗河畔一个人群的生活方式与政治制度的描述》[①]（以下简称《努尔人》）一书是埃文思-普里查德（E. E. Evans-Pritchard）研究尼罗河下游一个苏丹人群的三部曲的第一部，是其在人类学领域中的代表作，也是社会文化人类学领域的经典之作，被认为真正起到了人类学认识范式更新的作用。在他以前，马林诺夫斯基（Bronislaw Malinowski）和拉德克利夫-布朗（A. R. Radcliffe-Brown）的功能主义理论在社会文化人类学界占据主导地位。马林诺夫斯基从个人需要的工具性满足的角度出发，来对文化加以解释；拉德克利夫-布朗则以社会的有机体理论为依据，对社会加以分析。他们创造了规范一代人类学者从事社会和文化研究的工作范式。这一范式的基本预设认为，人类有着一种共同的东西，即需要。因此，他们主张从非西方的民族中寻找人类生活的共同原型。而以埃文思-普里查德为代表的新一代人类学者则试图从非西方的民族中寻找不同于西方的特色。通过对一个没有类似于西方国家制度的非洲部落的田野研究，他们提出一个挑战性的问题，即在一个没有国家和政府统治的部落中，社会是如何组织起来的？在与埃文思-普里查德的《努尔人》同年发表的另一部经典著作《非洲政治制度》[福特斯（Meger Fortes）与埃文思-普里查德合编]一书中，福特斯和埃文思-普里查德两人把政治制度分为"A组"和"B组"两种类型。前者拥有中央化的权威、行政管理的机器和法律制度，简言之，它们是拥有政府的社会；后者则没有中央化的权威、行政管理的机器和明文规定的法律制度。简言之，它们是没有政府的社会。《努尔人》一书所描述和讨论的政治制度属于后一种类型。努尔人是位于东非的南部苏丹的一个部落人群，主要由游牧人口构成，大约有 20 万人，分布在绵延于尼罗河与苏拜特河和加扎尔河交汇处南部两侧的沿泽地带和开阔草原地带，以及苏拜特河和加扎尔河这两条支流的河岸

---

① 埃文思-普里查德：《努尔人——尼罗河畔一个人群的生活方式与政治制度的描述》，褚建芳译，北京：华夏出版社，2002。

上。在努尔人中，没有任何形式的政府，也没有现代意义上的法律。他们的情形可以被描述为一种有序的无政府状态。

在《努尔人》一书的导论中，埃文思-普里查德指出，尽管政治制度是该书所关注的主题，但是，如果不把其所在的环境因素和生活方式考虑进来，就无法理解这种政治制度。因此，该书的第一部分描述了这个人群从事游牧、捕鱼及园艺的生活，并集中讨论了与努尔人所处物质条件结合在一起的这种对于牧牛的兴趣，是如何使其所经营的以牧牛、捕鱼和园艺为特色的混合经济的生活方式成为必需的，同时，作者指出，在这种经济生活当中，缺乏一种首领地位和民主情感。

根据埃文思-普里查德的描述，整个努尔地区是一个地势极为平坦的平原，努尔地区的主要特征有：（1）它是绝对平坦的；（2）它是黏土性土壤；（3）覆有稀疏、纤细的丛林；（4）在雨季里，这里布满高高的杂草；（5）这里常常遭受大雨袭击；（6）这里横穿着一些一年一发洪水的大河流；（7）在雨季结束，河流水位下降之际，这里又常常遭受严重的干旱。这些特征相互交织在一起，构成了一个雨季和旱季区别分明的环境系统，这个环境系统直接制约着努尔人的生活，使他们不得不随着季节的变化而在高山与草地之间进行往返迁移。这样的生活方式，必然影响着他们的社会结构，使他们随着季节的变化而进行相应的集中与分散，在村落和营地之间进行转换，从而促成了其又分散又联合的结构特征。

在该书的第二部分，埃文思-普里查德对努尔人这种无政府，也无法律的政治制度进行了描述，从而对大型社会在没有中央集权的情况下如何能够运行的问题给予了阐释和解答。在这一部分中，埃文思-普里查德主要描述了努尔人群体中所存在的三种类型的关系，即政治关系、亲属关系和年龄组关系。根据作者的描述，在努尔人中，政治关系基本上是一种地缘关系，表现为部落及其分支之间既对抗又融合的关系。与之相联系的，则是他们的亲属关系，表现为宗族体系中各级分支之间的关系，这被看成其血缘关系。而年龄组关系则镶嵌在地缘和血缘这两种关系之中。本书主要介绍了这三种类型的努尔人群体，包括部落及其裂变支、氏族与宗族及年龄组。每一个这样的群体都是一个裂变的系统，或者构成了这个裂变系统的一部分，它们依照其在裂变系统中的相对位置而得以界定，并处理彼此间的关系，决定自己的行止。

努尔人最大的政治群体是部落。这种政治群体不仅把自己看成一个独特的地方性的社区，还明确肯定在与外敌作战时团结一致的义务，并对群体成员在受到伤害时获得赔偿的权利予以认可和保护。部落裂变为各级地域性的分支，这种裂变分支并不仅仅是一种地理意义上的划分，每一个分支的成员都认为自己属于一个独特的社区，并据此采取相应的行动。部落中最大的分支称为一级裂变支，一级裂变支分出二级裂变支，二级裂变支又进一步分出三级裂变支，三级裂变支则由许多村落构成。村落是努尔人最小的政治单位，包括村舍、家宅和棚屋。在其政治生活中，并无任何形式的政府，也没有现代意义上的法律。他们的情形实际上是一种有序的无政府状态。在此方面，世仇制度是其各级分支之间矛盾对立的直接表现，也是将其统一起来的机制。其中最为关键的人物便是豹皮酋长与预言家。不过，这两种人并无任何政治权力与权威，他们只不过是神圣性的人物，是具有某种政治重要性的仪式专家，在分支之间的纠纷解决与联合行动中起到一种调节和引导作用。

与其政治结构相应，努尔人的亲属结构也表现为各级裂变分支的对立与统一，形成了特色鲜明的宗族制度。其中，氏族是努尔人中最大的亲属群体，它是依照族外通婚的规则来加以界定的。氏族裂变为宗族，包括最大、较大、较小、最小四级。最小宗族就是当一个人被问及他属于哪个宗族的时候，他所提及的那个宗族。这些宗族是父系性的，也就是说，努尔人完全以男性为参照来推溯自己的继嗣关系，直至一个共同的祖先。与地缘性的政治群体不同，这些宗族群体成员之间的关系是建立在继嗣关系而不是居住地域关系的基础之上的。此外，宗族的价值观念常常在一种与政治价值观念不同的情境下发挥作用。

同上述两种制度相关的是努尔人的年龄组制度。以年龄为基础，经过成丁礼，努尔人的成年男子被分到不同层级的群体中，并在此后的一生中一直保留在这个年龄组中，直到终老，埃文思-普里查德把这样的群体称为年龄组。这些年龄组并不构成一个往复循环的圈，而是形成一个渐进的系统：随着岁月的推移，年龄组内成员的年龄逐渐变长，年轻的年龄组经过相对年长的位置，直到成为年长的年龄组。此后，这个年龄组的成员便会死去，该组就成为一段记忆，因为它的名称并不重现。需要指出的是，在努尔人中，并无任何我们在东非其他地方所见到的那种武士和长老的等级。尽管各个年龄组对于自己的社会身份都有所认识，但它们却并无任何合作性的功能。一个年龄组的成员可能会在一个小地方联合行动，但是，在任何活动中，都不会有整个年龄组的合作行动。尽管如此，年龄组制度仍是以部落为单位而组织起来的。每一部落都根据年龄而对其成员进行分层，而分层所依据的年龄标准是与其他部落无关的。不过，彼此邻近的部落在各个年龄组的年龄分段上可能会是一致的。

在对内和对外的关系上，在人与人的交往中，努尔人便根据自己与交往对象所属群体的相对关系来决定自己的态度行止。根据埃文思-普里查德的描述，努尔人社会的一个基本原则就是相互对立，通过相互对立来达成社会的整合。我们可以把努尔人的这种社会组织原则概括为对立裂变制，即一个群体内部的各个裂变支之间存在着相互对立的关系，但是，当其与另外一个同级群体产生对抗时，各个裂变支则会联合起来，融合为一个统一体来共同行动；而当其与较大的群体发生对抗时，这些同级群体则又联合起来，构成一个更大的群体。换句话说，只有在它们与其他群体的关系上，对这些群体的界定才是有意义的。需要指出的是，这种表现为地缘群体的政治对抗与融合的关系是通过血缘群体之间的关系来指导与界定的。在每一个地域性的政治单位中，都有一个相应的宗族单位最早来到该地居住和生活，这个相应的宗族单位就成为在该地域单位中占支配地位的宗族单位。从而，每一个地缘群体中都有一个支配宗族作为其身份认同的对象：部落对应于在该部落境内处于支配地位的氏族，一级部落支对应于在其境内处于支配地位的最大宗族，二级部落支对应于在其境内处于支配地位的较大宗族，三级部落支对应于在其境内处于支配地位的较小宗族，村落对应于在其境内处于支配地位的最小宗族。当一个村落与其他村落发生冲突时，该村落内所有的宗族都以其支配宗族的身份来与外村落进行械斗，当一个三级部落支与另一个三级部落支发生冲突时，该三级部落支内部的各个村落便把其间的械斗放在一边，联合起来以在该三级部落支中占支配地位的较小宗族的身份参与械斗，二级部落支、一级部落支和部落的情况可以以此类推。从而，地缘群体之间的关系便通过支配宗族间的关系来得以确定，据此采取相应的对立与融合。年龄组的功能与活动则是嵌合在政治制度与宗族制度的功能与活动之中的，它使得政治制度与宗族制度更加紧密地结合在一起。埃文思-普里查德指出，正是通过"地缘"与"血缘"间的这种既对立又融合的关系，努尔人的社会才得以达到平衡，组织成一个特色鲜明的有序的无政府的社会结构，而年龄组制度则嵌合在这两种制度的相互关联之中，润滑并黏合了这一社会结构。可以看出，埃文思-普里查德的这部努尔民族志虽然并未不厌其烦地陈述自己在理论上的新贡献，但是，通过具体而详细的朴实描述，其所怀抱的理论雄心便优美地展现出来。

从总体来看，《努尔人》这部田野民族志具有以下一些特色：

1. 在该书的导论及中间的几处行文中，作者把自己在田野中与对象人群交往的经历向读者呈现出来，一方面表明了自己从事田野研究的背景与困难，另一方面，也讲到了研究者与研究对象的关系，从而使读者可以对本书的可靠程度做出自己的判断。

2. 在作者的分析当中，明显地存在着一种生态决定论的倾向，即努尔人的社会结构取决于他们的经济方式，而其所营的那种以牧牛为主，同时伴以捕鱼和园艺的混合经济方式则取决于他们所处的生态环境。缺乏食物、技术落后及没有贸易使得较小的地方性群体的成员相互依赖，被倾向于使他们形成经济性的共同体，而不仅仅是被赋予某种政治价值的住域性的单位。相同的条件及在艰苦条件下所进行的畜牧生活使得在远远大于村落的区域内生活着的人们之间形成了一种间接的相互依赖关系，并迫使他们接受一种政治秩序的俗例。从而，他们的生态环境决定了他们特有的对立裂变的社会结构。

3. 埃文思－普里查德提出了影响其后人类学研究的范式性的研究路径，即其从非洲田野研究所得出的宗族研究范式。在他看来，宗族制度之所以存在，原因在于它是平均主义的社会组织方式，而平均主义乃是无国家社会赖以生存的基础。后来，弗里德曼（Maurice Freedman）在中国的宗族研究得出了与其相悖的论点，即中国的宗族群体的存在恰恰因为它是一种不平均的制度。

4. 有意思的一点是，埃文思－普里查德在努尔人当中所发现的地域组织与宗族组织的完美契合，不是他的偶然发现，而是他利用田野材料加工而成的社会模型。这个后来成为人类学范式的社会模式，自然而然具有相当主观的一面。实际上，在埃文思－普里查德较早期的写作中，有一点是被承认的，那就是在田野调查时，他所发现的并不是一种土地与血的完美契合，而是一种转型中的社会形态。其中，地域组织逐步成为社会结构的主要支柱，而宗族组织的意义并不大。《努尔人》的模式显然是他的推论。

从上面的介绍中可以看出，埃文思－普里查德的这本名著《努尔人》带有很强的功能主义的色彩。如果我们把这部作品同当时的两位功能主义人类学大师马林诺夫斯基和拉德克利夫－布朗的理论与方法做些比较，我们会发现，《努尔人》一书的风格更带有拉德克利夫－布朗的结构功能主义的特色，而不大像埃文思－普里查德的老师马林诺夫斯基的功能主义的风格。不管怎样，作为功能主义的代表作之一，尽管作者引入了对立裂变的概念，并以之分析努尔人的社会。但是，对立裂变仍只不过是在一个社会内部的功能整合机制。埃文思－普里查德的描述与分析所采取的仍是结构与功能的视角。因此，尽管埃文思－普里查德的《努尔人》在某种程度上克服了他的两位前辈的不足之处，但其仍然不可避免地带有功能主义作品的缺陷，即仍然把社会和文化描写成一种"生物的有机体"，好像文化没有自相矛盾之处，而且，他的分析仍然无法对社会的变迁进行充分而有效的解释。同时，该书的描述与分析框架忽略了对于历史或历时性场景的描绘，好像努尔人的社会与文化历来如此，是一个静止不变的东西。再有，虽然埃文思–普里查德注意到了努尔人的时间与空间问题，但显然的一点是，他并未从宇宙观的角度对这种时间与空间意义和内涵进行描写和分析。当然，就一部篇幅有限的民族志来说，要想让作者在《努尔人》这样一部著作中达到上述所有的要求显然有些苛求。但是，对于学术研究来说，后人们应该尽可能地从前人的研究中发现更多需要改进的地方，这样，研究才能不断进步。从这个角度来讲，《努尔人》一书所给予我们的，并不仅仅是其已经达到的成就，更在于它所能给我们带来的启发。

《大转型》（1944）

刘 阳

　　卡尔·波兰尼（Karl Polanyi, 1886—1964），出生于匈牙利一个犹太中产阶级家庭。他出生于维也纳，十几岁时随家迁回布达佩斯，1906年入布达佩斯大学学习法律。1908年波兰尼被选举为新成立的布达佩斯大学学生思想政治团体"伽利略学圈"的首任主席，此后他一直积极参与政治活动。"一战"爆发后，他参军上前线，1917年负伤回到布达佩斯。1919年，他离开匈牙利前往维也纳，开始他长期的流亡生活。在维也纳期间，他参与编辑中欧最重要的经济和金融杂志《奥地利国民经济》。1933年希特勒上台，波兰尼又被迫流亡于英国，成为工人教育协会的讲师。1941—1943年，他得到一笔研究资金，在美国福蒙特州伯灵顿学院完成了《大转型》，1944年此书首先在美国出版。"二战"结束之后，波兰尼到美国，成为哥伦比亚大学教授经济史的副教授。退休后，波兰尼到加拿大的蒙特利尔，与妻子一起颐养天年，1964年逝世。

　　波兰尼并不是一个严格意义上的学院学者，他的著述并不很多，除了《大转型——我们时代的政治与经济起源》（The Great Transformation: The Political and Economic Origins of Our Time, 1944）一书，还有论文《法西斯主义的本质》（"The Essence of Fascism", 1935），与学生合编的文集《早期帝国中的贸易与市场》（Trade and Market in the Early Empires, 1957）。身后出版的有著作《达荷美奴隶的贸易》（Dahomey and the Slave Trade, 1966）、论文集《原始、古代和现代的经济——卡尔·波兰尼文选》（Primitive, Archaic and Modern Economics: Essays of Karl Polanyi, 1968）和由学生整理出版的笔记《人类的生计》（The Livelihood of Man, 1977）。

一

　　卡尔·波兰尼是美国经济人类学中实在论学派的创始人，在整个社会科学界都有广泛的影响。20 世纪末，随着"冷战"结束，新自由主义经济全球化弊病逐渐凸显，人们开始重新重视波兰尼对市场经济的批判性思考。《大转型——我们时代的政治与经济起源》（以下简称《大转型》）一书作为他的代表作，也于2001 年在美国再版。本文将根据中译本①，集中梳理这本著作。

　　波兰尼在全书一开篇就说："19 世纪的文明已经瓦解。"②而这本书的目的就是解释这个文明的瓦解。为了做到这一点，波兰尼首先要阐明这个文明本身的特点和构成要素。

　　波兰尼认为，19 世纪文明是由四个制度要素构成的，第一个要素是势力均衡体系。这种不同政治实体间通过"抑强扶弱"从而自发地寻找平衡的体系在西方历史上不只存在过一次，但历史上的势力均衡体系只有依靠不断地在政治实体之间爆发局部战争才能自我维持，而拿破仑战争之后的势力均衡体系有一个崭新的特点，就是它在整整 100 年的时间里维持了欧洲的大体和平。波兰尼认为，以"国际金融"为代表的国际经济组织与这种势力均衡体系的结合，造就了西方100 年的和平。"国际金融"在全球范围内经营金融业务，一方面追求一种"和平利益"，使和平成为国际政治体系追求的首要目标；另一方面又在组织和资源上都有能力协调各国的关系，把矛盾消除在萌芽状态，使势力均衡体系有能力保持和平。

　　通过这样一个分析和叙述，波兰尼想说的是，在 19 世纪，表面上属于政治和军事范畴的势力均衡体系，它发挥作用，要依赖于潜藏在它之下的国际经济体系，而"一旦势力均衡体系所依赖的世界经济崩溃，它就不能确保和平"③。

　　四个制度中的另一个是国际金本位制。前文中，波兰尼已经试图向人们表明，"自1900 年以来的世界经济体系的解体，是 1914 年政治紧张和战争爆发的真正原因"④。但当时的人们认识不到这一点。"一战"后国际政治格局的安排，虽然想要维持和平，但真正有可能维持和平的势力均衡体系已经被由战胜国组成

---

① 波兰尼：《大转型——我们时代的政治与经济起源》，冯钢、刘阳译，杭州：浙江人民出版社，2007。
② 同上，3 页。本文中对该译本的引用，将根据需要做细微的文字改动，不另说明。
③ 同上，4 页。
④ 同上，18 页。

的集团对战败国的压迫所取代了，而且并没有形成强有力的超主权的国际结构。由于在政治上没有形成有效的国际体系，人们不得不去片面追求"作为第二道防线"[①] 的经济上的国际体系，其代表就是国际金本位制。这种制度成为"一战"后各种政治力量的信条，但由于"大战及战后条约"已经将国际经济体系"彻底毁灭了"[②]，所以，重建和维持国际金本位制的过程，也就是在世界范围内不断增加经济张力的过程。

国际金本位制的重建和维持积聚了巨大的张力，因此它的崩溃也释放出巨大的力量，促使西方世界在 20 世纪 30 年代发生从制度到理念的根本性变化，其代表是俄国的社会主义建设、德国的法西斯主义和美国的新经济政策。[③] 波兰尼认为，虽然这种变化是金本位制的崩溃引发的，但是它有更为深刻的根本原因。因为一方面，"势力均衡体系是建立在金本位基础上的上层建筑，并且，部分地通过金本位制来运转"，另一方面，"金本位制仅仅是想把国内市场体系扩大到国际领域的一种尝试"[④]，所以，最终，"引发灾变的根本源头在于经济自由主义建立自我调节市场体系的乌托邦式努力"[⑤]。波兰尼自己也意识到，把一个非常庞大复杂的文明解释成由几个制度性的"基础要素"构成，这看起来是"粗俗的唯物主义"，但是他强调，这种解释方式用在别的对象上虽然未必合适，但用在 19 世纪文明上却再恰当不过了，因为：

> 所有社会都受其经济因素的限制，不过，只有 19 世纪的文明是建立在不同的或独特意义上的经济之上的，即它选择将自己建立在某个动机之上，而这个动机在人类历史上是很少被当作正当有效的，更从未被提高到这样的高度，即成为日常生活中人们行为和活动的正当性标准。这个动机就是获利。[⑥]

这种以获利为支配性动机的社会就是市场经济社会。由此，波兰尼转入了他这本书真正的理论主题，即对市场经济的前史、它的独特性和它在历史中的展开的讨论。

---

① 波兰尼：《大转型》，18 页。
② 同上，19 页。
③ 同上，23 页。
④ 同上，3 页。
⑤ 同上，25 页。
⑥ 同上。

<h1 style="text-align:center">二</h1>

市场经济是随着工业革命而出现的，工业革命一方面造成了"生产工具的近乎神奇的改善"，另一方面却造成了"普通民众灾难性地流离失所"[①]，这种悖论性质是不是跟市场经济的性质有某种内在联系？人们习惯于把工业革命仅仅看作技术革命，但波兰尼认为它有深刻的社会意义。

为了帮助理解这一点，波兰尼引入英国 17 世纪和 18 世纪上半期的圈地运动，进行类比分析。单从技术或经济上看，圈地运动是进步性的，它提高了土地的利用效率，促进了英国生产结构的转化，甚至在与特定经济制度结合下，能够提高大部分居民的收入。从这个角度看，英国当时的君主政府和贵族对圈地运动的阻挠和延缓似乎是逆潮流而动。但是，波兰尼指出，19 世纪经济史家的这种指责是一种时代错置，是不假反思地用今天的眼光去看待过去的历史。一方面，圈地运动导致的产业结构调整能够增加就业和收入，这是以市场经济体系存在为前提的，而那个时候这个前提并不存在；另一方面，虽然圈地运动是一个不可避免的历史趋势，但这个转变以不同速度完成，却会造成完全不同的结果：正是英国的君主政府通过延缓这个转变，使得社会获得了调整自己以适应它的时间，避免了大范围的灾难性后果的出现。

波兰尼对圈地运动的历史分析，其实是想说，历史上大的经济转变应该从两个层面来看：一个是像技术革新或海外市场开拓这样的给定的经济机会，在这个层面上，经济转变是不可避免的；但在另一个层面上，共同体在面临这种经济机会时，构建怎样的经济制度、采用怎样的转变路线，来适应和利用这种给定的经济机会，却有很大的选择空间，不同的选择取得的效果也会大不一样。

工业革命就是人类历史上两三次这样的经济机会之一。它之所以在英国造成了巨大而广泛的社会灾难，就是因为当时施行宪政的阶级政府[②]过分相信自发调节的教条，没有主动地调节共同体适应工业革命。在自发的情况下（也就是在原先的商业社会中），工业革命形成的机器大生产会彻底改变整个社会经济运转的基本机制，因为：

> 精密机器的成本是昂贵的，所以要等到大量商品被生产出来才能得到补

---

① 波兰尼:《大转型》，29 页。
② 同上，34 页。

偿。只有商品的出路是有可靠保障的，而且生产不必因为机器生产必需的基本
要素的缺乏而中断，机器生产才能在不受损失的情况下持续运转。这对商人来
说意味着所有相关的要素都一定是待售的，也就是说，对于任何准备为它们付
钱的人来说，它们必须保证付钱人所需要的任何数量。①

在商业社会的情况下，达到上述要求的唯一方式是产生一个既包括产品市
场，也包括原材料市场和劳动力市场的市场经济体系。这个体系引起的变化的深
刻性在于，为了维持生产的连续性，它把作为原材料的自然和作为劳动力的人都
变成了商品，使社会从属于市场经济体系的运转。更进一步看，由于在这个体系
中，一切收入的取得都看似"来自某种东西的出售"，所以，社会成员的行为动
机会发生根本变化，从生存的动机变为获利的动机。②

那么，在市场经济体系出现之前，人类社会是通过什么样的制度来生产和分
配物质产品的呢？人们参与这些经济活动的动机又是什么样的呢？根据当时最新
的经济史和社会人类学研究，波兰尼认为，与亚当·斯密这样的经济学家设想的
相反，人类并不是有倾向于交换的天性，最初劳动分工的发展也并不依赖于市场
的存在。如果说人类有普遍本性，那就是"不变的社会本性"：

> 原则上，人类的经济是浸没在他的社会关系之中的。他的行为动机并不在
> 于维护占有物质财富的个人利益，而在于维护他的社会地位、他的社会权利、
> 他的社会资产。只有当物质财务能够服务于这些目的时，他才会珍视它……在
> 每一种情况中，经济体系都是依靠非经济动机得以运转的。③

这段话讲的就是著名的"嵌入（embedded）"概念。在波兰尼这里，嵌入包
含相互关联的两层意思：一方面，人们从事活动，哪怕是今天看起来是满足经济
需要的活动，也不是出于明确的经济动机，而是出于责任、荣誉之类的社会动
机；另一方面，社会结构中也不存在专门用来满足经济功能的制度，亲属制度、
政治制度或宗教制度等也附带担负经济功能。现代人想要理解这一点比较困难。
我们很难体验到的是，早期社会甚至很多传统社会中，人们是生活在仪式里的：
并不是人们去被动地表演仪式，而是仪式塑造人本身；仪式能够把人的激情与社
会的目标完美地结合起来："作为一个经济制度的这些功能本身，完全被强烈而

① 波兰尼:《大转型》，36 页。
② 同上。
③ 同上，39—40 页。

生动的仪式体验所吸收,这种仪式体验为整个社会体系框架内完成的每一个行为提供了异常丰富的非经济动机。"[1]

波兰尼从人们的行为原则与社会的制度安排两方面分析人类历史上与经济功能相关的方面。他认为,从分析上看,存在过互惠、再分配和家计三种有经济功能的行为原则;与此对应的分别是对称、辐辏和自给自足三种制度模式。"互惠"这个概念有点容易引起歧义,似乎表示两方行动者交替回报对方的好处,但实际上,互惠并不是发生在双方之间,而是一种单方的施予行为,只不过这种施予行为像多米诺骨牌那样前后接替,所以每个行动者的给予都会得到报偿,尽管报偿不是来自他给予的对象。正如"库拉贸易"活动所显示的,通过社会结构中的对称性制度模式,互惠行为能够不局限于简单的亲族组织,而在很大的时空尺度中交流大量的、种类繁多的物品。再分配似乎是历史上更常见的经济行为原则,从原始的狩猎部族,到广袤的大帝国,只要存在政治权威,存在辐辏型的制度模式,再分配原则就会发挥基础性或支配性的作用。自给自足的家计原则,适用于封闭的群体。这种经济组织方式现在看起来似乎是比较自然的(所谓"自然经济"),实际上,它在时间上是晚出的,到农业社会出现之后才有,而且它的实际运作方式,不过是互惠和再分配的组合,所以波兰尼后来在别的著述中取消了这一分类。但它对农业社会中的经济形态确实有直接的解释力,而且波兰尼特别推崇的亚里士多德对家计与牟利两种经济动机的区分,也是以家计原则为基础的,所以,家计原则仍然具有理论上的重要性。

在西方的现代时期以前,市场并不重要,以至于"在回顾过去各种经济制度的历史时,我们实际上是可以将这种机制忽略掉的"[2],但由于它在后来的资本主义社会中成为整个社会的核心,所以波兰尼不得不对它的历史进行详尽考察。

19 世纪经济史学家倾向于认为,当代市场经济中的各种市场是从古代由小变大、由简单到复杂,逐渐演化发展来的,也就是说,市场经济的形成,是历史上市场演化和扩张的自发、自然的结果。波兰尼结合最新的经济史研究指出,历史上自然存在的市场并不是竞争性的,远距离贸易形成的市场是为生产的地域分工服务的,而地方性的小市场则局限于交易当地货物,这两种市场的运转原则不是竞争,而是互补性的交换。在这种非竞争性的市场里,供给和需求都力求稳

---

① 波兰尼:《大转型》,41—42 页。

② 同上,48 页。

定，并不通过价格来调节，相反，价格往往是通过习俗固定了的。而且，即使是这样的市场，也是被习俗牢固地限制在城镇中的，而且远程贸易市场与地方市场被严格地相互区分，它们根本就不可能自然地发展和扩张。真正依靠价格来调节供需的竞争性市场，是后来发展出来的所谓国内市场，这种市场恰恰是在政府强力干预下才形成的。地理大发现引发的商业革命催促欧洲的民族国家化，"迫使农业大国中的落后人民组织起来从事商业和贸易"①。重商主义为了增强国家的竞争力量，致力于打破地方壁垒，统一国内市场。但是，这样形成的国内市场并不是一个放任的经济领域，相反，中央政府只不过是在全国范围上复制了城镇政府对经济领域的控制。即使在这个时候，围绕着市场形成的经济体系也不是整个社会经济的基础，真正的基础仍然是"为生存而辛劳的农民自给自足的家计"。

波兰尼坚持认为，尽管重商主义政策大大扩展了市场的规模，增大了市场在经济生活中的重要性，但这些市场与由自发调节的市场体系形成的市场经济有质的不同，前者并不自然演变成后者。市场经济的本质特征在于，完全由市场竞争形成的价格调节货物的供给和分配。市场模型的正常状态是："所有的收入都源自市场上的出售，而收入也将完全能够购买生产出来的所有货物。"②利息形成资金提供者的收入，地租是土地提供者的收入，工资是劳动力提供者的收入，而货物的价值则是企业家提供的服务的收入：这个体系的运转要求没有人能够从市场之外获得收入，因为如果有这样的收入，它形成的购买力会得不到满足，市场体系形成的封闭循环就被打破了。在这样一个市场体系中，价格机制是核心机制，为了保证它的有效运转，必须把劳动力、土地和货币这些不可或缺的生产要素当成商品，"唯其如此，它们才成为与价格相互影响的供求机制的操控对象"③。而在重商主义时期，虽然市场大大发展，但劳动力和土地仍然处在封建制度的保护之中；新形成的中央权威与旧的地方性权威都反对将劳动力和土地商业化。此时，大规模的商品生产是由商人来组织的，他们通过发包的方式依靠农民家庭手工业进行生产。尽管此时这部分的生产活动已经脱离了传统状态，变成"赤裸裸的获利动机"④下的行为，但是，工业生产不过是"商人通过买卖形式组织起来

① 波兰尼：《大转型》，57 页。
② 同上，60 页。
③ 同上，62 页。
④ 同上，64 页。

的商业活动的附属品"①，这种生产活动可以随时中断，既不会给商人造成严重损失，也不会给从事这种生产的农民手工业者的生活造成根本威胁。

复杂精密、专业化的机器和工厂的出现，从根本上改变了这个状况。这个时候的生产投资不得不变成包含巨大风险的长期投资。像原材料、土地和劳动力这样的生产要素，再也不能像从前那样时断时续地供给了，生产必须有连续性，生产要素的供给必须组织起来，而"在一个商业社会中，它们的供给只能由一种方式加以组织，即让它们变得可以通过购买而获得"②。就这样，机器大生产要求产生一个自发调节的市场体系，要求土地和劳动力变成商品。

然而，劳动力是人的一种属性，劳动力变成商品，意味着原先处在种种社会纽带和社会保护中的人变成四处漂流的"自由"劳动者，这种根本转变是如何可能的呢？这样一个巨大的社会手术需要两个条件才能进行，一个是最广大的社会动员，包括劳动阶层自己，要相信建立劳动力市场比不建立要好；另一个是理论上的准备，因为"劳动力市场的创造是在社会肌体上进行的活体解剖"，而"只有科学提供的保证才能坚定进行这种解剖所需要的决心"。③《斯品汉姆兰法》（Speenham-land Law）的实施帮助形成了上述两个条件。

早先英国的劳动法律体系具有父爱主义特征，它推行强迫劳动原则，有劳动能力者一定要劳动，可以由教区提供工作岗位，没有劳动能力的穷人则由教区提供救济。为了防止穷人为寻找好的救济条件而盲目流动，英国又颁布了《安居法》，规定人们原则上不许流动到教区之外。这种"教区奴役制"严重限制了蓬勃发展中的工业生产对劳动力的需要，1795年，《安居法》被部分地废止了。但此时，在几个方面的历史原因共同作用下，乡村地主阶级根据自己的利益牵头制定和实施了《斯品汉姆兰法》，它的核心内容就是为劳动者提供工资补助：只要你参加劳动，无论雇主提供怎么样低的工资，教区都会补足它跟标准工资的差额。这样的济贫方法改变了原先的强迫劳动原则，在波兰尼看来，虽然完成了它的历史作用，却造成了多方面的严重后果。首先，它鼓励懒惰、怠工，大大降低了劳动的效率；其次，它抹平了依靠自己的劳动吃饭的有尊严的穷人和"好吃懒做"、依靠救济过活的"赤贫者（the pauper）"的差别，造成劳动者阶层普遍的道德退化；最重要的是，机器大工业将劳动者从自身原有的社会纽带中攫取出

---

① 波兰尼：《大转型》，65页。
② 同上。
③ 同上，109页。

来，这些劳动者只有形成新的纽带——形成一个新阶级——才能重新过上属人的生活，但《斯品汉姆兰法》"这一暧昧的博爱主义行动阻止了劳动者将自己构成一个新阶级，并由此剥夺了他们避开在经济磨盘里被注定的命运的唯一手段"[①]。

《斯品汉姆兰法》实施的后果，向公众，也向劳动阶层，从反面证明了建立自由劳动力市场的必要性。另一方面，它也启示马尔萨斯和李嘉图这样的古典政治经济学家，从正面论证市场经济是"自然的无情法则的产物"[②]。法令实施期间，出现了悖谬的现象，那就是一方面经济总量在迅速增长，另一方面穷人的数量却与日俱增。慈善家试图缓解这个现象，观察家努力解释这个现象。慈善家的努力无一例外地失败了，观察家的解释最后汇成一个主流，那就是经济社会中的贫富问题本质上不是一个道德问题，而是一个自然问题：只有饥饿才能驱使穷人劳动，他们永远只能在生存线上挣扎，唯其如此，劳动才会持续，财富才会积累，这是上帝设定的人类社会的自然平衡，任何慈善家试图打破这种平衡的努力注定是徒劳的。波兰尼指出，这种理解是完全错误的。如果彻底地按照市场经济的理论来思考，经济法则的基础不应该是自然，而是"最好基于价格"[③]，在一个市场经济体系中，劳动者由于贡献了劳动力这个生产要素，他的收入会随着总产出的增长而增长。之所以在《斯品汉姆兰法》实行期间劳动者生活境遇没有改善，是因为这个法令破坏了市场经济在收入分配上的有效运作。

但是，如果撇开纯粹经济理论而从思想史意义上看，古典经济学家误把自然和自然法则作为经济理论的基础，实际上是用虽然错误但更加彻底有效的方式，帮助完成了本该完成的思想革命——因为未来真正的市场经济，确实要求把经济领域当成仿佛是自然的、自我调节的领域，要求经济与政治彻底分离。简而言之，《斯品汉姆兰法》启发了古典政治经济学，为新济贫法的制定、自由劳动力市场的建立和市场社会的建立，奠定了思想基础。

三

1834 年新济贫法的颁布，标志着市场经济的确立，西方社会也由此开始经

---

① 波兰尼：《大转型》，86 页。
② 同上，109 页。
③ 同上，106 页。

历长达百年的"双向运动":一方面是市场的扩张,另一方面则是社会上的各种
力量起而保护社会免于市场侵害的"反向运动"。市场经济要求把劳动力、土地
和货币"虚拟化"为商品,让它们跟随支配它们的资本"根据不同部门的利润
自动平衡的要求从一个生产部门向另一个生产部门流动"①;反向运动则反对这
三个方面的商品虚拟化,这些反对措施表现为对自发调节的市场经济的"干预
主义"。

　　自发调节的市场经济在意识形态上的支柱是经济自由主义,在他看来,市场
经济在实际运作中之所以遇到重重困难,就是因为一些思想保守、目光短浅、自
私自利的势力阻碍了它的彻底化。波兰尼认为,如果能够证明针对市场经济的反
向运动并不是"集体主义阴谋"引导的,而是完全自发产生的,就能攻破经济自
由主义的诡论,因为这将证明,市场经济具有内在的危害性,从而,它的彻底
化不会消除困境,只会带来更大的灾难。为此,波兰尼一方面结合历史事实指
出,"自由放任绝不是自然产生的;若仅凭事物自然发展,自由市场永远不会形
成"②。另一方面,他指出,干预行动在领域上的广泛、在采取速度上的迅捷、在
意识形态背景上的多元性等特征,足以表明它们完全是自发产生的。更显经济自
由主义论调荒谬性的是,他们自己也难逃某些干预措施:为了维护自由市场体系
本身,有必要干预市场行动者的契约自由,防止劳工联合和商业垄断。

　　经济自由主义的干预破坏市场经济论还有一个隐蔽的假设,就是社会上某些
阶级或群体有能力完全出于自己在经济上的私利采取行动来影响整个社会,破
坏市场经济的反向运动就是这样的行动。尽管马克思主义跟经济自由主义在阶
级立场上对立,但它的阶级分析也跟后者分享同样的假设。波兰尼认为,这个
假设是彻底错误的。第一,从社会中的长期运动角度看,"阶级的命运更多地是
被社会的需要决定的,而不是反过来,社会的命运被阶级所决定"③。一个阶级的
成功"是由它能为之服务的利益的广泛性和多样性,而不是它自身的利益所决
定的"④。所以,问题不在于有阶级站出来推动针对市场的反向运动,而在于保护
主义为何能得到社会上其他阶级的支持。第二,"认为阶级利益的本质是经济性
的",这也是错误的教条,因为"一个阶级的利益最直接地是指身份和等级、地

---

①　波兰尼:《大转型》,113 页。
②　同上,119 页。
③　同上,130 页。
④　同上,133 页。

位和安全"①，它们首先是社会性的而不是经济性的。即使像关税壁垒这样意味着利润和工资的干预措施，它最终的目的也是为了防止失业，"避免丧失地位的痛苦"。唯经济主义视角还造成了另外一些基本误解。经济自由主义者通过历史研究发现，"工业革命"期间，工人的经济生活状况有了显著提高，人口也有了迅速增加。既然"工业革命"不是造成了苦难而是改善了生活，那么当时对它的谴责就是出于一种"集体主义阴谋"。对此，波兰尼指出，"一场社会灾难首先是一种文化现象而不是经济现象，是不能通过收入数据和人口统计来衡量的"②。他引用很多例证，强调粗暴的文化接触往往会彻底破坏弱势一方的文化和社会结构，剥夺原有的社会保护组织，形成"文化真空"，造成弱势一方成员"自尊和道德标准"的丧失，这不仅造成苦难，甚至会威胁他们的肉体生存。"工业革命"中的市场扩张，就相当于弱势的传统有机社会文化与强势的市场经济文化的接触，它造成的苦难的性质也要这般理解。

所以，针对市场经济扩张的反向运动并不是某些阶级的个别利益使然，而是整个社会受到威胁的结果。不过，由于三种虚拟商品化各有其针对性，所以还是可以对社会反向运动进行分析性探讨。

为了形成劳动力市场，为了迫使拥有传统谋生手段的人愿意出来靠出卖劳动力为生，市场经济的推动者必须破坏人们原有的社会纽带，破坏他们的生存方式。所以，从一开始，就有保护社会大众的需要。工人阶级自我保护的力量体现在欧文运动和宪章运动中。波兰尼盛赞了欧文运动：宪章运动是沿着资产阶级把政治与经济相分离的框架而展开的，将自己的要求局限在政治领域，而欧文主义的"标志性特点在于它坚持社会的方法：它拒绝接受将社会划为经济和政治两个领域的分割"，因为"对分离出来的经济领域的接受，就意味着承认以获利和利润原则为社会的组织力量"。③欧文真正想做到的是，在机器大生产的新情况下"发现一种生存方式"，重建人类的有机生活，不至于"牺牲个体的自由或社会团结，也不至于牺牲人的尊严及他对同伴的同情心"。④欧文运动虽然失败了，但它开启了工人自我保护的工会运动。欧洲大陆的工人阶级与英国工人相比有明显不同，他们并没有经历斯品汉姆兰式的道德退化和新济贫法、工业革命的磨

① 波兰尼:《大转型》，131页。
② 同上，134页。
③ 同上，146页。
④ 同上，144页。

难，而是直接从半农奴上升为产业工人，他们跟资产阶级并肩作战，反对封建势力，也为国家统一做出了贡献，在这些斗争中，他们提高了政治觉悟，积累了政治斗争的经验。虽然从政治上看，英国工人的工会运动和大陆工人的政治斗争有本质的差别，但从经济上看，它们都是针对市场经济而采取的自我保护。

传统上，土地是人们的社会组织和生活方式的根基，但市场经济却要求把土地商品化。商品化的方式有几个阶段，早期的农业资本主义要求摆脱对土地使用和占有权利的种种传统约束，进行个人主义化的使用；接下来的乡村工业资本主义则需要土地来设置厂房和安置劳动力；而19世纪的工业城镇则要求土地无止境地提供食物和原材料。很自然，在以土地为焦点的保护运动中，地主阶级和农民阶级成为主力。本来，在19世纪下半叶，地主阶级在经济上的重要性和政治影响力都应该很小了，但由于他们根据自身利益提出的保护土地的主张迎合了全社会的普遍利益，所以"获得与他们的人数不成比例的影响力"[1]。另一方面，由于资本主义的严密体系非常脆弱，对秩序的要求极高，而农民阶级是军队的主要来源，是"唯一能够站出来'捍卫法律与秩序'的阶层"，在必要的时候能够镇压工人阶级的反叛，所以农民阶级在政局不稳的时候也获得了政治上的重要性。

生产性企业是市场经济的象征，但悖谬的是，就算它也需要针对市场机制的某种保护。在市场体制下，企业的利润依赖于商品价格，但商品价格又跟货币的价格密切相关，而在彻底的市场经济中，货币本身也是商品，它的价格也随着供求状况波动。为了维持国际性自由贸易体制，以黄金作为货币是不可避免的，但黄金不可能像贸易量那样迅速增长，所以，贸易和生产的增长往往会伴随着严酷的通货紧缩。为了应付这种矛盾，人们在国内交易中使用代币，而在国际贸易中使用商品货币黄金，负责两者之间的保证和转换的就是一国的中央银行。中央银行通过一系列的金融手段分散不平衡的国际贸易给国内货币市场造成的冲击，这样做虽然维护了经济体的稳定和国际市场经济的运转，但由于对货币的操控取代了信贷供给的自发调节，从而"将金本位制的自动调节功能降低到徒有其表的水平"[2]。

各领域的保护主义一旦出现，就会自我加强，并相互联合。保护劳动力的社会立法会与保护土地的谷物关税，还有制造业方面的保护性关税形成连锁反应。

---

[1] 波兰尼：《大转型》，158页。

[2] 同上，167页。

要素和商品领域的国际市场受到阻碍之后，货币体系的流动压力加大，资金流动加速。最后，受损的市场自我调节机制无法使经济自行恢复，此时，不管是在国内领域还是国际领域，政治（军事）干预就成了必需的了。

帝国主义当然首先表现在政治上和军事上，但它的根源确实是经济性的。当经济萧条产生失业压力的时候，银行本来可以通过信贷扩张来创造就业，但中央银行保证通货安全的职责反而会要求信贷紧缩；政府也可以通过财政支出建设公共工程来创造就业，但预算平衡的要求阻止它这样做。在金本位制下，如果无视这些职责和要求，预算赤字会导致货币贬值；银行信贷的扩张会导致造成通货膨胀，从而造成货币贬值。这种巨大的压力迫使资本主义强国争夺海外市场、殖民地、势力范围，造成帝国主义竞争，因为他们需要殖民地来转嫁市场波动造成的巨大风险，需要这些地方来倾销产品，来保证原料供给。

市场经济的正常运转本来是需要市场中的行动者像原子那样相互作用、相互竞争，但为了抗拒市场造成的风险，这些行动者已经凝成了块，经济调整变得越来越困难，积累的张力越来越大。只有通过政治手段才可能重获平衡，但市场社会要求政治经济必须相分离，这导致政治手段无法得到正确使用。

四

19世纪晚期的政治民主化使社会得以通过政治手段增加社会服务、提高工资，但这往往会威胁到预算平衡和通货稳定："法国大革命和它发行的纸券表明，人民有可能会毁灭通货。"[1]而在金本位制下，各国在通货问题上是没有自己的调整空间的。20世纪20年代，各国的经济自由主义者不惜一切代价拼命干预经济，恢复金本位，企图重建全球市场经济，但结果是"自由市场并没有被恢复，尽管自由政体已经被牺牲了"，他们"独裁式的干涉主义，造成了民主力量的致命削弱"。[2]另一方面，由于局势动荡危急，社会主义政治力量的改革行动也得不到信任，因为在这种局势下他们有可能抛弃财产权制度，从而彻底颠覆资本主义秩序。就这样，市场社会中政治与经济的制度性分离使劳资双方的经济利益扭成了无法解开的死结：

---

① 波兰尼：《大转型》，192 页。

② 同上，198 页。

劳工方面将自己隔离在自己占优势的议会中，而资本家则将工业建成一座堡垒，并借此在这个国家里作威作福。公众团体以对商业肆无忌惮的干涉来作为回应，而置既有形式的工业需要于不顾……恐惧攫取了人民的心，那些可能提供逃离危险的简单方案的人将被推上领导地位，而不管这种方案的最终代价是什么。[1]

这方案就是法西斯主义。为了获取政治影响力，它虽然有时依附于反革命运动和民族主义运动，但跟这些政治性运动没有本质关系，因为"它的目标超出了政治的和经济的框架，它是社会的"[2]。它根源于已经无法运转的市场社会，所以，当市场经济短暂地蓬勃发展的时候，它就隐而不显，而当市场经济出现普遍危机时，它就迅速成为"一种世界性力量"。德国由于战败而处在世界政治经济的边缘，所以最能洞察这个体系的弱点并最先起来利用它；英国由于处在这个体系的中心，所以最后发现它的不足，最晚察觉德国的野心，并且也是最难调整自己以适应世界性大变局。后来的历史证明美国将是人类的拯救者，这恰恰是因为美国最早脱离了金本位，使新经济政策这样的社会保护主义没有像在别的地方那样"导致死结的出现"[3]。俄国自给自足的社会主义经济建设也要放到这个世界背景下考察：20 世纪 20 年代它致力于发展市场经济，只是在世界市场出现紊乱、欧洲传统政治体制失败之后，它才进行农业集体化，试图"在一国内建成社会主义"。

波兰尼认为，上述德、美、俄三国的实践就是他所说的"大转型"的代表，大转型就是摆脱或超越市场经济或市场社会的过程。"19 世纪的先天缺陷不在于它是工业性的，而在于它是一个市场社会。"[4] 那么，人类应该怎样在扬弃市场社会的同时保留工业文明呢？从经济上说，抛弃市场经济并不意味着抛弃市场本身，关键在于将劳动力、土地和货币的定价机制移出市场之外，让它们的价格仅仅作为成本因素，为其他产品定价，这样就能保证市场的运转不会再干扰社会的基本结构；而"对于无限多样的产品而言，竞争性市场仍将继续发挥其功能"，"保证消费者的自由、指示需求的变动、影响生产者的收入，并作为会计核算工

---

[1] 波兰尼：《大转型》，199 页。
[2] 同上，204 页。
[3] 同上，194 页。
[4] 同上，212 页。

具"。①从政治上看，摆脱了市场经济和金本位制的国家能获得真正的主权。在原先的国际市场经济体系里，有保证的国家信用要求透明的和有约束力的政府预算，这迫使各国整齐划一地采取代议制宪政政府，严重限制了各国的自由发展。而在新条件下，"各国都能够进行保持内政自由的前提下的有效合作"②。

　　《大转型》的历史叙述和理论分析大致就是如此，但是，波兰尼的主题是什么？这本书内容非常丰富，论题错综复杂，历来各位研究者都基于自身的学科视角和理论关切来理解它，本书新版导言的作者则直截了当地承认"试图概括它的努力是徒劳的"③，真的如此吗？其实，细读文本，还是能抓住那些虽不突出，但明确不诬的线索来确定本书的主题。在全书各部分，穿插着有紧密相关性，甚至有很大重复性的讨论④，而到了全书最后⑤，这些线索再次出现，并被提升到至高无上的地位。把这些线索概括起来就是，工业革命带来的机器大生产把人类带入了工业文明，这不仅是生产技术上的飞跃，更是人类生存方式的根本改变——人类从此要生活在复杂社会中，他的自由要以某种强制为前提。不幸的是，人们在迎接这个巨大转变时没有做好准备，在一个商业社会的基础上引入了机器大生产，这不可避免地把人类社会变成了市场社会，这种社会以个体的自利动机为基础，靠劳动力、土地和劳动的虚拟商品化运转。波兰尼证明，从历史上看，这种动机和制度都是反常的，从而，市场社会本身是反常的，它内在的缺陷也导致了自身的毁灭。在扬弃了市场社会之后，人类应该寻求保留个人自由和产品市场（这不同于法西斯主义和苏式社会主义）的、经济嵌入社会的工业文明——社会主义。

---

①　波兰尼：《大转型》，213—214 页。

②　同上，215 页。

③　同上，导言，14 页。

④　参见该书以下各处的讨论：35—36 页、64—65 页，机器与自发调节的市场的关系；58 页、212 页，对市场经济与此前的重商市场的差别的强调；110—111 页，有关欧文、社会的发现、基督教等的讨论；145—147 页，对欧文反对经济社会分离的讨论，特别是147 页对汉娜·摩尔的基督教思想的批判；198 页，对社会主义与基督教关系的分析。

⑤　同上，215—220 页。

《亲属制度的基本结构》（1945）

梁永佳

克劳德·列维-斯特劳斯（Claude Lévi-Strauss，1908—2009），结构主义人类学创始人之一。1908年，生于比利时一个法国犹太艺术家家庭。他曾在巴黎大学学习。1935—1939年，他在担任圣保罗大学教授期间，数次到巴西中部地区探险、调查。20世纪40年代他曾在美国几所大学从事教学与研究工作。从1950年起，他开始主持行为科学高等研究院（Ecole Practique des Hautes Etudes）。1959年，他担任法兰西学院社会人类学主任。除了本书外，他的主要著作还有《神话学》[四卷（Myhtologiques I-IV）]，包括《生食与熟食》[*Le Cru et le cuit* (1964, *The Raw and the Cooked*, 1969)]、《从蜂蜜到烟灰》[*Du miel aux cendres* (1966, *From Honey to Ashes*, 1973)]、《餐桌礼仪的起源》[*L'Origine des manières de table* (1968, *The Origin of Table Manners*, 1978)]、《裸人》[*L'Homme nu* (1971, *The Naked Man*, 1981)]；《野性的思维》[*La Pensée sauvage* (1962, *The Savage Mind*, 1966)]、《结构人类学》[两卷（*Anthropologie Structurale deux*, 1973；*Structual Anthropology*, 1976)]、《图腾制度》[*Le Totemisme aujourdhui* (1962, *Totemism*, 1963)] 和《嫉妒的制陶女》[*La Potière jalouse* (1985, *The Jealous Potter*, 1988)] 等。

现代民族志把古典人类学挤兑得破了产，单薄的马林诺夫斯基（Bronislaw Malinowski）取代了博学的弗雷泽（James Frazer）。英帝国的人类学家得意于功能主义的胜利，忙着跟殖民政府大谈人类学的功用。法国却冒出一位哲学家列维-斯特劳斯，出版了他的博士论文《亲属制度的基本结构》^①（*Les Structures élémentaires de la Parenté*）。这本书足有砖块那么厚，不是民族志，不是功能主义，却比英国亲属制度专家高明许多，题献页上赫然写着"纪念路易斯·H. 摩尔根"，这位让马克思激动不已的进化论先驱。这本书在英语世界很少有人注意，就连法文版，也一下子卖了 20 年。本来要打人的炮弹，成了遗弃在墙角的砖头。到 1969 年，英国和美国一下子翻译出了两个版本，亲属制度再度时髦，成了英、法、美三种人类学的新宠。

结构主义是现代主义的学术版本，与现代思潮的其他流派一样，结构主义认为意义不是单一成分的内在属性，而是通过关系体系生成的。列维-斯特劳斯既然是结构主义大师，则其思想来源当与立体主义绘画或者维也纳的超现实主义有关。可是，他在绘画和音乐上深慕古典主义和现代主义流派，其神话研究也多受惠于此。在他身上，文学批评的现代主义源流（俄国象征主义和形式主义及布拉格学派）的影响只限于雅各布逊（Roman Jocabson）。他的现代主义，主要来自莫斯（Marcel Mauss）和索绪尔（Ferdiand Sausure），本书就是雅各布逊和莫斯双重启发的结果。

为他直接开题和铺路的人是古典人类学家弗雷泽和汉学家兼社会学家葛兰言（Marcel Granet）。问题来自弗雷泽的发现，在《旧约中的民俗》（*Folklore in the Old Testament*）里，弗雷泽说异性兄弟姐妹的子女通婚（即交表婚）在世界上非常普及。何以至此？琢磨了很久，他拿出了一个自己都不满意的解释：女人的经济价值过高，所以只能以另一个女人交换。不足之处在于，这种解释不仅失于欧洲经济理性的民族中心主义，也无法解释同性兄弟姐妹子女之间的通婚（即平表婚）远远不如异性兄弟姐妹之间通婚"交表婚"广泛的事实。但弗雷泽毕竟提出了一个重要问题："外婚制从何而来？"

列维-斯特劳斯认为，外婚制应该和乱伦禁忌（the incest taboo）一起考虑，内婚制应该和交表婚一起考虑。乱伦禁忌虽然普遍，但每个民族禁忌的内容都可以很独特，而它本身又没有任何生物学和心理学的基础。所以，乱伦禁忌也必然来自社会。这两种现象与其说禁止这些人结婚，毋宁说要求那些人结婚，禁止与母亲姐妹结婚实际上是把她们留给了别的男子。外婚制要求一类男人放弃一类女

---

① 本文参考英译本：Claude Lévi-Strauss, *The Elementary Structures of Kinship*, Boston : Beacon Press, 1969。

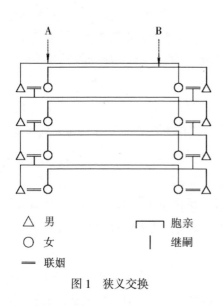

△ 男　　　┌─┐ 胞亲
○ 女　　　│ 继嗣
── 联姻

图 1　狭义交换

人，乱伦禁忌则要求一个男人放弃一类女人。内婚制和交表婚规定了联姻对象的范围：内婚制要求通婚对象不得超出群体，体现为两合组织；交表婚则明确一个男人应该与谁结婚。除此之外，民族志事实还发现，核心家庭和男女劳动分工同样遍及世界。

这些事实都肯定了"妻子来自外部"的原则。换言之，女人是家庭或继嗣群用来交换女人的。乱伦禁忌正像弗洛伊德所说，是人类从自然中分离出文化的第一次行动。

外婚制和乱伦禁忌，内婚制和交表婚各自代表"意识社会关系的两个阶段"。这次根本性的分离，在逻辑上导致了两种可能的交换模式，一个叫作"狭义交换"（restricted exchange），一个叫作"广义交换"（generalized exchange）。狭义交换在两个集团之间进行，如图 1 所示。

A 和 B 两个集团彼此交换女人：A 集团生出的女人都属于 B，反之亦然。这种模式以两合组织为代表，以半偶族（moieties）的情况最为常见，主要分布在澳大利亚、南印度、苏门答腊等地区。

广义交换则是指两个以上的集团之间进行的女人交换。如图 2 所示，A、B、C、D 四个集团构成联姻关系（集团之间用虚线隔开）。可以明白地看到，A 集

A　　　B　　　C　　　D　　　（A）

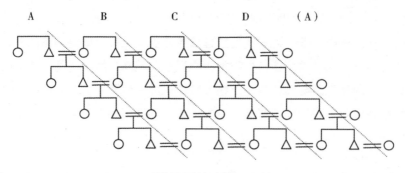

图 2　广义交换

团的女人全部嫁到 D 集团，D 到 C，C 到 B，B 到 A，形成一个闭合回路，妇女在其中按固定方向流动。

　　广义交换的分布呈现一个轴状，从缅甸的克钦人（Kachin）开始，横贯中国直到西伯利亚。狭义交换则分布于其左右。但列维-斯特劳斯特别强调说，这种分布不代表任何历史-地理学的传播，也不代表任何从一个交换形式向另一个交换形式转化的理论。更重要的，是这两个模型并不期待民族志事实的证明。实际情况总是更复杂和独特，不能与之重合。它完全是一个尽量简单的解释模型，而不是一个归纳模型，它的意义在于其强大的解释力。

　　可以看出，狭义交换与广义交换至少存在三种区别：第一，在互换姊妹通婚或两合组织中，姑表和姨表（如果我们为妇女加上姊妹一栏）都可以通婚，但"己身"仍不能娶叔叔的女儿（如果我们为男子加上一栏兄弟），即只有部分平表婚是允许的。而在广义交换中，平表婚全部非法，交表婚则只限于姑妈的儿子和舅父的女儿之间。（姑妈的女儿和舅父的儿子通婚属于狭义交换中的一种。）第二，在狭义交换中，一个人的身份根据母亲的身份而定，但居所从父，这在两合组织中表现得尤为明显。在广义交换中，人们的身份来自继嗣（descent），使身份和居所一致。列维-斯特劳斯认为广义交换更为和谐，又因为广义交换可以容纳奇数集团并可以在数量上超过三个，所以广义交换对于人类社会的构成更为有利。第三，广义交换的制度原则来自该制度本身，所以在具体的民族中，它的规律比较容易察觉；狭义交换的制度原则却多来自外部，在它所在的民族中，其规律往往与其他制度顽强地纠缠在一起。这是两种交换的真正区别。

　　莫斯和马林诺夫斯基共同提出"互惠"概念之后，"互惠"在人类学家视野中的意义也就越来越大。列维-斯特劳斯显然是希望通过对婚姻和亲属制度的研究，肯定和发展互惠的思想。广义和狭义两种交换模式中，都渗透了"互惠"的原则，即，送出女子的集团一定会得到女子，狭义交换直接从受惠方得到回报，广义交换则间接得到回报，后者不仅扩展了社会的规模，也扩展了社会的道德原则和信任水平。所以从这个意义上说，广义交换的生命力更为强大。而互惠的原则既然渗透于两种交换模式，那么一个亲属制度的基本结构就是一种以交换妇女为根本的结构，列维-斯特劳斯称之为"亲属制度的原子"，其形式如图 3。从图中我们可以看出，在列维-斯特劳斯眼中，一个社会的成立，必须包括一对夫妇和他们的孩子，以及

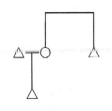

图 3　亲属制度原子

一个"给出妻子的人"。后者是最关键的，没有这个"给出妻子的人"，社会将永远陷于单系继承而无法与其他集团沟通，社会本身也就无从谈起。

列维-斯特劳斯使用的民族志数量惊人，对各民族的理解程度也惊人。比如他利用葛兰言等人的中国资料所做的分析就十分精彩。中国的亲属制度是世界上最复杂的，几乎每一种关系都有一个专名。在葛兰言看来，这一套亲属制度保证了两个原则：第一，通婚必须在两个集团内进行；第二，通婚必须在同辈人之间进行。葛兰言反对单系继嗣理论，指出通婚规则在逻辑和历史上，都先于单系继嗣。这是他对列维-斯特劳斯最大的启发，他帮助列维-斯特劳斯发展出联姻理论（Alliance Theory）。

但是，葛兰言受到了进化论的影响，一直试图从古代仪式中透视更早的亲属制度。在列维-斯特劳斯看来，现在的中国亲属制度有很多人为制作的成分。实际上，《礼记》上记载的"五服"是儒家学者创制出来的。通行于今世的亲属制度是为了迎合这个服丧制度而增减的，而《礼记》之前的亲属制度已经无从可考。但是他相信从昭穆制度中，可以在一定程度上透视古代中国的亲属制度。昭穆制度实现的是隔代归类，又有每五世立新宗的说法。这意味着，曾存在包含四个通婚单位的两合组织。在这个组织之中，假设女性的流向是A→B→C→D→（A），那么到了第五代，外婚不再可行，每一个单位引入的女性，是五代之前本单位流出女性的直接后裔（读者可以自行演绎）。所以，昭穆制度是为了克服外婚转化为内婚的重要制度发明。

中国的亲属称谓中，父方存在三个称谓"伯、叔、姑"，母方则存在两个"舅、姨"。而且，存在三个重合："父亲之弟"（叔）与"丈夫之弟"（小叔）的重合、"母亲之姐妹"（姨）与"妻子之姐妹"（小姨）、"父亲之弟之妻"（婶）与"丈夫之弟之妻"（不详）。过去人们习惯于用"亲从子"（teknoymy）来解释，但这行不通。因为从历史上这些称谓出现的顺序来看，有"子从亲"的情况，即使用长辈称呼别人的方式称呼别人。"亲从子"只能让称呼更混乱而不是更简便。列维-斯特劳斯认为这与封建时期存在的一种贵胄婚姻方式有关。周代天子的基本配偶有三，一对姐妹和她们兄弟的女儿。这种通婚形态下所生的后代，在称呼上直接导致了上述三个重合（读者亦可自行演示）。实际上，可以解释上述三种重合的通婚方式还有娶继母和娶儿媳两种可能的婚姻形式，但这两种即使存在过，也已经像娶妻子之侄女的形态那样，早就消失了。更何况后世的儒家政治伦理有意掩盖和攻击这些可能的联姻形式。

　　根据葛兰言的讨论，中国上古时代的乡村，存在过外婚制的半偶族，他们交换姐妹，这意味着"双边交表婚"（即"自我"可以娶舅舅的女儿，也可以娶姑妈的女儿）的存在，这是典型的狭义交换。而中国的上古贵族似乎来自另外一个民族。他们通过父系继嗣群实现妇女的流动，这意味着"单边交表婚"（即"自我"只能娶舅舅的女儿）的存在，这是典型的广义交换。广义交换并不是从狭义交换中产生出来的，所以葛兰言所说的中华文明产生自乡村原始交换的说法不能成立。但是总的来说，现在的中国亲属制度体现的是一个相当复杂的广义交换制度。

　　广义交换和狭义交换即使不是普遍的，也是最广泛的。它们都在说明一个问题：交换。不管是直接交换（双边交表婚），还是间接交换（单边交表婚），都说明了，社会的成立是以不同集团的沟通为基本原则的。这是一种在广泛的事实基础上的互惠理论。互惠不仅出于经济目的，它最首要的意义在于人结成的社会。在这个意义上，弗洛伊德是正确的，即婚姻代表着人从自然到文化的转变。

　　这本巨著一度引起广泛的讨论。其中一个焦点就是乱伦禁忌的起源问题。在列维-斯特劳斯看来，乱伦禁忌属于文化的领域，并不具有自然依据。但是随着动物生态学的发展，人们越来越发现动物中也存在类似乱伦禁忌的规则。针对这些声音，列维-斯特劳斯坚持自己的看法，认为动物的规则很可能是出于诸如经济原因的其他原因，否则我们无法解释所有人类社会倾注莫大的法律和道德气力禁止乱伦。

　　相当多的人会以"近亲繁殖对传宗接代有害"之类的论调支持乱伦禁忌源于自然而非源于社会的说法，但这明显是一个不谨慎的社会生物学观点。首先，人类在对近亲繁殖有害这个"科学规律"所知不多，并在"无知"的情况下生存了几百万年。其次，历史上很多社会都"乱伦"到允许兄妹通婚的程度（如埃及），但没有乱伦禁忌的社会至今还没有发现。第三，以中国为例，在曾经长期实行交表婚的同时，我们又禁止堂兄妹通婚（这正符合了广义交换的原则），而表亲和堂亲在血缘上的远近程度是相等的。总之，乱伦禁忌绝不是避免血缘太近而产生遗传疾病的制度，所以用优生学的方法解释它的普遍性并不可行。因此，以此为理由的法律制度和道德体系也是脆弱的。

　　针对各种指责（其中包括以惯于捍卫各种权益的女权主义者的指责），列维-斯特劳斯一直坚持自己的方向是正确的，但从未吹嘘自己掌握了真理。他认为，人的研究是一项必须正视现实的研究，由于观察者所拥有的智力手段与被观察者同样复杂，所以我们在抓住某些规律的同时，错过了更多的规律。所以，多年之后谈及这本书的时候，他为自己当年的野心颇感后悔，他说道，"自己宁愿不写这样一本书"。

但没有这本书，社会人类学恐怕会失去很多光芒。今天看来，这本著作的历史位置几乎是任何人类学著作都无法比拟的。首先，它第一次试图用结构主义的方法对人类学中最重要的领域之一——亲属制度——进行清算，并为这个领域的研究奠定了雄厚的基础。其次，它打破了英美人类学已经习以为常的"唯田野主义"，坚持了经典人类学的比较视野。随着人们对这两个方面的认识不断加深，对该书的评述也越来越多。学界很早就有人断言，他的研究将导致一批博士论文的产生。一点没错，从这本书问世以来，矛头指向该书的博士论文不计其数，声称摧毁列维-斯特劳斯理论的人也不下百人。但它们只说明了一个道理：这本书是 20 世纪最重要的人类学著作之一，列维-斯特劳斯是 20 世纪最重要的人类学家之一。

《亲属制度的基本结构》虽然为很多人类学学生创造了就业机会，但是随着后现代主义的兴起，亲属制度的研究终于在 20 世纪 70 年代走到了尽头。美国象征主义人类学家施奈德（David Shneider），严肃地分析了自己当年的亲属制度研究专论，认为自己的结论无法成立。继而，他又对本民族的亲属制度进行解构，写作了《美国亲属制度》（1968）一书。他最后得出结论说，所谓亲属制度的研究，无非是西方人对其他社会的误解，对真相的漠视，以及对差异的恐惧，人类学的任务不是把其他社会当成建立在亲属制度基础上的社会，而是应当把它们当成建立在象征体系上的社会，亲属制度没有站得住脚的概念体系和方法论基础，它应当关门大吉。另一位亲属制度专家尼达姆（Rodney Needham）在《亲属制度与家庭再思考》（*Rethinking Kinship and Marriage*，1971）一书中，也指出亲属制度研究所使用的各种技术词汇并不具备分析意义，并呼吁废止。

《自由与文明》(1947)

张 帆

在马林诺夫斯基（Bronislaw Malinowski）的众多著作中，《自由与文明》[①]（*Freedom and Civilization*）常常被人遗忘在历史的角落中，或许因为激情四溢的言辞掩盖了理论的深刻。诚然，这并非巅峰之作，却是盖棺之作，融汇了马林诺夫斯基一生漂泊的洞察，隐现着《西太平洋的航海者》中的经验事实和《科学的文化理论》中的文化理论。面对学术舞台上逝去的繁荣，马林诺夫斯基并没有狭隘地用最后的时光收复失地，而是用尽人生积淀试图挽救文明的沦陷。

希特勒掌权伊始，马林诺夫斯基就是纳粹主义的公然反抗者。他不断发表反战演说，其演说充满对极权主义灾难的强烈担忧。1939年"二战"爆发之后，马林诺夫斯基被学生对于战争及极权主义认识不足深深困扰，感到自己对于可能参军的年轻学生负有深重的道德责任，并认为以其丰富的人类学知识澄清这场世界危机中人类面临的问题是他的责任。因此，他选择"人类的本质、文化和自由"为题，精心有序地编排好材料，试图拨散战争阴云，不料突然辞世，此书就此搁置。直至1944年此遗著才被出版，见证了法西斯的灭亡。

也许是激情澎湃想表述得太多，也许是原始材料堆积未加雕琢，此部遗著虽然文采隽永，资料翔实，但缺失了马林诺夫斯基一贯清晰的思想脉络，不过这也提供了一个绝佳的机会来近距离接触马林诺夫斯基，体会那一派"自在之真、无心之善、浑朴之美"[②]。我试图从庞杂的思想丛林中抽离线索：此书大致可以分为两个部分，前一部分（第一章到第四章）是理论阐述，层层深入地解析了自由与文明的共生关系。自由出现于具有一定整合度和规模性的部落，繁荣于工业文明社会，却遭受现代文明的威胁。后一部分（第五章到第七章）是政治诉求，呼吁建立民主制度和世界联盟。马林诺夫斯基认为民主制度是对抗极权制度、保证自

[①] Bronislaw Malinowski, *Freedom and Civilization*, London: George Allen & Unwin Ltd., 1947.
[②] 张海洋："译序"，见马林诺夫斯基：《科学的文化理论》，黄建波等译，18页，北京：中央民族大学出版社，1999。

由、延续文明的关键。在当今技术水平下和依靠控制、暴力和毁灭带来的发展中，不可避免会导致自由的缺席。只有在国内建立民主制度，在国际建立世界联盟才能将自由置于稳妥的基础上。综上所述，我决定以"自由""文明""民主"为关键词检索全文。

一、自由

思想决定行动。盲目的战争源于对自由的无知，要挽救人类文明于战争的泥潭，澄清自由的意义是最有效的武器。

对于自由的阐释与界定呈现出一片混乱，马林诺夫斯基将前人对自由定义的庞杂丛林做了三个层面的划分，每个层面由两个极端所定位：（1）以宗教为中心，以精神统摄肉体（即对命运的完全臣服）和精神自身（即摆脱沉重的肉身）为端点；（2）以政治为中心，以废弃法律的无政府主义和借助法律的极权主义为端点，体现在米尔（Mill）所坚持的"自由越多，律法越少"与西塞罗（Cicero）所认为的"当我们成为律法的奴隶时，我们才能自由"的对立之中；（3）以文化为中心，以完全驯化于文化的利他主义者和试图摆脱文化桎梏的巫术使用者为端点。这三个层面统一于一个核心：绝对无束缚状态（core of freedom: absolute absence of all restraint）。马林诺夫斯基认为，通过禁欲苦修从而达到精神自由是以对生命的否定为代价的，对生命的否定无异于对自由的否定；通过废弃法律从而达到政治自由是以社会的无序为代价的，无序将导致社会解组，没有群体协作就没有个体自由；通过巫术来改变命运掌控自我，从而达到自由不过是一种自欺欺人的精神鸦片。

马林诺夫斯基破中有立，在否定了前人的定义之后，试图给出自己的定义。马林诺夫斯基认为，"自由是有组织的和工具性实现的人类行为阶段的一个注脚。其最大的情感性力量来源于这样一个事实：人类生活现实中和实质上对幸福的追求依赖于文化赋予人类的与环境、与他人、与自身命运斗争的方式的本质与效率。因此，除非我们所指的自由是文化工艺和文化术语，除非我们从人类学的角度来理解，否则我们无法在这个词的合法与非法使用的区分中建立其真正的语义学上的标准"[①]。以事实为基础的学术品质决定了马林诺夫斯基自由并非来源于

---

① Bronislaw Malinowski, *Freedom and Civilization*, p.24.

形而上的思辨，而是来源于现实生活本身。

　　回到现实之中，回到经验本身，绝对无束缚的状态是不存在的。社会化贯穿个体从出生到死亡的全过程，每个人都是"习惯的奴隶"（slaves to habit）：欲望被规定，行动被限制。在对自由的诸多定义中，自由在两个方向上呈现消极性：自由始终与束缚相伴生，自由只有在失去时才能体会。如何将自由纳入可观察、可重复的科学语言之中？马林诺夫斯基试图追随孔德的科学社会学步伐，开拓一条客观性、普适性、公开性的自由探索之路。同时，马林诺夫斯基认为"自由是作为整体的文化过程的一个属性，它无法从此过程中任意具体角度推论，也无法被此过程中的任意片段预言。政治自由、法律自由与经济自由的区分带来一些混乱，而且这种区分也是不可能的，因为政治权力、经济压力和法律约束本质上是相互关联的"[1]。要清晰定义自由必须从作为整体的文化入手。因此，马林诺夫斯基自由脱离了空洞的能指被赋予实质内容，即"形成目的并通过有组织的文化媒介将之付诸实践同时充分享受劳动成果的必要充分条件"[2]。这个定义隐含三个关键环节：目标（purpose）、行动（action）、收益[3]（result）。"目标，体现于制度章法之中；手段，包括工作的人、其使用的工具及其工作实施所依赖的规则；结果或曰效果，即制度的功能。由此孕育出的自由的本质是实用主义的。当服从于人类选择与策划的有组织的行为发生时，自由就诞生了。"[4]依照马林诺夫斯基自由，个体只有在通过 A（action）达到 P（purpose）并获得 R（result）的意义上才是自由的。自由表现为一种可以控制所有类型的人类行动以使其具有高效率和高回报率的文化结构。也就是说，个体无论具有多么天马行空的自由思想，如果不付诸行动都不具有现实意义。矛盾在于，现实中的人都是不自由的，达到目的的行动阻碍重重，分享成果的道路千难万险，如何自由？马林诺夫斯基回答，自由在文化[5]中。自由不是上帝的施舍，而是文化的赠与（freedom as a gift of culture）。[6]

---

①　Bronislaw Malinowski, *Freedom and Civilization*, p.25.

②　Ibid.

③　马林诺夫斯基强调的是对结果的分享，具有经济学色彩，故此将 result 译为"收益"。

④　Bronislaw Malinowski, *Freedom and Civilization*, p.25.

⑤　马林诺夫斯基并没有辨析文明和文化的差异，也许他不认为二者存在差异，惜墨如金不做赘述，又或者他认为二者差异太大，只言片语无法表达。本文也将不做区分。

⑥　Bronislaw Malinowski, *Freedom and Civilization*, p.97.

二、文化

存在是自由的前提。物质生产与人的生产是人类存在与延续的基本需要（basic needs），文化应需而生。"文化自其诞生之日起就包含人类理性支配下对自然资源的剥削及对群体工具性行为过程中动力、技术与精神反应的训练。"① 原始人类借助工具和知识法则，借助对起始于目标、完成于协作的行动体系的忠诚，达到了一种更大的地域流动性、环境适应性和保障整合性。"文化就是人工的、次生的、自足的环境，在此环境中人类可以掌控自然力。……其为人类提供对某种自然强力的控制，同时允许人类以某种方式调试自身的反应，这种方式使得基于习惯与组织的适应比基于反射与本能的适应更加灵活有效。人类能够更大范围地控制环境、操控自然力，并且发展了扩展人类体力与脑力的设备。"② 文化将人类从有限的空间中释放，人类以文化为工具纵横四海、征服全球。如果将文化视为适应性的边界，那么它已将人类的控制延展到了地球表面的角角落落，渗透到了地球内部曾经无法触及的各个领域。一言以蔽之，文化是存在的工具，并通过一套相关制度发挥功能。"文化的价值体现于其理念、构想、政治体制及经济形态，其工具性功能借助均衡协作和制度运行发挥作用。"③

文化是一把双刃剑，在拓展人类的同时也在束缚人类：作为生物必须遵守自然法则和生物法则，探索自然和避免危险必须服从技术原则和知识准则，群体良性运转必须依照安全规范和协作法则。对这些法则的遵从是人类进入自由王国的必由之路，是沉重的肉身不得不承受之轻。"在这个过程中他们达到一种完成其目标的整合的自由，以部分的臣服和弃权为代价。与其在获利中的巨大分红相比，此种牺牲是微小的。"④ 卢梭说："事物的本性没有激怒我们，只有恶意才会激怒我们。"这句话或许可以这样表述：对于法则的遵从没有使我们沦为奴隶，被阻止通过遵从法则而达到自由才使我们成为奴隶。人不可能生而自由，人生而即处在文化之网和传统之链上，而这网链恰恰就是达至自由的唯一媒介。

文化体系自身提供给人类逃离文化规则的尝试——巫术与战争。

巫术无法带来完全无束缚的自由状态，但在人类无法用规律掌控自身命运之

---

① Bronislaw Malinowski, *Freedom and Civilization*, p.30.

② Ibid., p.31.

③ Ibid., p.34.

④ Ibid., p.38.

处，无法以合法手段满足个体欲望之时，巫术与宗教弥补了文化的缝隙。这是文化体制内部的断裂：作为合法性文化制度的补充，巫术释放对于命运的无力感给人类带来的战栗与不安。

如果说巫术带给人类造物主般掌控命运的幻想，则战争就是这种掌控欲望的极端延伸形式。古代战争以精神征服为目的，常常与信仰、价值或社会象征体系相关。此种战争常常成为旧有文化体制的破冰者，带来文化融合从而推动文化流动而形成新的文化价值。这是文化体制外部的断裂：人类通过驾驭文化流动从而改变命运，火山爆发式释放对于命运无力感带来的焦虑。在这个层面上，温和的社会改良和激烈的社会革命都是战争的一种低级形式。这是文明的一种延续方式。甚至古希腊一位哲学家相信"战争是万物之祖"。

现代意义的战争出现于新旧石器时代交替之时，即"独立政治团体之间以掌控政权为目的的有组织的武力对抗"[1]。现代战争常常以经济利益为驱动力，以死亡和奴役告终。现代武器的巨大威力能够在刹那间剥夺无数人的生存自由，现代传播媒介的缜密触角能够在转瞬间剥夺无数人的思想自由，现代战争带来的不是文化融合而是文化灭绝。文明的发展是在一种以他者为镜像的观照之中进行的，正如人在镜子面前才能认识自己。而现代战争正在毁弃文明的镜子。纳粹战争首先就是一场文化战争，其次才是一场暴力战争。纳粹战争剥夺了人类的自由选择权力，破坏了自主运行的社会组织，垄断了劳动成果的分配，实现自由的三个环节被一一击溃，如果希特勒成为世界唯一的神，全人类则沦为奴隶。

三、自由与文明

文化是自由诞生的土壤。马林诺夫斯基认为，"整合的文化体制是自由与束缚的主要决定因素"[2]。文化借助对自由实现的三个阶段的控制力而起作用。

首先，文化决定了需求，规定了欲望。正如道格拉斯在《纯洁与危险》[3]中所展示的，即使是衣食住行等基本需求也是预设的。没有人知道自己真正要什么，文化设定了被选答案，人类所做的只是在答案中选择，正如人会在茶与咖啡

---

① Bronislaw Malinowski, *Freedom and Civilization*, p.277.

② Ibid., p.39.

③ Mary Douglas, *Purity and Danger: An Analysis of Concept of Pollution and Taboo*, London & New York: Routledge, 2002.

中选择以满足渴的需求，而不会用石头。实质上如何选择也是被决定的，人类正如巴甫洛夫的犬，通过自然性或社会性的奖惩，形成固定的问答模式，这就是"惯习"，正如法国人选择咖啡而中国人选择茶。布里丹的驴子因为无法在两堆距离相等的草料中选择而饿死，人何尝不是布里丹的驴子呢？文化以教育为机制在人类的代际传递中自我复制，这里的教育是一种广义教化，包括集体无意识的文化积淀和集体记忆的文化烙印。

其次，文化决定了欲望满足的方式。在马林诺夫斯基眼中，国家只是一个唯名的存在，制度性组织（institutional organization）才是社会实体。人在制度性组织中满足各种基本的、衍生的需求。"每种制度下的成员享有自己独特的权利，依据在计划编制中的地位、对于执行权的可及程度，以及在收益中的分红不同而各异。"① 形形色色的组织贯穿人类历史并遍布社会形态：血缘组织（家庭）、地缘组织（村落）、同质性组织（民族）、年龄群体、志愿群体、职业群体、阶层、阶级。每个组织都拥有一个完整结构：最高宪章（charter）、成员（personnel）、规则（norms）、物质设备（material apparatus），并通过组织活动（activities）完成特定功能（function）。这恰恰与自由的三个阶段一一对应：组织最高宪章（charter）就是组织成员目标（purpose）的体现；组织成员（personnel）在规则（norms）支配和协调下利用物质设备（material apparatus）展开组织活动（activities），这就是具体化的协作行动（implemented actions）；组织功能（function）的完成保障了组织成员的收益（results）。个体依据需求在不同组织中流动，通过部分让渡权利完成协作，达到个体和组织利益最大化。在这个意义上，组织是一个自动运行自我满足的体系，就像一台机器，输入目标投入劳动就可得到收益获得自由。

在文化中游弋，人类在欲望的产生及其满足之中体验着自由与幸福。马林诺夫斯基将幸福定义为"在既定文化语境中，个体需求和欲望可以展开的充分性及其满足的机会之间的关系"②。其幸福建基于劳动及其收益，虽然具有可操作性，但充斥着功利主义色彩：没有欲望、不需满足的人是否比欲望膨胀却只实现其中之一的人更自由、更幸福？

---

① Bronislaw Malinowski, *Freedom and Civilization*, p.35.

② Ibid., p.104.

四、自由与民主

世间万物相克而生。马林诺夫斯基认为，民主制度是实践中的自由，是对抗极权主义的法宝。民主制度不是一个空泛的概念，而是"一个文化体系，它保证身处其中的个体与群体拥有最充分的机会决定其目标、策划其行动、享受其收获"[1]。微观意义上，民主制度存在于"制度化组织之内组织成员与制度之间，以及制度化组织之外各种制度之间"[2]。因此组织成员可以依据需求选择不同组织，各个组织可以依据利益选择协作或分裂。民主带来最大限度的自由：提供最大限度的思想空间和选择余地，提供最大限度的活动空间和行动媒介，提供最大限度地享受空间和公平分配，保证了自由实现的三个阶段。联邦国家是最大的制度组织，所以，宏观意义上，民主制度存在于三权分立的联邦政府。诚然，民主不意味着没有权威，无论是原始社会抑或现代社会，制度权威是协调成员行动和保证制度目标有效实现的关键，制度权威是传承制度规范与驯化组织新人的中心。如何平衡权威的权力运用与滥用，三权分立的联邦制度提供了一个范本——权力的监督与分流。马林诺夫斯基对于民主制度的迷恋不能不归因于"二战"时期亲历的美国的欣欣向荣与欧洲的腐朽没落之间的强烈反差，在时代眼光的局限之中，三权分立的联邦制度成为马林诺夫斯基心中的自由女神，然而在今天看来，其并非全能的救世神。

同时，民主制度有利于保持文化的多元性和批判性，从而分散话语霸权，避免思想专制。文化需要被转述为语言才能传承，只有在传承之中才能作为伦理规范和行为准则对社会进行控制。语言和符号常常是文化的结构性表征。语言与命令的差异在于掌控者不同：当语言的合法使用权掌握在一个人手中时，语言导致权力。正如巫术，原始部落中常常是少数掌握巫术的人拥有至上权力。在德国，宗教以尊雅（亚）利安人为优等民族的日耳曼神话、对希特勒的崇拜仪式及纳粹伦理的面目出现。在意大利，墨索里尼宣告"法西斯主义是意大利人民的新宗教"，极力鼓吹只有法西斯黑衫党才是真正的宗教。对抗文化极权的唯一方式就是以毒攻毒、广开言路。民主制度的最大特征在于言论自由。

国家是制度的载体，是自由发生的现实场域，也是战争阴云下民主制度和极权制度争夺的战场。原初的权力是具有神秘色彩的通灵者及巫术仪式的主持者所

---

① Bronislaw Malinowski, *Freedom and Civilization*, p.231.

② Ibid., p.228.

享有的操纵人与物的特权，但是在原始条件下，权力受经济水平所限，只局限于狭窄的影响范围中，不会产生压迫和奴役；随着部落民族（tribe-nation）和部落国家（tribe-state）的诞生，在部落民族和部落国家企图相互覆盖的你争我夺中，权力进一步集中；国家最初是以三种角色出现的：制衡者、立法者和攻防力量。随着主权成为一个国家独立性的象征，暴力机构合法化。以国家形式出现的暴力导致战争。"战争一旦启动，政治权力一旦大过文化实践，奴隶制、农奴制和等级制就出现了。"[1]文化与政治的合谋会带来精神与肉体的双重奴役，而文化与政治的联姻则会带来精神与肉体的双向强大，这是以子之矛攻子之盾的问题。因此最强大的国家形式是民族国家（nation-state）。民族是文化共同体（unity of culture），以文化为边界；国家是政治共同体，以地域为边界。当文化边界与地域边界重合时，民族国家就产生了。现代战争常常导源于民族冲突，即民族与国家的分裂与统一。民族冲突常常导致民族文化的灭绝。民族的文化主体性是民族存在的前提，文化自觉是民族国家存亡的关键，因为文化既能产生暴力也能驯服暴力。民主制度正是文化驯服暴力的手段。

---

[1]   Bronislaw Malinowski, *Freedom and Civilization*, p.271.

《文化的科学》(1949)

苏　敏

莱斯利·怀特（Leslie White，1900—1975），生于美国科罗拉多，青年时曾在美国海军服役，退伍后先后在路易斯安那大学和哥伦比亚大学学习，并分别于 1923 年、1924 年获哥伦比亚大学心理学学士和硕士学位，1924 年决定转向社会学，进入芝加哥大学社会学系，1927 年获博士学位。他的田野调查对象是普韦布洛印第安人。从 1930 年起，他接替斯图尔德（Julian Steward）的职位，执教于密歇根大学，直到 1970 年退休。他是 20 世纪中期美国新进化论的主将之一，他受到马克思经济学说、达尔文进化论的双重影响。他在生命的最后几年中，任职于加州大学圣巴巴拉分校人类学系。他的人类学理论是对 19 世纪斯宾塞（Herbert Spencer）、摩尔根（Lewis Morgan）和泰勒（Edward Tylor）等思想家的重新阐发。但他最大的贡献被认为是发展了"文化学"（Culturology）的概念，文化学是"一门研究并解释文化现象的特定秩序的学科"。他认为，文化不能用心理学、生物学或生理学来解释，而必须由其自身得到解说。怀特发表了大量论述"文化"和"象征"的论文，这对美国的文化人类学产生的实际影响是非常深远的。他的重要著作有《文化的科学》（*The Science of Culture: A Study of Man and Civilization*, 1949）、《文化的进化》（*The Evolution of Culture*, 1959）和《文化的概念》（*The Concept of Culture*, 1973）等。

在《文化的科学——人类与文明研究》[①]（以下简称《文化的科学》）这本论文

---

① 怀特：《文化的科学——人类与文明研究》，沈原等译，济南：山东人民出版社，1988。

集中，莱斯利·怀特详尽地阐释了自己的文化观，这正是他借以建立理想之"文化的科学"的基石。文化是以使用符号为基础的现象体系，它包括行动（行为规范）、客体（工具及由工具制造的事物）、观念（信仰和知识），以及情感（心态和价值）等，而语言则是人类符号能力的最重要的形态。文化是一个有其自身生命和自身规律的自成一格的系统，作为一个现象序列，其功能在于使人类适应自然界，以保证种的生存和延续。围绕于此，怀特结合人类文化史的实例，论述了人与文化的关系，考察文化演进的历史过程，提出"文化进化的能量说"，并构想发展一门文化的科学。从生物学、心理学和社会学的解释中解脱出来，把人们拉入文化的范畴，确认文化决定论的思想，构建一门在他看来有效而正确地解释人类行为的文化的科学，是怀特追求的科学目标。

怀特在第一编"科学与符号"中着重谈论科学的实质、文化和科学的关系，力图说明人们可以且必须在文化的经验领域中从事科学活动。在第二编"人类与文化"中，怀特试图解析人类行为这个复合体，澄清意识与文化、心理学与文化学的基本区别，用文化学解释知识经验与社会经验及其他人类行为，界定人与文化过程的关系。在第三编"能量与文明"中，怀特对作为整体的文化加以综观，指出文化系统的三个亚系统及其相互关系，构建出文化进化的略图，特别点明了能量在文化进化中的首要地位。第四编"文化学"对之前的探讨做出总结，赋予文化的科学理想的名字"文化学"。

一、科学与文化

把"科学"用作名词存在着将"科学"与其某些研究方法等同起来的倾向，于是人们就在自然科学和社会科学之间划出了界限。其中的假设是，在自然科学与人类社会现实的本性之间存在着基本的差别。人类社会的事实本质上与物理学（"精密科学"）有别，实际上不宜对之加以科学处理。因此社会科学实际上根本不是科学，它不是而且也不可能是"科学的"。怀特反对这种看法，指出我们可把"科学"用作动词以更好地理解其含义：人们在从事科学活动，即根据一定的假设，使用某些技巧去处理经验。我们必须把科学看成一种活动方式，一种解释现实的方式，而不是把它当成实体本身。

现实世界是一个四维的连续统一体，各种事件得以在其中显现，表现出一种时间-空间（或时相-形态）的进程。我们可以将事件划分出三种过程。一种是首要的过程，即时相-形态过程（探讨按时空间隔而彼此关联着的各个事件），其他两种是次属和派生的过程，其一是时间过程（事件在时间方面的间隔或关系），另一个是空间或形态过程（其在空间或形态方面的间隔或关系）。全部科学或科学活动，都可归入这三个范畴。时间-空间过程并不等于现象的时间结构与空间结构的和，而是两者的积。历史过程仅仅是时相性的，而进化过程则是形态的时相顺序。此外，可以说，现实世界包括了三个层面，即无机、有机和超有机体的领域，三者各自对应的形态标志为：物理、生物和文化。物理范畴由无生命的现象或系统构成，以原子、电子或其他生命元素为其特征；生物范畴由活的有机体构成，以细胞为特征；文化范畴或文化序列的现象由这样一些事件组成，它们取决于人类专有的使用符号的能力。可见，文化构成超生物学或超有机体的一类事件，它是自成一格的过程。

现实世界的三种过程关系和三个层面可构成我们对世界的九个范畴的认识：

表一

	时间的	空间-时间的	空间的
文化的	"历史"，文化史，或者文明史	文化的进化	人类社会中非时间的、重复的、为文化制约的过程
生物的	人类种族史，动、植物之属和种系的历史	生物的进化个体的成长	机体行为之非时间的、重复的过程，有机体之内的（生理学），有机体之外的（心理学）
物理的	太阳系的历史，地球、陆地、山脉、河流、水滴、沙粒的历史	宇宙、太阳、星球、银河系的进化放射性物质的分解	物理学、化学、天文学中非时间的、重复的过程

孔德和斯宾塞都曾对科学的发展和分类或排列表示关注，他们两人都按本质上相同的次序描述各门科学：物理科学最先产生，其次是生物科学，最后是社会科学。孔德认为，"在人类历史中，较为一般和单纯的科学实际上首先产生，发展得也更为充分，而后才是较为复杂和严格的科学"。怀特批判这种以"复杂性"程度来决定科学分支的次序，并为社会科学之薄弱找理由的做法，指出作为一种处理经验的方式，"科学"也适用于文化现象。他认为，诸科学出现的次序和发展的成熟程度有赖于人类在各种经验部门中区别自我与非我的能力。当人们探讨在决定人类行为方面不起重要作用的现象时，做出这一区别是较为容易的；反之则较难。总之，在决定人类行为方面影响最为微弱，与人的关系最为疏远的

那些领域内（如对天文现象的解释），科学总是最早出现和最先成熟的；反之，在那些最为直接和最强有力地制约着人类行为的经验部门中（如文化领域），科学产生得最晚，成熟得也最慢。科学进展的本质与其说是成长或发展，还不如说是范围的拓展。恰恰是文化学在人类有机体和超有机体这两个层面上解析了人类和文化，因此文化学比任何其他科学都更能解释人类行为和人类文化本身。

文化科学的成立、发展与人的特点和文化的特性紧密相关。人之所以为人在于，人使用工具是个积累和进步的过程。人的行为还是个符号的过程，音节清晰的语言是符号表达最重要的形式。当人开始成为能用语言来表达并能使用符号的灵长目动物时，文化就开始存在了。人可以能动地决定文化刺激的价值、意义，能够赋予事物价值，这是人的最重要的特征。文化是一个符号的、持续的、积累的和进步的过程。由于文化具有符号特性，因此，它易于传播与传递而成为一个连续统一体。同时，新的成分时时汇入文化流程之中，增大了其总量，并推动了文化的进步。

文化现象是高于或超越心理现象的人类行为决定因素。为什么一个部族具有某种习俗，而另一部族却没有这一习俗？只有文化的科学可以做出解释。每一生命有机体的行为都表现出内与外两个方面：内在于有机体的过程和关系，外在于有机体的过程和关系。生理学是对前者的研究，心理学和社会学则是对后者的研究，社会学家认为文化是行为，是社会过程或社会互动，是人类行为中的因素，或是人类行为的副产品。事实上，在个人心理学的范围之外，还存在着人类行为的超个人心理的决定因素及超心理的决定因素。社会学致力于探讨行为的超个人（即社会）心理的决定因素，而变成了社会心理学。它不能区别和认识超心理（即文化）的决定因素，也就不能通过上升为文化的科学（即文化学）而完善人类行为科学，因而科学不得不通过创立一门新科学来再次扩大它的界限，那便是文化学。

泰勒是第一个界定和描述了文化学的人。他指出，文化就是包括知识、信仰、艺术、道德、法律习俗及人作为社会成员而获得的任何能力与习惯在内的复杂的全体。泰勒说明了该科学的研究对象是作为一类个别和独特的现象的文化特质自身。他关心的是文化特质之间的关系，即其历史的、地理的和功能方面的关系，而不是人们之间的关系（即社会互动）。文化特质是非常真实的事物，而不是抽象物，它包括物体、行动、形式、情感和观念。针对不同民族的人类行为来看，文化特质是导因，人类行为是结果。当然，我们并不否认行为的原动力是人，但问题在于人为什么这样做？对于同类事项，为什么有的人这样做而别人那样做？人的做法正取决于他们的文化而非其自身有机体。博厄斯（Franz Boas）不承认这一科学概念，而林德（Robert Lynd）和胡顿（Earnest Hooton）看到了文化学家正在尝试着去做的事，但却坚信这是一条错误的路线。怀特认为，形成和发展文化的科学乃是人类学的显著成就和使命。泰勒和涂尔干开创了这门科学，克鲁伯（Alfred Kroeber）、路威（Robert Lowie）、威斯勒（Clark Wissler）和其他人推进了这门科学，而许多带有文化人类学家这个专业标记的学者们尚未攀登到文化学水平，并把握住超心理的、关于文化现象的科学，因而他们甚至反对文化学的观点。

正是文化，而不是社会，才是人类的特性，因此，对这一特性的科学研究应当叫作文化学，而不是社会学。人类事件的"质"决定了它的文化特性，这个质就是符号。因此，一个事件是文化的，因为它是在一个依赖于使用符号的范围里发生的。

二、对人类行为的文化学解释

心理学与文化学

人类行为是一种复合体，是由生物因素（人的神经、腺体、肌肉、感官组成的机能结构）和文化因素（超有机体的文化传统）构成的。文化经由社会遗传的机制而传递，在这个意义上是超生物的；它们独立于个人有机体而存在，因而又是超有机体的。

从功能意义上来说，各民族的习俗差别是由它们各自的文化所引起的，与他们之间的生物学即解剖学、心理学或生理学方面的差别不相干。特殊的"心理状况"是文化在人类心理方面的表现，而不是文化本身的起因。我们可以把人当作常量，把文化当作变量。奴隶制、战争、种族偏见与冲突等归属文化范畴的现象只能通过文化学加以解释，它们是同技术进步和社会系统的发展相关联的。当技术进步到一定程度，使得人类劳动的效率增长到足以使剥削行为有利可图时，奴隶制就产生了。奴隶制的衰亡也并不在于某个人发现了人类基本尊严或民主精神的崛起，而是因为技术文化的发展程度已使得奴隶制与社会文化系统的资源与需要不复相容。然而，在社会科学家那里，心理学的解释方式仍然占有优势。这种解释的谬误之处在于这一假设，即与各种制度共存的主观经验使这些制度本身得以产生。我们并非否认个人的主观心理经验，但需要指出的是，个人的心理经验是社会文化情境的功能，而不是这一情境的起因，自我经验只是制度的功能，而不是制度的起因，对于制度只能从文化上予以解释。人类行为变量是文化变量的函数，而非生物常量的函数。

科学解释的目的是探求决定因素、因果关系、自变量与因变量的差别和常量与变量的差别。由于人类行为是由生物的或心理的因素与超有机体的文化因素共同组成的，所以存在着相应的两类问题。对于前者，我们以生物因素为常量而研究文化变量；之于后者，我们以文化为常量而研究人类有机体对它的反应。心理学和文化学分别探讨同一组事件的生物学方面和超有机体方面，二者对于综合解释人类行为都是不可或缺的。但为了避免混乱，了解和重视每一门科学的固有界限仍然十分必要。

个人与文化

分清了心理学与文化学之后，我们必须认识文化的决定意义。人类意识是对人类有机体对外界刺激的反应活动，即人类精神活动。这一变量是文化因素变动的函数。不同人种之间的意识差别是由文化传统的差别造成的。在低于人类的动物物种中，智能变量的决定因素与人这个物种中精神变量的决定因素之间，存在着一个主要的基本区别。对前者而言，公式为 $V_m=f(V_b)$，智能变量是肢体结构变动的函数；对人类而言，公式为 $V_m=f(V_c)$，人类精神活动的变量是被称为文化的超有机体传统的函数。

在任何一种特定形式中获得表达的人类意识的独特内容（在这里谈的是族体而非个人）是由超有机体的文化因素决定的。一个民族喜欢或厌恶的东西不是由人类有机体天生的嗜好所决定的。相反，它们是由文化从外面作用于有机体并在其内部产生的结果。个人是文化所造就的产物，个人只是外形，文化才是内容。当然，文化当然发源于人类有机体，文化的一般特性是人类物种生物属性的表现。但当对某种特定文化或一般性的文化变迁做出说明时，对人类有机体（无论是从集体方面还是从个人方面）的考虑，都是不相干的，应当被看成一个常量。不能依据种族、体质类型或个人精神来阐述文化过程。正是文化因素引起人类行为的变化，因此个人有机体的人类行为是其文化的函数，个人成为文化进程的轨迹和借以表现的手段。

　　文化传统是由它所消耗的自然力所推动的一个动态系统，一种发明、发现或其他重要的文化进展，乃是文化过程中的事件。它是文化互动过程中诸因素的一种新的结合或综合，是以往和共存的文化力量和文化要素的发展结果。某一事件在某地和某时产生，是因为在这个特定时间和特定地点中，文化环境的成长和历史将为这一综合所要求的诸因素汇聚到一起了，而发明者个人只不过是这个过程的表现手段而已。事实上，一个人的思维、行动、幻想和造反等活动不是个人有机体自身的功能，而是人作为社会文化系统的一个部分才能从事的活动，是文化的功能。

　　当然，个人并非以一种纯粹被动的方式从外部汲收文化素材，他也反作用于文化。正是借助于生物机体对文化因素的作用，才使这些要素相互影响、相互反应，从而形成新的综合。有机体能够做出反应，但这一反应是由作为刺激物的文化因素决定的。人类有机体是文化过程的表达媒介，个人生物结构的变异将会导致文化表现的变异，但我们发现，在一个完全相同的文化环境中，最不一致的体质类型的人皆以高度一致的方式在诸如语言、信念和社会交往等方面做出反应。文化过程自身就是一个内在的变量，个人生物性变异并不影响作为自成一体的系统的文化。

解读天才

　　对于天才的文化学解释可以让我们更好地认识文化的力量。心理学提出了天才并且证明了他对社会的影响，社会学探讨社会是如何制约天才的生活的。文化学则对伟人与社会这两者及其相互关系做出说明。

　　什么是天才呢？我们是根据其业绩来评价的。文化学告诉我们，人类的行为一方面是由其生物学结构决定的，另一方面又是由超有机体的文化现象决定的：$O \times C \rightarrow B$，其中 O 代表生物因素，C 代表文化因素，B 则代表所产生的行为。之前的分析表明，生物因素可被视为一个常量，因此公式可写为 $C \rightarrow B$，或 $B=f(C)$，文化产生和决定行为，行为是文化的函数。各民族之间的行为变量是文化变量的函数，$Vb=f(V_c)$。文化处于不断的发展与前进中，各构成要素交互作用持续不停。我们发现，（1）在文化积累为新的综合提供出物质与观念的必要因素之前，任何发明和发现都不可能产生；（2）当必需的素材由于文化成长或传播而成为可能，并出现给定文化互动的标准条件时，发明与发现就必然会产生。发明或发现不过是对已有概念的综合，而这些既有概念自身也都是以往经验的成果和综合。人的巨大能力是与生俱来的还是后天习得的？我们是从生理性上还是从文化学上来界定天才呢？有机体在生物质量上确实有所不同，但如果牛顿被当作一个放羊娃来养，他就成不了重大理论的发现者。而这理论是否就因此沉没了呢？不会！因为文化成长到一定程度上，知识积累到一定层面上，新的综合必然出现，只不过是另一位发现者承担了作为载体的职责，将这一综合展示给别人。科学中重大进步为数不多的原因，不是"天才"稀少，而是伟大的综合必须建立在许多次级综合的基础上或由其发展而来。

解读"天才"问题需要了解文化模式的概念。文化模式是以某种前提为基础组织起来，受某种发展原则指导的文化要素或文化特质的汇聚。一种文化模式的发展是无数个人和许多世代，甚至许多世纪以来的劳动成果。但是，这一模式可能在少数人的作品中达到其顶点或终结。文化过程有其发展的初创时期，稳定的增长时期，达到巅峰的全盛时期，持续、反复的停滞时期及革命的大动荡时期，创新、分裂、瓦解和衰败时期。那些偶然降生于文化模式发展的金字塔斜坡上的人，没有机会赢得那些降生在顶峰的人们所获得的业绩与名声。因此，文化模式是天才的重要的决定因素。一个具有天赋才能的个人是否能获得天才的名望，在很大程度上取决于他诞生的偶然时刻。

由此，我们可以在超有机体的文化传统与智能的生物因素之间建立起一种关系：$C \times B = P$。C代表文化传统，B代表智能的生物因素，P代表产生某种发明与发现的概率。在一个相当长的历史时期内，智能因素实际上只是一个常量，而文化因素则并非如此。智能水平较低的种族最终也能实现高水平的进展，只是这需要较长的时间。文化连续统一体中诸要素的数量及它们相互作用的速度影响了发明或发现的速度。

知识经验和社会经验

怀特谈论数学以表达他对知识经验的文化学解释。他旨在说明数学现实仅仅是人类神经系统的功能，而非人们以为的那样是有其独立于人类物种之外的存在性和实在性的。

人类意识有两个层次的含义，一个是个人有机体，一个指人类物种。数学概念存在于个人降生于其中的文化传统之中，因此是由外部进入个人意识的。但是，脱离了文化传统，数学概念就既不存在，亦无意义，而文化传统离开了人类物种自然也不能存在。所以，数学现实独立于个人头脑而存在，但却完全依赖于人类的意识。实际上，数学是人类行为的一种形式，是一种特殊类型的灵长类有机体对一组刺激所做出的反应。数学成长过程是诸数学因素相互作用的过程。诚然，第一个出现并存在下来的数学思想是由人类个体的神经系统创造的，但它十分简单而又原始。如果人类没有能力运用符号赋予这些观念以公开表达，并将之传递下去，从而形成新的综合，那么，除了其初始阶段，人类物种便不会取得任何数学上的进步。数学现实的轨迹存在于文化传统之中，即存在于符号行为的连续统一体之中。数学进化的决定因素在于文化，人类神经系统只是使文化进程成为可能的催化剂。

再来看社会经验的一个侧面：乱伦禁忌。以往人们认为限制和禁止乱伦是因为近亲会导致生物性退化。但生物学家告诉我们这是不成立的；而且，许多有此禁忌的部族对于生育的生物过程本性一无所知。怀特认为文化的科学能够对此做出充分的解释。乱伦禁忌随社会关系而定，而不是随血缘关系而定。泰勒曾经指出"族外婚能使一个成长中的部落通过与其分散的氏族联姻而保持自身的稳固，使之胜过那些被隔绝开来、孤立无援的小型血族通婚群体，在世界历史中，屡次摆在原始部族面前的，是必须在族外婚和被消灭之间做出简单而又实际的抉择"。乱伦禁忌使家庭之间的婚姻成为必然，但由此建立的互助契约的延续则有赖于聘金和嫁妆。乱伦禁忌实质上是一种经济动机。族外婚是随社会体系的定型化过程而产生的，并不是个人心灵的产物。禁止近亲婚配，使群体间的联姻成为一种义务，是为了谋得协作的最佳效益。婚姻和家庭是社会为个人的经济需要而做出准备的基本方式，而正是乱伦限制和禁制，使其开始了社会发展的整个进程。这些制度皆是由社会系统而非神经系统创造出来的，它们是在文化特质互动流程中形成的文化要素之综合。乱伦禁忌与族外婚是根据一个民族的生活方式即生存方式、居住习俗等所规定的，而生活方式又是由文化所制约的。

三、文化能量说

怀特在"能量与文化进化"这一章中综观文化全体，根据文化之最基本的因素即能量，赋予文化成长一种动力学解释，建构自己的文化能量说。文化是动态系统，需要为其提供运动的能量，文明史也即借助文化手段控制自然力的历程。文化经历了幼年和青年时期，实现了对火的控制；到新石器时代，通过农业和畜牧业，将动植物种系纳入文化控制的范围。利用了煤炭、石油和水利资源之后文化进入了成年期。如今，文化成功地深入到物质内核，学会如何创造能量。

文化系统（即事物和过程组织的结构与功能）包括三个亚系统，即技术系统、社会系统和思想意识系统。技术系统是由物质、机械、物理、化学诸手段，连同运用它们的技能共同构成的，如生产工具、生计手段等。社会系统由表现于集体与个人行为规范之中的人际关系而构成，如亲缘、伦理、专业等。思想意识系统由语言及其他符号形式所表达的思想、信念、知识等构成，如神话与神学、哲学、科学等。在这三个系统中，技术系统起着主导作用，是文化系统整体的决定力量，它决定社会系统的形态，并与社会系统一起决定哲学的内涵与趋向，每一种技术类型皆有专属于自己的哲学形态；社会系统具有次级重要性，它依附于技术系统，由其决定，是其功能；思想意识或哲学系统是一种信念的结构，可以找到对人类经验的解释。但经验及其解释受到技术的有力制约，哲学表达技术力量，反映社会制度。

理解文化成长与发展的钥匙就是技术。人要满足自己的需要，能量是必不可少的，利用和控制能量，使之服务于人类，便成为人类的首要功能。借助于技术手段，能量为人所利用，并使之发生作用。文化整体的功能发挥依赖或取决于可资利用的能量和使用能量的方式。文化发展公式可表述为：$E \times T \to C$。C 代表文化发展程度，E 代表每年人均利用的能量，T 代表耗能过程中所用工具的质量与效率。假设栖息环境不变，根据为人类需要的物品与服务的人均常量而测量的文化发展程度，取决于人均利用的能量和利用能量的技术手段的效率，但能量是基本、首要的因素，它是主要动力，是积极的动因。工具则不过是服务于这一力量的手段。能量因素可以无限地增长，而工具的效率只能有限地提高。由于能量是给定的，文化发展只能进展到工具效率之极限所限定的程度，一经达到这些限度，也就不可能进一步提高效率。但是可资利用的能量的增长却会全面导致技术的进步，导致旧工具的改善和新工具的发明。因此，正是能量从根本上推动文化向前和向上发展。

依一定方式使用特定的技术手段的民族将具有一定类型的社会系统。一个民族的社会系统，本质上是由维持生计和军事攻防所使用的技术手段决定的。由于自然环境和技术各不相同，原始人的社会系统在细节上也极为不同。但基于人类能量之上的一切社会系统，即前畜牧业和前农业的社会系统，都隶属于同一种共同类型。当农业发展到一定点时，社会系统便发生了根本变化。农业技术生产出更多的食物，并增加了人均食物量和单位平均劳动所能提供的食物量。逐渐地，社会按职业进行划分，导致了社会发展和社会关系的转变。农业技术革命促进和完成了文化中社会、政治和经济层面的革命。农业革命为社会发展带来了机遇和条件，但当社会发展到一定程度便会出现停滞。问题在于农业革命所确立的社会经济系统与技术系统的关系。每一社会系统均依赖和取决于技术系统，但每一技术系统都在社会系统内发挥功能，因此又受社会系统的制约。社会职业分化和阶级问题使得技术发展到一个特定阶段之后，受到社会系统的抑制。社会系统借助于使进步过程限于停顿这样的方式抑制和迟滞了技术系统。接下来的燃料革命亦沿循同样的道理。

四、文化学

通过指出科学的普遍适用性，运用文化的解释方法对各个层面的人类行为进行分析，怀特坚定地认为，人类必须建立一门文化的科学来达到哲学形态在文化领域的完善。

哲学本身是一种处理经验的方式，一种人类用于理解世界以造福于己的解释方法。最初的人依据自己的心灵来解释事物与事件，首先是拟人论和泛神论。后来人们不再诉诸精神与心性，而是诉诸实体、本质、原则等来说明事件，哲学发展到一个新水平。这种超自然主义的答案是封闭式的终极答案，因而也是空洞的，但它至少把人从视己为万能的人类中心主义的束缚中解脱出来。而今，文化学家根据外部的、超有机体的文化要素解释人类行为，这种科学解释是非拟人论的和非人类中心论的，是决定论的，因此会遭到自由意志哲学者的敌视，但它却是我们的追求目标。人类行为是文化的功能，$B=f(c)$，当文化变化时，行为也会变化。文化的"发现"在科学史上的重要性，将与哥白尼的日心说或发现一切生命形态的细胞基础相媲美。但这并不是说通过对于文化结构及其过程的科学理解，人就将获得对于文化发展进程的控制。科学的理解活动本身便是一种文化进展过程，对天文学、医学及文化学的理解的加深，将使人类种系对周围世界做出更现实、更有效的适应。

一门关于文化的科学应该叫什么呢？"人类学"一词指称如此众多的事物，结果几乎是毫无意义的。它包括体制人类学、文化人类学等，而体制人类学和文化人类学自身又包括众多部分。文化人类学也惯被用以指称种类繁多的解释，而社会人类学则与社会学没有根本的区别。只有文化学最为合适。在中文里容易理解，文化学就是文化与科学之和。不过人们对于文化学的异议并不完全是语言学上的问题。实质上，文化学界定了一门科学，它否认和拒绝一种哲学，这就是陈旧的和至今仍受到尊重的人类中心论及自由意志的哲学。文化学也意味着决定论。因果律在文化现象的领域中也发挥功能，任何给定的文化情境都是由其他文化事件决定的。正是由于面对自由意志情感和人类中心论的影响和力量，文化的科学必须开拓自己的道路。科学将成为某种现代巫术的侍女，而社会科学家将扮演超级祭师的角色。

　　源于符号的事件所构成的超有机体的连续统一体，根本不同于从个人或集体方面加以思考的人类有机体的那类反应；文化要素的交互作用，也不同于人类有机体的反应或互动。文化学一词的意义在于，它揭示出人类有机体和超有机体的传统即文化之间的关系。它是创造性的，它确立和界定了一门新的科学。一门研究文化的科学若不是文化学，又能是什么呢？

《原始社会的结构与功能》(1952)

梁永佳

　　拉德克利夫-布朗（A. R. Radcliffe-Brown）是英国现代人类学的双雄之一。今天的英国人类学家，几乎都是他和马林诺夫斯基的徒子徒孙。他在中国的社会学和人类学中产生的巨大影响一直持续到今天。1935年，他曾经到燕京大学讲学三个月，写了一篇名为"对于中国乡村生活社会学调查的建议"的文章，发表在《社会学界》上。这篇文章的大意是告诉中国学子，社会人类学要做成千上万的"个案"调查。谁知这句话竟成了中国人类学的金科玉律，至今仍有很多人认为社会人类学等于个案研究，小个案也能出大理论。其实，拉德克利夫-布朗自己根本不是"做个案的"。他主张用"函数""变量"或"功能关系"解释社会。在他看来，社会人类学是"比较社会学"，是一门有关人类社会的自然科学，所用的方法与物理和生理科学所用的方法基本上相同。个案于他，不过是提炼理论的素材。今天想来，拉德克利夫-布朗当时对中国社会学与人类学学界的忠告是有他的"私心"的。

　　《原始社会的结构与功能》[①]（*Structure and Function in Primitive Society*）就是这样一本提炼理论的著作。

　　这是拉德克利夫-布朗晚年的一本论文集，收集了他最后25年发表的12篇论文，拉德克利夫-布朗本人写了一篇导论，精练地阐述了他对社会人类学的基本看法。论文可以分为四类：亲属制度和社会结构（"南非的母舅""父系继承和母系继承""亲属制度研究""论戏谑关系""再论戏谑关系""论社会结构"），原始宗教（"图腾的社会学理论""禁忌""宗教与社会"），法律（"社会裁定""原始法"），论社会科学中的功能概念。

　　开篇导论是对一些概念的阐释。拉德克利夫-布朗认为一种理论是由一系列分析概念构成的，这些概念应该是根据具体的现实来定义的，而且彼此在逻辑上

---

　　① 本文依据版本为拉德克利夫-布朗:《原始社会的结构与功能》，潘蛟等译，北京：中央民族大学出版社，1999。

也应该是相关联的。换言之，所谓理论，即一种阐释体系。历史与理论的区别如同个案研究与法则研究的差异，历史学基本是前者，其目的在于提供过去的状况和事件的知识，而理论研究旨在得出能被接受的一般定理。拉德克利夫-布朗并不反对在人类学的理论研究中陈述历史，但进化论者却错误地将现存土著部落社会制度视为重塑历史的根据。

拉德克利夫-布朗的"社会"受到涂尔干的强烈影响。他同意社会是外在于人的事实，它不由人决定，而是决定人。他提出了三个概念来描述"社会"：社会过程、社会结构、社会功能。"社会人类学家观察、描述、比较、分类的具体事实并不是一个实体，而是一个过程，即社会生活过程。"[①]他认为，社会生活本身是由人类的各种行动和互动组成的，在各种不同的具体活动中，存在着可发现的规律，因此，陈述或描写某一特定地区社会生活中的某些一般特性是可能的。这种社会过程的一般特征，就是社会生活方式，它包括共时（synchronic）和历时（diachronic）两个方面。共时方面是指某一时段上的社会生活方式，历时方面是指它在某个时期中的变化。在一个特定的社会中，必定存在着许许多多的社会生活方式。

人们根据社会生活方式或制度的安排，形成社会关系。这些社会关系编织成了社会关系网络。它的延绵就构成了社会结构。社会结构是指"某种有序的构成部分或成分安排"[②]，是"总的社会关系网络"[③]。社会结构大于社会关系，后者是社会结构下的个人关系。社会结构的存在和延续过程实际上是由人类各种行动和互动所构成的社会过程。在各种不同的具体活动中，存在着可发现的规律。这种研究可分为共时性的——在某一时段上的社会生活方式——研究，与历时性的——在某个时期中的社会生活方式变化——研究。

社会生活方式就是文化。社会结构是可见的，而文化是不可见的，社会人类学应该研究可见的社会结构，而不是不可见的文化。在社会学中，社会、社会制度或社会生活方式的存在属于社会静力学问题，而社会动力学涉及的则是社会生活方式的变化状况。社会静力学的首要任务是通过对社会生活方式进行比较来实现分类，对社会制度或社会生活方式的存在状况做出系统的概括。社会动力学研究关心的是对社会体系的变迁做出怎样的概括。

---

① 拉德克利夫-布朗：《原始社会的结构与功能》，4 页。
② 同上，10 页。
③ 同上，56 页。

在拉德克利夫-布朗看来，社会行动如同原子，原子的结合形成分子，即社会结构，这些分子构成我们可见的物体，即社会，它们之间的关系称为功能。这有点像化学家而不是人类学家对世界的解释。他主张，社会人类学的研究，就是从成千上万个具体的社会中找到共同特征。如同博物学分类出"有蹄状"等物种一般，社会人类学应该能够分类出"有政府""交表婚"之类的社会。

利奇（Edmund Leach）对此甚为不满。他认为这种结构-功能主义的理论和方法，实际上是一种化约主义：通过删减而不是通过抽象找到共同点，这是采集蝴蝶标本，有点像看图说话。列维-斯特劳斯则更一针见血地质问说：有蹄状动物生得出有蹄状动物，但是谁敢保证社会组织可以生出同样的社会组织？

朱诺德（Henri Junod）这样谈论甥舅之间的行为："应该特别注意巴聪加制度的这一稀奇特征，我认为对此只有一种可能的解释，那就是在从前和很遥远的时代，我们的部落曾经经历了母权制阶段。"在《南非的母舅》一文中，拉德克利夫-布朗则提供了另一些关于原始民族中甥舅关系的解释。通过分析南非各部族中，外甥对舅舅的称呼、两者之间的特殊关系及相互的权利和义务，并比较了部族中舅舅和姑母的地位和在土语中的称呼，拉德克利夫-布朗认为我们所称的大多数原始社会的特点是，人与人之间的行为主要是在亲属关系基础上加以规范的，而这种规范又是通过把每种认定的亲属关系形成一种固定的行为模式来实现的。这种状况是与社会的拆合组织——整个社会可被拆分成若干部分——相关联。尽管亲属关系总是，并且必然是父母双边的，但拆合组织只能采用单边世系原则，即必须在父系制和母系制之间做出选择。

在一定的父系社会中，甥舅之间的特殊行为是由母子之间的行为模式衍生出来的，而狭义上，母子模式本身又是家庭内部社会生活的产物。这种行为倾向扩展到母系亲属，即舅父所属的整个家庭或团体。在具有父系祖先崇拜的社会中，上述行为模式还可以扩展到母系家族的神灵。对待母方亲属或对待母方团体及其神灵和神物的特殊行为，都是在一定的仪式习俗中被表达出来的，在这里仪式的功能与别处一样，都是用来固定和维持某种包括义务和感情在内的行为模式。

《父系继承和母系继承》中讨论了权利单系传承的本质和功能。文中通过比较澳大利亚土著居民的父系继承制度和印度马拉巴尔（Malaber）地区纳亚尔（Nayar）种姓中的母系继承制度，从而为日耳曼各民族中存在的有关偿命金（wergild）的习俗提供了更进一步的证明。拉德克利夫-布朗强调，极端的父系制度比较罕见，极端的母系制度或许更罕见。作为一种可能性，可以设想在一个联系紧密、实行内婚制的地域社群中，由于出生于该社群的任何一个孩子在这里既可找到父亲又可找到母亲，所以不必在母系继承和父系继承之间进行选择。但当两个当地的法人团体通婚时，世系继承问题就产生了。或许，在这种场景中，并没有建立习俗规则，每件讼事都是通过由直接相关的人们之间的协议来调解。但是如果这里出现了什么明确规则，它通常所采用的势必为父系继承制或母系继承制。而支撑单系继承（父系继承或母系继承）习俗的社会学法则，即社会存在的必要条件是，（1）需要在公众意识中确立一种较为明确的对人权和对物权公式以便避免不能解决的冲突；（2）作为根据权利和义务来确定的人与人关系的体系，社会结构需要得到延续。总之，在任何有秩序的社会体系中，某种形式的单系制度即便并非完全是，但也几乎都是必需的。在这种制度中，一个人可以通过父亲和母亲获得同样和平等的权利。

亲属关系问题一直在社会人类学中占据着特别重要的地位。1941 年，拉德克利夫-布朗在皇家人类学会的会长演说中，以亲属制度为切入点，对历史推测研究方法和社会学分析方法进行了比较论述。这便是"亲属制度研究"。拉德克利夫-布朗首先解释了亲属制度、基本家庭、体系等概念，然后分别列举和比较了斯图尔德（Julian Steward）、麦克伦南（John Mclennan）、摩尔根（Lewis Morgan）、里弗斯（William Rivers）、克鲁伯（Alfred Kroeber）等学者的观点和事例，并具体分析了数个部族的亲属制度，最后得出以下结论：

（1）社会学分析方法能使我们对亲属制度进行系统的分类。系统分类在对任何一种现象所进行的科学研究中都是必要的，这种分类必须是普遍性质上的分类。（2）它从两个方面使我们明白了各种制度的特征：一方面把该特征作为一个有机整体的一个组成部分来加以揭示，另一方面证明这些特征是一种可以认识的现象中的一个特殊范例。（3）它是我们渴望最终获得的对于人类社会本质，即对过去、现在和将来所有社会的普遍特征做出正确概括的唯一方法。在历史推测法中，人们总是孤立地考虑一个个问题。相反，结构分析方法旨在获得一般的理论，因而，许多不同的事实和问题都被联系起来进行考察。

《论戏谑关系》和《再论戏谑关系》两篇文章探讨了戏谑关系（joking relationship）这种微妙的关系。习俗允许或有时要求一个人嘲弄或取笑另一个人，而后者不得动怒。这种关系可以是对称的，即两人中任何一方都可以嘲弄或取笑另一方；也可以是不对称的，即 A 嘲弄 B，B 只能接受而不得回敬，或只能稍有回敬。戏谑关系虽然在世界上非常普遍，但是双方的关系却各不相同。大致可以分为三类：一为姻亲关系，一为隔代关系，一为不同氏族之间的关系。拉德克利夫-布朗发现，这三种关系都存在着内部张力。丈夫既是岳父家的局外人，又是联盟者；祖孙既是传递传统的关系，又是一个清除另一个的关系；不同氏族成员之间既是对手，又是同盟。所以，戏谑关系实际上是一种委婉的处理方案。它是联盟（alliance）或同伴（consociation）关系的一种（其他三种：通婚、交换物品或劳务、结拜），与契约关系正好相反：前者使人无所适从，后者使人有章可循。戏谑关系与回避关系都是为了保证利益冲突的两个团体或个人保持亲合。格里奥莱（Marcel Griaule）教授对比较研究方法的否定，促使拉德克利夫-布朗提出了一个比较社会学问题：在戏谑关系中，是什么使这种行为变得正当、有意义和适用？拉德克利夫-布朗认为，只有运用比较方法才能得出一般解释。同时，我们也可以把自己局限于对个别事例的解释，如历史学家所做的那样。两种解释都是合理的，并不冲突。这如同多贡人把互相侮辱解释为一种净化肝脏的手段，并不能阻止我们把这种习俗看作分布极广的一种"友谊"的例证。这种习俗只是"友谊"的一个方面，而"友谊"则是对各种各样"戏谑关系"例证归纳出的一般解释。如果没有这种比较研究，我们只能把一种制度看作一个特定民族的独特产物。

在《图腾的社会学理论》中，拉德克利夫-布朗阐述了比较研究法的意义：无论我们从广义的还是狭义的角度给图腾崇拜下定义，如果我们不系统地研究广泛的现象，以及人与自然物种在巫术和仪式上的一般关系，我们就不可能理解图腾崇拜。在拉德克利夫-布朗看来，广义的图腾崇拜指一个社会被分成几个群体，其中每个群体与一种或数种物种具有一种特殊的关系。而在狭义上，当只有氏族社会阶段，即外婚制群体，而且其成员都因一种血缘关系被联系起来时，才使用"图腾崇拜"这个术语。在拉德克利夫-布朗提出的社会学理论中，图腾崇拜只不过是一个普遍和必要的文化成分或过程，是在某些特定条件下所采取的一种特殊的方式。涂尔干的理论认为，在图腾崇拜中，自然物种之所以是神圣的，因为它们被选作社会群体的代表。拉德克利夫-布朗则认为自然物种成为氏族群体的代表是由于它们已成为仪式态度的对象。因为拉德克利夫-布朗经过研究得出以下通则：任何事物或事件，只要对社会的人（物质的或精神的）有重要影响，或者任何东西，只要能代表图腾社会的广泛团结，都会成为仪式态度所涉及的对象。而导致某一部族采取图腾崇拜形式的条件是，（1）在生存中完全或部分依赖于自然产品；（2）类似于氏族、半偶族或其他裂变组织的存在。

　　《禁忌》一文讨论了仪式研究的三种方法。"禁忌"（taboo）是一个不恰当的术语，拉德克利夫-布朗用"仪式性回避"（ritual avoidances）或"仪式性禁限"（ritual prohibitions）取而代之。他认为禁忌是仪式，体现了一种价值观，一个社会体系可以被看作一种价值体系，并可以作为价值体系加以研究。问题是，"人类社会基本构成与仪式及意识价值的关系是什么？"[①]即仪式价值与社会价值的关系何在？研究仪式的方法之一是考虑仪式的产生目的和原因。拉德克利夫-布朗认为这无疑在仪式活动和技术活动之间画了等号，而实际上仪式都具有某种不表达或象征的成分。第二种方法是考虑仪式的意义，但这样必然要用感觉对意义进行缺乏科学根据的猜测。只有第三种方法——考察仪式的心理学和社会学效应——才被拉德克利夫-布朗所推崇。因为效应既直观，又能够体现价值体系。总之，"原始人的正面仪式和负面仪式之所以得以存在和持续，是因为它们是使有秩序的社会存在并得以维持的机制中的一个组成部分，它们确定了某种基本社会价值。这些使意识合法化并赋予意识某种一贯性的信仰是对象征行为及与之相关的情感的理性化"[②]。

　　在《论社会科学中的功能概念》和《论社会结构》两篇文章中，拉德克利夫-布朗认为不存在"功能主义"这种东西，那是马林诺夫斯基创造的神话，而拉德克利夫-布朗做的是地地道道的"科学"。社会人类学的任务，是为比较社会学找到坚实的基础，并对其分类，拉德克利夫-布朗暗示这个基础就是社会结构。每一种社会结构，都应该与社会机体的要求合拍，这便是功能。"人类学社会的存在，有一些必要条件，这如同动物机体的生存需要一定的条件一样，而且这些必要条件是能通过恰当的科学调查来揭示的。"[③]

　　标榜科学研究是人类学不二法门的人物几乎无一例外地陷入自恋的囚笼，拉德克利夫-布朗无疑是这个人类学痼疾的始作俑者。一副绅士做派的他，言语中总是流露出对马林诺夫斯基的嫉妒和对自己伟大理论的得意。但是，除了利奇和列维-斯特劳斯（Claude Lévi-Strauss）颠覆他的方法，弗里德曼（Maurice Freedman）更表达了对他的理论的不满。拉德克利夫-布朗一直主张，比较社会学理论必须建立在坚实的、可见的现象事实之上，这个事实就是"社会结构"。从结构到功能的研究策略一直是拉德克利夫-布朗志得意满的成就。但是，在本

① 拉德克利夫-布朗：《原始社会的结构与功能》，157 页。
② 同上，168 页。
③ 同上，200 页。

书编成之时，拉德克利夫-布朗临阵换将，用"社会过程"取代"社会结构"，充当比较社会学的事实基础。人类学成了"对原始人社会生活形式的比较理论研究"，社会结构和文化都被看作社会过程的静态体现。可能是当时的英国思想已经使拉德克利夫-布朗不能再无视动态和变化，也可能"社会过程"有潜力拯救他的"化约主义"方法论，总之他不得不突兀地修补自己的理论。但是拉德克利夫-布朗从来没有提出一个研究社会过程的方案，对动态问题束手无策的结构-功能理论也随着这本《原始社会的结构与功能》的问世逐渐销声匿迹了。

《上缅甸诸政治体制》(1954)

郑少雄

埃德蒙·利奇(Edmund Leach, 1910—1989),生于英格兰锡德茅斯,1929年入剑桥大学,1932年获得工程学学士学位,毕业后到上海工作,1938年回英国,到伦敦经济学院马林诺夫斯基门下学习人类学。1939年利奇到缅甸克钦山区进行了为期7个月的田野调查,1940—1945年在英国驻缅甸陆军担任军官,在中缅边界克钦山地一带活动。"二战"后利奇回到伦敦经济学院,于1947年获得博士学位,随后于1953年转到剑桥大学考古学人类学系,1972年升任国王学院院长。除在剑桥大学任职外,利奇还担任过皇家人类学学会会长(1968—1970)等。利奇在1951年、1957年获科尔论文奖(Curl Essay Prize),1958年获里弗斯奖章(Rivers Medal),1968年发表了一系列颇受争议的雷斯讲座(Reith Lectures)。1975年他被授予爵士爵位,1978年退休,1989年1月去世。

利奇的著作主要包括《上缅甸诸政治体制——克钦社会结构之研究》(*Political Systems of Highland Burma: A Study of Kachin Social Structure*, 1954)、《重新思考人类学》(Rethinking Anthropology, 1961)、《列维-斯特劳斯》(*Lévi-Strauss*, 1970)、《文化和交流》(Culture and Communication, 1976)、《社会人类学》(Social *Anthropology*, 1982)、《圣经神话的结构主义解释》(*Structuralist Interpretations of Biblical Myth*, 1983)等。[①]

---

① 上述关于利奇简介的部分内容可以参见剑桥大学图书馆网页:http://janus.lib.cam.ac.uk/db/node.xsp?id=EAD%2FGBR%2F0272%2FPP%2FERL。该图书馆的 Janus 项目保存有利奇的夫人和女儿捐献出来的利奇的全部书稿(含出版和未出版的)、书信等;利奇:《附录七:我的缅甸田野经历》,见其:《上缅甸诸政治体制——克钦社会结构之研究》,张恭启、黄道琳译,363—365页,台北:唐山出版社,1999。

　　利奇率先在英语学界推介结构主义，同时，也用结构主义方法进行研究和著述，并亲自写了列维-斯特劳斯的传记，因此也被国际学界称为新结构主义者。尽管如此，利奇仍认为自己仍然是一个功能主义者。[1] 布洛克（Maurice Bloch）认为，利奇是一位曾经只手发动了英国人类学史理论革命的大师。

　　利奇（Edmund Leach）在中国大陆学界的名声可大可小，说大是因为大家或多或少了解他的生平和著述，比如他和费孝通先生曾同在伦敦经济学院（LSE）马林诺夫斯基门下学习，二人在20世纪90年代初也打过一场笔墨官司，[2] 他的《上缅甸诸政治体制——克钦社会结构之研究》（以下简称《上缅甸诸政治体制》）列入《西方人类学名著提要》[3]，被认为是人类学史上屈指可数的几十部经典之一，可以说被供上神坛了；说小是因为他的著作仅有《列维-斯特劳斯》《文化与交流》[4] 等在翻译出版，而且似乎并没有太受人注意，这对于一位在英国以至世界人类学界都称得上大师级[5] 的人来说，有点令人难以理解。本文将试图通过《上缅甸诸政治体制》[6] 一书，评述利奇何以被称为经典，同时揭示对利奇的批评之道。

　　① 詹姆斯·莱德洛："序"，见利奇：《列维-斯特劳斯》，王仁庆译，4页，北京：生活·读书·新知三联书店，1985。

　　② Edmund Leach, *Social Anthropology*, New York: Oxford University Press, 1982, pp.124—127；费孝通：《人的研究在中国》，见《学术自述与反思：费孝通学术文集》，127—142页，北京：生活·读书·新知三联书店，1996。

　　③ 王铭铭主编：《西方人类学名著提要》，南昌：江西人民出版社，2004。在《提要》里，编者选择了150年来西方人类学名著46部；利奇的这一著作名被翻译为《缅甸高原的政治体制》，由赵旭东撰写提要。

　　④ 利奇：《列维-斯特劳斯》，吴琼译，北京：昆仑出版社，1999。这两本书的英文本各出版于1970年、1976年，而布洛克（Maurice Bloch）认为，利奇1964年以后的书都不足观，尤其是《文化和交流》（1976）和《社会人类学》（1982）只表明了利奇越发浅薄和不精确的趋势，简直配不上利奇应有的身份。参见 Maurice Bloch's book review（untitled）on Edmund Leach: A Bibliography by Royal Anthropological Institute of Great Britain & Ireland, *Man*, New Series, Vol.27, No.2（Jun. 1992），p.438。

　　⑤ 参见詹姆斯·莱德洛："序"，见利奇：《列维-斯特劳斯》，4页。

　　⑥ 利奇（李区）：《上缅甸诸政治体制——克钦社会结构之研究》，张恭启、黄道琳译，台北：唐山出版社，2003; Edmund Leach, *Political Systems of Highland Burma: A Study of Kachin Social Structure*, London: G.Bell and Sons, Ltd., 1964。为了符合大陆学界的习惯，本文把 Leach 称为"利奇"，而非"李区"。

一、半部民族志基础上的成功颠覆 [①]

由于战争的原因，利奇在本书的田野工作地点帕兰的调查材料和照片，以及根据材料所形成的一份研究报告全部遗失。战后在此基础上形成的本书难免让人觉得经验材料过于单薄，在这个意义上，我称本书为半部民族志。但是，在克钦地区长达六七年的游历，对景颇语的熟悉，使我们有理由认为，利奇的发论是建立在可靠的经验观察基础上的。

利奇所研究的克钦人，是一个模糊的概念，它不是一个语言学上的范畴，但可以认为是一个地理范畴、文化范畴，即居住在中缅边境克钦山区除汉人、掸人（即中国称为"傣"的族群）及缅人以外的所有山地人。这些人语言极其多样，物质文化特质各有不同，主要实行称为"当亚"的烧垦游耕生产模式，实行一定程度上的土地"公有私占" [②] 制度。但大部分学者认为，克钦人大致可等同于中国所称的景颇人，并且"克钦人承认共同的祖先，实行同样的婚制和几乎相同的习惯法和社会控制，而且，所有的克钦人在仪式中都只使用景颇语" [③]。

掸人则是这样的一群人：他们也生活在克钦山区，但基本上是沿河谷聚居，种植水稻，信佛教，讲泰语（Tai）。利奇认为，掸族文化并非外来，而是在本土形成的，是在小规模的武装殖民者与山地原住民长久的经济互动中形成的。特殊的经济事实，即水稻种植决定了掸人政治组织的统一性，后者又决定了掸人文化的统一性。掸人较为发达，是一种比较精致的文明形式，因此成了克钦人模仿的对象，故而，"变成掸人"是一种普遍现象。

掸人的社会政治体制是一种以财产权和人身依附为基础的、稳定的封建等级制国家形式，[④]"非常近似于欧洲人所称的'封建制度'"，领主拥有绝对权力，佃户则是其奴隶。克钦人则实行两种互相矛盾的政治形式：贡扎制（gumsa）和贡龙制（gumlao）。贡扎是指一种类似于掸人的等级制政治组织，但是注意这里会有些差别：克钦贡扎制实在只能算是掸邦制的一种不充分形式，或者说初级形

---

① 本节内容除另外加注外，所有引用内容皆出自利奇的《上缅甸诸政治体制——克钦社会结构之研究》，不再一一注明。

② 龚佩华认为这种土地所有制形式应该称为"公有私耕"或"公有私占"，见其：《景颇族山官制社会研究》，40—43页，广州：中山大学出版社，1988。

③ 王筑生：《社会变迁与适应——中国的景颇与利奇的模式》，载《中国社会科学季刊》（香港），1995年冬季卷（总第13期），84页。

④ 根据龚佩华等人的研究，这些掸人国家实际上应该算是明清之际西南茶山、里麻长官司及其他傣族土司领地。也可见《景颇族简史》编写组：《景颇族简史》，28—32页，昆明：云南人民出版社，1983。

式。因为贡扎的山官（贵族）们并没有对他的百姓（平民和奴隶）形成完整的人身和财产权利，他们之间既是一种依附关系，也是天赋等级、血缘、联盟、相互权利义务的关系。而贡龙则是一种平权主义、无政府主义的民主制度。在景颇语里，贡龙是"背叛了其合法主人的平民和奴隶"。利奇认为，只有把克钦人置于和他们紧邻的掸人的关系中考察才能获得意义。理解这一点相当重要，因为克钦人在贡扎、贡龙政治体制间的摇摆，无不源于克钦山官们对掸制政治组织形式的模仿，这些模仿到达一定的程度，又会和克钦内部的婚姻、继承、部落联盟等亲属政治制度发生结构性冲突。

那么，我们需要解释克钦人的政治制度为什么会在贡扎、贡龙两者之间摇摆。我将尝试一种和利奇对反的途径，即以符合逻辑的顺序进行解释，而利奇的模式则在穷尽了所有的概念、范畴及背景铺垫后，才进入真正的解释。

首先，生态环境的影响。在利奇看来，生态发挥了相当重要的作用，但毫无疑问不是决定性的因素。利奇把克钦地区分为甲、乙、丙三区：乙区是草地游耕区域，粮食、作物产量不丰，不能完全满足自己的需要，克钦人必须和河谷的掸人结成紧密的联系，依附于掸人，故而他们的政治组织形式都是贡扎制；甲区实施季风游耕制，丙区开发了山地梯田，故而粮食基本可以自足，或者因向过往行旅收取过路费而实现经济平衡，这两区属于贡龙、贡扎两可。可见，利奇的意思是，生态环境是实施某一种政治组织形式的必要条件，但绝非充分条件。

其次，历史因素，也可以说是外界更大规模政治环境的影响。第一，利奇充分注意到了历史上中国人（汉人）对本区域的影响，他认为，由于军事征服、政治统治及贸易交通等原因，汉人文明向西南地区推进，形成了该地区缅人、掸人比较成熟的封建等级文明形式。而克钦人由于近两千年来都和掸人保持着各种各样密切的关系，所以他们通过以掸人为中介，也借用了汉人的治国理论。归结起来就是，荀子的"服从天命国法"说和孟子的"官逼民反"说[1]。也就是说，贡扎和贡龙分别是从荀、孟那里获得了思想来源。以上是一种总体框架性的解释。第二，克钦人在和掸人的关系中如何形成了贡扎的阶级划分及"木育-达玛"[2]婚姻制度？最初，自然状态下的"原克钦人"也许是平权主义的，但是，在和

---

① 这里的"服从天命国法"说和"官逼民反"说是笔者的归结，并非利奇原话。
② "木育-达玛"婚姻可简单解释为：克钦人属于父系继承制，婚姻则实行母方交表婚，即男子只可与母亲兄弟（舅舅）的女儿结婚。在等级上木育世系（又称岳父种）高于达玛世系（又称姑爷种）。从理论上说，这样的婚制意味着女人的流动永远是单向的、不可逆的。此举是为了保证等级制的形成与维持。

掸人密切联系的过程中，出于对文明制度的模仿，山官（贵族）、百姓及奴隶三个等级划分的思想出现了。与掸人不同的是，克钦人的烧垦游耕经济决定了人员的自由流动，山官留住属民的唯一办法是和他们结成更为亲密的亲属关系。由于克钦社会实行外婚制，[①] "则利用婚姻以建立政治性的联系就变得显而易见了"。政治地位的差别是通过婚姻来表示的，那么，婚姻规定就必然是不对称的。这就解释了为什么在实行父系继嗣的克钦社会里，必须实行母方单方交表婚，而非双方交表婚。[②] 至于为什么木育（岳父种）的等级高于达玛（姑爷种），而非相反，则和克钦人对居处选择及土地财产的观念有关。[③] 总结起来可以说是，"木育-达玛"婚制是克钦人接受了掸人的阶级制度后，结合山地生态、经济特征及自身"典型的裂变型原始社会"状态等几方面原因形成的。第三，"木育-达玛"婚制如何决定性地导致了贡扎、贡龙两者皆是不稳定的政治形式？由于对掸人国家的追随，克钦人成为政治附庸（以联盟的形式存在，而非奴隶），形成贡扎制度。但是，对掸人召帕[④] 过度的模仿，以及适当时机经济利益诱惑的出现，使克钦山官们倾向于否定自己和属下的共同世系及姻亲联系，刻意忽略相互的亲属权利义务关系，努力使自己成为一个真正具有绝对权力的领袖，这就导致了他的下属们群起反叛，使贡扎社会分裂或解体为贡龙社会。另一方面，在贡龙社会里，克钦人的乱伦观念[⑤] 使得"木育-达玛"婚制仍是占支配地位的意识形态和实践标准，这反过来又导致了贡龙社会很快就恢复为等级制的贡扎社会，因为"木育-达玛"婚制就是以等级为基础的。

最后，行动者的因素。利奇认为，贡龙叛乱是由野心勃勃的次等贵族发起

---

① 列维-斯特劳斯认为克钦人"木育-达玛"婚制的基本规定早先借自汉人；利奇颇不以为然，但也同意"原克钦人"和当时的汉人一样，组成外婚的父系世系群。

② 如果实行双方交表婚，则要确定某一方等级为高将成为不可能，因为双方互为翁婿。

③ 在同一个村寨中，两个世系之间若有"木育-达玛"关系，则意味着：（1）木育先居于该地。克钦人的观念认为，首先居于某处的世系群即对该地拥有所有权（支配权）。（2）达玛世系群的始祖采取随妻居。按照克钦人的正统观念，这就已自认身份较低。注意，我们这里所谈的不是同一个村寨中两个世系群之间进行婚姻交换从而形成"木育-达玛"关系，因为根据克钦人的生活形态，总是某一个世系分裂出来，单独到另一处开辟领地，而不存在两个或两个以上的世系共同到某处生活。

④ 即掸人国家的王。根据龚佩华和王筑生的看法，其实这些所谓的王就是傣族土司。

⑤ 克钦人观念中最严重的一种乱伦关系就是，"匝"（母之兄弟之子）与"克日"（父之姊妹之女）的性关系。如果因此而怀孕，就会形成木育债，很容易扩大为一场严重的报复或血仇。

的，他们主要是世系继承人（山官）的兄弟①、姻亲。在神话里，叛乱者的原形是祭司、铁匠与私生子。祭司主要由幼子的兄长们担任，他们没有希望直接继任为山官，成为祭司的主要目的是借此掌握神圣力量；铁匠在克钦神话里拥有崇高的地位，但在掸人观念里，铁匠是奴隶的职业，所以克钦的铁匠们也没有机会成为贵族阶层；私生子和幼子属于同一个父亲，但在贡扎社会里，只能成为幼子的奴隶。这三者因为天生出身顺序或血缘的关系，已经在事实上成为贡扎社会的受害者了，所以一旦成功的克钦山官想彻底否定与亲属的关系，把自己塑造为一个有绝对权力的掸王时，这种贡龙叛乱几乎是难免的。

不难看出，这种分析进路是建立在对克钦社会的历史过程和观念范畴充分熟悉的基础上的，故此，利奇用了几个专章的篇幅讨论了克钦人的仪式、神话、日常言语范畴等。在此我不打算一一解释，但在下一部分的批评中将会涉及。

概而言之，克钦人的意识形态中设置了贡扎、贡龙两种社会制度理想型，再加上作为参照和模仿对象的掸人封建制，在利奇所考察的150年间，克钦人的政治行为于是就从贡扎制向专制的掸人封建制逐步靠拢，在即将成功的一瞬间，导致贵族叛乱，社会一下子摆荡到民主的贡龙制；但是由于"木育-达玛"等级婚制的内在规定，贡龙制又将很快回复到贡扎制，如此循环往复，从而实现了利奇所称的一种钟摆模式（oscillation），或曰动态平衡（moving equilibrium）。

利奇讨论克钦人的政治组织形式，其真实用意何在？我们以什么理由称它是一部经典呢？利奇认为，这本书的价值不在于民族志事实本身，而在于，其一，他对事实的诠释，也就是他对前人理论的颠覆部分；其二，他的理论可以超越克钦山区，获得更大范围内的方法论价值。回溯到利奇发表本书的20世纪50年代，我认为，利奇的贡献至少可以从以下几个方面得到说明，他的成就也的确称得上是"只手发动了英国人类学史上的理论革命"。

第一，对涂尔干社会学派，尤其是拉德克利夫-布朗（Radcliff-Brawn）以来的英国结构功能主义流派的反省。20世纪40—50年代，拉德克利夫-布朗的结构功能理论正如日中天，这种理论认为社会体系是自然存在的实体（entity），体系里的均衡也是内在的和本质的（intrinsic），是一种自然事实（a Nature

---

① 克钦贡扎社会实行的是"幼子继承制"，山官继承人的兄长们只能或者召集自己的追随者到他处另辟辖地，或者留在原来的辖区成为幼弟的下属。克钦的幼子继承制有别于掸人、汉人的宗子继承制。弗雷泽认为，这种差异应该是和克钦人特殊的烧垦游耕经济有关，儿子长大后就必须脱离父母，到别处开辟新的田地，幼子自然就会成为继承父亲财产和权力的最后人选。

of fact）。发展到福特斯（Meyer Fortes）、埃文思–普里查德（E. E. Evans-Prichard）等人，他们富有洞察力的非洲观察进一步推进了这种认识，均衡的裂变对立制（segmentary opposition）成为一种认识原始社会的锐利工具。利奇通过对克钦人制度运作"台前幕后"的通盘考察后提出：首先，社会体系绝对不是客观存在的实体，实际上，是人的观念和思维运用其上时，才使社会事实显出秩序来。换句话说，社会体系是思想的产物，是一套概念之间的关系，克钦人和社会科学工作者都利用了这一套概念工具（也就是利奇着力分析的言语范畴）对社会制度勾画了一套"理想型"（ideal type），然后，实际的社会运作就是一种朝向理想模式前进及退缩的过程。因此，可以说，结构仅存于观念层次，在经验事实的层面上其实是无结构的（the lack of structure）。其次，社会不必然是自我实现团结和均衡的，社会紧张和冲突随时随处存在，并且会冲破限制，导致结构解体和变迁。当然，利奇的解体和变迁是有限定的、有迹可循的，也就是说，在总体上还是遵循了一种被称为"动态均衡"的模式，所以弗思（Raymond Firth）说，利奇最大的贡献在于提出了"动态理论"（dynamic theory）。最后，利奇在分析社会动态的过程中，成功地导入了人的行动及其各项原则，他认为，有进取心的个人对权力和地位的追求导致了他们在社会变迁过程中起作用，人是一股巨大的能动力量。

第二，杰出的综合：对历史材料的综合运用及结构主义分析方法初现端倪。一般认为，功能学派的人类学家是反历史的，他们所关注的是共时态下的社会整合（integration）；结构主义者在这个问题上也未脱窠臼，认为历史对于分析人类共通的深层思维结构并不能提供什么实质性的帮助。利奇自称既是一个功能主义（经验主义）者，也是一个结构主义（理性主义）者[①]，那么，他就应该是双料的反历史主义者。但是，事实上，利奇是英国功能学派中第一个真正重视历史过程的人类学家，在本书里可以体现为：一方面，克钦政治组织在贡扎、贡龙两种制度间的摆动，是一个 150 年左右的过程。如果缺乏这种长时段的目光和意识，仅仅着眼于历史的一个横截面进行功能或结构[②]的分析，则绝不可能有此发现；另一方面，导致贡扎、贡龙制度两者都不稳定的最重要的内在因素是克钦社会内部的"木育–达玛"婚制，而按利奇的看法，这种等级性的婚姻制度安排，

[①]　利奇：《文化与交流》，"第一章：经验主义者和理性主义者"，1—6 页；《列维–斯特劳斯》，"第一章：列维–斯特劳斯其人"，1—19 页。

[②]　这里说的结构，可以兼指"结构主义"的结构及"结构–功能主义"的结构。

并非克钦人自我创造的原生形态，而是来自长期以来他们对临族掸人封建制度的模仿，而掸人制度则受到中国汉人文明过程的影响。总而言之，克钦制度是外部一个更庞大、更悠久、更复杂的政治历史过程持续影响下的产物。甚至贡扎、贡龙两者思想来源都可以直接归结为上文提到的荀子和孟子。所以，在这里历史是双重的：钟摆现象本身是一个历史变迁过程；这个过程又是一个长达两千年的更庞大的历史过程的产物。

那么，我们又怎么理解利奇所说的体现在本书里的结构主义风格呢？利奇对克钦政治钟摆模式的分析，终究还是落实在对继嗣制度、亲属制度，尤其是婚姻交换制度的认识上。参照上文的分析我们可以知道，"幼子继承制"和"木育-达玛"婚制都是克钦社会真正的内在矛盾。利奇也承认，他写作本书的时候已经看过列维-斯特劳斯的《亲属制度的基本结构》，并且颇受启发，所以，尽管他和列维-斯特劳斯得出的结论相左，这种分析模式却和结构主义如出一辙；此外，尤为重要的一点是，根据利奇的观点，"由于兴趣在与客观事实相对立的观念上，结构主义人类学家更倾向于关心说而非做。在田野考察中，他们特别重视神话和人们提供的解释事情因果的口头陈述。如果口头陈述与观察到的行为不符，理性主义者倾向于认为社会真实存在于口头传说中，而不存在于实际发生的事件中"①，纵观全书，利奇花了全书 1/3 以上的篇幅描述克钦人的诸结构性语言范畴和神话②，并且声称范畴性的结构，无论何时何地必然都与经验事实不甚符合。

第三，对仪式、神话概念的重新解释。对于仪式（ritual）的重新认识，首先必须否定神圣（sacred）与凡俗（profane）的截然二分。涂尔干的社会学认为，有一类社会行为是神圣的，比如宗教仪式；另一类行为是凡俗的，比如功能性的、技术性的日常活动，这种两分是普同而绝对的。但是，利奇的观察发现，事物并不能简单分为圣、俗两种，圣、俗之分在他看来只是一种理想型，实际上，任何事物都同时具有圣、俗两个侧面（aspects），比如克钦人的耕作固然是功能性的，但也穿插着与技术全然无关的种种地方惯习、美学花样；又比如克钦人向神的献祭，作为神圣仪式的同时，何尝不是社区分配食物、大吃一顿的借口呢？在这样的基础上，利奇认为，神话和仪式也是事物的一体两面，"神话乃一则语言形式的表白，而仪礼（仪式）乃一则行为形式的表白，两者'说'的是同

① 利奇：《文化与交流》，3 页。
② 即第五章"克钦贡扎社会中诸结构性范畴"及第九章"神话作为派系相争与社会变迁之辩解"，合计 120 页，占全书正文 336 页的 1/3 强。

一事"。也就是说，仪式的定义在利奇这里得到扩展，"我们大可将'仪礼'（仪式）视为所有行为皆具有的一个侧面，即沟通的（communicative）侧面"。作为神圣范畴的宗教仪式，固然是体现社会团结的场所，是社会的集体表征，也是社会结构性的一种表达，是人类学家可以诠释的：如果社会结构性关系可以比喻为一张乐谱，那么，仪式就是乐谱的演奏。神话也与此同理，只是演奏的方式不同罢了。克钦社会既然充满结构的对立和变迁，神话也就不能幸免地充满内部的不一致。在克钦社会里，讲故事是一个专门职业，主要由祭师和吟诵者担任，于是，同一个神话的不同版本，在利奇看来，绝没有正确与错误之分，只是体现了神话讲述者和他们的雇主不同的立场和目的。也就是说，神话绝不是社会内部整合的一套集体意识，恰恰相反，神话是一套社会解体的工具。

对《上缅甸诸政治体制》的简要介绍到这里可以暂告一个段落。总而言之，利奇在他的开山之作里显示出了对功能主义理论的某些方面进行颠覆的宏大追求，他批评的对象包括涂尔干、马林诺夫斯基、拉德克利夫－布朗直至埃文思－普里查德等众多大师，显示出了明显的韦伯式社会行动理论和巴黎式结构主义的旨趣。他建构起来的"钟摆"模式及"动态平衡"理论，在那个时代，即使不能说振聋发聩，至少也是令人耳目一新的。

二、如何批评利奇

莱曼（F. K. Lehman）教授提出，法国学者保罗·穆斯（Paul Mus）发现的东南亚"开寨始祖崇拜"（the Founders' Cult）现象可以用来解释克钦人的"钟摆"现象。在东南亚，人们认为土地原初及最终的所有人都是鬼，开寨始祖们为了利用土地，和地鬼制定了相应的契约，而且，这些契约及与地鬼沟通的权力是可以继承的，在克钦地区，继承人就是幼子山官。莱曼认为，贡龙叛乱地区最后回到贡扎制度，实在是和这种崇拜有关，因为如果不确立贡扎等级秩序，并向原来的山官"购买"这种祭祀的权力，贡龙地区根本无法对付土地的最终主人——鬼。[①] 那么，是和地鬼沟通的权力决定了贡龙向贡扎制度的回归，而非婚制或其他。

---

① 莱曼：《开寨始祖崇拜及其与东南亚北部及中国西南边疆民族的政治制度的关系》，载《中国社会科学季刊》（香港），1997 年春夏季卷（总第 18—19 期），261—285 页。

王筑生认为利奇关于克钦的说法固然有其过人之处，但却犯了一个巨大的错误：贡扎与贡龙直接对立的理想型与经验现实完全不符。在克钦社会里，其实存在着多达五种类型的政治秩序，它们之间的摆动也可以分成两种：内部的摆动是从贡扎到贡龙，外部的摆动是从贡扎到掸制。① 王筑生此文的主旨在于，他综合了到 20 世纪 90 年代为止，包括他本人在内的克钦（景颇）研究的大量成果，认为克钦人的社会结构体系是一种可以理解和把握的经验事实，从而对利奇"钟摆"模式的动态平衡理论提出质疑，② 也对结构主义的研究方法进行了不客气的批评。③

上述批评中，莱曼的说法提供了一个全新的解释途径，与利奇此书并不能形成有契合性的对话；王筑生把贡扎—贡龙钟摆模式分解成贡扎—掸制、贡扎—贡龙两种内外摆动，非常精彩，但实际上只能看作对利奇的精确化，并不能构成真正驳论。因为利奇实际上已经充分注意到了克钦制度向掸制靠拢的过程，他在导论里曾经明确提出了从贡龙一直到掸制的摆动机制，④ 但是在分析过程中，当他建立模式的时候却没有予以确认，这的确是令人不解的。克钦制度变迁的动力，应该到外部政治环境中去寻找，也实属洞见。但除此之外，王筑生的批评则略显言不及义，因为用经验主义的态度批评结构主义的研究方法多少有点"风马牛不相及"。我以为，对利奇的批评，应该回到利奇自身。

首先，成也历史，败也历史。利奇描述历史变迁过程，以及对更长时段历史材料的关注，使他挣脱功能主义的束缚，成为真正有力量的解释者。但问题是，由于种种原因，他对历史的运用，仍有颇多值得商榷之处。利奇所使用的历史，可以归结为一句话：在英国殖民者于 1885 年到来之前的一千多年间，汉人文明影响了掸人，掸人进而影响了克钦人。但是，这种影响在利奇看来是极其有限的，因为利奇始终认为，不管是掸人还是克钦人，其族源及文化都绝非外来，

---

① 需要注意的是，在这里我继续使用了贡扎、贡龙及掸制等名称，是为了读者的理解方便。其实王筑生所提到的五种政治类型是：贡老（即贡龙）、贡尤、贡钦贡嚓（对应于我们上文的贡扎）、贡龙贡嚓、贡嚓（即几乎完全类似掸制的山官）。贡尤和贡龙贡嚓分别是内外两种摆动的中间过渡形态。这五种分类并非王筑生的自创，而是总结自然和莱曼的研究。此外，王筑生说贡嚓即是利奇所说的贡扎，我以为这是王筑生的误解。见王筑生：《社会变迁与适应——中国的景颇与利奇的模式》，88—89 页。

② 王筑生认为，拉德克利夫-布朗平衡理论被证明是行不通的，利奇的所谓"动态平衡"理论也难免这一命运。这种动态平衡只不过是在想象中对立的秩序之间的一种机械摆动，他由对拉德克利夫-布朗的批评开始，却始终未能摆脱拉德克利夫-布朗的窠臼。

③ 以上论述见王筑生：《社会变迁与适应——中国的景颇与利奇的模式》，82—95 页。

④ 利奇：《上缅甸诸政治体制》，9—10 页。

或至少不是晚近时期迁徙来的，他们的文化是原住民结合了本地生态特征的自我创设，他们的经济在过去的 1600 年中几乎没有什么变化。克钦人通过掸人对汉人文明的借用，接受其阶级观念，产生了山官（贵族）、百姓和奴隶的等级划分；刀耕火种生计模式带来人员的自由流动，为笼络部民，遂产生了"木育-达玛"婚制。但是，借用的这一刻之后，克钦人政治的演变，就是克钦与掸人之间的互动，再也见不到缅人、汉人与英国人的影子了。龚佩华在对利奇的批评里也说，利奇"没有从历史上去了解古姆萨（贡扎）制度之产生、形成和演变的全过程，当然就不可能分清古姆萨的原生形态和演变形态，因而也不可能了解演变的真正形态"①。中国史书和志书里关于景颇族和傣族的族源迁徙、建置沿革等方面的记载简直多如牛毛，② 而利奇显然没有看到过。所以，利奇关注到的似乎只是历史的一斑而非全豹。

其次，克钦制度演变，显然应该从克钦外部的政治环境着手才可获得真正完整的认识。利奇所认定的变迁动力有二：一是婚姻联盟制度和等级制度的内在矛盾，二是有野心却由于出身而处于劣势的贵族成员对权力和地位的追逐。但仔细分析即可看出，过于强调行动者的能动性其实隐含着对前一种变迁动力的自我否定。试想人皆有不可遏制的权力欲望，则百姓与奴隶更有理由发动叛乱来改变命运，何须轮到失意的贵族？何况贵族集团的其他成员当不成山官，本来也就是意识形态和制度的安排。可以说，两种动力成对出现，看似互相加强，实际上却成了自我消解的力量。而且，值得注意的是，克钦人的"木育-达玛"婚制，实际上是可以和政治制度的任何形式兼容的。③ 因此，克钦制度的变迁，实际上应该到更大的地理空间范围内去寻找，它是强大的外部力量④ 直接争夺当地民族及其领土控制，试图进行文化同化和政治制度替换，导致克钦（景颇）人被迫进行动态调适所致。⑤

最后，也是最重要的，假设我们要从克钦内部发现"钟摆"制度产生的结构性因素，我们就必须辨别婚姻联盟制度和政治等级制度如何互动的问题。实际上，从一般的事实层面来考虑，我们即可怀疑利奇的这个说法：克钦人是接受了

---

① 龚佩华：《景颇族山官制社会研究》，152 页。

② 相关材料可以参考《景颇族简史》编写组：《景颇族简史》，8—43 页。

③ 见王筑生：《社会变迁与适应——中国的景颇与利奇的模式》，90—91 页。

④ 即中国中央王朝（明清王朝）、缅甸（东吁、雍籍牙王朝）和英国殖民主义三方势力。

⑤ 见王筑生：《社会变迁与适应——中国的景颇与利奇的模式》，93 页。

汉人（以掸人为中介）的等级制度后，结合他们游耕生计模式而形成"木育–达玛"婚制。原因有两个，第一，我们可以追问，汉人等级文明的影响到达之前，克钦人的婚姻形态是怎样的？其二，汉人文明对周边地带，尤其西南山区影响所及的民族以十、百计，这种有等级的母方交表婚似乎并未见于其他民族，又该做何解释？因此，如果把"木育–达玛"婚制解释成一种原生的婚姻等级制度，这种社会制度遭遇到外来的政治等级制度，从而产生结构性的冲突，似乎就更具有说服力。

三、结语

综上所述，利奇以他的第一本重要著作《上缅甸诸政治体制》，即奠定了自己在西方人类学界的地位。在此书出版后的 30 多年里，他又相继发表了一系列作品，但影响皆不及此。在本书里，利奇通过一个精心建构的"钟摆"模式，提出"动态平衡"理论，弗思称之为对社会体系理论的重大贡献，是一本精心制成的杰作。[①] 更重要的是，利奇在此也实现了对历史材料和结构主义研究方法的出色综合，并且对相关的仪式、神话和族群等概念，以及社会结构与文化现象的边界、相邻社会政治制度长期互动等问题进行了富有开创性的探讨，代表人类学理论历史的一次重大突破。但是，囿于时代和自身方法上的局限，利奇的创见显然也遭到了一系列的批评，这些批评或者未及问题的实质所在，或者对利奇的模式进行了补充和完善，或者只是后人在知识已经增添、新的材料继续发现的基础上进一步的"吹毛求疵"，但都对我们深入认识利奇的价值和不足，提供了有益的见解。

---

① 弗思："序"，见利奇：《上缅甸诸政治制度》，v 页。

《原始人的法》(1954)

张亚辉

亚当森·霍贝尔(Adamson Hoebel,1906—1993),20世纪美国最著名的人类学家之一。霍贝尔出生于美国威斯康星州的麦迪逊市,父亲是麦迪逊马具公司的副总裁,母亲是威斯康星州市民服务委员。1928年,霍贝尔获得威斯康星大学社会学与经济学本科学位。两年后,他凭借《家庭环境与青春期男孩的不良行为》一文获得纽约大学的硕士学位。之后,他进入哥伦比亚大学,师从博厄斯和本尼迪克特学习人类学。当他表示要以平原印第安人的法律体系作为博士论文的研究方向时,博厄斯将他推荐给了卢埃林(Karl Llewellyn),后者是哥伦比亚大学的法学教授。1934年,霍贝尔完成了博士论文《科曼契人的政治组织和法律方式》("The Political Organization and Law-ways of the Comanche Indians"),并获得了人类学博士学位。

毕业之后,他继续和卢埃林合作进行法律与人类学的跨文化研究,并于1941年合作出版了《晒延方式——原始法学中的冲突与案例法》(*The Cheyenne Way: Conflict and Case Law in Primitive Jurisprudence*)一书。

霍贝尔曾先后在纽约大学(1928—1948)、犹他大学(1948—1954)、明尼苏达大学(1954—1968)等多所大学教授人类学,并先后出版了《原始世界的人们——人类学入门》(*Man in the Primitive World: An Introduction to Anthropology*, 1949)和《人类学——人的研究》(*Anthropology: The Study of Man*, 1966)两本人类学教材。

1954年,霍贝尔在自己的研究和广泛的阅读的基础上,写就了法律人类学著作《原始人的法》(*The Law of Primitive Man*),该书一经出版便受到了学术界的广泛关注,很快就成为人类学和法学专业的重要教科书。

霍贝尔因在人类学众多领域中的杰出贡献而获得了广泛的认可,1946—1947年,被推选为美国民族学会会长;1956—1957年,担任美国人类学协会主席。1993年,霍贝尔去世。

原始社会究竟有没有法律？霍贝尔猜想，博厄斯（Franz Boas）一定会说，"没有！"所以，当霍贝尔要写一份关于法律人类学的博士论文的时候，他就从博厄斯那里改投到了卢埃林门下。在他博士毕业 20 年之后，霍贝尔写出了这本《原始人的法》。

霍贝尔是从对美国平原印第安人的法律体系开始自己的人类学生涯的，他曾先后研究过科曼契人和晒延人的法律，在《原始人的法》中，他一方面重新总结了自己的田野研究，另一方面也广泛阅读了其他人关于原始社会的民族志，从中剥离出与法律有关的内容，进行比较研究。在霍贝尔看来，在他之前的法律研究可以区分成两条路径。一是传统自然法学的超自然主义的直觉论，如果我没有误读，这是在指涉梅因（Henry Maine）的研究，霍贝尔承认，在他所研究的原始社会中固然都存在狂热的神灵崇拜和超自然力，但"宗教一般所涉及的是人类与超自然的关系，法律涉及的是人与人的关系"[①]。因此，根据霍贝尔对法律的理解，这种路径是不恰当的。另一种路径是逻辑法学，"我们认为这种方法不是什么科学，只不过是为了练习逻辑所做的习题罢了"[②]。这种路径下的法律没有任何内容和社会意义，因此同样是不可取的。霍贝尔称自己的方法是"机能主义实在论"，是完全行为主义和经验主义的，"要通过对人类的相互关系及自然力对他们的侵害的准确观察"[③]才能够发现人类行为中的法律，法律的灵魂不是逻辑，而是经验。

人类学家在不同文化中自然会收集到不同的经验资料，霍贝尔在这里接受了本尼迪克特的文化类型说，认为任何一个具体的文化都是该社会在人类潜在的可能性的巨大弧形当中进行选择的结果。选择的标准就是霍贝尔所说的"公规"，即为社会成员通常接受，并视之为不证自明的真理的基本主张。这些公规并不必然具备法的性质，但一个社会中的法律却总是要和这些公规保持一致。法律只是一系列社会控制规范当中的一种。这里，霍贝尔继承了曾经在 20 世纪中叶风行于美国人类学界的文化形貌论，后者认为，"每一种文化系统的永久的实质是由一系列的核心价值、兴趣和情操组成的，对于处于系统中的个人而言是对真实、善良和美好的先验解说"；"所有其他被文化形塑的信仰和行为都需要与这些核心概念保持一致"；"从整体上文化的形貌将会在处于其中的成员个性中反映出来，

---

① 霍贝尔：《原始人的法》，严存生等译，246 页，北京：法律出版社，2006。

② 同上，6 页。

③ 同上，5 页。

从而能够总结出不同人群的特征"①。霍贝尔并没有沿着文化形貌论的思路去追踪不同文化个性的再生产，而是以此作为出发点，论述了不同文化下的法律与公规的一致性。

在霍贝尔之前，大多数学者都不肯承认原始社会存在法律：一种看法是，原始社会仍旧处于惯习的约束之下，法律还没有分化出来；而另一种看法认为，法律是因为被法院执行而存在的。霍贝尔法律存在的必备条件有三：特殊的物质强制、官吏的权力和规律性。以此为基础，霍贝尔给法律下了这样的定义："这样的社会规范就是法律规范，即如果对它置之不理或违反时，照例就会受到拥有社会承认的、可以这样行为的特权人物或集团，以运用物质力量相威胁或事实上加以运用。"②霍贝尔沿用了他和卢埃林在《晒延方式——原始法学中的冲突与案例法》一书中的方法论来研究前文字社会的法律：首先，在观念中构思"公规"；其次，研究这些公规规定下的法律模型；最后，通过一系列的具体案例来展现法律适用的过程。在后面的几章当中，他一直严格地按照这个顺序来展开文本。

霍贝尔将自己详细分析的七个原始社会分成了三个发达程度不同的类型：爱斯基摩人和伊富高人属于渔猎社会的低级形态；三个平原印第安人社会，即科曼契人、晒延人和凯欧瓦人属于渔猎社会的高级形态；特罗布里恩德岛人和非洲的阿散蒂人则属于农业部落。区分这三种类型的最重要的指标是官吏特权的发达程度。

一、渔猎社会的低级形态

爱斯基摩人的社会相当简单，很少有超过 100 人的爱斯基摩村落。在他们的文化中，有法律意义的公规包括了万物有灵、安全感系数很小、资源共用、小家庭作为社会与经济单位等方面。伊哥鲁利克的哲人奥安说："我们相信什么？我们什么也不相信，我们只是害怕。"霍贝尔相信这一警句是理解爱斯基摩人及其法律的钥匙。要在冰天雪地的北极维持整个社会的再生产无疑是十分艰难的，对自然的恐惧与敬畏使得爱斯基摩人生活在众多的戒律当中，那些为数不多的法律也受到超自然的颂扬，虽然法律在这里的作用要远逊于宗教或迷信。杀老、杀

---

① 亚当斯：《人类学的哲学之根》，黄剑波、李文建译，299 页，桂林：广西师范大学出版社，2006。
② 霍贝尔：《原始人的法》，27 页。

婴、杀死伤者在这里也是被广泛接受的。由于妇女承担了繁重的体力劳动，在同一时间她便只能照顾一个尚未断奶的孩子，这是杀婴的最主要原因，孪生子也因此难免要被杀掉一个。另外，女婴也是主要的牺牲品。杀老主要是因为老人已经失去了劳动能力，很多情况下，这都是出于老人自己的请求。为了避免血亲复仇，一般情况下，杀老者都是老人的亲属。

爱斯基摩人还没有发展出政府，每个团体都有一个酋长，他只有不固定的统治权，他是否是一个酋长，完全取决于是否有人听从他的命令。在爱斯基摩人当中，最常见的犯罪是通奸和谋杀。爱斯基摩人的婚姻关系十分脆弱，在得到丈夫的允许之后，妻子可以和其他男性发生性关系（当然，乱伦禁忌还是存在的），凡是未得到丈夫许可的婚外性行为都被视作通奸。这往往导致丈夫和第三者的相互残杀。真正的困难在于，一个妇女从何时被出借，何时被收回，何时被占有，都缺乏足够明确的时间标志，一个在丈夫外出期间决定离婚的女子被许可有新的交往对象，但当丈夫回到家中时，大家都很难说清楚这个女子究竟是离婚了，还是重婚了。霍贝尔认为，两性的经济场是爱斯基摩人孳生麻烦和法律的土壤。[1]

除了争夺妇女，一些微不足道的原因也能够造成谋杀，对此，常规的解决办法就是由血亲执行的同态复仇，那些杀人惯犯可能由于自身孔武有力而避免了早该到来的血亲复仇，但他终究会变成社会的公敌，在获得整个团体的支持之后，首领或其委托人会代表社会将其处决，这是不能算作谋杀的。除了相互仇杀，爱斯基摩人还通过决斗来解决仇恨，摔跤和格斗都是常用的方法，虽然这也可能导致死亡，但已经要比直接的复仇温和得多。斗歌也可以用来解决谋杀之外的其他争论。

与爱斯基摩人十分模糊的官吏权力相比，生活在北吕宋岛的猎头者伊富高人已经发展出小的权力中心和代表，代表同一地区的全体居民实行强制性的制裁。伊富高人经营灌溉农业，对用水权力的分割不可避免地催生了法律。伊富高人的村落很小，往往是十来所房屋分散在山谷上下构成一个村庄。伊富高人的家庭制度的阶级制度吸引了霍贝尔的注意，他认为，伊富高人寻求威信和声望，总是为了获得尽量多的财产而奋斗。他们的财产可以分为家族委托给个人的财产和个人财产两种，前者在交换时要求举行一种叫作"伊保义"的仪式，并要有代理人参

---

[1] 霍贝尔：《原始人的法》，79 页。

与，而后者的交换不需要任何仪式。伊富高人非常重视财产，他们的借贷、灌溉、结婚、离婚、买卖等活动都已经具备了合同的性质。[①]

在伊富高人的法律纠纷中，除了血亲复仇，一般在程序上都要求有中间人。这表明相比于爱斯基摩人，他们的法律又进了一步。中间人总是由最高等级卡登扬的成员来担任，他被认为是一个准大众的官员，虽然他不能进行裁决，但确实是个有强大说服力的人，他的影响力来自他个人的声望，并且总是能够得到自己的男性亲属的支持。中间人都是原告选择的，他可以利用自己的声望和血亲集团的武力来迫使被告认真听取自己的调节意见。一次案件的调节成功，总是能够给中间人带来更高的声誉，以及可观的酬劳，还有下一次调节的机会。伊富高人的赔偿和付给中间人的报酬都与当事人双方所处的社会等级有相关性，而且他们已经能够用财产赔偿来解决诸如通奸、盗窃等犯罪，但巫术咒语杀人者往往会被强行处死。

伊富高人解决世仇的唯一办法就是通婚，为此，即使是在家族冲突最为激烈时期划出的战事区内，求爱的少年都能够获得豁免权，这不但是一种减少死人的办法，也给不同群体之间的经济与社会合作增加了可能性。

二、渔猎社会的高级形态

在霍贝尔介绍的三个平原印第安人社会当中，法律制度最不成熟的是科曼契人，他们的基本公规十分简单，主要体现了浓厚的个人主义和以好战表现出来的男性气概。霍贝尔认为，"管得越少，政府越好"这句话充分体现了科曼契社会的政治特点。科曼契的领导是那些富有智慧的老人，他们在诸如营地迁徙等日常事务上，能够独自做出决定，不过，他们同样会因为无人追随而被悄悄取代。相比于印第安人，他们的首领制度只不过稍稍制度化一点。除此之外，他们还有一种战斗首领，都是杰出的战士，在战争当中，战斗首领有临场的独裁权。

科曼契人的个人高于一切的观念使他们几乎永远处于此起彼伏的麻烦当中。偷别人的妻子是最常见的事端，被损害的丈夫有权利获得偷妻者的赔偿，如果价码谈不拢，最后也不排除动武的可能性。一个有趣的现象是，如果被害者感觉自己的武力无法威胁或战胜对方，他可以去请求一名"勇敢、著名的战士"帮助

---

① 霍贝尔:《原始人的法》，106 页。

他，后者会将这个案子当作自己的事情来办，并不惜为此杀人，他不会得到任何物质的回报，但无疑会增加自己的荣耀。与偷妻私奔相比，通奸是难以举证的，科曼契人有时会诉诸"父亲太阳神"和"母亲大地神"，以神判来决定有通奸嫌疑的妻子的生死。科曼契人在血亲复仇当中十分简便地脱离了冤冤相报的困境，只要杀死了被告的原告被仇杀，一切报复随即停止。他们的巫术大多是用来帮助人的，只有一些因嫉妒而迫害有前途的年轻人的巫师才会变成"坏巫师"，通常会相应地存在"矫正巫师"给受害者治疗。一般来说，科曼契人不愿与巫师为敌，"勇敢战士"也不会介入此类纠纷。只有那些反复用巫术害人的巫师才会被当作公敌，并被公众处死——滥用法术是科曼契法律中唯一的犯罪。

晒延人已经有了组织完善的政府和真实有效的法律。只是，他们将习俗和法律看作可以操纵的工具，而不是什么值得佩服的真理。他们真正敬畏的是基本的道德准则和宗教，第一条公规就是"人们必须服从仁慈的超自然力和神灵"①。晒延人冬天分散在各个地方，夏天聚集成一个大的部落，受部落委员会领导，委员会由44人组成，其中一人为最高首领。委员会不是社会契约的结果，而是神灵的创造，每10年委员会的成员要更新一次。最高首领也就是晒延文化的创世英雄的象征，必须得到维护和尊重。晒延政府的另一分支是六个战士集团，他们的首领只在战斗中行使权力，军事集团的法律对于维护公共狩猎和大的部落宗教仪式秩序方面也发挥很大作用。触犯上述秩序的人很可能会招来一顿暴打，以及财产的损坏。治安人员的渎职也要面临同样的惩罚。这样做不过是为了维护法律，而不是为了报复，因此，惩罚之后马上就会恢复冒犯者的名誉和财产。霍贝尔由此证明，具有强制力的法律是社会自治的需要，而不是阶级剥削的产物。除杀人和婚姻案件归首领管辖外，军事集团拥有广泛的司法权，甚至偶尔会插手家庭内部的争端。

杀人是严重的犯罪。晒延部落有两种神圣物——神箭束和神帽束。晒延人之间的相互残杀会影响神箭的健康，神箭的羽毛上会出现莫名的血迹，不幸就会降临到整个部落头上，战斗会失败，打猎会扑空。据说，杀人犯的邪恶会使他的内脏腐烂，散发的恶臭会驱走平原上的野兽，因此，杀人者都会被驱逐出部落五年左右，血亲同态复仇也因此被遏制了。晒延人的宗教观念很好地解决了世仇。晒延人不靠争夺异性获得威望，所以通奸很少，即使发生也多被冷静地处理，通常

---

① 霍贝尔：《原始人的法》，133页。

受害者会获得一定的物质赔偿。晒延人的神帽所在之地是所有人都可以投奔的避难所，这也是晒延人法律中一个极为突出的特征。

凯欧瓦人生活在科曼契人和晒延人之间，他们的法律形态也在个体主义和社会幸福之间举棋不定，他们似乎两者都想要，但结果是两个都没有处理好。

三、农业部落的法律

1926 年，马林诺夫斯基（Bronislaw Malinowski）将此前陆续发表的三篇文章整理到一起，出版了《原始社会的犯罪与习俗》（*Crime and Custom in Savage Society*）一书。这本书延续了马林诺夫斯基一贯的"穿树皮的白人"的思路，认为尽管原始社会有五花八门的习惯法，但特罗布里恩德岛人却从来都不是守法的良民，他们和"我们"一样，总是容易干些违法的勾当。对于先于本书 30 年的前辈之作，霍贝尔显然是不满意的。他认为，马林诺夫斯基很可能是出于对西方的社会强制手段的厌恶，而忽视了原始社会的法律强制，将特罗布里恩德岛的法律浪漫化为人们基于礼仪与交换的"市民法"。根据马林诺夫斯基的著作，霍贝尔对特罗布里恩德岛的法律做了新的分析。从能够得到的资料出发，霍贝尔论述了乱伦、巫术伤害和蔑视母权三种犯罪。

从著名的"科玛依乱伦案"中可以看到，乱伦行为在教义上是一种罪恶，要受到神灵的处罚，但当地人都知道怎样通过巫术来欺瞒神灵，只有当乱伦案大白于世的时候，法律才会起作用。处罚是自动的，被揭露者只能去自杀。特罗布里恩德岛的日常生活总是需要巫术的锦上添花，但巫术也有可能被用于邪恶的目的，公开实施巫术伤害会马上被禁止，巫师也会被酋长放逐。但酋长也会借助巫师的魔力来惩罚叛逆者和对自己不恭敬的人。特罗布里恩德岛人遵循母系继承制，但每个男子都希望将自己的财富和地位传给儿子。只有那些真正身处高位的人才有足够的勇气和能力来蔑视社会的规定，而这种明火执仗的行为并不总是太平无事的。

虽然马林诺夫斯基厌恶法律强制，但霍贝尔还是从他的著作当中发现，特罗布里恩德岛的首领并不是靠互惠交换中的美德赢得特权的。他住着最奢华的房子，用祈雨术控制农业生产，占有众多的妻子，而且不能容忍任何微小的冒犯。霍贝尔认为，特罗布里恩德岛已经脱离了最原始秩序的阶段，开始孕育早期和现代文明社会的毒种了。[①]

霍贝尔最后挑选的群体是西非黄金海岸的阿散蒂人。阿散蒂人政治结构的基础是母系社会，他们认为人的血统是直接从母亲那里继承来的，而"生灵"或"精神"来自父亲的精液。族长是由与氏族有亲属关系的男性世袭的，在阿散蒂人看来，他就是祖先圣灵的化身。阿散蒂人相信，"社会的幸福依赖于与祖宗保持一个好关系，他们会帮助和保护我们"[②]。氏族内部的纠纷可以由本族中的德高长者来调节，而氏族间的纠纷就要诉诸两边的族长——他们共同尊敬的长者。"强烈的正义感"使施害方会自愿到长者那里承认错误，并承担赔偿。在一个以魏赤为首都的阿散蒂地区中，霍贝尔发现了组织完备的政府。魏赤的索法赛弗氏族是整个地区的大首领，而其余边缘城镇也有自己的首领，叫作奥德库拉。一个村子有一个元老会，魏赤的总首领和各氏族长老构成了元老院，元老院的成员负责在首都表达本村庄的利益。最高首领的继承是世袭和选择综合的结果，元老院在索法赛弗氏族成年男性中挑选两个候选人，由皇族母系长者母后在其中指定一个，被指定的继承者还要经过元老院的批准才算合法，如果接连三次母后的意见都被否定，那么元老院就会在元老院中任命一个，母后将承认这个人是皇族的成员。阿散蒂大首领拥有巨大的荣誉和特权，不过这些最好被认为是属于他的宝座，而不是属于他本人的。一旦下台，他就和普通人没有什么两样，而且往往由于在位时的开销反而变得很贫穷。

阿散蒂人的自然法的观念来自其对神灵、上帝和祖先的信赖，国土就是神本身，个人的土地是属于祖先的，首领的宝座也是祖先的，个人的财产包括自己和妻子、孩子及奴隶的劳动所得，在财产继承上同样存在父亲对母系继承制度的挑战。在阿散蒂那里，过错就是犯罪，其刑法的作用在理论就是拥护宗教制度。但其刑法制度缺乏控制，因而孳生了严重的腐败现象。阿散蒂人对一切犯罪的法律惩罚只有一种：死刑。而官僚机构为了获得收入，竟然发明了赎罪金：允许将被处死的人买回自己的头。执法官并不认为法律的目的是社会利益，相反，他执法的最直接动机就是收取赎罪金，为了保证收入，他甚至会求神灵保佑给他几件案子办。在处罚犯罪时，阿散蒂人已经开始注意要将醉鬼和疯子作为例外来看待，他们都不需对自己的犯罪负责任，但疯子需要被长期监禁。阿散蒂人已经懂得在

[①] 霍贝尔:《原始人的法》，181页。

[②] 同上，200页。

诉讼中寻求证人，但证人的证词的法律效力被过分夸大了，对证人唯一的约束来自神灵的处罚，一个做假证的人可能在不久后死掉。没有根据说阿散蒂人的纠纷比别人少，但霍贝尔认为，"越来越多的纠纷的解决权掌握到了行使此种权力的第三者，即贵族手中"[1]，可以被看作法律发展的一大进步。

通过对上述七个前文字社会的法律的分析，霍贝尔认为，梅因爵士之后流行的"法律起源于宗教"的观点是站不住脚的，这种观点本身也是对梅因的曲解，后者真正强调的是原始社会中法律与宗教纠缠难解的状况。事实上，"原始社会占主导地位的私法，几乎从来没有支持过宗教的戒律"[2]。宗教和法律，一个关注人神关系，一个关注人与人的关系，只有当一个社会已经有很强的整体观念时，他们才会使这个社会具有超自然的色彩，原始社会反而很少这种情况。至于巫术和魔法，霍贝尔认为将其看作法律的工具也许更加合适："把超自然观念使用于道德目的的魔术，是法律的长期残留的侍女，在法律未到之处，还能起一定的作用。"[3]

霍贝尔当然知道，将现存的原始社会进行时间上的排序是很危险的，他为自己辩解说："我们不能把当代的原始人作为一种古代人看待……我们认为当代的原始文化形态意味着他们更相似于人类早期创造的那种文化形态的一般特点。"[4]不能认为霍贝尔此举是对博厄斯的挑战或背叛，以历史特殊论著称的博厄斯及他的追随者其实并不真正反对进化论，他们不过是反对将种族主义的图谋隐藏在进化论的科学外衣下罢了。霍贝尔并没有将目光局限在上述七个社会，在论述每个类型时，他都广泛征引了其他在他看来发达水平相当的原始社会，比如，加勒比人、安达曼岛人、阿赞德人等，以使自己的论证更加丰满和雄辩。

关于法律的进化，霍贝尔认为，越是原始的社会，人与人的关系越直接，非正式的国家机关就越有效，而越文明的社会，分配差距越悬殊，人和人的关系越简单，对法律的需要也就越迫切，创造的法也便越多。法律进化的方向，并非如梅因所说的是从身份到契约的运动，而是从"个人和他的亲属团体的性质，上升到作为一种社会实体的国家的性质"[5]。或者说，是"凌驾于各群体的对抗情绪之

---

① 霍贝尔：《原始人的法》，231 页。
② 同上，240 页。
③ 同上，254 页。
④ 同上，269 页。
⑤ 同上，307 页。

上能维护公共利益的力量"①的发展。这也就是他反复强调的"法律的牙齿"。而且，这种第三方力量发展的推动力，并不是内部或外部的征服，而是社会自我约束以维系存在的需要。只是到他写作的年代——其实今天也一样——国际外交体系间的法律实在看不出有什么比伊富高人更高明的地方，国家与国家间的关系仍旧处于原始氏族的水平。

　　霍贝尔当时对世界法充满信心，从这里，我们也可以延伸出一个小小的挑战：霍贝尔能够在这些国家共存的世界上找到"公规"吗？如果这个目标太过遥远，那么，他在原始社会发现的公规又能可靠到哪里去呢？

---

① 霍贝尔:《原始人的法》，287 页。

《文化树》（1955）

鲍雯妍

拉尔夫·林顿（Ralph Linton，1893—1953），美国人类学家。曾在美国新墨西哥州、科罗拉多州、危地马拉、阿芝台克、俄亥俄州从事史前考古，在南太平洋马克萨斯群岛、马达加斯加岛及俄克拉荷马州的科曼奇人中从事田野工作。1925年他在哈佛获得博士学位，1928年起先后执教于威斯康星大学、哥伦比亚大学、耶鲁大学。除了对西方文明以外的特定文化的知识做出重要贡献，林顿还致力于打破文化的历史研究方法和功能主义之间、原始文化研究和文明研究之间、文化的心理特征上的研究与文化的其他方面研究之间的割裂局面，因此林顿为文化人类学的一体化贡献颇多，甚至在一定时期形成了某种学派。林顿的作品不仅增进了当今关于人类文化的知识，也成为英语的一种写作范式，他最有影响力的著作是《人的研究》（*The Study of Man*, 1936）。1946年，林顿任美国人类学会会长；1954年，获赫胥黎奖章。他的主要著作还有《世界危机中人的科学》（*The Science of Man in the World Crisis*, 1945）、《人格的文化背景》（*The Culture Background of Personality*, 1945）、《世界的大多数》（*Most of the World*, 1949）、《文化树》（*The Tree of Culture*, 1955）等。

林顿在人类学史中以一位富有创造力的思想家和多样文化的集大成者出现，他身后出版的《文化树——世界文化简史》[①]（以下简称《文化树》）一书清晰地表达了文化多线进化及人类命运的恢宏历程。他的非常彻底的思想，通过散文般

---

① 林顿：《文化树——世界文化简史》，何道宽译，重庆：重庆出版社，1989。

的表述，至今依然吸引着对大写的文化着迷的人们。

本书分为十章，按照纵向的时间顺序和横向的空间顺序将人类文明划分为若干文化区域，依次追溯各条文明发轫主线的发展历程，对人类文化演进、文明兴起、各文化区和各文明的相互影响，进行了立体式、多视角的描绘、分析和阐释。《文化树》的书名意在表达文化不是仅有一根主干的进化树，而是像热带的榕树，拥有各种枝杈交叠的不定根和气生根。尽管文化演进的过程有传播、假借和分歧等多种发展方式，但是依然可以追溯到史前的源流中。林顿在书中用事实和例证批评了欧洲中心主义，以开阔的视野和宽容而优美的笔调描绘出东南亚、西南亚、非洲和欧洲，埃及、美索不达米亚、地中海、印度、中国和日本文化的各个方面，指出它们的关联与特色，特别强调技术发明与革新、制度的演进对文化进程的巨大影响。

第一章描述人类的洪荒时代，根据现有的考古依据追溯人类起源和最初进化历程中人类关键能力的形成，以尼安得特人为例，描述各种体质的人种在向智人进化过程中对气候和资源的适应过程。人类是某种灵长目动物的后裔，但相当数量的人类化石和亚人化石表明，至少在一百万年前人类就与现存的类人猿的祖先在血统上分道扬镳了。虽然尚不清楚人类的祖先为何下地陆居生活，但是一切生命形态都以本能行为或后天的学习行为对环境做出反应，质的飞跃在于人类无与伦比的学习能力和语言能力。林顿认为，一个物种具有的本能越少，那么可发展的行为范围的空间就越大，因此人类在身体结构的专门化方面不及其他有亲缘关系的类人猿，这使得人有可能借助后天强大的学习能力开拓出丰富的生存空间和行为模式。学习能力与语言的使用对思维的推动作用密不可分。当交流手段通过符号的形式，即语言来表达时，抽象观念的传递使得个体思维及经验的世代累积成为可能。广泛分布在中国、西欧、南非的大量人类最早的化石遗存令人确信，最早的智人代表不仅仅出现在某个特定地域，人种的多种体质上的变异并未改变人类向智人进化的总趋势。这一进化过程是在数以万计的漫长的采集狩猎阶段发生的，一如早期的人种之一尼安得特人的迁徙和居住生活习惯。欧洲是世界早期进化史被研究得最精深的地方，但是大多数时期欧洲文化与其说是人类文化的贡献者，毋宁说是接受者，因为四次冰川推进和三次冰川退缩的交替进行使得它的发展以离散间断的方式出现。因此如果将从欧洲材料中得出的类型学和断代序列应用于欧洲以外的地域，就会引致混乱。文明的最初发轫并存于各个地域之中。

第二章描述人类的基础发明，着重论述几大科学发现和技术发明对人类发展进程的深远影响，包括使用火与工具、进行作物栽培和动物驯养、冶金术和文字的发明等。人类和其他动物区分的鲜明标志是火与工具的使用，这也是人类历史分期的第一期石器时代的主要特征。火的确可使食物更易于咀嚼和消化，但火的最初使用和工具的加工有关，而制造工具更为直接地反映了人脑的特征，只有意识到过去和未来才能谋划现在的行动，这大大提升了人类控制自然的能力，带来了人口的急速增长。第二阶段中作物栽培和动物驯养，也就是农牧业的兴起极大地加快了文化发展的速度。人类早期就驯化了今天大多数的具有经济价值的动物，如犬、羊、牛等。农业的种植、培育、施肥、灌溉等技术虽然复杂，却不是一个划一的逻辑演进模式的产物，和环境与气候紧密相关，有两个完全独立的中心：西南亚和东南亚。西南亚主要是谷物栽培的文化，如小麦、燕麦、大麦，以及亚麻和一些果树。东南亚低地的主要作物是芋、薯类作物，山区则是薯类和稻类，此外这一地区对猪和鸡的成功驯养最初与巫术有关。

近东地区的冶金术出现于公元前 5000 年至公元前 4000 年，铜是最初被熔炼的金属。锡和铜混合冶炼的青铜时代，一直延续到铁在公元前 2000 年成为制造工具和武器的主要材料。文字也是近东的发明之一，但是文字的起源不存在单一的源头，因为最早的文字几乎同时在公元前 6000 年至公元前 5000 年出现于埃及、美索不达米亚和印度河流域。中国在此后两千年内产生自己的原始文字。文字从最初的画图记事的象形文字逐渐被赋予越来越抽象的约定俗成的含义，并形成两条发展线路：音节文字和会意文字。例如公元前 1800 年腓尼基人将埃及文字系统中的一部分代表单个语音的符号作为第一个拼音字母表，从闪族人居住区带到古希腊，古希腊人将其修正后添加了元音，它继续向西传入意大利形成罗马字母表，成为西里尔字母表的始祖。在林顿看来，音节文字的出现打破了早期文字的书写与使用被垄断的局面，使学问平民化。但是中国文字却继续向会意文字方向发展，林顿认为一方面表意的方块汉字能够帮助中国很早就出现的政治统一体，超越口语交流和方言的局限，也表明中国"士"这一阶层控制教育和国家行政的利益所在。

此外，林顿认为城市作为一种独特的人的聚集形式可称为一种社会发明。早期城市都处于河谷和海滨地带，因为稠密的人口需要相当数量的剩余食物和运输技术的提高。前机械化时代的城市需要面对一切群居生活要面对的问题，如瘟疫、人口的增长、移民过程中大家族纽带的瓦解，出现了建立在强制基础上的社会控制系统、形式法典和程式化法律诉讼程序应运而生。城市不仅成为行政和贸易的中心，而且成为思想文化交流和宗教的中心，这也促进了职业的分化。

从第三章开始，林顿按照地域依次介绍了各个"文化复合体"的发展演进情况，他认为文化指的是任何社会中的人从长辈中学到又传递给下一辈的众多行为，是一个复合体，在传播扩散过程中，较早的文化形式往往在边缘地区保存下来，即使它们业已在中心地带消亡。

东南亚的新石器复合文化就是这样一个例子。马来-波利尼西亚语起源于东南亚和印度尼西亚，并随着他们航海技术的发展和移民迁徙传播到极为广袤的太平洋沿岸和岛屿。在这些边缘地区，体质对环境的适应和文化的扎根同时进行，因此出现了体形分布与语言分布不一致的现象，美拉尼西亚地区不同体质特征的人具有相同的文化特征即是这种情况。文化既有平行发展的多样性也有交叉与融合。马来-波利尼西亚文化在大洋洲和马达加斯加岛的残存，以及"原始"的波利尼西亚社会都曾为现代人类学的文化比较研究提供了很好的素材，例如他们的族内通婚、长子女继承制和血统计算、部落的朝贡机制、"马那"超自然力和"塔布"禁忌对政治组织和政府形式的深刻影响等。林顿在此厘清了以往对波利尼西亚政治生活和宗教的一些误解。东南亚的后新石器时代受到中国特别是印度两大文明的影响，在土著文化和外来文化融合的稳步发展过程中，佛教和印度教逐渐渗入该地区。而后来传入的伊斯兰教使很多当地人脱离印度教成为穆斯林，接下来就开始了欧洲列强在东南亚的殖民时代。

第四章主要描述西南亚和欧洲。西南亚的新石器时代中，大约于公元前5000年出现了建立在合作基础上的村社。林顿对村社的居住格局、生产技术、风俗的描写勾勒出西南亚新石器时代、青铜时代、铁器时代的演进过程，并提醒我们欧亚文化连续体的各个发展阶段在不同地区的时间长度是不一样的。欧洲首批新石器时代的移民来自小亚细亚地区，他们从巴尔干沿两条迁徙主线进入欧洲。一条是沿地中海沿岸逐渐侵入意大利半岛和伊比利亚半岛。这些移民为地中海地区带来了农耕技术和西南亚的家畜，并就地推动了渔业和航海技术的兴盛。此后地中海地区出现两个文化中心：伊比利亚半岛文化和爱琴海文化。前者与不列颠群岛、布列塔尼和荷兰接触密切，沿大西洋沿岸进入斯堪的纳维亚半岛，在法国大部分地区定居，并深入到瑞士。后者则受到美索不达米亚文化和埃及文化的影响，在克里特岛上演化出迈锡尼文化，成为后世古典文明的一支。另一条迁徙主线是沿多瑙河及其支流进入中欧，最后抵达法国东部、德国和北方的斯堪的纳维亚半岛，并与先期抵达的地中海移民接触、融合。林顿描绘中欧和北欧各个时期的技术发明与变革，引用大量的考古证据说明第二条沿陆地迁徙的主线比第一条沿地中海迁徙的路线对欧洲文化后来的发展影响更为深远，指出应重视研究北欧与中欧丰富的文化。

西南亚村社文化模式传播到欧亚大陆的草原地区时，移民从农业转向畜牧业，主要是养牛和马。一部分操印欧语、热衷于战争的雅（亚）利安人于公元前 1800 年至公元前 1500 年从东起印度西起巴尔干半岛的全线向南推进。他们虽不像突厥-鞑靼人那样是纯粹的游牧人，也并不像农耕民族那样有着对土地的依恋之情。现今留存下来的史诗表明雅利安人社会由贵族、平民和农奴三个阶级组成，他们创造的贵族政治的模式在欧洲一直保留到近现代。另一部分放养绵羊、马、牛的草原民族则称为骑马的游牧型的突厥-鞑靼人。在向西迁徙和伴随着蒙古人西征之后建立的部落联盟并放弃游牧生活的过程中，他们不断迅速地被征服者同化，最终人口锐减，被局限在蒙古地区的中部草原。另外，西南亚干燥地区的人们由于天然屏障较少和生态环境的一致性，语言和文化趋于统一，他们被称为闪米特人。闪米特语虽然对希伯来语和阿拉伯语有着独特的意义，但是林顿认为闪米特语属于非-亚语系的一支。骑骆驼的闪族部落活跃于整个阿拉伯半岛，实行族内通婚和父权制，崇尚超我意识，关注罪孽和性，存在着繁复的禁忌系统，其酋长制的社会政治组织对伊斯兰模式的政治演进产生了巨大影响。他们对文明的主要贡献在数学和天文以及宗教方面。

第五章则涉及最早的文明，讲述对古典希腊文化和西欧传统影响颇深的美索不达米亚和埃及这两大最初的城市生活中心的文明进程。美索不达米亚的苏美尔人虽然在大约公元前 2000 年被闪米特人入侵，除了闪米特语占据了主导地位，其他领域中苏美尔人的文化被完整地保留下来。从现存的大量文书中可以看见较为完整的苏美尔人的生活图景：单偶制婚姻、没有扩大式家庭、严密的教会组织模式、占卜和对星象的研究、将奴隶制作为正式社会制度、组织和训练武装力量、发达的商贸活动、充分发育的法律观念和第一部正式颁布的成文法——《汉谟拉比法典》。埃及文明的基础来自西南亚新石器时代的移民，但是尼罗河的生态环境造就了独特的埃及文明。公元前 3300 年左右，上下埃及统一后呈现出一种文化突进的现象：技术工艺、文字、宗教、政治体制飞速发展。但是这种文化的演进最终被僵化的、高度集中的、政教合一的政治体制钳制住了。

第六章的对象是地中海文化复合体，涉及克里特文化、希腊文化、蛮族文化、罗马半岛和伊斯兰文化的起源与演进。克里特岛处于埃及和希腊半岛之间，约在公元前 5000 年左右，来自希腊半岛的移民定居于此，但是使用的语言并非印欧语系，而是米诺斯文字。其文化发端于西南亚新石器文化，但受到埃及文化较深的影响。克里特人栽培油橄榄，贫瘠的土地使他们的航海和贸易极为鼎盛，推出了近代型商业。拥有高度的冶炼合金技术，制陶术和木材加工工艺也颇为发达，其中所表现的自然和谐平衡的特点代表着希腊艺术的早期繁荣阶段。克里特岛实现政治统一的一个世纪之后，米诺斯文化遭遇了突然的崩溃。

爱琴海地区的民族、克里特人和后来入侵的操印欧语的民族相互融合产生了希腊人及其文化，自此欧洲进入有史时期。不断丰富和细致的史料为全面认识希腊文明提供了可能。腓尼基人为希腊文明带来了字母表，并扮演着亚欧文化中介的角色。希腊文明发展中不断融入多种外族文化，形成一个独特的生机蓬勃的文化复合体。发展出机械主义的宇宙观，将美索不达米亚的天文学和数学与自身对自然现象的观察结合产生了希腊哲学和科学，创造了思维的分析方法，并进行逻辑的推理。希腊的城邦制政治体系奠定了现今政府管理模式的雏形。希腊城市化的另一后果就是各种神秘宗教的兴起。林顿认为这反映了空间流动和社会流动打破了亲属群体和地区群体之后，各种其他的非正式社会控制开始起作用，为个人主义倾向严重的希腊人提供精神上的庇护所。基督教传入后，希腊人按照神秘宗教的模式重组了基督教。

地中海盆地以北的西欧还存在着被称为"蛮族"的两个部落，即居住在不列颠和爱尔兰的凯尔特人及分布在莱茵河北部和东部的日耳曼人。高卢人是凯尔特人的一个分支，居住在现今法国的地域上，受到地中海诸文明及希腊文明的影响，直到罗马人征服高卢人，将其拉丁化。可是同时期的凯尔特人却成功保持了自身的文化独立性和同一性。

罗马人最早出现在意大利台伯河畔，公元前 753 年还是个小城邦，与邻族不断的战争和频繁的被入侵，使罗马文化在源头上吸收了多种文明的成分，包括高卢文化、伊特鲁斯坎人文化和南方的希腊文化。公元前 260 年左右，罗马迅速地成为控制地中海盆地，涉足世界事务的大帝国。向外扩张的过程中，共和制日益衰落，希腊文明的影响逐渐向东退去，在拜占庭的东罗马帝国中保存下来。凯尔特文明和日耳曼文明重新占据主流。罗马帝国崩溃之后兴起的封建社会中的教会组织模仿了帝国的组织形式，甚至发挥了许多帝国原先的世俗职能，这导致无数次的政教冲突，最终导致了宗教改革。

东罗马帝国延续下来的拜占庭帝国的国力也在不断衰竭，并受到近东出现的

波斯帝国的威胁。两大帝国的拉锯之中，由伊斯兰主义纽结起来的阿拉伯人征服
了这两大帝国。从穆罕默德宣讲中产生的《古兰经》，满足了当时阿拉伯人的某
种需求，并具有使人改宗皈依的强大力量。鉴于伊斯兰主义的发展史，林顿敏锐
地指出所有伊斯兰国家背后存在着的这种超越了国家政治的文化将会对世界政治
产生影响。

第七章的内容是非洲文化，探讨史前非洲的文化源起，描述有史以来的非洲
主要民族及各个非洲地域上曾经出现的文明的特色。非洲史前考古资料有限，就
目前所知，非洲新石器文化起源于西南亚新石器文化中心，特别是撒哈拉以北的
北非地区。早期的移民主要是经过西奈半岛跨越红海进入非洲，伊斯兰教的发展
也促使很多阿拉伯游牧民族迁徙进入北非。非洲大陆似乎没有青铜时代，因为早
在使用石器的末期，非洲人就独立地发现了铁。撒哈拉沙漠将非洲分为两大部
分，北非主要是高加索人种，其源头曾是欧亚大陆文化，受到泛基督教的影响，
但目前广泛分布着伊斯兰文明。南部非洲主要是尼格罗人种。所谓的"黑非洲"
北起撒哈拉南部边缘苏丹东部，南至非洲尽头，主要是布须曼-霍屯督人，虽然
有很多变异，但是他们拥有共同的始祖、相同的社会模式。大多实行多偶制、父
系制和男性族长制，进行祖先崇拜，也存在很多非人神祇的神灵崇拜。整个非洲
制奶业和农业并存，由于降雨量的分布不均，不同地区略有差异。在以农业为主
的部落中，若缺乏大型的政治单位时，一大特色就是男子的秘密社团，似乎既是
狂热崇拜的组织，又具有互助和社会控制等作用。在林顿看来，非洲政治组织的
彻底性及使用社会制度保证政治结构的稳定性方面，都远远优于 16 世纪前的欧
洲。他概述了非洲历史上乌干达和达荷美等几个著名帝国的经济社会结构、宗教
和巫术，特别是政治治理模式的变迁，指出在非洲文化复兴过程中应充分考虑其
内部的传统，所谓的民主政治或许并不适合用来强加给非洲文明。

第八章描述了印度文明，广泛涉及印度文明的起源、种姓制度、宗教的演变
和对周边文明的影响，以及印度文化目前的特点。自旧石器时代开始，印度就是
西南亚和东南亚两大文化复合体交汇的场所，虽然大量借用了异域文化，但是它
始终保持了自己特有的文化特质。公元前 3300 年印度河流域出现了多个城市中
心，农作物的栽培和制陶等各种工艺已相当发达。公元前 1500 年，雅利安人入
侵印度，为保持血统的纯净，他们建立起种姓制度，形成泛神论和灵魂演化观
念。雅利安人留下的《吠陀经》被口头传承时，事实上发生了雅利安人和印度河
土著之间的融合。吠陀宗教的后期就已存在苦行僧，在观念上开始有了后来印度

教的影子。印度的西北部、东北部和南部三个文化大区有着不同的历史源头，长期割据。由于虚幻的宇宙观和万事轮回、因果报应的观念，印度人对时空细节不甚注意，导致他们历史记载得模糊不清。也正是这种轮回和报应的观念使得印度各宗派的宗教都崇尚精神修行。佛教的创始人乔达摩和耆那教的创始人筏驮摩都曾是苦行僧，在发起推翻婆罗门对宗教仪式的垄断的宗教改革之前，也都是刹帝利种姓的成员。佛教创于公元前 500 年左右，作为一支影响世界事务的力量，对种姓的价值、仪式与牺牲的效力等都持否定的态度，甚至对灵魂的实体性提出质疑，不追问世界如何创生，这使得佛教从一开始就要求剥除迷信，让个人能自由地追随八种正道以求解脱。佛教推理严密的逻辑体系在远东流传甚广，如中国和日本。公元 718 年阿拉伯人入侵印度河下流，伊斯兰教影响日盛，佛教渐趋消亡，同时主张多神的印度教开始复兴。印度前殖民时代文化的特点是将命定的地位和角色推向极端，并维持其静滞不变。村社政治、种姓制度、联合家庭构成了该社会的三大支柱。林顿认为，从社会人类学角度看目前印度没有种族问题，只有种姓问题，而事实表明种姓在某种意义上可被当作地方性的功能社群。

第九章描述的是中国，林顿认为中国文化的几大优势在于无与伦比、绵延不断的文化统一性和历史记载、优秀的农作物耕作技术、精巧的人才选拔和政治体制、独具特色的文字和艺术。他着重描述了商代、周代的政治结构、宗教，以及经济文化的发展，并认为在商代晚期的华北地区形成了华夏文化。长期的动荡和众多蛮族的入侵过程中，华夏文化吸收了诸多难辨的外来成分。汉语的精练统一，既方便了不同族群的交流，也使后世对古代文献的释读见仁见智。儒道墨三家的思想对于中国文化的影响在今天依然可见。秦始皇接受了法家的部分观点，征服诸侯，建立起一个中央集权的帝国。从汉代开始，中国人口激增，庞大的人口和农耕经济是当时中国的特征之一。此外还有科举制度带来的社会纵向的流动性、政治中的贪污和法治上的弱点。中国宗教的主要成分是祖先崇拜。即使在对外扩张的年代，中国人也只是征服者和商人，却不是殖民者和传教士，从不强迫别人皈依自己的信仰，保持着一种务实宽容的态度。林顿将中国比作维持了 3000 年的罗马帝国，因为作为文明发展和传播的中心之一，中国影响了其势力范围内的一切蛮族文化。

第十章的对象是日本，追溯日本历史和文化方面的主要特征。考古资料的相对匮乏使得史前日本的情况不是很清楚。大约在公元前 1000 年，新石器时代，蝦夷人居住在日本列岛的北部，以捕鱼和采集为生。南部则居住以农业为主体态颇似马来人的民族，两者都尚武。在从氏族组织向天皇帝国的演进中，皇族、贵族、大名、平民、秽多构成了基本的社会结构，此外还存在着一个奉行武士道的武士阶层。文字和佛教逐渐从亚洲大陆传入，日本人强烈的学习外族思想和发明并渴望超越的态度，促成了遣唐使的派出、大化革新、明治维新及后来向欧洲学习技术和思想的热情。1192年源赖朝担任幕府大将军，巩固了纯粹象征的天皇和世俗统治并存的政治体制。1590年丰臣秀吉推翻了幕府统治，和织田信长与德川家康一起基本完成了日本的统一。佛教、基督教、神道教和禅宗先后并存于日本，其中佛教和禅宗的影响最大，国教则是神道。1636—1853年的锁国政策被美国人佩里（Matthew Perry）将军攻破，自那时起日本走上了现代化的革新进程。

　　林顿1948年6月3日的课堂讲演内容很好地诠释了《文化树》的写作背景和意图，经过整理成为全书的结束语。在此，他清晰地写道："文化发展的普遍进程并不是一个单一连续的过程，每一阶段仅比前一阶段前进一点点，而是以某种类似生物上突变的方式前行的。"他划分了人类三次主要的文化突进期：第一次是制造工具、使用火和语言的起源；第二次是农牧业的兴起，文明的基本模式在这一阶段基本确立下来；第三次是伴随着蒸汽机和内燃机发明的工业革命。并预计了第四次由原子能和空间技术的发展可能导致的文化突进。此外，各地生态和环境上的差异是对文化进行筛选和重塑的关键原因之一。

　　《文化树》不是纯粹意义上的世界文明史，在描述各文明的发生、传播和文化适应（acculturation）等过程中，林顿浓墨重彩地强调各种文化接触后变迁的机制：相互排斥、消亡、融合、更改和更替、隐约的前行和复兴。这一点特别体现在对基督教、佛教、伊斯兰教等几大宗教文化的分析中。结合考古资料对史前和有史以来的记载，他以人类学家对日常生活的天然关注兴趣，考究各种文化形态下的社会结构与功能，因此重要的不是各自孤立的文明的特征，而是它们之间的关联和变迁的动力。

　　《文化树》对各地主要文明的描述分析始终基于世界文明进程的整体背景，林顿的侧重点不在于对考古资料和历史典籍进行分析和研究，他期望通过展现各文明形态的演进历程，让人们看清它们所扮演的既是接受者又是贡献者的角色，明白纷繁多样的世界文化的潮流趋向。全书的论述中体现出对不同文化的尊重，更可贵的是林顿不局限于传统的文化偏见，力图纠正历史沿袭下来的种种误解，在公正地讲述各文明进程方面所做的努力。虽然某些论点由于依据的不准确或资料的匮乏有些欠妥，但是瑕不掩瑜。《文化树》开阔的视野、生动清晰的文笔、睿智深刻的分析和大胆的预测无不使之具有了一种历久弥新的魅力。

《忧郁的热带》(1955)

梁永佳

在某种程度上，人类学家大约要说点违心话才算敬业，但列维–斯特劳斯（Claude Lévi-Strauss）却写了这本"大不敬"的著作《忧郁的热带》[①]（*Tristes Tropiques*），而且他的开场白听起来十分刺耳："我讨厌旅行，我恨探险家。""敬业"的人类学家当然不爱听，于是有的说他没能耐跨越文化，有的说他不懂得田野何为，有的干脆就说他背叛了人类学。真话容易让人气恼，容易使人羞赧，于是恼羞成怒，大做文章。真情被旅行家有意隐去，只剩假语帮人类学家成一家之言。列维–斯特劳斯原封不动的田野笔记、真诚坦白的学科反思，却成了"如果我投入大学职位的竞争就永远不敢发表的书"（列维–斯特劳斯语）。而实际上，这是一本"为所有游记敲响丧钟的游记"[布姆（James Bom）语]。

好的学术书都要有理论，一有理论，难免造作，有点假；说哪本书写得真、写得好，其实意思是说理论好，假得好，造作得好，弄假成真。而我们手里的这本书写得平实，近乎随意。太平实，太随意，太像大手笔了。信手拈来，点到为止，没有正襟危坐的训导，没有装模作样的理论。成为名著，不知是作者的幸运，还是学问的悲哀。它脱胎于作者20世纪30年代的深入巴西热带丛林，研究土著人的田野工作笔记，又穿插了作者"二战"期间取道南美的情节，并糅合了战后访问南亚的感受。三个场景交织在一起，不露痕迹地展现了一幅超现实的图景，读起来又那么真切。末尾用一个大得不能再大的问号收场，让人烦躁郁闷，让人忧伤黯然。用"忧郁的热带"冠名，恰当到家了。

热带之旅从一个电话开始。1934年秋天的一个上午，巴黎高师的校长告诉他，一个讲师团正在找人去巴西讲课，这是个研究圣保罗近郊土著的好机会。作者当时还是个只有26岁的中学哲学教师，有的是憧憬和热情，于是乎很快就登上了开往圣保罗的客船，慢吞吞地爬向那个被西方文明炸烂的怪胎。

[①] 列维–斯特劳斯：《忧郁的热带》，王志明译，北京：生活·读书·新知三联书店，2000。

怪胎见证着殖民者的"第二次原罪"。那段不堪入目的历史中，一切都很鲁莽。"16 世纪的人对于宇宙的和谐安排不敏感"[1]，所以哥伦布声称"见过美人鱼"。印第安人更相信自然科学：他们怀疑白人是神，就捉一个白人来淹死，看看尸体会不会腐烂。与这个试验相比，西方人在整个美洲则犯下了深重的罪孽。如今的印第安人文明凋敝，人口锐减，前景黯淡。

比如说南美城市。里约热内卢的自然景观和人文景观"极不成比例"。英雄史诗般的拓城之旅，如今已是春梦无痕，这不过是一座机械化程度尚低的欧洲城市。圣保罗倒像个新大陆城市：虚荣、俗丽，建筑很快衰败下去，随时准备翻新。就像圣保罗大学的学生，把学术当时尚，也随时准备翻新。这两个城市从里到外都渗透着浮躁，目睹着浅薄。作者对新大陆的印象坏到了极点。

然而，还有更极端的事：圣保罗附近根本没有杜马教授承诺的印第安人！城市的扩张早已覆盖了故人的记忆，移民热潮悄然蒸发了人类学家的宝藏。作者不禁抱怨起美洲文明来，扩张已经成为文明的趣向，但这个忙于重建的文明，左有欧洲的经验，右有亚洲的教训，却不愿意停下来反省：

> 最少在物质方面，欧洲与亚洲似乎各自代表自己文明的反面；一个是一直成功，另一个是一直失败；两者好像在进行同一项事业，一个取走所有的好处，另一个只能捡拾贫困与痛苦。……印度、欧洲、北美与南美可以说表明了地理环境与人口密度的所有可能的结合方式。亚马孙森林地带的美洲是一块贫穷的热带地区，但人口数目很少（一种因素在一定程度上补救了另一种），南亚也是一块贫穷的热带地区，但人口太多（一种因素使另一种因素更加恶化）；至于温带地区，北美洲资源丰足，人口相对稀少，和欧洲形成对比，欧洲的资源相对的有限，人口数目则相当大。但是，不论怎样去看这些明显的真理，南亚永远还是殉道的大陆。[2]

做个星期天人类学家倒不难，可以时不时地跑跑附近村子。但是作者不甘心，执意要见真的印第安人，他找到了提拔吉人，吃了他们的蛆，觉得不够野蛮。等到放假，他终于踏上了寻找真正的印第安人的旅程。从此，他把我们带进他的热带之旅，那里住着四个民族：卡都卫欧族、波洛洛族、南比克瓦拉族、吐比克瓦希普族。他们渐次向亚马孙流域西北深入，越来越呈现"原始人"的

---

① 列维-斯特劳斯：《忧郁的热带》，83 页。
② 同上，158 页。

特色。

卡都卫欧人住在巴拉圭左岸的低地,据说是一群懒惰的、堕落的小偷和醉鬼。他们住在极为简陋和拥挤的屋子里,烧制有花纹的陶器,实行等级森严的贵族制度,但是最令人侧目的,是他们在脸上和身体上的绘图和刺青。这些都是不对称的蔓藤图案(arabsques),中间穿插着精细的几何图形。他们认为,人体必须画上图案,否则与野兽无异。这个风俗与他们惯行的堕胎与杀婴一起,表现了卡都卫欧人对自然的厌恶。但是,作者更发现了,这些图案"把一种二分法(duralism)投射到连续不断的平面上,好像镜宫里面那样:男人与女人,雕刻与绘画,具象图与抽象画,角度与曲线,几何图与蔓藤纹,脖子与肚子,对称与不对称,线条与表面,边缘与主题,片段与空间,图案与背景"[①]。它是各个母题的二分对立性的交切,也就是多重主题的掺杂交错。它像扑克牌一样,用不对称的构图法实现两个功能:"首先,脸部绘画使个人具有人的尊严;他们保证了由自然向文化的过渡,由愚蠢的野兽变成文明的人类。其次,由于图案依阶级而有风格与设计的差异,便表达一个复杂的社会里面地位的区别。"[②]

在这个社会里,存在着不均衡的三重阶级划分,又存在着互婚亚族的二重对立。互惠与等级两个互相矛盾的原则,临近的民族都成功地解决或掩盖了,可这个社会做不到。原因不得而知,可能是某种利益驱动,可能是迷信或偏执。结果是,人们由于过分强调身份地位,使可能通婚的范围越来越小。这样的内婚制危及整个社会的团结,使他们不得不有系统地收养敌人或外族人的后代。这个矛盾以不易觉察的方式提弄着人们的生活,人们又意识不到应该加以解决。完善的社会便呈现在艺术里面。卡都卫欧妇女身上的图案,实际上描绘的是整个社会集体的幻梦,是那个社会可能拥有的制度,是一个无法达成的黄金时代。这种夹叙夹议的民族志如果算得上民族志,肯定是拿不到民族志学位的民族志。

波洛洛族分布在库亚巴一带,这里有一条金脉,黄金于土著人不稀罕,金块甚至散落在地上。附近还有钻石矿,淘金者和寻钻者蜂拥而至。这里就形成了一个特殊的社会。交通状况恶劣,开车穿行其间的司机过着奇特的生活,他们常常要自己修路,车坏了就在野外露营,过一段狩猎的日子。库亚巴的屠夫整天盼着马戏团,好看看长着一大堆肉的大象。混在这里的人多是逃犯,警察鞭长莫及,

---

① 列维-斯特劳斯:《忧郁的热带》,233 页。
② 同上,235 页。

产钻石地区几乎自成国中之国。他们有不成文的法律，但执行起来十分严格。例如如果一个人找到了钻石却没有交给自己的"头子"，那么惩罚他的不是"头子"本人，而是买主——他们有系统地把价钱降得很低。这个小社会，还有众多奇特的"迷信"。例如一个人被毒鳐所刺，就得找个女人脱光衣服在伤口上小便，好在这一带妓女多得像金子。

波洛洛人是个生机勃勃的族群，作者叫他们"有美德的野蛮人"。他们的男人女人几乎全身赤裸，但是仅有的装饰却五颜六色。他们的歌声低沉而变化多端，表现力极强。他们实行复杂的半偶族制度：全村座落成圆形，分成却拉和图加垒两个半族。中间是男人会所。每一个人都和其母亲同属于同一个半族，一个半族的男人只能和另一个半族的女人结婚。结婚时候，男人通过划分两半族的相像的分界线，去住往另一边。两半族都有义务帮助对方，谁帮得好，谁的声望就大。除半族原则外，村落又被分为上江、下江两部分，界线与半族的界线垂直。整个村落又分为不同的氏族，每个氏族又分成继嗣亚群，还分成红、黑两种家族，此外还分成三个等级。丧葬制度、继嗣制度、村长制度、财产制度运作其中，甚是麻烦。作者给我们讲了一通这些制度对于西方人理解自身的意义之后，再也不耐烦了，就此收笔，结束了第一次游历。

1938年，列维-斯特劳斯辞去圣保罗大学的教职，把自己收集的印第安艺术品带回法国展览。现在他已经是一位职业人类学家了。对于印第安人的研究，也越走越深。他痛感自己对前哥伦布时期美洲历史的看法过分简单。"在今天，由于近年来的新发现，以及我自己花这么多年研究北美洲人类学以后，我了解到整个西半球必须当作一个单一的整体来考虑。"[1] 这应该是研究印第安人应有的高度。"以前我们拒绝让前哥伦布时期的美洲具有历史的深度，原因只是后哥伦布的美洲没有历史深度。"[2] 考古资料显示，不仅阿兹台克、玛雅、印加等文明具有远亲的关系，甚至从中国到西伯利亚再到阿拉斯加，以及美洲大陆西岸的文明，都存在相当多的相似点。当时的迁移情况如何，美洲文明的发散过程又是怎样的？没有人能说得清，大量证据也已经无可挽回地消散在历史之中了。但是，列维-斯特劳斯感觉到，从美洲印第安人的社会组织入手，可能有机会在浓厚的历史黑暗中，撞见奇迹，把真相照明。于是，在离开巴西印第安人两年后，他又以

[1] 列维-斯特劳斯：《忧郁的热带》，322 页。
[2] 同上，327 页。

波洛洛人的库亚巴为基地，向西北挺进。这次，他要去的地方，人类学家从未涉足。他们是两个印第安族群：南比克瓦拉和吐比克瓦希普。

一条电报线横穿南比克瓦拉族游荡的地区，面积有法国那么大。电报线早已废弃，沿线的工作人员处境悲惨，已经负债累累。所有消息都说明南比克瓦拉人凶狠无常。在库亚巴组织的考察队成员贪婪狡诈，加之路途艰险，气候恶劣，使考察队举步维艰。有时一个土著队员的谎言就会使整个团队耽搁一个星期。列维-斯特劳斯后来回顾这段艰难经历的时候说道，许多时候他置身很危险的境地，是他的想象力短缺，才得以自保。

设身处地为这位将来的法兰西院士想想，探寻"野蛮人"的历程难得离谱。潮湿、毒虫、热病、疲劳、困顿、疼痛、等待、耽搁、欺诈，没有一项与一个安逸的学者相称。我们看到，年轻的列维-斯特劳斯简直被自己雇来的这帮坏蛋气疯了，坏蛋中有印第安人，也有印第安牛。前者告诉他，有一头牛跑进丛林里面，先横着走然后倒着走，故意让人分辨不出它的路线，所以要耽搁；后者什么也不说，累到极点就轰然倒地不起，脾气像女郡主一样善变。一等几个星期的日子让考察队举步维艰。

终于跟南比克瓦拉人接触上了。把西半球视为一个整体的方法论原则看来是对的：南比克瓦拉人的物质生活，简单到让人误以为其代表人类的婴儿时期。可是他们的社会生活一点也不简单：他们实行一夫多妻的交表婚制度，有着明确的性禁忌，男女各有劳动分工。他们的名字不许外人知道，小孩子与大人保持非常亲昵的关系，大人之间的调情技艺非常发达。他们的形而上学，透露了他们与整个美洲印第安人的关系。

在这个族群中，存在一种临时酋长的制度。身为酋长，必须有能力指引他的家族群找到食物——这是南比克瓦拉人生活的头等大事。一旦酋长被证明没有这个能力，其权威马上就会遭到质疑。列维-斯特劳斯就是在这个背景下上了"一堂书写课"。当时，他正想通过一位酋长与一个土著群落进行以物易物。酋长突然拿起作者给他的纸笔，装模作样地与他进行"书面"交流，而书写这种事从来没有进入过南比克瓦拉人的生活。谁会比列维-斯特劳斯更敏锐呢？他选择了配合酋长的表演。

我们通常认为，文字改善了人的记忆，帮助人们更有效地组织，所以是文明、进步的标志。但列维-斯特劳斯却告诉我们，这是一个可悲的误解。新石器时代，发明不断，"进步"不已，却没有发明文字。恰恰相反，文字发明以后的几千年，人类的物质生活却徘徊不前了。直到现代科学的兴起，人类的物质生活的进步才与书写紧密联系在了一起。那么，文字的首要功能是什么呢？作者提醒我们："与书写文字一定同时出现的现象是城镇与帝国的创建，也就是把大量的个人统合入一个政治体系里面，把那些人分化成不同的种姓或阶级。这种现象，无论如何都是从埃及到中国所看到的书写文字一出现以后的典型的发展模式：书写文字似乎是被用来做剥削人类而非启蒙人类的工具。这项剥削，可以集结数以千计的工人，强迫他们去做耗尽体力的工作，可能是建筑诞生的最好说明，最少比前述的书写文字与建筑的直接关系更具有可能性。我的这项假设如果正确，将迫使我们去承认一项事实，那书写的通讯方式，其主要的功能是帮助进行奴役。"[①] 帝国即使不靠书写建立，也必须靠书写来维持。美洲和非洲的帝国正是由于缺乏书写，而很快衰落。欧洲则通过强迫教育、兵役制、无产阶级化使国家的权威日益加强，"每个人必须要识字，然后政府才能说：对法律的无知不足以构成借口"[②]。那个南比克瓦拉酋长甚为聪明，马上意识到了书写的首要功能是实现支配，然后才是交流。这就是书写的真相：知识是规训的工具。项链是项圈，手镯是手铐。福柯（Michel Foucault）日后针对现代性的反省，早在福柯尚幼的时候，就被列维-斯特劳斯放大为整个文明的悲哀。

在寻找吐比克瓦希普族的途中，考察队遇到了一群不为人知的群落，自称蒙蝶人。他们是友善的主人，举止简洁。没有通译，了解他们非常困难。这是真正的"原始"民族，是作者放弃一切折中方案后，得到的"回报"。本以为可以大展身手的人类学家，如今却陷入了深沉的反思：

> 我以前很想接触到野蛮的极限；我的愿望可以说是达到了，我现在面对着这群迷人的印第安人，在我之前没有任何白人与他们接触过，也许以后也不会有白人和他们接触。经过这一趟迷人的溯河之旅以后，我的确找到我要找的野蛮人了。但是，老天，他们是过分地野蛮了。由于我是在探险旅程的尾声才找到他们的，无法花真正去了解他们所需要花的时间。我手中有限的资源，我自己和同伴们疲惫至极的身体状况，因雨季而引发的热病变得更糟，使我只能做短暂的停留，像在丛林中上学一段短时间那样，而不能待几个月做研究。他们就在眼前，很乐意教我有关他们的习俗与信仰的一切，但是我却不懂他们的语

---

① 列维-斯特劳斯：《忧郁的热带》，385 页。

② 同上，386 页。

言。他们就像镜中的影像一样加在一起，我可以触摸得到，但却不能了解他们。我自己，还有我的专业，或许都犯了错误，错误地以为人并不一直就是人，是一样的人；认为有些人因为他们的肤色和他们的习惯令我们吃惊而值得我们注意。我只要能成功地猜测到他们要如何，他们的奇异性立刻消失；那样的话，我不是大可留在我自己的村落里吗？然而，如果是像现在我所碰到的情况，他们能保持他们的奇异性，而我既然根本没有办法得知他们的奇异性之内容，那也就对我毫无用处。在这两个极端之间，我们生存所依赖的种种借口，是由什么样模棱两可的例子所提供的呢？归根结底，人类学所做的研究观察，只进行到可以理解的程度，然后就中途停止，因此在读者心中所造成的混淆，用一些被某些人视为理所当然的习惯来使事实上相似的其他人感到惊讶，这样做，受骗的到底是人类学家自己呢，还是读者？到底是那些相信我们的读者受骗呢，还是我们人类学家自己？我们在没有把作为我们的虚荣心之借口的那些残剩的原始文化社会之神秘都去除以前，不会感到满意。①

这是一个无情的两难困境。如果异族与我们不同，那么研究他们对理解我们有什么意义？如果异族与我们相同，我们研究自己好了。两种相反的可能都得出一个答案：我们没有研究异族的理由。人类学可能多年来都逃避这两个极端的可能性，这是一门自欺欺人的学科！研究异族没有认识论根据。

最后呈现在我们面前的是吐比克瓦希普人。他们有一个快乐的酋长，占有所有可能成为他妻子的女性，他把她们借给朋友，以解决性比例失调的问题，而南比克瓦拉人却用同性恋的方式解决。人们整天盘算如何获得女性，哪怕她还是一个不到十岁的小女孩。酋长的职责是举行舞会，自己充当"老大"或"所有人"，还有射箭比赛。酋长一高兴，会失去理智，唱一曲即兴创作的独角歌剧，准确地说，他被自己创造的各种角色所左右，一切都是无意识的。这个民族似乎没有引起作者过多的兴趣，热带之旅就这样收场了。

在热带之旅的结尾，这位艺术家的儿子开始创作一部歌剧，为这本书做总结。这部歌剧叫作《奥古斯都封神记》，说的是古罗马元老院提议加封奥古斯都皇帝为神。这个动议挑战了所有人的宇宙观：卫兵认为神不必防卫，皇帝则发觉自己要与肮脏的野兽为伍。长期喜爱漂泊的桑纳是皇帝的好友，他虽然知道自己

① 列维-斯特劳斯：《忧郁的热带》，429—430 页。

的经历无非是饥饿和疲惫，除想念皇妹外一无所得，但还是以智者的模样劝说皇帝拒绝加封。皇帝请求桑纳刺杀自己，同时又布防捉住他，并将其赦免。皇帝通过走到社会的反面（成为神），证明自己的社会属性；桑纳通过走到自然的反面（被皇帝赦免）而证明自己的自然属性。两个都失败了。

列维-斯特劳斯解释道，这个戏剧寓言"说明一个在不正常的生活条件中度过一段长时间以后的旅行者，所显露出来的心理失调"[①]。这简直是近乎谎言的轻描淡写。如果把桑纳比作作者自己，把奥古斯都比作作者的同学们，我们似乎会明白，作者在扪心自问，为何他的同学们在自己的社会里寻找的人生，人类学家却要到千里之外去探寻？别的社会如果真的有价值，那么人类学家是投入他们的价值而失去自己的客观性，还是遵循自己社会的规范而只对那个社会惊鸿一瞥？这两难的困境在朗姆酒的启发下，得到了解决：作者发现，老办法酿出来的朗姆酒之所以质量上乘，是因为它的工艺使酒中总会掺入一点杂质。文明就是这样："文明的迷人之处主要来自沉淀其中的各种不纯之物，然而这并不表示我们就可借此放弃清理文明溪流的责任。……社会生活也就是一种毁灭掉使社会生活有味道之东西的过程。"[②]所以，只有研究异己社会，才能让我们更能比较和评估其未来与过去。

可是另一个难题接踵而至。到底什么社会是完美的，是值得我们研究的，是揭示了所谓人性的呢？作者说他不打算把"完美无缺的社会"颁给任何一个社会，如果真有那样的社会存在，那将是古往今来最让人无法忍受的社会。人的属性不是处在人类社会的末端，而是前端。在这一点上，只有卢梭是对的。他没有赞颂人的自然状态，他只是告诉我们，把所有的社会组织形式都拆散以后，我们仍然可以发现能让我们拿来建造一个新的组织形式的各项原则。人类学的全部任务，就是完成卢梭的纲领。

列维-斯特劳斯没有声言自己完成了这项纲领，但他对这个重大问题的答案是非常悲观的。历史上的伟大宗教，其实已经回答了这个问题。这就是本书的另一处时空坐落——印度给作者的启示：

> 佛教里面并没有死后世界的存在：全部佛教教义可归纳为是对生命的一项严格的批判，这种批判的严格程度人类再无法达到，释迦将一切生物与事物都

---

① 列维-斯特劳斯：《忧郁的热带》，498页。
② 同上，500页。

视为不具任何意义：佛教是一种取消整个宇宙的学问，它也取消自己作为一种宗教的身份。基督教再次受恐惧所威胁，重建起死后世界，包括其中所含的希望、威胁，还有最后的审判。伊斯兰教做的，只不过是把生前世界与死后世界结合起来：现世的与精神的合而为一。社会秩序取得了超自然秩序的尊严地位，政治变成神学。①

世界三大宗教的序列，隐含了人类试图摆脱自己可悲命运的努力。但是，一切都是徒劳的，真理早已被发现，只有佛教是对的——一切生物和事物都没有意义。"不论哪一个行业和哪一门学问，只有最开始的起动才是完全正确有效的。"② "每一项志在了解的举动都毁掉那被了解对象本身，而对另一项性质不同的物件有利；而这第二种物件又要我们再努力去了解它，将之毁掉，对另外一种物件有利，这种过程反反复复永不止息，一直到我们碰到最后的存在，在那个时候意义的存在与毫无意义的区别完全消失：那也就是我们出发之点。人类最早发现并提出这些真理已经有2500年了。在这2500年间，我们没有发现任何新东西，我们所发现的，就像我们一个一个地试尽一切可能逃出此两难式的方式那样，只不过是累积下更多更多的证明，证实了那个我们希望能回避掉的结论。"③

人类学在更高的层次上再一次陷入困境："情形既如上述，我作为一个人类学家，和其他一些人类学家一样，已深深被影响到全人类的一切矛盾所困扰，这项矛盾有其自身存在的内在理由。只有把两个极端孤立起来的时候，矛盾才存在：如果引导行动的思想会导致发现意义不存在，那么行动又有何用？"④的确，如果我们穷尽一生，无非是证明2500年前的一个道理，无非是证明我们的行动没有意义，那么我们要不要成为我们？人类学要不要成为人类学？作者说道："人类学实际上可以改成为熵类学（enthropology），改成研究最高层次解体过程的学问。"⑤这样强大的反思力，简直把人类学蒸发了。

这是一本"人类学家们写出来的最好著作之一"［格尔兹（Clifford Geertz）语］。它没有什么理论，没有一个体统。这是好的，好书本来就未必谈出理论，

---

① 列维-斯特劳斯：《忧郁的热带》，535页。
② 同上，536页。
③ 同上，540页。
④ 同上，542页。
⑤ 同上，544页。

有体统是好的，止于领会而不成体统，则另有境界，或许更好。列维-斯特劳斯对这个学科的思索，对这个世界的审视，对整个人类的反省，让我们仿佛看到了一位人类学界的尤利西斯，在寂寞的海洋上向西远去。

《东非酋长》(1956)

曾穷石

奥德丽·艾·理查兹（Audrey I. Richards, 1899—1984），出生于伦敦一个中产阶级家庭。她在印度度过童年，10岁回到英国。1922年从剑桥大学纽纳姆学院（Newnham College）毕业，学习自然科学（营养学）。1928年，她进入伦敦政治经济学院，成为马林诺夫斯基（Bronislaw Malinowski）的学生。[1] 在她求学的时代，剑桥大学尚不能给妇女授予博士学位。[2] 一直到1939年，英国职业人类学家不超过20名。[3]

1930年，理查兹以《野蛮部落的饥饿和工作》(Hunger and Work in a Savage Tribe) 取得博士学位，并且于这一年进入非洲北罗德里亚进行田野工作。1931—1937年，理查兹在伦敦政治经济学院任讲师。1938年离开英国到南非工作，任南非金山大学的高级讲师，并在南非德兰士瓦省北部的博茨瓦纳从事田野工作。1939年出版《北罗德里亚的土地、劳动和饮食》(Land, Labor and Diet in Northern Rhodesia)。1941年回到英国为殖民政府工作，1944年重回伦敦政治经济学院，在殖民地社会科学研究委员会工作。1945年，获得"里弗斯纪念奖章"（Rivers Memorial Medal）。1948年，到东非帮助建立东非社会研究机构（Institute of Social Research in East Africa），1950—1955年任乌干达麦克勒里学院东非研究所所长（Social Research in East Africa），1955年于任上退休。从1956年起，回到剑桥大学，任人类学研究所的所长，并成立了剑桥大学非

---

[1] Adam Kuper, *Anthropology and Anthropologists: The Modern British School*, London and New York: Routledge, 1996, p.67。这与耶鲁大学网站上介绍理查兹的文章稍有出入。

[2] Ibid.

[3] http://classes.yale.edu/02-03/anth500a/projects/project_sites/01_M，于2007年3月20日下载。

洲研究中心（African Studies Center in Cambridge）。在这一年，她出版了她的第三本主要著作:《契松古——赞比亚本巴人女孩的入社仪式》（*Chisungu: A Girl's Initiation among the Bemba of Zambia*）。1959—1961 年，她担任英国皇家人类学学会会长，成为英国皇家人类学学会史上第一位女会长。1962 年，与利奇合作，对艾塞克斯（Essex Village）进行研究。1963—1966 年，她担任非洲研究学会（African Studies Association）会长，1970 年成为英国学术学会（British Academy）的会员。晚年的理查兹在病痛中去世。

一、理查兹其人

《东非酋长》[①]（*East African Chiefs*）是英国女人类学家奥德丽·艾·理查兹于 1956 年编写出版的一本研究东非 14 个部落政治发展过程的著作。

在中国人类学界，理查兹是个陌生的他者。[②] 在库伯的《人类学与人类学家——当代英国学派》（*Anthropology and Anthropologists: the Modern British School*）中，令人遗憾的是，库伯用于梳理马林诺夫斯基和拉德克利夫-布朗之后的英国社会人类学学术史的笔墨，更多留给了同样研究非洲的福特斯（Meyer Fortes）和埃文思-普里查德（E. E. Evans-Pritchard），以及利奇（Edmund Leach）和格拉克曼（Max Gluckman）。或许在库伯看来，与这些在英国人类学学术史上赫赫有名的"后马林诺夫斯基时代"的功能主义人类学者相比，理查兹在自己的理论建树和对社会人类学的贡献上，没有走出马林诺夫斯基的控制——而这些新功能主义者，或在非洲部落，或在缅甸高地，以各自的研究，对马林诺夫斯基的文化决定论和拉德克利夫-布朗的社会决定论提出批判和修正。无可否认，20 世纪 30 年代的人类学家都或多或少地受到马林诺夫斯基影响，他们或者是马林诺夫斯基的弟子，或者参加过他的席明纳，并且即使是在对马林诺夫斯基的理论进行修正和批判的时候，也是运用马林诺夫斯基首创的功能主义分析框架

---

① 理查兹:《东非酋长》，蔡汉敖、朱立人译，北京：商务印书馆，1992。这本书中所说的东非，并非是指通常地理上东非的全境，而主要是指东部非洲的中部一段地域，包括东非大裂谷的全部，地跨现今坦桑尼亚、肯尼亚、乌干达、卢旺达、布隆迪，以及靠南的马拉维。

② 作为人类学专业的博士研究生，笔者之前甚至没有听到过她的名字，更别说阅读过她的著作。当读到《东非酋长》的"译者前言"称理查兹可能是马林诺夫斯基"最杰出的学生"时，笔者震惊于自己对西方人类学学术史的无知。

和田野调查方法——尽管他们研究的出发点是对于功能主义和结构-功能主义的反叛：或者是对马林诺夫斯基关于个人需求的"理性"满足简单解释的批评（埃文思-普里查德语），或者是对拉德克利夫-布朗的"平衡"理论忽视社会的矛盾关系的否认（格拉克曼语），或者是对功能主义和结构-功能主义把理想型和现实混为一谈的嘲讽（利奇语）。

这些在 20 世纪 30—50 年代跟随马林诺夫斯基学习，参与席明纳，并敢于对其导师直接"造反"的第二代功能主义人类学者，通过对这一学派的重新理解和解释，使功能主义得到了更广阔的发展空间，其生命力和影响力一直延续至今，也使得他们自己成为社会人类学学科史上值得重要一书的人物。

理查兹与她的同代人所得到的评价截然不同。与她的这些在 30—50 年代往返于非洲、缅甸的田野和伦敦、剑桥、牛津、曼彻斯特的学术场域，从不同角度宣扬功能主义并声名赫赫的同门不同，理查兹被认为对功能主义、对社会人类学没什么特别的贡献，她在北罗德里亚（今赞比亚）的研究无非是亦步亦趋地跟随马林诺夫斯基，为马林诺夫斯基的功能主义做注脚而已。[1] 无可否认，作为马林诺夫斯基的第一代弟子，前者的确影响了理查兹的个人生活和职业生涯，形塑了其田野工作的理论和方法论基础，使她从一个剑桥大学的营养学硕士成为一个不折不扣的功能主义人类学家。[2] 从这个层面上说，理查兹的确没有超出其伟大导师的理论范畴。加之在战后的特定时代背景之下，理查兹多半的时间在东非社会研究院度过，与殖民地政府的密切联系，又使她被定位成一名为殖民当局在非洲进行殖民统治而出谋划策的应用人类学者。[3] 事实上，从理查兹的研究来看，她对于功能主义的理解，与马林诺夫斯基有着明显的区别，而她在人类学的理论和方法上也有着自己的贡献。

要正确评价理查兹，还得回过头去看她作为一名社会人类学家的生命历程。从她的著作可以洞察，虽然她与马林诺夫斯基亦师亦友的亲密关系，使她受到基本的功能主义训练，一生都受用无穷，但她并不是一个纯粹的马林诺夫斯基主义者。从她 1957 年谈论她导师的文章 "The Concept of Culture in Malinowski's

---

① 见 http://classes.yale.edu/02-03/anth500a/projects/project_sites/01_M。

② 对于她与马林诺夫斯基的学术关系，英国社会人类学界有不同的看法：西敏司（Sidney Mintz）认为，理查兹在晚年摆脱了功能主义的束缚，转向了结构主义，而库伯则认为恰恰相反，理查兹一生都是一个正统的马林诺夫斯基主义者（orthodox Malinowskian）。见 http://classes.yale.edu/02-03/anth500a/projects/project_sites/01_M。

③ 同上。

Work"① 可以看出她自己的学术取向。一方面，她对马林诺夫斯基进行了高度评价，认为人类学的工作就在于对功能的解释，解释他们在文化整体系统中的角色。虽然看到了文化的冲突，但在她的关注中，这不重要，重要的是文化凝聚整个社会成员的某种需要——不管是生物的、物理的还是社会的——的功能。在评价功能主义的时候，她认为，相比较于进化论、传播论和历史具体主义，马林诺夫斯基把"科学"和文化理论加入了人类学，这是他的最大贡献，她甚至认为，如果没有马林诺夫斯基的努力，社会人类学根本难以成为一门区别于考古人类学和体质人类学的单独门类。更进一步，理查兹和马林诺夫斯基一样，都强调人的基本需要是通过社会机制来维持。然而正是在对"人的基本需要"的进一步阐释上，理查兹与马林诺夫斯基出现了分歧：马林诺夫斯基认为人的基本需要是性，而理查兹认为人的基本需要基于营养的满足，这一观点明确体现在她的博士论文中。② 这种认识与理查兹在剑桥大学学习营养科学给她的训练密切相关，她在以后的研究中，也总是格外关注营养对于社会运作的重要性。这是她与马林诺夫斯基最根本的不同，并且这个不同是她跟随马林诺夫斯基学习人类学之始就已经存在，这一观点贯穿她一生的研究生涯，未曾改变。

在这之外，理查兹对于马林诺夫斯基的"比较"方法给予了批评。她指出，马林诺夫斯基倡导的比较研究方法，认为收集了足够多的材料就使简单的比较工作成为可能，这显然是不科学的，那样的做法得不出可靠的数据。但这并不意味着像库伯说的那样，理查兹在比较的时候采用结构的方法。③ 实际上她并没有区分功能主义和结构主义，相反，她认为这两种分析方法并没有什么根本的不同，只是各人在运用上优先选择哪一种分析方法而已。相比较于"结构"（structure）分析，理查兹更愿意分析"制度"（institution），她说"制度"的各个方面是相互关联的。这就与埃文思-普里查德所认为的社会结构单独于文化而存在及弗思坚持认为的社会结构是文化的替用品有着截然不同的认识。因此，从研究方法上来看，理查兹灵活地游走于她那个时代最重要的两个理论——功能主义和结构主义之间。

---

① Audrey I. Richards, "The Concept of Culture in Malinowski's Work", in R. Firth (ed.), *Man and Culture: An Evaluation of the Work of Bronislaw Malinowski*, London: Routledge & Kegan, Paul, pp.15—31.

② Audrey I. Richards, *Hunger and Work in a Savage Tribe: A Functional Study of Nutrition Among the Southern Bantu*, London: outeledge, 1932.

③ Adam Kuper, *Anthropology and Anthropologists: The Modern British School,* p.119.

在理查兹的时代，功能主义忽略社会变化、以平衡掩盖社会矛盾的做法已经遭遇到了来自各方面的批判，对于这样的批评，理查兹也予以承认。并且她认为功能主义的困境在于不能进行文化之间的"比较"，以及功能主义为了强调平衡而故意对"变化"的破坏作用视而不见。她说，功能主义人类学家的分析前提是不允许他们研究的部落发生任何变化。尽管她的研究兴趣在"制度"，这并不意味着她把民族志对象看成无时间的国家。1939年，她在北罗德里亚，对土地、劳动力和食物进行研究的时候，充分认识到了殖民接触给当地带来的变化，而认为功能主义忽略变化的声调可能来自殖民当局的有意为之。她写道，非洲的原始民族食物的缺乏并非是原本的状态，而是来自与白人文明的接触——这样的见解，出自一名被认为是应用人类学家的口中，不能不说是深有洞见的。

需要指出的是，在理查兹生活的时代，对女性的偏见并没有消除，她在伦敦政治经济学院工作的时候，她的工资远远低于她的助手——埃文思-普里查德和吉伯格（Jack Driberg）——工作却比他们多很多。[1] 终其一生，理查兹始终没有成为一个正教授（full professor），与她所做的工作和对社会人类学的贡献相比，实在是有些名不副实。她在剑桥大学工作期间，做了许多实质性的工作——比如建立剑桥大学非洲研究中心——但仍然没有得到公正的待遇。她的学生格拉斯通（Jo Gladstone）把个中原因归结为当时剑桥对女性充满偏见，女性学者处于边缘地位。[2] 而库伯则认为理查兹得不到公正评价的原因在于她与当时剑桥人类学的领头人福特斯之间的紧张关系。无论如何，理查兹是一名没有得到客观评价和介绍的社会人类学家，她在特定时代的研究，对于功能主义，对于社会人类学，都做出了不可磨灭的贡献。

二、人类学研究非洲的转向

社会人类学发展到20世纪30年代，随着社会人类学的研究重心从伦敦政治经济学院转到了牛津大学，人类学者田野工作的足迹也从大洋洲转到了非洲。

简单的部落社会的人群和社会已经不能满足人类学家的理论探讨，他们对更为复杂的部落组织萌生了研究兴趣，也期待在比特罗布里恩德岛和安达曼岛远为

---

[1]　格拉斯通在1992年的一篇文章中写道，她向马林诺夫斯基抱怨，她的工作太多，而埃文思-普里查德所做的太少。见 http://classes.yale.edu/02-03/anth500a/projects/project_sites/01_M。

[2]　http://classes.yale.edu/02-03/anth500a/projects/project_sites/01_M。

复杂的地方对社会人类学的理论进行修正和提出重新解释。在这驱使之下，他们纷纷走入非洲的广袤大地。到 20 世纪 40 年代，人类学对非洲的研究已初具规模：与太平洋诸岛屿相比较，非洲是更大规模的社会，地理很难明确划分，有着复杂的政治组织。这些都比简单的岛屿更吸引人类学家的兴趣，也更能让人类学家从他者来观照自身。研究非洲的兴趣转向显著地影响到了人类学理论的发展，从非洲那些没有中央集权的部落社会提炼出来社会政治理论，让欧洲的社会人类学家反观欧洲社会的病痛。

理查兹的学术生命也恰好和非洲研究的新范式确立的时期相一致，她比埃文思–普里查德和福特斯还更早关注非洲：早在 20 世纪 30 年代，理查兹跟随马林诺夫斯基攻读博士学位的时候，她就选择了非洲的 Bemba 部落为研究对象——当然，那个时候她的研究方法仅仅是跟随导师学到的功能主义分析框架和她硕士时在剑桥学得的营养学知识——并以对 Bemba 部落的调查写成博士论文。在她之后，1936 年，弗思（Edmund Firth）研究提科皮亚人的成果《我们提科皮亚人》问世；1937 年埃文思–普里查德走入阿赞德人的世界，研究阿赞德人的四类神秘信仰和行为。1939 年，理查兹出版《北罗德里亚的土地、劳动和饮食》。非洲研究的范式经埃文思–普里查德和弗思建立了起来。

对非洲政治制度的研究，意味着人类学家把研究重心从无国家的政治制度转向无组织的亲属制和世系群研究。在面对复杂的非洲部落时，埃文思–普里查德甚至以有无国家组织作为对不同部落分类的标准。[1] 对非洲的研究，也是埃文思–普里查德对马林诺夫斯基反叛的一个产物，他认为马林诺夫斯基的功能主义缺乏逻辑，把事实作为单独的个体而与社会隔离，缺乏自然科学的逻辑归纳。他的《努尔人》用裂变对立制度提出一套新的政治逻辑。从他再到格拉克曼（Max Gluckman），都在非洲的广袤大地中一展身手。这样的研究兴趣刚好和英国殖民统治之需要相契合。这样的潮流也推动了 20 世纪 40 年代以来的政治人类学的兴盛。

《东非酋长》就是在英国社会人类学致力于非洲研究的潮流下诞生的一部集体研究成果。当时任东非研究所所长的理查兹组织东非社会研究所成员和在这个

---

[1]　Adam Kuper, *Anthropology and Anthropologists: The Modern British School.*

地区工作过的其他学者 ① 合作，编写了这本讨论东非 14 个部落 ② 的政治发展过程的著作。

书中所讨论的 14 个部落沿着维多利亚湖、基奥加湖、艾伯特湖、乔治湖、爱德华湖和基伍湖等几个大湖居住。在成为欧洲的殖民地或保护国之前，各个部落有着传统的政治组织形式。理查兹将其大致分为三种类型：（1）具有中央集权的国家，如布干达、布尼奥罗和托罗即属于此类君主国；（2）由许多小公国组成多王国部落，每个公国都有世袭的统治者，布索加、布哈亚、布哈、布津扎和布苏库马、安科尔属于这一类；（3）没有共同首领的环节社会，即按家谱辈分分开的一系列氏族，各由其族长统治，族长们只是为了特殊的目的，如战争、血族报仇或举行祭奠仪式时才进行合作，吉苏、基加和卢格巴拉属于这一类。③ 无论是第一类集权的部落制的国王，还是第二类部落制度中各个公国的君主，以及第三类环节社会中各个氏族的族长，都统称为"酋长"（chief）。在理查兹的定义中，酋长是对各个部落领袖的笼统称呼，④ 实际上，在各个部落，对于领袖各有专门的称呼，比如布干达的酋长称为卡巴卡（kabaka），布尼奥罗的酋长称为穆卡马（mukama），吉苏部落的领袖称为穆加斯亚（mugasya）。各个部落中最高级的酋长是世袭的，在他们之下有地方行政官，也称作"酋长"，同样根据世袭的原则产生，或者由最高酋长任命。部落内部的法律和秩序、审判案件、征收捐税、实施农业和卫生方面的措施，都由最高酋长组织行政机构来运作和处理。理查兹把殖民政府影响以前的部落制度，称为"传统当局"。

这些沿大湖居住的部落到 19 世纪末全部成为欧洲的殖民地或保护国。书中所涉及的这些部落在 19 世纪末全部沦为欧洲国家（主要是英国、德国、法国和比利时）的殖民地或保护国。欧洲人占领这些部落以后，着手提高部落人民的生

---

① 这些学者包括殖民地社会科学研究协会的 P. T. W. 巴克斯特、受到斯卡巴勒补助金资助的 J. H. M. 比蒂、美国社会科学研究协会的 J. G. 利本诺、戈德史密斯公司补助金和殖民地社会研究协会的 J. F. M. 米德尔顿、荷兰政府学者 J. H. 谢勒、殖民地社会科学研究协会的 B. K. 泰勒、殖民地社会科学研究协会的 E. H. 温特。

② 本书所讨论的 14 个部落是布干达部落、布索加部落、布尼奥罗部落、布托罗部落、布安科尔部落、布哈亚部落、布津扎部落、布哈部落、布苏库马部落、吉苏部落、基加部落、阿卢尔部落、安巴部落，以及卢格巴拉部落。

③ 理查兹：《东非酋长》，2 页。

④ "对于这个地区的统治者及他们的助手和官吏很难找到一个确切的名称。欧洲旅行家们把他们通称为'酋长'，除非是那些看来拥有绝对权力的人，例如布干达、斯皮克，其他的人对其统治者称为'国王'，新的非洲地方政府的行政官也被称作'酋长'，不论他们的职能同过去的族长、地方长官或采地封臣多么不同。因此我们认为对欧洲人到来以后的官员还是保留'酋长'这个名称比较好。"见理查兹：《东非酋长》，26 页。

活水平，推行西方类型的社会事业，力图把这些遥远的他者变成与他们生活在同一时空的人，把他们从专制主义的状态下解救出来，给非洲的部落社会带入民选的观念，改变原有的政权组织形式，以使非洲进入现代化。因此殖民政府需要一批能"不断增进效率的当局"[①]，需要能够领会到现代民选思想的地方统治者。殖民政府在非洲遭遇的现实情况却是，非洲各个部落传统的行政组织原则恰恰是和民选观念格格不入的、有着悠久传统的世袭原则，或者由当权者委任官吏的原则。这两种传统的挑选官员的方法都不符合殖民政府对于新的社会事业管理人员的要求。因此，挑选和训练构成地方政府核心的官员，成为殖民政府所面临的首要难题。[②]

要推行新的行政组织形式，必须对非洲各个部落原来的情况进行深入了解。任何一个"传统"都有其固有的发展轨迹和生存空间，酋长政治根深蒂固的非洲，早已形成一套"繁复的官员体系，并有与之配合的不同类型的参议会"。理查兹指出，传统的各种政治制度具有强大的生命力，它们常常成为一种生活方式的象征，当这种生活受到威胁的时候尤其如此。[③]针对这种情况，英国殖民政府如何开展工作？是完全抛弃原来的行政系统，全部任命新的官员，还是保留传统酋长的力量，通过训练使其成为符合欧洲标准的现代文官？长时段的殖民统治的历史，使得欧洲殖民官员们清楚地意识到文明冲突带来的严重后果：1929 年尼日利亚东部的妇女骚动事件，就是由新任用的"委任酋长"（warrant chiefs）代替土著当局所引起的后果。[④]因此，在这样的情况，殖民政府找到了一条实行间接统治的中间道路：既然"传统"的力量过于强大，那么试图取代传统酋长的统治就是一种愚蠢的行为，殖民政府可以对传统酋长实施训练，实行监督和施加影响，控制高级酋长任用低级酋长（官员）的方式，用西方的观念对其加以改造，通过潜移默化的方式，使其在较大程度上符合西方的施政标准。

理查兹主持的这项对东非酋长的研究，就是对东非 14 个部落遭遇殖民统治、走上现代化道路的发展历程的叙述。她选择的部落已经处在欧洲人的统治之下五六十年之久，通过对这些部落的传统的政治、英国殖民政府推行的改革及酋长经历的分析来考察殖民遭遇后的非洲部落政治。她说：

---

① 理查兹:《东非酋长》, 2 页。
② 同上，1 页。
③ 同上，7 页。
④ 同上，6 页。

本书讨论的是东非十四个部落的政治发展过程。其中九个部落是王国或多王国部落——八个湖间地区班图部落和坦嘎尼喀的布苏库马部落；四个部落是环节社会——吉苏、基加、卢格巴拉和安巴；还有一个部落是环节国家阿卢尔。我们曾试图追溯这些部落的政治发展情况，总而言之，较大的王国都有足够的证据使我们可以写出这些小君主国和帝国成长的轮廓。因此，通过这一比较研究，我们可以归纳出一些有关这一群非洲社会的政治发展的概念，同时弄清各部落社会组成的不同原则、移民和征服的不同方式，以及它们所在地区的不同经济资源。①

英国人所引入的文官制度今后会继续维持下去吗？或者说是不是会逐步恢复比较旧的挑选酋长的方法呢？在旧的成规根深蒂固的地方，机构往往有滑回人所熟知的轨道的趋势，尤其是在紧张时期。在部落所在地挑选有效率的地方当局的问题对于非洲国家政府来说也和对于殖民国家一样是一个难以解决的问题，实际上困难更多，因为非洲国家有训练的管理人员可能更少，中央的有效控制可能更差。因此本书打算对非洲这一部分的行政和立法机构至关重要的问题加以说明。②

毫无疑问，在人类学的学科史上，这是一本容易被定义成为殖民政府服务的应用人类学的著作。然而，《东非酋长》的内容所呈现出来的意义，却不仅仅如此。"引论"中，理查兹说：

本书原打算说明的是行政问题，但是大多数作者都是人类学家而不是熟悉地方政府、殖民政府或政治学的专家，因此注意力还是集中在部落的结构差异上，对于这方面，社会人类学家大多数是非常感兴趣的。例如各部落，包括单一王国的部落、多王国部落或环节社会，以及一个"环节国家"，对于英国地方政府政策就有许多有趣的不同反映。关于不同的土地所有制对东非各族人民中出现的政治制度的影响，也可从这些材料中得出一些概念。……有趣的是，这里所选各部落的政治制度的发展与欧洲封建以前的社会和封建社会的历史很相似。……尽管将两者相比并不完全恰当，但其中有许多地方却是人类学家很感兴趣的，我们希望政治学家和历史学家对于这些方面也会感兴趣。③

---

① 理查兹:《东非酋长》，359 页。
② 同上，8 页。
③ 同上，11 页。

理查兹编写这本书的抱负不仅仅在于为殖民政府提供某些参考。回到编写《东非酋长》的过程，以及《东非酋长》内容本身，有助于理解其在社会人类学的研究方法论上的贡献，以及其在社会人类学学科发展史上的定位。

三、理查兹与《东非酋长》

作为一种比较研究的尝试，应该认为本书是介乎结构比较和更精确的比较研究之间的作品，前者如 E. E. 伊文斯-普里查德 [①] 和 M. 福茨所编的《非洲政治制度》(1940)、A. R. 拉德克利夫-布朗和达里尔·福德编的《非洲的血缘和婚姻制度》(1950)，以及达里尔·福德编的《非洲的几个社会》(1954)，这些书中包括一群作者就政治结构、亲属或宗教等一般性问题撰写的论文，他们很少或没有进行讨论。而比较精确的比较研究的作品则是由一组研究工作人员进行共同讨论并在搜集和提出资料取得一致意见后就某一严格规定的问题集中研究两三年后写出的。[②]

1952 年 1 月，东非社会研究所的人类学家及合作者在坎帕拉的马凯雷雷学院召开了一次会议，在会上达成了一项共同的研究计划，即对乌干达和坦嘎尼喀湖滨省一组毗邻的部落政治机构进行比较研究。6 月，一些在肯尼亚、乌干达和坦嘎尼喀的殖民官员和东非社会研究所的人类学家们在马凯雷雷学院召开了第二次会议，讨论低级酋长的地位问题。会议后，东非社会研究所的研究人员同意通过共同的调查表来搜集有关各级酋长的经历材料。

理查兹给《东非酋长》的评价，认为这并不是一本精确的政治发展的比较研究的著作。在引论中她提到了研究的困难，也是非洲情况下的协同工作所常有的实际困难：实地研究工作人员过于分散，以至于无法经常举行会议。因此这项计划只在 1952 年 1 月和 6 月的两次会上讨论过——这当然与马林诺夫斯基的席明纳不可同日而语。参与研究的工作人员各自为阵，调查的时间难以一致，分散在不同国家的各个大学，难以进行沟通和讨论。加上东非社会研究所的经费有限，不可能做到长时间地对选择的部落进行纲要研究，再就当地发现的理论问题和根

---

① 又译"埃文思-普里查德"。——编者注
② 理查兹:《东非酋长》，3 页。

据初步经验看来是合适的具体实地工作方法进行长时间的共同讨论。[①]

在这样困难的情况下形成的《东非酋长》由十六章组成，分别由不同的研究者完成。引论及第一章（"湖间班图"）和第十五章（"一些结论"）由理查兹执笔。合作研究的结果是，每一章都是一篇独立的论文，而在一致的研究主题之下，又形成一套体系：每篇论文的开头都有一段有关该部落的地理环境、经济潜力、人口密度和民族成分的背景介绍。然后说明该部落的传统政治制度，对于有中央政府的部落，探讨其政治组织形式，主要侧重于酋长与下一级的统治者的关系。然后是英国殖民政府对该部落进行的改革，比如调整地方单位的大小（在多王国的部落上建立集权，合并小的地方单位）、挑选和训练酋长的方法方面所实行的改革。最后，是对现任的各级酋长的经历的分析。

按照对不同类型的政治组织形式的区分，理查兹把选取的 14 个部落分为三类：

第一类，王国或多王国部落：布干达部落、布索加部落、布尼奥罗部落、托罗部落、安科尔部落、布哈亚部落、布津扎部落、布哈部落、布苏库马部落。

第二类，环节社会：吉苏部落、基加部落、卢格巴拉部落、安巴部落。

第三类，环节国家：阿卢尔部落。

对于湖间班图民族，理查兹在书中探讨了殖民政府为了使其改变世袭制和官员委任制，走向"民主化"而做的努力。她敏锐地观察到，高度集权、酋长对下一级官员有委任权的部落，对于英国殖民政府来说，似乎更容易控制——因为在英国殖民政府对于文官制度的理想看来，可调动的酋长比当地的世袭统治者容易转变成可调动的文官——但事实却是存在一种消除固有观念的困难：被委任的低级酋长与高一级酋长之间庇护关系的固定化，是要实行可调动的文官制度的最大障碍——特别是在观念上。这样的观念的存在，导致殖民政府大张旗鼓的改革只是虚有其表。[②] 同时，她指出，致力于使非洲地方政府现代化的行政官员们在具有悠久传统的统治王朝和国王拥有仪式权力的地区还有具体的问题有待解决。一方面，作为殖民政府的代理人或工具，这些人可以大大促进改革，另一方面，作为反对者，他们常常变成部落民族主义的象征，因而也常常转化成为分离主义的象征——第一个阶段常常很快转化成为第二个阶段。

---

① 理查兹：《东非酋长》，13 页。

② 同上，29 页。

　　理查兹以对布干达部落的研究为例，指出了殖民政府遭遇的这把双刃剑困难。

　　布干达部落的集权程度是这 14 个部落中最高的，它的政治组织在今天也是发展程度比较高的。19 世纪末，英国占领布干达的时候，布干达酋长们与之结成了联盟，后来布干达官员被派出去统治这个保护地的其他部落，这样他们便把自己的政治制度带到那些部落（比如布索加、安科尔、托罗等多王国部落），并对其政治结构和观念产生了巨大影响，使受其影响的那些部落在英国殖民政府着手改革时，基本上以布干达的政治模式为蓝本。

　　布干达的国王称为卡巴卡，被认为具有超人力量，有意思的是布干达的人们称卡巴卡为"地面上的卢巴尔"[①]"孪生子之父""已婚男人""婚礼""蚁窝的蚁后"，以及"狮子"。卡巴卡取得绝对的权力是逐步实现的。首先是逐渐取消或削弱世袭氏族和血族首领的权力，具体办法是通过委派私人代表取代氏族的地方长官或郡酋长。其次是消除血族王公的竞争，规定王公不得担任郡或县的酋长，从而把王公们排除在政治生活之外。这样，到 19 世纪中叶，大部分的郡（既是征税单位，也是军事单位）都已经处在卡巴卡从他的亲信和忠实追随者中直接任命的地方长官的行政控制下，这些长官既是国王的官员，也是地方行政官。这样形成的官僚阶序是，国王（卡巴卡）为最高统治者，郡长官由卡巴卡任命，郡之下有次长官，次长官之下有区首领。地方行政官形成三个等级：郡长官、次长官、区首领。与村民直接打交道、管理农民日常生活的事务的是村头人翁瓦米·欧韦·基亚洛（Omwami we kyalo），这是布干达部落最低级的酋长。

　　除了这种郡县制度，布干达还有封建制度。卡巴卡把土地（毕通哥尔，bitongole）作为封地赐给有军功的亲信（巴通哥尔，batongole），由巴通哥尔对地方长官进行监视。此外，还有王家领地，称为基通哥尔，由卡巴卡的私人总管管理。郡长官也有私人领地，郡长官的高级次长官也有自己的领地，面对这种复杂的政治组织，理查兹认为布干达部落的一个郡实际上是"各种不同的封建领地的杂烩"。[②]

　　欧洲人进入乌干达后，1900 年签订乌干达协定。理查兹的观察是："布干达人的政治结构似乎并没有因为英国殖民政府和布干达的主要酋长在 1900 年签订

---

　　① 卢巴尔（Lubale）是地方祭神，与卡巴卡相区别，布干达人称其为"天上的卢巴尔"。
　　② 理查兹：《东非酋长》，41 页。

的乌干达协定的条款而有剧烈的改变。"① 殖民政府承认卡巴卡和他的继承人为布
干达的国王，确认卡巴卡政府的行政当局，并把各个级别的行政官员都称为"酋
长"。唯一起变化的是，英国殖民政府对卡巴卡任命酋长的权力做出了限制：卡
巴卡任命的酋长必须经英国总督批准。英国殖民政府认为这个过渡很顺利，他们
也很自信找到了一种办法使得到承认的酋长具有管理人民的有效的权力：统治官
员并非世袭的，而是可以由他们随意从一个郡调到另一个郡，并且按照这些人的
能力予以升职或降级的。这一切似乎都在按照英国人所设定的文官制度的道路在
前进。然而，理查兹随之指出，随着时间的推移，布干达政治机构所产生的变化
比表面上的变化要大得多——有些变化当时无法预见，但影响深远——比如土地
自由占有制度所引起的变化。英国政府把本来只归卡巴卡所有的封地（包括王室
封地、地方长官封地）分给了其名义上的所有者。原本的制度是，土地集中在国
王手中，国王可以任意封赐和收回。这种新型的土地制度称为"梅洛"（mailo）。
梅洛带来的后果是新的阶级的产生——他们拥有土地，可以通过徭役而致富，这
一阶级可以尽可能地模仿欧洲人的生活，并且可以送他们的儿子到英国、南非等
地去留学——布干达的大部分行政官正是产生于这个阶级。

　　英国还带来对旧的单位的改变。"郡"的名称得以保留，对郡之下的王家领
地、氏族土地和封地统一划为县（subcounty），布干达人则把县称为贡波洛拉
（gombolola）。县之下更小的单位叫作穆鲁卡（muruka），是一群村庄，穆鲁卡
被翻译成"教区"，领袖称为教区酋长，这是布干达部落最基层的酋长。

　　保护地政府整顿了布干达部落的行政单位并确立了各级行政官员的职权后，
开始致力于控制酋长任命。到 1926 年，酋长们接受了固定的薪水，保护地政府
取得了监督布干达政府账目的权利，而罢黜酋长的事也称为常见之事。与掌握酋
长任命权同时进行的是，把英国观念引入布干达政府的中央组织：建立了中央参
议会，并逐渐使参议会走向民主化过程。理查兹以一组数据的对比来说明这个民
主化的进程：1900 年乌干达协定承认的第一个参议会是完全由卡巴卡所任命的
代表组成的；1939 年通过一项新的措施，卡巴卡开始提名官员队伍以外的人而
不是较低级的教区酋长为参议员。1945 年有 32 个非官员的议员通过一种以各种
教区和县的选举为基础的选举团制度而间接地当选。1953 年，通过同样的途径
当选的非官员议员有 60 人，非官员议员超过了官员议员（酋长）而居多数。

　　这样看来，殖民政府已经在潜移默化中推行了英国概念的文官制度，并取得

---

① 理查兹：《东非酋长》，44 页。

了成效。但理查兹随之说道：

> 最近 50 年的历史肯定地证明：认为酋长职位是卡巴卡授予的权力，能否取得这项权力，须视对卡巴卡的忠诚的布干达概念和把酋长职位当作官员制度中按能力选用有训练的人担任的一种支薪的、有资格领年薪的职位的英国概念持续冲突的结果而定。这种冲突公开化时就是争夺挑选酋长的权力的冲突，而卡巴卡传统依靠这项权力的程度比对任何其他权力的依靠都甚。[①]

理查兹通过分析酋长的经历，讨论了殖民政府在乌干达建立欧洲式的官员制度方面究竟取得了多大的成就。理查兹分析了高级酋长（郡和县的酋长）和低级酋长（教区酋长和头人）的经历。她用高级酋长的调动情况、拥有土地的情况、受教育情况为指标，观察的结论是，布干达挑选高级酋长的制度确实是民主的，但结果却是把受过高等教育的人吸收到布干达政府工作人员的队伍中去。而受过高等教育的人都是家境富裕的人，这些人都是酋长的儿子。他们一方面通过英国殖民政府的梅洛制度而变得富裕，另一方面这些人在孩童时代就被委托给殖民地的行政长官和传教士，较早接触欧洲白人的生活方式，学会了现代化的行政工作技术，这些也都为他们成年后进入行政官员阶级打下了基础。因此，绕了一个圈，在英国概念的民主制度下产生的高级酋长，仍然产生自传统酋长的家庭。

教区酋长和头人与高级酋长的不同之处在于，前者属于传统范围的官员，而后者的意义是英国殖民政府赋予的。低级酋长负责直接接触农民的工作，薪水很低，没有附属于职位的公家房屋或土地，退休后也不能领取年金。因此从某种意义上来说，低级酋长出任官职是为了声望和荣誉——这就不是在英国概念的文官制度下出任官职了。因此，理查兹在"引论"中说："有些制度看上去似乎是现代的，但仔细分析又可发现其在很大程度上仍然依靠传统势力。"[②]这在对乌干达的低级酋长经历的分析中得到了印证。

在对布干达部落的殖民遭遇进行分析后，理查兹指出："卡巴卡及其酋长的广大权力虽然在最初对英国殖民政府采取的步骤有过促进作用，但是同卡巴卡制度联系着的复杂情绪及它的许多传统礼俗肯定已经在后来造成一些困难。布干达没有世袭的酋长这一情况显然曾使现代文官制度的概念能够顺利推行，但是凭借国王或大臣的恩宠而升官的想法也和世袭继承的概念一样，是同现代文官制

---

① 理查兹：《东非酋长》，52 页。

② 同上，6 页。

度的概念不相容的。"[1] 这就对英国殖民政府一直津津乐道的现代文官制度提出了
批评。

　　除了布干达部落这样的集权国家,《东非酋长》还分析了英国殖民政府对于
多王国部落的改革。具体的做法是按照集权部落布干达的模式建立政治体系。如
布索加,高踞政治定点的是统治者和王家氏族的血族,统治者在这个血族内是世
袭的,原来是兄弟相传,在近 100 年内已经变成父子相传。统治者属下有宫廷
官员和两种类型的地方长官:一是王公(巴朗吉拉,即目前统治者的儿子或前统
治者取得职位世袭权的儿子们的后裔),二是统治者的平民(巴肯古)。他们都
由统治者任命和罢免。布索加诸王国从来没有建立与政治体系分离的军事组织,
所拥有的军队也从来没有超过临时性的民兵组织。小王国的国王同时是王家氏族
的首领。除小国王外的氏族内部分成各种等级的血族,他们有权过问继承和遗产
事务的氏族参议会。

　　从 1892 年到 1894 年保护地建立,布索加是由英国东非公司管理的。1895
年布索加同布干达分开。1906 年,一名布干达酋长兼将军塞梅伊·卡肯古鲁
(Semei Kakungurn)被任命为布索加各国王和酋长所组成的参议会之上的最高
酋长。他对当地的政治结构实行了改革,所采取的措施有:

　　(1)把许多小王国合并成一个单一的部落政治单位,自 1949 年以来,长官
伊塞本杜·基亚巴辛加(Isebantu Kyabazinga)每三年选一次,英国总督保留审
查选举结果的权利,参议会体系的建立也促成了布索加的统一。(2)采用布干
达的政治单位,较大的布索加王国都改成萨查(saza),即郡;较小的王国合并
成为贡波洛拉(gombolola),即县。县一级和村一级之间也按照现代布干达的办
法设立了由酋长管理的穆录卡(教区)单位。在教区内,传统的村和小村仍然保
留。(3)把每个酋长的地区划分为布韦森吉兹(bwesengeze),即个人领地,以
及毕通哥尔(butongole),即辖区。酋长从其个人领地为他自己征收贡税,为他
的上司征收的贡税则从辖区产生。

　　英国殖民政府的改革是,1936 年取消了贡税,改为薪金,酋长职位的世袭
制也被取消——这是把世袭君主统治下的许多小王国改成一个单一部落体内由任
命的酋长管理的郡时必须进行的一项改革。不过,这种支薪的办法并没有推向新
建立的官僚体系的最下层村头人和小村头人一级。最下层的头人拒绝推行文官制

---

[1]　理查兹:《东非酋长》, 66 页。

度，反而加大了世袭制度。

经过改革后，布索加部落的教区、县和郡各级的酋长都是领薪金、可调动并且可领年金的官员。郡和县级的酋长都是由区专员按区参议会的常务委员的建议而任命的。教区酋长由郡参议会任命，但须经区参议会常务委员会批准。基亚巴辛加和一个新的高级官员秘书长是由全部县级议会投票选举，但须经总督批准。村和小村头人是世袭的，继任人是由血族参议会在他的儿子中挑选。①

改革后的布索加部落的官员任命制度，看起来以自由挑选和提升为基础，似乎已经打破了传统方式而完全建立了新型的文官制度。但是通过对酋长经历的分析，可以看到在以自由挑选和提升为基础的制度的外表掩盖下，布索加绝大程度地保留着传统的挑选基础，虽然从理想的文官制度观点来说，被认为不恰当的三个挑选的基础是，（1）直系后裔，（2）传统提供国王和王公的王家氏族的成员，（3）传统上往往存在于保护人和被保护民之间的那种直系后裔以外的（母系的、姻亲的和旁系的关系）"隐蔽的"亲属关系。②

虽然从直系血族后裔中挑选的办法已经由英国保护地政府明确加以废止了，但现实的情况却是，传统统治者和酋长的儿子如果具备必要的资格，也可以出任酋长：1952 年担任可领年金的 47 个酋长中，4 人是传统统治者的儿子，3 人是统治者的男系孙子或侄儿，11 人是平民郡酋长或县酋长的儿子。因此，酋长或统治者的儿子、侄儿或孙子占 38%。同样，虽然已经正式宣布王家氏族成员身份不得作为选举的准据，但这项身份仍常常同郡和县级的酋长职位有联系。此外，酋长们通过母系的、姻亲的和旁系的关系而互相联系，说明实际上有一个酋长阶级的存在。

因此，从这个意义上来看，英国力图建立的现代文官制度，多多少少仍然不能脱离于传统的土壤。《东非酋长》对每一个部落都进行详细分析，得出类似的结论。理查兹敏锐地观察到，推行现代化的地方政府，实际上有可能导致传统的巩固，因为，"对地方社会事业行使新的监督权的往往就是取得了新权力的参议会，每每是改变了成分的参议会。参议会被赋予这种新权力后实际上往往会助长部落的忠诚感和部落分离主义，并巩固传统的特权"③。

① 理查兹:《东非酋长》，83 页。
② 同上，85 页。
③ 同上，8 页。

四、结语

理查兹在引论中说，《东非酋长》是介于结构比较和更精确的比较研究之间的作品。实际上，这本书的比较不能算不精确：对每一个部落进行分析的时候，有殖民遭遇前后的比较，也有不同部落之间的比较，还辟出专章，将欧洲封建以前的制度同东非部落进行比较——这在之前的对于非西方的政治研究的人类学著作中，是从未出现过的比较维度。

《东非酋长》的十六章"湖间地区王国的'封建制度'"由牛津英联邦问题研究所所长奇尔弗夫人（Mrs. E. M. Chilver）所写。奇尔弗夫人首先追述了西欧的封建制度。10世纪以后的西欧是典型的封建社会，这种社会起源于继承法兰克查理曼帝国的那些国家，并且传播到了信基督教的西班牙各地、地中海东部诸国和英格兰。因此，封建制度的特征（政治权力分散、人身依附及实际上独占重军备的专业化军人阶级的存在）是与现代欧洲国家进行对比时表现出来的。奇尔弗夫人指出，与这些政治特征联系着的是与人身依附的等级大致相符的"实际"权利的再分和分等。至于封建臣属关系，是臣属和封地下两种不同的制度的联合，而这两种制度是可能并且实际上是在封建时期以前和封建社会初期分别发生的。

奇尔弗夫人将湖间班图的国家制度同中世纪初西欧封建制度进行比较，发现两者至少有三点相似之处：以土地作为军功和其他功绩的报酬的土地所有制是相似的一个方面；君主和世袭贵族争夺权力的斗争是相似的另一个方面；在文官制度发展中涉及的一些问题，是相似的第三个方面。[1]

尽管奇尔弗夫人将西欧封建制度与湖间班图地区的国家制度进行了对比，但她仍然不认为"以一种文化和一个时期的专门名词来说明另一文化或时期的制度"是可以的。[2] 同时，她认为，"曾经在历史上盛行了500年的'封建制度'如果同支配政治关系的其他方式做对比，那必然是要被歪曲的"[3]。她既使用比较的研究方法，又强调比较之不可信，这和她历史学家的身份有关，她认为，作为一个历史学家，不鼓励追求历史的一致，这种概括性的比较会牺牲历史的真实性。她引用波斯坦教授的话："我们必须坚持：足够具体以求真实就不可能足够

[1]　理查兹：《东非酋长》，12页。
[2]　同上，410页。
[3]　同上，412页。

地概况以求精确。"① 而人类学家对这个问题的忽略的原因在于，人类学家"一般不容易接受职能分析法"②。

奇尔弗夫人提出了方法论的解释：历史学家不能亲自去田野观察和调查，搜集文件材料，这样他们就不得不运用人类学家所提供的材料。但是，"如果以为历史学家们只要参考社会科学就能确证他们的发现，那是会产生混乱的"。她进而强调，历史学和社会学所用的方法是不同的，但是人种志对两者都有帮助。③

《东非酋长》的作者群把英国与非洲并置于西方-非西方对立的分析框架，用西方的发展路径去解释和评价非洲的政治道路，这样的分析框架在今天受到了更多的批评，但是在理查兹的时代，运用这样的分析框架来比较殖民者的欧洲与被殖民的非洲却是一种不可避免的研究方法。需要特别指出的是，以往的社会人类学者研究非洲，大多认为非洲是无国家、无组织、无历史的部落社会，把西方进入非洲的历史，当作非洲历史的开端。这本书对 14 个部落的研究，却呈现出另一种历史：在欧洲殖民者进入部落社会以前，各个部落都有自己的传说，包括王权的来历、主要氏族的来源、王权的神圣性，以及对于王家乳牛场和神圣畜群仪式等，不同的部落有不同的解释。《东非酋长》承认这样一种历史的存在，足可证明，在研究非洲的一系列著作中，它应该有一席之地。

---

① 理查兹:《东非酋长》, 412 页。
② 同上。
③ 同上, 413 页。

《结构人类学》(1958，1973)

梁永佳

　　《结构人类学》[1] 和《结构人类学（第二卷）》[2]，两本书都是论文集，收入了列维-斯特劳斯（Claude Lévi-Strauss）从 1944—1973 年的 35 篇论文。内容涉及亲属关系、社会组织、神话、宗教、艺术等方面的具体研究，以及有关人类学学科及其与其他学科关系的总体看法，可谓相当广泛。第一卷出版的时候，显然没有想到出第二卷，所以前者只有在后者问世之后才被称为第一卷。所有的文章都是在他的代表作《亲属制度的基本结构》问世之后发表的，有关结构人类学的一系列想法可谓基本成形。可是，他从未把"结构人类学"的基本概念、方法和认识论基础作为一个整体进行阐述，35 篇论文中没有一篇冠之以"结构人类学"。所以，尽管两本书都用"结构人类学"作为书名，可还是让人觉得有些零散。

　　列维-斯特劳斯是法国公认的"二战"后社会科学三大巨匠之一〔另外两位分别是拉康（Jacques Lacan）和福柯（Michel Foucault）〕。之所以享此殊荣，多半在于他对"结构"的一套发人深省的看法。结构主义是"二战"后社会科学最重要的范式，几乎对社会科学的每个学科都产生过深刻的影响。而列维-斯特劳斯正是结构主义的奠基人之一。他认为，社会科学家可能进行的有效研究，乃是研究对象内部的隐藏结构。他们的任务是分析收集的资料，找到其内部的"结构维度"，从而使其他的社会科学家也能进行比较研究。结构的概念来自数学，而直接影响列维-斯特劳斯的结构主义者，是心理学家弗洛伊德（Sigmund Freud）、皮亚杰（Jean Piaget），尤其是语言学家索绪尔（Ferdiand de Sausure）和雅各布逊（Roman Jakobson）。在他看来，最理想的人类学，应该是像语言学那样的学科，因为语言学为所有社会科学提供了科学方法的模型，是唯一可以称得上"科学"的社会科学学科。它的研究对象处在无意识思想水平上，不会因为研究而改

---

　　① 列维-斯特劳斯：《结构人类学》，谢维扬、俞宣孟译，上海：上海译文出版社，1995。

　　② 列维-斯特劳斯：《结构人类学（第二卷）》，俞宣孟、谢维扬、白信才译，上海：上海译文出版社，1999。

变对象，这个对象的历史也足够长，并可以进行数学分析。这都是一个成熟学科的建构基础。

列维-斯特劳斯的结构主义，强调表层结构下面的"深层结构"。他认为，每一个社会都有非凡的创造力，所以我们所见的文化多样性，远非古典进化论、传播论和功能主义所能概括。但是，在这表面的多样性下面，隐藏着一种一致性。它是一种心智、一种人脑的活动规律，它不断地出现在我们可见的各种社会的观念形态（ideology）之中。我们可以通过精细的分析捕捉到它。列维-斯特劳斯本人有关这个问题的具体研究集中于两个方面，一个是亲属制度的研究，一个是神话研究，两者都建立在大范围的民族志比较的基础之上。但这两者都服务于一个目的，即观念形态的研究。可以说，与观念形态而不是具体文化打交道，是列维-斯特劳斯的旨趣，也是他眼中的高明人类学。

有关亲属制度的研究，可以从他的《亲属制度的基本结构》中探知，这里仅以他在第一卷[①]中进行的一个经典的神话研究为例：俄狄浦斯神话在西方家喻户晓，众多解释基本按照神话与社会、心理、政治、历史、道德等方面的关系展开。但列维-斯特劳斯则开辟了另一种路径，即通过叙事本身之间的逻辑关系展现神话所要传递的信息。当然，这些逻辑关系虽然只存在于叙事层面，但它的意义必须依赖神话的社会背景才能获得。根据这种方法，俄狄浦斯神话是主人公的祖先卡德莫斯寻妹斩龙神话的延续，而主人公的女儿安提戈涅，也延续了俄狄浦斯神话的意义。具体说，俄狄浦斯娶母与卡德莫斯寻找被宙斯拐走的欧罗巴、安提戈涅不顾禁令埋葬兄弟的行为，都属于"过分重视亲属关系"；俄狄浦斯杀父与卡德莫斯的龙牙勇士自相残杀、安提戈涅的兄弟自相残杀的情节，都属于"过分轻视亲属关系"。另一方面，俄狄浦斯驱赶斯芬克斯与卡德莫斯屠龙的情节则构成了一种"否认人生于大地"的信息（古希腊的确有一种认为"人生于大地"的信仰），而斯芬克斯和龙都属于从地里出来的怪物，否认人生于大地就必须杀掉这种动物；俄狄浦斯的父子三代的名字，都包含有不容易走路的意思，这是人从地里出来的一种标志，所以三个名字代表了"肯定人生于大地"的信息。总体上看，我们发现这个神话中传递了两组二元对立，即过分轻视亲属关系与过分重视亲属关系的对立，以及肯定人生于大地的信仰与否定人生于大地的信仰的对立。列维-斯特劳斯认为，相对于两种对立所传递的信息来说，传递信息的方式

---

① 列维-斯特劳斯：《结构人类学》，221—248 页。

更为重要，也就是二元对立之间的转换。或许，这可以被视为人脑思维的一种方式。

这个研究范例阐明了列维-斯特劳斯的结构主义方法梗概。首先，文化可以被分成最小的元素（即"过分轻视亲属关系"等项目），犹如语言学里面的"最小单位"（constituent unit），具体到神话研究，列维-斯特劳斯称之为"神话素"（mytheme），具体到亲属制度，则称之为亲属制度的"原子"。其次，这些元素的意义是通过彼此之间的关系界定的，这正如语音学的研究所得出的结论那样：音位之所以有意义，是因为它与另一个音位构成"横组合关系"（syntagmatic relation），并与其他的音位构成"纵聚合关系"（paradigmatic relation）。就是说，社会全部由符号构成，符号之间的关系是有限的，因为人脑的思维方式是有规律的。透视神话和亲属制度等的结构，将可能解释这种规律。而在神经生理学取得突破之前，人类学与语言学一样，都是对人脑产生的符号的研究。所以他这样界定人类学的范围："我们认为人类学是语言学尚未宣称属于它的那些符号学领域的真正的占领者，而这种状况至少在这些领域的某些部分，一直持续到人类学内部建立起专门的科学为止。"①

人们过多地批评结构人类学的"玄学"特色，认为它只是一种把民族志材料简化成抽象对立的逻辑练习，而无法从经验观察中得到证明。然而，在法兰西学院教授的就职演说中，列维-斯特劳斯断言：人类学不是一门归纳的科学，而是一个"体系"，"其目的是辨认和区分出类型，分析其组成部分，并建立起它们之间的相互关系"。②结构不是随意地在事物之间建立关系，"没有一个科学能够把它必须处理的结构仅仅看成所有部分的偶然的配置。一个配置被结构化，只有在以下两个条件下：它是一个由内在结合力支配的系统；这种在对孤立系统的观察中难以得到的结合力，由对于转换的研究揭示出来，通过这种研究，可以在表面上不同的系统中看到类似的特征"③。

请注意，列维-斯特劳斯的结构，绝不是实体之间的结构，即绝不是可观察的事项之间的结构。结构主义不是自然主义。列维-斯特劳斯草创结构人类学的时候，形式主义者和经验结构主义者都对他的主张不以为然。有趣的是，两种思潮都把列维-斯特劳斯的结构主义推进对方的阵营。但列维-斯特劳斯通过缜密的

① 列维-斯特劳斯:《结构人类学（第二卷）》，10页。
② 同上，13页。
③ 同上，20页。

论证，否定了自己与前两者的干系。对于形式主义，他说那是一个独立的学说，"与形式主义相反，结构主义拒绝将具体事物与抽象事物相对立，也不承认后者有特殊的价值。形式由与自身对立的素材加以界定，而不是由自身界定。但是结构没有特定的内容；它本身就是内容，这种内容可以理解为是当作真实属性的逻辑组织中所固有的"[1]。有关结构主义与形式主义的区别，第二卷中的《结构与形式——对弗拉基米尔·普罗普一部著作的思考》堪称经典。

对于经验的结构主义，他指出这些人是"自然主义的错误概念的俘虏"。"他们相信结构存在于经验的层面上，并且要成为经验的一部分，所以这些人仍然是拉德克利夫-布朗式的结构主义者。"[2] 如果把社会比作一个拼版游戏，那么经验的结构主义者仅仅满足于把拼版拼凑起来，也就是把经验层面的制度、习俗、语言等事项拼凑起来，告诉我们这就是社会。但实际上，这种拼凑永远无法认识拼版为何是那种形状，永远无法知道为什么多布人食人而欧洲人不食人。对于经验结构主义者来说，拼版永远是不规则的、任意的。但列维-斯特劳斯不这么看，他认为这些拼版是用一台机械的锯子切割的，切成的拼版不规则。这台锯子的凸轮虽然以变化多端的方式与木板接触，但凸轮的形状和转速却是恒定的，结构主义需要看的，正是凸轮形状和凸轮转速的比值。列维-斯特劳斯这么说的理由，是因为任何社会都是以象征和符号的手段进行交往的，所以不存在人跟物或制度之间的所谓"必然联系"，所以像人奉虎为图腾是因为人天生害怕虎之类的说法无法成立。"对于人类学来说（它是人与人的一种对话），所有事物都是象征和符号，它们充当两个主体之间的媒介。"[3] 结构主义希望解决的正是人类社会或文化中的象征问题。再以拼版为例，当我们看到拼版时，象征与被象征物的关系已经确定，只有通过比较这些拼版的形状特点，才能推断出切割它们的机械锯子有怎样的切割规律。这种规律可以比喻为在象征之间建立关系，也就是建立一种以象征为研究对象的符号学。

他认为这些象征背后是一个具有普遍性的东西。这是一种人类社会的不变特征，它总是在经验观察的数据中一再出现。很遗憾，这种一再出现的特征是无法采用实验法进行观察的。人类学与自然科学的一个重大差别在于，人类学者总是处于实验室（即社会）中，但不能让实验重复进行。就是说，现实社会就像一个

---

① 列维-斯特劳斯:《结构人类学（第二卷）》，127 页。

② 同上，88 页。

③ 同上，12 页。

万花筒，不同时期、不同地点的社会总是呈现不同的图案，但同样图案重复出现的概率几乎为零。所以，我们得出的结论很难验证，但造就图案的，就是万花筒中那些碎片，我们可以通过研究看到它。

从这个比喻中我们可以看出，列维-斯特劳斯的结构人类学是一种脱离了经验层面的研究。换句话说，他希望建立起一种类似数学的学科。很遗憾，他始终没有建立起这样精确的被他称为"质"的（而非"量"的）数学体系，而他所主张的那种"深层结构"，就不免遭到各种质疑。但我们必须看到，当代语言学、心理学、生物学甚至物理学的研究，都已经论证了深层结构的存在是可信的，所以不能因为列维-斯特劳斯没有最终证实深层结构，就否认他的理论，因为到现在为止他的理论还无法证伪。

他认定并追索的那种"人类思维的共性"并不多，它不断地在多样的人类社会中出现。虽然"相对于理论家，观察者始终将有最后发言权；而相对于观察者，土著人也有最后的发言权"[①]，但列维-斯特劳斯没有把人类学的理论权力交给土著。他接着说道："而最后，在土著人——往往是其自身社会的观察者，甚至理论家——的理性化的解释下面，人们必须寻找出'无意识范畴'。"[②] 这是一个与韦伯-格尔兹一派的解释学传统很不相同的社会实在论，它认为社会是一个终极的实体，终究可以用"科学"的方法探知。

但是，列维-斯特劳斯对自己的"科学"的"可证明性"并没有把握。他在"科学的人类学"的问题上一向很谨慎、很犹豫。有时他会说，人文科学不是科学，甚至不存在科学精神（见第二卷"社会和人类[③]学科的科学标准"）；有时他又说："人类学把来自世界不同地区的亲属制度的基本特征，转译成对于语言学家有意义的足够一般化的术语，这样便同样可能被语言学家用于描写同一地区的语言。"[④] 但归根结底，他无法肯定人类学的"科学性"："有些理论总和归根结底我们将无法完全认同，并且是由他人从其社会存在的诸因素中构成的，对于这些，我们将永远无法知道它们与我们所阐述的理论综合是否能完全重合。但是人们不需要走得那么远。只要那些理论综合（即使只是近似的）是从人类经验中产

---

① 列维-斯特劳斯：《结构人类学（第二卷）》，7 页。这简直是格尔兹《土著人的解释是第一位的，民族志只是解释的解释》的另一版本。

② 同上。

③ 应该译为"人文"。——引者注

④ 列维-斯特劳斯，《结构人类学》，67 页。

生的就足够了——并因此而心满意足。"① 列维-斯特劳斯认为所谓"证伪"的方法，仅仅适用于成熟的自然科学，而无法适用于以人作研究对象的人文科学，因为人文科学的研究对象总是因为研究而发生改变。多年以后，列维-斯特劳斯在一次访谈中感叹道，自己当年建立结构人类学的雄心可能太大了，这个学科的研究对象是跟研究者没有任何差别的人，所以，我们至多只能捕捉到一些小小的人类社会规律的片段，并错过其余绝大多数的规律。

列维-斯特劳斯是在语言学和心理学的启发下建立他的"结构人类学"的，但他却发现，自己总是不断地被误解成忽视历史的、刻板的结构主义者。在法国，他被定位成年鉴史学派的对立面，而且，人类学中讥讽他"为结构而忽视历史"的也大有人在，为此，他曾多次论述历史学和人类学的关系。

列维-斯特劳斯认为历史学与人类学是互补的关系。人类学历史上三种范式，进化论、传播论、功能论，表面上向历史发问，但都缺乏与历史学的沟通。第一种是经验主义的原子论，第二种是狭隘的文化特殊论，第三种是自然主义和经验主义方法。列维-斯特劳斯的结构主义与前三者不同，可以与历史学互为借鉴。在他的《亲属制度的基本结构》出版后，法国学界，尤其是年鉴史学派抨击他的结构主义没有历史。其实，他对人类学中轻视历史的倾向相当反感。借用马克思的名言，"人们创造着他们的历史，但并不懂得自己也被历史所创造"，列维-斯特劳斯声言，历史学和人类学是不可分割的两种方法。"他们是在同一条道路上，沿同一个方向走着同一个旅程，唯一不同的是他们的朝向。"② "历史学家和民族志学家所能做的一切，以及我们所能期待他们做的一切，就是把一项特殊的经验扩大到一个更一般的经验的程度，从而成为其他国家和别的时代的人们可借鉴的经验。"同样，"关心自己学科前途的历史学家，绝不应该去怀疑民族志学家，而是应当衷心地欢迎他们"③。这种关系并不意味着人类学界公认的分工，即历史学研究有文字的民族，人类学家研究无文字的民族。"它们（历史学和人类学）具有同一个主题，即社会生活，同一个目的，即更好地了解人；以及同一种方法，其中不同的仅仅是各种研究技术所占的比重而已。他们的主要区别在于对两种互为补充的观察方法的选择不同：历史学是从社会生活的有意识的表达方

① 列维-斯特劳斯，《结构人类学（第二卷）》，8 页。
② 列维-斯特劳斯，《结构人类学》，29 页。
③ 同上。

面来组织其资料的，而人类学则通过考察他们的无意识的基础来进行研究。"①列维-斯特劳斯戏谑地称"人类学者是在历史的垃圾堆里捡垃圾"。

　　从这些论述我们可以看到，列维-斯特劳斯的结构人类学根本没有忽视历史。忽视历史的是把进化论和传播论弄得臭名昭著的功能主义者。但是，列维-斯特劳斯敏锐地觉察到，功能主义不过是把进化论和传播论提出的问题搁置了，并没有真正解决。更不能原谅的是，功能主义取代它们的时候，考古学和历史学的新技术正有望为进化论和传播论的完善助一臂之力。"因此，人们有理由怀疑拉德克利夫-布朗对历史学的重建的不信任是否与科学发展的一个很快将过时的阶段是不相适应的。"②列维-斯特劳斯在评论功能主义的时候，显然不满该学说轻视历史的倾向："借口没有充分的评估手段（除近似地进行评估外）而忽略历史的方法的做法，其结果是使我们满足于一种衰退的社会学，在其中现象脱离了它们的背景。规则和制度，状况和过程，好像是浮动在真空中，人们在里面竭力张开一张薄弱的功能关系的网，并且完全沉浸在这一使命中。在其思想中建立了这些关系的人却被忘记了，他们的具体的文化被忽略了，再也不知道他们是从哪儿来的，也不知道他们是谁。确实，人类学不应急于把任何可以被称为社会的现象宣布为它自己的。"③

　　不唯如此，容纳历史不过是人类学众多关怀中的一种而已。作为一个旨在研究他者的学科，人类学实际上在扮演一种综合各种学科的角色。一旦人类学转向己身社会，则会发现它的研究必然接受其他学科的渗透，历史学只是这些学科中的一种。这是因为，当一个陌生的社会还不为外人所知的时候，人类学家对该社会的调查最具有权威。可是，如果人类学是一个以研究人为宗旨的学科，那么它就不应该满足于对一个陌生社会的浅薄的"调查"。当人类学者的研究对象转向有文字、有历史、有国家时，甚至人类学者本身就是被研究社会的一员时，还满足于"参与观察"而无视历史学等其他学科已有成绩的做法就成了自欺欺人的做法。人类学追求的理论解释应该远比单纯的"民族志"宏大，所以"人类学一旦被它所努力研究的文化的成员来掌握，它就会丧失其特殊的性质并成为几乎与考古学、历史学和文献学同类的学科。因为人类学是关于从外部观察到的文化的科学，意识到其独立的存在和创造力的民族首先关心的一定是要求由他们自己从内

---

　　① 列维-斯特劳斯，《结构人类学》，22页。

　　② 同上，13页。

　　③ 列维-斯特劳斯，《结构人类学（第二卷）》，15页。

部来观察他们的文化的权力"①。

纵观全书，列维-斯特劳斯为建立一个独立的结构人类学体系可谓煞费苦心。他不仅在具体的研究领域（如亲属制度和神话）里做出经典的结构人类学研究范例，而且在一般意义上论述结构人类学的方法论和基本概念。同时，他还不厌其烦地回应来自学科内部和外部的误解和攻讦。他的努力和他所遭到的责难，恰恰符合他作为"当代人类学之父"的身份。正如斯皮尔伯（Don Sperber）所说的："列维-斯特劳斯的声名和艰深是一脉相承的：都来源于他宏伟的学术事业、反思的维度、朦胧的诗意、思维的特质和写作的风格。"

---

① 列维-斯特劳斯，《结构人类学（第二卷）》，63 页。

《社会人类学》(1962)

梁永佳

　　埃文思-普里查德一向笔锋明晰，从不卖弄，《社会人类学》便以此道著称。寥寥六讲，短短百页，一门学科的精髓跃然纸上。既不失概论的周全，又不乏作者的创见。多年来，英语界的同名教材虽层出不穷，上乘佳作如此者，终究难得一见。

　　1950年，英国广播公司（BBC）把埃文思-普里查德请来做系列讲座，后来整理成册，是为该书。时距英国殖民体系崩溃不远，国人堪忧，把这门为英国殖民政策立下汗马功劳的学科搬上电台，用意耐人寻味。果然，埃文思-普里查德一开篇就直白地说，"据我所知，涉猎广泛的人，也不大熟悉这门学科"[①]，一副从零讲起的架势。

　　从几个学科与社会人类学的比较入手，作者把社会人类学界定为研究原始社会制度的学科，它"研究以制度为背景的社会行为，例如家庭、亲属制度、政治组织、法律程序、宗教信仰等制度及这些制度之间的关系，它既研究当代社会，也研究材料充分、研究可行的历史上的社会"[②]。"原始"仅意味着规模小、专门化程度低的简单社会，而不是指"离猿猴更近"的社会。社会人类学研究它，在于学科的整体论关怀。社会学可以研究一个复杂社会的某个问题并试图加以操纵，人类学则必须体察对象的方方面面，但不关心如何改造社会。原始社会以其简单而成为社会人类学与社会学的分工根据。

　　作为新功能主义奠基人之一，埃文思-普里查德重点区分了社会和文化的差异及其对社会人类学方法的影响。英国人进教堂脱帽不必脱鞋，阿拉伯人进清真寺脱鞋不必脱帽，这是文化差异，但在社会上，两者可视为同一种行为——表达敬意。文化和社会是同一事实的不同抽象，社会人类学以研究"社会"为主。

　　研究什么呢？答曰："结构。"作者说，任何社会都是有序的、成体统的，它

---

① E. E. Evans-Pritchard, *Social Anthropology and Other Essays*, p.1, The Free Press, 1962.

② Ibid., p.5.

比人生大部分变幻不定的事物更持久。结构（structure）就是制度，"这些制度或结构里的社会活动被组织在婚姻、宗教、家庭、市场、酋长等制度中，我们所说的功能就是指它们在维持结构中所扮演的角色"①。

　　作者坚持，这看起来与结构-功能主义雷同的主张应该就叫作功能主义。我们或许可以将此理解为，他看到了两位老师——马林诺夫斯基（Bronislaw Malinowski）和拉德克利夫-布朗（A. R. Radcliffe-Brown）——的不足之处。马林诺夫斯基过分依赖脱离社会的个人心理需要，拉德克利夫-布朗过分强调蝴蝶标本采集式的结构。学科史让我们可以断言，这个立场非常明智。

　　作者用两节的篇幅勾勒出社会人类学从肇始到他那个时代的面貌，这一段称得上人类学 ABC 的内容，作者却毫不敷衍。作者讲社会人类学是启蒙运动的产物。大致呈现英法两个脉络：法国的传统从孟德斯鸠开始，他主张社会中的一切与它周围的一切事物相互关联相互作用。孟德斯鸠所使用的"法律"一词，指从事物本质派生出来的必要关系，更像我们今天说的"规律"这种东西。换句话说，"就是使人类社会可能存在的条件和使某一特殊类型的社会可能存在的条件"②。孟德斯鸠的思想一直延续到圣西门、孔德和涂尔干，最终促成了一门研究社会事实的学科——"社会学"的诞生。在英国，苏格兰的道德哲学家休谟、洛克等则笃信人性的普遍性和进步的无限性，这就意味着，与他们不同的民族一定生活在某种我们的祖先曾经经历的原始状态中。这是一种历史哲学的诉求，即认为历史的偶然事件只是历史规律的具体化。所以，发现人性的一个重要途径，就是去研究被认为是原始社会的异文化，这就促使了 19 世纪中叶社会人类学的诞生。除了众所周知的泰勒（Edward Tylor），还出现了麦克伦南（John McLennan）、梅因（Henry Maine）、巴霍芬（Johann Bachofen）、史密斯（William Smith）、摩尔根（Lewis Morgan）等一大批早期的人类学家，他们开创了人类学史上的重要时代——"维多利亚"时代。

　　对于"维多利亚"时代的人类学有两种看法：保守一点的说法认为，因为它研究"原始社会"和"社会进化史"，所以堪当"正宗人类学"；新派的看法则彻底否定这种"假想历史"的人类学。埃文思-普里查德并没有简单地肯定或否定前人。他说："这些维多利亚时代的人类学家才华出众、学识渊博、诚实正直。

---

① E. E. Evans-Pritchard, *Social Anthropology and Other Essays*, p.20.

② Ibid., p.22.

他们虽然过于强调习俗和信仰的相似性而忽视差异性，但他们对不同时空中社会的相似性的研究，则是在面对一个真实而非虚构的问题；这种研究有永恒的价值。他们运用比较方法从特殊中得出一般，从而对社会现象进行了分类。"① 这些方法具备了现代人类学的众多特色，虽然他们的大多数结论在今天看来是不被接受的。

"维多利亚"时代的人类学还有一项重大的贡献，就是不约而同地对社会制度展开研究。不同于今天的是，当时的研究侧重于可见的"文化"，如外婚、图腾、迷信等，而今天的社会人类学已经注重对"社会结构"的研究。"维多利亚"时代的另一大不足，就是过于偏爱起源的问题。而在作者看来，起源研究与社会研究是两个不同的领域，社会法则与社会历史无关。

埃文思-普里查德对于传播论的态度也比较中肯，他承认的确有很多发明只是一次性的，并传播到别的地方。但他不能同意据此而定的文化传播路线和世界史纲。那同样是一种假想的历史，这是进化论和传播论的共同缺点。在功能主义人类学看来，"进化论者和传播论者之间的争论不过是闹家务"②。

功能主义是埃文思-普里查德自己的阵营，所以他对这个流派也着墨最多。他认为"社会生活的秩序性————致性和不变性——就是显而易见的。否则，我们做不成任何事情，也不能满足绝大多数基本需求"③。斯宾塞（Herbert Spencer）和涂尔干共同造就了人类学的功能主义转向。作者强调了"超有机体"和"社会事实"对于人类学摆脱从个人出发的心理学的影响的重要意义。马林诺夫斯基对于埃文思-普里查德来说更像是一个田野工作者而不是理论家，所以他没有为他的这位老师留下什么重要的理论地位。对他来说，真正的功能主义大师应该是拉德克利夫-布朗。虽然今天我们看来拉德克利夫-布朗多半是涂尔干的庸俗化翻版，但是在埃文思-普里查德看来，拉德克利夫-布朗得到了涂尔干的衣钵。拉德克利夫-布朗清楚而系统地阐述了功能或有机的社会理论，"他把一个社会制度的功能定义为社会制度与使得社会有机体存在的必然条件之间的一致性；这种意义上的功能是——我再一次引用拉德克利夫-布朗自己说过的话——'作为整体活动之一部分的活动，对整体活动所做的贡献。个别社会习俗的功能是社会习俗对作为整个社会体系运行的社会生活所做的贡献。'……拉德克利夫-布朗教授

---

① E. E. Evans-Pritchard, *Social Anthropology and Other Essays*, p.32.

② Ibid., p.47.

③ Ibid., p.49.

假定，作为整体的文化功能是把人类个体连在一起、形成一个相对稳定的社会结构，即一个群体的稳定体系决定并规范个体之间的关系。在外它必须适应自然环境，在内它必须适应个体或群体，才可能使社会生活变得有序。我认为，这种假设是对文化或人类社会进行客观而科学的研究的先决条件"①。

埃文思-普里查德虽然给予拉德克利夫-布朗教授以功能主义集大成者的地位，但他自己却在坚持功能主义立场的同时，与拉德克利夫-布朗保持了一定的距离。他不同意拉德克利夫-布朗一派的人类学家把人类社会看成自然体系的说法。在他看来，社会人类学"迄今为止还没有得出与自然科学法则稍稍相像的东西，而仅仅停留于幼稚决定论式的、目的论式的和实用主义的论断。再者，直到今天，所有概括都很模糊、很宽泛，即使说对了，也大而无当，并且很容易变成常识水平上的同义反复"②。这段话或许可以为深受拉德克利夫-布朗所害的中国人类学提醒，我们不应该再借口说"科学"的人类学之所以还不很"科学"，是因为它只迈出了一百步中的第一步。我们应该老实地承认人类社会并不是一个自然体系，而是一个道德的、象征的体系，自然科学的方法行之无效。埃文思-普里查德说，我们大可接受拉德克利夫-布朗一派的一些方法论主张，但这么做的目的是"阐释"（interpret）而不是"解释"（explain）。

此处，埃文思-普里查德阐发了一个非常重要的立场——人类学不是自然科学。"我和很多人都认为社会人类学属于人文学（humanities）而不属于自然科学（natural science）……在我看来，它更像历史学研究的某一个分支——与叙事史、政治史相对的社会史、思想史和制度史，而不像任何自然科学。"③这是一段重要的论述，我们从中看得出埃文思-普里查德虽然长期追随拉德克利夫-布朗，却最终对所谓"自然科学"产生了疑问。社会虽然可以作为一个功能的整体被研究，但社会本身是一个道德体系，现在包含着过去也包含着未来。"我的意思是说，社会人类学应当把社会当作一个道德体系或象征体系而不是自然体系来研究。它更注重设计而不是过程，因此它寻求模式而不是法则，它展示社会活动的一贯性而不是它们的必然联系，它做阐释而不做解释。这是概念的不同而不仅仅是措辞的差别。"④可惜的是，埃文思-普里查德在这个问题上并没有坚定的立

---

① E. E. Evans-Pritchard, *Social Anthropology and Other Essays*, pp.54—55.
② Ibid., p.57.
③ Ibid., p.60.
④ Ibid., p.62.

场。细心的读者会发现，他时而以一个坚定的解释学者的面目出现，时而又要求助于拉德克利夫-布朗为社会人类学界定的一套死板而机械的原则。

在第四讲中，埃文思-普里查德着重谈了"田野工作和经验研究传统"。人类学对原始社会的认识，随着方法的改进而不断深入。终于，人们普遍认识到，只有亲身观察自己的研究对象，才能避免道听途说带来的误解。这里，埃文思-普里查德再次突出了拉德克利夫-布朗的位置："我认为拉德克利夫-布朗教授最重要，……1906—1908年，他对安达曼群岛民进行了研究。这是人类学家第一次尝试通过对原始社会的调查来发展社会学理论。"[①]但是，"如果说拉德克利夫-布朗总是有广泛的一般社会人类学知识，是个更有才干的思想家，那么马林诺夫斯基则是一个更彻底的田野工作者。他不仅比他之前的任何一个人类学家花在一个单一原始民族的时间都长，（我认为在他之后也是）……而且，他还是第一个用原始民族的语言进行研究的人类学家，他也是第一个置身于原始民族的中心地区进行研究的人类学家"[②]。

马林诺夫斯基开创的高密度田野工作方法，最终成为人类学训练的必经之路。在埃文思-普里查德所在的牛津大学，一个人类学学生应该花两年时间攻读最初的学位，然后申请资助进行田野工作。这时，他仔细研究关于他所要考察的那个地区和民族的文献。田野工作至少需要两年，这一时期包括两次考察，在两次考察的间歇期核对第一次调查所收集的材料。而出版达到现代学者水平的研究结果至少要再花费五年时间，所以我们可以推测，一个完整的研究从酝酿到出版要花十年的时间。

田野工作的目的是努力使自己成为一个当地人。这要求一个学者必须在异文化里像孩子一样从头学起，学会当地的语言，最后了解他们的全部社会生活。所以，田野工作是艰辛的，寂寞难耐有可能是最大的问题。"因此，除了理论知识和技能训练，人类学田野工作还需要一种性格和气质。一些人不能忍受孤独的煎熬，特别是在不舒服和有病时。另外一些人不能做必需的知识和情感转移。如果他想理解原始社会，那么它应该在人类学家自己身上而不仅仅在他的笔记中。并且，如果真的可以，在一个野蛮人和一个欧洲人的思考及感受之间转换也绝非易事。"[③]埃文思-普里查德这么说，列维-斯特劳斯这么说，巴利这么说，甚至马林

[①]　E. E. Evans-Pritchard, *Social Anthropology and Other Essays*, p.73.

[②]　Ibid., p.74.

[③]　Ibid., pp.81—82.

诺夫斯基也这么说，中国的不少老一辈人类学家还是这么说。可见，田野工作根本不是一场惊险刺激的探访。虽然如此，一个田野工作者必须最终与当地人如胶似漆地生活在一起，所以一次成功的田野工作几乎都是以田野工作者与当地人的黯然别离告终的。作者说，田野工作者从当地人那里"离开的时候，双方都为分别感到难过，否则人类学家就算失败了"[1]。

埃文思-普里查德从不会忘记阐发自己的独到见解。对于田野工作的一般性介绍结束之后，他讨论了田野调查的所谓"信度"问题，就是说，这种研究是否可以被验证。"如果有另外一个人进行这个调查，是否可以得到同样的结果。……我认为我的答案应该是'是'。"[2] 但是他马上说："虽然研究同一民族的不同的社会人类学家会在他们的笔记本中记录大量相同的事实，但我相信他们会写出不同的书。"[3] 这里又涉及一个重要的问题，就是埃文思-普里查德的解释学立场。他认为，一场田野工作绝不是科学家去实验室观察。实际上，人类学的特别之处在于人类学者本身也是被研究的一部分。他虽然在描述另外一个社会，但他更是在说自己："一个人只能从他的经验和他自己的角度去解释他所看到的，人类学家尽管共享一套知识，但在其他方面和任何人一样有不同的经验背景和不同的人格。人类学家的人格和历史学家的一样，无法被排除在他的工作之外。从根本上说，他不仅在尽可能准确地描述一个原始民族，更是在表达他自己。从这种意义上说，他的描述一定表现出道德判断，尤其是触及他感受强烈的问题时。"[4] 我们可以从这段话中明显地感受到他对"科学研究"的彻底反动，这种反动在他的后辈学者格尔兹那里得到了伸张。埃文思-普里查德自己的《努尔人》也正是一部这样的著作，在这部著作里，他坦诚地说自己的研究不是一场科学观察，他的出发点很单纯：作为一个在英国颇为异类的天主教徒，他希望能够体察其他人是如何生活的。

在这本书的第五部分，埃文思-普里查德举例说明现代人类学研究与以往的不同之处。现代人类学家，往往从社会而不是从文化的角度思考社会制度和价值观。人类学家不再调查所谓奇风异俗，而是调查面向实际社会的方方面面。与"图腾""抢婚""杀婴"等让普通读者兴奋不已的话题相对，人类学家更重视一

---

[1]　E. E. Evans-Pritchard, *Social Anthropology and Other Essays*, p.79.

[2]　Ibid., p.83.

[3]　Ibid.

[4]　Ibid., p.84.

个原始社会的结构、交换、政治制度、宗教观念。调查只是第一步，分析笔记，找出当地社会的结构和运作机制是第二步，最后还要就已有的人类学知识展开论辩，这才算得上高水平的调查。作为少有的曾经深入研究过两个民族的人类学家，作者对民族志写作和田野调查的看法很深入。他强调，研究应该以问题为主，"阿克顿爵士告诉历史专业的学生要研究问题而不要研究时期，科林伍德告诉考古专业的学生要研究问题而不是遗址。我则要告诉人类学的学生要研究问题而不是民族"①。

马林诺夫斯基虽然给人类学的田野工作开了一个好头，但他把土著人过分浪漫化的做法也为民族志写作埋下了华而不实的种子。作者敏锐地感觉到，像《萨摩亚人的成年》这样近乎哗众取宠的著作，就是马林诺夫斯基式写作的流毒，实际上，米德（Margaret Mead）过于理想化的性格和过于明确的目的，使她笔下的原始人几乎成了美国人的老师。

一个学科总是不得不向这样那样的人讲述本学科的"用处"。或许是英国广播公司的外行要求他这样做的吧，埃文思-普里查德不得不硬着头皮讲一讲"应用人类学"。看得出来，他骨子里是不情愿讲这个颇有些"无聊"的问题的。在回答"人类学有什么用"的问题时，他终于决定搪塞一下："对许多人来说，包括我自己，这个回答要么是'我不十分清楚'，要么如一位美国同事所言，'我想，我只是喜欢四处逛逛'。"

平心而论，社会人类学的"可用之处"还是很大的。最直接的"贡献"，就是它极大地影响了英国的殖民政策。它使当局意识到：通过当地人实现间接统治要比直接由英国人统治有效得多。不过，这并不意味着人类学可以成为工学或医学那样可以直接应用的学科，因为"我相信并不存在一门可以与自然科学相似的有关社会的科学。……我认为，任何地方都没有人类学家敢于庄重地宣称，他已发现了某一条社会学法则。既然没有已知法则，那么就谈不上应用"②。

我们惯以实际效益衡量一门学科的意义。实际上，"知识就是力量"并不是说知识要解决什么"问题"，而是说它能真切地改变我们对世界的看法，丰富我们的人生。这实际上是知识的最大"应用"。在埃文思-普里查德看来，研究原始民族本身就很值得。它不是一种单纯的对原始人的兴趣，而是对人类社会的

---

①　E. E. Evans-Pritchard, *Social Anthropology and Other Essays*, p.87. 其中"科林伍德"为直接引文，故译名不做修改。——引者注

②　Ibid., p.117.

最一般性、最抽象的诉求。任何一个真正思考人类和社会本性的人必定会对原始民族感兴趣，因为原始人没有已知的宗教，没有书面语言，没有发达的科学知识，赤身裸体，工具粗糙，生活简陋。但他们仍旧是人，我们与他们有同样的东西。"这把我带到了社会人类学更为普遍的一面，它教给我的不仅仅是原始社会本身，而是一般意义上的人类社会本质。"[1]

这是一本言简意赅的人类学入门著作，虽然内容显得"陈旧"，但思想却是强有力的。尤其是有关解释学和历史取向的独到论述，在今天读起来仍然掷地有声。我们不无惊奇地发现，西方人类学在经历了结构主义风潮和后现代主义的心灵空虚之后，仍然在很大程度上，需要回到这本半个多世纪前写就的入门著作来反思人类学的命运。

---

[1] E. E. Evans-Pritchard, *Social Anthropology and Other Essays*, p.127.

《野性的思维》（1962）

褚建芳

  1962 年，当《图腾制度》①一书出版稍后不久，列维-斯特劳斯（Claude Lévi-Strauss）又发表了他的另一部名著《野性的思维》②。该书可被看成《图腾制度》一书的姊妹篇。在该书前言中，列维-斯特劳斯指出，这本书的内容是自成系统的，但它所论述的问题与前不久所发表的《图腾制度》一书的问题有着密切的联系。在《图腾制度》一书中，作者得出了有关图腾制度的否定性的结论，认为图腾制度实际上是一种幻象，它的出现是由于早期人类学家受到一种错误观念的蒙蔽。在《野性的思维》这部书中，作者将要探讨图腾制度的肯定方面，因而，《图腾制度》可被看作《野性的思维》的一种历史的、批评的导论。

  《野性的思维》是一部有关理论人类学和哲学的专著。该书主要研究所谓"原始的"或"未开化的"人类的"具体性"与"整体性"思维的特点，并把它置于与开化人类的科学、抽象的思维并列的位置。作者极力强调，所谓"未开化人"的具体性思维与"开化人"的抽象性思维不是分属"原始"与"现代"或"初级"与"高级"这两种不同等级的思维方式，而是人类历史上始终存在的两种互相平行发展、各司不同文化职能、互相补充互相渗透的思维方式。"在本书中，它既不被看成野蛮人的思维，也不被看成原始人或远古人的思维，而是被看成未驯化状态的思维，以有别于为了产生一种效益而被教化或被驯化的思维。"③作者断言，人类的艺术活动与科学活动即分别与这两种思维方式相符；就像植物有"野生"和"园植"两大类一样，思维方式也可分为"野性"（或"野生"）和"文明"两大类。

  正如《野性的思维》一书的中文版译者李幼蒸在中译者序中所指出的，该书出版后不久，就在法国学术界引起了广泛的注意。作者在该书最后一章中对两年

---

① 列维-斯特劳斯：《图腾制度》，渠东译，上海：上海人民出版社，2002［1962］。
② 列维-斯特劳斯：《野性的思维》，李幼蒸译，北京：商务印书馆，1987［1962］。
③ 同上，24 页。

前萨特在《辩证理性批判》一书中讨论的有关辩证理性和历史发展的观点公然加以驳难，因而，从某一方面来说，这本书也代表了结构主义思想向存在主义思想的挑战。该书问世一年以后，法国著名现象学家利科（Paul Ricoeur）主持了《精神》（L'Esprit）期刊举办的一次关于该书的专题讨论会，评论十分热烈，成为法国 20 世纪 60 年代思想界引人注目的一件盛事。大约同时，其他一些法国结构主义的著作也相继问世，于是，结构主义作为继存在主义之后的另一人文思潮就出现在法国的思想舞台上了。因此，《野性的思维》一书的发表，似乎既是实际上地也是象征性地拉开了 60 年代法国结构主义运动的序幕。

首先，在本书的第一章中，列维-斯特劳斯便指出，原始人的思维可被称为一种"具体性的思维"。在他们的语言中，存在着大量关于各动植物物种和变种的详细品目的词汇，而且这种词汇非常详细具体，甚至注意到极其细微的区别。但是，这并不表明原始人不善于进行抽象思维，因为丰富的抽象性并非仅为文明语言所专有，原始人的语言中也表现出丰富的抽象性。而且，使用词汇的抽象程度的高低并不反映智力的强弱，而是由于一个民族社会中各个具体社团所强调和详细表达的兴趣不同。所谓未开化的原始的土著人对于自然界的动植物物种及其变种的了解，远比我们这些所谓开化的文明人丰富和细致得多，这不仅是受其机体的需要或经济的需要所支配的，而是同我们一样，更出于对知识的渴求：动植物不是由于有用才被认识的，他们之所以被看作有用或有益的，正是因为它们首先已经被认识了。[①] 因而，这种知识的主要目的并非是实用，它首先是为了满足理智的需要，而不是为了满足生活的需要。在列维-斯特劳斯看来，这种理智的需要表现为对认识周围世界，将其各个项目进行归类，使之符合一定秩序的渴求。那种被我们称作"原始的"思维就是以对秩序的要求为基础的。因而，这些所谓的原始人热衷于对事物之间各种关系与联系进行详尽观察和系统编目。从这个意义上说，尽管巫术与科学不同，但它们与科学一样，都含有一种对分类与秩序的追求。因而，列维-斯特劳斯指出："我们最好不要把巫术与科学对立起来，而应把它们比作获取知识的两种平行的方式，它们在理论的和实用的结果上完全不同。然而，科学与巫术需要同一种智力操作，与其说二者在性质上不同，不如说它们只是适用于不同种类的现象。"[②] 他相信，在人类社会中，存在着两种不同

---

① 列维-斯特劳斯：《野性的思维》，13 页。

② 同上，18—19 页。

的科学思维方式，其中一种大致对应着知觉和想象的平面，另一种则离开知觉和想象的平面。前者紧邻着感性直观，后者则远离着感性直观。在人类的社会发展中，两种思维方式都起作用。但是，这种作用并不是所谓人类心智发展的不同阶段的作用，而是对自然进行科学探究的两种策略平面的作用。他把所谓原始人的神话思想与工程师的科学思维、把游戏与仪式进行了比较，然后指出，上述操作或思维方式有着共同的特点，即需要特定的图式或结构，只不过具体的操作方式不同。从而，在所谓原始的野性思维与所谓现代的科学思维之间，列维-斯特劳斯发现了一种深层的共同的东西。

在社会文化人类学中，人们对于原始人的思维的关注最突出、最典型地反映在其对原始人的图腾及其信仰的讨论上。那么，在列维-斯特劳斯看来，我们应该如何理解所谓原始人的图腾？在该书的第二章中，列维-斯特劳斯认为，图腾实际上反映了所谓原始人的思维方式，是他们认识周围世界，为其命名并将其予以归类，从而把握秩序的一套命名与分类系统。这种思维方式体现为一种分类思想。与科学的思维一样，这种分类的逻辑在于坚持区分性差异的原则，即区分类似与差异。这种区分性差异遍及所谓原始的经验活动与理论活动。他们的这种分类是基于其对周围世界的具体而细心的观察探索之上的。它们详细而准确，有条有理，而且还以精心建立的理论知识为根据。从一种形式的观点来看，有时它们满可以与动植物学中尚在运用的分类法相比。

列维-斯特劳斯认为，那种支配所谓原始社会的生活和思想的实践-理论逻辑就是由于所谓原始人坚持区分性差异的作用而形成的。与其所包含的内容相比，区分性差异的存在这一事实要远为重要。一旦它们形成了一个系统，便可被当作某种参照系，用以译解一段本文。正是这个参照系使人们有可能引入切分和对比。换言之，它为人们提供了意指信息所必需的形式条件。作为一套命名与分类系统，那种通常被人们称为图腾的东西的运用价值产生于其所具有的形式特性：它们是一些信码，适宜于传递那些可传输到其他信码中去的信息，也适宜于在自己的系统中表达那些通过其他不同的信码渠道所接受的信息。这种形式特性体现为诸项目的区别与对立，它比其具体内容更为重要。在此方面，列维-斯特劳斯批评了以弗雷泽（James Frazer）为代表的古典民族志学者的观点，认为他们的错误在于试图把"图腾"这种命名与分类系统的形式特性具体化，并使其与确定的内容相结合。然而，这种系统只是一种区分与对立的形式。对研究者而言，它只是一种可以吸收任何一种内容的方法，它是与具体的内容相分离的，相当于从某一形式系统中任意抽离出来的一些程式，其功用在于保证社会现实内不同层次间的可转换性。这种转换既包括外部的关系，也包括内部的关系。"图腾"类型的观念和信仰构成了一种信码，使人们有可能按概念系统的形式来保证属于每一层次的信息的可转换性，甚至包括那些彼此除在表面上都属于同一个文化或社会外别无共同之处的层次。这些层次一方面与人们彼此的关系有关，另一方面与一种技术或经济秩序有关，这类秩序似乎只关心人与自然的关系。从而，图腾分类便在自然与文化之间起到一种调节作用，这是图腾"算子"特有的功能之一。借助于图腾神话及其所运用的表现方式，所谓原始的人们在自然条件和社会条件之间建立了一种同态关系，或者更确切地说，图腾使他们能够在不同平面上的诸有意义的对比关系之间确立等价法则。人们常常依赖于同样的手段来解决问题，这些问题的具体成分可能很不同，但它们都具有属于"矛盾结构"的共同特性。因此，为了说明我们何以经常见到那些并不能归于特殊客观条件的社会学解释，我们应当注意形式，而不是注意内容。矛盾的内容远不如矛盾本身的存在这一事实重要。

那么，接下来的问题是，为什么被人们称为图腾的这些项目的表现会伴随有行为规则？换句话说，至少初看起来，图腾或这一类东西不只是一种语言，不只是在记号间建立相容性与不相容性规则，还是规定或禁止一些行为方式的某种道德的基础，在其表现方式与饮食禁律及族外婚规则之间，有着十分普遍的联系。对此，列维-斯特劳斯的回答是，这种联系并不存在，它只是假定的，是某种预期理由的结果——我们预先假定了图腾现象应由动植物名称系统、适用于相应的动植物物种的禁律及享有同一名称并遵守同一禁律的人之间的禁婚等现象的同时存在来规定。然而，实际的情况是，这些特征中的任何一个在没有其他几种特征存在的条件下也能被发现，而且，其中任何两个特征在没有第三个特征在场的情形下也能存在。他以饮食禁律为例指出，我们不能把某些生物被禁食而另外一些生物被允许食用归因于某种信念，即前者具有伤害人的某种内在的肉体特性或神秘特性，而应将其归因于一种愿望，即在"有标志的"和"无标志的"生物之间加以区别。禁食某些生物只是强调它们是有意义的几种方式之一。于是，实际的规则可被视为某种逻辑内的指示意义的算子。这种逻辑是定性性质的，它能借助于行为及形象来运演。初看起来，似乎没有一个系统不像一个"图腾"禁律系统。然而，一种很简单的转换就能使一个系统过渡到另一个系统。图腾制度要求在自然生物的社会与社会群体的社会之间有一种逻辑等价关系。在每一种情况下，自然划分与社会划分都是同态的，而在一种秩序中选择一种划分就意味着在另一种秩序中采取与之对应的划分，至少是将其作为一种优先的形式。

在接下来的一章中，列维-斯特劳斯通过对图腾与婚姻制度关系的分析指出，在"原始语言"中表现得相当形式化的图腾制，通过十分简单的转换，可以同样很好地表现于等级制度的语言中。这就表明，图腾系统并非一种可用其区别特性加以定义并为世界某些地区和某些文明形式所特有的自主自足的制度，而是一种运用方式。这种运用方式甚至可以在那些传统上根据与图腾相对立的方式所确定的社会结构背后辨识出来。如果说图腾制度和等级制度的关系可被视为在表面上类似于外婚制与内婚制之间、物种与功能之间以及自然模式与文化模式之间的关系，那么这是因为，类似的图式出现于一切经验上可观察和外表上异质的现象中。列维-斯特劳斯认为，正是这一点，为科学研究提供了真正的研究课题。人们通常认为，在一切社会中，性关系与饮食禁律之间都存在着类似性。然而，无论男女，都可占据食者与被食者的地位，视情况和思想的层次而定。这只能意味着如下的共同要求，即诸项应当彼此区别，而每一项都应当可以毫无含混地被识别。在作为构成人的科学的基本整体性的实践与各种具体的实行之间，永远存在着调节者，即一种概念图式，运用这种概念图式，彼此均无其独立存在的质料与形式便形成了结构，即形成了既是经验又是理智的实体。从而，同语言的辩证法一样，上层结构的辩证法也在于建立组成单元。为此，必须毫无歧义地规定这些单元，也就是使它们在成双成对的组列中相互对比，以便人们能利用这些单元来拟制出一个系统。这个系统扮演着观念与事实的综合者的角色，从而把事实变成记号。于是，思维就从经验的多样性过渡到概念的简单性，然后又从概念的简单性过渡到意指的综合性。

列维-斯特劳斯认为，那些被人们随意归入图腾制名下的千差万别的信仰与习俗乃是与其他信仰和习俗互有关联，并直接或间接地与那种能使人们把自然与社会理解为一个有机整体的分类图式相联系的。人们在各种各样的这类图式之间可以做出的唯一区别，产生于对这种或那种分类层次的偏好，但是，这些偏好从不是排他性的。事实上，一切分类层次都具有共同的特征，即在所研究的社会中，不管选择哪个层次，都必须保证能联系到其他层次，这些其他层次与所选用的这个优先层次在形式上类似，不同的只是它们在整个参照系统内彼此的相对位置。这个系统是借助一对对比关系来发挥作用的：一个是一般与特殊的对比，另一个是自然与文化的对比。图腾制度论者所犯的错误在于，他们任意地分离出一个分类层次，即联系到自然物种所组成的层次，并赋予它一种制度的意义。然而，正像一切分类层次一样，它实际上只是诸层次中的一个。没有理由把它看作比借助抽象类别来发挥作用的层次或使用名称类的层次更为重要。重要的不是某一分类层次的存在或不存在，而是一个具有"可调节性"的分类方式的存在，它赋予采用它的团体在一切平面上进行"调节"的手段，从最抽象的到最具体的，从最文化性的到最自然性的，而不改变其理智工具。在列维-斯特劳斯看来，所谓图腾制度只不过是一种动物与植物的分类学。它们之所以比其他分类学更经常、更方便地被人们所采用，是因为它们在逻辑上与两种极端的分类形式，即类的分类与个体的分类保持等距离的中间位置。在物种概念中，外延观点与内涵观点之间存在一种平衡，一个物种在孤立地加以考虑时是诸个体的一个集合；然而，当我们从其与其他物种的关系方面来考虑时，它就是一个由各种规定组成的系统。此外，各个个体在理论上无限的集合就构成了物种，这些个体中的每一个在外延上都是不可规定的，因为它形成了一个功能系统的机体。于是，物种概念便具有一种内在的动力学性质——由于是在两个系统之间维持平衡的集合体，物种就成为使从多样性统一体向统一体差异性的过渡得以（甚至必须）进行的算子。那些被称作原始的社会并未具有自然科学那样的各分类层次之间泾渭分明的概念，相反，他们把各个层次表示为一种连续性过渡中的诸阶段和诸时期。相当普遍的情况是，动物学与植物学的分类并非各属互不相干的领域，而是构成一个无所不包的动态分类系统的不可分割的组成部分。这一分类系统的统一性是由其结构的充分的齐一性保证的，这个结构实际上由连续的二分法所构成。这个过程所带来的结果首先是，由"种"过渡到"目"是永远可能的；其次，在系统和词汇之间也没有任何矛盾，词汇的作用随着二分法的阶梯越往下越重要。连续和不连续关系的问题在根源处得到解决，因为宇宙被表现为一个由诸连续的对立所组成的连续体。作为居中的分类者，物种的水平既可以向上，即按照成分、类别和数目，扩大其网；也可以向下，即按照专有名词的方向，收缩其网。这一双向运动所产生的网络在每一层次上都是交叉的，因为这些层次及其分支层次能被意指的方式是极其不同的。于是，整个图式构成了一种概念性工具，它通过多重性透滤出统一性，又通过统一性透滤出多重性，通过同一性透滤出差异性，又通过差异性透滤出同一性。它在其中央层次上具有理论上无限的幅度，在它的两个顶角上收缩（或伸展）为纯粹的概念内涵，但彼此的形式正好相反，而且可能会受到某种扭曲。

作为一种转换算子，物种可以使彼此非常不同的诸领域结合为分类模式，从而为各分类方式提供了一个超越它们界限的手段：或者是通过普遍化达到初始系列以外的领域，或者是通过特殊化使此分类法超过其自然限制，即达到个别化。从而，在逻辑平面上，物种算子一方面实现着向具体和个别的转变，另一方面实现着向抽象和类别系统的转变。同样，在社会学平面上，图腾分类既能有助于确定个人在团体中的地位，又能使该团体超越其传统范围。图腾一方面有助于确定部落集团的疆界，另一方面还有一种普遍化的作用，这不仅打破了部族的疆界，而且构成了一种族际社会的基础。这涉及两种平行的非整体化程序：有关物种分解为躯体和态度的部分及有关社会分解为个人及其作用的部分。这种非整体化是以重整体化的形式出现的，即物种概念分解为诸特殊物种、每一物种分解为其个别成员、每一个别成员分解为躯体的器官和部分这样的非整体化能导致由具体部分组合成抽象部分、由抽象部分组合成概念化的个人这样的重整体化。系统的相对不确定性至少潜在地与重整体化阶段相等：专有名称是通过使物种非整体化和抽取物种的某一局部方面而构成的。但是，由于专门强调抽取作用，作为抽取对象的物种便成为不确定的。这就暗示，一切抽取作用（即一切命名活动）都具有某种共同性。人们预先断定，在差异性深处，可以推测出某种统一性。也是据此，个人名称的动力关系来自我们一直在分析的分类系统，即所谓的图腾制度。

在接下来的一章中，列维-斯特劳斯以所谓原始人的人名为例，详细讨论了物种与专有名词的问题。在他看来，专有名词和物种名词都是同一集团的组成部分，这两类名字并无任何根本性的区别。更确切地说，这种区别的原因并不在于其语言学性质，而在于每一文化划分现实的方式，在于它赋予分类活动的不同的限制，后者取决于它所提出的问题。于是，某一分类层次根据一种外在的决定作用获得了称谓词，它可以是普通名词，也可以是专有名词，视情况而定。他认为，从生物学的观点来看，我们可以把属于同一种族的人们比作同一棵树上初绽、盛开和萎谢诸时期的个别花朵：它们都是某一变种或亚变种的数目众多的样品。同样，人类种的全体成员在逻辑上也可被比作任何其他动植物物种的成员。然而，社会生活在这一系统中造成了一种奇怪的转换：因为它促使每一生物个体发展出一种个性，于是，这个概念就不再令人想到某变种中的样品，而被看成一种类型的变种或物种，它在自然界中可能并不存在，它可被称为"单个人"。随着一个个性的死亡，这种消失的东西是一种观念与行为方式的综合，这一综合物正像一种花从一切物种共同具有的简单化学物质中发展出来的化合物一样，是独一无二和不可取代的。当我们的亲人或打动我们的政治家、作家或艺术家一类的名人离世之际，我们所感到的无法弥补的损失正像蔷薇凋谢之后其芬芳永远消失一样。因而，在图腾制名下被任意隔离出来的某些分类模式是被普遍应用的：对我们来说，这个"图腾制"只是被人化了。一切无不如是。在我们的文明中，每个人本身的个性都是他的图腾：它是他的被意指的存在的能指者。

由于专有名词属于一个聚合系列，因而它们构成一般分类系统的边缘：它们既是它的延展，又是它的界限。当它们出现于舞台时，幕布在逻辑运用的最后一场拉开了。但全剧的长度和幕数与文明而非与语言有关。名字的"专有"性不是可内在地决定的，也不可只通过把它们与语言中其他字词相比较而被发现。它取决于一个社会宣称其分类工作已经完成的那一时刻。说一个名字被看作专有名词，就等于说它位于这样一个层次上，即超过了这个层次就不需要任何分类了。专有名词始终位于分类的边缘。因而，在每一系统中，专有名词都代表着意指量子。在此以下，除指示外，它便别无可为了。虽然每个文化所确定的边界有所不同，但是，从意指行为向指示行为的过渡并不连续。自然科学把其边界置于种、变种、亚变种的层次上，视情况而定。于是，不同程度的一般性的词每次都被看作专有名词。但是，也实行这些分类方式的土著中的智者——有时候也有科学家——把它们扩充到社会集团的个别成员，或更准确地说，扩充到个人能同时或相继占据的单个位置上。因而，从形式观点来看，在动植物学家与奥马哈族巫士之间，并无根本区别。

至此，列维-斯特劳斯已经阐明了自己关于图腾制度的观点。在接下来的一章中，他指出，包括所谓图腾分类在内的一系列分类系统乃是一个完整的系统。那些把所谓图腾制度看成一种实存制度的民族学家徒然地想把它分解成碎片，以便把这些碎片再组成不同的组织系统，其中最引人注目的便是所谓图腾制度。然而，这样的做法只能导致近乎荒谬的情境。事实上，所谓原始人的"野性的"或"未驯化的"思维是能与所谓现代人的"被教化"或"被驯化的"思维并存且以同样的方式相互渗透的。因而，尽管由于被驯化了的自然物种的存在，野生的物种濒于灭绝，但是，至少在理论上看，它们是能够彼此并存和相互交叉的。不管人们对这种情况感到悲哀还是高兴，仍然存在着野性的思维在其中相对受到保护的地区，就像野生的物种一样。艺术就是其例：我们的文明赋予艺术以一种类似国家公园的地位，带有一种也是人工的方式所具有的种种优点和缺点。社会生活中数目众多的未经开发的领域也都属于这一类。其中，野性的思维仍然得以继续发展。这种思维的突出特点主要表现在，它给自己设定的目的是广泛而丰富的。这种思维企图同时进行分析与综合两种活动，沿着一个或另一个方向直至达到其最远的限度，而同时仍能在两极之间进行调解。这种思维具有对于认识世界的持久兴趣，既可被理解为人类生活中永无可能再与之匹敌的、无所不及的从事象征化活动的抱负，又可被理解为无微不至地充分关心具体事物的态度，还可被理解为以上两种倾向合而为一的暗怀的信念。

在本书结束之前，列维-斯特劳斯对萨特（Jean Sartre）的辩证理性与分析理性进行了批评。他认为，萨特的错误在于把历史看作高于其他人文科学，并形成一种几乎神秘的历史概念。然而，在列维-斯特劳斯看来，事实并非如此：并无任何一种现实可以与萨特所提出的历史概念相符。在历史事实这个概念本身当中，存在着双重矛盾。这是因为，假定历史事实的构成是实际发生的东西，那么，其中的每一片段都分解为大量的个人和心理的活动；这些活动中的每一种都表示着无意识的发展过程，而后者又分解为大脑的、荷尔蒙的或神经的现象。这些现象本身都与物理的或化学的秩序有关。因而，历史事实并不比其他事实更具有给定的性质。正是历史学家或历史演变中的行动者借助抽象作用构成了它们。对于历史事实的构成适用的东西，同样适合于历史事实的选择。按照这一观点，历史学家和历史行动者都一直在进行着选择、切割和划分，因为真正完全的历史将使他们陷入混乱。每一空间角落都隐含着大批个人，其中，每个个人都以一种无法与他人相比较的方式整合着历史的进程。这些个人中的任何一个每时每刻都无穷无尽地充满了物理的和心理的事件，它们都在他的整合化作用中起着各自的作用。甚至自认为是通史的历史，也仍然只是一些局部历史的并置，在这些历史的内部及其间，空缺之处远比充实之处多得多。就历史渴望追求意义来说，它不可避免地要选择地区、时期、人群和人群中的个人，并使这一切作为非连续的形象，在勉强充作背景的连续体面前突现出来。一部真正完全的历史将取消自己：它的产品将等于零。使历史能够成立的是，事件的一个子集合在一定的时期内对于一批个人能具有大致相同的意义。这些个人不一定经历过这些事件，然而，他们甚至隔几个世纪还能考虑它们。因而，历史绝不单是历史，而是"为……的历史"。它是片面的，即使它为自己辩解也仍然是片面的。而且，历史本身就是某种形式的片面性。因而，历史没有逃避一切知识所共同具有的责任，它要运用信码去分析其对象，即使这个对象被认为具有一种连续的实在性也仍然如此。列维-斯特劳斯指出，历史知识的特征在于，表达它的信码是由年代序列组成的，没有日期就没有历史。然而，历史学家的信码不是诸日期，因为这些日期不是重复出现的。历史从一个按照数十个或数百个千年来编码的前历史期开始，当它到了第四个或第三个千年时，就采取了千年制，之后又成为一种百年制的历史，其中，按照每位作家的偏好，又加进一段段百年之内的单年史、单年之内的逐日史甚或一天之内的小时史。所有这些日期都不形成一个序列：它们各属不同的类别，分别对应着不同强度的历史。因而，在列维-斯特劳斯看来，历史既不与人缠结在一起，也不与任何特殊对象缠结在一起。历史完全在于其方法。只有走出历史，历史才能通向一切。

对于所谓原始人的"野性的思维"来说，列维-斯特劳斯指出，其特征恰恰在于其非时间性；它想把握既作为同时性又作为历时性整体的世界。而且，它从这个世界中得到的知识与由室内挂在相对的墙壁上的两面镜子所提供的知识很相像：两面镜子互相反射，并反射那些处于二者之间的东西，尽管反射不是严格平行的。这样，就形成了大量的形象，其中，没有一个形象与其他一个雷同。因而，任何单个形象所提供的只是有关家具和饰物的局部知识，全体群象则是由表现着真理的不变属性所刻画的。野性的思维借助于形象的世界深化了自己的知识。它建立了各种与世界相像的心智系统，从而推进了对世界的理解。

可以看出，在对原始思维的看法上，列维-斯特劳斯的观点与列维-布留尔（Lucien Lévy-Bruhl）是针锋相对的。在后者看来，所谓原始人的思维并非像我们所想象的那样，是一种与我们自己的所谓"理性""逻辑"的思维相同的形式，而是一种与我们的思维有着质的差别的思维。它乃是一种"不合逻辑"的或"原逻辑"的思维形式，遵从一种与我们的逻辑思维迥然不同的规律，通过感情和互渗而起作用，弥漫着一种神秘的色彩。列维-斯特劳斯则强调，所谓原始人的野性的思维与我们的被驯化了的思维并无本质区别，而是在与我们的思维相同的意义与方式上合乎逻辑的，它是通过理解而不是感情的作用来进行的，它所借助的方法是区分和对立，而不是混合和互渗。当然，列维-斯特劳斯承认，野性的思维能够理解的性质与科学家所关心的性质不同。他们是分别从对立的两端来研究物理世界的：一端是高度具体的，另一端是高度抽象的；或者从感性性质的角度，或者从形式性质的角度。但是，如果二者的相互关系不出现突然的变化，那么，至少从理论上来看，这两条途径终会相遇。这就表明，它们二者将在时间和空间上彼此独立地通向两种虽然同样都很确实但却不同的知识：一种成熟于新石器时期，它为一种关于感觉事物的理论奠定了基础，同时通过各种文明技艺继续满足着我们的基本需要，如农业、畜牧、制陶、纺织、食物的保存与加工等；另一种从一开始就存在于与可理解性事物有关的平面上，现代科学即为其产物。

关于列维-斯特劳斯与列维-布留尔谁对谁错的问题，我们没有必要在此进行争论。我们所关心的问题是，二人都为我们理解人类思维的本质做出了巨大贡献。而且，两人的观点也并非截然相反的：在他们看来，不管其与我们现代人的思维是否相同，所谓原始人的思维在现代的今天仍然存在。

列维-斯特劳斯的《野性的思维》一书表现出明显的逻辑色彩，显示了作者深厚的哲学修养。不过，正因如此，由于作者过分强调有形可见的现象背后的无意识的结构，该书所展现的似乎不仅仅是所谓原始人的心智活动特点，也带上了作者本人的印迹。

《部落社会的政治、法律与仪式》（1965）

赵旭东

马克斯·格拉克曼（Max Gluckman，1911—1975），
生于南非约翰内斯堡，1930 年在威特沃特斯兰德大
学和牛津大学攻读法学学位。1936—1947 年在中非
和南非的一些部落中从事田野调查工作。从 1947—
1975 年去世前，他一直担任曼彻斯特大学的社会人
类学教授，在为同事和学生营造的一种宽松的学术氛
围中，创立了英国人类学的"曼彻斯特学派"，培养
出大批优秀的人类学家。他还是一个政治活动家，公
开反对殖民主义，积极参与到同种族主义、城市化
和劳工移民等有关的社会冲突和文化冲突之中。除本书外，他的主要著作还有
《非洲东南的反叛仪式》（*Rituals of Rebellion in South-East Africa*, 1954）、《非洲
的习俗与冲突》（*Custom and Conflict in Africa*, 1956）、《部落非洲的秩序与反叛》
（*Order and Rebellion in Tribal Africa*, 1963）和《责任的分配》（*The Allocation of
Responsibility*, 1972）等。

马克斯·格拉克曼的老师马雷特（Robert Marett）有一次对他说，法国著名
的人类学家莫斯（Marcel Mauss）在向他谈到人类学的时候说："在那个巨大的
海洋里，任何人都能抓到一条鱼。"在 1965 年出版的这本名著《部落社会的政
治、法律与仪式》[1]中，他将许多人类学家最初在非洲部落社会中抓到的"鱼"，
即各种各样的族群生活方式，都放到一起，分出个大小，理出个头绪。他先讨论
了人类学作为一门学科的起源，它又是如何因不同的材料而分出一些不同的分

---

① Max Gluckman, *Politics, Law and Ritual in Tribal Society*, Oxford: Basil Blackwell, 1965.

支。然后便进入了他关心的主题：部落社会的秩序是如何维持的。

格拉克曼列举了一些田野调查资料，论证了小到一个村落的部落社会，大到西非的王国的权威原则。地缘裂变制和其他组织原则与政府原则之间是冲突的。"冲突"的意义与竞争、不和、争吵和争斗等词汇大体相近，而社会中的凝聚是指通过各种关系纽带和合作来确定表面的关系。部落社会的法律是这本书所要讨论的重点问题，那么，在格拉克曼看来什么是法律呢？

在回答什么是法律之前，格拉克曼先对社会科学研究领域当中的术语问题进行了一番反思。在他看来，所有词语与社会事实之间并非是一一对应的，用一个词汇来描述一个社会事实可以产生多种意义，因而，我们在社会科学当中若使用日常术语，而不是创生出一种专门的语汇，我们便不得不接受这种意义上的多样性。格拉克曼认为，针对法律术语的问题来说，任何一个部落的法律概念与其他部落的法律概念都是类似的，甚至与罗马法和欧洲法也是近似的。这种观点与强调文化独特性的路子不大相同，持文化独特性观点的人认为，我们不能把一个社会的概念翻译成其他社会的概念。这种思路的差异也是格拉克曼所一直强调的英国社会人类学与美国文化人类学的差异。

格拉克曼试图通过分析化解争吵的方式、赏罚方式及权利和正义的意义，来进一步佐证文化可翻译性的观点。另外，社会的稳定与变迁是许多社会人类学家关心的问题，这本书也不例外，并特别以习俗为例来讨论社会人类学家与其他社会与人文科学的关系，以及部落社会的研究对理解一般社会生活的本质有什么意义。

生产共有是原始部落的一项原则。西方一些早期观察者下结论说，部落社会是共产主义性质的，个人没有土地权和对其他物品的占有。但这种把共产主义与个人主义对立起来的观点是颇成问题的。占有某种东西，实际上是说可以有权力用土地或财产去做一些事情，并且拥有反对他人对所拥有的财产加以侵犯的权利。但除此之外，对于同一块土地或财产，其他的人也可以拥有一定的权利。因此，当我们说一个特定的亲属集团占有某块土地时，我们也可以说，那一群体的所有成员都可以说自己有对土地占有的权力，这种权力也可能是通过平均分配或是通过地位的不同来分配而实现的。对土地的权力亦会随着生产方式的不同而有所不同，靠打猎为生的部族与有着精良农耕技术的农业部族对土地占有权的理解就会大不相同。打猎部落的每一个成员都有权利在部落的地域范围内自由打猎，而在农业社会当中，耕地则被分配给了一小部分群体。因而对土地使用的权利会随着对土地使用方法的不同而发生变化。非洲的洛兹（Lozi）人就认为，土地是属于国王和国家的，他们能够在部落的土地上耕种和收获，全是仰仗国王的恩赐。因而，他们认为，理所当然地要向国王交纳农产品和礼物。国王也并非无事可做，为了平衡他的义务和权利，国王要为土地尽一些义务。对土地的权利是以一个人的成员资格为前提的，一旦离开这个部落，他对土地的权利也便消失了。当然，也会看到这样一种情况，一个人已不在村里住了，但仍在村里的土地上耕作。这又是遵循另一套法律，即村子里大家族的所有各支的亲属都有权利使用村子里的财富，只是不能提供足够的土地让他们在村子里居住。因而，对土地的控制权力不是掌握在个人的手上，而是在村子的头人这个称号那里。

部落法律强调个人对生产产品的占有，并且给予部落男女的支配权力，也并非是只此一方面。但对于食物或动产，这种占有便不是绝对的，因为他的亲属甚至外面的人也想得到，碍于面子也不好拒绝人家。在洛兹部落当中，有一种所谓的枯封达（kufunda）习俗，即"正当小偷"（legal theft）的意思。枯封达准许洛兹部落的任何男性亲属和女性亲属拿走部落里的任何东西而不必承担偷窃的罪名，外人拿走则要给予扣押。这种习俗非常接近弗思（Raymond Firth）在提科皮亚岛上发现的强迫交换的习俗。在养牛的部落当中，你几乎不可能发现谁是草地上牛的真正主人，因为许多人都会说出各种理由来证明那些牛是属于他们的。一个洛兹部落的例子可以说明这样的情形：当处女出嫁时，新郎要拿出两头牲畜送给女方的亲属，给第一头牛是说这个女孩变成他的妻子，送第二头牛则意味着她从未生育过，是一个处女。假如他与新娘分开一段时间，且新娘尚未怀孕，他有权要回第二头牲畜，而用它的后代还给新娘的家里人，这叫作"牲畜聚集"，即娘家的亲属只是为女婿收养牲畜，直到让他们的女儿怀孕为止。如果新娘不是处女，就只送一头牲畜。如果接受牲畜的人把它屠宰了，肉要按照固定的规则分送给新娘父母两方的亲属。如果新娘的父亲提出来要喂养这只牲畜，那么，父亲就必须把这只牲畜的第一代及所有的后代都送到新娘的母亲家里去。因此，他只能够拥有这只牲畜而不能够拥有牲畜的后代。

从这个例子可以看出，像土地这类财产权利是依据不同个人与亲属关系网间的不同关系情况来决定的。如果对新郎送来的牲畜，新娘家里的人并没有把肉送给某一位亲戚，他们便会说他们从来就不知道有这样一门亲戚。因而，财产的法律是与地位的法律紧密相连的。要理解对财产的占有权，就必须研究地位关系的系统。

在部落社会当中，对财产或经济资源的控制上存在着各种分化，但在实施这种控制时则必须表现得十分慷慨。如果说在部落社会有共产主义，那也不是表现在生产上，而是表现在消费上。实际上，人们会发现靠自己来消费自己的产品是非常之难的。理查兹（Audrey Richards）就曾说过，比姆巴帕拉蒙特地方的酋长要想自己独自留下一块好肉与自己的家人一起吃，那都是非常困难的事。村事务评议员们会坐在他的身边记录下总共有多少块肉，要是把肉分给评议员们一点，他们还会觉得不好意思。孩子们很小就知道有哪些亲属，谁有权力从某人那里获得物品，谁得把物品给予别人，等等。在部落社会的经济系统当中，大量的物品的累计既非极为可能，也非相当渴望。对酋长和贵族来说，累积粮食并非是最终目的，而恰恰是一种建立起庞大的追随他们的部落民队伍的手段。

部落社会当中卖者之间的竞争是非常有限的。在小的社区也有市场，但规模之小并不能够激发起增加生产量的欲望。况且，包含有人与人之间关系的经济关系是处在亲属关系的外围的，人们买东西是为了长远的社区利益而非为了讨价还价，因而特别强调买卖双方的慷慨大方。相互是一种互惠的关系，最后的投入产出是平衡的。当然这样一种平衡的关系不是在两个人之间发生的，而是在多个人之间发生的。严格来说，在部落社会当中，对生存的、社会声望的和权力的追求都可能是存在的。不过在一些环境条件好的非洲社会当中，周围的资源足以使人们拼命地生产出远远超出人们需要的产品，并攀比着进行消费。当然也有一些王国，其生产的水平还处在部落社会的阶段（如在西非和波利尼西亚），虽然酋长们也可挥霍或建造豪华的别墅，但是一般来说，酋长们所过的还是与平民差不太多的生活。

部落人的经济生活并非是用某种文化的模式能够说得清的。因为作为文化模式核心的一个人的文化观念并不能够反映客观的现实。人们对于他们正在做什么的观念并不是依照现实得到的。文化人类学家们试图研究一个社会当中的某种风俗或信仰并推论这个社会当中的人都是这样想或这样做的。这恰是与从社会关系入手的社会人类学的研究大不相同的。

所谓"部落社会"的概念是从社会进化论引申出来的一个对经济相对贫困的社会而言的分析概念。随着所谓的先进经济制度向部落社会的渗透，部落社会本身也发生了巨大变化。有许多理论可以用来解释在特定的地域和时间内发生的变革的复杂性。一种理论认为，这种发展主要是出现在周期性发生泛滥所形成的冲击河道上。但一个强调进化发展的新学派在美国人类学家怀特（Leslie White）

的领导下逐渐受到同行们的重视。他们认为，人类社会的进化一般是与对能量的日益增加的控制相关联的，文化的发展是非人的能量与人的能量的比的增加。

最简单的狩猎帮都认为自己是某块土地的占有者，虽然有时这块地方的地界并没有明确的划分。在这类的"帮"当中，主要成员是亲属，但是没有什么关系的外人也可以加入。一个狩猎帮人数并不多，一般是百余人。因为狩猎帮生活的环境都很恶劣，资源不足，因而人数也不可能壮大起来。一个帮一般有一个酋长，酋长都一些特权，如玻哥达玛（Bergdama）的酋长就特别受到人们尊敬，可以娶多个妻子，他有权为自己和他的家庭挑选最好的兽皮和装饰物，可以收到帮里人献给他的最好的肉、蜂蜜和烟草。而布须曼酋长在地位上则无明显的高人一等之处。由于布须曼酋长是一个领导但不是统治者，帮里谁做错了事都靠当事人自己来解决。布须曼人和玻哥达玛人都是非常小的帮的代表，在这样的小帮当中没有什么制度化的权威机构，社会关系主要是由亲属关系联结起来。一旦人数超过了二百人，社会关系就变得非常复杂。如印第安部落之间的社会制度的变化差异是极为明显的。在所有平原印第安部落当中，蓄养马匹最多的是科曼旗人，他们有着共同的语言和文化，尽管没有什么适用于整个科曼旗部落的法律的存在，但在其所属的几个自治帮之间却不见有什么战争。

这些帮小到几家几户，大到几百人。人们可以在各帮之间流动，帮的功能就是在大型狩猎活动当中将大家联合起来。平常他们就分成较小的亲属群体，每个群体都有一个在能力上和影响力上都很杰出的人来做酋长。当帮聚在一起的时候，就选出几位酋长来做"和平酋长"。和平酋长没有制度化的权力，他们的主要职责就是决定是否及什么时候迁移。这些领导并非是世袭的，但一般都由儿子来接替。最复杂的是晒延人的政治制度，它的成员有4000多人。冬季，由于食物资源贫乏，晒延人都各处散居，受头人的领导；夏天的时候又聚在一起举行部落仪式，每个帮都长途跋涉地来到传统上规定好的各自的聚集地，形成一个以帮为单位的营地圈。这时管理部落的部分是酋长委员会，还有一部分是战士委员会。一共有44位酋长，每10年换一次酋长，新酋长一般都从酋长所在的帮里选出，但这个人不应当是他的儿子，因为晒延人是遵从母系制的，男人一般都加入妻子的亲属所在的帮里去。在这44位酋长当中，有5位酋长是高级的祭司酋长，这些酋长的职责便是照顾好寡妇和孤儿，并成为维持和平的人。

从对晒延人的社会组织的考察当中，我们可以总结以下三点：首先，按照传统的联合法则（帮的成员）联合起来的人，又在不同的联合法则（战士社会的成员）之下与其他来自不同的联合法则的人联合在一起，社会凝聚力就是这样实现的；其次，尽管从理论上说，战士社会行使一种受委托的权威，但在实际运作过程当中则发展成了一种自主权力，他们有权支配部落生活的各个方面；第三，在晒延社会的政治组织当中，神话象征的作用就是使一个部落终极的共同兴趣得以表达，比如"毒药箭"的神话就明显是这种象征，它的意义远远超出神话本身，直接影响到部落人的生活和思维方式；另外，当物体被赋予了超自然的力量之后，便会使部落群体的终极价值观念得以象征化，并不断地出现在部落的政治制度当中。

　　上述三项组织原则可以从生活在北赫笛夏嵩珈高原的人的社会生活中得到印证。嵩珈高地是典型的非洲特色：土壤贫瘠、水源缺乏。他们并不永久地居住在同一个地方，而是过着迁徙生活。嵩珈人分散居住在很小的村庄里，村与村的界限并不十分清晰，但村民们都知道，从理论上来说谁是他们应当服从的头人。头人并没有什么权力，谁家出现困难的时候，村里的人也没有相互帮助的责任和习惯。嵩珈属于母系社会，通过女性将嵩珈人联系在一起。母系群体被称为"母口娃"（mukowa）。所有母口娃的成员都必须是同一个宗族的成员，但并不是说宗族的所有成员都在同一个母口娃当中，同一个宗族的男女也不能相互婚配。他们用"福提奥里"（fortiori）这个词来说明同一个母口娃中的男人和女人是不能够结婚的，婚配只能在两个母口娃之间。嵩珈的宗族关系还通过"戏谑关系"（joking relationship）相互连接起来。祖父辈与孙子辈之间、堂兄妹与表兄妹之间及同一辈妯娌（兄和弟的妻子）和连襟（姐和妹的丈夫）之间都可以有"戏谑关系"。在这种"戏谑关系"中包含着一种道德关系。在相互谈笑之间，传达了人们对财产、对食物、对外婚制的维护等观念，这使得亲属网络相互连接到一起。由于亲属关系的多样性，嵩珈社会的联系网络是十分复杂的。常常有这样的情况发生，从某种原则来看是对立的两个人在另外一种原则之下却变成了联盟。联盟和敌对关系的多样性使得人与人的关系也表现得丰富多样。人与人的联盟可以在不同的原则下达成，这应当算是所有社会生活的一个一般性方面。这种观点可以帮助我们理解，为什么有些社会没有什么制度化的控制机构，社会生活照样能够运行得很好，在这种社会当中，当地人依靠自行解决的方法，解决了当地生活当中的各种冲突和危机。

　　在部落社会当中，从一个小部落的头人到统治上万人的国王，酋长的权力和影响力大小的变化是极为明显的。这种差异也表现在他们对民间仪式的控制权力上，这种领导者在权力等级上的差异可以从对不同的部落社会的国家结构类型的差异分析当中表现出来。如生活在埃塞俄比亚和苏丹国界两边的阿努克人（Anuak）。这些人生活在一个政府也不大愿意涉足的特殊地带，内战和暴力反抗笼罩着这一地区。西北部每个村子的人口大概在 200 人到 300 人，他们分散居住在大草原上，每年雨季时都要泛滥一次。村子的核心就是头人的宅邸，头人一般都是这个村子的父系子嗣的一员。头人的宅院并不比一般人家的房子好到哪里去，但在宅院前的围墙上却挂满了各种动物的骨骼，这都是他在宴请乡邻或在大型的竞赛游戏中获得的奖品，并以此来炫耀他的头人身份，村里的人也都对头人的宅院怀有尊敬之心。而对那些对头人的宅院有大不敬的人，头人也没有什么特殊权力来惩罚他们。头人平时要慷慨地帮助村里的人，在重大日子里还要宴请乡邻。如果有一天村人发现头人不再帮助自己，而是自己挥霍，并用自己的首饰去娶许多的妻子，而非尽心尽力地帮助年轻人结婚，那么，村人就会反对头人，头人也就失去了村人的支持。在头人的日常活动中，既要想着赢得支持他的人的进一步支持，也要想着怎么样赢得反对他的人的支持。头人不能够强迫村民们服从于他，秩序是靠一种自然过程而逐渐形成的，比如遇到人命的案件，村人都会去找头人来从中协调，而若没有这种协调，双方的长久械斗就会不可避免。头人与村人的关系是互惠的，一方给予物质上的帮助，而另一方则是对这种帮助报以感激之情。因而头人权威的范围是与他对村人付出的责任相匹配的。在阿努克东南部，平民头人常被外面来的贵族头人所取代。贵族与平民的女子结婚，他们的儿子由孩子的母亲那一方养育，这样，孩子们便逐渐在这个村子里有了一些根基。否则村里人是不会把他们认作头人的候选人的。

现在来看石鲁克人（Shiluk）的象征性亲属关系。石鲁克人的聚居地主要在苏丹的尼尔河西岸，他们靠农业为生。每个聚居地都有一个酋长，他的地位是世袭的，并得到皇帝的认可，酋长一般都从聚居地的主干家族当中挑选出来。石鲁克人认为，他们自己就是一个在他们国王领导下的民族，但这个国王对他们的日常生活并没有什么干涉。他没有对村子的土地进行分配的权力，对村子其他方面的事务也不能够指手画脚。他若是介入一场争执当中，那么他的角色也往往只是充当和事佬。国王尽管对于重大争端有一定的影响力，但其主要角色是在祭祀方面。在石鲁克人眼里，国王代表着英雄时代石鲁克人最伟大的领导者伊康，他凭借超自然力量征服了这块土地，并与同僚们瓜分了这块土地。这个神话几乎成为左右人们行动的真实存在，并影响着人们对事物的评判。石鲁克人对国王的亲属表示特别的尊敬，也与伊康神话有着密切的关系，人们都认为，伊康是神与人的中介，他在每一个国王宣誓就职时进入国王的身体中。因而国王成为石鲁克人英雄伊康的化身，国王和国王的亲属受到尊敬是自然而然的事情。

国王与国王的亲属之间是一种象征性的关系，这种象征关系是通过国王的就职仪式得到表达的。这种仪式的内容是围绕着伊康这个人物展开的，伊康是整个石鲁克联合体的象征，凭借他的权力而影响着石鲁克国家的强盛，他还是国王的制造者。在国王就职仪式上，国王被强迫从他自己的亲属和臣民当中分离出来并被安排到国家首脑人的位置上去，凭着伊康所给他的力量，他便能够坐稳江山，并会受到所有酋长的臣服。然而，石鲁克人还认为，国王的力量能够支撑整个国家的繁荣和昌盛，一旦有灾荒或国力表现出衰微迹象时，人们也会认为，为了国家的利益造反也是理所当然的。之所以要造反，那是因为国王已无力保国。

阿努克和石鲁克的政治反映了另外一种组织原则，这种原则表现在由酋长领导的部落国家的结构当中，这些酋长被看作有权力也有能力制止国家动荡，并有权威调动人们服从他的指挥，在必要时他也会动用官方的命令机构和军队来强制实施他的决策。所有这类国家都属于以农耕为主的国家，狩猎是偶尔为之的，因而这是一种人口居住极为分散的聚落形态。这时酋长的权力便不得不分散给他的属下或亲属。对于追随酋长的平民，酋长也不能够怠慢，如果酋长有表现出独裁统治的倾向，平民们便会转到酋长的亲属中物色一个在他们看来对他们很仁慈的人来替代酋长。因而许多不明智的酋长常常会被愤怒的平民推翻，当然这种平民的反抗并不能使政治结构发生根本性的改变。

谈到部落社会的法律，这中间包含一个术语的问题。究竟什么样的社会现象可以归到法律问题下来讨论？许多人类学家都明确指出，沿用西方法学的概念来讨论部落社会的法律问题常常会引起人们理解上的混乱。因为在我们使用像"法"（law）这样的概念来界定我们所观察到的现象时，这个概念在西方社会当中已经被赋予了许多文化上的意义，这些意义又常常是含混不清的，当对部落进行研究的学者在把此类概念用于解释其他文化活动时便出现了许多麻烦。后来，博安南（Paul Bohannan）将习俗生活中的法律概念称为"民俗系统"，而把法学研究当中的概念称为"分析系统"。这就需要进一步思考，在考察部落社会生活时，我们是否需要重新发明一套分析概念系统。不过，美国一位法官弗兰克（Jerome Frank）在1930年曾以"法律确定性的神话"为题写了一篇文章，他认为，有许多因素会对审判过程产生影响，因而法律判决是非常不确定的。这种对法的概念不确定性的理解，使得人们敢于从比较的观点来重新看待部落社会与西方法律有关的事件。这样，人类学家和法学家都提出了差不多一样的问题，即在无国家社会当中是否有法律的存在？以及法律与习俗的关系在部落社会当中的情形是怎样的？

在法律与习俗的关系问题上，有一种观点要把法律的问题抽离于习俗的社会。这种观点把法律的概念定义为要由法庭来强制执行的行为，这从逻辑上就把没有法庭的社会排除在问题之外。但格拉克曼认为，在实际的诉讼当中，习俗对于判决的形成起着巨大的作用，因而习俗构成了法律当中不可或缺的一部分。人类学把法律界定为要由法庭来执行的习俗的看法还有另外一个不足，它导致了一些像某某部落是否存在有法律这样的毫无意义的争论。之所以有这样的争论存在，责任大可归于殖民地政府，因为政府对于法律与习俗的清楚划分是极为有兴趣的。对这两个方面，政府在统治原则上是不同的。若明白这一点，人类学家的任务也就明确了。我们应当在这样一种法律的概念下探讨问题，即法律是一套包括习俗在内的相互紧密相连的规则。所有社会都有习惯上被接受的行为规则，若从这个意义上来说，所有的社会都有法律。

部落社会的控制与调适有很大一部分是通过各种神秘信仰来实现的。埃文思-普里查德曾对神秘信仰和经验信仰有过学理上的区分。在他看来，前者是出现在可感知的观察和控制之外的活动当中，而后者的活动是在可感知的观察和控制之下的。这种神秘信仰是通过仪式和巫术来表达的，并且这种仪式和巫术大多都融入经济活动当中去，影响着人们生活的各个方面。对一件有争论的事情，部落社会常常通过神判来解决。李文斯通（David Livingstone）在很早的时候（1857）曾记录了这样一件事：有一天早晨，这位神父经过一个村庄，见到一位巫医来到村子当中的空地上，随后已婚妇女也来到这里，她们早晨不许吃饭，然后让她们吃一种用名叫"孤薅"（goho）的植物浸泡出来的水，这种水在当地人看来是一种非常灵验的东西，这种仪式称为"魔危"（muavi）。当一个男人对他的任何一个妻子产生怀疑，认为她们在施魔法于他的时候，就会举行这种仪式。他先找来巫医，然后让他所有的妻子都到一块空地上来，在仪式举行之前要禁食，然后让她们都喝下这种水，并让她们举手发誓说，靠这水可以证明自己是无辜的。那些喝了以后出现呕吐的人被认为是无辜的，而那些喝了以后毫无反应的则被认为是有罪的，要被拉去烧死。无辜的妻子返回到家里，屠宰牲畜以犒劳这些无辜妻子的保护神。

神秘信仰对社会的调控还会通过祖灵崇拜来实现，祖灵成为社会控制的代理人，对于许多事情，当地人都试图通过这些神灵来找到原因。在他们看来，祖灵可以为这样两种错误行为带来厄运。首先，是没有履行活着的人对祖先的敬畏和祭祀的责任。比如没有按时用物品来祭祖或忘记了祖先的恩德，那么祖灵就会让他们的后代生病或带来其他不幸。其次，在亲属之间没有履行应尽的义务或责任，如果是这样就会受到祖灵的惩罚。祖灵还可以通过其他途径来操纵活人之间的关系。为了给祖先献祭，所有亲属都要聚在一起，在共同分享牺牲品时，大家要表现得非常友好。在祭祀时若怀有一种不良的或怨天尤人的情绪，那么所献牺牲就失去了效力，人们的生活也会出现灾难。当然在祭祀时若能够向祖先说出自己所做的错事和后悔的心情，若是祭祀灵验，各种灾难就会自然消失。

对于生活的不幸，部落社会的人在把原因归诸某种神秘的原因之后，总要通过占卜的方法加以检验。占卜工具可谓多种多样，最常见的是用骨头来占卜。在部落社会中，骨头的象征意义可谓多种多样。人的各种属性都可以由不同的骨头来代表，一块骨头也可以代表许多事情。这种象征的多样性代表了实际的社会生活当中事件的多重效果和模糊性。

占卜的另外一个意义就是，它可以成为社会冲突的一种表现方式。随着时间的推移，任何一个村落或一个亲属关系的群体都会积累下许多仇恨和争吵。这种人际关系的不和谐与部落社会的神秘信仰相冲突，并引发一种道德的困境。部落社会的人试图通过各种巫术仪式来化解道德上的不安，社会的有序状态可望通过仪式得到恢复。而社会的发展恰恰就是在这种从有序到无序，再从无序到有序的循环当中实现的。

在部落社会中，争吵这种法律事实或许是比较简单的，它是通过深思熟虑的审判来调节的。在无国家社会当中，人们会调动各种社会压力来使一个人获得他应得的权利。这种调动各种社会压力的能力依赖于人们如何看待正义和法律。双方实际上都是从各自的立场上认为自己是正确的，并把因不确定事件引起的争吵与某种神秘的东西挂钩。各种复杂程度不同的占卜仪式试图找到引起争吵的神秘信仰中的代理人，并把责任归咎于他。

我们并不能够把部落社会中的这种信仰体系的存在归结于他们的智力。因为这种信仰体系并不会因为日益增加的社会分化及像基督教在部落社会的传播而有所改变，但唯一使这种信仰体系发生改变的是完全的工业革命所带来的聚居群体的解散。结果，仪式活动不是在社会关系之内进行，而是到社会关系之外来组织仪式活动。

部落仪式是社区道德关系的一种戏剧化，在这种道德秩序中，充满了神秘力量。仪式之所以有效，是因为它展示了社会生活本身的紧张和冲突。占卜时所用骨头的戏剧化象征意义及在这些不同类型的骨头当中展现出来的冲突关系强化了人们对仪式灵验的信念。

在部落社会当中，所有社会关系的改变（如出生、年轻人的成长和发育、迁移到其他村子，以及随着季节的变化而改变一个人的活动等）都被看作对自然世界的改变，因而也会带来人际关系的改变。与现代工业社会不同，部落社会在处理这类变化时大多是靠仪式来实现的。

要想深入地理解部落社会的信仰和仪式，只有把它们与一些同类的因素联系起来考虑，这些因素能够解释经济活动和政治斗争的过程及广义上的法律与秩序的结构。这些因素相对来说是尚未分化的社会关系的实质。人因为不同的生活目的而被卷入到不同的群体当中。群体内部的分化及个人成就愿望的增强导致了群体内部冲突和争吵的增加，而仪式的作用就在于掩盖社会结构的根本性的不协调。

《等级人》（1966）

梁永佳

　　路易·杜蒙（Louis Dumont，1911—1998），法国社会人类学家、结构主义的代表人物。杜蒙曾长期在博物馆工作，30多岁时师从莫斯（Marcel Mauss）接受人类学训练。39岁时到印度开始田野工作，博士论文《南印度的一个次级种姓》（*Une Sous-Caste de L'Inde du Sud: Organisation sociale et Religion des Pramalai Kallar*）于1952年问世。这本巨著成为有史以来有关印度最为详尽和清晰的民族志，并使他成为印度学和人类学公认的权威。由于他成功地把社会人类学和印度学结合在一起，使两个学科不再维持它们本不应有的隔阂。印度学也成为东方学中第一个被人类学突破的学科。杜蒙在人类学的理论和方法上都做出了非常重要的贡献。在理论上，他修正并加深了列维-斯特劳斯（Claude Lévi-Strauss）的结构主义，使它回归到民族志事实，由此复兴了以莫斯为代表的法国社会学年鉴派的最初主张。在方法上，他结合了田野民族志方法和意识形态研究的经验，落实了莫斯提出的"整体社会事实"的一系列基本原则。杜蒙在法国人类学界与列维-斯特劳斯齐名，但其国际影响却不及前者。这不仅因为他曾多次拒绝把自己的著作译成其他语言，也与他不能登上荣耀无双的法兰西学院院士职位有关。

　　杜蒙的主要著作有《等级人》（*Homo Hierarchicus: Essai sur le système des castes*, 1966）、《从曼德维尔到马克思》（*From Mandeville to Max: The Genesis and Triumph of Economic Ideology*, 1977）、《论个体主义》（*Essais sur l'individualisme: Une perspective anthropologique sur l'idéologie moderne*, 1983）等。

　　不少人认为，关于异文化的研究是没有认识论基础的。那么，人类学家为什么还要踏上异文化之旅？田野工作对于理解人类社会有什么意义？人类学在什么程度上能够为一般社会理论乃至政治哲学做出贡献？杜蒙用他的《等级人》[①]为这些问题做了一次经典的诠释。

　　在《等级人》问世之前，人类学的著作多在精细的异文化观察和一般意义的思辨之间做取舍。《等级人》则融两者为一炉，让遥远的社会成为现代西方社会的反思样本。准确地说，这是一部独特的政治哲学著作。全书大部分篇幅论述的是一个等级制社会——印度社会——的种姓制度，但其关怀不仅包含社会人类学与社会学的关系，还对政治哲学——这个独立于自然科学的知识——做出了贡献。在杜蒙的人类学思想中，每一个人类社会都可能是独特的，但所有的社会都体现了人类社会的一般性通则。人类学家的任务，就是实现不同社会之间的跨越。

　　这种跨越必须以尽量摆脱自己社会的民族中心主义为前提，其目标是创造一种能够充分描述各个特殊社会的学术语言，而不是方便地用描述自己社会的词汇套用其他社会的现象。这说起来似乎不难，但是不知有多少人类学家和社会学家，武断地把无关的社会现象标上同一个标签，"以本文化之心，度异文化之腹"。在杜蒙之前，种姓制就一直是这样被理解的。

　　在西方社会科学界的理解中，最常见的态度是把种姓制看成由各种要素（element）累积而成的制度。这种"要素法"的毛病在于研究者置身局外，无法进入异己社会的内部。例如，有人把种姓看成由婆罗门、"不可接触者"（untouchable，一般译为"贱民"）等阶级构成的制度。但是一进入内部，我们就会发现，不同地方的婆罗门各不相同，此处婆罗门认为不洁的东西，彼处婆罗门则认为洁净。

　　杜蒙提议用体系的眼光看待种姓制，并强调必须摆脱只观察实践的"行为主义"论调，透视实践背后的价值，即意识形态。意识形态通过正式的、知识层次上的写作和表述，成为正式制度的一部分，但它永远不能与实践对等起来。因此，研究者必须将意识形态和实践联系起来，才不至于无限扩大社会学的范围，也不至于脱离具体社会。"意识形态只有与按照它建构的总体事实联系在一起，

　　① Louis Dumont, *Homo Hierarchicus: An Essay on the Caste System*, George Weienfeld and Nicolson Ltd. and University of Chicago, 1980［1966］；中译本：《阶序人》，王志明译，台北：远流出版事业股份有限公司，1992。本文写作之时因便制宜，故以英文译本为依据。

才能显示出它的真正的社会学意义。"①

　　既然成分不能穷举种姓的社会学特色，既然意识形态不能脱离具体实践，那么体系的眼光必须得到合适的充实，才能在上述两个误区之外另辟蹊径。杜蒙提倡用结构主义的视角建构体系。西方人习惯于以"要素"的眼光来看待社会，认为体系是由要素构成的，这只能解释西方个体主义社会。实际上，在杜蒙看来，即使这种用要素法来解释西方个体主义社会的做法也是一个误区，我们不能说"社会"是由"个体"组成的，而应该说每个"个体"都是"社会的人"。

　　说到印度社会，它当然也存在要素，但要素本身不能构成一个稳定的体系，稳定的体系必须是关系的结构，而不是要素的结构。"这里我们说的结构只有一个意思，各要素之间互相依赖得如此紧密，以至于如果清楚了它们之间的所有关系，这些要素就会马上消失，不留一丝痕迹。简言之，这是关系的体系，不是要素的体系。"② "一个种姓通过附属于整体而彼此分隔，如同手臂不愿意把自己的细胞与胃的细胞结合一样。"③ 举一个例子，是否允许再婚，是很多种姓之间区别高低的标准，但我们不能就此把再婚与否视为种姓体系的构成原则之一，因为同样也有很多种姓是允许再婚的，像这样的具体标准实在太多，也没有哪个具体的标准适用于任何两个种姓之间的关系。但是，再婚与否也好，吃狗肉与否也罢，都体现了一个原则：洁净与不洁。相对于允许再婚的种姓，不允许再婚的种姓就是洁净的；相对于吃狗肉的种姓，不吃狗肉的种姓就是洁净的。而且，洁净高于不洁。所以，整个体系虽然可以表述为无穷的具体原则（即要素），但却可以用一个总的原则笼而统之，即以区分洁与不洁的方式确定相对的高低地位。

　　种姓制作为一个结构体系，把"社会分成恒定不变的群体，群体间构成了分工的、等级化的和隔离（即不通婚、不共食、身体不接触）的关系"④。分工、等级和隔离都体现了同一个原则，即洁净与不洁的等级性对立，这是种姓制的基本结构，体现了洁净高于不洁的价值。洁净与不洁只是矛盾的双方，矛盾之间的关系总是等级性的。正是因为洁净与不洁必须分开，才有通婚禁忌、进食禁忌、接触禁忌，才有下葬、理发等世代罔替的劳动分工，才有种姓之间的等级关系。而且，洁净与不洁的对立，可以无限细分，使社会无限裂变。在这个意义上，种姓

---

① Louis Dumont, *Homo Hierarchicus*, p.38.

② Ibid., p.40.

③ Ibid., p.41.

④ Ibid., p.251.

和次级种姓（subcaste）没有区别。

在其他社会里，不洁可以通过"危险"的观念获得暂时性，并用互补的方式（你葬我亲，我葬你亲）克服。但是在印度，不洁是永久的，一旦不洁，永远不洁，不洁等于丧失种姓地位，沦为更低级的种姓。所以，在印度，最易受伤害的，不是不洁的低级种姓，而是洁净的高级种姓。这与多数社会中高等人向低等人赐福的举动正好相反（如活佛可以摸顶赐福）。既然不洁永远是"危险"的，那么印度社会必须用职业分工而不是"互补"的方式回避不洁。所以，下葬成为理发师的专门职责。"因此我们可以看到，在洁净与非洁净对立的情况下，宗教性分工与人们心目中一定程度的永久不洁职业密不可分。"[1]

一个种姓的洁净必须依赖另一个种姓的不洁。严格地说，一个种姓的成立，必须具备两类区别性标准：第一个让它比 X、Y、Z 种姓高，第二个让它比 A、B、C 种姓低。具体的区别标准很多，如食肉与否，准许离婚与否，准许寡妇再婚与否等。但是，没有一个标准适用于所有种姓，但所有标准都具备三个特点：（1）在人们的意识中，所有区分标准都是等级原则的不同形式；（2）所有标准都可以把整个社会分解开来；（3）这种等级制可以无限应用于任意两个种姓之间，"那种从 A 种姓到 Z 种姓的线性排列完全是等级制的副产品"[2]。

这么说，等级称得上印度社会中的统一规则。但是，作为一种"宗教属性"，等级真的那么普遍吗？"世俗"的权力和财富能否改变等级关系呢？一个富有或掌权的低级种姓，能否像汉人抬籍入满那样，改变身份而成为高级种姓呢？换言之，权力能否成为等级之外的另一个原则呢？杜蒙认为不行。权力在印度属于一个与等级原则不同的领域，但它仍从属于等级原则。婆罗门在物质上完全依附别人，却掌握着给予刹帝利的权力以神圣性的资源；刹帝利虽然掌握权力和物质财富，但完全依赖婆罗门的授予，才能把权力转化成权威（杜蒙把权威定义为合法的暴力）。在印地语中，婆罗门代表普遍的秩序，刹帝利代表自私的利益，两者的差异以婆罗门高于刹帝利的原则告终，等级制超越了权力与等级制本身的对立。这种权力和地位的彻底决裂，完美地实现了马克斯·韦伯的"理想型"。

当"等级"作为种姓制的统一原则，在"两个对立面之间的必要的和等级性的共存，使整体得以建立"[3]之后，"我们被带入了一个完全结构主义的宇宙。是

---

[1] Louis Dumont, *Homo Hierarchicus*, p.49.

[2] Ibid., p.57.

[3] Ibid., p.43.

整体统辖部分，这个整体严密地建立在一个对立（洁净与不洁）之上"①。

请注意，杜蒙使用的"等级"，不是我们通常所理解的上级与下级的关系，而是上级、下级与制度的关系。举例来说，这不是胳膊与大腿的关系，而是胳膊与人体的关系；不是个人与个人的关系，而是个人与社会的关系。杜蒙借用了阿波索普（Raymond Apthorp），把等级定义为"大和小的关系，准确地说，是涵盖与被涵盖的关系"②。它"指整体的元素通过与整体的关系排序的原则"③。杜蒙以《圣经》中人的诞生为例。上帝用亚当的肋骨创造了夏娃，从物质上象征了整体与部分的关系：

> 亚当——或者用我们的语言"man"——是合二为一的整体：人类的代表和人类中男性的代表。在第一个层面上，男人和女人相同；在第二个层面上，男人和女人相对。两种关系表达了等级的特征，……这个等级的关系在一般意义上，是整体（或组合）与整体（或组合）之中的成分之间的关系。成分属于整体，并在这个意义上与整体同质；同时，成分又与整体不同，并与其相对。这就是我所说的"矛盾涵盖"（the encompassing of the contrary）。④

两个种姓之间的关系永远是这样的：在一个层面上，甲种姓代表洁净，乙种姓代表不洁；但由于洁净高于不洁，所以在另一个层面上，甲种姓本身涵盖了甲、乙两个种姓。整个等级制就是这样建立起来的。

在欧、美文献的表述中，种姓还被理解为"婆罗门、刹帝利、吠舍、首陀罗"四个阶级构成的"社会分层"（social stratification）制度。这同样是一个错误。作为意识形态，印度的确有这种四分法的本土理论，叫作瓦那（varna），但是它只存在于意识形态层面，无法解释众多例外。比如说，不可接触者根本就没有纳入瓦那制度，但作为一个种姓，不可接触者与其他种姓构成的社会学关系，与其他种姓之间的社会学关系相同。

不只如此，种姓也不能用"阶级""社会分层"两个词描述。否则，种姓先天地丧失了它的独特性，成为西方社会某种模式的特例。包括韦伯、克鲁伯（Alfred Kroeber）等一系列社会学家和人类学家，都错误地认为种姓是一种极端

---

① Louis Dumont, *Homo Hierarchicus*, p.44.

② Ibid., p.xii.

③ Ibid., p.66.

④ Ibid., p.240.

的制度。实际上，如果我们站在种姓制的立场上，阶级何尝不是一个极端呢？杜蒙说，之所以我们容易把种姓说成"极端"的阶级，或者"永久的社会分层"，无非是把阶级之间的流动理解成理所当然的。这么设想的结果，假设了西方现代社会的"自由"和"平等"两个理念的普遍性。在这两个理念下，人生而平等，通过公平竞争成为某阶级的一分子，也可以通过公平竞争摆脱自己的阶级。种姓正是由于违反了自由竞争的原则，才被冠以"阶级"或"社会分层"的众多可能中，最极端的那种可能。在这个意义上，阶级、社会分层，无非是西方价值观中，描述差异（同样是不平等和不自由）的一种欲说还休的社会学名词。用它们描述种姓制，无异于先采用西方的价值观，再论证这个价值观是正确的。从来没有离开过本土，这正是社会学某些理论的致命弱点，无怪乎雷蒙·阿隆（Raymond Aron）感叹道："社会学中几乎不存在批判的、有比较意义的、多元的理论。"① 在摆脱自身文化价值观上，杜蒙认为人类学可以帮社会学一个大忙。

社会科学的大师级人物，多与启蒙思想保持一定距离，没有全心拥抱"民主、科学"和"自由、平等"的热情。卢梭只是把个体主义作为一种理想；涂尔干把个体主义认定为现代社会分工的产物；马克思更早就否认个体主义的现实性，指出"是社会在我内心思考"。人不是行为（behave）的，而是依据头脑中接受的规矩行动（act）的。规矩产生于个人之先，存在于个人之后。即使个人的行动使得规矩改变，其全部理由也完全外在于个人。托克维尔（Alexis de Tocqueviue）在等级制崩溃之初的法国革命时期，就预言了平等将带来的严重后果，例如种族主义的兴起。帕森斯（Talcott Parsons）也意识到，观念和实践之间必须做出区分，平等作为观念，还没有成为现实。人们根据自己的价值进行选择，这本身就造就了事实上的等级状态。杜蒙深化了他们的看法。他说，种姓制作为一个同等体现社会学通则的具体制度，"教会了我们一个根本的社会原则——等级"②。它与西方的平权主义思想正好对立，从而可以使西方人更好地理解自己。在这种反衬下，西方的"平等与自由"不过是一个蓝图，西方的个体主义和平等只是理想，不是现实。

多少令人感到遗憾的是，当代西方思想状态，却总是以为平等和自由就在我们身边，其他社会则或多或少是不平等的、不自由的。这就是当代西方社会的一

① Louis Dumont, *Homo Hierarchicus*, p.239.
② Ibid., p.2.

个总的特点："过去的社会，多数相信自己体现着'物的秩序'。这些社会认为自己是根据生命和世界的原则设计的。当代社会则要求'理性'，要求不依赖自然来建构一个自主的人类秩序。只要真正认识了人，就可以演绎出一套'人的秩序'，无须再求助自然。理想和现实因此不再有距离：就像工程师的蓝图，用表象创造实际。人与自然之间的旧有媒介——社会，就这样消失了。"① 当代的平权主义思想乃至全部政治哲学的出发点 [如霍布斯（Thomas Hobbes）的"一切人对一切人的战争"]，正是从"个人衡量一切"的标准出发的。

以自然为基础的社会，认定社会是一个更大整体秩序中的小整体，所以它们建立在等级的基础之上，根本就看不到"个体"。现代社会则不要自然，只要理性，"只看到个体，把普遍性、理性都赋予具体的人，把他置于平等的标准之下，所以看不到他也是等级性整体中的一员。某种意义上，'从必然到自由'已经实现，我们就生活在乌托邦中"②。

让我们再次回到杜蒙的方法论上。不难看出，杜蒙的结构主义视角在列维-斯特劳斯的原有基础上推进了一步。后者曾提出了"二元对立"和"类比转化"的结构人类学纲领。但杜蒙的"矛盾涵盖"，则为二元对立之后的关系找到了出路。

很多早期美国人类学家曾认为每一个社会都在无数可能中选择了一种可能，文化之间缺乏一致性。这就是"历史特殊论"脉络中提出的"文化相对主义"。杜蒙显然同意这个论调的前半部分，但强烈反对后半部分。在他看来，文化之间可以沟通，也可以用一种语言描述，因为人类是一个物种。在这个问题上，杜蒙无疑是一个普遍主义者。但是，他可能是普遍主义者中，最强调文化差异的一个了。《等级人》一书，尽可能地尊重本土社会分类和本土社会理论，以期建立一个坚实的、与西方社会的比较基础。在杜蒙看来，宁可找到两个无法用一种语言或一种学科知识比较的社会，也不能用自己社会的价值僭越异己社会的民族志事实。"人类物种的统一性，不要求我们把多样性武断地说成一致性，而只要求我们实现特殊性之间的跨越，要求我们不遗余力地创造一门充分描述特殊社会的语言。这么做的第一步，就是认识差异。"③ 他显然同意把社会人类学等同于比较社会的说法（但其路线与拉德克利夫-布朗很不同），总结自己的主张，他说："比

---

① Louis Dumont, *Homo Hierarchicus*, p.253.

② Ibid., p.253.

③ Ibid., p.241.

较社会学要求的概念，必须考虑不同社会的价值。……我们当然不能把一个社会中的价值强加于另一个社会，而只能在比较中呈现各种社会。……至少对于人类学来说，这不仅是实现客观比较的途径，也是理解每个具体社会的条件。"[1]

《等级人》问世之初，就有专家指出，杜蒙展现的种姓制，不是印度社会的本土理论，而只是婆罗门的理论。时至今日，这种批判有增无减。然而，他为社会人类学提出的一系列方法论原则，则得到了广泛的尊重和参考。我们还可以看到，杜蒙虽然用"等级"的建构批判"平等"的理性，但他的全套论证和方法，都把理性置于至高无上的地位，这似乎在人类学界人文主义关怀和科学主义两种对立主张之间，建构了一个后者高于前者的等级秩序。所以《等级人》本身在"平权"的、"个体主义"的、"自由"的人类学界，也创造了人的等级。

---

[1]　Louis Dumont, *Homo Hierarchicus*, p.258.

《洁净与危险》（1966）

胡宗泽

玛丽·道格拉斯（Mary Douglas，1921—2007），生于意大利，在伦敦一所修道院接受基础教育，然后进入牛津大学学习，1943 年获得经济学学士学位。她先在英国殖民部工作了一段时间，"二战"后返回牛津大学，师从埃文思-普里查德（E. E. Evans-Pritchard）学习社会人类学，同时前往比利时领属刚果的莱利人中做田野调查，并于 1951 年获得博士学位。1951—1977 年，她先后在牛津大学和伦敦大学学院执教人类学。1977 年移居美国，先后任塞济基金会文化调查部部长及西北大学、普林斯顿大学等机构的人类学教授。1988 年，她回伦敦居住，一直从事人类学研究。2007 年在伦敦去世。道格拉斯既是一位伟大的女人类学家，也是少数对整个人文学科产生重大影响的人类学家之一。

道格拉斯的研究领域十分广泛，从刚果、扎伊尔的部落文化，社会学所关心的"制度"问题，到经济学的"货币"、资本主义的"风险"文化，她都做过深入的研究。她最杰出的一项贡献就是对西方学术传统中被认为属于"神学"领域的《圣经》文本所做的分析。除《洁净与危险》（*Purity and Danger: An Analysis of the Concepts of Pollution and Taboo*, 1996）外，她的主要著作还有《卡塞的莱利人》（*The Lele of the Kasai*, 1963）、《自然的象征》（*Natural Symbols*, 1970）、《隐晦的意义》（编著，*Implicit Meanings: Essays in Anthropology*, 1970）、《风险与文化》（*Risk and Culture*, with Aaron Wildavsky, 1982）、《制度如何思考》（*How Institutions Think*, 1986）、《思维类型》（*Thought Styles*, 1996）、《迷失的人》（*Missing Persons: A Critique of the Social Sciences*, with Steven Ney, 1998）和《作为文学的〈利未记〉》（*Leviticees as Literature*, 1999）。

　　《洁净与危险——关于"肮脏"与"禁忌"的概念分析》①（以下简称《洁净与危险》）是一部隐喻式的著作，她以洁净（purity）和肮脏（pollution 或 dirty）这一对范畴来指称社会世界的分类，这对分类类似于涂尔干、莫斯对原始图腾、原始分类及福柯对精神病院在西方兴起所做的探讨。作者的主旨在于探讨社会组织、结构与思维模式之间的关联，以及宇宙观的社会秩序基础。她认为，我们如果要研究信仰、宗教乃至仪式，我们就必须讨论社会组织和社会结构，因为这两者紧密地扣连在一起。全书通篇贯穿着一条主线；无论我们在讨论原始信仰与现代信仰之间还是原始信仰自身之间的差异时，我们都必须牢记，精神力量与结构相关联，其中，由原始向现代的进发意味着分化，观念王国的多样化与制度的多样化相伴而行，思想的分化与社会条件的分化同步进行——这与知识社会学的研究路径相呼应。用她的话来说，"赋予个人以精神力量的那些信仰永远无法规避社会结构的支配模式"②，"凡是精神力量都是社会体系的组成部分，它们表征着社会体系并为维护它而提供制度"，"世界中的力量最终与社会紧密相扣"。③ 对于这种研究取向，作者承认并强调它起始于涂尔干对原始宗教的研究，但真正应导源于埃文思-普里查德对非洲阿赞德人的巫术及努尔人宗教所做的研究，是她的这位导师勾勒出了具体的集体表征和信仰体系，并使它们与社会制度、政治秩序关联起来。

　　在方法上，一如她所言，是结构主义的。她得益于格式塔心理学，特别是埃文思-普里查德对努尔人政治制度所做的分析。从这种方法出发，她主张，要研究现今的肮脏仪式，就必须将人们的洁净观看作更大的整体的一部分，不能只限于一个情境，特定的一套仪式不能被孤立地理解，而只有将之放入我们要研究的文化的整体结构中才能获得理解。

　　在本书中，她的基本探讨思路是，传统的宗教界定过于狭隘，因为它只限于精神存在，未能包括巫术和仪式，而要想整合人类的所有经验，要想全面地理解社会秩序的建构，就必须首先对既有的宗教观进行清理，从而使它能包容玷染信仰和巫术信仰。我们应通过仪式来研究原始人的宇宙观，而仪式应不限于传统的卫生学解释（这是一种错误的探讨路径）。正确的方法应该是从新的社会学的视

①　Mary Douglas, *Purity and Danger: An Analysis of the Concepts of Pollution and Taboo*, London: Routledge & Kegan Paul, 1966.

②　Ibid., p.112.

③　Ibid., p.113.

角，从仪式与社会秩序之间紧密联系的角度展开探讨。为此，对于不洁及由此导致的危险，我们应通过仪式来研究，不洁与危险的问题实际上就是社会秩序的安排与维持问题。

一、宗教不限于精神存在

关于宗教信仰，她指出，我们不应只限于考察精神存在方面的信仰，还应联合以其他所有的信仰（如信仰僵尸的魔力、祖先崇拜、恶魔和妖精等）。我们只有试图比较人们对自己的命运及其在世界中的位置的看法，并对我们自己的玷染观、神圣和世俗观进行考察，才能称得上理解了他人的信仰，为此，作者从玷染观的角度首先对人类学中有关宗教的研究做了梳理。

19 世纪的学者发现，原始宗教与大型宗教相比有两个特殊之处。其一，前者是缺乏理性的，根源于恐惧及相信可怕的灾难。这种宗教的其他一些特殊性，特别是玷染观，我们也能理所当然地由此得到解释。其二，原始宗教的玷染观必然混合以卫生的观念。然而，实际上，一方面，既有的人类学文献表明，原始文化中极少发现恐惧的痕迹，另一方面，肮脏本质是无序的，并不存在绝对的肮脏，肮脏只是相对秩序而言的。其实我们避免肮脏并非基于非理性和恐惧，这毋宁说是一项创造活动，它力图使形式同功用结合起来，从而创造人类经验的整体——原始人和我们现代人都是如此。

19 世纪后半期大多数神学家关注的核心问题是，野蛮人和文明人的差异究竟在哪里。对此，有两种对立的观点，退化观和进步观，前者认为野蛮人无法过渡到现代西方文明阶段［以沃特利（Richard Whately）为代表］，后者则以泰勒（Edward Tylor）为代表，泰勒认为，文明是通过"遗留物"由类似于野蛮人的原初状态逐渐发展而来的。随后，宗教人类学大师史密斯（Elliot Smith），一方面秉承了泰勒的思想，用遗留物观点来解释非理性的肮脏规则为何能持久存在，专注于现代和原始经验中的共同要素。但同时，他不幸地对人类经验进行了切割，以为迷信和巫术只是副产品——这就为后来的比较宗教研究制造了困境。另一方面，他关注如何使科学的发展同传统基督教的启示协调起来。出于这两点，在《犹太人的宗教》一书中，他指出，真正的宗教均根植于共同体生活的道德价值之中，所有的原始宗教均表现了社会形态和社会价值。

史密斯的著作由于涂尔干和弗雷泽（James Frazer）所做的不同阐发而分化

为两派：

（一）涂尔干接受了他的核心主题（社会学层面的解释）并在比较宗教研究方面取得了丰硕的成果。在《宗教生活的基本形式》一书中，他指出，原始的神是社会的一部分，它们准确地再现了社会结构的细节，它们的奖惩代表着社会的奖惩。"宗教是由一系列行为和仪式组成的……宗教的存在并不出于对心灵的拯救，而在于维持社会现状……古代宗教仅仅是总体社会秩序的一部分，后者既包括神，也包括人自己。"[①]涂尔干之所以能发展出这种思想，是因为他对社会整合为体的关注。他完全接受史密斯将原始宗教界定为表达共同价值的教会这一观点。他也追随史密斯将巫术与道德和宗教区分开来，但他不同于史密斯的地方在于，他认为宗教领域与日常生活并没有分离。他对宗教的界定采纳了两个标准：其一，为了共同体的崇拜对象而将人们组织起来；其二，神圣与世俗之间完全分离（当然，这种完全分离造成了他对现象作整体探究时遭遇的困境），而神圣之物就是共同体崇拜之物。神圣之物具有玷染力，人们相信跨越禁止跨越的边界就会带来危险。

（二）弗雷泽对史密斯著作的社会学意义不感兴趣，他专注于研究巫术，而巫术在后者对真正的宗教的界定中只居于边际位置。他认为，某些巫术行为在于获得益处，而另一些则在于避免伤害。巫师能够通过玷染力来改变事件的发生。但由于他依赖于其所处时代的日常假说（其一，道德净化是文明发展的标志；其二，巫术与道德和宗教无关），由于他对社会秩序建构问题不予关注，因此，他不幸地将人类文化切割为巫术、宗教和科学三个阶段。由于他认为原始人的思维方式是由巫术支配的，语汇和记号只被当作工具，他也不幸地让人们错误地认为宗教永远有别于巫术。

经过这种梳理之后，道格拉斯指出，由于这些人类学家都错误地将人类的经验切割开来，因而也给比较宗教研究制造了困境。而她的意图就是要将这些分离的部分重新统合起来。她强调洞察肮脏的第一步就是，我们不应像上述学者那样，在神圣和世俗之间及原始与现代之间做完全明晰的划分。因为命运、魔力和巫术不仅与制度有关，且本身就是制度，它们都由信仰和实践组成，内嵌着宇宙观。肮脏涉及的绝不仅仅是卫生学问题，肮脏观与社会生活的生成和再生产糅合在一起，它也是超越时代和民族的。

---

① Mary Douglas, *Purity and Danger*, p.19.

二、仪式与社会构造

关于示意，有些传统人类学家认为，原始人祈求他们的仪式会灵验（如弗雷泽对巫术是灵验符号的强调）。但作者认为，一方面，奇迹总有可能发生，而且它不必基于仪式，也不可居于自主的控制之下；另一方面，仪式与巫术的效果之间只存在着松散的关系，所以这是一种偏见，它的根源在于，基督教在内在意志和外在行为之间做出了明确的划分，并认为它们正是相对立的。有的人类学家则认为，仪式要解决的是个人的心理问题［如贝特海姆（Bruno Bettelheim）］。这一派的学者将原始文化比作人类心灵发展的婴儿阶段或精神病患者。同样，这种对心理学的归结而非社会向度的关注也是不妥当的，因为原始仪式必须同社会秩序及总体文化（仪式居于其中）联系起来才能获得恰当的理解。

实际上，人作为社会动物，也是仪式的动物，社会仪式依靠一个现实，这个现实离开仪式也就不复存在。社会关注中必然内含着象征行为。仪式（日常的象征行动）具有两方面的功用，其一，提供关注机制，它是一种构架，帮助我们选择有待关注的经验；其二，提供对经验的控制，使得记忆富有生机并使现在与过去连接起来。为此，它既能系统地阐发经验，又能在表达经验的过程中修正经验（这正如语言，能存在从未以语言表达出来的思想，而一旦使用语汇，所有的语汇也就改变和限定了思想的表达），因而有助于改变认知。若没有仪式，有些事情我们就无法得到经验。按常规序列发生的事件，要放在与这一序列中的其他事件的关系中才能具有意义。举例来说，每周的每天除了实际价值（区分之间）之外，还有另一种含义，即作为模式的一部分。星期天不仅是休息日，它还是星期一的前一天。如果我们没有注意到我们已经过了星期天，我们也就不能经验星期一，而对星期一的经验，正预示着星期二的来临。总之，经历模式的某部分是能意识到下一部分的必要程序。

关于宗教仪式，涂尔干也曾意识到它们的后果在于创造和控制经验，它们使人们的社会自我变得明了并借此创造社会。拉德克利夫-布朗（A. R. Radcliffe-Brown）秉承了他的观点，但具有进步意义的是，他反对将宗教仪式从世俗仪式中分离出来，他看来确实已经恢复了两者之间的连续性。然而，由于他只在非常具体的意义上来运用"仪式"这一概念，以它来取代涂尔干的神圣崇拜，因而他并不能从根本上解决神圣与世俗之间的割裂问题。他也并未追溯涂尔干将仪式看作知识的社会理论，而是把它看成行动理论的一部分。他未经批判地接受了其所处时代的"情感"假设，即仪式表达并关注共同价值，因而，并不能进一步拓宽研究领域。

为此，道格拉斯认为，个人的先见确实与原始仪式有关，但这种相关性并非精神分析学家想象的那么简单。原始人并不试图通过公共仪式来治愈和预防个人疾病，只有当我们认为仪式是试图创造和维护特定的文化即一系列特定的假设时，我们才可开始对仪式的符号体系展开分析。仪式的目的并不是要消极地从现实中抽离出来，仪式扮演着社会关系，在这些社会关系得以明确展示的过程中，它们促使人们能认知自己的社会，它们以自然实体为符号媒介从而影响到政治实体。仪式是有创造力的，原始的巫术仪式创建了和谐的世界，在这个世界中，人们被有序地分成等级，他们在指定的位置上进行扮演活动。正是巫术赋予存在以意义，这既适用于正面仪式又适用于负面仪式。其中，禁令刻画了宇宙的轮廓，理想状态则规划了社会秩序。另外，由于公共仪式和私人仪式之间及它们各自之间并不必然一致，比如人们看来是信奉悲观的宗教，但事实上他们的信仰却可能是乐观的。例如，莱利人的宗教观中具有两种趋势，其一，试图撕开思想的必然性所强加的帷幕以直接面对现实，其二，否认必然性，否认痛苦，否认现实中的死亡。因而，我们必须研究仪式体系，并通过克服行为之间的区分与割裂来统一所有经验，以找寻整体的宇宙观，而不能孤立地对它们加以考察。

三、关于肮脏的解释

道格拉斯认为，要研究"肮脏"的观念，当然应该从仪式开始，她也是这么做的。

（一）肮脏与秩序

关于肮脏，传统的解释模式分为两类。某些人主张，即使最离奇的古代仪式也都有其卫生学的基础；另一些人则主张，在我们现代的合理卫生观与原始人的荒诞想法之间存在着无法逾越的鸿沟。但不管怎样，他们的研究取向都是一种医学唯物主义，都是靠疾病来证明仪式行动的合理性。然而，事实上，这种取向是错误的。因为反过来说，在避免传染和仪式的规避之间，在我们的卫生学与原始人的象征主义之间无疑具有相似性。我们和原始人都通过害怕危险来构成对肮脏的规避，我们与他们的不同并不在于，我们的行为基于科学而他们的行为基于符号体系。其实我们的行为同样具有象征意义，我们的肮脏观也表达了象征体系，真正的不同只在于，我们的经验是裂片式的——这是因为我们的社会是高度分化的，我们的仪式创造了大量的小型世界，它们彼此之间是不相关联的——因而我们不能将一套强有力的象征符号用于不同的情境。而他们的仪式则创建了单一的、象征层面前后一致的世界——这基于他们的文化是统一体，他们经验的所有主要情景相互重叠，他们的世界观是"以人为中心"的。因而，几乎所有的经验都是宗教经验，都是其最重要的仪式，我们和他们都服从于同一规则，只是在他们那里，模式规程全面存在且作用更大，而现代模式规程相对来说只适用于互相分离的领域。

出于这个原因，我们必须通过秩序来研究肮脏。如果要维持一个模式，那么不净和肮脏必定是未被包容之物。换言之，肮脏与秩序相抗衡，它是系统的秩序和事实分类的副产品。根除肮脏就是努力使环境得以组织起来（如我们进行装饰和整理，从根本上说并不是为了避免疾病，而是要让我们的环境再度有序）。当然，肮脏永远不是一个孤立事件，它是相对于其他事物的有序状态而言的（比如，鞋子本身并不脏，但放在饭桌上就是脏的）。哪里有肮脏，哪里就必定存在着一个有序的体系。我们要理解玷染观，就必须参考观念的整体结构。比如，对基督教饮食规则的（什么是干净的、可食的；什么是不干净的、不可食的）解释就必须是基于整体的。还有圣洁观，神圣要求是一个整体，是个人及其类的统一体。圣洁意味着类别的创建，并需要事物的不同类别之间确然有序，它的根基在于正确的界定和区分。再比如，印度种姓制度的纯洁性与各种姓之间精致的劳动分工紧密相连，每一种姓所干的工作都具有象征意义，它"言及"此种姓的相对纯洁的地位，某些劳动对应于身体的排泄功能。

实际上，我们每个人都在致力于使外在的刺激变得有序可循，我们都正在建构有序而又稳定的世界。当然，与此相对应，失常（anomaly，指不适合于既定系列的成分）和模糊性（ambiguity，指能同时具有两种解释的特征）也非常必要。它们的必要性正在于秩序本身的维系。这是因为我们除了消极地忽略它们之外，还可积极地面对它们以维护和创发新的现实模式。如将异常事件称作危险之物，以使大家免于论证而增强顺从。而模糊不清的物件也能用于仪式以丰富意义。

（二）玷染与道德准则

玷染与道德不无关联，每一处我们发现错误的东西也是肮脏的东西。然而我们确需指出，这两者之间并不存在直接的关联。玷染规则与道德准则不同，它们无须取决于意向或权利和责任的均衡，对于玷染来说，关键问题在于是否产生了被禁止和危险的行为。比如对努尔人来说，玷染规则可用以解决不确定的道德问题，但他们会赞同他们认为是危险的行为。

玷染观可用以维护道德规则，其前提是，（1）当情境在道德层面被错误地给予界定时；（2）当道德原则产生冲突时；（3）当实际的制裁并不强化道德愤慨时。比起将对道德的侵犯划界为玷染，这于社会有益。不过，由于玷染规则及观念与道德准则的差异，我们并不能以道德判准作为玷染的规程，不能以道德研究囊括玷染的研究。

在观念上，人们确实认为，他们自己的社会环境由他人所组成——他们通过必须遵从的界限被分割和联合起来。其中，某些界限靠严厉的社会制裁予以维护（如印度的种姓制），当界限不稳固时，玷染观就会维护它，跨越社会屏障就意味着具危险性的玷染。传染者是具有双重罪恶的物体，因为一方面他跨越了界限，另一方面他危及他人。举例来说，一个 Havik 人同其仆人在花园里干活，如果他们同时接触一根绳子或竹子，那么前者就会受到严重的玷污，前者还不能从其不可接触的人那里直接获得水果和货币。

四、危险之力与社会构造

仪式可分为两类：明确的（articulate）、正式的（formal）仪式和不明确的、非正式的仪式。

凡·吉纳普（Arnold van Gennep）认为社会就像一座有房间和走廊的房子，从一个房间到另一个房间就有危险，危险处在转换状态之中，因为它是不确定的。危险由仪式给予控制。是仪式使他同原有的位置分离开来，经过一段时间的隔离之后，再公然宣称他进入新的位置，不仅转换本身具有危险，而且隔离仪式也是众多仪式中最危险的阶段。

居于无际状态就同危险有缘。如果一个人在社会中没有确定的位置，由此只能居于边际位置，那么，他人也必定会防止他带来危险，为此会将他们划归异常之列，比如，犯人和精神病患者一旦被贴上标签，人们就将之视为异常之人。一个要传染他人的个人总是处在错误的情境之中，他已经创发了某些错误的条件或者仅仅是跨越了某些他本不该跨越的界限，从而对他人构成危险。

社会与周遭的无确定状态相比（不明确的领域、边际地区、分界线及边界以外的地区，属于未被结构化的领域），是一系列的确定形式，当这些形式受到攻击时，危险就产生了，其中有意识的力量根源于结构中的关键位置，而危险则存在于结构中黑暗而又模糊的领域。

精神力量与结构相关联。社会体系有两类位置。其一，明确的权力位置，此处享有明确的、受控制的、有意识的、外在的、获得赞同的精神力量；其二，模棱两可的危险角色，此处享有不受控制的、无意识的、危险的、未获赞同的力量。换言之，如果社会体系得以明确的界定，就会寻求明确的力量以维护体系；反之，则要寻求不明确的力量，而那些居于结构的明确位置者将会受到居于不明确位置者的威胁。

五、社会体系的内部斗争

我们知道，当共同体受到外部的攻击时就会孕育出内部的团结，当受到来自内部的攻击时，攻击者就会受到惩罚，结构借此得到再证成。然而，有时候，结构也可能会自毁，换言之，社会体系奠基于自相矛盾之上。在某种意义上说，就是与自己作战。社会结构的严重内耗，表现在文化层面上，就是所主张的不同目标之间具有冲突。比如，性合作或性关系根据定义应为社会生活的基础，是建构性的；但性制度往往表现为严格的分离和抗庭，而不是依赖和谐。举例来说，Engal 人既想同他们的敌对氏族做斗争，又期求与敌对氏族的女人结婚；莱利人既想把女人当作男人的典当品，又支持女人反抗其他的男人；Benba 的女人既希求自由和独立并以危及其婚姻的方式行事，又希望和她们的丈夫待在一起。由此看来行为规范之间往往是自相矛盾的，即"左右手打架"。所以，我们若要创建新的秩序，就必须建立一套新颖的、纯洁的正面价值。对社会体系的分析则应该关注整体的、结构的维度。

六、玷染和不净存在的合理性

每一文化都必定有自身的肮脏和玷染的观念，它们同此文化中必然不被否定的对正面结构的看法相对立。然而，宗教却时常又会神圣化那些不净的器物，那么，我们要回答的一个问题是，既然肮脏会带来威信，为什么它们还能够持久地存在呢？原因在于，一方面，肮脏之物有时具有创造力。玷染本身的特性在于，它由心灵的分化活动所创发，它是秩序建构的副产品，它导源于无分化的状态，但通过分化过程它就会危及业已产生的分化，因而最后它还是返回其真正无法区分的状态之中，这是一个循环过程。具体说来，秩序的建构过程如下，首先是该摒弃的器物威胁到秩序，因而应排除它们，此时它们仍具有某种身份，但最后伴随其身份的消逝，它们就成为"垃圾"而不再具有危险性，因为它们已居于确定的位置。另一方面，我们对纯洁的追求也有自相矛盾之处，即人为地将经验强行安置在有序的逻辑范畴之内，但经验是不可修正的，所以做出这种企图的人最终会陷入尴尬的境地。为此，对纯洁的过度追求会导致问题的产生，我们若给自己强加严格的纯洁模式（即高度的有条不紊），只会给我们带来高度的不适、自相矛盾或伪善。因而，仪式中尽管玷染常被否定，但却不会予以根除，它们仍需存在且需时时关注。

总体来说，人们设法规避模糊的行为，这意味着他们期求，所有的事物通常都应遵从支配着世界的那些原理。但作为个人，根据自身的经验，他们知道遵从处在不确定状态之中。尽管惩处、道德压制、有关不接触和禁食的规则及牢固的仪式构架等，都有助于他们同周遭的环境处于和谐状态之中，然而，只要保持自由认同原则，那么，实现必定是不完备的。为此，玷染和肮脏的象征符号就是必要的，腐化之物在神圣的场合也就会被神圣化。

七、评论

道格拉斯以肮脏（玷染）和纯洁来隐喻社会秩序的建构与维护，这不由得使我们想起涂尔干关于犯罪是正常社会现象的论述，在他看来，犯罪可与社会生活保持一种积极的关系。犯罪存在之愿意即在于社会秩序的维护，社会只有将某些现象划归为异常现象，才能凸显出正常的边界，也只有如此，正常物件才能明晰可辨，序列也就更为明确。于此，福柯关于精神病院发展的知识考古学研究也为我们提供了一个范例。

作者从日常语汇中抽离出肮脏与纯洁概念，并将它们与社会秩序扣连起来，这种对日常生活中被视为当然的事件的质疑态度和由此产生的深刻洞见，与晚近对反思的强调实有异曲同工之妙。

作者关注于知识（观念）与社会秩序和建构的关系并以仪式作为突破口，这就给晚近的社会学致力于过程的研究、寻求个人和社会的辩证关系提供了一个新的视角。仪式本身既是主观建构过程，又是既有社会的规约，在仪式的扮演过程之中，作为能动者既演习了既有的操作程序，又充分地发挥了创造力，即创造了新的历史。仪式既是我们认识社会的渠道，又是我们反观自身的场景。不过，在此要指出的是，我们的行为并非总处于有意识的控制之下，换言之，我们的行动的无意识后果总是存在的，这是我们在意向性地扮演仪式中所无法操纵的，更有甚者，有时候人们会伪装自己，为此，对仪式的恰当解释是否就能洞悉社会本身的建构过程，仍是不无疑问。

此外，就仪式本身而言，扮演过程之中往往也存在着支配者与被支配者，他们之间或许业已达成了默契，或许各有自己的运营策略，或许支配者的意识形态与被支配者的乌托邦同时存在着，或者已塑造了文化霸权，当然，或许仪式本身正处于"合法性"的严重紧张状态之中。一句话，仪式本身的复杂性要求我们能对扮演者的主观策略给予全面的关注。

我们知道，一方面，社会组织的相似性并无法完全涵括和解释习俗、惯习和观念的巨大差异性；另一方面，正如作者所言，作为社会中的个人，他们的宇宙观不尽相同，进一步地作为能动的个人，人们往往会有几套评价体系。为此，我们在由社会来解释知识之向度时——涂尔干的宗教社会学为我们提供了范本，永远是我们可资利用的理论资源——也不可忽略知识之于社会的另一向度。其实，当我们试图以社会来解释知识时，我们正是对既有的思维模式（只关注知识自身发展的内在逻辑）的论辩，以求能完整地再现知识乃至社会自身的建构机制和过程，但当我们已迈出这一步后，前面的道路依然漫长，因为社会本来就是复杂的"统一体"。因而，对于知识自身的建构作用及它对社会的"反动"，我们应给予密切的关注，否则我们难以理解对知识自主性的诉求，也无法理解我们日常生活之中的意识形态意义。只有能够清晰而又明了地勾勒出知识与社会之间错综复杂的关系和相互作用的过程，我们才能弄明白"本土"的真实意味究竟何在，这也正是为何要分化出知识并以之来对应社会的缘由之所在——这部著作的理论意义或许正在于此。

《号角即将吹响》（1968）

杨玉静

彼得·沃斯利（Peter Worsley，1924—2013），英国著名人类学家和社会学家，曼彻斯特大学人类学荣誉教授。他是格拉克曼（Max Gluckman）的学生，直到 1983 年退休之前，他一直执教于曼彻斯特大学。他研究过非洲泰伦西社会的亲属制度、澳大利亚土著的知识，最后转而在比较人类学和知识社会学的传统下从事西方社会的知识研究。他的主要著作有《号角即将吹响》（*The Trumpet Shall Sound: A Study of "Cargo" Cults in Melanesia*, 1968）、《三个世界》（*The*  *Three Worlds*, 1973）、《马克思与马克思主义》（*Marx and Marxism*, 1980）和《知识——文化、反文化与亚文化》（*Knowledges: Culture, Counterculture, Subculture*, 1997）等。

"船货崇拜"（Cargo Cults）是 19—20 世纪中期在大洋洲的许多土著社会中兴起的一种文化复兴运动，在某些情况下，它还与千年至福运动勾连在一起（但不应该与千年禧运动如欧洲的弥赛亚运动混同起来）。关于船货崇拜运动的研究，除了这本著作，比较重要的著作还有布里芝（K. O. L. Burridge）的《曼布》（1960）、劳伦斯（Peter Lawrence）的《船货之路》（1965）、米德（Margaret Mead）的《旧世界的新生活》（1975）等。

"船货"这个词指的是由欧洲人占有的外国货物。船货崇拜信仰者认为，这些船货本是属于他们自己的，终有一天，在祖灵的帮助下，这些货物会以巫术-宗教的方式回到他们手中。例如，在所罗门群岛，土著人相信，有一天，一个海浪打来，会淹没岛上所有的村落，而一艘装有大量新式物品和工具的船只将在岛上着陆。

船货崇拜是本土体系与西方体系的一个非常奇特的融合现象，反映出在本土人民面对外来的殖民力量时的双重心态。一方面，它具有非常明显的政治含义，在许多运动中，土著人民都以象征抵抗的方式直接指向西方殖民者及其政治经济的支配；与此同时，大部分船货崇拜现象需求的却是以西方物品为代表的新式物品或工具。

沃斯利写作《号角即将吹响——美拉尼西亚的船货崇拜研究》[1]（以下简称《号角即将吹响》）这本书的初衷是要检讨"卡里斯玛"（charisma）这个概念。不过，在今天看来，这本著作的主要价值未必在于他对"卡里斯玛"一词之流行用法的批判[2]，而在于他对船货崇拜这一特定现象的跨文化民族志描述，他更促使我们去思考19—20世纪的殖民主义扩张过程中在世界范围内广泛兴起的本土文化运动，而不是理论或理论反思本身。沃斯利是一个有马克思主义倾向的人类学家，这本书的名字也充满了"战斗"的意味，这多少与由他的导师格拉克曼（Max Gluckman）所创立的宽容氛围有关。那时，在格拉克曼领导下的曼彻斯特学派中，马克思主义倾向是相当公开的（虽然格拉克曼从来也不是共产党的一员），像特纳（Victor Turner）、艾普斯坦（Bill Epstein）、沃森（Bill Watson）、沃斯利、弗兰肯伯格（Ronnie Frankenberg）等人都是众所周知的社会主义同情者。

一、斐济的图卡（Tuka）运动

首先到达斐济的欧洲人是一些探险者，从19世纪起，斐济土著与欧洲人的接触开始频繁起来。这些人当中有寻找檀香木的商人，也有沉船难民和海滩游民。当时斐济政治上并不统一，沿海地区是一些大大小小的不同王国，内陆的土著居民则处在一种无国家的社会状态中。但是，欧洲人却在当地王国之间的竞争中扮演了重要的角色，他们用所掌握的技术为国王们提供服务，改善武器，从而

---

[1]　Peter Worsley, *The Trumpet Shall Sound: A Study of "Cargo" Cults in Melanesia*, New York: Schocken Press, 1968.

[2]　对"卡里斯玛"一词的阐释及对流行用法的批判，可见 Clifford Geertz, "Centers, Kings and Charismas: Reflections on the Symbolics of Power", in *Local Knowledge*, Basic Books, pp.121—146。也可参见本书对《地方性知识》一书的评论。

使战争变得更加激烈和残酷。战争、欧洲人所带来的疾病的流行、酒的引入、杀伤性武器的产生及对劳动力的剥削造成了土著社会的混乱，而自 19 世纪 70 年代以来的宗教崇拜活动又加剧了这种混乱状态。

1885 年，图卡（意为"永恒之物"）运动①兴起，它的领导人，奴古莫伊（Ndugumoi）声称自己具有神奇的超自然的预言力量，据说他的灵魂可以离开身体，漫游全国。他说，世界的秩序很快就会颠倒过来，那时，白人将成为当地人的仆人，头人们的地位要比普通人低下。他还说，祖先们很快就会回到斐济，当他们到来的时候，千年禧就开始了：信徒们将进入辉煌天堂，原来的土地和过去的独立也将恢复。长生不老和永久的快乐将属于信仰者。老人可以返老还童，商店里货品琳琅满目。但是，不信者将会死亡，或者永受地狱之火的灼烧，或者成为信仰者的奴隶和仆人。奴古莫伊的福音也直接针对白人：政府官员、传教士和商人将被赶入大海。这些教义把斐济创世神话中的许多传统因素与《圣经》中的因素相结合，但又在其中划分了黑人与白人的不同，体现了反白人的愿望。

为了传播教义，奴古莫伊开展了热烈的运动，并建立了严密的组织。他的势力发展很快，对政府和教会构成了很大的威胁，从而引起了政府的不安。不久，奴古莫伊被捕，后来又被流放到罗图马岛。奴古莫伊死后许多年，图卡信仰才告消亡。

"一战"后，斐济进入了一个新的发展时期，尤其是在蔗糖、黄金和铜的生产方面，这不仅使它拥有重要的经济地位，而且也改变了它的社会内部结构。斐济的发展很快就超过了美拉尼西亚的大部分地区，与此同时，当人们迅速获得了白人社会的知识和经验时，他们很快就发现了表达自己政治和经济要求的方式。"一战"后，只有一两个千年禧运动的火花［阿波罗希（Apolosi）运动便是其中之一］。

"二战"后，克勒维（Kelevi）领导的运动带有图卡运动的遗迹。他的教义强调在新世界（地球上的基督王国）中实现永生，他也声称自己去过天堂，并具有超自然的力量，但他的福音书本质上是消极的，亦非天启，他并不强烈地反对

---

① 内陆山区人对英国统治者的态度与沿海各国居民大不一样，他们身受当地统治者和无法无天的白人的压迫，社会生活受到严重威胁，因此，他们欢迎外国人的统治。尽管如此，与沿海地区的图卡运动相类似，在内陆山区兴起的"水孩子"运动，虽然没有千年禧的内容，也很少有反白人的色彩，但是也代表了，尤其代表了年轻人对剧烈的社会变动的一种反应。人们最初只把"水孩子"运动看作年轻人的一种娱乐活动，但是由于它表现了年轻人及在传承的权力结构中失去高位的少数头人的不安，所以这种运动很快发展成为发泄反白人情绪的一种方式。

欧洲人和教堂。这一运动和南非及美国南部各州兴起的教派一样，总体上都是消极的运动，它们都把千年禧推迟到遥远的将来。带有积极意义的千年禧思想繁荣不是出现在斐济和新喀里多尼亚发达的等级社会，而是在美拉尼西亚的更加"原始"的民族中。

二、千年禧运动和社会变迁

与斐济或卡勒的尼亚不同，美拉尼西亚各民族在社会组织和文化上有着惊人的相似性，白人的冲击一般也只以有限的方式发生。但是，这个地区的发展主要是由欧洲企业的性质所决定的。毫无疑问，其中种植业，主要是为出口而进行的椰子种植业是最重要的，后来，黄金和橡胶也成了重要的出口产品。"二战"爆发前后，欧洲经济的不稳定发展也使美拉尼西亚地区主要出口产品的价格产生了巨大的波动，由此可见，经济和社会变化绝非仅由内部的发展所决定。欧洲经济变化的社会意义也立即可见：在群岛上的人看来，外贸产品价格的不断变动、主要农产品价格的波动、小型种植园破产并被大企业所吞并等使白人社会显得更加神秘和非理性。在新赫布里底群岛，土著居民甚至认为价格的变动是由当地商人造成的。

经济波动和宗教崇拜运动的发生没有明显的密切联系。但是，把这些崇拜运动贴上"非理性"的标签却是有问题的。宗教崇拜的发生与当地社会的变化密切相关。除欧洲经济的波动外，政治统治的不稳定、西方传教活动在教育、经济等方面的渗透及宗教派别之间的争斗，也是造成当地社会动荡不安的因素。宗教崇拜运动的兴起正是欧洲人对当地社会全面冲击的结果。大多数宗教活动中的歇斯底里现象并不是源于任何内在的心理特征，而是当地人对欧洲人的矛盾态度和矛盾感情的产物：一方面，他们憎恨白人破坏了原有的生活方式，现在又以暴力统治他们；另一方面，他们又渴望得到白人所拥有的东西。因此，美拉尼西亚人并不拒绝欧洲文化，他们只是想得到白人的财富和权力，而不愿接受白人的永久统治。在他们看来，欧洲人没有付出劳动，却得到了财物，这是神秘的魔力作用的结果，这种魔力原本属于他们，现在却遭到了白人的窃取。他们决心要得到这种力量，而宗教崇拜活动正是他们得到这种力量的方式。

为了搞清楚这一过程是如何发生的，我们必须先来看一看早期的无国家简单社会面对欧洲人的冲击所做出的反应。

三、新几内亚的早期运动

　　尽管图卡运动声势浩大，但并未影响到周边地区，类似的运动来自新几内亚。当时的信息传播主要来自外国商人、沿海捕鲸者及当地的商队，信息经过众多媒介后，原意有很大改变。因此，新几内亚的几种宗教活动与图卡运动有类似之处，也有一些新特点。

　　无论是米尔恩湾先知运动、拜格纳（Baigona，蛇的名字）崇拜活动，还是芋头崇拜活动，都有一些禁忌，如某些动植物不能冒犯，否则会招来祸害；都讲神灵附体，并通过举行一定的仪式来企求谷物丰收或治疗疾病。表面上看起来这是当地人传统的思想和行为模式，实际上却带有反白人的政治色彩。如拜格纳信徒围着病人又唱又跳，并通过按摩把病毒排出体内。但是如果不能治愈，他就把礼物还给病人，并且声称这是白种人的病，没法治，他治不了。后来，拜格纳运动受到政府镇压，并不是因为它反白人，而是因为它代表了当地人组织的独立、广泛的发展。但是镇压又加剧了反白人的情绪，人们也学会了如何运用拜格纳活动中积累的经验组织起来。

　　与一般的宗教活动不同，芋头崇拜有自身的独特之处。据说，芋头神灵传谕：在地里不能带武器。这实际上是强调信徒之间的友谊与合作，要求他们摒弃暴力冲突。该活动中的"握手"习俗也象征着村落与部落之间社会关系的变化：原来各自独立，相互充满敌意，现在却走向统一。这个运动也预示着不同于传统社会结构的新型政治组织形成的可能性。尽管人们仍然关注庄稼收成、天气变化、身体健康、关注生者与死者的和谐关系及社会的延续性，但是芋头崇拜活动在组织上和思想上都有了新内容。更有意义的是它把自己与基督教活动区分开来，这代表着向建立组织形式迈出了有意识的一步，即在不触犯白人统治的情况下，保持组织上和思想上的独立性。

　　新几内亚的早期宗教崇拜活动虽然没有千年禧运动的内容，也比千年禧运动更消极，但却以传统宗教活动的方式表达了反白人的意图，更为重要的是这种活动为等级社会的建立奠定了基础。

四、韦拉拉（Vailala）的疯狂运动

　　巴布亚湾的疯狂运动最初发生在 1919 年，据目击者说，一群当地人在他

们面前快走几步，然后站住，打着手语，口中念念有词，同时左右摇头；或者弯下腰，左右扭动屁股。其他人也快步向前，站住，把手放在屁股上，口中念念有词，左右摇头，同时身体前后摆动，这个动作持续了大约一分钟，受到这种情绪感染的人感到胃里产生了一种奇怪的感觉。据说，该运动的发起人艾瓦拉（Evara）有一次正在打猎时突然变得精神恍惚，村里人找了他四天，也没找到，最后他自己找到了回家的路。他说，一个巫师撕碎了他的肚子。后来，他父亲死了，艾瓦拉受打击后精神恍惚，在这件事中他第一次遭遇"疯狂"。他弟弟死后，他又一次陷入"疯狂"状态。这次，他告诉了村里人，他们也很快兴奋起来，艾瓦拉的疯狂感染了其他人。他预言说，装着祖先灵魂的汽船即将到来，祖先们给他们带来了"货物"。一开始，这些货物中包括来复枪，"巴布亚人的巴布亚"的观念也很盛行，后来，神灵们又说，船上的所有面粉、大米、烟草及其他商品都是巴布亚人的，不是白人的，白人将被赶走，货物将送到真正的主人——当地人手中。因此，为了获得这些东西，必须赶走白人。但是，在这个运动中，白人又被认为是当地人死去的祖先的回归，因此，所有的土著居民来世都是白人。不仅如此，在运动的发展过程中又增加了其他的新因素，这些因素有的有着直接的欧洲渊源，如祭祀祖先时桌子的摆放，仪式及男人、女人和小孩的位置等都与欧洲人相似；除此之外，被称作"办公室"的特定神庙也建了起来，以用于与祖先建立联系；另外，传教士带到村里来的旗杆也被当地人认为是与祖先灵魂建立联系的纽带。

在疯狂运动中，如果说当地人渴望得到白人的东西和知识，那么他们就把白人看作他们与其目的之间的障碍。这个运动表达了当地人对自己在新秩序中的社会和政治地位的强烈不满，也表现了在新形势下新的政治机制的巨大发展。运动中的"疯狂"，可以理解为变化了的社会条件所引起的挫败感，由于没有知识和技术而无法找到解决新问题的正确方法，以及试图抛弃老方式，采用新方式的强烈愿望。

五、传播与发展

在两次世界大战期间，美拉尼西亚的宗教崇拜运动除了芋头崇拜和韦拉拉疯狂运动，还有许多运动，它们都反映了当地人以自己已有的观念去看待社会的变迁。

布卡（Buka）的船货崇拜运动强调摒弃社会差别、共享财产及放弃世俗财富，这些都反映了社会和经济的新发展加剧了社会分化。

"二战"期间，日本人穿过太平洋，来到新几内亚。日本人的到来进一步激发了当地的宗教崇拜活动。有时日本人试图利用船货崇拜运动来达到自己的目的。在卡卡（Kaka）岛上，一个日本官员对当地人说，日本人早就想来了，但是直到现在才到；日本人工作，而欧洲人不工作；当地人为白人工作，得到的回报却很少；如果他们跟日本人一起对付欧洲人，他们将得到汽车、飞机、舰艇、马匹和房子。说完这些话，日本人就开始分发战利品。但是这样的好日子并不长久，很多人被杀或死于疾病，在日本人的统治下，健康和社会服务根本就不存在。当地人期待着日本人被消灭后好日子的到来。当满斯热（Mansren）神话中的人回来时，黄金时代就开始了：那时老人会变年轻，病人会好起来，有许多女人、食物、武器和饰品，没有工作和"公司"（即荷兰政府），也没有强制劳动和赋税。满斯热神话渐渐增强了当地人的想象力：不仅社会秩序会颠倒过来，就是自然界的秩序也会倒转。山芋、土豆及其他块茎植物都会长在树上，而水果都长在地下；海生物变成陆地生物，反之，亦然。现在所有的界限都将被摧毁，新天地将代替旧世界。在他们看来，日本人的到来并没有改变原来德国人和澳大利亚人的统治，如果他们不是真正的解放者，一定还有其他拯救者。因此，美国人赶走了日本人，他们的到来受到了欢迎。海军基地的建立及到处摆放的东西，在当地人的眼里都预示着未来的富庶，所以他们唱道："美国人走后，所有的东西都是我们的。"

外国人的入侵对新几内亚的影响是显而易见的。战后，有的地方在墓地建造了特殊的装船货的房子，模仿军队建造医院，有"医生"和"护士"，他们也盼望着工厂能够拔地而起。因此，宗教崇拜活动的发展已由巫术活动转向了世俗政治活动。满斯热神话就是一个典型的例子，神话开始是被用作对外国政府和传教活动的消极的、非暴力的千年禧抵抗运动，其结果是出现了组织完备、训练有素的集体，他们试图运用武装力量将外国人赶出巴布亚。

随着"二战"的结束，船货崇拜运动在新赫布里斯的桑托岛（Santo）再次兴起。这次运动被称作"裸体崇拜"（the Naked Cult），它的领导人号召当地人毁坏手中的欧洲货及本土的手工艺品，杀死所有的牲畜，拒绝为欧洲人工作。烧毁小屋，人们都住在一起，男人们睡在一个房子里，女人们睡在另一个房子里。每个房子都有一个大厨房，但只有早上才允许做饭。不仅如此，为强调抛弃过去，许多重要的禁忌被丢弃了，异族通婚和彩礼也被废除了。据说，美国人将会带来人们所需要的一切，毁坏财物不只是一种禁欲主义，更是对未来富足生活的信心。美国人代替了船货崇拜中的祖先，这是战后运动中常见的现象，这也反映了美军充足的装备在当地人的意识中所产生的作用。该运动坚持主张不穿衣服、不佩戴饰物，禁止跳舞，强调洁净、纯洁。为了强调内心的纯洁和张扬自我的自由，人们甚至可以公开性交，因为这不是什么羞耻的事；丈夫对妻子的通奸行为也不能嫉妒，否则会破坏和谐。该运动的领导者并不关心白人的事，他的主要目的是消除争吵和摩擦冲突，因为它们是疾病产生的原因。为了进一步实现这个目的，信徒们被分成一个个独立的小组（每组平均有 20～40 人），分散在各个村，村与村之间有界限，但是只有信教村才能相互往来，这就加强了信徒们的团结与统一。强调统一也就削弱了人与人的地位差别，通过杀猪，人与人的贫富差别也消除了。同时，他们还修建了一条长几公里的通向大海的路，给美国人使用；路的尽头是"码头"，用以接美国人（神话中的祖先）的船货。这个运动表明当地的组织能够在大范围内团结众多的孤立的社会群体。

六、从千年禧运动到政治运动

"二战"结束前夕，所罗门群岛兴起了名为 Marching Rule 的政治运动，该运动是在好几个地方发展起来的，有好几个领导人。当地统治者发现这个运动有许多目标：耕种大片土地、集中各个村庄、与政府和教会合作等。另外，他们还散布谣言说，美国人的轮船就要来了，进入天堂的日子不远了；他们要求美国人来统治，要求用当地人的政权代替现在的政府。该运动已成为一个组织严密、纪律严明的群众运动，表现了一种民族主义立场。

Marching Rule 运动发展很快，在马莱塔，它的组织极其严密。马莱塔被划分为九个区，大致相当于现在的行政区，每个区都选了一个"首脑"。人们都集中在由"领袖头人"管理的"城"里，新"城"都建在海边，不仅因为这是美军做法，而且因为海边交通便利，土地肥沃。"城市"跟美军的营房一样，沿着大路一字排开，城里还有会议室和其他建筑。各个层次都有发送命令的公务员，被称作"值勤员"的年轻人白天黑夜地守卫着"城市"，他们不仅控制着人员的进出，而且还负责护送"领袖头人"。不站岗时，他们就由"战争头人"带着训练。这里的人也有法律，人们在"农业首领"的监督下，集中在田间劳动。当地的习惯法由公务员制定后，就可以在法庭上实施了；罚款和监禁用于惩罚破坏法律的人。尽管 Marching Rule 运动表达了建立当地人的独立组织，实行自治的强烈热情，但是盲目反欧洲人的偏见却并不明显。为了实施改善教育和社会服务的计划，他们期待欧洲人的帮助及与他们合作。有人建议土地的耕种、管理可以由欧洲农民来进行，国税来源不仅包括赋税和罚款，还可以包括通过租地给欧洲人而获得的租金；他们也需要白人的技术人员，不过，可以付给他们工资。Marching Rule 甚至设立了委员会和法院，但都在政府的控制之下。后来，政府镇压了 Marching Rule 运动，但这只能导致更加强烈的抵抗运动。在这些政治运动中还有千年禧运动的因素（尽管这已经越来越不重要了），许多当地人认为，英国人偷了祖先给他们的财物而拒绝归还，美国人则是他们的救星，因此，他们建造了仓库，以备接收美国人分发的东西。

令政府担忧的不是千年禧方面的问题，而是 Marching Rule 已经变成了一个军事、政治党派，该党派表达了民族主义的意旨，将以前分散的社会小群体统一了起来，不仅如此，甚至在经济领域也产生了新的社会单位。

Marching Rule 党的形成标志着美拉尼西亚政治发展时代的终结。起初，它还包含千年禧运动的遗迹，但是它很快就发展成了具有民族主义色彩的政党。如果参与政府的活动不能产生任何结果，那么，进一步的不满将会导致千年禧运动死灰复燃或者暴力冲突；另外，经济不稳也是一个原因，1948 年经济有所好转，但是如果工资和干椰肉的价格再次下跌，那么 Marching Rule 的力量会再次强大起来。因此，必须看到 Marching Rule 的政治、社会和经济要求：要求最低工资、改善教育条件、提高社会服务水平、要求独立和自治等都是它的重要特征，而不是停留在船货崇拜的神话上。Marching Rule 不是宗教崇拜活动，而是一个政党。

七、小结

美拉尼西亚的千年禧运动并不是这个地方的特殊现象，在世界大部分地方，甚至早期文明的记载中，都有千年禧运动。在天启宗教史和救世主即将降临之信仰中，人们有一个中心信仰：弥赛亚，他为人类而死，人们也希望在天堂与他相见。但是，弥赛亚不仅仅是弥赛亚，他在不同的文化中以不同的面貌出现，如文化英雄、魔鬼、祖先的神灵等。在非洲、美洲、中国、印度尼西亚、西伯利亚、欧洲等地，有很多类似的宗教崇拜活动。

千年禧运动曾经得到过社会所有阶层人的支持，但它们首先是一种底层社会的宗教，正是在那些被压迫、渴望解放的人中间，尤其是在殖民地国家的人、不满的农民及城市弃儿中，千年禧运动受到了欢迎。为了千年禧的到来，人们屠杀牲畜、破坏庄稼和其他谋生方式；为了尽快进入天堂，人们互相残杀或自杀。尽管被镇压或遭受失败，千年禧运动在历史上一次又一次地出现，主要是因为它对受压迫者、生活不幸者有着强大的吸引力，这些人也因此形成了一个整体，拒绝接受统治阶级、外国势力或二者联合的统治。这种反抗不仅体现在直接的政治抵抗运动中，也体现在反对统治阶级的意识形态中。底层社会拒绝接受占统治地位的价值观、信仰、宗教和哲学及政治经济的统治。因此，千年禧运动经常带有革命色彩并导致统治者和被统治者之间的暴力冲突，也正是因为它的革命性，千年禧运动总是受到教会和政府的怀疑、禁止和迫害。

千年禧运动表现了受压迫者对另一个阶级或民族压迫的反抗，但是不管文化差别有多大，各地的千年禧运动都带有重要的政治特征。这种政治特征就体现在它作为一种宗教崇拜而具有的团结作用方面。

宗教活动一般发生在孤立、狭隘、分散的社会小群体中，如村庄、氏族、部落等。首先，发生在所谓的"无国家"社会中，这种社会并不是一个统一体，因而缺乏中央政权和特殊的政治制度，除长老会外，也没有首领、法院、警察、军队和行政官员，这样的社会是无法抵抗欧洲人的入侵的。正是欧洲人对那些孤立群体的征服促使他们产生了团结起来的社会需要，因此他们必须建立新的政治组织形式。千年禧运动的主要作用就是克服了这种分裂状态，将原来敌对和孤立的群体聚合成一个新的统一体。

其次，千年禧运动也经常发生在农业社会，尤其是封建社会中，当然，这类社会有精致、正式的等级结构，但是对抗官方政权宗教活动发生在社会底层（农民和城市无产者），这些社会群体也像美拉尼西亚的无国家社会一样没有统一的政治组织，他们虽然都处在一个等级结构中，但却没有自己的政治制度。由于物质条件的限制，他们也没有任何组织来体现自己的利益要求，除了在社会危机中，他们看不到共同利益。当需要采取统一行动时，他们不得不建立一个中央政治机构。在发达的农业社会，他们创造的是世俗政权，而在文化落后地区，农民们则求助于超自然的力量，这样，千年禧运动就是典型的农民政治组织的早期阶段。

千年禧运动盛行的第三种社会是这样一种社会：各个政权都运用军事和政治形式争夺国家的统治权，但却不断地遭受失败。当一个社会的政治结构受到了战争或其他方式的摧毁，或无法满足一个民族进行斗争的要求时，千年禧运动的领导者就有可能出现。

在美拉尼西亚的宗教活动中，我们就看到了千年禧运动中从宗教神秘主义向世俗政治组织转变、从宗教团体向政党转变的趋势，这个发展绝不是不同寻常的。

千年禧运动产生的根本条件在于，不满足于现存的社会关系，渴望更加幸福的生活。人们遭受到物质损失时，怨恨和不满就会产生，这为千年禧运动提供了基础；但是人们没有遭受损失时也会表示不满，因为他们有新的需求。

一般说来，没有哪种信仰"内在地"具有革命性或"内在地"具有消极性或逃避主义色彩，决定一种思想被社会选中、决定其被解释的方式的是它所为之服务的特殊社会利益。千年禧信仰在改革时期具有革命性，但是后来却变成了禁欲主义的"新教伦理"。

运动中的歇斯底里和疯狂现象不是偶然的特征。首先，这是由于缺乏满足强烈要求的方式。白人社会的非理性加剧了当地人的挫败感，他们无法理解也无法控制政治经济的变化。尽管船货崇拜不是真正的解决办法（因为船货永远不会到来），但是他们仍然在一次又一次的失败后将热情和希望注入运动中去，他们在想象的幻影中寻求解决办法。

《仪式过程》(1969)

田 青

维克多·特纳（Victor Turner，1920—1983），生于格拉斯哥。他的母亲是一位演员，由于这种影响，他在伦敦大学学院学习期间研习诗歌和古典作品。他的研究被"二战"打破，在此期间他对人类学产生兴趣，遂重返大学攻读人类学；1949年获人类学学士学位，接着到曼彻斯特大学师从格拉克曼（Max Gluckman）学习人类学；1955年获博士学位，此后在该校任教数年，并出版了《一个非洲社会的分裂与延续》（*Schism and Continuity in an African Society: A Study of Ndembu Village Life,* 1957）等著作。从1961年开始，他供职于斯坦福大学高等行为科学研究中心，并出版了《痛苦之鼓》（*The Drums of Afflication: A Study of Religious Processes among the Ndembu,* 1968）。1968年起他在芝加哥大学任人类学与社会思想教授。此后，他的兴趣转向世界宗教和大众社会，开始研究现代基督教的朝圣。他后来还任教于弗吉尼亚大学，开始研究当代社会的实验剧，以此探讨日常现实是如何转化为象征经验的。特纳的主要贡献在于，他采用了格拉克曼的"过程变迁"（processional change）概念来研究仪式。他的主要著作还有《象征之林》（*The Forest of Symbols: Aspects of Ndembu Ritual,* 1967）、《戏剧、田野与隐喻》（*Dramas, Fields and Metaphors: Symbolic Action in Human Society,* 1974）、《从仪式到剧院》（*From Ritual to Theatre: The Human Seriousness of Play,* 1982）等。

时至今日，在国际人类学界，若要说到仪式研究，维克多·特纳仍然是最主要的代表人物之一，而最能够体现他的学术观点的两本著作，一本名为《象征

之林——恩登布人仪式散论》①，另一本就是《仪式过程——结构与反结构》②（以
下简称《仪式过程》）。这本书写于 1969 年，其民族志部分主要以他本人在非洲
赞比亚的田野资料为基础，描述了当地土著部落恩登布人（Ndembu）的两种仪
式——一种叫艾索玛（isoma），一种叫乌玻旺乌（wubwang'u）——以此来分析
当地社会的象征结构及语义学含义。基于这段时间的田野经验，特纳提炼出阈
限（liminality）和 communitas 这两个概念，并转而以这两个概念来理解和分析
非洲其他部落社会及西方、印度等不同文化中的类似现象。communitas 是特纳
本人独创的一个新词，正是这个词语的创造使得他的仪式理论在人类学里面独树
一帜。

一、出生与死亡仪式中的分类层次

艾索玛仪式主要针对不孕现象。在恩登布人看来，这属于"妇女的仪式"或
"繁衍的仪式"，是"祖灵仪式"的亚类。祖先必须得到尊崇，否则人们就会遭
到报复，对于妇女而言，这种报复就是令其不能怀孕。恩登布社会是一个实行母
系单线继嗣制度的社会，因而说到祖先指的就是母系祖先。但与此同时，与马林
诺夫斯基笔下的特罗布里恩德岛人不同，在后者那里，孩子被认为属于母亲的部
落，而且在成人之后要回归到那一部落，而在恩登布社会中，孩子虽然被认为属
于母亲的部落，但实际上是在父亲的部落中成长起来的，因此不需要在成人后离
开父系社会。这样一来，实际上，人们只是在名分上与母亲的部落发生关系，而
更多的真实关系则发生在他与父亲的部落之间。那么，当某个妇女不能生育时，
人们的解释是，她忘记了自己的祖先，由此受到祖先的惩罚而不能怀孕。通过艾
索玛仪式，妇女的部落身份得到了提醒和强调，她仍然可以和她的丈夫生活在一
起，但在归属上她和孩子都属于自己的母系部落。这样一来，祖灵就不会再来干
扰，而妇女也会因此恢复生育的能力。

在一般情况下，在解释仪式的象征结构时，人类学家都从当地人的宇宙观出
发，这种宇宙观主要展示在当地人的神话故事中。恩登布人没有自己的神话，因
而特纳另辟蹊径，从仪式的基本组成要素即"象征"出发，来探寻其内在结构。

---

① 特纳：《象征之林——恩登布人仪式散论》，赵玉燕、欧阳敏、徐洪峰译，北京：商务印书馆，2006。
② Victor Turner, *The Ritual Process: Structure and Anti-Structure*, New York: Aldine, 1969; 中译本《仪式
过程——结构与反结构》，黄剑波译，北京：中国人民大学出版社，2006。

特纳更多地是从词源学的角度着眼。例如，恩登布人将仪式的组成要素（或单位）称为 chijikijilu。从字面上说，它的意思是（1）猎人的路标，（2）界碑。这意味着它实际上拥有两重含义：（1）已知与未知之间的联系；（2）结构化、秩序化与非结构化、非秩序化的对立。那么，将这个词运用于仪式中，由此也就具有了隐喻的意义：（1）已知的可感世界与未知的不可感的幽灵世界之间的联系；（2）对立。如同 chijikijilu 这个词一样，仪式中的象征既有名称，又有外形，这是特纳用以解释的基础。

让我们回到艾索玛仪式。艾索玛一词本身就具有象征的含义。它的词根意思是"从某个地方滑脱"。这一方面代表了仪式所要处理的情景，即妇女的不孕和流产，另一方面它又意味着"离开某个群体"，这暗示了导致妇女不孕的原因，即她忘记了自己的祖先。与此相关的还有一个不孕之梦。在这个梦中，祖先（注意，是女性）会化装成穆翁依（mvweng'i）的形象出现，而穆翁依则是恩登布人心目中的男性远祖，是阳刚气十足的成熟男性的代表，通常出现在男子成年礼的仪式场合中。女性祖先以男性远祖的形象出现，这一方面象征了生育力的混乱状态，代表着女性（如男性一样）的不孕，另一方面又表明了不孕的根本原因，即女性忘记了自己的归属，过分认同于父系部落。无论是艾索玛，还是这个不孕之梦，都隐晦地暗示了母系继嗣与父系婚配之间的结构性张力。这是艾索玛仪式的支配性用语。

这样，艾索玛仪式的潜在目的包括：（1）恢复母系与婚姻的适当关系；（2）重建妻子与丈夫的性关系；（3）令妇女（从而也是整个世系和婚姻）能够繁衍生育。仪式的直接目的则在于消除心怀不满的祖先的不良影响。

艾索玛仪式的每一细节都充满了象征的含义，这主要表现在如下几个方面。

（一）神圣场址的准备与药物采集

仪式地点是靠近河源的动物巢穴。因为河源处被认为是病人的母系亲属施放咒语而招来祖灵的地方，动物巢穴则象征妇女生育力的丧失（该动物在洞穴挖成之后会将洞口封死）。预备仪式地点的时候，医生将洞穴口扒开，这表明生育力的恢复。在仪式举行之前，病人的丈夫会为妻子在村外搭建一个草庐，妻子就暂时待在那里，这就是许多仪式过程中必须包括的"隔离期"。在恩登布人的文化中，这一"隔离期"实际上代表着女子进入成人所必需的一个仪式过程，在经过这一过程后，这个女子就被认为是一个具有繁衍能力的成熟女性了。这是一个从未成熟到成熟的转变。艾索玛仪式运用同样的方式，要表达的也是生育力的获得。

该种动物代表导致妇女不孕的巫术和祖灵，其洞口被称为"热的"，与死亡相关，洞穴代表埋葬尸体的坟墓；新挖的洞穴则代表妇女重获生育力，称为"凉的"，与健康和生命相关，洞穴代表孕育生命的子宫。在动物洞穴与新洞穴之间有一条只容一人通过的地道。仪式地点用树枝圈出一周，隔离出一个神圣空间。在通道的两侧分别代表男性与女性亲属的两堆火。

所谓的"药"是用各种树木的枝叶、树皮和水混合而成的，分别放在两端洞口，称"热药"与"凉药"。树的选择也都有其象征意义。大致可分为两类：一类象征强壮、结实和健康，一类象征病人的不吉之状。这些象征意义都是由树木本身具有的自然特征引申出来的。

（二）治疗过程

治疗过程是由一系列穿越通道的阶段组成的。首先，妻子在前面，丈夫稍后一点，从"凉"洞穿过通道进入"热"洞，再返回"凉"洞，然后再进入"热"洞。在每个洞穴口，医生都会把"药"喷洒在妻子和丈夫的身上，随后是一个短暂的间歇，妻子留在洞口，而丈夫则上去与医生、参加者饮酒歇息。然后，丈夫在前，妻子随后，从"凉"洞进入"热"洞，再返回"凉"洞……就这样，整个治疗过程中，夫妻两人要被"凉药"和"热药"泼洒 20 次，其中 13 次在"凉"洞，7 次在"热"洞，比例大概是 2∶1。

在整个过程中，夫妻两个人都几近裸体，这表示他们在那一刻是初生的婴儿（在"凉"洞中）或是无生命的僵尸（在"热"洞中）。妻子左胸前抱着一只由母系亲属提供的白色母鸡（左胸被认为是怀孩子的地方），而在"热"洞的后侧靠近丈夫一边的地上是一只绑着腿的红色公鸡，这只鸡是他自己的。在仪式的最后，公鸡要砍掉脑袋，鲜血和羽毛都洒到"热"洞中，这正好与仪式开始时妻子抱着母鸡相对应，红色代表神秘的厄运和妇女的不幸，而白色则代表"纯洁"和"吉利"，代表妇女重获生育力。在仪式中，白母鸡始终伴随着妻子穿梭于"生"与"死"，而红公鸡则一直待在洞口上面。在恩登布人的文化中，"动"和"静"分别意味着"生"和"死"。

在每个洞口，当医生泼药时，男宾在右，女宾在左，他们要一起唱歌，演唱恩登布人各种重大生命危机仪式中的歌谣，包括男孩的割礼、女孩的成年礼、婚礼等。在演唱的同时，他们还伴以一种幅度不大的摇摆舞，这是穆翁依的舞蹈，是对生育动作的模仿。仪式完毕，夫妻回到草庐中，白母鸡也一直要留在那里，直到产蛋为止。

通过对以上仪式过程中各种象征的分析，特纳发现了隐藏在仪式背后的分类结构，即三项组合（triads）和二分对称（dyads）。

（一）三项组合

在艾索玛仪式中，特纳总结出二套三项组合：（1）不可见的——巫师、灵魂和穆翁依；（2）可见的——医生、病人和丈夫。在第一套组合中，巫师是生穴与死穴的中介，是恶意的；在第二套组合中，医生是生穴与死穴的中介，是善意的。前者，灵魂是女性，穆翁依是男性，而巫师是双性的；后者，妻子是女性，丈夫是男性，而医生活动于两者之间，两者都要治疗。

（二）二分对称

仪式空间布局在横向、纵向、上下三个维度上都体现出二分对称性。在横向上包括：左手边的火堆／右手边的火堆、女性／男性、病人／丈夫、白母鸡／红公鸡。在纵向上包括动物洞穴／人挖洞口、坟茔／繁殖、死／生、神秘的不幸／治愈、热药／凉药、火／无火、血／水、红公鸡／白母鸡。在上下这一维度上则包括地下／地上、动物／人类、裸体／着衣、白母鸡／红公鸡。从这些空间定位可以看到，主要的对立是动物洞穴／人挖洞穴、左／右、上／下。与此相应成对的价值则是死／生、女性／男性。但这并不意味着女性和死亡是对等的，而男性和生育力是对等的，在价值判断上性别实际上是无涉的，并且，对等关系只存在于各维度内部，而不在各维度之间。

二、阈限与 communitas

"阈限"这个概念最早源于凡·吉纳普（Arnold van Gennep）提出的过渡仪礼中的阈限阶段（liminal phase）。凡·吉纳普认为，所有的过渡仪礼都可分为三个阶段：隔离、边际化和回归。边际化阶段就是阈限阶段，仪式对象失去所有的身份特征，甚至包括性别特征，即，阈限事物被排斥在社会正常的类别体系之外，失去其在文化空间中的状态与位置。

communitas 是一个拉丁词，作者将它与 community 区分开来，以便将 communitas 这种社会关系状态从"日常生活领域"中解脱出来。所谓 communitas，是与"结构"相对的。在日常生活中，我们被各种社会纽带所连接、区分，如阶级、种姓、阶层等，这个社会是由政治-法律-经济地位决定的有差别的、结构化的等级体系，有许多不同的价值判断将人们分割开来。而在 communitas 状态下，所有这些区分都会暂时消失，社会呈现出无结构或弱结构状态，甚至只是各个平等个体的和同（communion），人们只服从于一个仪式领袖。

特纳认为，对个人和群体来说，社会生活是一种辩证的过程，包括高与低、communitas 与结构、同质与分化、平等与不平等的交替的经验。从较低的地位通往较高的地位，其中经历的那一过程呈现出无身份特征的灰色状态。在这一过程中，对立物彼此是不可或缺的。

特纳以恩登布人的酋长就职仪式为例。在这一仪式中，他发现，即将就位的酋长会遭到人们的百般辱骂和攻击，他们把他描述成一个最无耻透顶的坏蛋，而他只能保持沉默，不能有任何辩解和反抗。在经历这一过程之后，人们又突然改变刚才的态度，对酋长尊敬有加，恭请他就位。这是一个典型的过渡仪礼：在阈限阶段，未来酋长的原有社会地位突然消失，而仪式之后其社会地位则得到提高，正式进入另一种身份状态即酋长。特纳还发现，象征着酋长身份的骨镯必须由恩登布社会中一个特殊族群的头领授予，同时人们还相信酋长应具备的巫力也是此人所传授的。在酋长空位之时，骨镯都由该头领保管。简言之，在恩登布人的神圣世界中，这个特殊族群占有极高的位置。但实际上，这个族群是在几百年前被酋长所属的族群征服的，并由此开始，这两个族群逐渐形成现在的"恩登布人"。换言之，酋长就职仪式区分了两个族群：拥有强大政治-军事力量的族群和被征服的弱小族群，而在仪式中双方的地位正好颠倒。

通过对这一仪式的分析，特纳还总结了阈限体（liminal entities）的几个特征：

（1）无性匿名。在仪式中，酋长与妻子都是几乎裸体，同样打扮，并共享同一个泛称。在象征上，这是因为所有存在于结构化社会秩序中的区分范畴与群体的特征在此都必须被抛弃掉。仪式对象是处于转变状态中的实体，没有身份和地位。（2）服从与静默。不只仪式对象，所有的人都必须听从于一个仪式权威。

（3）禁欲。性与亲属关系有关，而后者是社会产生结构性分化的主要因素，尤其是在一个以亲属关系为主要结构原则的社会中。

让我们再回到"弱者的权力"上来。特纳指出，communitas 并非只表现在阈限当中，它也表现在"弱者的权力"。具体地说，在许多文化中，处于社会底层的成员被赋予了某种永久的或暂时的神圣性，被征服族群在仪式中具有神秘的、道德的力量，它凌驾于以外来征服者的世系及地域性组织为基础而结构成的整体社会之上。同样，中世纪宫廷弄臣也扮演着这样的角色。

如果我们将眼光转向西方现代社会，我们会发现千年禧运动、嬉皮士等现象都具有 communitas 的性质。拿部落仪式与千年禧运动做一番比较，就会发现二者是何其相似：同质性、平等性、匿名性、抛弃财产等。所有的人都处于同一身份等级，穿着同样的制服，禁欲（或其反面，纵欲乱交），性差别最小化，蔑视高低贵贱之分，无私欲，完全服从于一个领袖，等等。也就是说，它要打破既有的社会结构法则，以新的法则将人们聚集在一起。

三、communitas：模式与过程

特纳一直强调 communitas 与结构有一种辩证关系。这在共时性上体现为二者相互凸显，在历时性上则体现为 communitas 常常转化为结构。在这一部分，特纳着眼于这种历时性的考察。

加入时间因素后，特纳将 communitas 分为三类：（1）存在主义的或自发性的；（2）规范化的；（3）意识形态的，这用来指各种以存在主义 communitas 为基础的乌托邦社会模式。但事实上，后两者已经落入了结构的支配之中，而且这几乎是历史上所有自发性 communitas 的必然命运。

特纳在这里将目光集中于 communitas 类型的宗教运动，分析了历史上非常有名的两个宗教派别（中世纪欧洲的方济各会，15、16 世纪印度的 Sahajiyas）的发展脉络，他指出：结构倾向于实用的、现世的，而 communitas 则常常是思索性的、引发想象与哲学思想的。这种对比就体现在"规范化的 communitas"中，以部落成年仪礼式的阈限阶段最为典型。而宗教运动展示出同样的"阈限"特征：它们往往发起于社会剧变之时，社会被看作正从一种状态转变到另一种状态，而后一种状态是什么则无人可知。相应地，宗教成员将现世看作阈限，在宗教群体内部强调个体的平等，努力消除各种既有的社会结构所带来的分化，期

望在阈限之后能获得新的身份或地位的提升——如进入天堂。但在宗教创始人那里，他体验到的却是自发的、存在主义的communitas，而随着宗教的发展，教义与教规逐渐明确而具体，它规定其成员可以做什么、不可以做什么，并许诺给成员一个依稀可见的未来。这样，宗教运动最终必然发展成一种带有结构化色彩的东西，这就是"规范化的communitas"。换言之，只有存在主义的、自发性的communitas才是真正反结构的communitas，而在"规范化的communitas"那里，则兼有结构与反结构的特性。

四、卑贱与等级：地位提升与地位颠倒的阈限

凡·吉纳普开仪式过程分析的先河。他在描述过渡仪礼的三个阶段时使用了两套词汇。第一套词汇与仪式本身有关，即隔离、边际化与回归；第二套词汇则与空间的转换有关，即阈前、阈限和阈后。特纳指出，凡·吉纳普运用第一套词汇来分析时，他的着眼点在于过渡仪礼的"结构化"方面，而当他运用第二套词汇时，他所关心的是行为和象征得以暂时从与社会结构紧密相连的规范及价值中释放出来的时空单位。也就是说，这两套词汇分别关注阈限的状态和阶段。特纳在本章中试图将这两者统一起来，并从另外一个角度对阈限做了两种区分，即地位提升仪式的阈限和地位颠倒仪式的阈限。前者很显然是指仪式主体经过该仪式在社会地位的制度化体系中从一个较低位置进入一个较高位置，而后者通常出现在周期性的年度节庆场合中，在社会结构中身份、地位较低的群体突然可以对身份、地位较高的群体行使仪式权威。

在此，特纳探讨了这两种仪式划分与传统人类学之仪式划分的关系。传统人类学将仪式分为生命危机仪式与年度仪式。前者如男子的成年礼，后者如各种生产仪式。特纳认为，这两种仪式都可归入过渡仪礼，因为二者都是进入另一种状态：前者从较低社会地位升至较高社会地位，后者从萧瑟凋零状态变为硕果累累的状态。若加以进一步的分析，则不难看到，生命危机仪式是地位提升仪式，而年度仪式则是地位颠倒仪式。地位提升仪式必须使仪式对象忍受各种痛苦与折磨，这在非洲社会的田野资料中已经得到了非常充分的展示，而这在欧洲社会中同样随处可见，例如军校中对于新学员的超强考验。至于地位颠倒仪式，则令特纳想到英国陆军在圣诞节这一天，高级军官要在餐桌旁等候普通士兵的出现。但地位颠倒仪式与地位提升仪式并不是截然二分的。特纳指出，非洲社会的许多就

职仪式中既有地位提升的因素，又有地位颠倒的因素。

特纳敏锐地看到，在西方社会中，年龄颠倒、性别角色颠倒的蛛丝马迹仍然存留于万圣节之类的风俗当中，万圣节的面具使他认识到，地位颠倒具有一种掩饰功能。在节日中，孩子们化装成各种邪恶的、具有巫力的鬼怪精灵，或者反威权的海盗牛仔形象，并以各种小把戏捉弄大人。这正好与阈限的几个特征相符合；面具确保了他们的匿名性，因为无人知晓他们究竟是谁；恶作剧类似于酋长就职仪式中对酋长的攻击；最重要的是，这一切都是合乎规则的。心理学及社会学对这一现象的研究促使特纳认识到，通过象征与行为模式上的地位颠倒，人们看到了一向被认为是公理而不可更改的群体之社会类别与形式。在认知上，没有什么比荒谬化与吊诡更能强调规范的重要；在情感上，没有什么比过激行为或暂时允许的禁止行为更能使人得到满足了。

特纳更进一步指出，地位颠倒仪式还恢复了处于社会结构位置中的各个真实历史个体之间的关系。具体来说，所有人类社会或明或暗地同时存在着两种相反的社会模式，一为作为政治、法权、经济等各种关系之结构，个体在其中隐匿于社会角色之后；一为 communitas，个体是活生生的、具有各种特质的人。在社会生活中，行为与一种模式相和，也就意味着与另一种模式偏离。而我们的终极需要是依据 communitas 的价值来扮演结构性角色。从这个观点出发，可以认为地位颠倒仪式使得我们有机会来反思结构与 communitas 之间的距离，从而使二者再次恢复到合适的相互关系，也就是说，等级性的结构与 communitas 之间的完美调和是社会的最理想状态。

总结一下地位颠倒仪式，特纳指出，它是弱者攻击性力量的面具，是强者谦卑被动的掩饰，二者使得社会结构性的"罪孽"得到净化。这一过程从 communitas 始，以再次充满活力的新结构终。

值得注意的是，特纳还提出了 communitas 中的伪等级制（pseudohierarchy）现象。本来，communitas 是要打破原有社会关系中的等级性结构，但与此相矛盾的是，在某些群体中，尽管人数不多却有一套相当复杂的职位体系。特纳解释说，这并不是与真正的 communitas 不一致，这些群体实际是在玩结构的游戏，而并非以真实的热情参与到社会经济结构中去。他们的结构更多地是表现性的（尽管也有工具性的一面）。

他再次强调说，无论是地位颠倒仪式还是地位提升仪式，二者都巩固了结构。这是因为，一方面，社会地位体系并未受到真正的挑战，各社会地位之间的间隙、沟壑是结构所必需的，没有间隙也就没有结构。另一方面，地位颠倒并不意味着混乱无序。结构依然存在，只不过结构中的人换了一个新的角度来观察结构。作为最后的评论，特纳说，社会似乎更是一个过程而非一个事物，这个过程就是结构与 communitas 相互交替的辩证过程。

特纳的仪式分析显然不拘泥于人类学的固有领域，他的理论雄心显然是要用仪式分析得到的概念来解释更广泛的社会现象，解释社会的发展历程，并使人类学与政治学、心理学、社会学形成对话。特纳实际上想表明的一件事是，人类学如何有可能在人类社会的解释上获得自己的发言权。就像这部作品所显示的那样，特纳暗含着的一个论题是，仪式乃是人类社会的一个永恒情节，从以采集狩猎为生的部落社会，到以可口可乐为风格的当代社会，仪式也是无处不在的。而"特纳学派"的学生们无疑也采取了他的这种思路。这种广阔的理论视野无疑是所有不想让人类学故步自封的学者所应借鉴的。

《自然象征》①（1970）

梁永佳

2007 年 5 月 16 日，英国人类学名宿玛丽·道格拉斯（Mary Douglas）在伦敦去世，终年 86 岁。《卫报》评论说，如果后世只能记住一个道格拉斯，应该是那个把研究非西方社会的技术用在自己社会的道格拉斯。溢美有限但伤逝不少。逝前一周，查尔斯王子以女王之名，剑封她为大英帝国女爵，迟则迟矣，总算给老人寿终正寝的名分。道格拉斯自己诧异道："查尔斯怎么来了？他的人类学是在剑桥学的！"出身牛津的玛丽新爵，在生命的最后时刻，仍不失英国学人的做派。

道格拉斯建树卓著，又怎一个"爵"（Dame）字了得！少年云游四海，青年头角峥嵘，中年一举成名，晚年笔耕不辍。道格拉斯的一生，堪称人类学家的模板。据《星期日泰晤士报》调查，她的《洁净与危险》②名列战后最受欢迎的百部非小说类作品，人类学教授更公认她的贡献，喜欢将她的作品列入研究生课程的必读书目。与她同在伦敦大学学院人类学系的罗兰教授说，20 世纪读者最多的人类学家，非道格拉斯莫属。

中国人类学界大概从 20 世纪末开始关注道格拉斯。有过一两篇译文问世，也有精当而简练的介绍。③可是，她的专著却一直没有在大陆刊行，实为憾事。去年，笔者在书店偶得 Routeledge 重刊的《洁净与危险》《自然象征》④，装帧别致，令人爱不释手。重读一番，不免又有新的体会。

西方人不爱谈个人信仰，但理解道格拉斯，却不能不从她的天主教开始。她

---

① 本文得到云南大学瞿明安教授主持的国家社会科学基金课题"象征人类学理论方法研究"项目的资助。写作过程中，笔者得到王铭铭教授和瞿明安教授的指导和帮助，特致谢忱！

② Mary Douglas, *Purity and Danger: An Analysis of the Concepts of Pollution and Taboo*, London and New York: Routledge, 2002［1966］.

③ 如王铭铭主编：《西方人类学名著提要》，南昌：江西人民出版社，2004。

④ Mary Douglas, *Natural Symbols: Explorations in Cosmology*, London and New York: Routledge, 2003［1970］.

出生在一个天主教家庭，读天主教女中，投身人类学，也是信仰使然。就连拜师，也"正好"拜在天主教徒埃文思-普里查德（E. E. Evans-Pritchard）门下。在英国，圣公会新教不喜欢天主教的"繁文缛节"，提倡"心诚则灵"。新教学人讲究"直指人心"，区分真理与谬误、客观与主观、表面与实质，看似"科学"，实则仍在有意无意地延伸新教教义。这一切，都促使玛丽追问信仰的社会根源。追随牛津的人类学大师埃文思-普里查德，实属顺理成章。与其师相仿，道格拉斯从学术生涯开始就抱定信念，认定思想有源，源不在内心而在社会；知识无价，价不在客观而在于理解。人类学为学之道，断非认识所谓"客观世界"，实在把学术融入社会，将遥远社会的知识当成自己社会的一面镜子。[1] 由此来体会，《洁净与危险》《自然象征》都融进了这样的主张。

《洁净与危险》堪称分类问题的杰作，因此为神学开创了理解《圣经》的新路。洁净与危险的问题，源于她1955年的一篇论文《卡塞的莱利人的社会和宗教象征》[2]。在她的田野对象莱利人（Lele）中，有一个词hama，表示羞耻，也指身上的脏东西，如血液、粪便。牛奶和鸡蛋因从身体排出，亦可称为hama，肮脏而不可食用。道格拉斯说，洁净不是"卫生"而是分类，是社会构成的基础，就连西方也不例外。她还说，西方最早发现细菌导致疾病，不过一百多年，远远晚于洁净的观念。因此，洁净与卫生是两回事。

理解洁净的前提是理解污染，理解污染则必须知道一个社会的总体分类背景。"污染从不是一个孤立的事件。它只有在有秩序的观念体系中才可能出现。因此，对其他文化的污染规则做任何片面的解释都不会成功，污染的观念只有与总体的思维结构联系在一起的时候才有意义。在总体的思维结构中，界限、边缘、内部差异等都是通过分隔仪式来维持的。"[3] 日常生活中这样的例子司空见惯。例如，食物放在餐盘中是洁净的，挂在衣服上就是脏的了；鞋子放在桌子下是洁净的，放在桌子上就是脏的了。这说明，洁与不洁的问题是一个错位（out of place）的问题，不洁是非同类事项放在一起的后果。

问题还不止于分类体系，莱利人用一个词hama描述"不洁"和"羞耻"，

---

① Richard Fardon, *Mary Douglas: An Intellectual Biography*, London and New York: Routeledge, 1999, pp.33—41.

② Mary Tew, "Social and Religious Symbolisms among the Lele of the Kaisai", *Zaire*, 1955, 9（4）, pp.385—402.

③ Mary Douglas, *Purity and Danger: An Analysis of the Concepts of Pollution and Taboo*, p.51.

折射出洁净观的道德判断，与基督教世界的做法并无二致。这可以从两个非基督徒的经历中看出来。牛津大学人类学系的婆罗门斯里尼瓦（Srinivas）和犹太教徒斯泰纳（Steiner）都恪守严格的食物禁忌，因此遭遇种种不便。这促使道格拉斯从饮食禁忌入手探讨日常生活的象征问题。道格拉斯认为，人们通常用健康、天气等原因解释《旧约·利未记》的禁食规范，但这些解释从来不能概括所有禁忌内容，真正的原因在于分类，在于神圣和洁净的对等。希伯来人的"神圣"一词指完整、完美，指不同的造物应分门别类。《利未记》规定的可食动物类别，实际是指说什么是洁净的（或说神圣的、完整的），什么是不洁的（或说世俗的、不完整的）。"凡蹄分两瓣，倒嚼的""凡在水里、海里、河里，有翅有鳞的""在空中飞行有两只脚的"，都是可食的。这样规定，是出于分类的需要，而不是为了充饥。因此，猪和骆驼之所以肮脏不可食，乃是因为前者分蹄不倒嚼，后者倒嚼不分蹄。也就是说，犹太人禁食猪肉与莱利人禁食鸡蛋一样，都是洁净与神圣发生关联的结果。

那么，为什么不洁与危险有关呢？道格拉斯引入了涂尔干的说法：个体的知识习得是一个不断接受外界分类的过程。这种分类不是个体发明的，只可能起源于社会。将反常的东西宣布为危险的东西，是社会处理分类困境的一种方式。除此之外，还存在四种处理反常物的方式。第一种是犹太人与莱利人采用的用禁忌排斥方法。第二种是用仪式把反常物纳入正常分类。例如，努尔人认为畸形婴儿是一只河马，就在仪式中把孩子放在水里模仿河马，以此强化孩子的河马身份。第三种，消灭反常物，比如西非的某些民族认为人只能一胎生一个孩子，所以双胞胎要被杀掉一个。（我国云南的跨境民族阿卡人也有同样做法。）第四种，用仪式把反常的东西模糊化，用诗歌或者神话丰富反常物的含义。总之，不同社会在日常生活中见到的不洁和危险观念，大都可以帮助我们发现正式的"规则"之所在，因为它们都是社会解决分类"危机"的手段。

用社会解释《圣经》，并引入民族志做比较。道格拉斯似乎在告诉她的读者——那些自命"虔诚"的基督教徒——信仰不仅仅是"心诚"，《圣经》本身就充满了"繁文缛节"，因为它折射了社会的原则，而且与其他社会是共通的。道格拉斯通过《洁净与危险》，捍卫了一个天主教徒的学术立场。

同样的理由也促使道格拉斯写作了《自然象征》。20世纪60年代，反仪式主义（anti-ritualism）甚嚣尘上。英国圣公会宗教人士大力宣扬信仰无价，仪式可鄙，要求名实分离，反对天主教的"表面文章"，鼓吹内心观念才是真正的宗教信仰。就连罗马教皇也跟英国坎特伯雷大主教实现了 500 年来的首次会晤，并承诺大大简化天主教仪式。玛丽·道格拉斯不以为然。她认为，仪式与观念通过象征对应，身体经验与社会类型通过象征对应，这是很"自然"的事情，天主教在这一点上没有认识上的错误，不能在圣公会的反仪式主义面前自惭形秽。写《自然象征》，正是道格拉斯对反仪式主义的反击。

《自然象征》，并非指"象征是自然的"，而是指"把象征自然化是社会的"。反仪式主义的种种努力，无非是希望把象征自然化，但实际上，重观念轻仪式的态度一点也不"自然"，而是很"社会"。反仪式主义并不能说明现代人更理性，原始人更盲从轻信。反仪式情绪与现代性的兴起有关。这种转变只是把人们的信仰与日常行为分开而已，它来源于新教对超越（transcendence）的空洞理解。不论是通过仪式获得超越还是通过信仰获得超越，都只是宗教通过社会实现教义的路径，仪式多一点未必意味着信仰就少一点，仪式的多寡对应的是不同的社会结构模式。圣公会鼓吹的反仪式重信仰的论调，无非反映了一种平庸的社会结构模式，它既不代表进步，也不代表真理，更不因此高明。道格拉斯为了说明这个观点，精心创立了著名的"栅格-群体分析法"（grid-group analysis）。

"栅格-群体分析法"是一种研究社会形态学的方法，认为社会形态中有两个相互无关的变量：群体（group）和栅格（grid）。"群体"指有明显边界的社会组织，类似于涂尔干所说的"社会"。边界明显的社会属于"强群体社会"，反之则为"弱群体社会"。"栅格"指以个人为中心的交往准则，人际交往强的属于"强栅格社会"，反之属于"弱栅格社会"。道格拉斯说："群体应该用如下的指标来定义：它对成员的压力，它给成员划的边界，它赋予成员的权利和保护措施，它对成员的要求和限制……栅格指个体在与其他个体互动时所采用的各种交织在一起的原则。作为一个维度，它表现为一个渐变的控制模式。在较强的一端，它在时空上表现为可见的社会角色规则；在另一端接近零点的地方，正式的分类体系逐渐变弱甚至消失。"[1]

根据这两个变量的强弱，社会可以分成四种类型：（1）强栅格强群体社会，（2）弱栅格强群体社会，（3）强栅格弱群体社会，（4）弱栅格弱群体社会。由于社会的规则会反映在社会对身体的控制上，因此个人在这些社会中会有不同的

① Mary Douglas, "Cultural Bias", in Mary Douglas ed., in *the Active Voice*, London: Routledge & Kegan Paul,1982, p.192.

经验。

　　强栅格强群体社会是一种"仪式主义"的社会，讲究形式和规范，个人有清楚的自己人和局外人区别。人的社会角色之间界限分明，跨越困难，从着装到言谈举止都有严格要求。社会分工明确，协作意识较强。这样的社会可以有很大的规模并且有长远的规划。社会可以要求个人为群体的幸福而承受自己的痛苦，内部的纠纷可以较容易得到解决。身体被理解成交流的器官，身体各部分的协调至关重要。头与其他肢体的关系是一个中央控制系统，血液则起到沟通的作用。天主教社会大致属于这种类型。

　　在弱栅格强群体社会中，人类被分成自己人和局外人两种，人们对此非常敏感。自然也被分成亲密的、脆弱的部分和疏远的、危险的部分。外部充满邪恶，并威胁着内部。自己人之间没有什么差别，内部关系缺乏规范。由于纠纷较难解决，经常会发生驱逐某个成员或者群体分裂的情况，规模也比较小。身体虽是生命的载体，但容易受到食物、巫药的攻击，人们要不断地把邪恶驱逐出群体，以净化自己的社会。中部非洲的某些社会、新教改革时代的欧洲都属于这种情况。

　　在强栅格弱群体社会中，身体的经验代表了主要价值，无论是享乐还是修炼，都以身体为归宿。人们无法组成有效的组织，个人的角色和行为都受到遥远的、非个人力量的制约。这样的社会缺乏有关社会的理论，人们竞相争取他人的支持，但成功可以随时转向失败。由于社会网络以个人为核心，所以身体和心灵密不可分，精神和物质的对立不存在。在这种社会中，榜样的力量是无穷的，也容易产生末世论，如"船货崇拜"运动。

　　弱栅格弱群体社会比较散漫，个人体会不到社会的压力。人们之间的关系准则是互动而出的，并且颇为暧昧。这样的社会往往需要细致入微的法律才能运转起来，所以建立和健全社会规范的人受到社会的推崇。这样的生活也强调成功，但成功是有保障的。在这样的生活中，身体不是生命的载体，精神应该摆脱社会进入乌托邦，当代西方社会、美拉尼西亚的某些社会都属于这种情况。"反仪式主义"就在这样的社会中滋生。

　　道格拉斯本人很重视"栅格-群体分析法"。20世纪七八十年代，她编著了几本著作，把这个分析方法应用到当代社会问题研究上，例如风险问题。[①]她认为，这种方法可以帮助我们找出文化偏见。因为根据这种视角，信仰与行动完全

---

① Mary Douglas, *How Institutions Think*, New York: Syracuse University Press, 1986.

是相关的，都属于一个更大的社会生活整体。相当多的观念都只是个体之间的准则（栅格）和总体的安排方式（群体）的推论。 仪式主义最重要的决定因素是封闭社会群体的经验。有这种经历的人会将边界与权力和危险联系在一起。社会边界定义得越好越明确，人们就会有崇尚仪式的偏见。如果社会群体的建构力不强，它的成员资格也很软弱且流动不已，那么我会说这样的社会就会认为符号性展演的价值不大。很明显，道格拉斯希望读者能明白，反仪式主义取消仪式的态度是一种文化偏见。

"栅格-群体分析法"是一种高度综合的象征理论，它努力在各种各样的符号体系之间寻找相关性。可以说，能够这样综合各种符号现象的理论在人类学界是绝无仅有的。这个理论有如下前提：第一，象征标志了各种分类体系；第二，分类体系反映了社会本身；第三，身体复制了分类体系；第四，所有符号体系仍然是现象层面的，它们在本质上都可以归结为栅格和群体两个变量。这些前提都是可以争论的，而道格拉斯并没有加以论证。[1]虽然有人认为引入"栅格"概念弥补了涂尔干理论中轻视能动性的缺陷，赋予个人以积极的社会角色，[2]但是显然，道格拉斯没有解释为何栅格与群体属于彼此独立的两个变量，两个变量是在什么意义上处于同一水平的，又在什么意义上可以共同衡量社会的结构模式。

从天主教的背景理解道格拉斯的两部著作，当然仅仅是一种读书的方式，坚持"客观性"和"价值中立"的学者未必同意。但我觉得，学人从事学术研究毕竟是有动机、有原因、有立场的，所以书有所谓立意高下之分。具体到道格拉斯，这立意应该到她的天主教中去寻找。对于我——一个不太理解基督教的中国人——来说，这正是她的社会理论如此深刻的原因，也是她的著作读起来不那么亲切的原因。

---

[1]　Richard Fardon, *Mary Douglas*, pp.113—114.

[2]　Jerry Moore, *Visions of Culture: An Introduction to Anthropological Theories and Theorists*, Walnut Creek, London and New Delhi: Altamira Press,1997, pp.258—259.

《文化的解释》（1973）

苏 敏

克利福德·格尔兹（Clifford Geertz, 1926—2006），出生于美国加利福尼亚。"二战"结束后进入俄亥俄州安蒂奥克学院学习文学和哲学；1950年在该校获哲学学士学位，后在哈佛大学师从克拉克洪学习人类学，1956年获得人类学博士学位，现为普林斯顿高等研究院社会科学部教授。他的主要著作有《爪哇宗教》（*The Religion of Java*, 1960）、《旧社会与新国家》（*Old Societies and New States: The Quest for Modernity in Asia and Africa*, 1963）、《文化的解释》（*The Interpretation of Cultures*, 1973）、《尼加拉——十九世纪巴厘剧场国家》（*Negara: The Theatre State in Nineteenth Century Bali*, 1980）、《地方性知识》（*Local Knowledge: Further Essays in Interpretive Anthropology*, 1983）、《作品与生活》（*Works and Lives: The Anthropologist as Author*, 1988）、《事实之后——两个国家、四个十年、一个人类学家》（*After the Fact: Two Countries, Four Decades, One Anthropologist*, 1995）等。由于其思想影响巨大，格尔兹先后获得了美国社会学会索罗金奖、美国人文-自然科学院社会科学奖、日本福冈"亚洲奖大奖"等多项荣誉。他的阐释人类学业已渗透到了文化研究的各个领域，在哲学、语言学、宗教研究、文学批评等各方面产生了深刻的影响。2006年10月30日，格尔兹因心脏手术并发症去世。

人类学是什么？格尔兹指出，如果你想了解什么是一种科学，那么，应当看它的实践者做的是什么。格尔兹向来被誉为"颇具原创力和刺激力的人类学家之一，致力于复兴文化象征体系研究的前沿人物"，他在《文化的解释》^①中进行了自我表白，明确提出自己对文化含义的阐释，说明了文化在社会生活中的角色及其之于人的意义，通过"意义模式"的主线，借助一定的田野来总结社会理论，对文化研究的方法做出解析，展示了自己的人类学观。

《文化的解释》收录了几篇旨在研究较基础性问题的论文。作者运用一整套学院式的概念和概念体系（文化、整合、理性化、符号、意识形态、民族精神、革命、认同、隐喻、结构、礼仪、世界观、功能等），展示自己的文化研究方法论及文化阐释理论的运作方式。格尔兹指出，社会的形式就是文化的内容。但观察社会行动的符号层面，不是逃脱现实生活的困境，而是投身于这些情景之中。阐释人类学的使命是让我们了解更多的言说，从而把它收入可供咨询的有关人类言说的记录当中。

格尔兹在论文集的第一编和第二编中系统而明确地表述了自己的文化观与人观。"深描：迈向文化的阐释理论"是格尔兹在编辑《文化的解释》时新加的一章，它概括了作者当时的立场，表明了他的文化观与人类学观。作者指出整本集子跨越 15 年之久的学术历程，从对功能主义的关注到对符号学的倾心多少代表了自己的心路思考逻辑。第三编与第四编是建立于作者的经验调查基础上的对文化的特殊分析。他认为包纳百川的文化概念恰恰不利于真正的文化分析，所以他欣赏借助特殊分析发展在理论上更具力度的文化概念来取代泰勒（Edward Tylor）著名的"最复杂的整体"。他赏玩宗教及政治这两个话题，切入他所说的作为符号体系的文化。第五编是最能表现格尔兹特色的文本表演。最后两篇文章可说是对"做民族志"这一声明的签名画押，他向读者说明了自己怎样做民族志，虽然在其他篇章中亦有对个案的分析，但不难看出，这两篇文章的民族志特点更为浓厚。

一、铺陈"文化的解释"

就人的研究来说，解释常常在于用复杂图景代替简单图景，并力图保持简单图景所具有的明晰说服力。人类生活方式的多样性与差异性暗示着所谓永恒人性之形象的虚幻，人性不能与人所处的历史和地区相分离，这种可能性导致了文化

---

① 格尔兹：《文化的解释》，纳日碧力戈等译，上海：上海人民出版社，1999。

概念的兴起和人类一致性观点的衰落。启蒙运动和古典人类学对于人性定义的方法都是类型学的，将人的形象构筑成一个模式，结果是，我们追求着形而上学的存在（大写的人），而牺牲了我们实际遇到的经验的存在（小写的人）。文化分析应当有助于人性本质的理解，展示人性定义中的核心要素，在纷繁的大量习俗中研究，科学人类学对于建构或重构人类概念的重要贡献，就在于告诉我们如何发现多样性和独特性，在多样的现象中寻求系统的关系，而不是在类似的现象中寻求实质的认同。

格尔兹指出，他所采纳的文化概念与文化分析角度本质上属于符号学的意涵；同马克斯·韦伯一样，他认为"人是悬挂在由他们自己编织的意义之网上的动物"。文化就是网，文化的分析不是一种探索规律的实验科学，而是一种探索意义的阐释性科学。格尔兹正如他所言追求着阐释，阐释表面上神秘莫测的社会表达方式。同时，他声明，这一条款式的信条本身就需要一些阐释。

他标明了文化，并由此迈向了文化的阐释理论。格尔兹指出，在人类学或至少在社会人类学中，实践者所做的是民族志。正是通过理解什么是民族志、什么是从事民族志，我们才能开始理解作为一种知识形式的人类学分析是什么。但必须强调的是，不是做民族志的技术性程序（建立关系、选择调查合作人、做笔录、记录谱系、绘制田野地图等）规定了人类学的事业追求，而是它所属于的那种知识性努力：经过精心策划的对"深描"的追寻。"深描"一词源自赖尔（Gilbert Ryle）对"眨眼睛"的解读，假设有两位少年正在迅速抽动右眼皮，其中一个是无意的抽动，另一个是向一个朋友投去的密谋的信号。还有第三位少年在场，他想"给他的好朋友制造一个恶作剧"而滑稽地模仿第一位少年的眨眼示意。作为动作，三者是一样的，但根据不同公共编码的抽动眼皮表达了不同的眨眼含义。由此类推，再假设有人正在排练眨眼动作等，事情会继续复杂化。如果仅仅凭表象上的观察，显然难以理解以上种种。这里存在的便是"浅描"与"深描"的问题。在对行为的"浅描"与"深描"之间，存在民族志的客体：一个分层划等的意义结构，它被用来制造、感知和阐释抽动眼皮、眨眼示意等情景。没有这样一个意义结构，以上事实都不会存在。

赖尔的例子提供了一个和民族志学者不断探索的那种推理和寓意的叠层结构极其相似的图像。人类学不仅是观察行为，重要的在于阐释行为。当然，从一开始，我们就已经在对阐释进行阐释，对构建进行构建。人类学者在仔细观察并切实了解一件事情的真相与事实（所谓的事实是我们对其他民族对他们和他们同胞的所作所为的构建的构建）之前，需要用来理解一个特殊事件、礼仪、习俗、观念等的东西已经逐渐成为背景知识。人类学家所做的分析工作就是理清意义的结构（即赖尔所称的既定的公共编码），并确定这些意义结构的社会基础和含义。民族志是深描。资料收集与民族志的技术程序是最基础的田野工作，之后便是逐渐进入解读他人手稿的层面。这份手稿陌生而杂乱，而且它并非用习惯上的表音字符写成，而是用行为模式的例子临时写成的。

那么，作为文化分析的人类学怎样感知文化，进入文化？文化是行为文件，具有公共的性质。我们要把人类行为看成符号行动，是具有重要意义的行动，深入理解行为的含义是什么。能不能理解别人在做什么的主要原因，不在于是否知道认知过程是什么，而在于是否了解别人进行符号活动的想象宇宙。在这一过程中，环境会通过它们的发生并借助它们的作用来告诉我们它们是什么。他认为，人类学的目的在于扩大人类话语的空间，是一种文化的符号学观念。作为可解释性符号的交融体系，文化不是一种力量，不是造成社会事件、行动、制度或过程的原因；它是一种这些社会现象，可以在其中得到清晰描述的即深描的脉络。当然，把文化看成符号系统，并非要把它封闭起来，使之脱离分析对象、脱离实际生活的民间逻辑。他强调必须关注行为，因为文化形态正是在行为之流（或说是社会行动）中得到表达的。我们只能通过观察事件，而不是通过把抽象的存在排列成统一的模式，来从经验上理解他们。

人类学通过对陌生形态的地方观察揭示人类行为因赋予它意义的生活模式不同而具有不同意义的程度。要理解什么是及在何种程度上是人类学阐释，没有什么比准确理解"我们对于其他民族符号体系的系统阐述必须以行动者为取向"这句话意味和不意味着什么更重要了。很显然，我们必须依照我们想象的别人对他们自己生活经验的构建，以及他们用来明确说明其经历的方案来描述他们。描述必须依照特定一类人对于自己经验的阐释，因为那是他们所承认的描述；这些描述之所以是人类学的描述，是因为人类学者事实上承认它们。

简言之，人类学写作本身就是阐释，此外还有第二层和第三层的阐释。人类学著述是小说，是"制造出来的东西"，当然二者制造故事的条件及其要旨是截然不同的。人类学存在于书术、论文、讲座、博物馆陈列或今天有时使用的电影中。人类学家注意到这个事实，就是意识到表现方式与实际内容之间的界限在文化中是不可划分的，这也就暗示着这种知识的来源不是社会现实，而是学术巧智。这似乎威胁到人类学知识的客观地位，但威胁不大。要人们关注一个民族志记述的理由，不在于遥远的猎奇，而在于他能够在何种程度上澄清这些地方的情况是什么，从而减少出自未知背景的未知行为自然会造成的疑惑。我们在衡量自己解释的说服力时所必须依据的，不是大量未经阐释的"浅描"的原始材料，而是把我们带去接触陌生人生活的科学想象力。人类学阐释的目的是，追踪社会话语的取向，赋予它一个可以检验的形式。民族志学者对社会话语进行"刻写"，将其记录下来，把这个瞬间发生的社会话语变成一种记载，成为刻写的内容，可以重新查阅。写作是对言说的"讲述"，写作确定的是言语事件的意义，而不是事件本身。文化的分析不是对被发现事实的概念性操作，不是对纯粹现实的逻辑重构，而应当是意义的推测，对这个推测进行评估，从较好的推测引出解释性的结论。

总而言之，民族志描述有三个特色：它是阐释性的；它所阐释的对象是社会话语流；这种阐释在于努力从一去不复返的场合抢救对这种话语的"言说"，把它固定在阅读形式中。此外，它还可能是"微观的描述"。这并非是说没有大范围的人类学阐释，正是通过把分析推广到更大的脉络中，通过"小事"的理论寓意，着手进行广泛的阐释和比较抽象的分析。怎样来实现这一宏图呢？事实上，研究地点不等于研究对象，人类学家不研究乡村，他们在乡村里做研究。从地方真理走向普遍视角，不是以小见大的预设，不是"试验田"的解说。不妨直面民族志的调查成果，它们无非是些异域见闻；而这些异域见闻之所以具有意义，是因为它给社会学思想提供了物质养料。人类学研究成果的重要性在于它们的复杂的特殊性及其"具体情况具体分析"。正是在限定脉络中通过参与观察得来的材料，可以给那些困扰当代社会科学的宏大概念（如现代化）提供合理的现实性，使我们不仅能够对它们进行现实性和具体性思考，重要的是，能够用它们来进行创造性和想象性思考。

文化阐释似乎要求理论更接近于基础，文化的符号学研究方法在于帮助我们取得对于所研究的对象所生活在其中的观念世界的理解；结果，在进入一个符号活动的陌生世界的需要和对于文化理论技术进步的要求之间形成的张力既是巨大的，也是不可摆脱的。理论越发展，张力就越大。文化阐释的理论贡献在于特性研究，理论的系统表述与受其支配的阐释如此贴近，以致离开它们就没多大意义和价值。文化阐释理论是要让深描成为可能，不是超越个案进行概括，而是力求在个案中进行概括。文化阐释是在事后进行的，但这种进行阐释的理论构架却必须能够对新入视野的社会现象继续产生可以为之辩护的阐释。我们的双重任务是揭示使我们的研究对象的活动和有关社会话语的"言说"具有意义的那些概念结构；建构一个分析体系，借助这样一种分析体系，那些结构的一般特征及属于那些结构的本质特点，将显现出来，与其他人类行为的决定因素形成对照。对于民族志而言，理论的作用就是提供一种语言，使符号行动所必不可少的自我表达（即文化在人类生活中的角色）得到实现。我们的目的是从细小而缜密的事实中推出结论；通过把那些概括文化对于建构集体生活的作用的泛论贯彻到复杂的具体细节的结合中，来支持立论广泛的观点，完成阐释人类学的使命。

二、宗教研究的理路

格尔兹融入了一个充满符号的世界，他把文化界定为一个表达价值观的符号体系，并把文化主要当成一个象征的宗教体系。故而，他颇为钟情于对宗教、符号及仪式的审视。他以宗教为线索，指出宗教将对人类行动的独特要求根植于人类生存的最普遍的语境当中，人类通过仪式认同与表演自己的精神气质、世界观，与神圣象征符号达成共建。他认为，人类学的宗教研究应分为两个阶段：首先对构成宗教本身的象征符号所体现的意义体系进行分析；其次，将这些体系与社会结构过程和心理过程相联系。而当代人类学宗教研究常常忽略了第一阶段，将最应阐明的东西当作理所当然。由此进入，他引入对文化系统和社会系统的概念上的分解，考察了仪式与社会变迁；并试图以巴厘岛之例来预见与洞察宗教变革的动力。

他在《作为文化体系的宗教》一文中总结性地指明文化概念，关注了宗教分析的文化层面。文化是指从历史上沿袭下来的体现于象征符号中的意义模式，是由象征符号体系表达的传承概念体系，人们以此达到沟通、延存和发展他们对生活的知识和态度。宗教象征符号合成了一个民族的精神气质（生活的格调、特征和品质）与世界观，即他们所认为的事物真正存在方式的图景，也就是他们最全面的秩序观念；宗教调整人的行动，使之适合头脑中的假想宇宙秩序，并把宇宙秩序的镜像投射到人类经验的层面上。宗教就是"一个象征的体系，其目的是确立人类强有力的、普遍的、恒久的情绪与动机，其建立方式是系统阐述关于一般存在秩序的观念，给这些观念披上实在性的外衣，使得这些情绪和动机仿佛具有独特的真实性"。作为象征符号体系的文化模式是"模型"，它有两个含义，即归属含义和目的含义，前者强调的是对象征结构的操作，后者是对象征符号关系的表达的非象征体系的操作。文化模式具有天然的双重性，既按照现实来塑造自身，也按照自身塑造现实，它们以此把意义，即客观的概念形式，赋予社会和心理的现实。格尔兹认为，宗教超出日常生活的现实而进入一个更广阔的、对日常生活加以修正和完善的现实之中。宗教作为文化体系，其象征活动通过来自世俗经验的不和谐启示，致力于产生、强化和神圣化的正是一种对于后一种现实的感觉。

一再地强调符号、象征必然引发"怎样来感知和理解象征体系"的问题，这就是宗教研究中的仪式问题。正是在特定仪式形式中，宗教象征符号所引发的情绪和动机，与象征符号为人们系统表述的有关存在的一般观念相遇，相互强化。在仪式中，一方面是情绪和动机，一方面是形而上学的观念，缠绕在一起；它们塑造了一个民族的精神意识；生存世界与想象世界借助单独一组象征符号形式得到融合，确定一个宇宙秩序的图像。对于人类学家来说，宗教的重要性，在于它作为世界、个人及两者间关系的一般而又独特的观念之源的能力。

看起来，这似乎是一幅完美的图景。但是，不可否认，社会在变迁。仪式与社会变迁是怎样发生的呢？这正是功能主义最薄弱的地方。在《仪式与社会变迁：一个爪哇的例子》一文中，格尔兹认为，功能理论不能平等对待社会过程和文化过程，文化模式与社会组织形式不完全和谐就会产生社会变迁，这一点恰恰未得到公式化的表述。文化是人类用来解释他们的经验，指导他们行动的意义结构；社会结构是行动采用的形式，是实际存在的社会关系网络。在观察社会行动时，前者着眼于社会行动对于社会行动者的意义，后者着眼于它如何促进某种社会系统的运作。格尔兹认为，仪式不仅仅是个意义模式，它也是一种社会互动形式。那种不把仪式的"逻辑和意义"的文化层面从"因果和功能"的社会结构层面区分开来的方法不能正确解释仪式的失败；而把它们分开的方法可以避免简单地看待宗教的社会功能。简单化的方法把功能仅仅看作维持结构，格尔兹要代之以有关宗教信仰、实践及世俗社会生活之间关系的更为复杂的观念，这种观念可以包容历史资料，从而贴切地解释变迁过程。

虽然对于宗教的变迁有所涉及，但事实上，人们很少关注宗教的内部发展和自主发展，很少关注发生在广泛社会革命中的在社会宗教仪式和信仰制度上的转变的规律性。格尔兹在"当代巴厘岛的'内部转换'"中指出，"充其量，我们只是在政治或经济进程中研究了有关既定宗教义务和宗教认同的作用"。他以德国社会学家韦伯对世界极端类型宗教的区分，即"传统的"和"理性化的"区分，作为讨论宗教变迁进程的开端。他认为，这个区分比较的核心在于宗教概念与社会形式的关系所包含的一个差异。传统宗教观念把现存社会习俗变成僵化的陈规，而理性化的概念并非如此彻底地与生活的具体细节交织在一起。与这个宗教领域和世俗领域的差异关系并行，在宗教领域自身的结构里也存在一种差异。传统宗教由许多经过具体界定的组织松散的宗教实体构成，而理性化宗教则更为抽象，更具逻辑的连贯性，在人们的观念中已经具有关于人类生存的普遍而内在的既定性质。在传统宗教体系中仅得到含蓄和零散表达的意义问题，在这里获得了包容性的系统表述，唤起了人们的综合态度。格尔兹认为，宗教理性化不是一个全有或全无、不可逆转或不可避免的过程，而是一个经验中的现实过程。他描述了巴厘的宗教，指出所谓现代性的冲击，虽不是那么强有力，但一定程度上为人们衡量自己文化和他人文化的价值提供了新的标准，以及不可阻挡的内部变化，也使维持传统社会组织系统的原有形式变得越来越难。个人层面的理性化发展要想持续下去，就要求具有与之相应的教义和信条层面上的理性化。除了对宗教的越来越多的关注和对教义系统化的强化，还存在有关宗教理性化过程的第三个方面——社会组织方面。它开始围绕的核心是巴厘宗教与民族国家关系的问题，尤其是该宗教在共和国宗教部的地位问题。合法性的问题，失去权力的威胁，不仅是社会问题，也是宗教问题；巴厘人有可能通过"内部转换"的过程来使他们的宗教体系理性化。

三、"与价值无涉的意识形态概念"与意义政治

从全书的设计来看，或许是宗教意义与政治意义的相互干扰，加之符号的无所不在，使得格尔兹在这部论文集中独辟空间，阐述了意识形态及政治。他认为，社会科学还没有发展出一套对意识形态真正不带价值评判的概念。意识形态思想虽被描述为精致的符号之网，但其定义十分模糊。而社会科学自身内部也还缺少概念上的精确性，在研究意识形态时，它把对象自身当成实体（当成一套文化符号的有序体系），而不是把它从其社会和心理场景中辨析出来。因此，必须完善一种更巧妙地处理意义的概念工具。

知识社会学研究追求和领悟真理的社会因素，以及真理所难以避免地带有的存在性局限，但意识形态研究只是人迷误的原因。他指出，目前对意识形态的社会决定因素的研究，主要有两种方法：利益理论和张力理论。在利益理论中，意

识形态主张被放在普遍争权夺利的背景中考察；在张力理论中，意识形态被看成矫正社会心理失衡的经年努力。前者视它为人们追求权势的工具，后者视它为逃离焦虑的通道。他认为二者都直接从来源分析跳跃到后果分析，而没有把意识形态当作互动符号的体系，当作相互作用的意义模式来认真考察。符号如何象征，它们如何传导意义？这是颇为重要的符号行为研究。知识社会学应该称为意义社会学，因为由社会所决定的不是感知的性质而是感知的工具载体。正是通过建构意识形态即社会秩序的图式图像，人才不知是福是祸地使自己成了政治动物。意识形态的功能就是通过提供权威且有意义的概念，提供有说服力并可实在把握的形象，使某种自动的政治成为可能。无论意识形态还是什么，它们最为鲜明的特点是问题重重的社会现实的地图和创造集体良心的母体。对之加以分析的决定性理论不会全然是社会的或心理的，而会有一部分是文化的，即概念性的。科学面对意识形态时的社会功能是先去理解它们：它们是什么，如何运作，导致它们兴起的原因；然后是批评它们，迫使它们与现实相协调。

在对意识形态进行了文化体系性质的界定之后，格尔兹分析了新兴国家，运用民族主义、集体认同、本质主义（本土生活方式）、时代主义（时代精神）、原生情感、公民政治、认同转变等概念对新兴国家的形成、建设与发展，一种可行的集体认同的定义、创立和确立做出分解与整合相结合的阐释。他指出了意义的政治性。一场政治革命也是一场文化甚至认识论的革命，它试图改变人们借以体验社会现实的符号框架，以期达到一种认识，即生活完全是我们所理解的生活，现实完全是我们所理解的现实。"我们是谁"这个问题问的是用什么样的文化形式，即什么样的有意义的符号体系，来赋予政府行为价值和意义，并扩展到公民生活中。原生性纽带和原生性认同与国家纽带和国家认同的冲突的根源，是当它们沿着各自的道路走向现代性的时候，传统政治制度和传统自我感知模式所经历的在类型上形成对照的社会变迁。意识形态的变化不是一个与社会过程平行并反映它的独立的思想之流，而是那个过程本身的一个维度；民族主义是社会变迁的本质。系统地表述一种意识形态，就是要把一种普遍化的情绪转换成实践力量。找出文化主题与政治发展的社会学联系，而不是由其中的一个推导出另一个，这是关于一场整合式革命的主题分析。

格尔兹指出，在对农民社会官僚政治属性的研究中，关涉人类学的是分支国家研究和史前国家发展周期研究。人类学对有关农民社会的普通比较政治学的贡献主要表现在两个方面：（1）对于一方面是传统文化野心，一方面是实现这些文化野心的社会制度的区分，成为我们所谓的社会现实主义；（2）社会现实主义的增强，使我们有可能着手探讨该领域的中心问题，即"新国家"政体的运作方式和传统国家的运作方式的关系究竟是什么。他认为，就像任何对于真正传统政体的研究必须做的那样，通过把统治者的野心，驱使他们达到某种最高目标的信念和理想，以及借以追求这些目标的社会手段区分开来，人类学帮助我们领悟到，无论在传统国家还是在现代国家，一个政治家所期望达到的，并不完全等于他所把握的。

四、叙说对事象的言说

现今社会科学理论研究的中心，是试图区分和辨明两个主要的分析概念：文化和社会结构。格尔兹认为必须把社会活动的组织、其制度形式及给予它活力的观念体系，作为它们之间所存关系的性质来理解，努力澄清社会结构和文化这两个概念。思维是一种公共活动。人正是通过文化模式，即有序排列的意义符号串，来理解亲身经历的事件的；而符号系统并非依据事物的性质产生，它们在历史中建构，在社会中维持，个别地加以应用。在《巴厘的人、时间、行为》中，格尔兹以巴厘人看待自己和别人的方式与他们体验时间的方式及其与他们的集体生活情调之间存在的一些不明显的联系，来说明这些联系不仅对理解巴厘社会有重要意义，对理解整个人类社会也具有重要意义。他描述了巴厘人的前人、同代、同伴、后人观念，巴厘人的定位符号秩序（个人名、排行名、亲属称谓、从子名、地位称号、公号），指出巴厘的社会关系特征，也就是巴厘的文化三角形：人的无名化、时间的非流动化及社会交际的仪式化，提出文化分析应归结为从意义符号中寻求意义符号丛、意义符号丛之丛——感知、感情和理解的物质载体，以及对人类经验基础规则的表述，而这些规则的形成方式暗示了这样一种表述。

《深层的游戏：关于巴厘岛斗鸡的记述》是格尔兹对巴厘的斗鸡活动的描述与分析。巴厘人审美地、道德地和超自然地将斗鸡视为人性的直接翻版：动物性的表达。巴厘的斗鸡就是一种情感爆发、地位之争和社会具有核心意义的哲理性戏剧的综合体。斗鸡竞赛为何有趣的问题将使人们超越对其形式的关注而进入更为广阔的社会学与社会心理学的关注领域，并且用不那么纯粹的经济概念思考有关游戏达到何种"深度"的问题。所谓"深层的游戏"取自边沁（Jeremy

Bentham）的概念，边沁认为从功利主义立场出发，那些参与赌注过高的赌博游戏的人是完全无理性的，因此，这种深层的游戏是不道德的，应该从法律上予以禁止。而格尔兹则说，在巴厘的斗鸡这一深层的游戏中，钱与其说是一种实际的或期望的效用尺度，不如说是一种被理解的或被赋予的道德意义的象征。斗鸡通过那些没有实际结果的层面上的行为和对象而表现普通的日常生活经历，从而使之能够被理解。作为一个形象、一种虚构、一个模型和隐喻，斗鸡是一个表达的工具，它以羽毛、血、人群和金钱为媒介来展现社会激情的减缓或增强。它是三种属性的结合，即直接的戏剧形态、隐喻的内涵和它的社会场景。斗鸡是巴厘人对自己心理经验的解读，是一个他们讲给自己听的关于他们自己的故事。在斗鸡中，巴厘人同时形成与发现其气质及其社会的特征。

格尔兹认为，一个民族的文化是一种文本的集合体，这些文本自身也是集合体，而人类学家则努力从这些文本的拥有者的背后去解读它们。事实上，社会，如同生活，包含了其自身的解释。一个人只需学习如何接近它们。人类学的写文化正是一种对阐释的阐释。

《文化与实践理性》(1976)

赵丙祥

马歇尔·萨林斯(Marshall David Sahlins, 1930—),著名美国人类学家。出生于美国伊利诺伊州的芝加哥市,分别于1951年和1952年获得密歇根大学学士学位和硕士学位,1954年获得哥伦比亚大学人类学博士学位。他于1956—1973年执教于密歇根大学,自1973年以来在芝加哥大学担任人类学教授,现为查尔斯·F.格里杰出人类学教授(Charles F. Grey Distinguished Service Proffessor of Anthropology)及芝加哥大学学院教授。

他的主要著作有《波利尼西亚的社会分层》(*Social Stratification in Polynesia*, 1958)、《进化与文化》(与塞维斯合著,*Evolution and Culture*, 1960)、《莫阿拉》(*Moala: Culture and Nature on a Fiji Island*, 1962)、《石器时代经济学》(*Stone Age Economics*, 1972)、《文化与实践理性》(*Culture and Practical Reason*, 1976)、《历史的隐喻与神话的现实》(*Historical Metaphors and Mythical Realities*, 1981)、《历史之岛》(*Islands of History*, 1985)、《阿那胡鲁》[与帕特里克·克齐(Patrick Kerch)合著,*Anahulu: The Anthropology of History in The Kingdom of Hawaii*, 1992]、《"土著"如何思考》(*How "Natives" Think: About Capitain Cook, for Example*, 1995)、《甜蜜的悲哀》("The Sadness of Sweetness: The Native Anthropology of Western Cosmology", 1996)等。20世纪80年代,萨林斯曾到访中国。2008年9月,他再次到北京、上海等地高校举办讲座,受到热烈欢迎。

虽然人类学家自称是研究文化的,但他们却常常不那么"文化",在这一方面最突出的表现就是他们在很多时候都受制于实践论(praxis theory)这种西方社会的土著观念。在这种观念看来，简单地说，人是自利的动物，他们的目的就是追求利益最大化，由此，他们的"文化"是在这种追求实际利益的过程中逐渐形成的。这一点通过人类学的"文化"概念看得很清楚，在人类学家的鼻祖泰勒（Edward Tylor）等人那里，文化是"习得的"，是人们在实践过程中逐渐学习、摸索出来的。这岂不正是一种赤裸裸的功利主义？站在这种立场上来看的话，人类的每个"人种"都是精明的现代商人，无非是有着不同的肤色和面孔而已，他们都遵循着一种"实践理性"。

在《文化与实践理性》[①]一书中，相对于这种"实践理性"，萨林斯提出了另外一种理性，即象征理性或意义理性，其观点主要表述如下：人们当然必须生活在物质世界中，生活在他与所有有机体共享的环境中，但却是根据由他自己设定的意义图式来生活的——这是人类独一无二的能力。这并不是说，萨林斯又掉入了所谓"唯心论"的陷阱。对于这样一种指责，我想起了一个当代哲学家喜欢举的例子，可以作为对这种指责的回答：在一片从来没有人到过的万古雪原上，一根松枝承受不住大雪的压力而折断了，发出"喀嚓"一声轻响，那么，这声轻响存在吗？这颇有一点禅宗的味道，答案也有两个：其一，据《圣经》和某种唯物主义的原则，它当然是存在的；其二，它并不存在，因为从来没有一只人耳听过这一响声。"听"就是人类的文化，他是通过文化来感知并组织外部世界的。

因此，用"唯心论"来指责萨林斯是站不住脚的。而《创世纪》不是也创立了一种关于"物质第一性"的神学-唯物主义吗？——亚当（"人"）是在上帝先创造了物质世界以后才被创造出来并被赋予生命的。在某种意义上，这种唯物论与唯心论的刻板归类法是毫无意义的，对"物质"的崇拜本身就已经沦为某种意识形态的牺牲品了。文化的决定属性并不在于，这种文化要无条件地拜伏在物质制约力面前，它是根据一定的象征图式才服从于物质制约力的。萨林斯认为，关于实践理性和象征理性（意义理性）的辩论，是现代社会思想的关键问题。萨林斯之所以坚持象征理性，他实际上是在挑战人类社会2500年来关于精神/物质、主体/客体之间根深蒂固的对立观念，他希望在人类关于主体感知的问题上，能够有一种历史的眼光，确立文化在主体/客体、精神/物质之间的关系中所起到的中介作用，这种中介作用是根据意义的社会逻辑来实现的。同时，他也在挑战人类学理论中关于文化是一种功利的观念，而且是拜物教化了的功利的观念。他

---

① 萨林斯：《文化与实践理性》，赵丙祥译，上海：上海人民出版社，2002。

实际上是在挑战马林诺夫斯基（Bronislaw Malinowski）以来的文化功能论，那种理论认为文化仅仅是为了满足人类的某种物质或欲望的需要而产生的。

　　萨林斯自己说，他写作这本书的最初动机来自这样一个问题，将马克思的唯物主义的历史观和文化观用来解释部落社会，是否依然有效？他认为这将面临捉襟见肘的尴尬。他运用人类学上百年来深入蛮荒的人类腹地进行探险所获得的材料与认识，极大地惊扰了资产阶级社会业已形成的固有偏见。萨林斯从马克思主义与英国结构主义的论争中发现了灵感。萨林斯认为，"原始社会"的根本特点在于尚未形成唯物主义观念所假定的那种上层文化与下层基础的分化。在部落社会中，经济、政体、仪式和意识形态不是作为各自分立的"目标系统"而出现的，同样，也不好轻易地说部落社会的各种关系分别负有这种或那种功能。萨林斯以泰伦西社会为个案进行分析，他认为，在原始社会，社会实际上是由一个单一的牢固的关系系统构造起来的，这些关系的性质就是我们所说的"亲属关系"，它被延展或图化为不同平面上的社会行动。在西方社会中，亲属关系只是各种"专门化关系"中的一种，但在原始部落中，却是整个社会的基本方案。在泰伦西社会中，亲属关系是一种象征属性，它并不是一种客观自然的关系，泰伦西的农民并非由于他们进入生产的方式才成为父子，而恰恰是由于他们之为父子，他们才进入生产。

　　马克思主义与法国结构主义之间的论争，却提出了更为根本的问题——实践与象征秩序的关系。马克思主义认为，结构主义只不过是诸多同等结构所共同遵守的静态逻辑，从来都不会涉及不同层次的文化秩序之间的支配关系或决定关系，它绝不是变化或事件的知识，马克思主义者甚至嘲弄，当结构主义面对历史时，唯余尴尬而已。萨林斯从两个方面进行了讨论。

　　首先，对结构主义来说，意义是文化对象的根本属性，恰如象征化是人们的特殊技能一样。意义当然并不创造实际的、物质的力量，但只要这些力量为人们所用，意义就会包容它们，并制约着它们特定的、文化的影响。因而，这些力量并非不具有真实的效果；但除非它们纳入一种既定的历史和象征的图式，否则，它们就不会产生特定的效果，也不会有有效的文化存在。变化始自文化，而非文化始自变化，对实践理论而言，唯有行动才是决定性的、自足的环节。萨林斯认为，面对历史，结构主义是一种富有的尴尬。因为结构主义面对的特定类型的社会——原始社会，结构主义以其最有力的形式阐明了历史的运作方式，即结构通过事件而延续。他以斐济东南部的莫阿拉人为例子进行探讨，分析了莫阿拉人房屋建筑的方式无论在物质形式上，还是在劳动分工上，都非常鲜明地体现了莫阿拉人的社会结构——二元性、三元性、四元性的对立面，这种社会结构的一整套一致性甚至向外延伸到关于自然的文化结构（陆地/海洋）上。无论是婚姻关系、亲属关系、陆地/海洋的关系等，都是一种互惠性的关系。但是，互惠性的结构借助事件不断地进行重构，并不是像人们想象的那样是静态的，或者是完全互惠性的，而是存在着互惠性与等级性之间的冲突，这种冲突正说明了，已经确立的二元性的互惠性结构不断地经受着各种各样历史事件的冲击。

其次，萨林斯也批评了马克思主义者对于马克思经典理论的偏颇理解，后者在批评结构主义的"静态"趋向的同时却没有意识到，正是马克思本人，而不是结构主义者更早地意识到结构的力量。马克思在《路易·波拿巴的雾月十八日》中曾经写道："人们创造着他们的历史，但他们并不是随心所欲地创造历史，而是在直接碰到的、既定的、从过去承继下来的条件下创造。……所有死去的先辈们的传统仍然如同梦魇一样缠绕着活人的头脑。"而在《资本论》这部伟大的著作中，马克思也以印度农村共同体为例阐述了"原型性再生产"。但是，虽然马克思可以在某种程度上被当作一个结构主义者来看待，但在他的学说中，前资本主义社会（早期社会）仍然被归为一种"自然秩序"，对他来说，"早期社会就是寓于社会性本身之中的自然性"，在以社会方式促成自身运动的意义上，这些社会并没有产生真正的历史运动，"它们还不知道社会力量"。[①]这样一来，在马克思本人那里，历史与结构仍然是一对无法调和的矛盾，看起来，历史唯物主义关于上层建筑和经济基础的关系，其运用领域只能限定于对资本主义构成的分析。在古代文化中，实践在社会关系面前打了一个败仗，这些社会关系基本上都是亲属关系。

但是，这种将原始社会与现代社会截然分开的两分法是错误的，它预先设定了两种完全不同类型的社会，好像原始社会不知道"实践的因果推理（practical consequences）"，而资产阶级社会不知道"概念原理（conceptional axioms）"似的。这种错误的划分想当然地将西方社会的外在表现方式等同于对西方社会本身的合理解释了。

同样，在人类学家的部落中，也存在着两个不同的氏族，一个氏族坚持实践理性，另一个则坚持文化理性。前者以摩尔根（Henry Morgan）为代表，后者

① 萨林斯：《文化与实践理性》，53页。

则以博厄斯（Franz Boas）为代表。摩尔根用客观环境的逻辑来解释实践及其习惯表达，在摩尔根的学说中，心智是被动的而非主动的，是理性的而非象征的，由此，它只是在反射性地对其自身既不能生产又不能组织的环境做出反应而已。在摩尔根关于普那路亚婚的论述中，"丈夫"与"兄弟"或"妻子"与"姐妹"并不是人们加之于现实世界的象征性的建构产物，而是由存在于世界本身之中的客观差异导致的理性产物，也就是说，在生物学意义上，有优等人和劣等人的差异。摩尔根进而将氏族解释为是在普那路亚家庭的基础上发展起来的。萨林斯概括了摩尔根理论的依据，从自然的约束演化为行为实践，又从行为实践演化为文化制度：环境→实践活动→组织和规范（制度）。

博厄斯则认为，对人类来说，绝非是有机体来自无机体，主观来自客观，观念来自世界。归根结底，绝非是文化来自自然。人类主体的感知乃是预先的感知，它依赖于人们的精神传统，对任何一个既定的人类群体来说，他们的传统是一整套累积的意义：集体性的、历史性的理论，正是这种理论使得我们的感知成为概念。与摩尔根相比较，博厄斯的总体思路截然不同，他在客观条件和有组织的行为之间插进了一个独立的主体，这样，后者就不是机械地取决于前者。介入因素首先是心理层面上的，在此层面上，它基本上可以认为是一种精神运动，这种精神运动产生于当时的语境和以前的经验，并且在控制感知力的过程中，规定了刺激与反应的关系。博厄斯所说的思想继续从心理层面延伸到文化层面，在这一层面上，传统、民族思想或说是主导模式成了中介因素，它们组织了思想与自然、当前制度之间的关系及它们之间的互动。在博厄斯看来，文化又是如何形成的呢？他认为，文化的形成，即对有意义的经验进行陈述的过程，比如依赖于理论——关于自然、人及人在自然中的存在状态的理论——才能进行，不过，这一理论本身并未被实践它的人类群体明确地表达出来，语言就是这种无意识过程的最佳例证，但其他的习俗、实践、信仰和禁忌同样植根于未被明确反映的思想和观念之中。

在关于文化理性和实践理性的问题上，英国的马林诺夫斯基采取的态度比摩尔根更为明确，他更坚持实践理性的观点。他把文化视为实现人的生物性需求所必需的工具性手段；文化是从实践行动和实际利益中构造起来的，也是处在一种超级理性的支配之下——语言只不过起了技术性的支持作用。萨林斯认为，马林诺夫斯基的功能主义解释只把文化属性当作表面现象来看待，文化上的具体和实在变成了抽象和表面，仅仅是由更根本的经济和生物性理论采取的行为形式：

> 　　我们所研究的那些活的神话……并不是象征性的，而是对其主题的直接表
> 达；神话并不是为了满足科学兴趣所做的解释，而是通过叙事回归到那种原初
> 的现实，是出于满足深层的宗教需要、道德渴望、社会服从、主张甚至实际需
> 要的目的才被讲述的。……说到这些神话所起的任何解释功能，我们可以说，
> 它们并不思考什么问题，也不是为了满足什么好奇心，同样也不包含什么理论。

　　马林诺夫斯基一再地用工具理性的刻薄真理消解了象征秩序。无论是亲属制
度还是图腾制、神话，抑或巫术、神灵信仰、死者处理方式，甚至对语言本身的
分析，马林诺夫斯基的第一步是要否定此类现象具有任何内在逻辑、任何意义结
构。至于神话，它并不是一种荒诞无稽的遐想，而是一种实际发挥作用的、极端
重要的文化力量。马林诺夫斯基把象征和系统排除于文化实践之外的做法，实际
上是一种否认文化自身有资格作为人类学研究对象的认识论，这就像把小说与现
实生活分离开来一样，通过这样把文化秩序与人类主体分离开来，马林诺夫斯基
把一种本体论的精神分裂症引入了人类学——而这种分裂症正是我们这个时代通
常的社会科学思想，造成了人类实际行为与文化规范的对立、个人利益与社会秩
序的根本对立。

　　不过，在当时美国的人类学界，怀特（Leslie White）是一个例外，实际上，
萨林斯之所以能够实现后来的转变，是跟他这位早年的新进化论导师分不开的。
怀特在《文化的科学》一书中，虽然仍坚持一种新进化论，但已经孕育着一种
"文化理论"，怀特认为，人当然是生活在物质世界之中的，但如果没有象征的
世界，这种物质世界对人这个主体来说就是没有意义的，因为人首先是生活在象
征世界之中的：

> 　　人们（通过象征）建构了一个他们生活于其中的新的世界。确实，他仍然
> 行走在大地上，感觉到风吹脸颊，或听见风在林中叹息；他渴饮溪水，夜宿星
> 光下，明晨又见太阳照常升起。但是，太阳，已非复昨日之太阳。任何事物都
> 不再是旧时模样。万物都沐浴在天国的光辉中，他的周围都获得了永生。水并
> 非仅是止渴之物，它赐予生命以活力。在人与自然之间，悬挂着文化的面纱，
> 如果没有这一中介，他将看不到任何东西。他仍然在运用着他的感官。他削石，
> 逐鹿，寻偶，生儿育女。但语词的本质已经渗入万物之中：感官之外的意义与价
> 值。而这些意义与价值指引着他——除感官外——并常常先于感官而存在。

　　人类学家部落中的问题同样存在于马克思本人的学说和马克思主义阵营内部。历史唯物主义的问题在于，它把实践利益看作一种本质性的、不证自明的条件，它内在于生产之中，因此也是文化所无可逃避的。马克思虽然看到了生产环节中有两个环节同时发生作用，即劳动、技术和资源根据自然的规律和文化的意图而相互作用着，但在马克思思考的实践中，象征逻辑却是服从于工具逻辑的，处在生产之中，并贯穿整个社会。这种观点给人的印象是，观念唯有匍匐在物质世界的至高权威面前。萨林斯认为，物质力量本身是没有生命力的。同时，萨林斯也在反思自己是否忽略了纯粹的自然力、生物必要性和自然天择行为的作用。萨林斯指出，在自然选择之前，文化选择就已经出现了：选择相关的自然事实。选择绝不是一个简单的自然过程，它产生于文化结构之中，通过其自身的特性和最终原因，文化结构确定了为其自身所独有的环境背景。在这一选择过程中，自然的行动是通过文化而展开的，也就是说，不是通过它自身的形式，而是作为意义而出现的形式，自然事实采取了一种新的存在方式，作为象征化了的事实而存在，其文化衍化与结果受制于其文化维度与其他类似意义的关系，而不受制于其自然维度与其他类似事实的关系，萨林斯也承认，所有这些都是在物质限制的范围之内。虽然如此，他借用马克思的话，强调如果自然界"与人截然分离的话，那么对人来说它就不存在"。

　　长期以来，无论在人类学内部还是外部，都倾向于将资本主义社会和非资本主义社会视为两种迥然不同的类型，如卢卡奇（Lukács György）在《历史与阶级意识》中提出的著名观点。其次，对资本主义体系本身的探讨似乎也越来越受到一种庸俗唯物主义的影响，似乎资产阶级社会已经演变成为一个纯粹物质性的社会。萨林斯把对于文化理性与实践理性的批评，运用到了西方社会的文化批评之中，他实际上是希望通过把资本主义经济放在文化理性与实践理性的批评讨论的语境中，继续探讨作为文化系统的资本主义经济。他在一开始引用了鲍德里亚（Jean Baudrillard）的一段话，鲍德里亚认为，就与物质生产的关系而言，对符号和文化的生产进行分析时不再将其看作外在的、隐秘的或"上层建筑的"；它是作为政治经济学本身的革命而出现的，它因象征性交换价值在理论上的和实践上的介入而获得了普遍的意义。为了对生产做出文化的解释，重要的是要注意到，物品的社会意义显然并不是来自它的物理属性，而是来自它在交换中被赋予的价值，生产是文化结构的功能环节。在此基础上，萨林斯考察了美国人在满足基本的食物和服饰"需要"方面究竟生产出了什么。以美国家畜的食物选择和禁忌为例，他试图表明存在于美国人的饮食习惯中的文化理性，在马、狗、猪、牛这些动物中，何者具有可食性方面所做的类别区分所具有的某些意义联系。萨林斯发现，美国肉食系统所假定的主要理由是动物物种同人类社会的关系。在"牛—猪—马—狗"的家畜系列中，都是以某种标准厕身人类社会中，但同时它们显然又拥有不同的地位，这与它们各自的可食性程度是一致的。狗和马以主体的资格参与到美国社会之中，它们被认为是不可吃的，但作为家庭的同居者，狗与人的关系要比马更密切，而把它们消费掉的做法是更不可想象的：它们是"家庭的一员"。传统上，马与人之间更是一种仆役式的、劳作的关系；如果说狗是亲人，那么马就是佣人和外人。猪和牛的地位是相对于人类主体的对象，它们有着自己单独的生活，既不是对人类活动的直接补充，也不是人类活动的劳作工具，但是，猪是家养的动物，吃人的剩饭，猪也与人类社会相接近，比牛与人的关系要更密切一些。可见，可食性以颠倒的方式与人性相联系。

最后，萨林斯归纳了资产阶级社会和原始社会在象征过程的实质及生产性方面表现的差异，这种差异又对应着在制度方案方面表现出来的不同变化。在资产阶级社会中，各个不同的功能领域（如经济领域、社会-政治领域和意识形态领域）已经实现了结构性分立，这些领域通过特定类型的社会关系，如市场、国家和教会等，被组织成有着特定目的的系统。由于每一个次级系统的目的和关系各不相同，因此，它们也都拥有特定的内在逻辑和相对的自主性。而在原始社会中，经济行为、政治行为和仪式行为是由一个普泛化的亲属关系结构组织起来的。

这两种不同的文化秩序都分别把特定的制度关系提高到支配地位，作为象征网格得以形成、法则得以具象化的场所。在资产阶级社会中，物质生产成为象征性生产的主要场域，而在原始社会，则是一整套社会（亲属）关系。在西方社会的规则中，生产关系构成了一种反复贯穿于整个文化图式中的分类方式，因为在生产中发展起来的人、时间、空间和场合的差异与亲属关系、政治及其他领域保持着交流，尽管这些制度的性质彼此会迥然不同。同时，由于交换价值的累积一直通过使用价值的方式进行着，资本主义生产因此发展了一种象征法则，这种象征法则具体体现为不同产品的意义差别，它充当了社会分类的一般图式。

在原始社会和资产阶级社会两种不同社会秩序的比较中，萨林斯看到了西方文明的独特本性：根据一般的表义法则，西方文明以转换的方式对事件做出反应，把历史的混乱整合为结构的置换过程。部落人们虽然完全有能力进行同样的换位和象征法则的再演化，从旧的对立中发展出新的对立来——只不过，在部落社会中，这主要是在社会与社会之间进行的，并因此表现为，社会与社会之间的变化比较简单，而在西方文明中，则是在一个系统之内进行的，并因此呈现出一种复合增长。让我们打一个简单一点的比方，在部落社会中，"能量"会在不同的部落之间以争斗或竞赛等方式消耗掉，而在西方社会中，由于"能量"无法以这样的方式释放出来，它只能将之在自身内部消耗，由此导致的结果是，这个体系本身像科幻小说中的外星怪物一样，它的身体因吸取越来越多的能量而变得越来越庞大（发达），由此也越来越难以驾驭。正是在这种不断复制自身的过程中，资本主义体系对其他文明构成了最大的威胁，为了复制并维持自身，它会毫不留情地毁灭其他文明以汲取自身所需的能量。

在一个像萨林斯这样的人类学家的眼睛里，现代社会与所谓"原始社会"在"野蛮性"方面实在没有什么根本的不同，虽然这个社会始终高举着"理性"的旗号，但当一个西方人在吃牛肉而宠爱狗的时候，在一个"野蛮人"看来，"狗"就是他的图腾。因此，无论是"西方人"，还是"原始人"，抑或我们自己，都是不同种类的"野蛮人"，无非采取了不同的野蛮方式；而当我们不承认自己"野蛮"的时候，就业已用一种特定的野蛮方式排斥了其他野蛮人的合理方式。

《嫉妒的制陶女》（1978）

杨渝东

从 1950 年到 1970 年，列维-斯特劳斯（Claude Lévi-Strauss）整整研究了 20 年神话，并从 1964—1970 年相继出版了四卷《神话学》，他陶醉于神话之中，生活在另一个世界，"一个神话要琢磨好几天，几个星期，有时要好几个月才能茅塞顿开"。这四部书将他的结构主义立场发挥到极致，以致在走出神话世界之后多年，依旧余兴未尽，又于 1978 年出版了研究神话的《嫉妒的制陶女》[①]。跟四卷《神话学》一样，这本书总的问题仍是"从自然向文化过渡的变体，这种过渡曾是以天堂和尘世之间的联络彻底断裂为代价的"，不过它的篇幅更短、节奏更快，如果说《神话学》是四部精心谱造却略显冗长的大型歌剧，那么《嫉妒的制陶女》更像是"大型歌剧中的芭蕾舞"。

在列维-斯特劳斯看来，神话是什么？他曾借用美洲印第安人的一个回答说，神话是人与兽尚未区分时的故事。换句话说，神话似乎是在与动物、植物，以及自然万物相互混融、息息相通的时代由人代表它们讲出的故事。因为，"对于心灵和精神来说，好像没有任何情形再比这种人与其他生物共存，与它们分享一块土地，却又不能与其交流的情形更令人伤心，令人气愤的了"。在四卷《神话学》中，列维-斯特劳斯对"乐谱"的安排是，第一卷《生食与熟食》讨论的是一些感觉性质之间的对立，如生与熟、鲜与烂、干与湿等；第二卷《从蜂蜜到烟灰》讨论的是形式逻辑的对立，如空与满、容器与容物、外与内等；第三卷《餐桌礼仪的起源》则更进一步，从术语的对照关系中讨论神话从一种状态到另一种状态的过渡是如何进行的；第四卷《裸人》则从前三卷自然向文化过渡的线索中返回到自然，"赤裸相应于对自然而言的生食，第一卷书名的第一个词与最后一卷书名的第一个词遥相呼应，如同一种长途旅行，从南美开始，逐渐走到北美的北部地区，最后又回到出发点一样"。而作为歌剧中的芭蕾舞，《嫉妒的制陶女》

[①] 列维-斯特劳斯：《嫉妒的制陶女》，刘汉全译，北京：中国人民大学出版社，2006。

显然是出现在整个乐谱的高潮阶段，在展现术语的相关对照关系中让神话在广袤的空间中旅行以完成其自然的过渡。

在《嫉妒的制陶女》中，神话的旅行起点是居住在安第斯山东部山麓厄瓜多尔和秘鲁交界的希瓦罗印第安人。他们有一个神话讲述说："太阳和月亮当初都是人，住在同一个屋子里。共有一个老婆。这个老婆叫欧瑚，意谓夜鹰。她喜欢与温暖的太阳相拥，而不愿与冰凉的月亮接触。太阳受此偏爱，很是得意，就经常以此奚落月亮。月亮受到嘲笑，非常生气，于是顺着一根藤条爬到天上。他在开始攀缘援时朝太阳吹了一口气，这口气把太阳团团遮住，再也现不出身来。欧瑚同时失去了两个丈夫，觉得自己被抛弃了，于是带上一篮子女人们用来制作陶器的陶土，上天去追月亮。月亮见她追来，为了永远摆脱她，便割断了那根连接天地两个世界的藤条。女人和篮子一起跌落下来，陶土撒满一地。欧瑚也变成同名的鸟——夜鹰。每当新月悬空，她便发出悲鸣，哀求那弃她而去的月亮。后来，太阳也沿着另一根藤条爬上天空。在天上，月亮避而不见太阳，他们不同行，始终不同归于好。"这个神话在南美洲还有很多其他版本，情节基本相同，只是细节略有差异。它们共同提出了一个谜，即它们将一种文明的技艺、一种精神情感和一种鸟联系到了一起。也就是说，陶器的制造、夫妻间的嫉妒和夜鹰这三者之间存在着一种什么样的关系？

作者以循序渐进的办法来回答这个问题。他先讨论陶器与嫉妒之间是否存在着某种联系，然后讨论嫉妒与夜鹰之间的联系。在找到这两个问题的答案后，作者再以先验推演的方法进一步推演，陶器与夜鹰之间存在的某种联系。这样，就可以得出这三个范畴之间传递性的关系。

首先来看制陶与嫉妒的关系。安第斯山南部的尤鲁卡人认为，制陶是一件非常谨慎，而且只能由女人来操作的事。她们需在农闲时节，极其慎重地去找寻陶土。在制作陶器时，还要隐蔽到偏远之地，建起窝棚，举行祭祀，以避开雷霆和外人的目光。工作一开始，她们便缄口不言，保持着高度的沉默，相互间只用手势交流。她们相信，只要一出声，哪怕只是只言片语，正在烧制的陶器就会破裂。她们还要远离自己的丈夫，不然的话，得病的人就会死去。尤鲁卡人还认为，制陶与农耕是不可兼容的，这是生活在两种不同区域的人之间相互对立的表现，水域灌溉区的农耕者与上游缺水区的人是互不相容的，制作陶器的泥土不能用来耕作。在秘鲁的一个神话里面，制陶族的公主捍卫了自己的陶艺。她有个邻居，是农耕族的王子，他在追求她。一天，他给她送去一个陶罐，里面装满了水。这一罐水就可以构成她那一族所缺乏的水源。但盛水的这只陶罐却非常丑陋。公主看到这么粗劣的陶器，非常生气，也不管里面的水是何等珍贵的东西，随手就把陶罐扔掉了。

在南美的亚马孙河流域，农耕和陶器之间虽并不发生冲突，但从他们的神话中同样可以看到有关陶器的禁忌和戒规。在这些神话中，只有很少的族群将制陶的技艺交给男人负责，大多数情况下，制作陶器的重任是由妇女来承担的，妇女的嫉妒心理在其中表现得极为明显。玻利维亚的塔卡纳人的一个神话说："黏土祖师母教给妇女们如何塑造陶器，如何烧制它们，最终如何使它们变得坚实。不过这位陶神非常苛刻。她要那些妇女到她的家中，要她们寸步不离自己的左右。为了阻止她们离去，她毫不犹豫地让土地塌陷，将床和睡在上面的妇女埋了起来。一次，一个妇女夜半离开住所去河边寻找陶土，祖师母大怒，将她和她的孩子一起埋到了地下。这样做，是因为她不堪忍受别人打搅她的睡眠。从那时起，当人们去掘取陶土时，总要由一个巫师陪伴，还要在取土的地方撒上一些古柯叶，让陶土祖师母安神镇定，不要冒火。"

讨论了南美神话中制陶女与嫉妒的关系后，作者把我们的视线带到北美。在密西西比苏语族的希多特萨印第安人那里，制陶完全是女性的工作，神秘而神圣。女性参与制作陶器的权利来自别的女性，主要是她们的母亲或姨母，而她们的母亲或姨母也是从别的女性（即自己的母亲和姨母）那里获得的。由此类推，一直可以追溯到一个古老的女性始祖。而这位女性始祖从蛇那里获得了制作陶器的权利。他们的神话说，从前只有蛇制作陶器。曾经有一群蛇，它们将一对夫妇带到一个有陶土层的地方，教会了他们把黏土和沙砾掺在一起，用来制作陶器。陶器是神圣的，制陶女要祭祀蛇祖并咏唱宗教歌曲，此时人们不得接近她们。在希多特萨人一个叫阿瓦夏维的村子里，还经常举行一种叫作"绑陶罐"的夏季祭奠。仪式上供奉两个带有图案装饰的陶罐，一个被当作男人，一个被当作女人。祭祀时，将一张绷得紧紧的皮子贴在作为祭器的陶罐的开口处，用绳子拴紧，当作鼓用。这就是该仪式被称作"绑陶罐"的原因。这些陶罐平时存放在土坑里，上面严严实实地封盖着一层厚土。使用前再从土坑中取出，临时存放陶罐的地方，也必须是厚土遮阳的房间。这些祭器不能受到阳光的照射。祭典是祈雨的。参加典礼的人拿着一种拨弦乐器，沿着一排雕成蛇形的树干，缓缓而行。人们一边敲击那两个陶鼓，一边拨响乐器。乐器的声音与蛇带来雨时所发出的声音极为相似。

　　这个神圣的祭典有一个神话的起源。从前，有一个蔑视女子的美少男，尾随一位女子向北方走去。夜色降临，一只鸧鸟从她眼前掠过。她认出那是大鸟派出的侦察兵，便让尾随她而来的这位旅伴从野樱树上折下一根形似游蛇的枝条。放在他们栖身的洞穴入口处。夜里，雷声大作，这是大鸟在攻击枝条。暴风雨后，他们继续北行。在一个湖边，男子随女子潜入水底，眼前出现一个群蛇居住的国度。那女子正是蛇王的女儿。在这个水下世界里，有时听到雷声，有时看到闪电。水下居民说，这是雷鸟想杀死他们，但闪电穿不透水。男子不久之后即和女人成婚。时光荏苒，他思乡心切，妻子愿意陪他返家。在印第安人居住的村寨里，她几乎寸步不离自己的房屋。这里没有她的水下国度那样的水保护她免受雷霆的伤害。她终日用箭猪的长刺刺绣，从不出门拾柴、打水或到菜园里干活。她也不准任何人碰她的丈夫，哪怕只是轻微的接触。但是，有一次，丈夫的弟媳开了一个玩笑，轻轻碰了一下他长袍的一角。虽然他忙不迭地将那一角割去，妻子还是知道了此事。没过多久，她就消失了。男子回到湖畔，想潜入水底的王国找回自己的妻子，但是每次潜入水中，都被推回水面。他一筹莫展，终日悲泣，久不停息。有一天，妻子终于浮出水面，给他带来了两个陶罐。她说，大罐是男人，小罐是女人，可当作鼓用，祈天下雨。她还告诉丈夫举行祭礼的所有细节和咏唱的歌曲。最后叮嘱他说，不用时要存放在深坑里，不可随意移动，上面要用厚厚的土层严封，以避开雷霆的袭击。

　　显然，这个神话反映了希多特萨人对陶器的认识集中在一个嫉妒的神性的人物身上。雷霆之鸟和地域之蛇展开了一场宇宙大战，陶艺是战争的焦点或焦点之一。因此，从上面的神话中我们看到，陶器和陶器的制作与嫉妒联系在了一起。希瓦罗人关于陶土起源的神话讲述了夫妇嫉妒的起源，而从女人角度看，被视为大地之母、陶艺制造的祖师母，为人类贡献出陶器的女施主，对受她庇护的女子，则表现出一种爱之甚深、欲独占其全部感情而不容其有所旁移的嫉妒之情。这种陶器与嫉妒的关系，在神话中直接或间接地与天上之神灵大鸟与地下之精灵蛇所展开的宇宙大战联系在一起。

　　揭示出陶器与嫉妒的关系构成了美洲印第安人思维的一种参数之后，作者开始讨论嫉妒与夜鹰的关系。在美洲，夜鹰包括60多个种类，《嫉妒的制陶女》书中"夜鹰"一词涵盖了美洲神话思维中所包括的各种各样被赋予相似或相近语义价值的夜鹰。夜鹰是"贪吃的鸟"，它有一张大嘴，这张大嘴从眼睛下方一直延伸到耳畔。关于这种鸟的神话告诉我们它具有夜间活动的习性、阴郁而诡秘的特征、不筑巢穴的习惯及贪食的本性。贪食的本性集三种欲望或情感于一身：贪婪、嫉妒和欲念。不过，在美洲，关于夜鹰的神话纷繁复杂，很难进行分门别类。最开始讲到的南美希瓦罗人的夜鹰神话，更像以家庭纷争的形式展现出北美夜鹰神话中宇宙秩序得以建立的主题，这是夜鹰神话的一个类别。第二个类别着重强调嫉妒与夫妇不和，在圭亚那阿拉瓦克人的神话中，夜鹰是一个奸妇的化身。居住在巴西塔帕若斯河下游的曼都鲁库人则有这样一个神话，一个男人一定要母亲像母鸡喂雏鸡一样用嘴给他喂饭。他已婚娶，成家立业，但是从不让妻子给他做饭。妻子不明就里，便暗地跟踪，想看个究竟。结果她看到的场面让她极为厌恶，再不想与丈夫保持任何联系。这以后丈夫就变成了一只大夜鹰。与之类似的神话都将夫妇分离与夜鹰联系在一起，并且赋予夜鹰一个特点，即它有贪吃的口欲，在上述神话中，男主人公就是因为口欲而疏远妻子亲近母亲的。

由此，第三类关于夜鹰的神话将其贪婪和贪吃的特征置于中心位置。在阿根廷西北部盖丘亚有一个翻说多样的神话，主要讲一个年轻女子，自己贪吃无厌，却对弟弟一向吝啬，总不让他吃饱，还没完没了地驱使他把角豆树果磨成粉。弟弟不堪虐待，有一天就骗姐姐说，旁边的树上有一个装满了蜜的蜂窝，爬上去就能摘下来。姐姐听信了弟弟的话，爬到树的高处。弟弟将下面的树枝折断，她再也无法下来，就变成了一只夜鹰。人们一天到晚见她叫："磨面粉！磨面粉！"夜鹰由此得名。而盖丘亚贪吃女人的主题经由凯亚珀人的如下神话后，过渡到了身首分离的主题，这个神话中，男主人公是一个狠毒的丈夫，他把妻子当成奴隶，不让她吃肉，不让她喝水。夜里，她口渴难耐，想趁丈夫酣睡之际离开草屋，去有蛙叫的地方，因为那里一定有水。她怕丈夫发现自己不在，便想出一个主意：将自己身首分离，身子留在床上，头却以长发为翅膀，飞去饮水解渴。丈夫醒来，识破妻子的花招，将火盆里的火熄灭。没有火光，四处一片漆黑。她的头淹没在黑暗中，什么也看不见，再也找不到茅草屋。她飞了一夜，最没能找回自己的身子。丈夫已将它熏干。她飞呀飞，最后变成夜鹰。这种身首分离的主题还与爆裂联系在一起，圭亚那加勒比人的一则神话里面，妖怪的头撞到了岩石上，变得粉碎，爆裂的碎片四散，变成一只夜鹰。

与爆裂相关的主题就是火。在图库那人的神话中，印第安人最先不知道甜木薯也不知道火。只有一个老妇人掌握着这两件东西。头一件东西是她从第一只蚂蚁那里得来的，后一件她可以从她的朋友夜鹰那里获得，夜鹰一直将火藏在自己的口中。印第安人很想知道这位妇人有何秘诀，竟能做出如此美味的甜木薯饼。

他们就问老妇人，老妇人回答说，她是用太阳光的热气烘烤木薯面饼而成的。夜鹰听到这个谎言，忍不住爆笑。它一张嘴，火焰从里面冒出来，众人急忙抓住它的嘴，撕裂开来找火，从此夜鹰的嘴便长长地裂开。

说了那么多神话，嫉妒与夜鹰的关联到底如何呢。作者认为，这种关联是一种经验推论的结果。夜鹰的独来独往，它的夜间活动的习性，它的啼鸣的凄厉，它一口吞进大昆虫的大嘴，都使得人们赋予它一种阴郁的性格和一个贪吃无厌的大胃口。但是，按照结构主义的观点，如果陶器、嫉妒与夜鹰能构成一个体系，那么它们必然是两两相关的，既然夜鹰与陶器各自都与嫉妒相关，那么陶器与夜鹰又有什么关联呢？在此，为了论证陶器与夜鹰的关联，作者引入了另一种飞鸟——鸣禽。它的习性与夜鹰的习性截然不同：夜鹰只在一年的几个月当中的夜里，特别是有月光的时候，才会发出啼鸣，而鸣禽则出奇地饶舌；夜鹰不做窝，而鸣禽窝做得又好又大，有前厅和卧室，中间还有隔枝，鸣禽在铺满了干草、羽毛、兽毛的卧室里产卵；最后，神话将夜鹰与夫妻嫉妒联系在一起，而这与鸣禽的习性格格不入，在这类鸟当中，"丈夫和妻子配合得天衣无缝，同心协力地筑起它们的巢，那真算得上是一件杰作"，"雄鸟鸣叫一声，雌鸟便立即用低变音的音调回应一声，这样一叫一应，两个长度永远相等的鸣音轮流出现，形成一串，那速度之快，节奏之准，令人赞叹不已，特别是在没有第一音发出者做任何提示的情况下，第二音是以那么准确的间隔和节奏恰到好处地进入"。

鸣禽与夜鹰在天性上的对立，也表现在神话当中。在巴西查科省的马塔科印第安人中，鸣禽是他们的始祖，有一天它去了火人居住的地方。它是喜欢笑的，看到火人的孩子们个个都是怪模样——这些孩子们蹲在房前，从屁股里冒出火焰——忍不住笑出了声。孩子们向父母告状，火人大怒，将世间万事万物都烧成灰烬。大地烧成焦土，寸草无存。只有一只小鸟藏在一个坑里，躲过一劫，后来用歌声唤起草木的重生。这个神话与前面图库那人的夜鹰神话，围绕着火把夜鹰与鸣禽的角色正好颠倒过来：在鸣禽神话中，光天化日下燃烧的火使它忍俊不禁，而它本应该视而不见，而夜鹰神话则是隐藏起来的火暴露在光天化日之下；鸣禽神话中，作为毁灭性的火是从火人小孩的屁股，也就是身体后面和下面的孔隙中出来的，而夜鹰神话中，作为建设性的火是从夜鹰口中，即从位于身体前面和上面的孔隙中出来的。这两则神话具有相互对称性。而在卡西瓦诺人的神话中，鸣禽对于陶器来说，非常重要：他们的先祖过着风餐露宿的原始生活，是鸣禽教会他们建筑住所和制造陶器。

在揭示出夜鹰与鸣禽、鸣禽与陶器的这种关系之后，作者指出了这些神话中的五种形态的转换，即：

女人→嫉妒→陶器→夜鹰→鸣禽

通过神话的巡礼而展现出来的这个序列中诸要素之间的关系，揭示了希瓦罗人神话的秘密。作为嫉妒的鸟或嫉妒的起因而"起着作用"的夜鹰，与起着解释陶器起源这一作用的女人之间，有着什么样的关系呢。按照《神话学》中逻辑命题式的表达，它们之间的关系如下：

嫉妒（夜鹰）：制陶女（女人）：：嫉妒（女人）：夜鹰 -1（制陶女）

也就是说，夜鹰所起的"嫉妒"作用之于女人所起的"制陶女"作用，就如女人所起的"嫉妒"作用之于制陶女所起的"反向夜鹰"的作用。这说明，按照希瓦罗神话的方式，要将一种人类和一种鸟为一方，嫉妒和制陶为另一方，建立起两方的关系，就必须满足这样两个条件：（1）从嫉妒的角度上看，出现人与鸟的叠合；（2）在表示鸟的词汇中，一个词与陶器一词相叠合。而鸣禽完全可以满足后一个条件，在它身上体现出来的是"反向的夜鹰"的作用。

故事似乎讲完了，但揭示出陶器、嫉妒与夜鹰的内在关系其实只是"芭蕾舞"的序幕阶段，在接下来的篇幅中，作者从夜鹰入手，通过加入其他的神话元素，把包含在陶器、嫉妒、夜鹰当中更深刻的含义展现出来，一步一步地将我们引入到"芭蕾舞"的高潮。

从上面的神话中，我们看到，夜鹰都是自私的、嫉妒的、吝啬的、贪婪的，这表现出一个口欲的内涵。提出口欲这个范畴，并不意味着它可以单独构成一个整体，与它相对应的是肛门欲。口与肛门是对立的。它们都是空窍，空窍分别具有三种作用：闭合时，阻留；开启时，吸纳或排出。据此就可以制出六项转换表格：口阻留、口欲、口泄漏、肛门阻留、肛门欲和肛门泄漏。而在神话中，与口欲极强的夜鹰相关联和相对立的动物，就是贫齿类动物树懒。树懒具有肛门阻留的特点，这是与口欲相对立的。而它在希瓦罗人那里，更是被当作一种人类的祖先。巴西帕鲁河流域阿拉瓦克族的伊普尼那人也认为树懒是他们的祖先，他们有这样一个神话：从前在太阳里面有一口大锅，里面煮着成群的鹤从世界各地采集来的污秽废物。这些废物一旦煮熟便浮上来，鹤将它们吞下。有一天，鹤的首领，所有鸟类的创造者，将一块圆石投进几乎空了的大锅。大锅里立即充满了沸水。沸水从锅里溢到地上，烧焦了所有的林木，甚至烧焦了河流。只有人类和一棵豆科树木卡西亚树幸免于难。当时是人的树懒爬到树上找寻荚果，给饥饿的同伴们充饥。这时太阳和月亮已经消失，大地一片黑暗。树懒采下果实，将里面的籽粒剥出扔下来。籽粒越往下掉，太阳的重现就越加分明，起初非常微小，后来逐渐变大，最后达到我们现在看到的大小。树懒从鹤的头领那里得到粮食作物的种子，于是印第安人得以耕田种地。

不过，与树懒相关的神话，更多的却是谈论它们的排泄与粪便。在图库那人那里，有这么一个神话：世界之初，大地一片黑暗，因为有一棵赛巴属的大树遮住了天空。夜猴每天来到一棵叫作阿拉拉库比的树上采食果实。它在树根旁大便，粪便每次都闪出光亮。作为种植英雄的主人公用果实的壳轰击树冠，使得树冠千疮百孔，漏进点点亮光。这是星辰的起源。粪便与食物是相反的。在前一个神话中，树懒是食物的提供者，它将大树上采集到的籽粒扔到下面，让饥饿的同伴充饥。不过，它提供的山扁豆的籽粒，是一种反食物。也就是说它作为食物提供者与排便的做法是反向的。那么，树懒排便有什么价值呢？

我们注意到，图库那、伊普尼那等印第安人赋予树懒一种宇宙的功能。在塔卡纳人那里，同样如此。他们有这样一个神话：在人类还不认识火并以风充饥的时代，一个印第安人给他的两个儿子带去一只树懒。这个动物几乎整天待在达维树上，吃上面的叶子。孩子们逗他，不让它到树下大小便。树懒生气了，威胁说要杀死两个孩子，还要杀死和他们一起的许多人。孩子们不管不顾，继续折磨它。它摔到地上，排出粪便。这时，大地开始冒烟，火焰蹿出，大火燃起，地面张开，整个人类遭到灭顶之灾。但终究还剩下几个幸存者，其中有个老妇人。她认为这场灾难的起因就是孩子们阻止树懒下树排便。她解释说，当树懒需要排便时，就应该让它从容地下到地上。当大火熄灭时，一个新人类的成员们顺着首尾相接的木棍攀缘而上，从地下的世界冒了出来。这些人比我们现在的人还要小，但不管怎么说，他们是我们的祖先。

在印第安人那里，同类的神话都采纳了老妇人的观点。当树懒需要下到地面排便时，如果下得太快，或摔了下去，它就会把地砸个大洞；而如果它在树上排便，粪便就会像彗星一样撞击地面。这样，大地就会旋转，人类就会死亡，要不然就是地面迸裂，大水喷涌而出，淹没世间万物。

神话中树懒这种下树排便的方式跟它的生活习性密切相关。据观察，它们"每六天排空一次膀胱，并以同样的间隔排空结肠。排便时，它们脚掌着地，一动不动"。"树懒爬到地面上时，就在其他树懒排出的一堆粪便上开始排便，这个行动持续了很长时间，每个树懒都排出一大堆东西。排便时，它们蹲在地上，上半身抬起，抓住一些树根，多是双眼紧闭。它们对我们这些看热闹的人似乎视而不见，根本不予理睬，未受任何影响。"树懒这种长期不排便的习性使得印第安人以为它们不排便，甚至没有肛门。这种肛门阻断或口欲缺乏（据说它吃很少东西或根本不吃东西），使得树懒与夜鹰的关系既关联又对立。不过，它们在神话当中，并不仅仅以这种关系出现。跟夜鹰一样，树懒也是好嫉妒的，加勒比人就说树懒是生来嫉妒的；夜鹰和树懒还都与一项人类的技艺联系在一起，夜鹰与制陶的起源相关，树懒与织造相关，或许是因为树懒头朝下倒悬在树枝上，很像一张吊床。当然，最根本的一点，仍然是贪欲和阻留方面，是口的特性与肛门的特性方面，在两种动物是对立的。排泄方面的阻留，是一种美德，而贪吃则是一种不可原谅的缺点。

　　不过，树懒的意义并不在于它的道德意义，在神话中它代表的是宇宙空间的某一个层次。在印第安人的神话中，与树懒有共同特点的林栖动物包括松鼠、蜜熊、树豪和负鼠等动物。在塔卡纳人的神话中，大洪水之后，小矮人们发生了形变，一些躲到地下去像负鼠一样的小矮人逃过此劫，没有变形，他们身上和头上涂满泥巴，为的是抵御地下世界的灼热阳光。他们朝思暮想的是怎样回到地面上。后来他们终于如愿以偿。大地颠倒了过来，他们生活在了地的上面，而人类生活在了地的下面。在这里，我们发现，在所有这些神话中，都是一群比人小的、生活在树上，也就是生活在人的头顶上的小动物构成了一种微观的生灵界。这些神话还将这种生灵界投入到了地下的世界。地下的世界是反向的：地上是白天，这里是黑夜；地上是夏季，这里是冬天。在这些神话中，隐含着这样的假说，三个世界，也就是林栖动物的世界、人类的世界和小矮人儿族的世界是可以相互转换的。为了能够形成三个封闭体系的世界，影像的互映是必不可少的。这种影像的互映使得每个世界在呈现自身形象的同时，也反映了另两个世界的形象。这种镜面的反映作用解释了为何上面的世界里巨人之于人类犹如人类之于小矮人儿，在下面的世界里巨大的林栖动物之于人类就如人类之于真实的林栖动物。

　　在这里，各种杂七杂八的神话凸显出真实的意蕴，它们都构成了人与兽没有分离之前，人对于宇宙层次的想象。一旦人类想象着位于上面或下面的另一个世界时，林栖动物就以看得见、摸得着的形式，注释和表现落在人类身上的命运。

人类期待着神的保护，让神住进上面的世界，用祈祷和供品谋求与神的相通，并建立起相互间的关系。但无论怎样，神总是在上面，而人住在下面。因为整个宇宙并非由人类所独占，人类便将神想象成有生命的生灵，而人间就成了供上面的居民使用的阴沟和垃圾场了。人们通过林栖动物的存在赋予了这种想象一种实在性。如果我们用神话学的词汇来说，可以说林栖动物构成住在上面的居民的一个实体，因为相对林栖动物而言，人就是在下面的一个层次里生活、吃喝、繁衍和死亡。但无论从逻辑上看，还是从伦理上看，这种地位都让人很不舒服。人类由此产生了想象第三个世界的需要。第三个世界就是小矮人的世界。相对小矮人而言，人类享有了垂直方向的优越性，就犹如相对人类而言，林栖动物享有垂直方向的优越性一样。也是由于人的这种不舒服的地位，人们产生了对林栖动物的极端关注，特别注意到它们所特有的排泄功能和由此而特有的不消化的功能。不同动物的不同排泄方式于是具有了一种哲学的价值。

这样，人不仅根据神话把自己的位置按与动物的关系进行了摆放，也利用神话把动物之间的关系按照人的想象进行了安排。在夜鹰代表的口欲与树懒代表的肛门阻隔之间的对立，还不足以构成动物安排的结构，另外一种动物是和树懒双向对反的吼猴，它既口不节制，排便也非常随意。在神话中，这三种动物形成的三角构成了符号的意义场，其他的动物则位于三角形的边上，与这三种动物的远近不等。

在北美的易洛魁人那里，嫉妒、粪便、流星同样存在。这与南美人的嫉妒、陶土和夜鹰之间存在着结构性的对应。北美加利福尼亚的神话中，嫉妒的制陶人也构成了创世神与文明英雄。因此，无论是南美洲和北美洲，一种心理感受——嫉妒，一种天象——流星，一种有机物——粪便，在一些神话中构成了环环相扣的体系。这个结构与宇宙空间的结构是相符的，"在人类世界的两边，生活在地上的小矮人儿和生活在树上的动物是完全相对称的"。为了论证不同地域神话在结构上的相似性，作者还以克莱因瓶的结构加以了论证。

根据以上的展示，作者最后对这幕芭蕾舞进行了总结，重心自然是神话。他指出，所有神话在提出和处理一个问题时，都是在证明这个问题与其他问题相类似，所有神话在同时提出和处理几个问题时，也都是在证明这些问题彼此之间相类似。对于这种相互反映的镜像作用所产生的虚像，绝不会有一个实物与之相应。更确切地说，神话思维在将多种已知条件加以比较时得出了不变的特征，而实物正是从这些不变的特征中汲取了自己的实质。神话就是一个用"这是当……"或"这就像……"的方法进行确定的逻辑运算的体系。

神话思维的奇特之处就是运用的几种符号。每种符号都从经验领域汲取了一些潜在的特性，这些潜在的特性可以使此领域与其他领域相互表达。但是神话对符号的选择，是一种下意识的目的性指导着这种选择，选择只能在历史的、随意的、偶然的遗产上进行，致使选择的初衷一直不可解释，就如同进入一种构成语言的因素令人难以解释其选择的初衷一样。这种一个环境、一个历史、一种文化所提出的诸种符号中间进行的选择，是与一个神话或一套特定的神话所提出的问题有关的。

不仅如此，如果每个符号都构成一个以一种经验材料为基础的破译格，那么总是使用几种符号的神话就只会在每种表格中占有几个格，这几个格与其他表格中所占有的格就组合到了一起。这样神话就制定了一种转换符号，并可以使之成为其独有的工具。在本书中，重点强调的就是口唇性与肛门性的转换。这种转换按照女人—嫉妒—陶器—夜鹰—树懒—粪便—彗星或流星这样的序列进行的。在其中，作者将嫉妒定义为渴求抓住别人从你那里挖走的物或人，或者渴求拥有别人没有的物或人而产生的一种情感，那么就可以说，嫉妒的目标是在存在或出现一种分离的危险时，保持和创造一种连接的状态，此后的主题虽然千差万别，但分离的本质是不变的。

书中相继研究的各个阶段可看成在美洲大陆的范围内——从玻利维亚和秘鲁直至加利福尼亚——的一种变化的各个状态，这样似乎就可以使分离在初始阶段涉及一个妻子，在终极阶段涉及粪便。在关于陶土起源的希瓦罗的神话中，两个丈夫厌倦了为同一个妻子而发生的争吵，相继升到天上，一个变成太阳，一个变成月亮。妻子想追上他们，但中途跌到地上。有的版本说，她落在地上的身体变成陶土；有的说，她带在篮子里的陶土撒在地上；还有的说，她跌落时因惊吓而排出的粪便落在地上，变成制陶的黏土。

陶土首先开采出来，然后塑成形，最后烧制，从而变为一个容器用来盛装一种内容——食物。而食物则反方向循着同一路线：首先放在一个陶土容器中，然后烹烧，然后在体内通过消化进行加工，最后以粪便的形式排出：

黏土→开采→塑形→烧制→容器
粪便←排出←消化←烧熟←食物

在《餐桌礼仪的起源》中，作者讨论了消化的生理过程与某种文化过程的等值关系。消化与烧熟相对应：在消化的过程中，机体暂时滞留了食物，然后以加工的形式排出。消化的中介作用，可以与烧熟相比，烧熟中断了从生走向腐败的另一自然过程。为了表明从自然到文明、从生食到熟食的过渡，一个神话系集将重点放在灶火上；另一个神话系集则放在陶器上，陶器作为炊具的使用意味着已经有了灶火。因此，第二个神话系集是从属于第一个神话系集的。更准确地说，第二个系集以和谐共鸣的方式将第一个系集延伸到另一个音域中，"没有容器用来烧煮和帮助食用食物，从菜园里采集到的食物就是不完整的"。我们由此看到，关于灶火起源的神话是怎样被陶器起源的神话所取代的，后者往往只是前者的一个转换而已。

因此，可以说，《嫉妒的制陶女》一书实际上是以陶器为主题，延续了人类从没有火到有了火之后的宇宙想象。陶器成为把食物煮得更熟的一些容器，文明也因此更深入一步，关于宇宙层次的讨论似乎与家庭关系也更靠近了。但是，不管怎样，在陶器（下层）、嫉妒（人的世界）、夜鹰（上层）的关系当中，仍然有类似于克莱因瓶的管道可以连通，这个容器可以使包容者反身出来成为容器，这也是神话时代为人的世界创造的一个既封闭又开放的环境。在这里，不由得让人想起中国古代《山海经》里的神话世界。《南山经》的"亶爰山"这样写道："又东四百里，曰亶爰之山，多水，无草木，不可以上。有兽焉，其状如狸而有髦，其名曰类，自为牝牡，食者不妒。"这种叫"类"的动物是否也生活在比我们高的山上，并善于嫉妒呢？

《南美洲的魔鬼与商品拜物教》(1980)

赵丙祥　杨玉静

迈克·陶西格（Michael Taussig, 1940— ），生于澳大利亚悉尼，1964 年获悉尼大学医学学士学位，做过一段时间的家庭医生，后到伦敦政治经济学院读书，1968 年获社会学硕士学位，1969 年在伦敦大学拉丁美洲研究所任研究助理员，并开始在哥伦比亚从事田野工作，研究哥伦比亚西部地区在历史上的奴隶制及其后果。1974 年他获伦敦大学人类学博士学位，自 1972 年起至今，先后执教于密歇根大学、纽约大学和哥伦比亚大学。他的重要著作有《南美洲的魔鬼与商品拜物教》(*The Devil and Commodity Fetishism in South America*, 1980)、《萨满教、殖民主义与野人》(*Shamanism, Colonialism and the Wild Man: A Study in Terror and Healing*, 1987)、《国家的巫术》(*The Magic of the State*, 1997) 等。

　　资本主义体系和处于这个体系边缘位置的人民的关系，自从 20 世纪 50 年代以来，成为国际人类学界的一个重要主题。对资本主义体系的发生及成长史的研究，向来是西方社会科学的核心之一，但大多受制于类似"世界体系论"之类的学说，而在人类学内部，对这一体系边缘或外围的人民的命运的关注，成为人类学家挑战资本主义中心论的一个突破口。从学理上说，这一部分人类学家大都受马克思学说的影响，如沃尔夫（Eric Wolf）、西敏司（Sidney Mintz）、萨林斯（Marshall Sahlins）等，陶西格也是如此。

　　说得更具体一点，在社会类型方面，人类学原本就与马克思本人的学说有颇多相同之处。马克思晚年走向了民族学，他在《前资本主义经济形态》等著作中，将"原始社会"与"资本主义社会"视为两种最基本的社会类型；而人类学也一直在"冷性社会"和"热性社会"之间做文章。在这一方面，马克思将"商品"看作资本主义社会最典型的表达，而莫斯（Marcel Mauss）更明确地将"商品"与"礼物"这两个概念作为区分"古代社会"与"现代社会"的原则。制约着这两种类型的社会的，分别是"使用价值"和"交换价值"。陶西格正是在马克思和莫斯的这一根本区分的前提下写作这部《南美洲的魔鬼与商品拜物教》①的。

这本书描述的是哥伦比亚和玻利维亚农民，他们不得不面对他们正日益卷入的资本主义生产和交换关系，但他们对这种生产和这种关系的意义却产生了在西方人看来显得十分怪异的观念。在充斥着商品的社会中，当代西方人习以为常的现实，在这些农民看来却是如此的不自然，甚至变成了十分邪恶的东西。显然，只有农民们日益成为无产阶级，并被资本主义生产关系组织起来的时候，这种现象才有可能发生，在农民的生活方式中是不会有这种事情发生的。

因此，陶西格在关注南美洲农民对工业资本主义的文化反应的同时，试图对西方社会关于资本主义的意识形态进行一种反思的批评，他一再重申马克思在《资本论》等一系列著作中做出的论断：资本主义本身是历史的、特定的产物，而不是天经地义的、永恒的存在。但长久以来，在西方社会科学界（这尤其以经济学等学科为代表），更不用说在西方社会中，人们习惯于相信，他们的文化模式不是历史的，也不是社会的或人类的，而是自然的、客观的。资本主义文化用这种虚幻的客观性掩盖了它是社会创造物的事实。那么，资本主义的虚幻客观性（objectivity）表现在哪些地方呢？

从知识论上来讲，时间、空间、事物、原因、关系、人性及社会自身都是人类所创造的社会产物。但是，对于其参与者来说，所有的文化往往都想表现这些事物的非社会性。一旦这些事物被看作自然的而不是社会的产物，认识论自身就会掩盖对社会秩序的理解。这与资本主义社会的抽象性密切相关。在资本主义文化中，人的本质及其产品都被转化成了商品，变成了可以在市场上买卖的东西（例如：劳动和劳动时间）。与此相同步，在资本主义工业制度下，生产与人类生活的整体性被分割成越来越小的可量化的部分，劳动——生活本身的一种活动——变成了与生活本身相分离、抽象为可用劳动时间计算的商品，而这种商品

---

① Michael Taussig, *The Devil and Commodity Fetishism in South America*, University of North Carolina Press, 1980.

看起来却是具体的、真实的、自然的、不可变的，这一过程就是工业资本主义社会中的对象化（object-making）过程。

正是由于商品社会产生了这种虚幻的客观性，它也模糊了自身产生的根源——人与人的关系。一方面，这些抽象的产物被奉为无生命的真实的东西，另一方面，它们又被看作与精神或神灵相关的有生命的实体。例如：时间既是实在的，又是抽象的。一方面，时间可以被浪费、节省，另一方面，我们又说与时间做斗争，因此时间变成了从社会关系中抽象出来的活的东西，这是商品拜物教的一个例子。在这种情况下，人与人相互关系的产物变成了控制人，甚至生产人的东西。

马克思在对商品的辩证分析中，把它既看作物，又看作一种社会关系，由此他得到了商品拜物教的概念，并将它作为对资本主义文化的一种批判。某些人类现实在资本主义制度的边缘会变得更清楚，马克思以他天才的感悟力写道："商品的所有秘密、所有魔力，在遇到其他生产形式时都会消失。"简言之，资本主义的意义将受制于前资本主义的意义，在这一对抗中的冲突将表现为：人被看作生产的目的，而不是生产是人的目的。

一、魔鬼与商品拜物教

在南美洲两个广大的农村地区，那些没有土地、仅靠工资生活的农民会祈求魔鬼的保护以增加生产，有地的农民则不会这样做。在农民的生产方式中，上帝或自然界的丰收神掌管着劳动信仰，魔鬼与罪恶则保佑资本主义生产方式的形而上学。

在南美种植园中的农业工人被认为是与魔鬼订立了秘密契约的，目的是为了增加生产，从而增加工资。据说这个契约对资本和人类生活都有破坏作用，用订了契约后赚的钱购买土地或牲畜是没有意义的，因为这些工资本身就是毫无意义的，土地将会荒芜，牲畜也会死去。同样，种植园里甘蔗也是没有价值的，那些与魔鬼签约的人也将在痛苦中早早地死去，短期利益（资本主义工资）换来的是长期的贫瘠与死亡。

与此类似，在玻利维亚锡矿中的矿工也创造了新的崇拜魔鬼的仪式，他们将魔鬼看作锡矿和矿石的真正主人。据说，他们这样做是为了维持生产，为了找到富矿脉，为了减少事故的发生。尽管魔鬼是生产或增加生产的基础，但是这样的生产最终还是要导致生活的毁灭。

南美的农业工人或矿工为什么会有这样的信仰？当然不能把魔鬼信仰简单地说成是为了增加物质财富等，他们这样做有自己的理由，这是对失去了的生活方式的集体表现，具有历史意义。农业工人和矿工失去了对生产方式的控制，却被这种生产方式所控制。这些信仰发生在这样一种历史环境中：一种生产和生活方式被另一种生产和生活方式所取代，而魔鬼就代表着这样一种异化的过程。这样，魔鬼不仅代表着物质生活条件的变化，也代表着真理、存在标准的根本变化。魔鬼信仰意味着新生的无产阶级文化与商品化过程的对立，为了协调这一对立，魔鬼信仰甚至可以促进政治运动的发展，这种信仰可以说是对两种截然不同的理解、评价人的世界和物的世界的方式的调节。

对南美洲农业工人和矿工来说，资本主义这种新的社会经济制度既不是自然的，也不是好的制度，相反，它是非自然的、邪恶的东西。这种观念来自这样一种现实环境，在这种环境中存在着两种生活方式：一种是农民的生产方式，在这种方式中，生产者直接控制着生产方式，并自己组织生产；一种是资本主义的生产方式，在这种方式中，生产者既不控制劳动资料，也不掌握其组织形式。正是在这样一种具体条件的对比中产生了魔鬼信仰。

作为工人的农民和矿工对于他们自身被迫卷入现代企业的反应经常是冷漠的，他们对工资激励制、对经济理性漠不关心，这种反应大大挫伤了资本家们，他们在此很难获得劳动力。据说西喀麦隆的巴克威利人（Bakweri）对赚钱并不感兴趣，他们积累财富也仅仅是为了在一种夸富宴仪式中将其毁掉。仅有的几个在种植园中工作并发了财的人也是新的巫术组织的成员，他们杀死亲人甚至孩子，并将他们变成僵尸，这些僵尸被迫在远处的山上工作、推车，据说在那里，巫师们有一座现代城。在种植园经济条件下，人们相信亲人们变成了抵押品，这样有几个人就会获得财富，因此，早期的资本主义经济刺激了新巫师的贪婪，因而它毁坏了人的青春和生命力。老人们早就警告过：没有钱是白捡的，钱撒在地上是为了引诱人到水边，在那里，法国人在建造新港口时把他们当作僵尸来使用。这些对早期资本主义的反应有力地证明了对使用价值的拒绝。

建立在使用价值基础之上的传统家庭的性质所引起的对建立在交换价值基础之上的反应，会让当代人既感到惊奇，又感到不"合理"。通过这种反应，我们看到的是使用价值和交换价值之间激烈的精神冲突。今天，资本主义制度在这些地区已经被接受了，但是，关注第三世界的新兴无产阶级所提供的批判对我们来说很重要。他们的劳动和劳动产品被世界市场无情地吸纳,但是他们的文化却抵抗这种合理化过程。

也许某些现实论者认为这种抵抗并不重要,但是前资本主义社会生产和交换的形而上学的消亡,至少在两个有影响的社会理论家看来是现代资本主义建立过程中的一种被迫行为。韦伯把对魔法的迷信及其与此相关联的生产和交换看作经济合理化的最大障碍之一;马克思则看到,只有当使用外部经济条件的直接而强迫的力量时,向资本主义生产方式的转变才会完成,直到人们都将这些新条件看作是很自然的时候,一套全新的传统和习惯才会在工人阶级中形成。

南美洲的魔鬼信仰可以理解为当地人对新拜物教取代传统拜物教的反应。在原来的使用价值系统内来理解,魔鬼就是这两种完全不同的生产、交换系统之间冲突的调节者,这不仅仅因为魔鬼是种植园和矿山所引起的痛苦和恐慌的象征,还因为这些市场经济扩张的牺牲者们从个人而非商品的角度看待经济,他们看到互惠原则受到了可怕的曲解(互惠原则:在所有的前资本主义社会中受到神秘批判的支持,并在超自然的惩罚中生效)。矿山及甘蔗园中的魔鬼反映了工人们的文化对互惠原则的信仰,这些原则构成了农民生产方式的基础,而这些原则在资本主义劳动工资制的经验中正在受到损害。

二、哥伦比亚考卡山谷的种植园

20 世纪初期,随着哥伦比亚内战的结束,保守党取得了胜利,它为哥伦比亚赢得了一个"稳定而进步"的投资环境,大量的资本投到了考卡山谷。1914年,山谷通过铁路和巴拿马运河向世界市场开放。在考卡山谷的南部,人口急剧增长,从而引起了食物需求的增长。结果,土地价值也随之上升,与此同时,许多地主获得了驱逐农民、开创大规模的农业商品经济的权力。哥伦比亚内战也进一步推动正在兴起的种植业主圈种农民的土地。农民们被迫成为劳动工人,种植商品作物。新生的资本主义制度无情地摧毁了这种根植于非市场化的社会组织形式,劳动合同制开始兴起,这种合同制瓦解了工人的力量和政治战斗力,却有助于解决劳动力需求的波动问题。当地人民对魔鬼的崇拜就是在这种情境中进行的。

工资制劳动被认为是最艰辛、最不受欢迎的。底层人感到工作在某种程度上成了压迫生活的东西。来自太平洋沿岸的移民说,在海边我们有食物,但没有钱，而在这里，我们有钱却没有食物。他们崇拜甘蔗，认为它是一种能榨干人、吃光人的植物。单一的甘蔗种植只会有助于政府和富人购买越来越多的拖拉机，只会给他们带来富裕、奢侈的生活，甘蔗只会使农民变成野兽，然后杀掉他们。大多数农民的小块土地受到绿魔鬼的威胁，这绿魔鬼就是大甘蔗，它是地主的上帝。

在当地流传这样一种信仰：种植园中的工人为了增加生产和工资，与魔鬼签了秘密合同，而签下这份合同的人很有可能在痛苦中早早地死去。活着的时候，他是魔鬼手中的玩偶，这样得到的钱是没有价值的，而且必须尽快花掉（买好衣服、酒、黄油等），不能用作资本。如果用作资本，就会招致祸害；如果用来购买或租种土地，那么地上就不能生产；如果用来买猪饲养，而养猪是为了到市场上出售，猪就会生病，死掉；另外，甘蔗砍掉以后也不会再发芽了。但是据说，尽管通过与魔鬼签合同得到的钱不能购买前面所说的那些东西，但却可以把钱分给朋友，朋友可以将这些钱当作普通的钱来使用。

魔鬼信仰只是一种想象，它表明其整体性受到威胁时的文化自觉，这种信仰是一个"文本"，在此，文化试图通过建构过去的意义来恢复它的历史。本雅明（Walter Benjamin）写道："历史地表述过去，意味着当记忆在危险时刻一闪即逝时抓住它。这个危险既影响着传统的内容，也影响着它的接受者，……每一个时代，这种努力都要从企图控制传统的墨守成规中再次将传统夺走。弥塞亚不仅是个救赎者，他还是一个反基督者。"在魔鬼协议中，这种受到威胁的传统利于反基督者恢复使用价值的生产方式，并将它从资本主义的异化方式中夺走。

我们对该"文本"的解读将集中于宇宙观的文化观念及在这种观念面对社会生产方式的急剧转变时所产生的意义。

在哥伦比亚的太平洋海岸地区，人们举行仪式的目的是治疗、防止盗贼和妖术，即用于减少厄运，寻求庇护，而不是为了获利，实际上，赚钱、盈利是导致疾病和厄运的原因。海岸黑人们膜拜的小雕像证明了传统及受外国影响的魔力的可塑性，因为这些小雕像除了有非洲人的特征，有的是按照殖民时期的欧洲人及其他天主教徒的形象雕刻的。很有可能这些小雕像代表着考卡山谷那些与魔鬼签约的无产阶级，他们是这些小雕像的后人或化身，因此小雕像的使用不是为了增加生产，而是对危险时刻的控制。

这指出了生产和再生产相类似的重要性，在使用价值经济中，生产常常是再生产的隐喻，二者是在同一本体论概念上被理解或解释的。亚里士多德和经院哲学家经常将生物性再生产扩展到物质生产、交换及货币交换领域。像这些哲学家一样，南美洲考卡山谷的底层阶级发现在一个领域中的隐喻和象征很容易与另一个领域产生关系：例如，在早期资本主义生产关系条件下，增加生产的结果是本质上无价值的，工资也没有再生产的力量。有趣的是，成熟时期的资本主义经济每天使用的说法也利用了生物性隐喻（如资本的 growth，工厂用 plant），但是这些隐喻却通过赋予资本生育力而高度赞扬它。

在一个正在经历着从前资本主义向资本主义秩序转变的社会的灵魂深处，正发生着道德大屠杀。在这个转变过程中，道德标准和看待世界的方式都不得不重新塑造。在新的社会形式努力从旧社会形式中产生时，在统治阶级试图将统治原则融入新传统之时，工人们以前存在的宇宙观就变成了障碍或调节者，或二者兼而有之。

创世、生死、发展、生产、再生产——所有这些都是宇宙演化学所讨论的问题。它们也是治疗性仪式、魔法，考卡山谷魔鬼协议的过程。这个新的宇宙仍然在形成过程中。在这个过程中，底层阶级是阈限性存在，既不是农民也不是真正的无产阶级，他们的处境是充满矛盾而不明确的。在此，生与死的象征化很明显。这种象征与无产阶级化的农民的历史地位相一致。作为阈限性存在，这种半农民、半无产阶级的地位对所有结构性位置既是否定的，又是确认的。无产者的魔鬼协议的产生就是这样一个新的结构。为了更好地理解这一点，我们首先要概括一下当地人的宇宙观及其宇宙观仪式。

考卡山谷的宇宙观来自天主教的宇宙观。正统天主教中宇宙分为三个类别：天堂、地狱和人世。但这种宇宙观在祖先灵魂信仰和表面化的精神信仰中被修改了。每个人都有灵魂，灵魂可以离开人的肉体游荡，尤其是在晚上人死之后，灵魂会在附近或回到人间。对死者进行的复杂的葬礼仪式及周年纪念就是为了净化灵魂，保证它在天堂的命运。当人处在危险中时，会企求祖先神灵的保佑。这种企求是为了驱除危险，而不是为了得到大量财富，希望获得财富就要企求圣人。但是"圣人住在教堂里，而祖先神灵则与我们同在"。显然，祖先灵魂在魔法和巫术中的作用尚不清楚，但确实可以在巫师或魔法师、祖先和魔鬼的灵魂与受害者的灵魂之间建立某种联系。

在为全家人治病的民间仪式中，我们可以看到宇宙观的搬演。这些仪式是最普遍的魔法形式，即使屋里只有一个人受到了巫师的刺伤，全家人作为一个活的整体都会感到痛苦。家庭不仅是社会经济形式的细胞，对巫师的嫉妒来说也是一个道德整体。屋里的人一般抱怨一件或三件事情：他们工作辛苦，得到的却很少；他们经常遭到小偷的洗劫；他们总是生病。在仪式中搬演的当地人的宇宙观再造了欧洲人征服的历史。在征服中，白人、黑人、印第安人从基督教和异教中形成了世俗宗教。

建立在堕落与救赎的神话基础之上，考卡山谷南部的民间宗教和巫术治疗恰恰证实了善与恶的辩证统一。魔鬼象征着这样一个对立的过程：一方面是堕落与瓦解，另一方面是旧的因素在新形式下的发展、转型和再造。正是毁灭与生产的辩证统一形成了魔鬼与农业商品经济联系的基础，伴随无产者的魔鬼协议和工资增长而到来的是贫瘠和死亡，在这样的条件下，生产和毁灭可互相交换，它们是可交替使用的术语。无产者的魔鬼协议是对市场组织制度重建日常生活的反应和对理解世界的形而上学基础的反应。

考卡山谷南部的种植园和农业社会由两种对立的交换制度构成：一个是互惠的和自我更新的制度，一个是不平等交换和自我毁灭制度。尽管在许多方面都已经商品化了，但是农民的农业生产仍然在复制着热带雨林的自然生态，为农户提供食物和其他农产品。农业劳动没有严格的性别和年龄区分，是真正的"家庭经济"。无论在生理上，还是在社会关系意义上，这种劳动都是愉快的。与此相反，种植园经济劳动则是一种慢性死亡，由于长期劳累和疾病的侵袭，人很快就会变老。年轻人一开始很想到种植园中工作，因为在那里有机会赚更多的钱，但是一年之内，他们就会回到农田里，他们说："我宁愿没有钱但是人很胖，也不愿意有钱而又老又瘦。"

社会及生理差别区分了这两种制度。商品农业经济的关系是非人的、压迫性的，工人是监工的牺牲品，如果迟到，他们就会被罚款或解雇，工资的高低也不由他们控制，而且，工人也是没有名字的或仅以代号存在，尽管他们能赚到很多钱，但是他们总说自己被欺骗了。魔鬼协议是这样一种交换：它结束了所有的交换。

在考卡山谷有这样一种信仰：教父（或教母）在给小孩洗礼的时候，他（或她）的手里藏着钱，因此，人们认为是钱受了洗礼，而不是小孩。当受过洗礼的钱进入货币流通以后，它就会不断地回到主人那里。主人会因此变富，而与主人进行交易的人则会变穷。这种信仰解释了钱能生钱的现象。在当地人看来，受洗礼的钱是以小孩为牺牲品的，它剥夺了小孩在生命再循环的仪式中及宇宙秩序中的合法地位，因此，就像工人与魔鬼订立契约一样，它也有着同样的污名。钱能生钱是受超自然的力量左右的，而不是钱自身内的能力。

当地人必须解释：曾经是动物的专有特征现在怎么成了货币的特征（指生育能力），按照其自然属性，货币是不能增殖的（见图 1）。他们必须解释货币向资本（能产生利润）的转变，解释使用价值向交换价值的转变（见图 2）。他们认为这种转变通过非法的给钱洗礼的仪式完成。没有洗礼的钱或自然的钱不是也不应该是资本，也不会产生利润。但是，由于资本是受过洗礼的钱，它是超自然的，也是反自然的，因为洗礼仪式是以剥夺小孩在上帝那儿的合法地位为代价的，这与文化的准则相悖，因此，资本既是反自然的，又是反道德的。由此看来，建立在使用价值基础之上的分析模式通过超自然的方式被重新建构起来了，但是重构仍然保持了使用价值经济学的原有意义。

生物学领域	钱的使用价值	钱的交换价值
自然的	自然的	非自然的
动物的	货币	货币
小崽子	货币	增殖的货币

图 1

价值的类型		使用价值	交换价值
流通的目的		满足自然的需求	以赢利为自身目的
货币的特征	交换手段		赚钱的手段
	C-M-C		M-C-M'
	自然的		非自然的
	无生育力		无生育力

图 2　货币的特征

三、玻利维亚的锡矿

在玻利维亚锡矿中，矿工们供奉着矿山之神帝欧，它掌握着矿山和矿工的生与死。在矿山中，如果没有神灵的保佑，矿物生产及矿工的生命都要受到危害。矿山的神灵具有双重性：既是生的力量，也是死的力量。随着政治经济条件的变化，它的这种两重性也会发生变化。生产方式的每次变化和政治斗争的每次新发展都会为对自然界的神灵的象征和理解增加新意与变化。

矿山之神与矿工之间是互惠的关系，矿工为山神提供食物，确保山神也养活他们。矿山之神的两重性（既是有害的，又是有帮助的）可以通过礼物交换的仪式达到一个好的结果。

作为玻利维亚国家的一个组成部分，矿工们在理论上享有矿山所有权，但实际上矿山的财富并没有到达他们手中。玻利维亚北部的农民说，他们与大山是一个整体，他们想象大山是一个人，他们在大山的土地上进行劳动，是大山给了他们生命，他们也通过仪式馈赠大山礼物，给予它生命和整体性，他们之间是互惠的。正是人与人、人与自然之间的这种共同生活在仪式中得到了加强，即使是现代商品生产和交换与这种共同性相对立时，也是如此。事实上，由于商品生产和市场交换威胁了这种整体性，它们似乎反而加强了生活的这种整体感。矿石被说成是有生命的。

锡矿是被施了魔法的，但它是基督教的对立物，事实上，它的力量似乎来自那种对立。它反对基督的世界，在锡矿的入口处，人们可以在胸前划着十字架，祈祷上帝保佑，但是在锡矿的里面却不能这样做，甚至在靠近矿石时，人们不能用鹤嘴锄，因为锄是十字形的，否则，就会失去矿脉。上帝统治着地面上的世界，而帝欧则是矿山的国王。"我们不必像在圣人面前那样向它下跪，"一个矿工说，"因为那样是对它的冒犯。"

在管理者进行镇压之前，帝欧崇拜仪式在每个周二和周五都要举行。矿工们带来香蕉、糖果和五彩纸屑等东西，他们先在帝欧的嘴里放一支烟，然后把酒洒在地上敬地神，然后再给帝欧一些酒喝，然后矿工们拿出可可咀嚼，抽烟，喝酒。他们给帝欧点燃烟，并对它说："帝欧，帮助我们进行工作吧，不要让事故发生。"矿工们喝酒、聊天，歌唱他们的工作和历史故事，他们在帝欧的脖子上缠上彩带，并开始用祭品（祭品最后要在帝欧面前烧掉）准备圣坛，然后他们喝得醉醺醺地到换衣服的地方，再给帝欧准备祭品，在它的脖子上缠上彩带。

死难事故经常发生，矿工们将之归于帝欧的恶意，并求它饶恕。有三个人在事故中丧生后，矿工们说帝欧渴了，要喝血，他们要求当局给一些时间举行仪式，他们给帝欧血，并对它说："喝吧，别再喝我们的血了！"在矿工对帝欧举行的仪式中，祈求生命是最主要的，渴望得到矿石和减少危险是重要的组成部分，但这只是在更广泛的目的中说的。

尽管安第斯人的形而上学强调存在于人、精神和土地之间无所不包的整体性，但是这种整体性不同于基督教的"一"，它是由高度分化的二元系统构成的，这个体系的各个组成部分是通过二元对立的辩证之网形成一个整体的。在安第斯，几乎所有事物都是通过与其对立面并置来理解的，如男 / 女、老 / 少、山 / 湖等。安第斯人关于人与自然的关系是，在它们的关系中模式和平衡不仅存在，而且会不断地保持。任何事物的自然属性及其存在都是它在一个模式中所在的位置的结果。不像机械原子主义的哲学那样，强调先验的原因及其后果连接孤立事物之间的机械力之链，结构中的位置、与整体的关系是理解安第斯人哲学的关键。

所有的安第斯人都知道太阳和月亮崇拜，他们认为日神和月神是由一个至高的存在创造的一对最初的神，这个存在在一个整体中体现着所有的二元对立，代表着太阳 / 月亮、男人 / 女人、早 / 晚等，这些对立形成了一个整体。这个辩证的统一是生产力的基础。在某些考古地点，太阳和月亮以人形出现，发出耀眼的光芒，光在蛇头处消失。他们在一个神圣的地方达到完美结合，通常在高山坡上，有奇花异草和动物围在周围，象征着旺盛的生命力。

安第斯文化的结构主义不是静止的几何蓝图，相反，它是活的，有生命的结构主义，它将元素放在有机宇宙中的关系中来协调元素。在整体的有机循环中，在互惠中、在成长和死亡中，没有哪一个元素可在其位置之外存在，有力量或有意义。互惠原则和辩证法不仅是元素之间，而且是个体和宇宙的其他部分之间相统一的关键性原则。

与西班牙帝国主义的宗教和民间传说相比，安第斯人的精神世界中没有全能的邪恶之神。但是，随着西班牙人的到来，西班牙人的天主教和安第斯人的自然崇拜混合起来，罪恶之神作为各种矛盾的总和出现在安第斯人的象征生活之中，这种以魔鬼的形式对罪恶的崇拜源于欧洲人的征服所产生的等级结构和阶级压迫。

随着西班牙人对黄金和白银的渴望，他们把对魔鬼的恐惧带到了新世界。对于西班牙人来说，世界分成了两个互相对立的部分，即善与恶；基督教徒培养人的善，而异教徒则会引起罪恶。尽管福音书的力量已经征服了魔鬼，但是魔鬼痛恨退到那个遥远的世界，痛恨在世界的另一个部分进行统治。这种宇宙结构无疑是静止的、二元的，在这种庇护之下，罪恶之神在安第斯地区复活了。

西班牙人将印第安人宗教中的神与他们自己的魔鬼等同起来，他们把印第安人看作魔鬼的走卒，把他们的仪式看作对魔鬼的崇拜。轻信的西班牙人害怕，而不是讽刺印第安人的诸神。毫无疑问，印第安人也害怕西班牙人，或许还将他们看作类似于神。但是西班牙人也受到了印第安人的魔鬼的力量的指引，在他们求助于印第安人的魔法进行治病和预测事物的时候，他们又赋予印第安人奇怪的力量。对于西班牙殖民者来说，阻止印第安人进行宗教活动并不是一件容易的事，因为当地人的宗教渗透于日常生活、生与死、农业活动及治疗活动之中，而且，他们的神像大部分是不可摧毁的，因为它们是大山、岩石、湖泊及河流。

随着西班牙人的征服而产生的破坏性力量引起了相反的反应：人与神之间原来的结构分裂了，具体表现在人之中。据说，在征服以后，所谓的巫术增加了，部分原因是普遍的贫困。那些仪式把基督教的某些成分吸收到当地人的形式之中。据说上帝的仁慈实际上是有限的，对基督徒罪恶的免除也不符合罪大恶极之人，而耶稣和魔鬼则是兄弟。这样，基督教和当地信仰终于混在了一起，前者附属于后者。

西班牙人的征服将魔鬼带到了印第安人的新世界，并开始了毁灭的过程。除此之外，征服也进入了自然的肖像学领域。玻利维亚人认为，黄金和白银是由一个邪恶的超自然的存在掌握的，他会带来疾病和死亡，他经常被看作一个穿着西班牙士兵服的老矮子，他周围都是珠宝。因此，把黄金与白银与罪恶和危险联系起来并不奇怪。但是在被征服以前，稀有金属受到人们的尊敬，不会与罪恶或危险连在一起。采矿本质上是在当地人的控制之下，而不是受到国家的控制，黄金和白银可以作为礼物进行交换，尤其在头人之间。

采矿业在征服前后的区别在于，前者是自给自足经济的一小部分，后者则是世界资本主义经济的支柱，来自新世界的稀有金属在资本积累的早期阶段起着重要作用。

在当地人被征服以前，稀有金属是作为礼物来进行交换的，它有着神圣的地位。随着西班牙人的到来，采矿变成了贪婪的大工业，变成了殖民地经济的基础。这时，采矿业就成了共同体分裂、亲属关系解体的一个重要原因。因为许多人被迫被征召为劳动力，有的人为了避免被征召而离开原来的社会群体，还有一些人为了赚到更多的钱以支付税款而愿意到矿上工作。

人们认为睡在玻利维亚锡矿之上的大山上住着一个叫哈华利（Hahuali）的神，它就是矿山之神，如今的魔鬼或帝欧。矿工们说："就是它劝人们离开田里的劳动，到山洞里寻找它储藏的财富。人们放弃了耕种土地的美好生活……"与农业经济相比，采矿业被认为是不好的，那是一个错误。农民受财富诱惑来到这里，但这样的财富是没有价值的。

男性的魔鬼与地母（既是矿山的所有者又是土地和生育力之神）的对立意味着什么？欧洲人的殖民对当地人生活方式的社会作用看起来曲解了男女关系的特征（原来是相对的，现在变成了敌对的关系，尤其是在异化最严重的印第安人社区）。因此，女性神体现了印第安人的利益和被压迫者的意识，体现着互惠与和谐，体现着旺盛的生命力；男性神则体现了异化的力量，是毁灭的表现，这是拯救与毁灭的对立。

与锡矿工人的仪式相反，农民们所有的生产仪式却都表达了隐藏在山神之中的意义的整体性，它们的中心主题是喂养大山，大山反过来也会给他们食物。农民的生产魔法与矿工的采矿魔法是正好相反的：农民拥有生产工具，矿工却没有；农民掌握生产组织，矿工则经常为了工作和工资水平与管理者发生冲突；农民可以出卖自己的劳动产品，矿工则完全依赖于买卖劳动力的劳动市场；农民举行的仪式与生产相关，生产是为了与山神进行交换，交换确保了土地的合理使用和土地的肥沃，不仅如此，仪式还维护了农民的社会组织、它的特殊模式、它的整体性和它的意义。农民与山神之间的交换是本质性的东西，然而这些神灵既不像矿山之神那样具有破坏性，也不像它那样邪恶。矿工举行的仪式与生产紧密相关，是为了增加生产和工资。

据说，哈华利（矿山的所有者，现在的帝欧）每天晚上都要把矿石运送到矿山中，矿石积淀在那里，后来被矿工发现了，他们挖出矿石与老板交换工资。帝欧每天晚上都要这样不知疲倦地积聚大量矿石，为的是矿山的财富不致枯竭，这是上面所说的交换循环的有意义转型。过去农民送给山神礼物，山神则把礼物变成稀有金属交给政府，以换取政府对农民及其财产的封建式统治，这种循环保证了富庶与繁荣，它建立在互惠性的礼物交换思想基础之上。在矿山中，矿工站在自然界的精神之主和矿山（1950年以前是资本主义私营企业，现在归国家所有）的法律上的所有者之间。实际上，安第斯地区交换的长链是这样的：农民送给神灵礼物，神灵将礼物转变为稀有金属，矿工挖掘矿石（只要举行仪式与神灵进行礼物交换就能发现矿石），体现在锡矿石中的矿工劳动作为商品卖给矿主或雇主，这些人最后又将矿石卖到国际商品市场上。这样，互惠性的礼物交换以商品交换而结束了。处在魔鬼与国家之间的矿工协调着这种转型。这一循环带来了贫瘠和死亡，而不是富庶与繁荣，它建立在互惠向商品交换转型的基础之上。

商品交换和礼物交换不能很容易地协调起来，因为它们是完全对立的。是市场，而不是仪式，调节着矿工与工资之间的交换；这种交换的节奏不是笛声和鼓声，而是世界商品市场上为追求利润而产生的波动。在使用价值的经济中，产品将人、仪式和宇宙观联系起来，而在市场经济中，商品站在主体之上，发展自己的仪式和宇宙观。

但是，矿工所举行的仪式的矛盾性表明他们的文化远远没有被商品生产的刺激所完全改变。虽然印第安人进过锡矿，但是在资本主义体制中，他们仍然是外在的部分。资本主义的霸权没有完全实现，生产要继续必然需要暴力和强制。工人阶级并没有获得将资本主义看作不言自明的自然法则的传统和教育。不仅如此，矿工还把他们的国家看作完全不正常的，有个矿工说："每次进到矿里，就像被埋葬了一样；每次离开那里，呼吸到新鲜空气，就像是一次再生。"

随着西班牙人的征服，印第安人的文化不仅吸收而且改造了基督教神话。魔鬼的形象和救赎神话就表达了被压迫者的需要。矿工的仪式保留了传统的文化遗产：既有的看世界的方式构成了新的经验，这些新的经验改变着传统，但这种改变是从历史的角度来解释现在的意义的。因此，矿工的仪式是神话史的集中表现。

《历史的隐喻与神话的现实》（1981）

赵丙祥

在《历史的隐喻与神话的现实》[①]这部为萨林斯（Marshall Sahlins）既带来巨大声誉又招来指责的作品中，他实际上只为我们讲述了一个简单的故事，即伟大的航海家詹姆斯·库克（James Cook）船长是如何被夏威夷土著人谋杀的。库克船长，这是一个对东方人来说可能多少有些陌生的名字，但在一个西方人的耳朵里，却是再熟悉不过的了，以他的名字来命名的地点、纪念物或旅馆简直数不胜数。同时，关于库克船长的研究著作也可以用"汗牛充栋"这个词来形容，在某种程度上，库克船长是历史学家们的"专利"，那么，一个人类学家又能够从中翻出什么新花样？

在讲述库克船长的故事之前，我们首先要对夏威夷人的神话有所了解才行。在夏威夷人的观念中，当地社会中有两类头人，第一种是土著头人，第二种则是外来的头人。在他们看来，第一类头人的起源要更加古老，这以神话中的人物卡帕瓦（Kapawa）为代表，他是被帕奥（Paao）废黜的头人。而帕奥则以他与其兄长罗诺佩莱（Lonopele）的冲突而出名。罗诺佩莱指责帕奥的儿子偷盗果子，帕奥剖开儿子的肚子，但发现他是无辜的。帕奥勃然大怒，决定离开他的兄长，并开始建造一艘独木舟。他又施展诡计，诱使罗诺佩莱的儿子触犯了建造独木舟的禁忌，这样，他就用罗诺佩莱的儿子作为人牲完成了造船的工作。然后，他就带领一大群人和长满羽毛的神灵库卡伊利莫库（Kukailimoku）离开了故乡。罗诺佩莱发起了一系列"科纳"（koua）风暴（一种冬天的风暴），企图击碎他兄弟的独木舟，但帕奥向大群东方狐鲣和鲢鱼祈求帮助，使海面风平浪静。他最终到达了夏威夷岛，并着手修建了一些著名的庙宇。这是第一批实行人牲的庙宇，仪式的主持者就是库（Ku）神。他还在夏威夷杀死或废黜了原来的统治者（有的说是祭司，有的说是头人），其中一个非常重要的说法是他废黜了卡帕瓦，并

---

① 萨林斯：《历史的隐喻与神话的现实》，见其：《历史之岛》，蓝达居、张宏明、黄向春、刘永华译，上海：上海人民出版社，2003。

树立了一个从卡希基带来的新统治者皮利卡艾伊。夏威夷群岛的统治者都将自己的血统和世系上溯到这个头人。卡帕瓦作为第一个夏威夷头人代表着一种古老的、更具土著性的掌权头人类型，他们继承王位的规则是根据生来就有的权力和禁忌，而不是通过篡夺；他们也要对子民实行仁政，他们是农业的创始人和其他财富的供给者，但最重要的一点是，他们是回避人牲的头人。与这种类型相比起来，由卡帕瓦创立的另一种类型则是外来的，他们充满了暴力，他们对下层人民可以粗暴行事，也通过篡夺来继承王位，最后，他们也是实行人牲的头人。

这两种头人类型的关系也表现在与东方狐鲣和鲐鱼有关的科纳风暴中，这就是一年一度的罗诺（Lono）神与库神的仪式交替。从捕捞鲐鱼向捕捞狐鲣的转变，表明庆祝和平而富有生产性的罗诺神旅居夏威夷群岛的仪式最终结束。在冬雨到来的时候，罗诺神也随之到来，人们要为他举行一个长达四个月的仪式，这个仪式就叫"玛卡希基"（Makahiki）。在他到来期间，通常的库神仪式，包括人牲，都不能够在岛上举行。但在玛卡希基节的最后，罗诺神却必须回到那块看不见的土地即卡希基，他就是从那里旅行到这里的群岛的。而在此期间被禁闭起来的库神及其世俗的代表即掌权头人，现在则要重新恢复他们作为统治者的地位。

玛卡希基节到来的标志是日落时昴宿星团出现在地平线上，在1778年，这可能出现在11月18日，即库克在地平线出现之前的一周。不过，这个仪式的顺序是根据夏威夷月历来安排的，从寒季最后一个月份，一直持续到暖季的头几个月份。

在玛卡希基节的第一个阶段，不同类别的平民所尊奉的庙宇仪式被逐渐中止。在年度性自然更生期间，库神崇拜伴随着掌权头人尤其是人牲的中止而被中止，而让位给罗诺神。用一根横竿垂下白布，作为罗诺神的标志。人们抬着罗诺神和其他神明在每个主要岛屿之间进行巡游，这表示罗诺神占有这些土地。在此期间，人们严格地实行"罗诺的禁忌"，国王和高级祭司受到隔离，不能被人们看到。国王和掌权头人要在家中象征性地给罗诺喂食，而上层头人们的高贵妻子还要携带礼物，向罗诺祈求丰产力，以便怀上一个神圣的孩子。而每个地区的人们在向罗诺提供丰盛的祭品的同时，还在罗诺经过的时候参加模拟的战争，其中有些战争明显地像是在和头人对抗。世俗间的政治秩序在这时几乎完全颠倒过来。罗诺的巡游要持续23天，而且他的右手要指向岛屿内地的中心，也就是说，他是按照顺时针方向巡游的，这表示他对王国的占有。与此同时，另一个神明阿夸朴科（Akua poko）则向着掌权头人的土地巡游，但这是"向左巡游"，表示王国的丧失。显然，这两种相反的巡游路线代表了这一时期的年度周期中罗诺与在位国王的不同命运。

在罗诺神回到祖庙的那一天，国王也来到祖庙前面。罗诺神的一位武装随从要用长矛象征性地戳一下国王的身体，然后双方的随从还要展开一场模拟战。据说，那只触碰他的长矛是用来解除他身上的禁忌的。萨林斯认为，这可能是国王重新实现他对土著社会的征服的时刻。另一方面，国王在模拟战之后要进入庙中，向罗诺神奉献一只猪，并欢迎他来到"我们两人的国土"。但仅仅在几天之后，就轮到罗诺神自己的仪式性死亡了。他的神像被拆卸并隔离在庙中，人们还把一些被认为是罗诺占有的丰盛食物堆放在一个网眼疏松的渔网中并筛落到地上，这意味着食物是从罗诺的住所筛落下来的。随后，一只满载着供品的"罗诺之舟"漂往卡希基（Kahiki）。

这就是夏威夷社会的人与神的范畴关系，神既是头人的敌人，又是头人占有和篡位的对象。而库克船长恰好被夏威夷土著人看作这样一个形象。

库克船长是在 1778 年年初的时候初次访问了考爱岛和尼豪岛，但这时他并没有马上被土著人视为罗诺神。不过，夏威夷人却在这次见面中亲自"目睹"了库克等人作为神明所独有的特征，他们能够从身上随时都掏出"财富"来："他们身体（指英国人衣服上的口袋）的旁边开着门……他们将手插到这些开口里，并从那里掏出许多值钱的东西……他们的身体充满了财富。"

直到第二年库克从西北海岸回来在夏威夷岛旅居期间，土著人才开始将他的这次访问解释为罗诺神的降临。他们是在 1778 年 11 月 26 日到达毛伊岛附近的海域的；但直到 1779 年 1 月 17 日，在环绕夏威夷群岛航行之后，库克才在凯阿拉凯夸港抛锚或登陆。库克船长一登上陆地，罗诺的祭司就将他护送到主庙中，人们都匍匐在地上，用"欧罗诺"一词来称呼他，这个词的意思实际上就是"哦，罗诺！"库克也按照夏威夷人的要求——做了他应该做的所有仪式，他成了从遥远的卡希基故乡到来的罗诺神。因此现在我们应该称他是"罗诺-库克"。

玛卡希基的最后仪式大概是在 1779 年 2 月 1 日左右，而罗诺-库克于 2 月 4 日清晨离开了凯阿拉凯夸。当头人们问库克什么时候离开的时候，他回答说马上就会离开。他还答应说明年他还会再回来。

这样，罗诺-库克按照夏威夷人的仪式程序做了所有该做的事情，他的举动也完全符合夏威夷人仪式，最后，他也按照这一土著理论的要求如期离开了，"每件事都确实在历史的层面正好按照仪式的预定序列进行"。但不幸的是，库克却又在 2 月 11 日这天重新回到了凯阿拉凯夸，这倒不是库克又起了什么特别的想法，"决心"号的前桅折断了，对英国人来说，就是这么一个简单的原因。

但在英国人看来只是由于这种简单原因的地方，在夏威夷人看来却完全不是如此。罗诺-库克的归来立刻就激发了夏威夷人的神明-头人废黜土著统治世系的整个理论。按照这种理论的逻辑，库克-罗诺已经来过，他已经从世俗统治者手里收复过领土了，然后他又如约离开了，并答应明年伴随着昂宿星团再次回来。但这艘船突如其来的重新出现，却与此前发生的一切都正好相反。在夏威夷人看来，库克-罗诺这次不守信用的回来，无非是为了与现任国王争夺统治权罢了，这在夏威夷人眼中也是一个非常简单的事实，但理由与英国人完全相反。

因此，夏威夷人与英国人的关系迅速恶化了，夏威夷人开始大肆偷取英国人的东西，这种行为都与头人有着直接或间接的干系。库克船长于是决心采取措施，当然，是英国人的仪式，他带人抓住了现任国王卡拉尼奥普，想用他当人质，但当卡拉尼奥普准备心甘情愿地上船时，他的妻子和几个显要人物对他说了一些什么话，卡拉尼奥普马上就踌躇不前了。正在这时，一则传来的消息说，一个头人在企图离开海港时被杀死了。与此同时，库克向一个用铁匕首威胁他的人开了火（这极有可能也是一个头人），于是这群土著立刻杀死了库克。

库克船长之死并不是夏威夷人早就预谋好的行动，但从结构上来说，它也不是一个偶然的事件，而是"以历史形式出现的玛卡希基"，在这个意义上，也可以说是一个早有预谋的行为，因为"弑神"几乎是每个头人的潜在野心，杀死神明就等于占有了神明的力量。

根据当时的历史记载，库克船长的骸骨被他的敌人卡拉尼奥普奉献为牺牲，他的骨头被拆开，分给在他下面的那些头人，而长骨则留给了他自己。卡拉尼奥普处理库克船长的逻辑在后来也被运用到他的身上，据说在几年之后，他的继任者卡梅哈梅哈就毒杀了卡拉尼奥普，并声称是为库克报仇。在一个真实的事件和一个虚假的传说之中，有一种东西是共通的：在理论上，原来的头人是一个禁忌的触犯者，一个骑在人民头上的压迫者。而用暴力杀死这样一个前任的统治者，卡梅哈梅哈不仅重新创立了一个既定的秩序，也因此占有了作为"准正常"继位之权力的死亡，库克也被转化成了保护在位国王的保护神，虽然他当初是作为在位国王卡拉尼奥普的敌人被杀死的，但卡拉尼奥普的继任者卡梅哈梅哈却将他尊为祖灵式的保护神。正因为如此，当14年以后库克队伍中的一位中尉重新访问凯阿拉凯夸庙中的高级祭司时，祭司认为库克的死亡是由于他拿走了庙里的木栅和偶像当柴烧，但实际上当时没有任何一个人表示过反对意见，这种对死因的"篡改"无非表明库克-罗诺已经被改造成了一个禁忌的触犯者。

卡梅哈梅哈作为库克谋杀及其马那的继承者，他着手与英国人和其他外国人进行友善的、慷慨又诚实的交易，他还推进了这些对外贸易所必需的生产。这些在西方人看来属于"经济"领域的活动实际上不过是玛卡希基理论在实践领域内的演化罢了。卡梅哈梅哈及后来的国王利霍利霍都着重发展与英国国王的关系，他们还心甘情愿地将自己视为大英帝国的臣民，而几乎所有的国王和头人都在刻意地模仿英国人的穿着打扮和饮食习俗。这些嗜好都表明，对夏威夷人来说，在宇宙观的层次上，遥远的英国实际上占据着"卡希基"这片"看不见的土地"的位置。当国王和头人们发展与英国人的关系或模仿后者的生活方式时，他们无疑也逐渐接近了卡希基的神明及其力量。

但夏威夷的历史并不会这样一帆风顺地延续下去，实际上，当库克船长在夏威夷登陆并与当地人群发生接触时，夏威夷的社会关系就开始萌发了转型的潜在可能。首先是库克船长与夏威夷头人们之间的矛盾，因为如果库克是来自卡希基的神性的人，那么，对夏威夷人来说，他既是一个令人垂涎的马那资源，也是夏威夷头人的一个潜在对手和危险。其次是头人与普通百姓之间的矛盾。根据夏威夷人的禁忌规则，普通百姓不应赶在头人们的前头。但这种禁忌实际上从一开始就似乎被冒犯了，一些百姓赶在著名头人卡尼奥尼奥到来之前与库克船长的水手们进行交易。从这意义上说，平民与头人的矛盾是相当严重的，因为按照夏威夷社会的逻辑来说，平民与库克船长这位来自卡希基的神人的交往，非常近似于他们对新"主子"的寻求，这在某种程度上意味着对原来的主人的"背叛"。头人与库克船长的交易是以"贵人行为理应高尚"的原则为特征的；平民则满足于和平的商业交换，用"食物"换取英国人的铁器。因此，在社会学的意义上，"交易"含有一种对等或彼此（between）的意味，它完全不是一种祖先与献祭中体现的那种包容关系。

而夏威夷妇女的举动更是对夏威夷禁忌的冒犯，她们所运用的手段虽然与男人不同，但体现了同样一种过程。她们想尽办法与库克船长手下的水手们发生性关系。这种行为完全不应被看作"卖淫"——因为她们的求爱行为并没有附加任何唯利是图的条件——尽管欧洲人可能就是这样来看待她们的。这些女子的行动也是符合夏威夷的神话逻辑的。夏威夷有一项传统的习俗，即破瓜，这是指重要的平民会将保持处女之身的女儿奉献给上层的头人，这种初夜权的目的在于期望能够生出一个头人的孩子，而她最终的丈夫也极为欢迎这样一个孩子。夏威夷也有祭祀歌谣念颂将女儿奉献给神明，期望与神明结合，由此与头人缔结关系。正是出于这样的逻辑，当英国人第二次离开考爱岛时，许多夏威夷女子都在男人的陪同下来到船边上，指挥她们的男人如何将新生孩子的脐带塞在轮船甲板的缝隙中间，正像一个研究夏威夷的权威人士评论的那样："库克首先是被看成罗诺神，他的船被视为'漂浮的岛屿'。哪个女人会不想她婴儿的皮科（脐带）放在那里呢？"

当女人们为了生下一个神明的孩子与水手们开展"性交易"时，他们的男人也从女人的"服务"获得了看得见的利益，他们鼓励自己的女人去和英国水手们睡觉，因为她们可以替他们向英国人索取手斧和铁钉（男性物品）。这样，不止一次出现了会令我们这些"现代人"感到好笑的场景，而这幕场景恰好又是由严肃、正派的库克船长本人记录下来的：当他的水手们开始从轮船的货舱撬铁钉，要作为礼物送给他们的女友时，夏威夷男人们也恰好在外面，正用他们新近得到的铁手斧干着同样的事情，结果他们简直要两面夹攻，将轮船拆成碎片。

夏威夷头人与一般平民之间的矛盾很快发展起来，头人们运用他们手中的特权剥夺平民百姓从贸易中获得的相当一部分利益，他们要么用抽税的名义收走后者手中的铁斧，要么干脆就直接用暴力从他们手中夺走，而卡梅哈梅哈甚至向平民妇女与英国水手的性交易课税。头人们也颁布了一系列规定，这些规定是针对粮食供应和檀香木贸易的，因为这是夏威夷与欧洲人之间最大宗的贸易。但对头人们来说，这种与欧洲人的贸易关系是整体论或宇宙论的事实，像莫斯（Marcel Mauss）在讨论礼物时所说的那样，它是"经济的"，更是"仪式的"和"政治的"，而经济手段则服从于政治的目的，头人们更是出于炫耀和消费的目的论。

但出于实用目的的禁忌触犯在库克船长到来以后就一直在进行着。当女人开始与英国水手们交往时，她们就触犯了两个禁忌：她们不顾禁令擅自下海，她们还与男人（英国水手）一道进餐，大吃特吃那些禁止她们食用的水果和猪肉。冒犯禁忌的人并不止女人，男人与英国人的贸易同样是对卡希基禁忌的违反。在这种文化接触过程中，英国人作为来自外部的力量与夏威夷平民的目的联起手来，让后者反抗他们的头人。这样，夏威夷平民的男子和女子一起表示了对他们的头人和祭司的蔑视与对抗。

在这样一种并接结构中，欧洲人与夏威夷人的实践关系最终使夏威夷社会陷入内部冲突与矛盾的混沌状况之中。虽然夏威夷头人和平民在与欧洲人的接触中实际上都遵从与神明交往的传统逻辑，但如今这种关系却迫使夏威夷社会的本土结构不得不做出调整。原有的文化图式并不总是能够支配现实世界的运作。这种以禁忌和对禁忌的违反为媒介的转型过程，表现了结构和实践的辩证关系，它们必定是相互界定、相互修正的。

夏威夷人对禁忌的冒犯最终导致了传统体系的崩溃和解体，而这种结局似乎是在瞬间就完成了：1819年11月19日，利霍利霍国王公开地与头人妇女在同一张桌子上吃献祭食物。主持这次废除行动的头人是卡梅哈梅哈国王的一些姻亲，在1812年以后，他们就受命负责与欧洲人接触的事务，国王的旁系亲属则被排除在外。到了1822年，这个群体的领导人即卡梅哈梅哈的遗孀卡亚胡玛努将成为这个王国的统治者，卡梅哈梅哈的那些旁系亲属则成为一群"复古主义者"，徒劳地试图捍卫夏威夷的传统制度"君主制"。

卡梅哈梅哈任用他的姻亲去处理欧洲事务，以此来对抗那些对他的统治和权力构成潜在威胁的旁系亲属，卡亚胡玛努和她的亲属们就是在这种紧张而对立的关系中崛起的。卡亚胡玛努集团从卡梅哈梅哈的征服中得到的实际利益如土地，也要远远超过卡梅哈梅哈本人的弟弟。这个集团在统治着由卡梅哈梅哈建立的统一夏威夷王国的同时，还依赖他们从欧洲人那里学习到的技巧和手段来治理国家，他们是"白人党"。因此，在利霍利霍继承了卡梅哈梅哈的王位并举行了授职仪式之后不久，整套禁忌便马上在卡亚胡玛努集团的怂恿与支持下被废除了；而卡亚胡玛努本人也宣布由她和利霍利霍共同执掌国政。

可以想到，卡梅哈梅哈的那些旁系亲属此时必定已经成为卡亚胡玛努集团的敌人，卡梅哈梅哈的弟弟基利麦凯的儿子克夸奥卡拉尼就是这群"叛军"的领袖，他受卡梅哈梅哈的委任照看后者的私人献祭神库卡伊利莫库。他们已经成为"夏威夷党"，试图恢复夏威夷的传统禁忌体系。但是，虽然克夸奥卡拉尼宣称自己如今是夏威夷唯一占有神明的人，利霍利霍却和支持他的头人们宣布，根本不存在神明。在军事实力面前，克夸奥卡拉尼最终打了败仗，他于1819年12月与反禁忌军队"白人党"的战斗中阵亡。夏威夷的禁忌秩序完全崩溃了。

但是，夏威夷人的历史并没有到此终结。在利霍利霍于1824年去世时，也就是卡亚胡玛努宣布废除禁忌5年之后，她又突然宣布恢复禁忌的统治地位。在这个意义上，卡亚胡玛努在5年前的行为只不过是延续了夏威夷丧葬的仪式，在统治者去世期间，各种禁忌将被暂时中止：人们可以自由吃喝，高层女子可以与底层男子通奸，而在 10 天之后，当统治者的继承人从隔离状态中回来时，禁忌就会随后恢复如初。

而与卡亚胡玛努的皈依正好相反，利霍利霍国王的继承人即他的弟弟考伊基奥利"卡梅哈梅哈三世"则继续和他的兄长一样，支持一种狂欢状态（诺亚状态）——他参与策划或领导了 1829 年、1831 年和 1833—1834 年的一系列叛乱，在这些叛乱中，国王支持酗酒和放荡，废除禁忌，向传教士和头人的统治示威。

我们看到，整体系统好像完全颠倒过来了：利霍利霍是原来作为外来者的国王，现在却以夏威夷土著的面貌出现，他本应是即位后在习俗上安排禁忌的人，如今却要废除禁忌；而卡亚胡玛努集团在范畴上原本是妻子给予者和被废黜的土著头人，现在却通过与欧洲这种外来资源的接触而窃取了国王的权力。卡亚胡玛努甚至重新建立了禁忌和秩序。国王与姻亲、男人与女人、外来人与土著人、禁忌与诺亚，所有这一切都在其中调换了它们原来的位置。现在，卡亚胡玛努仿照古老头人的确认仪式，按顺时针方向巡游群岛，宣布基督教的禁忌，并一边巡游，一边宣布重新修建教堂。考伊基奥利则一直反抗到最后，他在 1834 年独自环绕着瓦胡岛巡游，但他的巡游方向却是邪恶的，即逆时针方向，同时，在巡游结束的时候，他还当着基督教头人们的面，公开与他的妹妹私通，这在传统上是拒绝分享权力的象征。

库克船长和夏威夷土著的故事就到此为止。从上面的简单转述中，我们不难看到萨林斯从历史学中借鉴的"长时段结构"是如何运行的。在索绪尔（Ferdiand de Saussure）对"语言"和"言语"的界定中，对结构的分析不能与对个体行为和世俗实践的分析并行不悖，为了实现对语言的结构分析，必须将结构从历史中解放出来，因为语言只有在成为自足的、在参照方面是任意的而且是集体的现象时，才能加以系统的分析。对语音变化的分析也出于类似的理由，它无法由系统本身得到说明，因为语音的变化是在言语中产生、进行的，它们是偶发性的和任意性的。但是，语言是不可能凭空存在的，它总是作为一种社会活动存在的，也就是说，"语言"始终是以"言语"的形式出现的。"历史"也是如此，它始终存在于"文化"当中，但反过来说也是对的，"文化"始终存在于"历史"当中。现实世界没有必要，也不可能仅仅是出于迎合人们的意志而存在的，但当一个事件发生时，也就是说，当人们在实践中赋予某种关系以新的价值（场域性价值）时，旧有的范畴关系就会被修正，不过，这些新价值会在"文化结构"中得到恢复,就像夏威夷人用禁忌逻辑来整合对禁忌的触犯一样。历史既来自结构,又修正结构,旧有的范畴关系会在遭遇实践的矛盾时发生颠倒,但这个体系的规范在结构发生转型的同时依旧是原封不动的。这就是"原型性再生产"的含义。

　　同时,萨林斯为我们描述的这幅历史的画面也再一次证实了,"结构"并不像人们通常认为的那样是漂浮在历史河流之上的泡沫,也就是说,它是"上层建筑"。恰好相反,结构本身构成了整个社会的基础(infrastructure),它自始至终贯穿在所谓的"下层基础"即物质生活当中,而经济生活反而是出于证实这一基础的目的才进行的。

《尼加拉》(1982)

赵丙祥

在论文集《地方性知识》的"序言"中,格尔兹(Clifford Geertz)曾经不无谦虚地承认:"人类学的一项作用就是提供档案式的文献,尽管人们对之评价太低。"不过,像他这样一位在知识论上雄心勃勃的作家,显然不会将这种提供"档案式"文献的工作当成自己的最终目的,必须为"知识"增添一点什么,他一直在进行一种"参与……核心论题之讨论的努力。……这些论题即哲学家可能会从更富猜想性的原则,批评家可能会更立基于文本的意义,历史学家可能会更倾向于归纳性的原则而提出的那类论题"。从这一方面来看的话,《尼加拉——十九世纪巴厘剧场国家》[①]这部著作的确怀有这样一种企图,也就是说,如何以人类学家从田野中获有的"地方性"素材在协作中来进行一种"一般性"论题的对话和建构。说得更具体一点,他实际上是要以巴厘人在历史上曾经实行的"国家"建构方式来检讨并反思西方近代政治科学中的一个一般性核心问题:"国家"究竟为何物?

格尔兹采用的叙述方式是他所界定的"历史志"(histography),即以民族志方式来阅读历史素材,阅读塑造了印度尼西亚文明基本特征的最重要的制度之一,"尼加拉"(negara),即前殖民时代印度尼西亚的古代国家。在这里我们首先应该介绍一下本书这个最重要的核心概念:尼加拉。在巴厘本土观念中,它指的是"宫殿""首都""国家""领土"和"城镇"。在其最广泛的意义上,它描述的是由传统城市、城市所孕育的高等文化及集中于城市的超凡政治权威体系组成的世界。与之恰好相对的一个词汇是德萨(desa),它的意思是"乡村""地区""村庄""地方"或"属地""被统治地区"它描述的是在群岛不同地区以多种形式组织起来,如由乡村居民、农民、佃户、政治国民、"人民"组成的世界。正是在这两极之间,确立了风格鲜明的政权形式。格尔兹将把民族志方法运

---

① 格尔兹:《尼加拉——十九世纪巴厘剧场国家》,赵丙祥译,上海:上海人民出版社,1999。本节内容除另外加注外,所引用内容均出自格尔兹的《尼加拉》,不再一一标注。

用于他的分析，从而将尼加拉模式作为政治秩序的一个突出变体。这样一种模式本身是抽象的，但仍可用于对其他经验材料的阐释。因此，"尼加拉"是一个概念实体，而不是一个历史实体。如此一来，他一方面可以在建构一个"表象"（19世纪巴厘国家）的基础上再去建构东南亚古代印式国家的表象；另一方面，也可以潜在地与西方世界的主流政治理论达成可能的对话。阅读这部著作，人们会产生这样一种直觉，格尔兹的修辞术无疑是非常高明的，他在一种极具魅力的修辞学中达成对话。

一、剧场国家的神话与典范观念

格尔兹首先简明地追溯了尼加拉的形成历史，他明确地指出，前殖民时代的印度尼西亚政治历程并非确定无疑地展现为单一的"东方专制主义"，而是地方化的、脆弱的、联系松散的小型公国不断扩散的过程。正是在这样一种"联邦"性质的政治历程中，巴厘的国家形态才展示出它独有的特征，即它的展示性（expressive）本质，它从未走向专制，更不用说集权化了。正好相反，它最重要的特征却是强调排场和庆典，是"密狂精神"的公共戏剧化，也就是说，社会不平等与地位炫耀才是国家最核心的内容。正是在这一意义上，格尔兹在巴厘发现了他所称的"戏剧类比"策略最适合搬演的场所，因此他称之为"剧场国家"：国王和王公是主持人，祭司是导演，农民则是支持表演的演员、跑龙套者和观众。各种展示行为，如规模宏大的火葬、锉牙、庙祭、进香和血祭，它们的目的并不是要促成某种政治的结果，它们本身就是结果，就是国家的目的。也就是说，公共仪式本身并不是帝王之术，而是国家本身。在巴厘，是权力服务于夸示，而不是相反。

巴厘这种统治的实质和谋术之间的颠倒关系，的确不符合我们关于国家的日常知识，格尔兹说，在这一关系背后隐藏着一种关于主权（sovereignty）的本质与根基的普泛观念，他把这种本土观念称为"典范中心观"（doctrine of the exemplary center）。这种本土理论认为，王室-首都无非是超自然秩序的一个微缩宇宙和政治秩序的物化载体。因此，在政治上，尼加拉最典型地体现了主导观念王室是模型、典范和意象，它周围的世界则是对它的模仿，而且这些模仿都无法与之相媲美，其精美程度还是逐级向外递减和衰落的。

19世纪巴厘的这种政治理念，体现在一个原初性神话中，这个神话讲述的就是现今的整个巴厘政治格局是怎样创建的，这个故事讲述说：来自爪哇满者伯夷的军队打败了巴厘之王，它是一个长着猪脑袋的怪物，在这场征服战争之后，一个爪哇祭司的孙子凯帕吉珊在巴厘建立了王室和宫殿（即尼加拉），从原来的混乱状态中重建了秩序。然而，由于他的后继人犯了某些过失，或者是精神失常等原因，统治阶级从整体上陷入了崩溃的状态，这样，他创立的疆域也从此变得支离破碎。历史就从这里开始了，在乡村地区出现了许多的王室，而一个王室的时代则宣告终结。这个神话传达出巴厘人看待他们自身的政治历程的眼光：在当初，爪哇往事通过一场殖民战争打败了土著人，创造了一个权力中心，也创造了一种文明的标准，正是这个标准将巴厘的历史划分出两个阶段：一个是在爪哇人到来之前仍然处于野蛮状态的巴厘，一个是在爪哇征服之后进入复兴状态的巴厘。但在那场令人神往的复兴之后，巴厘的统一局面又陷入了一个逐渐崩溃的状态，目前这种分崩离析的割据状态就是这一过程的延续结果，也就是说，一个由许多拥有不同程度的实际自治和实际权力的"王国"组成的金字塔，在这个金字塔上，实际的权力和象征的权威是成反比的，所谓"高处不胜寒"，谁的地位越高，谁的实际统治力量也就越弱。

不过，这种命运并不被人们认为是历史的必然结果，而是由于某些历史人物的偶然过失而造成的偶然结果，因此，人们当前的使命就是改变当前的割据状态，重现这种文化的范例。正是在这种"政治-神话"模式的驱动下，巴厘所有的君主们都不遗余力地在自己的层次上建立一个更具典范意义的中心，一个真实的尼加拉，期望至少能够在某种程度上模仿并重新创造那种原初的灿烂意象。

因此，19世纪巴厘的政治表现为两种对抗力量之间的张力：一方面，国家仪式具有强大的向心力，所有的君主都希望建立一个辉煌的文明中心尼加拉；另一方面，所有的君主也都希望打败其他君主，这又使巴厘国家陷入一种离心状态。巴厘政治始终表现为一幅冲突与动荡的历史画面。这样一来，看起来冲突的神话与政治实际上一点也不矛盾。

简言之，古代巴厘政治组织并没有展示出一整套遵照等级化秩序原则系统地组织起来的独立国家——独立国家的主要特征是，国家之间彼此分野明确，并跨越划定的边陲建立"外交关系"。它也没有展示出由处于绝对专制的、"治水型的"或其他类型的暴君统治之下的"单一中央集权化国家"实行的全面统治。它所展示的是由高度不同的政治纽带组成的扩大场域，这些纽带在这片地形上的各个点上结聚成不同幅度和强度的网结，然后以盘根错节的方式再次撒布出去，最终将每件事物都紧密地彼此关联在一起。

二、地位、等级制度和政治幻象

巴厘政治权力格局是建立在三种制度的基础之上的。

第一种制度是"种姓"。婆罗门、刹帝利和吠舍组成了三个高等"种姓",他们被称为"局内人",而第四个"种姓"首陀罗被称为"局外人"。首陀罗拥有实际的权力,但缺少道德资格;而婆罗门完全拥有道德资格,却又被禁止获得实际的权力。只有另外两个种姓能够在占有一种资源的同时去谋求另外一种,他们是整个体系得以运转的中轴。

第二种制度是亲属制度。这些亲属集团通过内部通婚、分化和诞生的次序而划分成相应的等级,从而产生了等级性的继嗣集团结构。但家族越是强大,其内部的分化也就越厉害,从而遭遇的问题也就越棘手。当一个强大的家族开始走下坡路时,这更多的是由于从内部遭到了削弱而不是因为外部的压力。

第三种制度是庇护关系。这种关系是契约性、非正式的,要看具体的情况而定。有三种主要的类型:一是在强大家族和弱小家族之间,这种庇护关系就其职能来说完全是政治性的;二是在刹帝利或吠舍"政治性"家族和婆罗门"祭司"家族之间,他们的共同目的是创造出一个尼加拉,创造出一个有着宇宙论基础的典范国家;三是在强大家族和重要的小规模集团尤其是中国商人之间,这种关系完全是经济性的。

最后一个层次就是国家本身,格尔兹用"结盟"来称呼它。结盟关系得以形成的制度框架更是文化性的和象征性的,而不是社会性的和结构性的。首先,存在着一整套精致的地位伦理,其用意在于将所有大人物都束缚在礼仪的领域之内。其次,存在着一种跨地区的宗教庆典(一套被称为"六大庙"的崇拜体系),这是为了给在象征意义上支持巴厘文明一体性的普泛观念增添一种象征性的意旨。第三,在一体化的观念层次上,而不是在具体的层次上,各个政权还要签订一系列的协议,但这些协议却纯粹是仪式性的,它们不过表达了一种整体的蓝图和文化原型。实际上,协议本身的目的只是为了编织借口,由此就可以打破联盟组织,而不是为了建立联盟组织奠定基础。但通过这些方式,协议制造出这样一种幻觉:一个完美的一体化体系一直近在咫尺,只是由于这个君主的口是心非或那个君主的顽冥不化,才使得统一的局面无法实现。

三、地方政治形式:"多元化集体主义"

在解释国家这样一个被建构起来的集体表象和搬演务实政治的各种地方政治形式之间的关系时,格尔兹批评了两种解释取向,即"东方专制主义"(这个概念起源于魏复古)与"村落共同体"理论。这两种理论看上去是截然不同的,但在骨子里却是共通的:它们都将国家想象为村落的异己性力量,而村落却一直远离于国家的斗争。这是一幅虚假的画面,国家创造了村落,村落也创造了国家。在巴厘,绅贵和农民的关系是两种迥然不同但又密切交织的政体类型:绅贵的政体专注于地区性的和跨地区性的展示性表演这种政治事务,而农民的政体则专注于从事统治工具性质的地方性政治事务。它是剧场国家的演剧机构和地方统治机构之间互相调适的过程。

格尔兹以"多元化集体主义"来称呼地方的政治形式即"德萨体系",它们是由按照不同方式组建、关注重心不同,也遵照不同方式彼此关联的社会群体组成的扩大场域,在三种社会场域(地方公共生活的秩序化、水利灌溉设施的调整和民间仪式组织)中,分别存在着三种执行机构:村庄(banjar)、灌溉会社(subak)和庙会(pemaksan)。村庄的职能是进行实际的统治;灌溉会社的职能是实行水利控制和管理,目的是将农民的经济资源组织成卓有成效的生产机器;而庙会虽然以宗教事务为中心,但也是政府的代理机构,通过庙宇的仪式方式集中体现了地方秩序而不是跨地区秩序,是村落的体系而不是国家的体系。

总而言之,共同体的这种三结合组成了德萨体系的政治心脏。德萨与尼加拉关系的核心代理机构是 perbekel 体系。perbekel 是一种国家官员,他是个体村民和个体君主的中介。以塔巴南为例,塔巴南王室家系的布局就像一组同心圆,一整套由核心世系与边缘世系组成的结构;但与此同时,作为一个整体的宗族却是一个统一体。即使最偏远村落中最凡俗的高贵家系和最边缘化的世系,都能够将自己的血缘纽带追溯到核心本身。第二种困扰着中心-边缘级序关系的因素是,存在着两个国王,一个是高的,一个是低的。这样一来,王室宗族整体内部就形成了两个派系,激烈的内部对抗活动就是在这两个派系之间展开的。最后,塔巴南政府体系中还有第三种不规则性,这表现在,某些家系扮演着重要政治角色,但它们并不一定是真正意义上的"王侯",事实上有相当多的家系在种姓上属于首陀罗。

格尔兹总结说,在韦伯所使用的标准意义上,尼加拉既不是一个科层制国家，也不是一个封建国家，更不是一个世袭制国家。如果我们将古代巴厘国家看作一种受典范中心和政府权威的衰降型地位意象界定的文化等级级序，就会发现，权力并不是从权威巅峰开始向下逐级流动的，也不是从充满能量的中心向外散布的；恰好相反，权力似乎被拉向这样一个巅峰，或者被吸进这样一个中心，权力不是从巅峰开始配置的，而是从底部开始积聚的。

四、权力的符号学

尼加拉的等级形式是对大千宇宙的等级形式的模仿和复制，因为在巴厘人看来，人类的生活布局是神性生活布局的近似物，这种近似性无非在不同的集团和不同的层次上或近或疏而已。因此，锉牙的仪式、庙宇的祭祀、授衔甚至自杀行为，都是对国家的夸耀性宣言。正是在这个意义上，格尔兹才称尼加拉是"剧场国家"，尼加拉本身存在的目的似乎只是为了演出一场壮丽的宇宙戏剧，但这种对现代人来说显得陌生而且荒诞的理论，对巴厘人来说却是再真实不过的事情。在这种驱动力的作用下，人们对如何处理君主的遗体、牙齿和庙宇真是煞费苦心，其目的无非是要通过国家庆典将君主转化成一个偶像，转化成一个神圣存在的化身。因为君主是与国家密不可分的，君主越是神圣，越具有象征的意味，国家也就越真实。

在尼加拉戏剧的所有表现形式中，格尔兹最乐于言说的就是火葬仪式，他不止一次在别的场合向读者讲述这个故事，是啊，还有什么场景能够比火葬更富于戏剧的意味呢："只有在王室仪式中，尼加拉才会真正生气勃勃。"也正是在描写王室火葬庆典时，格尔兹的修辞术发挥到了极致。在火葬仪式中，有三个场景最引人注目：一个是社会性的勃发，人们举行大规模的游行；一个是审美性的勃发，人们要修造象征着神圣世界的宝塔；一个是自然性的勃发，火葬堆的冲天大火和寡妇的殉葬是火葬仪式的最高潮。

火葬游行始终是一件纷繁喧嚷之事，但队伍仍然保持着严格的秩序：它的巅峰和中心静如止水，不受扰乱，而它的底部和边缘则混乱不堪。葬礼好像是专门精心设计出来的暴乱，而设计暴乱的目的则是为了衬托那同样精心炮制的，甚至更加悉心构思的宁静中心。格尔兹用一种繁美的笔调来描述这幕精致的戏剧：

火葬堆场景……祭司用花箭"射杀"巨蛇；将尸体搬运下来放在烈火炎炎的平台的棺椁中；仿佛在梦游之中、爬上平台往尸体上倾倒大量圣水的祭司；将遗体放进棺椁里面，并深埋在成堆的丝织品、画像、中国钱币和尽可能塞进的花样繁多的供品之中；祭司用取火钻钻出火苗以点燃庆典之火；此时祭司已经完全陷入迷狂状态，他表演着最后一个礼仪，即用头、躯干、臂和手表演的一种坐舞，而弥散四周的，则是漫天的烟雾和无处不在的喧嚣：棺腿散架，跌入火中并将已经半焦的尸体抛到外面时轰然响起的坍塌；寡妇们静默无声地跳入火焰之中；祭司将国王的骨灰收集起来带到海边，并洒在那碧浪之间……所有这一切都不过是同一事物——如神的平静高迈于如兽的狂热之上。整个庆典通过数以千计的意象和数以千计的方式不断重复的，乃是对无可摧毁的等级制的一种宏状展示，虽然它面对着这个世界能够激唤的所有那些最为强大的、冲击性的暴力——死亡、骚乱、激情和大火。"国王消失了！但他的等级永在！"[1]

这样，通过露天表演的形式，庆典搬演了巴厘政治思想的核心主题：中心是典范的，地位是权力的根基，国家技术是一种戏剧技术。不过，格尔兹再次提醒说，我们不能将露天表演仅仅看作审美性的虚饰物，它不仅仅是对一种外在于它本身的事物（统治）的祝颂；它们就正是事物本身。实际上，格尔兹通篇都在描述一种政治的巴厘风格，而并不是在描述一种巴厘风格的政治：社会整体从上到下都被锁定于纷繁复杂而又永无休止的声望对抗当中，对抗是巴厘生活的驱动力。社会顶端的对抗幅度更为宏大，更加持久不懈，更加宏丽壮观。然而，低层通过模仿高层的做法来缩小他们自己和高层之间的鸿沟，高层又通过反模仿的做法拉宽自己和低层之间的鸿沟，这二者的斗争是无处不在的。王室的火葬庆典绝不是发生在别处的政治的回声，它是发生在任何地方的政治的强化形式。

一如我们一开始所说的，通过民族志方式提供一种地方性档案文本，这不是格尔兹的目的。尽管格尔兹不无疑虑地将自己归入"相对主义"的一派，但这个标签并不怎么准确，他一直不懈地进行着一般理论的对话，《尼加拉》的中心意图就是要对（西方）现代国家政治的理论进行检讨。

现代意义上的"国家"不能涵盖尼加拉，但我们却无法将尼加拉排除于"国家"之外。西方世界的主流政治理论实际上大约是在 16 世纪才发展起来的，

---

[1] 格尔兹：《尼加拉——十九世纪巴厘剧场国家》，143 页。

这种主流理论关于国家究竟为何物的观念（如"在一确定地域内的暴力垄断者""统治阶级执行委员会""公众意愿的授权代理人"或"调和各种利益的权谋机构"等）在16世纪以前面貌究竟如何，尚待廓清。以霍布斯为代表的理论家们将国家比喻为一个体躯庞大的怪物"利维坦"，强调国家权力能够造成伤害的威慑性特征，因此，公共生活中的游行与庆典的功能无非在于要将恐惧情感强行塞到人们的头脑之中，而人们的头脑正是国家威慑力所瞄准的目标：国家，就像一种从冥冥黑暗中发出的、用来恐吓目标的声响。马克思主义和帕累托主义则将国家视为"大骗子"，强调少数精英从下层人民那里抽取剩余价值并占为己有的能力，国家庆典概念就更是一种神秘化手段，它将物质利益精神化，并掩盖物质冲突。由此一来，政治象征体系也就变成了政治意识形态，而政治意识形态无非是阶级的矫饰面具。至于那种民粹主义观念，则将国家视为共同体精神的延化，这种观念自然而然地将之看作庆祝的工具，正如政府是实现民族意愿的工具一样，其仪式也必然会不遗余力地鼓吹这一意愿。而对多元主义论者来说，国家诈术是打着道德合法性旗号掩盖既定统治程序的手段。政治是一场永无休止的骗局，它遵循既定的游戏规则，目的是为了追求边际效用，而无处不在的、欺骗性的假发和袍子的作用就是要使规则看起来是固定不变的。针对所有这些观点，格尔兹责备说："国家的语义符号学却是如此地哑然无声。"

格尔兹对英语中的"国家"（state）一词进行了词源学的考察，他指出，"state"至少蕴含着三个不同的词源学主题：其一，在位置、级别、等级、状态等意义上，它表示"地位"，即等级（estate）；其二，在显赫、夸示、尊严、风采等意义上，它表示"荣耀"，即庄严（stateliness）；其三，在执政、体制、支配、控制等意义上，它表示"治理"，即国家技术（statecraft）。而"state"一词的第三种意义是最后才产生的，甚至连马基雅维利时代的人们可能还不知道它，但到了现代时期，这个意义却笼罩了这个词，并把这种含义强行灌输给我们，而前两种含义似乎销声匿迹了。

在现代政治话语中，权力一直被定义为做出约束他人的决定的能力，强制是它的表现，暴力是它的根基，统治则是它的目的。最终，政治总是围绕着统治权大做文章："女人、马匹、权力、战争。"格尔兹不无挖苦地说："这种观点几乎没有任何错误，即使对于马匹无比驯良的那些地方来说都是如此。"但这只是一种观点而已，它是偏颇的，是对历史经验进行阐释的特定（西方）传统的产物；它也是一个经由特定社会方式建构起来的假象，一个集体表象。而与西方传统不同的其他文化传统也会产生其他的假象和不同的表象。这就是格尔兹这部作品的核心观点，国家政治的一个重要维度就在于国家既可以是血腥的，又必然是庆典性质的，它以符号的形式真实地存在着，而"真实之物如同想象之物那样富于想象性"：

> 巴厘政治，一如其他任何一种政治，包括我们自己的政治，是象征行动，但这并非是在暗示说，它全部是观念性的，或者它全部由舞蹈和焚香组成。此处考察过的政治诸方面（典范庆典、模型-副本型等级级序、展示性竞争及偶像式权威；组织的多元主义、特定的忠诚、分散化权威及联邦型统治）构筑了一个现实世界……经由这一现实世界而寻找到其方式的人们……通过他们所拥有的方式追索他们能够构想的终极之物。剧场国家上演的戏剧，以及对它们本身的模仿，在其终极意义上，既非幻象亦非谎言，既非伎俩亦非骗术。它们就是那曾经存在过的。[1]

---

[1] 格尔兹：《尼加拉——十九世纪巴厘剧场国家》，164 页。

《欧洲与没有历史的人民》（1982）

赵丙祥

　　埃里克·沃尔夫（Eric Wolf，1923—1999），著名马克思主义人类学家。
1922 年生于维也纳。1933 年，随父母移居捷克。16 岁时去英国念书，高中毕
业后又被英国政府送入利物浦拘留营。在拘留营中他遇到著名学者埃利亚斯
（Norbert Elias），从埃利亚斯那里第一次真正接触到马克思主义理论。其时因家
人已迁居纽约，他被允许离开英国前往美国。他在纽约参加了人类学家鲍德梅
克（Hortense Powdermaker）的人类学课程，遂由生物化学改学人类学。1942 年
他应召入伍，并获得银质勋章。战后于 1946 年获得学士学位，并于同年进入哥
伦比亚大学，在斯图尔德（Julian Steward）和本尼迪克特（Ruth Benedict）指导
下继续学习人类学，同时，他与同学西敏司（Sidney Mintz）等人深入研究马克
思主义理论；1951 年获博士学位。此后几年里，他在墨西哥从事田野调查，写
了一些关于农民的重要论文及专著《动荡土地之子》（*Sons of the Shaking Earth*，
1959）。此后又任教于密歇根大学，1964 年出版《人类学》（*Anthropology*）。
1966 年出版名著《20 世纪的农民战争》（*Peasant Wars of the Twentieth Century*）。
在越战初期，他与同事和朋友萨林斯（Marshall Sahlins）一道发起了美国第一
个教师反越战组织。1971 年，任莱曼学院杰出教授。1982 年，出版了最重要的
著作《欧洲与没有历史的人民》（*Europe and the People Without History*）。1990
年，获麦克阿瑟天才奖。1999 年，沃尔夫因癌症去世。

　　人类学家向来以"社会"和"文化"等概念所代表的对象作为自己的研究单
位，这些概念大概有两种含义，一是指坐落在一个特定时间和空间中的某个人群
及其生活的内容；二是指这些人群及其生活与其他人群构成了鲜明的对比，在
某种意义上说，每一种"文化"都是独一无二的，它们拥有自己的边界。但是，
当"文化的边界"成为"生活的边界"时，在这种"不慎"的做法中也就出现了

问题，从而忽略了各个"社会"或"文化"之间是如何有可能形成一个更大的体系的。

沃尔夫在《欧洲与没有历史的人民》[①]这部著作中正是要进行这样一种政治经济学的批评。在开篇部分，他就提出，人类世界是一个由诸多彼此关联的过程组成的复合体和整体，如果把这个整体分解成彼此不相干的部分，其结果必然是将之重组成虚假的现实。但这些事实在历史学家、经济学家和政治科学家那里都无法看到，他们都无一例外地把独立的民族当作基本的分析框架。社会学家和人类学家也没有逃脱这种框架的束缚。人类学家虽然曾经关注文化的传播问题，但基本的观念仍然是将那些所谓的"原始人"看作"没有历史的"人民，他们被认为既隔绝于外界，也相互隔绝。但考古学的证据却表明不同人类社会之间的文化接触与传播要比我们想象的更为久远和复杂。与对"原始人"的想象正好相反，"西方"向来被认为是一个"有历史"的文明发展过程，这个西方拥有一部完整的系谱，根据这部系谱的说法，古希腊产生了罗马，罗马产生了基督教的欧洲，基督教的欧洲产生了文艺复兴，文艺复兴产生了启蒙运动，启蒙运动产生了政治民主制和工业革命。工业又与民主制一道产生了美利坚合众国，美利坚合众国则体现了生命、自由和追求幸福的权利。这纯粹是一个西方的土著神话。

但正是由于这种西方土著神话的支配作用，西方人才创造出一个与之正相对立的"东方"：在"西方人"享受自由、民主和权利的同时，"东方人"则遭受各种专制主义的压迫。到了后来，又将"东方"的人民和国家称为"欠发达的第三世界"，与之相对的是一个西方的"现代"世界。这个东方的世界被想象成"共产主义的牺牲品"，是"阻碍现代化的痼疾"。因此，西方人的使命就在于帮助这些遭受"传统"束缚的国家和民族迈向现代化之路，在必要时就必须动用飞机和大炮强迫他们走向现代化，民主和"现代化"就是侵略战争的借口。

出于以上考虑，沃尔夫希望借助马克思的"人类科学"，来整合不同的专业知识。他认为，马克思的生产（production）概念可以成为一个最有力的分析工具，这个概念并不仅仅是一个经济概念，它也是生态的、社会的、政治的和社会心理学的概念。就其性质而言，它是关系的概念，因此，它必须能够阐明三个方面：（1）世界市场的增长与资本主义的发展历程之间的联系；（2）关于资本主义

[①]　Eric R. Wolf, *Europe and the People Without History*, Berkeley, Los Angeles, London: University of California Press, 1982.

增长与发展的理论；（3）资本主义发展的历史及理论如何最终影响并改造了世界上不同地方的人群的生活。

沃尔夫运用马克思本人的生产和生产方式的概念，归纳出三种生产方式：资本主义生产方式、纳贡制生产方式（tributary mode）和宗亲制生产方式（kin-ordered mode）。

资本主义生产方式形成的标准是什么？在马克思看来，只有当货币财富能够购买劳动力时，资本主义生产方式才能形成。生产决定着分配。那些垄断生产资料的人也垄断了生产出来的商品。那些商品生产者必须从生产资料占有者那里再把它们买回来。反过来，生产资料仅仅在那些有资本获得它们的人中间进行流通。那些缺乏资本并因此必须出卖劳动力的人也缺乏生产资料。因此，资本主义表现出三种相互纠结着的特征。首先，资本主义垄断了对生产资料的控制。其次，劳动者不能自由使用生产资料，必须向资本家出卖劳动力。第三，劳动者用资本家占有的生产资料生产的剩余价值的最大化必然导致"无休止的资本积累，伴随着生产方法的改进"。

而在纳贡制生产方式当中，社会劳动基本上是通过权力和统治的实施来实行对自然的改造的，也就是说，通过政治过程。因而，在这种生产方式中，社会劳动的配置是政治权力核心的功能；它随着这种核心的变动而变动。不过，这种生产方式会出现两种极端的状态：在一种情况下，权力极端地集中在权力顶峰的统治精英手里，在另一种情况下，权力极大地掌握在地方地主手里，而顶峰的统治则是软弱无力的。更宽泛地说，这两种状况是与马克思的"亚细亚生产方式"和"封建生产方式"概念正相对应的。建立在纳贡制生产方式基础上的历史社会要么走向集权化，要么走向分裂化，要么摇摆于这两极之间。

宗亲制生产方式则以亲属关系为纽带贯穿在社会生活当中，人类学家对究竟什么是亲属关系的理解并不一致，有时差异也相当大。沃尔夫综合了不同流派的观点后将之界定为"一种迫使社会劳动服从于对自然的改造的方式，在此过程中，它诉诸孝道与婚姻，诉诸血亲和姻亲"。这也就是说，社会劳动通过亲属关系被"锁定"或"实现"在人与人的确定关系之中。这种使用社会劳动的方式是被象征地建构起来的，因而，亲属关系涉及：（1）象征的建构（孝道/婚姻，血亲/姻亲）是如何（2）不断地将出生的和补入的角色置放到（3）彼此的社会关系之中的。这些社会关系（4）使人们能够以不同的方式完成他们每个人都必须承担的社会劳动，从而能够（5）完成对自然的必要改造。

　　下面，我们就来看一下沃尔夫是如何描述资本主义生长的历史的。在公元800年之前，欧罗巴是一个毫不引人注意的半岛。在这时候，罗马帝国已经衰落，陷入了分崩离析的状态，政治和经济重心已经向东转移到拜占庭、"新罗马"和伊斯兰国家。但东罗马帝国仍然不是一个地中海国家，而只能称得上是一个达达尼尔政权，大部分地中海地区则留了和伊斯兰世界和西方基督教世界。

　　伊斯兰世界和东部基督教世界平分了地中海沿岸地带，西罗马帝国的零散遗产则全都留给了西部基督教世界，由此兴起了一批在有军队支持的条顿部落领袖统率下的纳贡政权。但西方基督教世界中的任何一个城市都无法与东方的君士坦丁堡、巴格达或科尔多瓦的规模媲美。欧洲"只不过是为满足叙利亚、亚历山大和君士坦丁堡的利益才被开发的地区"，它主要提供奴隶和原木，处在以达达尼尔和黎凡特为中心的长途贸易的支配之下。

　　但到了9世纪，意大利沿海拜占庭飞地中的一些港口城市如威尼斯和阿马尔非成为商业中的新兴竞争者。与此同时，阿尔卑斯山南北的腹地正独立地处在经济与政治统一化的过程中。战争导致了战利品的商业化，贸易和战争必然会形成彼此依赖的关系。还有，政治统一化和中央疆域的扩大（主要在后来成为法兰西和英格兰的地区实行）也对新型国家的创建发挥了重要作用。总而言之，外部战争、贸易和内部的统一在欧洲创造了一种新类型的国家，由此，在早先占据支配地位的东方和贫困的西方关系也被颠倒过来了。但到公元1300年左右，欧洲的增长步伐似乎再次放慢了。农业停止了增长，时疫也严重影响到大群食物短缺的人。但更大的原因在于战争和扩张需要大量的军费，军事贡赋征收者提高了对剩余产品的征收额度，这反过来导致出现了农民反抗和叛乱的潮流。

　　为了克服这一危机，就必须发现新的边陲地区。从经济上说，为了产生额外的剩余产品，这是必然的。从经济上说，封建主义危机是通过到欧洲边陲之外发现、攫取和再分配资源而获得解决的。向新大陆移民、在非洲沿海地带建立贸易站、驶入印度洋和中国诸海，以及在美洲、亚洲北部森林地带不断扩大皮货贸易，所有这一切都体现了寻求并完成这些目标的方式。

　　但这仍然是远远不够的。"原始积累"不仅要求攫取资源，还要求必须有资源的集中、组织与配置。在这样的要求下随之发展起来的复杂组织就是以高度集权化为特征的国家，这种国家是一个集权化执行人和商人阶级的政治联合体。欧洲的主要国家如葡萄牙、西班牙、荷兰省联邦和法国等在扩张方面采取了不同的措施，但只有英国从商业财富的积累和分配向彻底的资本主义转化迈出了决定性的一步，这要归功于英国对农奴制的废除和它作为羊毛生产者的角色。

欧洲人向海外的扩张起源于1415年的一个小事件，即葡萄牙人占领了直布罗陀海峡非洲一侧的穆斯林港口休达港。他们原本只是想掌握通往地中海的钥匙，但这次侵占却打开了通往大西洋诸岛和非洲海岸的通道。继葡萄牙人的扩张之后不久，卡斯提尔-阿拉贡人也开始扩张。1492年哥伦布到达了加勒比群岛，向陆地的挺进从此迅即开始了。随后，荷兰人又借机将葡萄牙人从其在美洲和亚洲的领地赶了出去。英国的海外扩张开始的时候是处在荷兰霸权的阴影之下，直到1624年才开始在西属加勒比地区建立自己的势力，但最终在北美海岸建立了很多殖民地。法国于16世纪初即已开始在美洲殖民。就这样，在短短两个世纪中，欧洲列强将贸易活动范围扩大到各大洲，使整个世界成为它们的战场。

这些活动的后果出乎欧洲人和其他各大洲人民的意料之外。对美洲白银的追求、皮货贸易、奴隶贸易及对亚洲香料的追求，使得世界各地人民进入一种新的相互依赖的状态，从此深刻地改变了他们的生活。

让我们来看几个例子。在西班牙美洲殖民地，卡斯提尔王室在征服之前就在已经存在的纳贡政权的废墟上建立了一种新的殖民秩序。这种秩序的经济基础是金属冶炼，但是，为了满足矿区企业生活必需品的供应，又产生了一种由欧洲人经营的新的粮食生产体制。为了控制土著人，这一新秩序将各居民村落改造成一个个间接的管理机构，但其自治权的大小却是由西班牙人的利益来决定的。印第安人向西班牙人提供廉价的劳力动和农产品，但却常常被迫从西班牙人那里购买工业制品。在西班牙这个更大的政治制度之下，被分割成无数地方群落的印第安人构成了一个劳动力和农产品的资源宝库。而在平原地区沿海地带及海岛上的种植园区，种植园主在强制的军事化农业制度下从非洲招募一支奴隶大军。出口粮食作物的生产，将这一区域与欧洲市场紧密地连在了一起；对新奴隶的不断需求又将美洲的种植园与横跨三大洲的奴隶贸易的发展直接融合在一起。

在北美洲，皮货贸易得到了空前的发展与繁荣，不断地吸引着新的美洲土著居民加入由欧洲人与他们在当地的美洲贸易伙伴之间形成的商品交换网络当中。皮货贸易每到一处，就会带来传染病和战争，许多土著部落因此遭到破坏进而完全消失——有的部落或者人口大为减少，或者发生分化，或者被从原来的居住地上赶走。余下的部落则为了躲避灾难便与其他部落或结盟或合并，起用新的名称和民族身份。但有些部落由于地理位置重要或强大的军事实力，而成为皮货贸易的主要受益者。并且他们还发展了一种新的文化结构，把当地的生产和生活方式与欧洲人的方式结合起来。

在 18 世纪末之前，印第安人在政治上和军事上仍然是独立的。欧洲人要得到他们的支持，就得向他们供应商品，包括武器。结果，印第安人与欧洲人之间的商品与服务交换，与其说是商品交换，倒不如说更像是礼品赠送，因为这种交换暗示他们之间的关系已超越物质。如果能够获得欧洲人的商品和礼物，那么无论是部落内部交往还是部落与部落之间的交往，其方式也会立刻发生改变。在以亲属关系为基础的部落里，那些有头有脸的"大人物"或战争领袖，如果他们获得商品的能力越大，并能把它们分配给亲属和下属，他们就越会显得卓越超群；如果是部落头人，则可以提升他们的影响力，扩大他们二次分配的范围。礼品及被说成是礼品的商品不仅可以帮助在欧洲人与印第安人之间建立起盟友关系，也可以帮助在印第安部落与部落之间建立起盟友关系。在这一过程中，当地的美洲人和入侵的欧洲商人、传教士及士兵一样，都是积极的参与者。因此，这些被称为没有历史的民族，其实，他们的历史就是欧洲整个扩张史的一部分。

然而，随着时间的流逝，美洲人与欧洲人的平衡关系却越来越不平衡了。当地美洲人自己不仅越来越依赖贸易站获得从事皮货贸易的工具，也依赖贸易站提供他们生活所需的物质。在这一制度下，他们先向商人赊借生产物质和消费物质，日后再交付商品作为偿还。这种专业化生产将当地的美洲人更加紧紧地束缚在整个大陆乃至整个世界的商品交换网络中，使他们成为次要的生产者，而不是贸易伙伴。

在非洲，奴隶贸易形成了一系列的劳动分工：非洲人负责捕捉奴隶和陆路运输，而欧洲人负责奴隶的跨海运输、驯服奴隶及奴隶的最后分配。这场奴隶贸易虽然是为了响应美洲大陆对奴隶的需求，却得到了买卖双方的积极合作，双方在贸易的各个环节上采取了密切的协调和配合，简单地将奴隶贸易归罪于欧洲人，或者反过来归之于非洲内部的社会矛盾，都是不切合历史的实际面貌的。在西非，奴隶贸易不但使当时的一些国家如贝宁得到了巩固，还促成了新的国家的产生，如阿赞德和达荷美等。

由于欧洲 1400 年以后在非洲进行扩张，非洲与全球联系起来，对非洲奴隶的需求改变了整个非洲大陆的政治经济结构。这种需求还产生了新的藩国和掳掠奴隶的专门组织，将人类学家笔下的那种"无政府、无组织、家族式的"社会变成了奴隶贩子和捕奴分子所喜爱的目标。这些不同的社会构成也是一个统一的历史进程所产生的结果。同样，如果我们不了解非洲对欧洲的发展与扩张所起的作用，我们也就无法了解欧洲。欧洲成长过程的主要参与者，不仅有从事奴隶贸易的欧洲商人及其受益者，而且有非洲奴隶贸易的组织者、代理商和受害者。

在亚洲地区，葡萄牙人是开辟海上航线的先驱，紧随其后的则是荷兰、英国、法国等国家的商人。为了维持这一新兴的贸易，这一海上航线上的各个地区都开始专门从事某些商品的生产，以换取其他的商品。欧洲市场对有些商品（其中首推中国的茶叶）产生了特别强烈的需求，由此引发了一场规模浩大的商贸活动。与此同时，海上商业的发展又对远方的内地产生影响，减少了陆路商队的贸易，降低了陆路商队贸易中心的重要性，并且打破了游牧民族和定居民族之间的力量均衡。以印度为例，印度在整个大英帝国架构中发挥着非常关键的作用。印度的鸦片也敲开了中国的大门，改变了原来金银只由欧洲流向亚洲的局面。在英国的统治之下，印度成了当时正在全世界范围内崛起的这座资本主义大厦的一块主要基石。

但是，归根到底，在资本主义关系最终支配工业生产之前，必然要求有一系列相互关联的变化以保障新的秩序。国家必须从一种纳贡式结构转变为一种能够支持资本主义企业的结构。这主要表现在以下几个方面：（1）纳贡关系必须分解为资本的生产能力；（2）国家工具的正式建制必须通过移除国家对生产资源的垄断，通过削弱纳贡君主对国家机器的控制而负责满足资本积累的需要；（3）国家投资必须被重新确立为有利于创造运输和流通的基础，这就无须额外支出资本，能够最大获益；（4）从具体操作上来讲，需要有新的法令，一方面，保护私人财产和私人积累的权利，另一方面，推动新形式的劳动契约，最后，也需要国家的帮助与支持，以保护刚刚起步的工业免遭外部竞争的毁坏或开拓国外的新市场。

英国在 18 世纪后期成功地实现了从商人的支配转换到资本主义生产方式的支配。一系列发明确立了大机器生产的主导地位，这首先发生在纺织工业中，后来则是在铁路修筑之中，并且很快就为欧洲和美洲所仿效。资本主义方式的传播不仅引起了商品的新流动，也促使人们大规模地移向正在发展的工业活动中心。工人阶级就这样在世界范围内兴起，当然，资本主义因地区和条件的不同也产生了各种不同的变体。英国纺织业的增长开创了一种建立在新的生产方式基础上的社会秩序。在这种生产方式的主导关系下，资本家购买机器并雇佣工人开动机器，而新的劳动工人群体为了换取工资不得不屈从于工厂工作的纪律。与此同时，资本也能够让那些低利润领域里的机器停转，解雇劳动力，并在其他能获得更高回报的领域内重新开始生产。在新的生产方式的条件下，资本能够导致持续的国内和国际移民，将更多的人群纳入它的轨道，在它扎根的任何地方和任何时间里再生产出它的战略关系。

当资本开始从纺织品制造转投到铁路修建时，越来越多的原料供应被开发出来。不过，当资本主义生产方式将新的人群直接或间接地纳入它那不断扩大的联系轨道中时，它也迫使这些人群服从于它自身的加速和前进、减速和衰退的节奏。在新的生产方式下，一体化带来了专门化，而专门化又促成了对世界范围内的经济和政治接合的依赖。

这个过程最终导致产生了一个受资本主义生产方式控制的复杂的等级体系，在这个体系之下是大量的附属地区，它们是资本主义生产方式与其他生产方式相结合的产物。资本主义生产方式主宰着这个体系，但这些工业都是建立在不同的、多变的其他支柱上的，而这些支柱又处在其他不同的生产方式的支配之下，这个体系是"一个由资本主义、半资本主义和前资本主义的生产关系组成的综合体系，这些生产关系由资本主义的交换关系而彼此联系在一起，同时由资本主义世界市场支配"。这样一种定义至少指出了三种东西。首先，它区分了资本主义生产方式和"资本主义世界市场"。资本主义生产方式可以在关系的资本主义市场体系内占据支配地位，但它并没有将所有的世界人民都转变成剩余价值的工业生产者。其次，它提出了资本主义生产方式是如何与其他生产方式联系起来的问题。第三，它促使我们思考组成这个体系的不同社会和次级社会的异质性，而不是用诸如"中心-边缘"或"都市-卫星区"之类的二元对立来抹平这种异质性。

工业资本主义的发展并不是始终一帆风顺的。在资本积累的过程中，上升阶段和萧条阶段、扩张时期和低迷时期是交替出现的。每个增长阶段和每一次阻止萧条趋势的努力都会对那些卷入资本主义联系之网中的人群产生深远的影响。资本主义发展不仅为支配性的生产方式，也为与之相关的商业网络中带来了根本的变化。这些网络现在服务于资本主义积累的过程，资本主义积累不仅要为了赚取更多的金钱而生产多种多样的商品，它还要生产资本以购买机器、原料和劳动力以便扩大生产并积累更多的资本。商业交换的独立性和自主性不复存在了，它直接取决于生产本身。

那些"没有历史的人民"如今被纳入了这样一个体系。但这并不意味着，为市场供应商品的所有生产格局都必然是资本主义性质的。在任何一段时间里，对这个体系的运作来说，它的某些部分和地区都起着核心的、枢纽性的作用，而其他的部分和地区则只占据着附属性的、边缘性的位置，为中心提供商品或劳动力。随着时间的流逝，核心地区和次级地区的分布可能会发生一定的变动，资本积累的需求会将某些附属部分提升到核心的位置，或将先前的核心部分降低到边缘性的地位。

核心的部分和地区是由资本主义方式的生产关系直接支配的，而建立在亲属关系式或纳贡式生产方式之上的那些社会格局却可以在附属性的和边缘性的地区得到承认、维持甚至强化。在这种情况下，它受制于非常严格的政治和经济自主性的条件。首先，这样的社会必须放弃它们在追求自身利益的过程中部署军队的实质性统治权和能力。其次，在不参与受资本主义方式支配的市场的过程中，它们逐渐丧失了再生产其网络和等级制的能力。它们的人民作为商品生产者和劳动者，成为资本主义的储备大军的一个组成部分，他们在发展时期被动员起来，在萧条时期则退缩回来。在这个世界上，一个族群接着一个族群，人们的生活就这样不断地重组着，听命于资本主义的生产方式。

资本的本质在于，它能够购买劳动力并将之用于工作来动员社会劳动。这必须有一个市场，工作能力可以在其中像其他商品一样买卖：劳动力的购买者支付工资。市场创造出一种幻象，这种买与卖是一种双方的对等交换，但实际上市场交易造成了阶级间的不平等关系。在资本主义生产方式的主宰下进入工业或种植园农业中的工人阶级构成了世界上的一个新现象。

这些工人阶级的出现成为现代历史学和社会科学的一项隐秘议程，但学者们在如何认识他们在创造新的社会类型方面仍犹豫不决。对那些只关心强者行为的历史学家来说，新兴的工人阶级是没有历史的，如果有，也无非是一种反历史（anti-history）。对认为社会学基本上是一种"道德"科学的社会科学家来说，新"大众"意味着无根和失范。而对于革命者来说，工人阶级承载着社会变革的希望，他们是文明之对立面的"新人类"。

总之，在社会科学家的眼里，这些人民不是有他们自身理由的社会行动者，不是对新的社会状况做出积极的反应。只是到了最近，才有一些社会历史学家开始尝试着写作一部工人阶级的过程史和关系史，这类似于为一种处于某种无时间的进化状态的人群而写的历史。实际上，这两种历史的分支无非是一种历史。全球各大洲上的"没有历史的人民"的轨道是相互衔接的，都统一在由欧洲扩张和资本主义生产方式所创造的更大矩阵之中。

由此，资本主义积累仍然继续在世界范围内制造着新的工人阶级，从各种不同的社会与文化背景中招募这些工人阶级，将之安置到不同的政治和经济等级秩序当中。新工人阶级以他们的存在改变着这些等级秩序，他们本身也被那些强加到他们身上的力量改变着。因而，在一个层次上，资本主义的传播通过不断地重组其典型的资本-劳动关系，处处都创造出一个更大的统一体。在另一个层次上，它也创造了多样性，在统一了社会对立与分化的同时也将其进行了强化。在一个比以往更一体化的世界中，我们目睹了一种史无前例的多样化的无产阶级散居人群（diasporas）的增长。

面对这个在某种程度上会使人产生"无可奈何"之感的"悲惨世界"，作为一个有良知的伟大马克思主义者，沃尔夫最后沉痛地写下了这样一句话："无论是那些宣称与历史有特权关系的人民，还是那些被认为没有历史的人民，都面临着一种共同的命运。"

但是，这岂不是与他在开篇时的初衷正相违背的吗？沃尔夫宣称要写作一种将这些"没有历史的人民"当作主体的历史，但在他的笔下，我们只看到了这些人民是如何被纳入一个支配性的资本主义体系之中并不得不屈从于它的安排的。这种命运是这些"没有历史的人民"的唯一命运吗？正像他的友人萨林斯在"资本主义的宇宙观"中对他的批评一样，沃尔夫可能并没有像他当初认为的那样写出这些人民的真正历史，看起来好像只有资本主义体系才能赋予这些人民一种历史。[①]可以，如果这些"没有历史的人民"真的是历史的主体，那么，他们同样在创造自己的历史和秩序，在这个意义上，这些人民对资本主义体系来说的确是牺牲品，但站在他们的立场上来看，未必不可以说资本主义的生产体系是服从于他们的整体生活的目的的。

---

① 萨林斯：《资本主义的宇宙观——"世界体系"中的泛太平洋地区》，赵丙祥译，张宏明校，见其：《历史之岛》，蓝达居等译，362 页，上海：上海人民出版社，2003。

《想象的共同体》^①（1983）

舒 瑜

本尼迪克特·安德森（Benedict Anderson，1936—2015），爱尔兰人，历史社会学家。1953 年他进入剑桥大学主修西方古典研究与英法文学，1958 年远赴美国康奈尔大学专攻印尼研究，1961—1964 年在雅加达进行博士论文的田野调查，1967 年完成其博士论文《革命时期的爪哇》（*Java in a Time of Revolution: Occupation and Resistance*, 1972）。安德森被称为"不列颠最杰出的马克思主义知识分子"，是康奈尔大学国际研究院宾尼约伯（Aaron L. Binenjorb）讲座教授，

是全球知名的东南亚研究学者。除《想象的共同体——民族主义的起源与散布》（*Imagined Communities: Reflections on the Origin and Spread of Nationalism*, 1983）外，其他著作还有《比较的幽灵——民族主义、东南亚与全球》（*The Spectre of Comparisons: Nationalism, Southeast Asia and the World*, 1998）、《镜像——美国殖民时期的暹罗政治与文学》（*In the Minor: Literature and Politics in Siam in the American Era*, 1985）和《语言与权力——探索印尼的政治文化》）*Language and Power: Exploring Political Culture in Indonesia*, 1990）等。

本尼迪克特·安德森的《想象的共同体——民族主义的起源与散布》（以下简称《想象的共同体》）一书可谓当今民族主义研究的经典之作，正如作者自己所言，他是从一种富有"哥白尼精神"的方向上，对民族主义的起源和散布进行新的阐释，提出充满创意的"民族"定义："它是一种想象的政治共同体——并

---

① 本文曾以"从'想象的共同体'到'巴厘剧场国家'"为题发表于《西北民族研究》，2006（2）。现经修订收录。

且，它是被想象为本质上是有限的，也享有主权的共同体。"① 这个定义中极富冲击力的是"想象"一词。何谓想象？想象何以可能？如何进行想象？

"民族"通常被视为客观存在的特定人群，而且十分强调这个群体所共有的特征和属性。而安德森却振聋发聩地说，事实上，所有比成员之间有着面对面接触的原始村落更大（或许连这种村落也包括在内）的一切共同体都是想象的。区别不同共同体的基础，并非他们的虚假/真实性，而是他们被想象的方式。安德森把研究的起点放在民族归属（nationality）、民族主义上，并强调把民族主义视为一种特殊类型的文化的人造物。他试图论述这样一种人造物为什么会在18世纪被创造出来，它的意义怎样在漫长的时间中产生变化，为何时至今日它仍能够具有如此深刻的情感上的正当性。他主张将民族主义和先于它出现的文化体系联系在一起才能真正地理解民族主义。他认为这些先于民族主义出现的文化体系，后来既孕育了民族主义，也成了民族主义产生的背景。在安德森看来，宗教共同体和王朝就是先于民族主义的文化体系。安德森饶富洞察力地分析了民族主义的文化起源。

安德森认为"民族"本质上是一种现代的（modern）想象形式，它源于人类意识在步入现代性（modernity）过程中的一次深刻变化。他认为，宗教思想在民族主义产生以前，对解释人类的苦难重荷有着充满想象力的回应能力，并且它能将人世的宿命转化成生命的延续，从而回答了人类对最终极的宿命——死亡的关切，成为一种对现实世界富有解释力的思考模式。到了18世纪启蒙运动和理性世俗主义兴起，宗教思考模式衰退，这样一个时代所急需的正是如何通过世俗的形式重新赋予生命意义，将宿命转化为连续，将偶然转化为意义。这时候降生的民族主义就担负了这样的使命。在政治上表现为民族国家的"民族"的身影，总是不仅可以回溯到遥远的对过去的记忆中，也延伸到无限的未来中，从而将偶然转化成延续。安德森进一步指出了宗教共同体得以想象的媒介——神圣语言。他说："所有伟大而具有古典传统的共同体，都借助某种和超越尘世的权力秩序相连接的神圣语言为中介，把自己设想为位居宇宙的中心。因此，拉丁文、巴利文、阿拉伯文或中文的扩张范围在理论上是没有限制的。这种由神圣语言所结合起来的古典的共同体，具有一种异于民族想象共同体的特征。最关键的差别在于，较古老的共同体对他们语言的独特的神圣性深具信心，而这种自信塑造

---

① 安德森：《想象的共同体》，吴叡人译，6页，上海：上海世纪出版集团，2005。

了他们关于认定共同体成员的看法。"① 这种神圣语言的地位一直维系到 16 世纪，之后，神圣语言的地位逐渐式微，印刷资本主义给予神圣语言致命一击，拉丁文以一种让人眩晕的速度丧失了作为全欧洲上层知识分子阶级语言的霸权地位。安德森认为："拉丁文的衰亡，其实是一个更大的过程，是被古老的神圣语言所整合起来的共同体逐步分裂，多元化和领土化的过程的一个例证。"②

王朝区别于现代国家观念之处在于，它的合法性源于神授而非民众，王权成为一个神圣中心而把所有事物环绕在这个神圣中心周围，它不像现代国家的主权观念那样，国家的主权在领土内的每一寸土地上都发生完全均质的效力，而是以中心来界定，国与国的边界是模糊的，国与国之间不仅通过战争还通过"性的政治"进行整合和扩张，并能够对异质多样的领土和臣民进行统治。然而，到了17 世纪时，王朝的合法性开始遭到质疑，1789 年之后，神圣君主不得不为自己的正当性进行声嘶力竭的辩护了。

在神圣的宗教共同体、语言和血统衰退的同时，人们理解世界的方式正在发生着根本性的变化，民族主义正是在这样的背景下形成的，它代表着一种不同于宗教共同体、王朝的现代的思考方式。在这一转变中，安德森尤其指出了时间观念的变化。他认为中世纪的这些神圣共同体把时间看成一种"弥赛亚时间"，这种时间观念将过去和未来汇聚于瞬息即逝的现在的同时性。而这样一种时间被印刷资本主义时代的"同质的、空洞的时间"所取代，这种观念中的同时性是横向的，是与时间交错的。③ 过去那种与"时间并行的同时性"概念在群众每天对报纸、小说的"朝圣"和想象中被消解。小说与报纸正是在这个意义上为民族共同体的想象提供了技术上的手段。印刷资本主义改变了世界的面貌和状态，使得越来越多的人以新的方式对自身进行思考，并将自身和他人连接起来。

安德森总结说："资本主义、印刷科技和人类语言宿命的多样性这三者的重合，使得一个新形式的想象的共同体成为可能，而自其基本形态观之，这种新的共同体实已为现代民族的登场预先搭好了舞台。这些共同体可能延伸的范围在本质上是有限的，并且这一可能的延伸范围和既有的政治疆界的关系完全是偶然的。"④ 安德森试图论证民族主义之所以在 18 世纪被创造出来，其实是从种种各

---

① 安德森:《想象的共同体》，12 页。
② 同上，18 页。
③ 同上，22—23 页。
④ 同上，45 页。

自独立的历史力量复杂的交汇过程中提炼出来的结果，而它一旦被创造出来，就变得"模式化"，在深浅不一的自觉状态下，它们可以被移植到其他形形色色的社会，可以吸纳同样多形形色色的政治和意识形态，也可以被这些力量吸收。安德森对民族主义的起源和散布进行了历史梳理，为我们展示了一幅波澜壮阔的历史图景，建构了一个关于民族主义如何最先从美洲发生，然后一波一波向欧洲、亚非等地逐步扩展的论证，环环相扣，颇有见地。

第一波：美洲民族主义的发展——欧裔海外移民"受束缚的朝圣之旅"。欧裔移民在美洲的民族独立过程中起到了至关重要的作用。美洲的殖民母国（英国、西班牙、葡萄牙）对美洲殖民地进行制度性歧视，当地欧裔移民的社会与政治流动被限定在殖民地范围之内，这种歧视与殖民地的边界重合，为殖民地的欧裔移民创造了一种"受到束缚的朝圣之旅"的共同经验，他们被限定在个别殖民地的共同领域内，体验着这种母国歧视的"旅伴"们于是开始将殖民地想象成他们的祖国，将殖民地住民想象成他们的民族。美洲最初的民族想象之所以可能，正是因为各个帝国的领地范围与其方言所通行的地域几乎完美地重合，他们和母国拥有一个共同的语言，几乎所有的欧裔海外移民都在制度上（通过学校、印刷媒体、行政习惯等）全心全意接受了欧洲的——而非美洲当地的——语言。

印刷品很早就流传到新西班牙，但是在长达两个世纪的时间里，一直受到国王和教会的严密控制。然而到了18世纪时，发生了实质的革命——出现了大量的地方性报纸。报纸的出现意味着，即使是世界性的事件也会被折射到一个方言读者群的特定想象中。报纸上方的日期提供了一种最根本的连接——一种同质的、空洞的时间。[①]这样一个穿越时间的稳定的、坚实的同时性概念对于一个想象的共同的形成非常重要。朝圣的欧裔海外移民官员与地方上的欧裔海外移民印刷业者，在美洲反母国独立运动中扮演了决定的历史性角色。

第二波：欧洲的民族主义——民粹主义的语言民族主义。欧洲不同于美洲的情况在于，欧洲内部帝国王朝基本上是多方言的，权力和印刷语言在地图上各自管辖着不同的领土。一方面，在16世纪欧洲向全球的扩张和地理大发现促成"文化多元论"在欧洲的兴起。所有的语言都有了相同的世俗地位，拉丁文之类的神圣语言日渐没落。每个王朝内部都创造了寻求方言统一的强大的驱动力，拉丁文在奥匈帝国固守的国家语言地位到了19世纪40年代几乎消失了。以方言

① 安德森：《想象的共同体》，30页。

为基础的国家语言取得了越来越高的权力和地位。在英国和法国，由于某些外在因素，19 世纪中叶国家语言和民众语言恰好有相对较高的重合地区，这是与美洲情况最为接近的个案。19 世纪是方言化的辞典编撰者、文法学家、语言学家和文学家的黄金时代，这些专业知识分子的活动成为形塑 19 世纪欧洲民族主义的关键。双语辞典的出现使逐渐逼近的语言平等主义终于现身。相应的阅读阶级也诞生了，包括贵族和地主绅士、廷臣与教士等旧统治阶级以外，还有平民出身的下级官僚、专业人士及资产阶级等新兴的中间阶层。不识字的资产阶级是难以想象的。另一方面，美洲和法国革命将民族独立与共和革命的模式扩散到欧洲等地，为欧洲民族主义运动提供了可以"盗版"的范例和模型。

因此，在这场历史运动中，以方言为基础的民族印刷语言和民族语言出版业的兴起，阅读阶级的适时出现及对美洲模式的效仿，使得在 19 世纪前半叶欧洲孕育了一波民粹主义性格强烈的语言民族主义。

第三波：官方民族主义——依靠国家力量的民族归化（naturalization）。19 世纪中叶以降在欧洲内部出现了所谓的"官方民族主义"，其实正好是欧洲各王室对第二波民族主义的反动——无力抵挡日渐高涨的民族主义浪潮的旧统治阶级为了避免被群众力量颠覆，于是基本上出于行政的理由，这些王朝以或快或慢的速度确定了某种语言作为国家语言。各王室凭借国家力量竞相"归化"民族，并由此掌握了对"民族想象"的诠释权。18 世纪 80 年代，奥匈帝国约瑟夫二世决定将国家语言从拉丁文换成德文，在他看来，在中世纪贵族的拉丁文行政体系基础上，根本无法有效地开展有利于民众的工作，必须有一个能够连接其帝国每一部分的统一性语言，在此必要性之下，除了德文他别无选择。到了 19 世纪，德语逐渐获得了一个双重地位：既是普遍的帝国的，又是特殊的民族的。到了 19 世纪中叶，这些欧洲君主制国家有着向民族认同接近的趋势。

官方民族主义即民族与王朝制帝国的刻意融合，是对群众性民族运动的反动而发展起来的。以帝国主义之名，同类集团在他们征服的亚洲、非洲的领土上推行了非常类似的政策，印度人被英国化、朝鲜人被日本化。

最后一波：亚洲殖民地民族主义。具有识字能力和双语能力的知识分子阶层在亚洲殖民地民族主义兴起中扮演了核心的角色。阅读印刷品的能力使得那种漂浮在同质的、空洞的时间里的想象的共同体成为可能。双语的能力则意味着可以经由欧洲语言接触到其他地方产生的民族主义、民族国家类型。这些通晓双语的精英就是潜在的最初的殖民地民族主义者。殖民地的学校体系在殖民地民族兴起中起到独特作用。20 世纪的殖民地学校体系孕育了类似官员仕途之旅的朝圣之旅，来自殖民地全境各地的旅伴汇聚到一起共同学习的过程中被赋予了一种关于某一特定领土的想象的真实性。另一方面，歧视性的殖民地行政体系与教育体系同时将殖民地民众的社会政治流动限定在殖民地范围内，类似于美洲"受束缚的朝圣之旅"，为被殖民者创造了想象民族的领土基础。与美洲欧裔移民一样，20 世纪亚非被殖民者眼中，殖民地的边界也最终成为"民族"的边界。

在 1991 年出版的第二版中，安德森补充了"人口调查、地图、博物馆"一章，认为这三者的结合深刻地形塑了殖民地政府想象其领地的方式，颇有启示性、开创性。在关于地图的一部分中尤为精彩，安德森指出，有边界的地图的出现使人们清楚地看到一个从"传统的"政治权力结构里出现的新的国家心灵（state-mind），[①] 清晰的边界观念是现代民族国家形成的重要标志。有边界的地图的出现深深地渗透到民众的想象当中，成为孕育民族主义的一个清晰可见、强而有力的象征。

总的来看，安德森通过对历史的梳理为我们呈现出世界范围内的民族主义得以兴起和散布的图景。在这些共同体形成的过程中，"想象"以不同方式造就了不同的共同体。而在安德森看来，语言，尤其是文字的角色至关重要，因为语言最重要之处在于它能够产生想象的共同体，能够建造事实上的特殊的连带。报纸、小说和其他印刷品的出现，使得共同体内部事件，甚至是世界性的事件，都会被折射到一个方言读者群的特定想象中，渗透在同质的、空洞的时间观念里，这样一种稳定的、坚实的时间观表现了同时性行动的惊人可能性，从而深刻支配了人们的想象。在第二版里，安德森注意到人口调查、地图、博物馆对于想象的共同体也是尤为重要的，更富洞察力。为我们今天理解民族国家形成的历史进程提供了有益的维度。

如果说安德森为我们讲述了民族如何想象，那么格尔兹笔下的《尼加拉》则为我们呈现了国家如何想象，作为"典范中心"的尼加拉被想象为超自然秩序的微观宇宙。"国家"通过仪式在想象和真实之间进行展示和表演。《尼加拉》一书通过浓墨重彩的笔法为我们渲染了一幅生动形象的巴厘剧场国家图景。巴厘国家无力促使专制权力走向全面集权化，相反，它走向了一种排场，走向了庆典，

① 安德森：《想象的共同体》，161 页。

走向了主宰着巴厘文化迷狂精神的公共戏剧化：社会不平等与地位炫耀。^①君主们不遗余力地通过举行宏大的庆典戏剧场面来建立一个典范中心，一个真实的尼加拉。国王越是完美，中心就越是典范；中心越是典范，国家就越是真实。在这场共同搬演的戏剧情境中，社会等级差异渗透其中，国家从想象性的能量和符号潜能中汲取力量，使得这种不平等变得更为醒目。

巴厘传统生活的两极：作为典范国家政体的"尼加拉"和作为组织完备的村落政体的"德萨"。尼加拉的全部方面就是王室生活，王室的仪式生活成为社会秩序的范例，而且不仅仅是社会秩序的简单反映，它还反映了超自然的秩序，被视为"神圣空间的中心"。这个尼加拉共同体从根本上而言并不是一个社会的、政治的或经济的单位，而是一个宗教意义上的单位。它的存在就是一种仪式上的表演，在这样的表演中国家才得以存在和彰显。公共仪式并不是巩固国家的谋术，而是国家本身。权力服务于夸示，而非夸示服务于权力。^②它在布置着一个个表象，宫殿设置、火葬仪式及各种各样的国家庆典，这些庆典都是异常奢侈、异常豪华的。庆典以国王为焦点，把一切都集中于他，庆典的辉度映照了国王的核心性。"人们所能想象之物和随想象而来的人们所能成为之物这两者之间的真正联合就交叉到国王本人身上。作为典范中心的典范中心，偶像国王把他内向地刻画给自身之物又外向地刻画给他的臣民，即神性的平和范例。"^③

德萨，即村落，之所以和尼加拉相对，是因为它是一个乡村公共生活的共同体，这个共同体有着自己的地方生活秩序、水利灌溉设施及民间仪式组织。相应地就有三个独立的机构来执行这些任务：村庄、灌溉会社和庙会。在巴厘，国家和村庄是同步成长的，它们彼此形塑了对方。剧场国家的权力搬演和地方运作模式是一个微妙的、复杂的相互调试过程。"巴厘社会摇摆于文化理想范型和现实格局之间，文化理想范型被想象为呈现为由上而下逐级降落的趋势，而现实格局则被想象为呈现由下往上逐渐升级的趋势。"^④较低的典范都是上一级较高典范的粗糙翻版，而每一较高典范都是下一级较低典范的精致翻版。尼加拉作为典范中心国家，是最精致的典范，通过戏剧化的搬演，展示着国家的本来面目，所有

　①　格尔兹：《尼加拉——十九世纪巴厘剧场国家》，赵丙祥译，王铭铭校，13页，上海：上海人民出版社，1999［1982］。
　②　同上，13页。
　③　同上，131页。
　④　同上，128页。

"入戏的观众"获得了感知、再现和实在的方式，就在这样一个戏剧的展示过程中，国家得以想象同时获得存在。

格尔兹为我们描绘的尼加拉剧场国家，并不仅仅是巴厘个案，它还提供了一种关于国家符号学的普遍理论。他独辟蹊径地凸现了国家的"辉度"，强调国家展示性和表演性的政治表述，为我们提供了一种解读国家的新路径。在国家展演式的权力表达中，公共的意象、符号系统成为人们想象共同体的媒介。依照宇宙秩序而建的宏伟宫殿、场面壮观的火葬仪式、莲花宝座、林加等，都成为一种典范中心的隐喻，人们在这些符号和意象中想象、领悟、模仿，形成一个国家的共同体。

正如安德森所说，一切共同体都是想象的，不同的只是它们被想象的方式。这两本书就提供给我们这样两种视角，两种不同的想象方式：安德森强调了语言尤其是文字在建构民族共同体过程中的重要作用，格尔兹则为我们描绘了一个国家如何在仪式化的表演中让所有"入戏的观众"得以想象国家的真实。

《地方性知识》(1983)

赵丙祥　杨旭日

一、思想革新与现代人类学

任何敏感的人在知识充斥的社会里总会或多或少地感到压抑。在《地方性知识——阐释人类学论文集》①（以下简称《地方性知识》）一书中，格尔兹（Clifford Geertz）从他的解释人类学立场出发，深思人类的这一困境。由于海德格尔（Martin Heidegger）、维特根斯坦（Ludwig Wittgenstein）、伽达默尔（Hans-Georg Gadamer）和利科（Paul Ricoeur）等哲学家的观点的渗入，由于伯克（Peter Burke）、詹明信（Fredric Jameson）和费什（Stanley Fish）等批评家的深入，还由于福柯（Michel Foucault）、哈贝马斯（Jürgen Habermas）、巴特（Roland Barthes）和库恩（Thomas Kuhn）这些"全方位颠覆者"的观点的冲击，社会科学已经不可能简单地复归到原来的技术性观念下的社会科学了。另外，韦伯、弗洛伊德（Sigmund Freud）和柯林伍德（Robin Collingwood）等古典作家也起了作用。当然，这一冲击还远没有形成定论。

格尔兹自己把这一新的路径定位为醉心于细微差别的鉴赏家与热衷于比较的注释学家这两种取向的混合体。他认为，业已确立的那种对诸如规律性和因果性社会物理等现象进行研究的路径，并没能在预测、控制和可检验性方面取得多少成功，而采取这些路径的论者原本一直向人们许诺能够在这些方面获得成功的；更为开放且宽宏的现代思想潮流已经开始冲击过去那种隐晦的、褊狭的知识。这样，社会研究正变得相当多元化。

在人类学领域中，关于文化的讨论也在不断地翻新，从泰勒（Adward Tylor）的文化集合说到列维-斯特劳斯（Claude Lévi-Strauss）的深层结构说，不一而足。那么，在格尔兹看来，什么是文化？"人类是悬挂在意义之网上的动

---

① Clifford Geertz, *Local Knowledge: Further Essays in Interpretive Anthropology*, New York: Basic Books, Inc., 1983.

物"，文化是一个"分类甄别意指系统"。这是他的解释人类学的核心概念。民族志学者，通过对远古思想布局的挖掘，会发现知识形态的建构必然总是地方性的，即同它们的工具及包装总是不可分离的。这是民族志学者最伟大的成就，也是其能成就的东西。其前提基础是，让我们能够有意义地将它们搁在一起来讨论的原因，是它们都载有一种共同体的知识，即以一种地方性的方式展现了当地人在思想上的地方性转变。

格尔兹认为，大多数现代观念所主张的情境主义取向、反形式主义取向及相对主义取向，都与人类学极其相似。人类学家谈论的对象是世界被谈论的方式，即世界是如何被描述、被刻画和被展示的方式，而不是考察世界当然如此的方式。但格尔兹的这种观念其实往往容易遭到误解，而且这种误解必定是双重性的：一方面，格尔兹向来被认为是"后现代主义"人类学的创立者之一，因此，坚持人类学为一门"科学"而人类学家往往不肯接受他的观念，认为他掉入了后现代的泥潭。而另一方面，更大的误解则恰好来自一批"后现代"人类学家，这甚至更明显地体现在他自己的几个学生身上，他们将格尔兹的人类学转化成了一种描述土著人如何向作为调查者的人类学家"解说"自己的文化的演讲术，而忘记了格尔兹本人也堪称最严谨的田野工作者。格尔兹的本意无非是说，我们应该研究的是本地人如何向他们自己刻画、描述和展示自己的世界，因此，我们考察的对象是本地人对他们如何"综合"自己的生活世界的方式，而不是本地人如何向外人讲述自己的故事。

二、从本地人的观点出发

格尔兹认为，社会思想的本质是比喻性的，而各种思想主要是靠类比来运作的，即将一些不为或不易为当时人所了解的事物"看作"好像是人们熟知的东西（例如，地球是一块磁铁，心脏是一台水泵，光是一种波，人脑是一台计算机，空间是一个气球，等等），任何思想都不可能超越当时的时代，不可能脱离它所存在的整体场景；而当类比进程发生变化时，其借以表达自身的词句也会随之发生改变，而没有理解的东西——没有理解是因为人们尚未去理解——在确知的现实外围形成一个圆圈。社会思想正是在这一类比的观照下得以展开的。实际上，人文科学与社会科学的不断模糊、不断融合就证明了这一点，在社会科学领域中，许多学者如维特根斯坦、赖尔（Gilbert Ryle）、戈夫曼（Erving Goffman）、贝克（Baker）、特纳（Victor Turner）等人已经放弃了简单的机械式的比喻推理，而逐渐采用人文科学中的比喻，并以这一类比来想象我们所生活的社会。这样，思想的最大作用便是把那些陌生的知识，变成我们身边所熟悉知识，使我们能够顺利地出入各种知识场。

为什么我们具有这样一种理解能力，这样一种理解能力在何时会失效？把文化当作由文化符号组成的意指系统，深入每种文化情景中去理解文化自身的逻辑，体会其本身对文化符号的定义，而不是从"语音"出发，从中抽象出一定的结构来。这种解释人类学并不准备为理解整个人类的想象产品提供一条现成的道路，但他至少可以打破一些试图包打天下的偶像。他指出，任何真正的理解都来自对产生文化产品的背景的理解，而对文化本身的"地方性情景"的把握又可以通过诠释某些关键的概念来进行。这种观念反映在人类学中，就是"从本地人的观点出发"。"从本地人的观点出发"的结果就是对某种文化的"浓描"（thick discription），格尔兹的"民族志"就是在这种含义下来说的。

在讨论这一问题时，格尔兹从马林诺夫斯基（Bronislaw Malinowski）日记所带来的田野工作与人类学家的道德出发，从中引出"到底如何去理解异域人"这个问题。实际上，如果我们不像被人教导的那样，通过某种超常的感知力，通过一种近乎超自然的像一个当地人那样去思考、感觉和领悟的能力，那么，人类学关于当地人如何思考、感觉和领悟的知识又是如何可能的呢？如果我们从本地人的观点出发来观察事物，当我们不再宣称与对象保持着某种形式的心理学亲近，不再宣称具有某种跨文化身份的时候，我们又在哪里呢？当 einfuhlen（移情、设身处地）消失的时候，verstehen（理解、了解、明白）又会怎样呢？格尔兹借用科胡特（Heinz Kohut）所谓的"经验相近"（experience-near）和"经验相远"（experience-distant）的概念来解说这个问题。所谓"经验相近"，简单地说，指一个患者、一个主体，他自己可能自然而然地、毫不费力地用以解说他或其同伴所看到的、感觉到的、思考着的和想象着的东西，并且当其他人同样运用这些东西时他可以轻易地理解它们。而"经验相远"则指这种或那种专家（分析者、实验者、民族志作家，甚至传教士或思想家）用以推行他们的科学、哲学或实践目的的概念。"爱情"是一个经验相近的概念，而"对象的情感专注"就是一个经验相远的概念。经验相近和经验相远不但存在于各种学科，也存在于各种人群，人类学家则扮演着这两类概念的翻译者的角色。

为了完成这种任务，人类学家必须将下面这两类描述进行转换——一种是日益搜罗式的观察，一种是日益概要式的观察。这两类描述都为我们呈现了一幅真切的、有血有肉的人类生活方式的图景。在这里，"译释"并不是指根据我们自己看待事物的方式去重构他人看待事物的方式，而是指将他人看待事物的方式的逻辑展现于我们自己的特别的表达方式之中。因此，人类学家的秘诀不在于迫使自己与对象达成某种精神的交融状态，而是去唤醒他们自己（本地人）的心灵。因此，从本地人的观点出发并不等于要把我们自己变成当地人，这是完全不可能的，而是去理解他们是怎样来设想他们自身的。

格尔兹以他自己在巴厘和摩洛哥的经验为例来展示当地人是如何把自己界定为人的。在任何时候，格尔兹都试图去抓取这些人内心最深处的观念。这种做法不是首先把自己想象成另外一个人，比如把自己想象成一个农民或部落酋长，然后再去观察他所猜想的东西，而是通过搜寻并分析象征符号形式——言辞、形象、制度和行为等，由此我们会得到一幅丰富的画面，在每个地方，人们确实在表述着他们自身，他们彼此也在相互表述着。

格尔兹将这种观念称为"人观"（personhood）。以爪哇为例，巴厘人对人的理解可以称为"剧中人"，演员会死去，但他们表演的剧目却不会死去，因此他们所表演的内容而不是表演的人，才是真正要紧的。巴厘人至少有半打主要类型的标签，归属性的、固定的和绝对的，如生辰顺序标记、亲属称谓术语、种姓头衔、性别指示、从子名等。无论在结构还是在实际的运行方式当中，这个术语系统都会导致这样的结果，即将人看成一种体裁类型的合适代表，而不是将人看成一个带有个人命运的独一无二的个体。比方说，生辰顺序命名系统就是这样，对所有生育中的夫妇来说，孩子的出生构成了一个"老大""老二""老三""老四"的循环演替，一种恒定形式在四阶段永无止境的往复。它们把人类环境中最为时间浸染的侧面表述成只不过是永恒、舞台生涯的现时的组成部分。格尔兹认为，在最基本的信仰上，人观被整理成两组基本的对照形式，一是在"内"与"外"之间，一是在"精致的"与"粗俗的"之间。巴厘人观的意义正是通过对两组对照形式的描述而获得的。

与此相关，巴厘人的焦虑（lek）与舞台恐惧非常相似。他们所担忧的是，文化场所所托付给他的那个公共表演会被人搅乱，这时，他的个人就会冲出来，从而毁灭他的标准化公共身份。这与马克斯·韦伯所探讨的新教徒的焦虑是完全不同的，巴厘人并不为自己能否得到"拯救"而烦恼，他们关心的是对方是否按照设定好的角色去表演，动作是否到位，台词是否熟练。从这个角度来说，巴厘人更关心身边的生活，更加具有日常精神，而个人就有可能深深地陷入日常琐事之中，其焦虑也表现为一种现世的焦虑。他举了一个例子，就算是最心爱的人死去，当事人也应该保持平和的外表，甚至要安慰客人，请他们不要过分悲伤。更为重要的是，文化本身会按其自身的逻辑再生产出这一状态。

用格尔兹本人的话来讲，理解他人的生活世界就像当我们在阅读一首诗歌时所遭遇到的情景：

> 简言之，描述其他人群的主观性也可以建立起来。这些认识来自逐字解释他们表达方式（或称"符号系统"）的能力……理解本地人内部生活的形式和压力，更像是理解一句谚语，抓住一个幻景，听懂一个玩笑——或者像我已经说过的那样，阅读一首诗歌——而不像是圣餐（communion）。

三、地方性知识：思想作为社会事实

格尔兹解释人类学的风格在讨论常识、艺术、卡里斯马及法律等问题时表现得更加淋漓尽致。他反对那种从纯粹形式、从心理角度来讨论问题的方式，认为这种方法无异于把常识、艺术、卡里斯玛、法律当作一个漂流在社会一般进程之外的既不透风也不透气的东西。事实上，这些东西尽管本身有一定的自主性，但就其本身而言，它只是这个丰富多彩的文化冰山露出水面的一角而已。他把常识、艺术、卡里斯玛等视为象征符号，但是他决不像列维-斯特劳斯那样就符号讨论符号，而是探讨符号之外的更为广阔的社会背景，正是这些社会因素使得这些象征符号得以产生、流传、保存。

这一生生不息的源流，深深地嵌入了人们的日常生活、仪式活动中，这一涌动的源泉，格尔兹称之为"文化"。事实上，对格尔兹来说，他所面对的直接问题是去反对就事论事、否定其来龙去脉的无限的知识，尤其是后结构主义的论调。这种路径也是我们现在知识论一贯采取的路径。

它或许以前曾对人类知识起过极为重要的作用，但现在这种褊狭化的思想已经受到了全面的冲击。它已经不可能再现而不见它自身的基础了。这也是 20 世纪以来发展起来的解释学及各种文化批评理论所要挑战的主题，这种挑战如不谨慎就有可能沦为一种简单的意识形态批判。格尔兹却不是这样为批判而批判的，他通过把任何象征符号及其在文化的意义上统一起来，并从自己的角度出发来重

新形构一些范畴，重新从生活着、涌动着的现象中将符号的意义与符号所处的环境联系起来。这里就会出现一些新的类比，这些新的类比预示着事实上我们完全可以从另一个角度来理解这些符号。这里说明了符号和符号所表达的事实之间存在着一种密切而又非一一对应的关系，换成福柯的话，那就是"可说的"和"可见的"的关系，它们相互捕捉、相互搏斗，一方面"可说的"在不断把"可见的""纳出"自己的范畴，而"可见的"却总闪烁不定，使"可说的"总是只能"捕风捉影"；另一方面，"可说的"又总是在不断变换花样，使"可见的"以全新的方式表达在人们的话语之中，人们又总能通过这一套话语，分类范畴重新感受到这些"可见的"东西。而在社会生活中，它们的关系却是通过一套支撑它们的文化制度所规定的。这套文化制度难于发现，也难于表达，由于语言本身是在文化之内的，故用语言来表达这一文化制度时，语言总无法确切表达其意义，换言之，其意义只能用隐喻、想象等特殊手段来进行流动的传达。格尔兹却在这一基础上，通过把许多看似不同的事物重新放在一起比较类比，以便发展出新的言说模式来。

格尔兹如何赋予知识以情景性的呢？具体的路径是，先排除一些俗见，指出就符号来谈符号并不能了解符号本身在社会中的起源、运转及消亡。艺术的符号学是为了把艺术之声放在其发声的底座上，而权力的符号学是为了探讨君权在不同文化背景下是怎样以其独特的方式在本文化的土壤中生根发芽并茁壮成长的。也是由于这一见识，当解释人类学的"浓描"手法涉及思想时，文化的情景性便以另一更清晰的概念——"地方性知识"——展现出来。

格尔兹认为，在法律中，将思想视为社会事实的方案才最终在经验上获得了验证。尽管思想在社会生活中是丰富多彩、无限多样的，但法律的轮廓无疑是最为清楚的。这里格尔兹关注的中心变成了在审判过程中事实发现与规则适用的关系。

根据通常的观点，这两种活动是无意识连接的，在事实中发现规则或把规则运用在事实之上。格尔兹认为这一看法掩饰事实发现和规则适用之间的鸿沟，这一鸿沟往往是由一定文化所限定的"地方性想象"所连接的。但由于我们自己总处于一定的地方情景中，事实上，这一过程往往是隐而不见的。这种地方性只有在跨文化的比较中才能显现出来，但并不是每一个思想家都愿意把这当成一个有其内在逻辑的东西。这种"地方性"是一定文化所赋予的，它在社会生活中表现为它都载有一种共同体的认识，即以一种地方性的方式展现了当地居民在思想上的地方性转变。这样，格尔兹便可以顺理成章地说"地方性"首先意味着一种特色，当然它本身并不排除地理和空间上的区分。如果从人类学自身的理解来说，"地方性知识"本身就意味着把一种文化当作一个分析单元，即已经接受了地方特色文化的整体性，而不是把地方性的文化分解成几个互不相干的要素，这里强调的是这一文化自身的逻辑、自身的再生产。当然本书的重要目的却是参与学科间的讨论，是以"地方性知识"来矫正那些把知识普遍化和总体化的企图。在格尔兹看来，任何号称普遍的知识总有地方性的文化背景，而且不具有这一文化背景的人是无法轻而易举地确切把握它的意义的。

当然，格尔兹在这里的讨论本身还得从法律的核心问题（即实然与应然、业已发生者与它是否合法之间的区别）入手。他力图在其他三种法律传统中（摩洛哥、巴厘、马来亚）探寻这个论题的近似物。首先，他讨论了当代美国法律与事实的争议；其次，描述它在三种其他的法律传统中所采取的不同的形式；再次，就这些差异对有序审判的演进所具有的意义进行讨论。格尔兹穿梭于法律家看待事物的眼光与人类学家看待事物的眼光之间，来探讨现代的西方偏见与古典的中东偏见、亚洲偏见；法律在这里跳跃于作为一种规范理念的结构的法律与作为一套裁判程序的法律之间，来回穿梭在作为有自主性的体系的法律传统与作为彼此冲突的意识形态的法律传统之间，并且对普遍的知识与直接具体的个案也总是变幻莫测，来回碰撞；最后他又把小规模的对地方性知识的想象和大规模的对世界整体意图的设想联系起来。这里，所有的概念承受了巨大的张力，格尔兹所做的只是力图对"事实与法律程序"进行验定，看看这一程式经过各种不同的粗略的比较分析之后到底还留存下来什么东西。

格尔兹之所以把法律当作一种地方性知识，是因为法律的运作依赖于一整套文化定义。这种文化提供一些地方性的想象，正是借助于它们，法律中的事实发现和规则使用才能勾连起来。在特定的文化中，这一过程可能表现为一种无意识状态。在西方现代社会，法律与文化的勾连为一些法律技术——如取证技术、制档技术等——掩盖了。法律制度和机构通过在想象语言与判决语言之间进行译释，再由此形成一种明确的正义观。因而，法律远非只是一套技术任务和职业责任，它们是文化的构架。依据这些构架，人们的态度得以形成，而生活也得以展开。对格尔兹来说，法律与其他的思想（社会生活）并没有什么不同。对于这些活动的实践者来说，它们佐证了与生活相吻合的特定方式，而对于不是实践者的我们来说，它们阐明了这些与生活相吻合的特定方式。

　　"地方性知识"是现代人类学挑战当代知识困境的一种思路。对于格尔兹本身的思想发展来说，也是对其文化符号学的发展。在提出将文化作为系统来看待的背后，其目的是为了深化文化符号所生存的场景。正像他在《常识作为文化系统》一文中所指出的，"智慧源出一座蚁冢"，而不是从玄想和幽思中来，他所强调的是地方性的共同体本身的整体性和内在的协调性。

《时间与他者》(1983)

赵旭东

约翰内斯·费边（Johannes Fabian, 1937— ），获芝加哥大学博士学位，为荷兰阿姆斯特丹大学文化人类学教授，先前曾任教于西北大学和卫斯理大学及扎伊尔国立大学。除本书外，他的主要著作还有《底层的历史》（*History from Below*, 1990）、《权力与表演》（*Power and Performance*, 1990）、《语言与殖民权力》（*Language and Colonial Power*, 1991）、《自由的时刻：大众文化与人类学》（*Moments of Freedom: Anthropology and Popular Culture*, 1998）及《匪夷所思：中非探险的理性与疯癫》（*Out of Our Minds: Reason and Madness in the Exploration of Central Africa*, 2000）等。

"知识就是力量"，知识也是权力。人类学对知识这种权力的主张是有其自身根基所在的，这根基就是时间。换言之，人类学是在通过时间建构他者，离开时间的划分，他者是不存在的，因而也可以说，他者存在于人类学家发明出来的时间之中。

不难看到，"时间的人类学"在建构它自己的客体，这些客体即是指野蛮人、原始人及异文化。在对人类学的时间话语做一检讨之后我们便会清楚地发现，并不存在着一种人类学家所谓异文化的知识，它也不是一种时间、历史和一种政治意义上的行动。人类学者的注意力过多地指向了对时间的抑制性使用。在过去的年代里，人类学成功地使自己成为一门正规的学科，但是，它的失败则在于没有对"他者"做出极为清晰的界定。

在基督教的传统中，时间是被想象成一种神圣化历史的中介。在那时，人们会认为，时间就是降临到选民中间的一系列特殊事件。这种时间观成为现时代的人类学对时间使用上的始作俑者，这种时间观相信神与人之间的联盟，相信神圣的预见是在围绕着一个拯救者而逐渐展开的拯救的历史，由此而走向一种神圣的时间观。这种时间观强调时间的特异性（the specificity of time），强调其在特定的文化环境下的实现过程。

朝向现代性的决定性步骤，也可以说是使人类学的话语突显出来的步骤，并非是一种线性观念的发明，而是一系列的相互衔接，是通过一般化和普遍化的途径来使基督教的时间世俗化。

实际上，时间的世俗化是理解进化时间观的最为基本的东西。这种概念对理解 19 世纪的发展具有极为重要的意义，这包含着两重意思：（1）时间是宇宙万物的内在属性，因此是随着世界（或者自然，或者宇宙）而同时扩展开来的；（2）可以把世界上的各部分之间的关系（就自然和社会文化现实这两种最广的意义来说）理解为时间性的而非永恒的关系。①

在李耶尔（Charles Lyell）的《地质学原理》（1830）——达尔文称这本书在"自然科学的领域中产生了一场革命"——中，真正带来了人们从中世纪的时间观到现代的时间观的质的转变。在这部著作中，他所关心的是"均变说"的问题，这一理论并不诉诸独一无二的、同时的创造或神的连续不断的干扰（或说"灾变"）。在李耶尔看来，所有机体的和物理的创造的先前的变迁都可以指向一种现在还在起作用的、受一定规律支配的物理事件不间断的序列，这便是 19 世纪形成进化理论的基础。简言之，进化论者对时间的自然化理路的组成部分是牛顿的物理学和李耶尔的"均变说"。

人类学在 19 世纪末通过接纳牛顿的物理学（在描述自然界的运动时，时间是一恒常的变量）而获得了其科学上的美誉，然而恰在此时，后牛顿的物理学（以及后"自然史"的历史）也展露雏形。正是在这种认识论背景之下，民族志和民族学出现了，也正是在这种认识论的背景之下，人类学的学术实践与殖民主义和帝国主义联系在一起。值得注意的是，不要把这些单单看成认识论上的问题，它也是道德的或伦理的问题。不论怎么说，人类学在理论上为殖民统治的正当性提供了帮助。这种贡献就是它为政治学和经济学这两门共同关心人类的时

① Johannes Fabian, *Time and the Other: How Anthropology Makes Its Object*, New York: Columbia University Press, 1983, pp.11—12.

间问题的学科提供了一种有关"自然的"即进化时间的坚定信仰。由这种信仰而发展出的一种框架，不仅将过去的文化，甚至将整个的生活世界不可逆转地放置在一个时间之流当中，有些文化是在上游而有些文化则是在下游。总之，功能主义、文化主义和结构主义都没有真正地对普遍性的人类时间的问题给予满意的解决，最好的做法是忽视了这一问题，最糟糕的做法是拒绝承认这一问题存在的意义。

这里有必要介绍一下时间的"直裂增殖式"（schizogenic）使用。[①] 在费边看来，人类学家使用的时间概念与向他提供信息的报告人的概念大不一样。他所做的进一步分析认为，构成人类学知识的田野调查实践，应该成为对人类学的话语做一般性分析的切入点。

在民族志写作话语中存在着三种时间：第一种是所谓的"物理时间"，这是寻求对现实的一种客观记录，包括对田野考察地点的人口生态和经济等状况的描写记录。第二种时间包括相互关联的两种。一种就是所谓的"世俗时间"，这种时间像是在发明时代和阶段，但它又与所有时代拉开距离。另一种就是所谓的"类型学时间"，这是指一种时间上的测度，但它不是指转瞬即逝的时间，也不是一种线性尺度上的点，而是依据在社会文化上富有意义的事件，或者更确切地说，就依据这类事件之间的间隔。比如像有文字与无文字、传统与现代、农民与工业、冷的社会与热的社会等；受舒茨现象学社会学和格尔兹的文化解释观念的影响，费边又提出了人类学话语中第三种使用时间的方式，即"互为主体性的时间"，这种时间观反映的是当下社会科学所强调的人的行动和交往的沟通本质。当文化不再被想象成一套由特异群体的个体成员实施的一套规则，而是将其看成一种行动者在其中创造和产生出信仰、价值观及其他社会生活的手段的特殊方式时，人们便会认识到，时间是社会现实的一种建构维度，不管人们是选择强调"历时的"（diachronic）还是"纵贯的"（synchronic）、历史的还是系统的研究方法，都是跟"长期"（chronic）这个词有着直接的关系，离开时间是无法思维的。

人类学中关于时间的一套完整话语仅仅向我们显示了，人类学家是如何在建构理论及书写时使用时间的。并非人类文化在空间上的分散才使得人类学去做"时间化"的工作；这是使时间变得自然化和空间化，以此赋予人性在空间上的

---

① Johannes Fabian, *Time and the Other*, p.21.

分布以意义（实际上是各种各样的特殊的意义）的工作。

在时间观念上，启蒙思想与中世纪基督教有着实质性的区别。在中世纪的时间观念中，带有"拯救"意味的时间是包容性的和吸纳式的。异文化、异教徒或不信教者（而不是野蛮人或原始人）都被看成要受到拯救的选民。随之而来的对时间的自然化，则把时间的关系看成排他性的和扩展式的。异教徒还是被标定为要受到拯救的客体，但是野蛮人则与文明拉不上联系。下面的两张图说明了这种差异[①]：

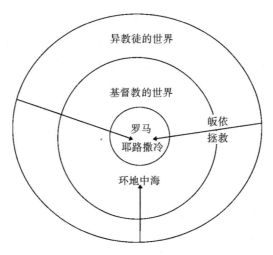

图 1　前现代的时间 / 空间：吸纳式

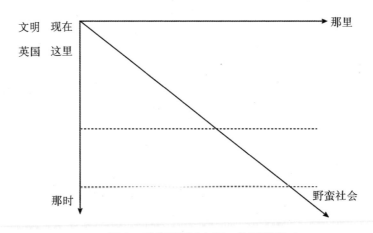

图 2　现代时间 / 空间：拉开距离

---

① 两图译自：Johannes Fabian, *Time and the Other*, p.27。

　　由此，对自然史的认识就从包容和吸纳转向了拉开距离（distancing）和分离。在进化论者的时间观里，野蛮人之所以有意义，是因为他们生活在另类时间里。因此我们要进一步追问，在当代的人类学中，人们如何用时间来创造出距离呢？

　　时间的观念被包容在人类学的话语及它的参照系的关系当中，就人类学来说，这种关系就是指文化和社会的关系，说到底就是"西方"与"异域"的关系。而萨林斯（Marshall Sahlins）所提出的所谓西方的"实践理性"和异域的"文化"之间的对立，仍是这种范式的延展。①

　　所有的民族志知识都会受到人类学家的社会与他所研究的社会间的权力与支配关系的影响。从这种意义上来说，所有人类学的知识本质上来讲都是政治的。因此，我们还是可以使用时间这一核心概念来对我们（或者说我们的理论建构）和我们的客体（异文化）的关系给予概括，但是我们使用的那类时间决定了我们建构的客体究竟是什么样子的。

　　费边试图建构一种有关"同时代性的理论"（a theory of coevalness），但难度很大，这不仅是有关"那里"的问题，而且会在人类学的实践中经常出现。作为一种目标，费边提醒我们，要把一种同时代性的理论想象成不断地与人类学的话语及其主张相对立的，我们必须时时清醒，要在完善发展的人类学的背景下仔细地审视"时间的使用"。

　　这就涉及人类学家通常使用的两种分析策略：一种策略是通过运用文化相对性的概念来阻止关乎时间的这类问题的出现，另一种则借助于极端的分类学方法来取代那个问题。这两种策略在已经广为人知的人类学著作中可以看到，比如像米德（Margaret Mead）、列维-斯特劳斯（Claude Lévi-Strauss）等人的著作。这类表述模式是辩论式的，即指其主要目标是要发展和阐明一种观点。这样一种模式必然会羡慕材料的选择与解释上的精确性，但不会刻意追求历史撰述上的完整性。

　　先来看第一种分析策略，即文化相对性的概念，它可以阻止同时代性问题的突显。吉尔纳（Ernest Gellner）曾尖锐地指出，人类学最初研究部落社会是在于将他们看成一种时间机器。②在结构功能论声称不理会作为过去的时间的问题

　　① Johannes Fabian, *Time and the Other*, p.171 ；"Notes"，25.

　　② Ernest Gellner, *Thought and Change*, Chicago: University of Chicago Press, 1964.

时，这并不意味着说人类学不再像一架时间机器在工作，相反，是以双倍的精力来工作。

功能论者对时间的伪装产生了两种后果，而批判性分析必须集中在这两者的关系上。首先，从其信徒的观点来看，结构功能论者的研究方法偏爱对时间的民族志研究。长期以来，人类学及其他相关学科一直关注它们的对象在语言、象征、行为模式及物质文化中表现出来的时间概念的差异。在这里，他们的观点是"比较的"，这些研究的目的都在于建立起所谓的西方的线性时间和原始的循环时间，或者在现代的以时间为中心与古代的无时间性之间形成对照。

尽管功能论者强调系统内部的时间，但是这种观念背后的理论预设是成问题的。这导致了第二点"伪装"时间上的后果。当这种观念大行其道时，时间相对论者的民族志丰富性便有了市场。这显然要注意认识论上的本土性与较高理论层次上的逻辑性的不一致。本尼迪克特（Ruth Benedict）在《菊与刀》一书中坚信文化之间的极端差异，她也完全认识到，追求民族认同可能跟对异文化的权力施展有着紧密的联系，但这并没有使她对"成为完全的美国人"的正当性这类的问题提出疑问，更不用说考虑到以民族为中心的文化理论的认识论的意义了。

在这些研究者当中，国民性问题是一个核心的概念。在本尼迪克特的领导下，这些人类学家出版了一本手册式的国民性研究著作《异域的文化研究》。正如米德在为本书所写的"导论"中指出的，这些研究是为了探究文化对现在已无法在空间上和时间上进行直接观察的个体的性格产生的影响而做出的，所谓空间上的无法观察是指，由于战争及政治上的原因而无法直接到达那里，而时间的原因是"我们想要研究的社会可能永远不再存在了"。在同一本书中，米德明确地指出，他们的国民性研究很大程度上是出于政治上的意图，是希望通过对一种文化中的人的行为的预期来促进各个联盟国人民的交往，形成一种新的国际秩序。

不难看出，以文化相对论为基础的人类学研究很容易转变成为非相对论者的工具，比如转变成国家防御、政治宣传及对其他社会的操纵和控制。因此，我们应该进一步问这样的问题，这种科学与政治混合在一起的东西如何解释我们所谓的人类学变色的话语？

第二种策略即文化分类策略不再把时间看作文化整合或民族志撰写的一个维度。这在列维-斯特劳斯的"结构主义"旗帜之下表现得最为明显。对结构主义来说，作为一门文化科学的人类学就是要研究文化分立与这些文化背后统一的关系规则或规律。

对于一种激进的结构人类学来说，时间仅仅是符号体系的一种先决条件，它的真实存在必须到作为自然一部分的人脑神经组织中去寻求。在这里，结构论者将时间从有意识的文化生产领域移走，以使时间自然化；他们坚持认为，那种思维方式反映了自然律。他们是出于解释事物间的关系的目的而使用时间关系上的文化概念的，但这是毫无用处的。如果说人类学就是要研究文化分立间的关系，而且，如果这些关系都是历史情景下预先存在的，那么，时间当然就会很快地从人类学的视野中移走。

列维–斯特劳斯曾指出了历史学和人类学的差异和相似："进化论者和传播论者的解释的批评向我们显示，当人类学家相信自己是在做历史学研究的时候，他却是在做相反的东西；恰恰是当他考虑到自己并不是在做历史性研究的时候，他做起来反而更像一位很好的历史学家，他可能一样受到材料缺乏的局限。"

要解决这样的困境，一个人首先要认识到"好的历史学家"和人类学家实际上关心的是同样的一个问题，那就是"他者性"的问题。对历史学家来说，这种他者性是指时间上的久远，但这对他们来说是次要的事情；而人类学家关心文化差异，其所表现出来的是空间上的距离和分布。历史学家是从资料中来对一个真实的制度和社会加以理解并获得知识的。人类学家则依赖于田野工作而不是他所研究的社会大部分历史都缺少的档案资料。

人类学在主、客体之间拉开时间距离的做法支持了这样一种观点，那就是在田野工作中体验到的时间状况与在撰写时表述的时间状况，通常是相互矛盾的。人类学家的见地是，只有在研究者与被研究者有着共同的时间时，我们才会有丰富的研究。民族志强调的是只有通过交往的实践，才有可能产生出另外一个文化的新知识。然而，假装进行解释、分析及拿民族志的知识来与研究者的社会进行沟通时的话语便声称，这是从一种"远距离的异域"，即从一个与目前要研究的客体并非同时存在的那样一个位置上获得的。

对一些共同的时间算子的综述总要落在习惯的区分上，这就是指词汇式的、句法式的和风格式的话语层次上的区分。在词汇层次上，人类学的语言更为多见，在这些词汇中都以某种方式来对时间和时间性的关系加以概念化，诸如"序列""分期""阶段""起源"和"发展"等词汇。拿"野蛮"这个词来看，作为进化论话语中的一个技术术语，它表明一个发展序列上的某一个阶段，但任何一个技术词汇都无法抗拒其本身所含有的道德、审美及政治的内涵。这个词明显地是在表述一种时间上的距离感："野蛮"是过去的标志，并且如果民族志的证据强迫人类学家去描述那种野蛮社会在现代社会中的存在，这种社会就要借助于某种水平式的地层学方法而被安置到一个位置上去，这里使用的是"他们的时间"而不是"我们的时间"。

由此，对自然史的认识就从包容和吸纳，转向了拉开距离和分离。在进化论时间观中，野蛮人之所以有意义，是因为他们是生活在另类时间里。那么，在当代人类学中，人们是如何用时间来创造出这种距离的呢？

时间化并不是历史话语的一种偶然属性，时间性通过用一种"所指"提供给它的"能指"来构成一种语义系统。由此看来，时间被用来创造出了一种客体。还有，人类学中的相对论话语与时间上的拉开距离有着内在的关联。这种联系可以有两种方向：作为实证论变形的历史学话语，对作为它们的参照系的社会与文化，要比相对论者的做法有更多的东西创造出来。相反，相对论话语，比如结构功能论或美国的文化论还有远方的遗产，像"民族志科学"，从认识论上总是要被期望是有赖于时间化的，尽管其公开表明对历史毫无兴趣。

简言之，"民族志的现在"（ethnographic present）就是用现在时态对其他文化和社会做出说明的实践。某种习俗、仪式，甚至一种整体的交换体系，或者一种世界观，都是以一个群体、部落，或者民族志工作者偶然选定的单位为基础的。对那种实践学科内部的批评可能是在两种意义上的，一种是指逻辑上的，另一种是指本体论上的，二者都用一般现代时来获得叙述的有效的参照意义。

人类学这一学科预设，作为人类学给定的客体是要被观察的。一般现在时作为一种观察者的语言从符号上认同了这种话语。这样一种语言为所观察到的世界提供了注解。它描述和重新呈现了另外的一种文化，这就是这一门学科通过语言（象征）的手段的一种再生产。所有这些都是与一种以视觉为根基的隐喻而建构起来的知识论相呼应的。从历史的层面上讲，人类学是与"自然史"传统密切相连的。

作为自然科学家和哲学家的维萨克（C. F. von Weizsacker）在"事实"和"过去"之间做了很好的联系，客体的现在是建立在写作者的过去之中的。因此，作为科学思想转折点的事实性（facticity）本身是自传体式的。这就是为什么人类学的客体性从来就不能依照其对立面的主体性来界定，特别是在一个人不想抛弃事实的观念的时候。总而言之，做人类学研究，需要有时间（常常也是空间）的距离。

我们可以回到阐释学框架中来思考，首先要指出，当一位民族志作家不断走进田野时，他有可能完全失去有价值的民族志经验，一个很简单的原因就是，异文化从来就没有什么时间段会成为民族志撰写者对过去撰述的一部分。人类学家有许多报道都指出，在重访或多次访问原来的被调查者以后，他们的态度会有巨大改变。这就使得民族志是对话式的，而且在一定程度上是互惠式的。其次，阐释学的距离或者说自我反思性常常是反思理想积极主张的。在这里强调的是主体在知识生产过程中的重要性，或者说阐释学的距离是一种行动，而不是一个事实。这便可以区分"反思"（reflexion）与"反映"（reflection）。前者是民族志撰写者的主观活动；后者则是一种客观反射，它将观察者隐藏起来，通过公理式规则来消减主体性，就如镜像一般。

费边坚持"反思"的立场而非"反映"的立场：首先，在人类学话语中，将主体取消或隐藏起来，常常会导致认识论的虚伪。另外，反思性要求我们要"向后看"，由此使我们的经验"返回"到我们这里来。反思性依赖于记忆，我们过去的经验定位并非是不可逆转的，我们有把过去经验呈现给自己的能力。此外，这种反思能力能使我们出现在其他人的呈现中。由此，我们有可能产生互为主体性的知识。在某种程度上，我们必须能够与每一个其他的人享有同样的过去，以便相互了解各自的现在。如果我们的时间经验并非是反思性的，那么，除了相互的东拉西扯的、离题很远的知识，我们在个人交往的层次上及在社会与政治交往的集体层次上便什么也没有了。

这种反思的做法必然会触及人类学田野工作的几点预设，而费边是以批判态度来对待这些预设的。这些预设包括：首先，人类学家会说，本土的语言是一种工具，是获取信息的一种途径。其次，人类学家会说，要使用科学传统上的地图、图表来说明问题。这最终以知识与信息的原子理论作为模板。这种理论强调定量和图示，以求在看一个文化和社会时等同于理解这个文化和社会。这是一种"视觉主义"，它把某种描述性陈述排成一定顺序，并声称他们对于知识客体的理解都是以观察为基础的。对于这一点，再也没有比洛克（John Locke）说得更明白的了："心理的知觉……是最容易用与视觉有关的词语来做出解释的。"[①]其三，人类学家会把时间经济制度化，用以服务于人类学研究。不仅要限定田野工作的时间，还要通过学习当地语言来节省田野工作的时间。通过使用这套技术和

---

① John Locke, "An Essay Concerning Human Understanding", A. D. Woozley ed., New York: Meridian,1964［1689］, p.227.

方法，人类学者便获得了一种时间观。

在《记忆术》一书中，耶慈（Frances Yates）曾指出了西方对以视觉和空间为基础的隐喻知识的偏好的深度和复杂性。[①]记忆术给我们的启示是，在人类学话语中存在着许多停留在真实的或心理的空间中的论题。记忆术不仅仅是在使用"地点"或者说"地形学"，也在使用记忆的建筑。当现代人类学依据隐含有距离、差异和对立这类的意图来建构异文化的时候，实际上也是在建构西方社会有序的空间和时间（宇宙观），而不是以"理解异文化"为其公开的使命。[②]

在人类学这门学科中，一种"视觉-空间的逻辑"比任何时候都要强烈。功能论的主体、特殊主义的文化花园、量化论者的表格、分类学家的图示，所有这些都借助时间-空间的关系把客体或对于客体的印象组织起来，并在此基础上建构不同的理论和体系。在这个意义上，政治的空间与政治的时间都不是自然的东西，它们都是由权力和意识形态建构出来的工具。在今天，人类学家，以及其他社会科学家，都把表述当成一种知识积累的象征，谁都不肯失语，学科制度也不允许研究者失语，那么，这种表述在多大程度上可以作为一种互为主体的表述，而在多大程度上又只是研究者的喃喃自语呢？

---

① Frances Yates, *The Art of Memory*, Chicago: University of Chicago Press, 1966.

② Johannes Fabian, *Time and the Other*, pp.111—112.

《论个体主义》^①（1983）

张亚辉

　　社会学是一门迟到的科学吗？如果我们确信人是社会的动物（或者产物），为何一个专门研究社会为何物的科学居然可以产生得如此晚近？这当然不是新鲜的问题，古典理论的奠基人从来都承认，他们并不是要理解人类社会的全部历史，而是要解释作为一种独特形态的西方近代文明。为了这个目标，西方的人类学家广泛研究了这个不算很大的地球上各种能够触及的文化形态，包括"原始部落"，也包括"古代社会"。作为涂尔干的再传弟子，杜蒙（Louis Dumont，又译"迪蒙"）通过对印度的细致研究，再次对西方近代文明的"独特性"给出了详细的说明，在他看来，"个体主义"在近代西方的兴起是理解这一"独特性"的关键所在。而社会学也正是因个体主义兴起带来的困扰而发生的。

　　杜蒙受业于莫斯（Marcel Mauss），同时深受与莫斯同时代的天才人物波兰尼（Karl Polanyi）的影响。波兰尼认为区别的依据在于现代的经济自由主义，杜蒙则延续其师的道统，认为这种区别有着深厚的哲学基础，他将其明确为个体主义的兴起。为了更好地说明其观点，杜蒙首先并且一再申明经验个体与伦理个体的区别：前者是指能说话、会思考、有意志，在一切社会中都能见到的人类个体；后者是指独立自主的因此也是非社会性的、负载着我们的最高价值、首先存在于有关人和社会的现代意识中的作为价值载体的人。^②伦理个体的出现导致了个体主义，进而是整个现代文化的起源。在杜蒙看来，这个起源是沿着宗教和政治两条路径产生的。

　　根据印度的经验，杜蒙认为个体的觉醒首先产生于弃绝尘世的个体，他们通过彻底远离世俗生活而获得了更高的独立性，唯一与尘世保持的联系就是获得入

---

　　① 英译本为 Louis Dumont, *Essays on Individualism: Modern Ideology in Anthropological Perspective*, Chicago, IL: University of Chicago Press, 1992。本文参照中译本。

　　② 杜蒙（迪蒙）：《论个体主义——对现代意识形态的人类学观点》，谷方译，22 页，上海：上海人民出版社，2003。

世个体的布施而维持肉体的生存，解脱之路在此只对他们才是开放的。在早期基督教希腊化的过程中，斯多葛派提出了与印度的出世个体相类似的主张，尽管他们更愿意接受不得不与尘世协作的无奈，但从内心深处是与尘世隔绝的，唯有如此，他们才能够探寻与上帝合一的途径。从印度和希腊的经验来看，个体价值的膨胀必然伴随着世界的同步衰落，杜蒙以一个同心圆为例说明了出世个体因为道德的优势对整体主义的尘世进行挤压并最终将其消灭的过程，当整个世界都为出世个体所占领时，个体主义获得了全面的胜利，同时转变成了入世的个体主义。在历史的转变过程中，圣奥古斯丁、教皇基拉西乌斯和加尔文起到了关键的推动作用。

圣奥古斯丁第一次确认了上帝的无上权威，使地上的王国服务于天上的王国，为了使教会成为唯一的整体性组织，他将国家降低为由个体集合而成的共同体，人与自然相距日远，人的世界被从上帝的规定中孤立出来，个体的人因此开始对自己负责了。

4世纪初的时候，君士坦丁皇帝皈依基督教，教会与国家的关系一度混乱，公元500年时，教皇基拉西乌斯阐释了著名的"等级两头政治"：在神圣事务方面，皇帝服从教会，在世俗事务方面，教会服从皇帝。这个弹性结构中隐藏的等级制最终导致了公元800年前后的教会君主制的诞生，基督教在完成了对国家的控制的同时，也使自身空前世俗化了，而现代国家也在这个过程中获得了普遍意义上的绝对价值。

个体主义上升的过程，经过路德改革，在加尔文时代达到了顶点。由于上帝的绝对意志和预定论的联合作用，每个个体都可以自足自发地证明神恩，教会成了一个提供崇拜场所的彻底的世俗机构。个体走到了教会的前面，"宗教改革摘取了在教会里成熟的果实"[①]，个体主义的发展也达到了顶峰：意识形态的场地统一了，同心圆变成了一个单一的大圆。

个体主义在哲学和法律中的诞生获益于14世纪的方济会修士奥克哈姆，他从唯名论的角度出发，认为笼统的分类和称呼在经验论的现实中虽有一定基础，但本身毫无意义，真正的实体只能是个体，由此真正的法则也只能是上帝或立法者制定出来的，"权利"只能与个体相连，共同体的概念破碎了，被个体主义所取代。

---

① 杜蒙：《论个体主义》，54页。

随着信仰的地方化进程的加快，14—16世纪，国家逐步取代教会成为欧洲最高权力机构和总体社会的容器。先是14世纪初，法国国王控制了教皇，马西利乌斯的《和平捍卫者》中提出：俗世具有完全的权威。之后是15世纪的主教会议运动，奥克哈姆派取得了决定性的胜利，确定主教会议的权威高于教皇。再后来，马基雅维利（Niccols Machiaville）在某些修会的专制主义的基础上总结出新的共和制城市-国家模型，将国家利益奉为唯一原则，国家彻底摆脱了教会的钳制成为价值的首要载体。

自然法作为社会存在的合法性基础，在这时也发生了从传统向现代的转型。societas的表象相对于universitas的表象的日益增长的优势使社会整合成为自然法面临的首要问题：独立的自然个体要如何才能建立社会和理想国家呢？在1600年前后，契约的概念开始出现，第一个契约是个人以平等关系构成社团，第二个契约则是这些社团对政府的隶属关系的确立。在这里杜蒙提示了全书的最后结论：契约构成的只是一个"公民社会"，而不是universitas，后者是不依赖契约的自在体，虽然在衰落但并没有消失，而且也不会消失，其与societas的结合才是现代社会的真正面相。

基于个体主义的"自由主义平等"解决了第一个契约，但第二个契约的基础仍旧是不牢固的，"将个体主义与权威结合起来"[①]成为欧洲政治哲学的主要任务。为此，霍布斯（Thomas Hobbes）用政治来取代社会，说明个体在自然状态无法自足，必须走入隶属关系，认同于一个君主。他从个体主义出发，在构建社会时必须借助个体的意识和力量，因此形成了契约和妥协关系。卢梭则认为共同体的普遍意识先于多数投票制的产生，这直接启发了涂尔干的集体意识的概念，在从个体向社会过渡的过程中，卢梭使societas变成了universitas，将个体主义等同于整体主义，"以洛克开始，以柏拉图的理想国结束"[②]，煞费苦心地协调着古希腊的整体主义的自然法与当时已经兴起的个体主义自然法的紧张关系。"法国大革命"促成了政治领域个体主义的完成，而随后如何将分立的个体重新团结成社会成了后来的思想家必须解决的历史难题。圣西门、黑格尔、马克思、孟德斯鸠、托克维尔分别从各自的角度努力将个体主义拉回到整体主义，但因为等级已经被大革命的车轮碾得粉碎，所有这些努力都不能被看作整体主义的回归，而

---

① 杜蒙:《论个体主义》，74页。
② 同上，85页。

是一个以个体主义意识形态为基础的、带有过去的整体主义时代的某些片段的多少有些怪异的复合体。

个体主义意识形态的确立最早和最主要的阵地是法国，而法国强调的是一种没有种族和文化差异的普遍主义文化的优越性，杜蒙认为法国人天真地将自己等同于现代文化，并自认为是全人类的导师。但这样的状况并没有维持太久，德国浪漫主义先驱赫德尔（Johann Herder）向法国百科全书主义的霸权发起了挑战。

赫德尔强调任何个体都是属于某一亚文化的实体，而任何文化都具有平等的权利，他热情地称颂文化多样性，在现代文化中放入了区别于法国亚文化的德国亚文化，各个文化仍旧以个体主义的形式存在，最终形成了"种族性理论"[①]，文化被看作集体的个体，乍看之下，赫德尔似乎用整体主义超越了个体主义，但仔细分析会发现，整体主义在这里是被个体主义所包含的。在赫德尔之后，费希特（Johann Fichte）进一步强化了德意志亚文化的地位，他承袭了德国人一贯的普遍主义观念，并将普遍主义嫁接在他的"日耳曼性"上，强调"普遍性是德意志精神的特点"[②]，因此德意志必将统治世界。费希特一方面为法国大革命的个体主义辩护，一方面又在其中添加了等级主义的成分。他憎恨人对人的统治，在他看来，某个时期，会有某个民族代表了全体人类，这种等级是与权力无关的、严格意义上的等级主义，但也是一种被从社会生活当中抽离出来的孤立的等级主义。

德国人的普遍主义十分强烈，对德国知识分子而言，1918 年的战败宣布了他们无法实现对外统治的梦想，这几乎就意味着彻底毁灭了整个国家。纳粹势力很明确地意识到了这一点，并予以充分的利用。他们在一个个体主义意识形态占优势的社会里，试图使个体主义从属于作为全体性的最高权力，因此构建了人类历史上最恐怖的极权主义形态。被重新引入的凌驾于个体主义之上的整体主义，既不是宗教的，也不是阶级的，而是种族主义的。借此，希特勒将宗教的反犹主义改变成了种族的反犹主义。德意志的种族只有在与犹太人的种族相对反的意义上才能得以存在，因此，犹太人被认为是用经济自由主义和平均主义来摧毁政治制度的恶的化身。相对应地，雅利安人才是利他主义的整体主义者。但是，在这种带有古典意味的整体主义之下，希特勒建构的是一种"原子化"的个人对领袖力量的臣服关系，他在德意志的"整体"内部奉行的是"人人与人人的斗争"的

---

① 杜蒙：《论个体主义》，107 页。

② 同上，110 页。

信条^①，可见"希特勒的世界观的中心是基本的个体主义"^②。在杜蒙看来，希特勒妄图在一个个体主义的意识形态统形上强加整体主义观念，并在与其他种族的被想象的"个体主义"的对抗中维护自身，是造成纳粹极权灾难的内在根由。

通过对德法两国的民族意识形态的比较，杜蒙在这里要说明的是，现代意识形态在不同的语言和民族中，在不同的亚文化中，具有十分不同的形式，因此也就产生了现代意识形态的不同变种，在法国方面，人是"出于偶然才是法国人"^③，民族只是个空观念，个体解放才是一切问题的出发点和目的地。而在德国方面，"由于我的德国人身份我才是人"^④。唯有对这些变种进行基于亚文化整体的比较，才能使它们之间互相理解，而人类学家也才能够认识到现代意识形态的共性所在。

在近代西方社会的个体主义意识形态统形之上强加整体主义，已经被纳粹的极权主义证明是一种人为主义的灾难，但这并不意味着社会科学应该放弃对整体主义方法论的探索。杜蒙的目标是要建立一种能够同时解释传统社会和近代西方社会的社会科学理论的基础，个体主义固然是一种特殊形态，但要认识到，个体主义需要建立在更加广泛的基础之上，或许可以理解杜蒙：对近代西方社会的理解必须建立在理解该社会与其他传统社会的关系的基础之上，因此，人类学作为一种研究他者的学问，就有义务建立一种更具包容性的理论体系。为此，他重返17世纪，用莱布尼兹（Gottfried Leibniz）的"单子论"来诠释当下的意识形态的统形。

莱布尼兹的"单子论"认为，单子对外界是封闭的，因此是自足的整体，但单子和单子又处于在同一体系中的个体状态。杜蒙沿用赫德尔的思想，将现代意识形态的不同变种设想为一个个独立的文化单子，在亚文化内部是一个自足的整体，而在亚文化外部，德国文化、法国文化等变种则适用于个体主义的意识形态。这样，杜蒙以建设性的方式使人类学家出身的个体主义和研究对象的整体主义相互联系起来。在人类学的科学实践中，杜蒙认为首先要承认自己是普遍主义者，假定一个共有的、普遍的社会特点是真实的、和谐的；然后，当面对研究对象时，则优先考虑整体主义，退回到非现代的模型中，将其作为一个有机的

---

① 杜蒙：《论个体主义》，138 页。
② 同上，140 页。
③ 同上，115 页。
④ 同上，116 页。

universitas 来对待。唯有这样，才能回避"有多少种文化就有多少种人类学"①的尴尬处境。这也就是作者提供的所谓"现代人类学的纲要"。在这个纲要中，纯粹的基于个体主义的现代意识形态已经被证明是虚幻的谎言，就像作者在导言的最后指出的，"即使就其中'先进的'、'发展的'、非常'现代的'部分而言，……存在着与我们所称作的现代性有所不同的东西"②。只有将作为这个时代的主导意识形态的个体主义与人类社会永远无法抛却的整体主义相结合，才能准确描绘当前世界的真实面貌，而这就已经进入"后现代主义"了。

最后，杜蒙以"价值"作为讨论的中介，在阐明自己的等级观念的同时，再次肯定了现代与非现代在当下的紧密结合。从康德之后，现代型文化就明确地区分了"应然"与"实然"，认为"思想"与"价值"是可以分离的。这也直接衍生了自然科学，并使得韦伯提出了"价值无涉"的社会学方法准则。但这种存在与应该存在之间的鸿沟未必能毫无疑问地应用于非现代型文化中。杜蒙的等级对立强调的就是存在在价值体系上的相互关系，平等的二元对立在他看来是因为忽视了整体和作为整体的一部分的对立而造成的假象，后一种对立一方面认定部分是整体的一部分，一方面肯定两者之间的差异和矛盾，一言以蔽之，等级是对对立面的包含，在不同的层面上会呈现出不同的等级关系。杜蒙反复举亚当和夏娃的例子来说明这个问题：亚当作为整个人类的原型是一个整体，但作为男性的原型与用其一条肋骨制造的夏娃形成对立。杜蒙强调他的等级是与权力无关的，就像右手的优势是显见的，但其并不能拥有对左手的权力，对立要通过与总体（在这里是人体）的关系来体现。这种等级观念也可以用来分析当下的意识形态构成：作为基本价值的个体主义以什么样的方式和在多大程度上包含了其对立面——遗存下来的整体主义？杜蒙说："我们的任务就是对这些不同程度上混合的表象进行分析，具体研究它们赖以产生的相互作用和其后的命运。"③

虽然这本晦涩难懂的书不过是作者反思自身文化的总结，但阅读它的意义并不是让非西方的人类学研究者去隔岸观火，也不只是从中截取些方法论上的窍门。我们自然不必接受西方文明的独特性这一仍旧带有西方中心论的前提，也必不能去替西方的同行收集蝴蝶，作为一个"古代文明"的后人，我们要问的是，我们如何找到一条认识自己的途径？有没有一种不以现代性为出发点的社会理

① 杜蒙：《论个体主义》，184页。
② 同上，17页。
③ 同上。

论？杜蒙的"问题在于如何在我们的将价值与'事实'分离的现代意识形态与价值'被嵌入'世界观的其他意识形态之间搭起通道"[①]，尽管我们自己的问题显然是不同的，但杜蒙提问的方式还是给出了宝贵而及时的启发。

---

① 杜蒙：《论个体主义》，217 页。

《亲属制度研究批判》(1984)

张亚辉

　　大卫·施奈德（David Schneider，1918—1995），美国芝加哥大学人类学系教授，以其亲属研究和积极推进象征人类学研究闻名，作为一名后现代主义色彩极浓的人类学家，被认为几乎终结了美国亲属制度研究。1941 年他在康奈尔大学获得硕士学位，1949 年，基于在密克罗尼西亚群岛 Yap 人的田野工作，他于哈佛大学获得社会人类学博士学位，并出版了《密克罗尼西亚群岛的 Yap 人及其人口减少问题》(*The Micronesians of Yap and Their Depopulation*)。1960 年，施奈德在芝加哥大学任教，其间担任过芝加哥大学人类学系主任（1963—1966）。这一时期，他将目光从远方收回，转而关注身边的芝加哥。1953 年与克拉克洪（Clyde Kluckhohn）及莫雷（Henry Murray）一同编著并出版了《自然、社会和文化中的个性》(*Personality in Nature, Society and Culture*) 一书。1968 年，他的《美国人的亲属制度：一个文化的描述》(*American Kinship: A Cultural Account*) 一书出版，被认为是对美国人类学理论基石的挑战。作为对这一研究的延续，他在 1984 年又出版了《亲属制度研究批判》(*A Critique of the Study of Kinship*) 一书。1985 年，施奈德从芝加哥大学退休，之后一直在加利福尼亚大学圣克鲁兹分校教书，最后也逝世于此。施奈德一生中最得意的也许并不是他的亲属制度研究，而是他培育出来的一批弟子，他们后来大多成为知名学者，其中不乏优秀的女人类学家，并且有的人沿着他开辟的性别研究道路继续前进。

　　大卫·施奈德是个让人佩服的学者。人类学界很少有人敢于或愿意在 20 年后全面否定自己的博士论文，施奈德不但做到了，而且通过对自己的批判从根本上动摇了亲属制度研究的根基。20 年过去了，事实证明，施奈德的批判有些过激，但在整个美国，仍旧有为数不多的几位学者愿意涉足亲属制度研究，而且这些人几乎都是施奈德本人的学生。在《亲属制度研究批判》中，施奈德认为，亲属制度研究完全是一个虚假的领域，它是人类学家根据自己的文化背景（尤其是西方的文化背景）建构起来的一套概念和方法，对研究对象的社会制度（尤其是继嗣和婚姻制度）的概括和描述，因此任何试图抽象出一般理论的亲属制度研究最终都必然无法摆脱西方文化的阴影。[①] 施奈德进一步指出，将被研究对象切分成政治、经济、宗教和亲属制度四个部分的方法也不过是西方社会如此分化的一个镜像罢了，完全没有根据认为这种做法符合非西方社会的实际情况。[②]

一、Yap 人的案例对亲属制度研究的挑战

施奈德的批判是从反思自己在 Yap 人中所做的田野工作入手的。作者通过对 Yap 人的几个关键的亲属关系的解构说明当地的亲属关系完全不同于西方意义上的对应关系，进而证明西方的亲属关系概念完全不能用来描述当地人之间的关系。

tabinau 是 Yap 人的亲属关系术语之一，施奈德在自己的博士论文中曾用来指一个男性世系群，或者一个从夫居的扩展家庭。这两层含义用在已婚女性的归属上是相互矛盾的。但实际上 Yap 人将嫁出去的和娶进来的都算在 tabinau 以内。tabinau 的权力和义务包括：占有土地，执行与土地相关的一切事物，继承土地，分配权力，tabinau 之间的经济往来；生产、消费和交换，承担仪式和宗教联系，并在村落的范围内作为基本政治单位。作者认为，Yap 人实际上更应该被看作以土地为基础的社会，亲属关系只是作为表达其他制度的媒介或基础。施奈德说，在 Yap 人那里，土地占有明显就是这样一个系统，而且发挥的功能也要超过亲属制度，但该社会还是围绕 tabinau 组织起来的，那么，亲属关系是否天生就是一个优先的系统？施奈德认为要回答这个问题，根源在于我们如何理解和翻译 tabinau、citamangen（与英语中的 father 类似）、fak（与英语中的 son 类似）等术语。[③] 言下之意，如果这些词可以被翻译成亲属关系术语，那么，亲属关系就获得天生的优先级。

---

① David Schneider, *A Critique of the Study of Kinship*, Ann Arbor: The University of Michigan Press, 1984, p.181.

② Ibid., pp.184—185.

③ Ibid., p.65.

施奈德从"descent"入手，来分析 tabinau 到底是不是包含亲属关系。在英语中，"descent"的含义有两层：第一，后嗣通过出生或收养关系，成为一个社会单位的补充成员；第二，所有成员作为一个共同祖先的后人。将"decent"的概念应用于 Yap 人的时候，施奈德发现，第一条造成 tabinau 中的已婚妇女归属问题无法解决，无法兼及本地人的观念和我们的定义。第二条则因为 citamangen-fak 关系的 doing 而非 being 的本质，在 tabinau 中无法成立——在 Yap 人当中，citamangen 是土地的所有者，fak 必须在这块土地上劳动，才有资格保持和 citamangen 之间的依赖、听从和尊敬的关系，并在 citamangen 年老之后继承土地，一旦 fak 的行为触怒了 citamangen，这种关系就彻底终止了，citamangen 可以重新选择谁来填补 fak 的角色。[1] 施奈德曾经定义的 tabinau 的第二条是从夫居的扩展家庭，但由于 citamangen-fak 的亲属关系被否定了，而且共同居住的观念在 Yap 人中间是不能被接受的，[2] 因此 tabinau 也就不可能包含一个扩展家庭。根据上文分析，tabinau 完全不能等同于一个世系（descent）。但施奈德根据马林诺夫斯基对特罗布里恩德岛人的研究指出，如果将 citamangen 看作母亲的丈夫，在三代到四代之内仍旧能够看出一个 descent 的核心来。可惜 Yap 人并不这么看，所以在对当地社会进行分析的时候，这没什么用处。[3]

在否定了 tabinau 的亲属关系性质之后，作者进一步考察了 genung，这个名词是指外婚制的分散的母系氏族，施奈德讨论的主要是母亲和她的孩子们构成的单位。由于当地的 genung 是分散居住的，彼此的联系很松散，所以真正有意义的是母子之间和与母子女之间的关系，该关系首先是家庭的，但也承担一些意义不大的政治-法律功能。同一个 genung 的人由于被认为是同一位女性祖先的后代，因而都是 wolagen；同父异母的兄弟姊妹也是 wolagen。后一种情况中，亲属关系是不存在的。因此施奈德认为，在 Yap 人中，如果亲属关系存在，就只存在于母亲和她的孩子们，以及孩子们彼此之间。但一旦母亲与丈夫离婚，她就不再是其孩子的 citiningen，而是被父亲的新妻子取而代之。这样，genung 的亲属关系就被否定了。[4]

在施奈德对 Yap 人研究的批评中存在一个关键的问题，即他一直强调

① David Schneider, *A Critique of the Study of Kinship*, p.72.
② Ibid., p.78.
③ Ibid., p.74.
④ Ibid., pp.87—90.

citamangen-fak 关系 doing 而非 being 的性质，但却没有考虑原初的 citamangen-fak 关系中的 fak 的优先权的问题。为了强调人与土地关系的重要性，施奈德介绍了 thagith（祖先神灵）在孩子出生和确定身份方面的重要作用，这和父子关系的 doing 性质也是相矛盾的。在 Yap 人中，thagith 和孩子母亲的劳动共同确定了孩子在 citamangen-fak 关系中的优先权。沃斯利（Peter Worsley）在对福特斯（Meyer Fortes）的泰伦西社会研究的批评中也曾出现过同样的问题，而福特斯则非常精彩地回答说："泰伦西社会的农民并不是因为他们进入生产的关系才成为父子，而恰恰因为他们是父子，他们才进入生产。"[1]

二、亲属关系的三个公理及其问题

施奈德在反思了自己对 Yap 人的研究之后，对整个亲属制度研究都产生了怀疑。但他采取的批判策略完全不同于尼达姆（Rodney Needham），他没有从关键概念下手，而是直接寻找亲属制度研究的逻辑漏洞，其思维之缜密已经完全可以和一个物理学家相媲美。

施奈德首先指出了亲属制度研究的三个公理：（1）亲属关系领域是普遍存在的，而且在人类学的四个研究领域中具有优先权；（2）亲属关系与人的再生产有关，是生物学再生产关系的附属品；（3）血浓于水是任何社会都存在的一个普遍现象。针对公理（1），施奈德指出，从涂尔干开始，人类学家就坚持认为社会学意义上的亲属关系并不等同于生物学意义上的血缘联系，但涂尔干、里弗斯（William Rivers）和凡·吉纳普（Arnold van Gennep）都没有指出二者之间确切的界线所在，将亲属关系的社会范畴隔离出来，作为合法的研究主题和领域的努力其实并没有成功。另外，施奈德认为，尽管如此，亲属关系仍旧可以被定义为"再生产"[2]（包括生物学和社会学的再生产），因此亲属关系的定义本身并没有问题，有问题的是亲属关系研究如何在对土著社会的研究中获得的优先权。简短的回答是，来自欧洲的人类学家以自己社会的经验作为参照，来阐述和理解其他社会。施奈德认为这个简短的回答触及了问题的本质。人类学首先将社会分成四个主要部分，然后据此到田野中去进行调查和研究，然后发现所有的制度都不

---

[1]　萨林斯：《文化与实践理性》，张宏明译，11 页，上海：上海人民出版社，2002。

[2]　David Schneider, *A Critique of the Study of Kinship*, pp.191—193.

可救药地纠缠在一起。文化无法像一个原子一样被分割开来，我们用什么样的工具去切割文化，文化就会呈现出什么形态（这类似于液体的性状），我们用四个主要部分去切割文化，文化就会显得像是由这四部分组成。亲属关系也就显得是普遍存在的了。针对公理（2），作者再次征引 Yap 人的案例指出，类似于母子关系这样的问题很少被人类学家所怀疑，事实上人类学家认为很多意义和价值在所有社会都是理所当然的，这是人类学的亲属制度研究中一个非常重要的误区。如果连母子关系这样基础的亲属联系都是因文化而异的，生物学上的再生产就无法产生一个普遍的亲属关系。针对公理（3），作者指出，血浓于水的论断毕竟是一个社会文化的命题，而不只是对生物学关系的承认，我们需要知道这个命题到底附加了哪些文化因素，而且需要明了"血"和"水"的确切边界。至此，亲属制度研究的三个基本公理都已经被颠覆了，亲属制度研究的根基已经不存在了。

　　施奈德在对整个亲属制度研究大肆攻击之后，并没有忘记为后来者指出一条生路，他认为，首先可以将亲属关系研究当作一个经验问题，放弃普遍追求。在具体的田野工作中，我们必须从一个工作假设出发，比如以公理（2）为工作假设，那么我们就必须证明当地人是否具有这样的亲属关系，这需要知道当地人是如何定义和描述某一亲属关系的，以及该关系在整个文化结构中的位置。这时，我们就要确定哪些意义是根本的，哪些是扩展的或衍生的。（亲属关系的核心位置也就不保了。）此外，还需留意亲属关系在特定文化中的价值和意义。这是确定研究方法和对象的关键所在。其次，还可以将亲属关系研究变成搜罗奇闻逸事，并认为也许这样我们能够学到更多。

　　施奈德无疑是一个十分老辣的批判者，他死死圈定自己要批判的对象，在整本书中从没有跨出这个圈子半步，而凡是被他批判的研究思路也几乎很少有辩驳的余地。但他的纰漏也恰恰就在他划定圈子的方法上。在《亲属制度研究批判》的前言中，施奈德将自己的批判范围限制在亲属制度中的继嗣制度上，而完全没有考虑婚姻制度，所以，他所批判的实际上只是半吊子的亲属制度研究，事实上，被拉德克利夫-布朗（A. R. Radcliffe-Brown）和列维-斯特劳斯（Claude Lévi-Strauss）分别强调的这两个部分各自并不能成为自足的研究领域——离开婚姻制度，亲属制度的很多问题其实都无法讨论，反之亦然。在 Yap 人的案例中，由于没有对婚姻制度的描述和分析，已婚妇女的归属和她们在丈夫的土地上的收益权都无法得到充分的解释，这就进而影响到作者对母子关系的界定和对作为母系氏族的 genung 在亲属关系中扮演的角色的分析。施奈德也因此忽视了孩子在 citamangen-fak 关系中的优先权中所包含的亲属关系意味。

另外，施奈德的博士论文与其弟子的再调查相隔了 20 年之久。这 20 年中，西方文化以前所未有的速度和强度影响着非西方文化，两份材料的差别究竟是由于人类学家的理论视角的变迁造成的，还是由于世界体系的发展造成的，很难断言，就算我们承认二者兼而有之也几乎无法准确论断每种因素的权重，这种情况同样出现在关于《萨摩亚人的成年》的争论当中，这其实是人类学中的老问题了。施奈德否定自己的勇气固然可嘉，但其如此冲动和盲目也未免令人惋惜。

《物的社会生命》(1986)

舒 瑜

阿尔君·阿帕杜莱（Arjun Appadurai），印度籍社会学家、人类学家，在孟买出生并接受教育，赴美留学前在埃尔芬斯通学院获得传媒艺术学位；1967 年在美国布兰德斯大学获学士学位，1973 年在芝加哥大学获硕士学位，后又获博士学位。目前作为社会科学方面的杰出教授，担任纽约新学院学术委员会副主席，他曾在耶鲁大学、芝加哥大学等多所名校执掌教席，并在许多基金会和公共机构担任高级顾问。阿帕杜莱早期的学术著作主要是关于宗教、饮食、农

业和印度大众文化的，如《殖民规则下的祈祷与冲突——一个印度南部的个案》(*Worship and Conflict under Colonial Rule: A South Indian Case*，1983)、《物的社会生命——文化视野中的商品》(*The Social Life of Things: Commodities in Cultural Perspective*，1986)。20 世纪 90 年代他在芝加哥大学人文学院期间，主编了《大众文化》(*Public culture*，1992 —1998)，他是"全球化"理论的奠基者，对全球化之下的政治与文化研究颇有建树。他近期研究的关注点转向三个方面：20 世纪 80 年代晚期至 90 年代的孟买族群暴力；从文化的维度探讨孟买社会危机，关注家庭、贫困、传媒和暴力；以及在全球化语境中探讨新的跨国组织形式及新的主权形式。他新近的论著有《广义现代性——全球化的文化面向》(*Modernity at Large: Cultural Dimensions of Globalization*，1996)、《全球化》期刊 (*Globalization*，2002)、《小数字大恐慌——关于愤怒的地形志之文集》(*Fear of Small Numbers: An Essay on the Geography of Anger*，2006) 等。

为物的生命立传，把物看作与人一样具有社会生命，这是阿帕杜莱主编的

《物的社会生命——文化视野中的商品》①（以下简称《物的社会生命》）一书的观点。这本出版于 1986 年的文集，是几次研讨会论文的汇编②，是人类学家和历史学家关于"商品"的对话，他们共同关注"商品和文化"这个主题。该书聚焦于物的商品形态，将商品视为物的生命史中的一个阶段，着力于描述不同文化中物在商品化、去商品化过程中的"生命转折点"，同时展现出作为礼物、商品、艺术品及圣物等多种存在形态的精彩纷呈的物世界。阿帕杜莱开宗明义地指出："现代西方的常识是建立在哲学、法学和自然科学的多种历史传统之上，它具有一种强烈的倾向就是强调词与物的对立……当代最强有力的趋势就是将物的世界视为是一个无活力的、沉寂的世界，只有通过人及其语言才能使它们呈现出生机，然而在历史上的很多社会中，物并没有与人及其语言相分离，这种对物的看法即使在西方资本主义社会中也没有彻底消失，最著名的莫过于马克思关于商品拜物教的讨论。"③文集试图以"方法上的拜物教"（methodological fetishism）来重新看待物的研究，将视野聚焦于物自身，复兴一种物的人类学（anthropology of things）。

"物的人类学"是以怎样的视野来看待物的社会生命呢？贯穿全书的总体基调就是要把商品视为物的社会生命中的一个阶段，一个经历丰富的物必定经过商品化、去商品化，甚至循环往复的过程。追溯物的生命历程，关注物商品化、去商品化的路径、方式及其背后的社会文化动因是该文集的核心内容。这十篇论文研究对象虽各有侧重，却相互呼应，可以放置在这样一个脉络下去理解，即如何在具体的社会情境中看待物的社会生命历程，什么因素决定了物的生命转折点（商品化或去商品化），通过物的消费和展示体现了什么样的社会价值，物的生命历程自身如何凝聚了社会和历史变迁。

① Arjun Appadurai, ed., *The Social Life of Things: Commodities in Cultural Perspective*, Cambridge: Cambridge University Press, 1986. 本书为北京大学蒙养山人类学社 2005 年 12 月的读书会书目，各位学社成员的精彩发言给予笔者很大启发，写作过程中得到王铭铭教授、张亚辉、尹韬及刘雪婷的建议和帮助，在此表示感谢。

② 其中卡萨纳利、吉尔里和斯普纳的三篇文章来自 1983 年在宾夕法尼亚大学举办的民族史（ethnohistory）研讨会，其余的文章（除导论外）都发表于 1984 年 5 月在费城举办的关于"商品与文化关系"的讨论会。

③ Arjun Appadurai, ed., *The Social Life of Things*, p.4.

一、物的商品化（去商品化）历程

阿帕杜莱在《导论：商品及价值中的政治》（"Introduction: commodities and the politics of value"）中指出，要将商品当作特定情境下的物，在物的社会生命中的不同时间点上，不同类型的物会具有不同的情境特征，这种视角之下所有物品都是潜在的商品，而不是徒劳地去区分商品与其他种类物品的不同，同时也要打破马克思对商品生产的强调，转而关注商品从生产、交换 / 分配直至消费的整个轨迹。[①]阿帕杜莱强调以一种过程的视角来看待商品，将商品看作物的生命史中的一个阶段而不是一种特殊的物品。他认为："在任何情形下，商品的流动都只是社会规定的路径（paths）和竞争所激发的转变（diversions）之间不断妥协的过程。"相比于小规模的前工业社会，现代社会中什么类型的商品能拥有什么类型的传记更多地依赖于社会竞争和个人的品位。[②]在他看来，以往的人类学研究过于简单化地夸大礼物和商品的对立，其根源在于人类学往往喜欢浪漫化小规模社会，排斥或忽视非资本主义社会的交换也有算计、缺乏人情味的特点，这样极端二分带来的问题是忽视了"商品"这个概念的生动性，其实礼物与商品的界限并没有那么泾渭分明，它们之间是有着共同之处的，礼物和商品交换的背后有着共同的精神（common spirit）。[③]他以人类学领域对"库拉"（kula）的经典研究为例，认为马林诺夫斯基（Bronislaw Malinowski）对库拉的描述是片面的和有问题的，阿帕杜莱进一步讨论了继马林诺夫斯基之后对"库拉"的研究和反思，其中坎贝尔（S. F. Campbell）的库拉研究提出了"keda"这一概念，"它既指这些库拉宝物流动的旅程，也指人们之间社会的、政治的和互惠的关系，在最抽象的意义上，keda 也指人们获得财富、权力和声望的途径"[④]。keda 是一个多义的概念，既可以指物品的流动，也可以指获得声誉和名望的途径，还可以指通过策略性的伙伴关系来实现社会区分。因而库拉的交换不能简单地视为远离了交换和商业的互惠关系，即使在这种不用钱的交易中也同样充满了算计，这些带有算计成分的交换正是商品交换的核心。商品交换和其他更富感情性的交换的界限是模糊的，这些商品交换和近代工业社会中的商品交换的根本区别在于，在类似库

---

① Arjun Appadurai, ed., *The Social Life of Things*, p.13.
② Ibid., p.17.
③ Ibid., p.12.
④ Ibid., p.18.

拉的交换体系中，利润是以名气、声望和名誉的形式出现的，产生这种利润的资本是人而不是其他生产因素。keda 中的算计和策略就会使这些库拉宝物流动的路径（paths）发生转变（diversions），于是产生新的路径。"路径和转变的关系对于库拉交换中价值的政治来说是至关重要的。"① 库拉代表了一个非常复杂的系统，它表明即使是在前工业、非货币体系下，要将礼物和商品截然分开也是困难的，更为重要的是它向我们展示了价值竞争中政治的作用，这种政治的作用就表现为交换中的算计和竞争。

阿帕杜莱把类似于库拉这样的奢侈品交换称为"价值竞赛"（tournaments of value），这种价值竞赛是一个复杂的周期性事件，它是以文化的方式定义的，不同于日常的经济生活，往往是社会上层的特权和社会竞争的工具。② "价值竞赛"中的政治和算计导致了商品新的流动路径。圣物流通、库拉圈及夸富宴等都是价值竞赛的丰富案例，每个案例都有各自竞赛的表达形式。阿帕杜莱具体分析了现代生活中的艺术品拍卖，指出艺术品拍卖与传统的经济交换有着明显的差别，它已经远远超出了经济算计的范围，关涉到价值转变的过程。拍卖过程中的游戏、仪式的特征，使它成为一种价值竞赛，对于建构社会等级有着积极的作用。在物的商品化和去商品化的过程中，比较容易看清楚阿帕杜莱所说的路径和转变的问题，尽管商品交换的本质总是要解构人与物之间连接的纽带，但这样一种商品化的趋势总是被另外一种趋势所平衡，就是所有社会都会限制、控制和规范交换，使得某些物被排除在商品交换之外，为部分人所垄断。③ 比如说，国王之物、王室的象征物都是被限制流通的。阿帕杜莱强调价值创造过程中政治的作用，从而对齐美尔（Georg Simmel）认为的"交换是价值的源泉而不是相反"④，对价值的社会起源过于抽象的直觉增加了一种批判的维度。阿帕杜莱认为，在商品的社会生活中，政治（广义上与权力有关的关系、假定和竞争）是连接价值和交换的纽带，政治的作用不仅在于它强调和建构了声望关系和社会控制，而且政治是既有的框架（价格、交易等）和商品不断试图突破这些框架的趋势之间持续的张力，政治精英成为价值转变中的"特洛伊木马"，社会的特权阶层总是要冻结某些商品的流通，而特权者之间竞争的实质就是要争取放宽限制，扩大共享，因此就商

---

①   Arjun Appadurai, ed., *The Social Life of Things*, p.20.

②   Ibid., p.21.

③   Ibid., p.24.

④   齐美尔：《货币哲学》，陈戎女等译，北京：华夏出版社，2002。

品而言，这两种趋势之间的张力就成了政治的来源。[1]

与阿帕杜莱所描述的强调"对物的象征化控制是为了垄断权力之政治化"[2]的物的社会传记不同的是，科普托夫（Igor Kopytoff）的《物的文化传记》（"The Cultural Biography of Things: Commoditization as Process"）则试图以文化传记的方式来记录物的商品化过程，他的整个论述围绕着怎样从人与物关系的角度来看待商品化这个过程。为什么物品可以像人一样用传记来记载它的生命？

科普托夫直接从奴隶制切入人与物关系的讨论，并质疑西方社会晚近兴起的"个体的人与商品的物"的观念不能解释奴隶制中人被商品化这样一个历史现象。他认为，近代西方在观念上区分了人与物，把人看作个体化（特殊化）的本质，而把物看作商品化（一般化）的本质，这种分离肇始于古典基督教的认知，并随着欧洲现代性的到来而在文化上日益凸显出来。[3] 而这样的分离也给西方带来了长期的知识和道德难题，比如如何看待奴隶制这样一种把人商品化的极端典型，以及近年来出现的器官买卖、卵子出售等现实问题。

在科普托夫看来，奴隶并不是一个固定、单一的身份，奴隶在整个过程中经历了商品化（去社会化）、去商品化（再社会化、再人化）的过程，这个过程有可能继续循环往复。看待奴隶制不能采取"或是或非"的视角，而是要转向一种过程的视角。[4] 奴隶制本身包含了一系列阶段和身份变化的社会转变过程，在这样的社会中，商品化并不限于物，人也可以被商品化。正是文化形塑奴隶不同身份阶段的例子启发了科普托夫以"文化传记"的方式来研究物的商品化过程，把人的传记形式应用到物的社会生命上，在他看来，物本身是像人一样有着社会生命的，物的传记可以用来记录物的生命历程，也可以用来记载文化接触过程中，外来物品如何被文化重新界定并投入到使用中去的方式和过程。"一个文化内涵丰富的物的传记，应该把物视为一个被文化建构的实体，被赋予了特定的文化意义，被归入或重新归入不同的文化分类范畴。"[5] 科普托夫通过对西方人物分离观念的深入反思，提出对涂尔干观点的修正——在涂尔干看来，人类社会的结构模式赋予物的世界以秩序；[6] 而科普托夫则认为："社会同时规定着人的世界与物的

---

① Arjun Appadurai, ed., *The Social Life of Things*, p.57.

② 黄应贵主编：《物与物质文化》，4 页，台北："中研院"民族所，2004。

③ Arjun Appadurai, ed., *The Social Life of Things*, p.84.

④ Ibid., p.64.

⑤ Ibid., p.68.

⑥ 涂尔干、莫斯：《原始分类》，汲喆译，渠东校，上海：上海世纪出版集团，2005。

世界，并且以建构人的方式同样建构着物。"① 不管是复杂社会还是小规模社会，人的传记和物的传记是同构的，只是两种社会中人的存在方式不同，因而所呈现的物的传记也不同罢了。

在文化视野里如何看待商品呢，经济学家所认为的商品就是生产出来为了交换的物品，商品具有使用价值和交换价值，这并不足以解释商品这一复杂的社会现象。科普托夫认为："商品的生产同时是一个文化和认知的过程：商品不仅是物质上被生产的物品，而且是带有文化印记的东西；商品化是一个生成的过程，而不是一个或是或非的存在状态。"② 在现实中，每个社会都存在着大量的商品，但也将某些物品排除在商品之外，去商品化的过程又是如何实现的呢，在科普托夫看来，"文化是对抗商品化这一潜在冲击趋势的力量。商品化使价值同质化，而文化的本质在于区别，在这个意义上说，过度的商品化是反文化的。正如涂尔干所说，如果社会必须区分出神圣领域，那么特殊化（singularization）就是达到这个目的的一种手段。文化确保一些物品具有无可置疑的特殊性，并抵制其他物品商品化，有时也会把已经商品化的物品再特殊化"③。科普托夫设想了完全商品化的社会和完全去商品化的社会两个理想极端，但现实中没有一个社会处于这两个端点，而是摇摆于两者之间，每个社会都有自己特定的位置，这也意味着不同的社会中，商品和非商品有着不同的分类及不同交换领域。

不同社会中交换领域的结构也就不同，不同的文化通过区别和分类，赋予世界不同的认知秩序，因而也开辟出不同的交换领域。科普托夫将博安南（Paul Bohannan）研究的梯乌（Tiv）人所代表的小规模社会和使用货币作为交换媒介的复杂社会进行比较后指出：复杂社会的个人也有对交换等级的看法，而复杂社会中的交换等级不像梯乌人那样，可以直接依赖于交换结构本身的等级，它不得不从交换体系外部引入美学的、道德的、宗教的或特定专业等因素来确认交换的等级。④ 所以我们会看到，复杂社会中的特殊化不是由物品在某个交换系统结构中所处的位置来确认，而是通过间或闯入商品领域，紧接着又迅速退入特殊的、封闭的艺术领域来得到确认，这就能解释为什么很多艺术收藏品是无价的，因为这些作为艺术品和收藏品的物超越了商品，它们已经被特殊化了。

---

①   Arjun Appadurai, ed., *The Social Life of Things*, p.90.

②   Ibid., p.64.

③   Ibid., p.73.

④   Ibid., p.82.

　　复杂社会对特殊化的要求特别明显，在有国家的社会中，国家总会有很多禁令来使某些物品非商品化，"因为权力往往是通过强调自己特殊化一种或一类对象的特权来象征性地确认自身"[1]。另外，复杂社会中个体和社会群体都会有很多非正式的使物品特殊化的机制，比如私人的品位和收藏及非政府组织或准政府机构对某些物品特殊化的要求，这个特殊化的过程也会引导个体对特殊化的欲望，复杂社会中对物品特殊化和商品化的冲突主要还是发生在个体内部。在科普托夫看来，马克思关于商品价值是由生产它们的社会关系决定的看法，没有看到交换系统的存在使生产过程越来越远，并掩盖了商品的真正价值。马克思没有看到商品被社会赋予一种神物般的、与它实际价值关系不大的权力，而有的权力就是在商品被生产之后通过特殊化的文化认知过程获得的。[2]

　　科普托夫向我们展示了社会以建构人的方式同样建构着物，因此，像人那样以传记的方式来描述物的社会生命是可能的，一个丰富的物的传记，将会是理解文化认知和社会形塑力量的精彩切口，他强调物与人连接的观点有着涂尔干理论传统的延续，以文化传记的方式来研究物自身的视角却凸显了人类学的色彩。

　　历史学家吉尔里（Patrick Geary）的《神圣的商品：中世纪的圣物流通》（"Sacred Commodities: the Circulation of Medieval Relics"）和科普托夫的《物的文化传记》有着异曲同工之妙，科普托夫以奴隶身份转变的极端例子说明人也可以经历被商品化和去商品化的过程，从而反思西方近代以来人物二分观念所面临的知识和道德难题。吉尔里对欧洲中世纪圣物的研究表明：圣物就像奴隶一样，在西方也是极不寻常的分类，它们既是人也是物（both persons and things），圣物作为圣徒的身体或其一部分，尽管在 8 世纪到 12 世纪的欧洲被普遍视为超自然力量的重要来源并成为最主要的宗教崇拜对象，但它们仍像其他商品一样，被买卖、盗窃、分配和流通，因此圣物为考察传统欧洲商品的生产、流通提供了一个绝好的微观世界。[3] 每个圣物都必须经历一个文化的转变才能从遗物变成圣物，这个转变过程要通过内部和外部的考察标准，所谓内部的标准主要是教会依据圣徒传等文献中对圣徒墓地、圣物盒的记载进行正式的考察，外部的考察更为常见，最有说服力的证据来自圣徒自身超自然的显灵来表明自己遗物的所在地，以及通过神奇的显灵说明它的真实性。中世纪的人们认为圣物就是圣徒，圣徒死

---

[1]　Arjun Appadurai, ed., *The Social Life of Things*, p.73.

[2]　Ibid., p.83.

[3]　Ibid., p.169.

后仍然活在他的身体里，圣物成为超自然力量的来源，与圣物的亲密接触或对其进行占有，是进入超自然领域的一种方式，因此圣物就被高度崇拜，每个教堂都应该拥有圣物，不同教区为了拥有圣物而充满竞争。

吉尔里分析了圣物流通的三种形式：礼物交换、盗窃和买卖。其中礼物交换和盗窃是比买卖更为普遍和基本的流通形式，而且拥有更高声誉。以礼物方式进行的圣物流通主要发生在具有从属关系的相互依赖的教区之间，交换的目的在于建立起彼此间送礼和回礼的关系，发展出相互支持的教区网络。最重要的圣物捐赠者就是罗马教皇，教皇通过圣物的捐赠和分配在每个教区建立起自己的地位，并源源不断地接受回礼，以礼物形式流动的圣物仍属于教皇，圣物的分配通过礼物的纽带维持了各教区从属于教皇的关系。当有的教区不想建立从属关系，甚至试图否认他们之间相互依赖的关系时，他们就会采取盗窃和买卖的方式来获得圣物——盗窃发生在个人及敌对的教区中，而买卖发生在没有关系的陌生人之间。吉尔里以朋友、敌人和陌生人的关系来看待礼物、盗窃和买卖这三种流通方式。通过礼物交换的圣物维持了教皇和各主教之间的从属关系，而盗窃和买卖的方式使得这些圣物暂时地成了商品，使得它新的所有者脱离对罗马教廷的债务。

吉尔里认为，在反复的转化和不断被发现的过程中，圣物的价值会被重新确定并重新开始其生命周期，只要它还具有神奇的功能，它就仍然作为潜在的商品而保持其价值，并会被用来获取地位，保持依赖关系，以及获得财富。[1]综观圣物的生命传记，通过社会、文化的转化过程，圣物经历了从人到商品，某些情况下又回到人的生命周期，有时候圣物被当作商品，但有时候他们更像人。最后，吉尔里指出："人和物的界限是文化造成的，也是可相互渗透的。"[2]

二、物的消费、展示与价值

达文波特（William Davenport）的《东所罗门群岛的两种价值》（"Two Kinds of Value in the Eastern Solomon Islands"）一文也以来自太平洋西南部东所罗门群岛的民族志材料讲述了三个纪念仪式中所使用的物品成为神圣之物的过程。当地存在商品和非商品的分类，日常生活中所使用和交换的商品是不需要专

---

① Arjun Appadurai, ed., *The Social Life of Things*, p.188.

② Ibid.

门的审美技艺（aesthetic skill）来装饰的，专门审美技艺的应用和审美的表达区
分了日常商品和仪式之物，审美技艺使得商品去商品化。① 达文波特详述了仪式
过程中所呈献的物，最重要的有体现经济价值的猪肉及各种食物，其次是盛食物
的木刻容器，这个容器要请专业的工匠来制作，需要投入精细的审美工艺，使之
区别于日常什物，之外还有为这些仪式所建造的独木舟，新的独木舟需要用人来
献祭。这些物品一旦进入到仪式中，就被去商品化了，仪式结束之后所有东西要
么被消费，要么成为圣物，不能再进行交换，也就永远脱离了经济和世俗社会。
达文波特的分析认为，在东所罗门群岛去商品化的动力在于，审美装饰和人祭
（sacrifice of human life）被认为是最高社会价值的体现，正是通过这两者的投
入，社会就将商品转化成了非商品，与仪式有关的所有物品都被去商品化了。②
达文波特也关注到，尽管传统上神圣的物品是不可以交换的，但是随着欧洲人
的到来，圣物的交换被欧洲人对稀奇古怪艺术品的渴求激发了，出现了传统艺
术品的市场，雕刻和其他审美技艺的表达不再局限于宗教仪式领域。 达文波特
区分了当地观念中经济价值（economic value）和精神价值（spiritual value）。
在东所罗门群岛，仪式作为事件表达了社会价值，不同仪式所表达的程度有所
不同，纪念仪式以其罕见的审美技艺和人祭的奢华展演而区别于其他，在这些仪
式中，经济价值与仪式庆典的规模有关，体现在可见的商品分配和消费领域，而
精神价值则表现在物品中审美技艺的投入和人祭的高潮，属于不可见的超自然力
量领域，传统的社会价值只有通过经济价值和精神价值两种价值的结合才能得以
完美呈现。③

如果把杰尔（Alfred Gell）的《物世界中的新来者：Muria 人的消费》（"Newco-
mers to the World of Goods: Consumption among the Muria Gonds"）和考古学
家伦佛鲁（Colin Renfrew）的《瓦尔纳和欧洲史前史财富的出现》（"Varna and
Emergence of Wealth in Prehistoric Europe"）两篇文章放在一起阅读，对于理解
物的消费、展示和声望会形成有趣的对比。杰尔把消费视为一种符号行为，而不
仅是实用主义的目的，他在这篇文章中主要关注印度 Muria 富人的消费行为，试
图解释为何这些富人在消费上并不挥霍，甚至表现得像十足的小气鬼，和穷人
的消费没有太大差别。杰尔在分析了 Muria 社会传统的消费精神（consumption

---

① Arjun Appadurai, ed., *The Social Life of Things*, p.106.

② Ibid., p.105.

③ Ibid., p.108.

ethos）后指出，Muria 人的消费体系是和公共消费结合在一起的，而不是和私人利己主义的奢侈消费相结合，他们的消费行为之所以是保守的，因为他们不愿意和集体共享的消费精神相分离。简言之，Muria 人的消费是和集体认同的表达结合在一起的。[1] 限制消费的做法符合 Muria 社会传统上主张人人平等的社会精神，超出传统许可范围的挥霍消费会被认为对社会具有威胁性和分裂性，因此 Muria 人的消费绝不同于自私的、利己的反社会的行为，而是反映了对社会压力的高度敏感。传统的 Muria 人把衣服、珠宝、华丽的服饰看作声望消费品，这些物品是从印度人（Hindu）的声望符号中挑选出来的并形成一个集体的风格，所有 Muria 人都要竭尽全力去接近它，他们过时的品位和保守的消费方式正是由于他们不愿意去违背集体风格的限制。[2] 因此，Muria 社会的消费并不是和竞争相结合，而是强调符合于集体风格。

与追求人人平等、限制挥霍消费的 Muria 社会不同，伦佛鲁以欧洲史前史丰富的考古资料，从考古学的角度探讨了物与社会等级的关系，以及物如何建立社会声望的问题。在欧洲的史前史中，像黄金、琥珀及青铜等物品的初次使用都是与社会高层的声望联系在一起的，它们并不会立即被应用于生产技术领域，这些物品被当成声望和地位的符号及个人的装饰物，用以展示和提高社会声望。考古资料证明技术（主要指冶炼术）的进步带来新的物品，这并不仅仅意味着新产品的出现而且意味着一种新的声望类型的出现，或者至少是新的声望表达方式的出现。[3] 比如铜器代替石器，最初是一种仪式性的、声望的角色，青铜被用来制作体现最高声望价值的物品，最明显的是武器。到了青铜时代随着青铜生产的蓬勃发展，以及交换网络的扩大，青铜不再新奇，也不再是有声望的物品。伦佛鲁最后指出，不断发展的生产和交换体系、拥有最高价值的物品的流通，以及显著的社会等级的出现，这三者是紧密联系在一起的。[4]

---

①   Arjun Appadurai, ed., *The Social Life of Things*, pp.128—130.

②   Ibid., p.123.

③   Ibid., p.143.

④   Ibid., p.163.

三、物的生命历程和社会历史变迁

斯普纳（Brian Spooner）的《编织者和商人：东方地毯的本真性》（"Weavers and Dealers: the Authenticity of an Oriental Carpet"）和历史学家卡萨纳利（Lee Cassanelli）的《Qat: 东北非一种半合法商品的生产和销售》（"Qat: Changes in the Production and Consumption of a Quasilegal Commodity in Northeast Africa"）两篇文章讲述了东方地毯和东北非的植物 Qat 在出产地和消费地之间流动的历程。斯普纳关注物的流动过程中知识和商品的问题，探讨了东方地毯进入西方市场之后面临的本真性（authenticity）问题，本真性问题是随着商业化过程而被提出来的，所谓本真性就是要求去商品化、再独特化。① 西方人对于东方地毯本真性要求的出现是由于 19 世纪中期西方工业制造地毯的出现，商业地毯将传统手工编织的多样化的符号变为单一的市场样式，因此东方地毯因其手工编织，创新性和异域性而区别于商业地毯，于是东方地毯的本真性就显得格外重要，它是一种在西方找不到对应物的独特的异域编织品。东方地毯并没有完全商业化，它既是商品也是符号象征，编制者在编织过程中为地毯投射了意义，地毯包容了不同文化背景下不同类型的人文意义。本真性伴随着地毯的流通及信息的流动而出现。

卡萨纳利描述了原本产于东北非的植物 Qat 在索马里被消费的情况，关注围绕其生产、流通和消费的各个环节中经济、政治和文化的作用。传统上 Qat 是在公共的、神圣的仪式场合中食用的，比如宗教庆典、过渡仪式及审判过程，而在经历了一系列战争之后，年轻人政治热情高涨，Qat 就成为公众聚会的重要食品，被认为可以增强消费群体的社会凝聚力。20 世纪 40 年代咀嚼 Qat 成为拒绝殖民统治的象征，Qat 因此也成为一种政治符号。1983 年，索马里政府出台禁令，严禁 Qat 的流通和消费，因为 Qat 的消费被认为正在形成一个次文化，对现有政治秩序构成潜在威胁。卡萨纳利认为，Qat 的意义本身同时具有社会凝聚和社会谴责的矛盾性，也使得它处在合法和非法的边缘，它的意义波动反映了社会和政治的压力，Qat 不仅仅是一种商品，更是一种政治符号。②

历史学家雷迪（William Reddy）的《文化危机的结构：对大革命之前和之后法国布料的思考》（"The Structure of a Cultural Crisis: Thinking about Cloth in France before and after the Revolution"）和贝利（C. A. Bayly）的《抵制英国

---

① Arjun Appadurai, ed., *The Social Life of Things*, p.203.

② Ibid., pp.254—255.

货运动的起源：布与印度社会》["The Origins of Swadeshi（Home Industry）: Cloth and Indian Society"] 两篇文章呈现出社会历史变迁中物的意义和商品观念的变化。贝利试图说明，布的象征意义在印度的前殖民地时期和殖民地时期发生了明显的变化，由社会地位的象征、有着内在精神的物及体现国王整合作用的象征变成了民族认同、民族主义的标志。在印度社会变迁的过程中，是政治话语而不是用途和价格导致英国纺织品能够进入印度市场，甘地反过来同样用政治话语来抵制外来衣物，因而考察印度布符号意义的变化是理解印度社会变迁的一个精彩切口。

四、结语

阿帕杜莱主编的《物的社会生命》一书的学术价值是显而易见的。文集提供了精彩的民族志案例和历史研究个案，以生命传记的形式来看待不同文化中物的商品化过程，是人类学回归于物自身在研究视野和方法上的一次有意义的尝试。如阿帕杜莱所表明的，这样一种回归物自身的研究倾向，源于莫斯（Marcel Mauss）的启发。[①]莫斯在《礼物》中所呈现的"人物混融"观念，是从大量的非西方民族志材料中提炼出来的，在莫斯看来它具有超越经验事实的普遍意义，并且相信这种观念在我们今天的社会中仍持续而深刻地发挥着作用。"人物混融"的观念在赋予物以人的生命的同时，也表明人的生命也可以以物的方式来表达。阿帕杜莱受惠于莫斯深邃的洞察，莫斯让他坚信要回归物自身，像描述人那样来描述物的社会生命，同时人也可能以物的方式存在，不管是科普托夫笔下的奴隶、吉尔里笔下中世纪的圣物，还是贝利所描述的印度的布，都是展现"人物不分"的精彩案例。但问题还是要回到物的社会生命究竟来自哪里，阿帕杜莱不认为物的意义是由人来赋予（endow）的，而是认为"我们必须追寻物自身，因为物的意义铭刻在它自身的形式、使用及其轨迹（trajectories）里，我们只有通过分析这些轨迹才能理解人的行为和算计激活（enliven）了物"[②]。因此在解释物的生命轨迹，尤其是物的商品化和去商品化过程中，阿帕杜莱强调政治在其中的作用，政治是促成价值转变和商品特定流动路径的关键。

---

①　Arjun Appadurai,ed.,*The Social Life of Things*, p.4.

②　Ibid., p.4.

　　阿帕杜莱留给我的疑惑在于，如果认为商品只是作为物的社会生命史的一个阶段，而非一种特定的物，这个生命阶段是否可以代表物的社会生命的全部？政治的因素是否足以解释物的社会生命的全过程？商品之外的千姿百态的物，它们是否具有社会生命？

　　也许这些问题超出了阿帕杜莱思考的范围，但如果正如他所期待的要建立一种"物的人类学"，而不仅仅是对商品进行文化解释的人类学，这些问题就无法回避。要回答这些问题，人类学家有待在更广阔的视野中，汲取非西方物观念的精华。比如，王铭铭从认识论的层面探讨中国和西方的物观念，他指出，古代中国物观念的原型，以为世界之物全为生命，并无有生和无生之分，更为接近人类学所谓的"泛生论"。[1] 在这种物观念之下，人和物是可以相互体察的，"人物一理"，从一草一木中也可以悟出人的品质。西方的物观念也有其认识论的传统，海德格尔（Martin Heidegger）找到西方物观念的原型是"聚集"，而"聚集"的意义却在于"馈赠"和"献祭"，物因此可以被理解为人与人的馈赠关系及将之涵盖于其中之"神之灵"。[2] 王铭铭认为，海德格尔的物观与英国人类学家泰勒（Edward Tylor）将"万物有灵论"归因于人对自身灵魂观念的模拟的观点并无大异，他们都认定"为了实现'物化'，思考者须将物之实在回归于人之实在"，泰勒将万物活生生的特性归结为人死后的灵魂所填补的虚空，海德格尔对壶的解读则认为壶作为物，乃是为了馈予人或献予神。[3] 这样的物观念中，物之灵来自人对死亡的认识，是人自身赋予物精神内涵和生命力，与中国物观的"泛生论""物我一理"形成了分殊。物哲学层次的探讨将有助于我们更好地思考人与物的关系问题。

---

[1]　王铭铭：《心与物游》，183 页，桂林：广西师范大学出版社，2006。

[2]　同上，182—183 页。

[3]　同上，182—186 页。

《从祝福到暴力》（1986）

张宏明

　　莫里斯·布洛克（Maurice Bloch），早年受教于伦敦经济学院和剑桥大学，现在是伦敦经济学院人类学系的教授。由于其法国背景，他在研究中注意英国和法国人类学研究方法的结合，并且致力于向英国人类学界介绍法国马克思主义的理论。他过去主要关注意识形态和仪式的研究，目前关注认知人类学。他的田野研究地点主要是马达加斯加。《从祝福到暴力——马达加斯加梅里纳的割礼仪式之历史及观念》（*From Blessing to Violence: History and Ideology in the Circumcision Ritual of the Merina of Madagascar*, 1986）就是他在马达加斯加研究的成果，也是其成名之作。

　　《从祝福到暴力——马达加斯加梅里纳的割礼仪式之历史及观念》[1]（以下简称《从祝福到暴力》）是一本把人类学研究和历史学研究结合在一起的著作。前者主要展现研究对象整体性的生活画卷及参与观察带来的主体性的移情式理解，后者则把这些田野材料与社会学问题及更广的理论问题结合起来。割礼仪式是全书研究的中心。作者之所以挑选这个个案，是基于关于割礼的研究较多及资料较细，更重要的是割礼在马达加斯加 200 年历史中的重要意义。全书共分为八章。第一章是理论回顾，梳理人类学研究中关于仪式和社会之间存在相互决定或不相关关系的争论，指出有待解决的问题和自己的解决思路。第二、三章是对马达加斯加近 200 年历史和社会状况的介绍，主要关注国家的兴起和殖民统治等政

---

[1]　Maurice Bloch, *From Blessing to Violence: History and Ideology in the Circumcision Ritual of the Merina of Madagascar*, Cambridge University Press, 1986.

治史，以及社会组织和宗教仪式的概况，是一个民族志背景的铺垫。第四、五章是全书的重心之一，描述了一次完整的割礼仪式，并对其中的象征意义做了完整的分析。第六、七章是全书的另一个重心，叙述了关于割礼的神话及割礼在 200 年历史中的变化。第八章在前面各章分析的基础上，对仪式和意识形态的本质得出了自己的结论。下面分五部分加以扼要介绍。

一

人类学家对仪式的研究大体上可以分为两类：一类称还原论者（reductionalist），另一类被称为智识论者（intelletualists）或象征主义者（symbolists）。二者的区别在于，前者认为在仪式和社会之间存在着相互决定的关系，只是对决定与被决定的关系有不同的观点；后者则更加愿意把仪式作为封闭的体系来考察。作者就是在这些针锋相对的观点中寻找自己研究的立足点的。

人类学家对决定宗教的社会因素的研究，应该首推神学家罗伯逊－史密斯（W. R. Robertson-Smith）。他提出，仪式是由氏族组织决定的。持类似观点的还有拉帕波特（Roy Rappaport）、拉德克利夫－布朗（A. R. Radcliff-Brown）、弗洛伊德（Sigmunol Freud）、格拉克曼（Max Gluckman）等。在马克思主义学派的学者那里，仪式被视为意识形态的一部分，其目的是为了维护当前的秩序，这种立场与上述学者没有什么很大的不同。但这样的解释是典型的循环论证，顶多只能说明两个现象是同时发生的，无法确认二者的因果关系，强行解释只能混淆因果。

而且，上述循环论证也可以得出相反的结论。古朗士（Fustel de Coulange）就认为，祖先崇拜的观念塑造了整个罗马的历史，并按照家长制家族和最小宗族的模式创造了古代的城市和法律。涂尔干虽然认为宗教和仪式最终为人口之类的物质条件所决定，但在仪式和氏族这样的社会分类之间，是仪式起决定作用。这样引申开来，仪式作为一种机制，创造出理解自然和社会的分类范畴，并赋予其分类的和强制的本质。

上述两种人类学家的观点虽然看似相反，但他们又有一个共同之处，都是把一种社会现象还原为另外一种社会现象。他们的理论中都暗含着一种对历史的错误观念。首先，他们有一个假想的历史阶段，在这一阶段发生了一个事实，那就是仪式决定了某种社会现象，或者取决于某种社会现象。但在实际上，这是根本无法证明的，也无法为真正的历史证明。其次，社会需要能够决定仪式的出现，在仪式和历史的理解上都过于简单化。真正的历史和仪式都是非常复杂的。本书的目的，并且作者试图论证的是，只有关注真正的历史的所有复杂方面，才能理解产生复杂如仪式这样的社会现象的决定过程的错综复杂性。

智识论者与还原论者的做法正好相反，他们把宗教视为对自然的一种推想，以及对未知事物的一种智识思考。这些思考和推想是仪式的主要内容，因此信仰在仪式研究中也具有重要的意义。但这也带来了同样的问题，智识思考为何要采取需要众多参与者的仪式这种方式？为了避免社会现象的还原，仪式被作为一种宇宙观的展现，只是为了谈论人在宇宙中的本质，为了解释形而上的玄想。这样就刻画了一位绝对存在的圣人，超越于社会之上，创造出了一切思想。这同样是一种伪历史。

还原论者不仅采用了站不住脚的因果论，更糟糕的是忽略了仪式的其他众多方面。智识论者把仪式变成了神学论述，丢失了社会情境。特纳（Victor Turner）在努力把仪式象征的方面与情感和社会学的方面联系起来的研究中，只是指出象征具有的含糊性和复杂性，容易被社会性地操控，但他坚决认为不可能解释社会如何能够产生象征。

前述众人的论断都是建立在短期、共时性的田野基础上，过于追求仪式对参与者的意义及仪式与现时政治经济社会等因素的关系，根本无法辨析二者的关系。而历史的考察则可能带给我们新的视角。因为仪式是一种社会现象，在历史中就会以一种独有的方式表示。撇开追求仪式对参与者的意义可能存在的循环论证，转而考察仪式受历史事件的影响而产生的变化，更容易理解仪式与社会的关系和仪式的本质。二百年的历史考察虽然也难以探明最初的起源，但却能对变化的原则有所了解。因此全书就要在历史的进程中来考察仪式的变化，并在此基础上对更大的理论问题做进一步的思考。

二

马达加斯加虽然到处可见东南亚和非洲文化的影响，但其自身经过融合已经形成了一种独特的文化体系。梅里纳（Merina）地处高原山地，为干冷和湿热两季分明的地中海气候，实行以水稻种植为主的灌溉农业。一部分为靠近村落的梯田，更多的是贫瘠山脊上的梯田，少量是有水利沟渠的水稻耕作区，后者与更大的政治和行政中心有关。此外，当地人还在山上种植甘薯、豆类、水果等，并且也饲养家禽。大部分人也兼做手工艺，如纺织、编织，还制作专门的金属制品和石制品。

从 1780 年到 1810 年，被称为 Andrianampoinimerina 时期，这是梅里纳国家兴起的时期。梅里纳进行了农业和贸易的改革、治理，并靠奴隶输出来换取军火，与此同时，对军事制度进行建构，发展出了某种形式的官僚阶层及常备军。东部贸易线路的重要性使其疆域向东扩张，梅里纳由此与英国发生了较密切的关系。这也是一个宗教创新的时期，尤其是王室仪礼发展，以及王室祭司的增长，都是对早期国家制度的一种强化。

1810 年到 1827 年，是拉达玛一世（Radama I）时期。在一开始，英国用军火换取梅里纳的奴隶、粮食，同时训练军队。1817 年，双方签订条约，废除了奴隶贸易，只用军火换粮食。这背后的原因是，英国获得了大量廉价的印度劳工，由此食物变得比人更重要。这时，传教士来了梅里纳，拉达玛一世用他们来做占星专家，提供管理和技术方面的技能，以致随后来了许多"传教的工匠"。教士都处在国王的控制之下。

1827 年到 1861 年，是拉纳瓦罗纳一世（Ranavalona I）时期，梅里纳国家陷入内外交困的境地。在外部，法国人掠夺当地人充任奴隶；而在内部，传教士开始给马达加斯加人浸礼，并组织教会。教会作为反抗国家强取豪夺的组织而存在。在内外的对抗中，梅里纳内部形成某种朦胧的梅里纳宗教，来与基督教对抗。由此，梅里纳国教出现，举行的范围更广，场合更多样。

1861 年到 1863 年，是拉达玛二世（Radama II）时期，激进的欧化运动引起了极大的混乱。国王拒绝参加国教仪式，由此导致了一场名为 Ramanenjana 的千年禧运动。这动摇了统治的基础，而国王也被大臣谋杀。此后，传教士大批涌入，与治理和外务有关的教堂到处设立，成为梅里纳国家的不可或缺的一部分。

1869 年，女皇皈依新教，新教成为国教。新教被认为由英国人支持，天主教则被认为由法国人支持。一部分自由人与大量奴隶都加入了天主教。新教与天主教的对立一直持续着。直到 1895 年，法国入侵，建立了直接的殖民统治。天主教借此取得优势，这样，颇具讽刺意味的是，新教与民族主义、反殖民主义此时联系在一起。二者的轮番上场，使得传统的梅里纳宗教无法恢复优势地位。

1960 年，马达加斯加获得了独立。法国人支持一个马达加斯加人做总统，这又引发了两种对立。一种是成功的梅里纳人士和新教的联盟，反对沿海的马达加斯加中产阶级与天主教的联盟；另一种是乡村原本占据优势的新教，正恢复越来越多的传统特点，与基督教的对立正在显露。这些对立导致了 1972 年齐拉纳纳（Tsiranana）政府的垮台。

在作者调查的 20 世纪 60—70 年代，虽然梅里纳社会已经多样化了，但仍有一些重要的观念被部分地坚持下来。本书集中讨论的就是继嗣和祖先的观念，当地的"德枚"（Deme）最能代表这些观念。

德枚是指一群人，与某个地域永久地具有象征上的联系。土地归整个德枚所有，从观念上说，德枚中的人是不分彼此的一群人，土地也不可分割；但在实际上，土地由个人所有。死者都安葬在德枚范围内，因此，德枚也变成了祖先之地。

梅里纳人的亲属制度是双边继嗣，但实际上从夫居为主，父系的长者拥有权威。母系的关系被视为生物意义上的，在价值观念中与父系的继嗣相对立，在价值上处于劣势。房屋和坟墓的对比，以及房屋内部方位的划分，都体现了祖先和父系的优势。

当地人认为仪式主要传递的是祝福。祝福在当地话中是 tsodrano，意即"吹水"。特定祝福都是在墓地开始，由长者祈求作为整体的祖先，把硬币放入所持的水中，以吉祥话祝福，然后吹水溅到被祝福者的脸上。这里，硬币具有一种称为 hasina 的神圣力量，来自神灵或祖先。水则具有 mahery 的力量，这种力量来自比当地人更早居住在本地的瓦金巴人（Vazimba）。瓦金巴人在当地已经没有后代，他们代表一种不受控制的野性生殖力。祝福就是通过祖先把这种野性力量纳入维系德枚世泽绵长的事业中。割礼典型地表明了这一点。

三

对大多数当地人而言，割礼是一种祖传的习俗。梅里纳人的小男孩一般在一两岁时举行割礼仪式。孩子的父母通常在孩子出生时就开始攒钱，准备仪式所需的花费。当钱够了的时候，父母会去请星占师挑选日子。日子一般都选在 6 月、7 月、8 月三个寒冷的月份。作者描述了他亲自观察的一次割礼仪式。

这仪式有 250 多人前来参加，其中绝大部分属于一个德枚。这个德枚虽然人数众多，来参加仪式的只是其中很少的一部分，但这已经代表了整个德枚。仪式举行之前，两座房子需要特别的准备。一座是为割礼的操刀者准备的，他要待在屋中直到割礼举行的时刻。另一座是接受割礼的男孩一家所住的房屋，也是举行割礼的地点。这座房屋的准备最为精细。地面、墙面和天花板都用干净的席子铺好。但最重要是房屋东北角的布置。房屋的东北角，代表着祖先的位置，是屋内最神圣的地方，一系列重要的植物要放在这个角落。

这些植物大致可以分成三类。第一类是由星占师带来的"草药"，从药理上保证割礼的顺利成功。第二类是孩子的父母带来的野生植物。其中最重要的一种草称为"绑住男性"，长得极为茂盛，长达 30 厘米以上，而且这种草还必须从另一根草茎上长出，意为有"生母"。其他几种草也都具有这些特点。此外还有一种专门的树皮。第三类是一些种植的植物，分别是葫芦、香蕉和甘蔗，除葫芦由孩子的父母准备外，另外两种都由"父母双全"的青年带来。葫芦在仪式中极为重要，它通常是一个大致 20 厘米高的晒干了的葫芦，当地称之为 arivo lahy，意为"千军"。当地有"一日难灭千军"的谚语，因此葫芦既有"多子多福"，又有"团结就是力量"的意味。香蕉同样需要从母根上长出的，结满了青青果实的。甘蔗则要选择那些长满树叶以及节多的。与葫芦不同，香蕉和甘蔗都必须是由青年们偷来的。

参加仪式的人，在仪式上承担着不同的角色。割礼的操刀者，虽然是德枚的成员，但与孩子并非近亲，在仪式中被称为 ray ny zaza，意为"孩子的父亲"。同样，仪式上的 reny ny zaza，即"孩子的母亲"，也是由一群青年妇女代表的。理论上她们必须是处女，她们梳着一种独特的发型，在仪式上照顾接受割礼的男孩。"父母双全"的青年，必须是未婚的青少年，父母都仍然健在，人数是 7人。主持仪式的长者有男有女，都被称为 rayamandreny，意为"父母双亲"，这里强调的是辈分，而非性别。

仪式开始是一个起始的祝福。人们聚在屋外，一头公牛被捆绑在人群的东北方向，公牛的东北方向铺着一张席子，席子的东北角钉着一个桩。席子上放着一碗水，水里浸着一些完整的银币。这碗水据说已经在祖坟得到了祖先的赐福。两男一女的三个老人依次讲话，他们在讲话中都祈求神灵、祖先的赐福，然后端起一盘水，先祝福孩子，再祝福参加仪式的人。之后就是杀牛准备食物，同时把刚才放过水的席子抛向人群，一些想增强生育能力的男男女女就彼此争抢起来，结果席子被撕成碎片，最终被贴在各家的墙上或放在床底下。

接着是第二次祝福。小孩的父母坐在屋内的东北角，先是当地的族长带着所有参加仪式的人员进来表示祝福，随后两位长者以一种称为"祖先用语"的方式表示祝福，同时还要吹水祝福。之后"父母双全"的青年把屋内东北角的香蕉树扛出来，在鼓、笛的伴奏下绕村游行。接受割礼的小孩此时第一次被带到香蕉树前，与香蕉树合影。

合影结束后，人们在屋外随即跳起一种据说是感谢祖先的传统舞蹈。当香蕉树重新放回屋内时，舞蹈也在屋内持续跳下去，一直到第二天早晨割礼的时刻。跳舞的时候，人们总要唱着歌，同时有音乐伴奏。接受割礼的孩子也要参加跳舞，由"孩子的母亲"背在背上，随音乐的节奏舞动，其间不能让孩子睡着。传统的舞姿是模仿鸟飞翔的姿态。但这时手臂的运动变成有节奏地指向东北方向。除了这种基本的舞蹈动作，还有三种特别的舞蹈穿插其间。第一种舞蹈只能由相同性别的 1～3 个人跳，男女绝不混在一起跳。这种舞蹈虽然也是模仿飞鸟，但上身尽量保持僵直，手脚的运动则更加流畅。第二种舞蹈可以发生在跳舞的任何一人身上，是一种神灵附体时的舞蹈，被称为"祖先舞"。舞者闭着双眼，恍惚出神的样子。此时，其他人都停止喧哗和舞蹈，带着感激观看这种优雅神秘之美。第三种舞蹈只能由男子来跳，称为"斗牛"，除肢体的运动更奔放外，主要是双臂举过头顶来模仿牛角。

跳舞时唱的歌曲可以分为两类。第一类是仪式专用的歌曲。作者按演唱顺序整理了 50 首歌曲。歌曲都很短，每首歌只有 1～2 句歌词，但每首歌要唱 5～10 分钟，实际演唱时就是不断的重复。歌曲中明确表明了祖先的祝福，以及 mahery 这个关键的概念，其中尤其提到一只不要巢而把蛋生在石头上的鸟。第二类歌曲是一些民歌、流行歌曲的大杂烩，只为了娱乐，没有仪式含义。

在歌舞的期间，还举行了其他一些仪式和具有仪式意味的行为。歌舞刚开始就会向人群撒一些糖，人们会去哄抢，尤以年轻的女子为最。然后会发生偷香蕉和甘蔗的行为，而且反复出现。通常是女子去偷供在屋内东北角的香蕉树上的生香蕉，男子去偷供在那里的甘蔗，但他们都会遭到其他人的阻拦，于是发生模拟战斗，结果香蕉和甘蔗都断成数节，被拿到外边吃掉。有一种行为是把小孩抛向空中。接受割礼的小孩被传到在场的男子手中，人们欢呼着把小孩抛向空中，而在平时，尚未接受过割礼的小孩是不能举起来超过男子的头顶的。还有一种称之为"量身"的行为是由一个老人来做的。他先从放在屋内东北角的那捆芦苇中抽出一根，用刀分别在自己膝盖、肩膀及头部的高度将芦苇截断，截成三段的芦苇落在地上。据说这样小孩才会长高。

　　这期间的一个重要仪式是"取圣水"。首先是那群"父母双全"的青年要冲进屋子。他们用一个米臼击打大门，屋里的男男女女却要把他们阻止在门口，双方发生一场模拟战斗。最终青年们跨过门槛，进来的第一个年轻人马上要扮成公牛的样子，在屋里横冲直撞。而他身后同时出现一个挥舞着长矛的青年，监督着这头公牛。青年们进来后，原本放在东北角的葫芦被取出来，由七个老人围着。一个老人端着葫芦，手指盖着顶端的孔。另外两个老人则拿着树皮和"根母"草混成的草条。随后老人们带头吟唱一首简短的赞歌，吟唱一遍，草条就向葫芦靠近一步，吟唱三遍，草条就绑在了葫芦的颈部。这样反复七次，七根草条都绑在了葫芦的颈部。然后每吟唱三遍，葫芦就降低高度。降低三次之后，手执长矛的青年用矛指着葫芦，七个老人各伸出一只手扶在长矛杆上。每吟唱七遍赞歌，长矛下降一段高度，下降七次后，长矛抵到了葫芦的顶部。这时，长矛刺穿葫芦顶，同时有一枚完整的银币被飞快地塞进葫芦里。接下去，葫芦由扮演公牛的青年拿着，先端在膝盖的位置，然后在肩膀的位置，待升到头部的高度时，青年冲出屋去，执长矛的青年紧随其后，其他"父母双全"的青年也一同冲了出去。青年们冲出房屋，离开村子，到一个有瀑布的地方。在长矛的威胁下，拿着葫芦的青年要用勺子在流动的水中打水，装在葫芦中，然后把葫芦顶在头上返回。

　　而在房屋中的人此时已分成了两批。割礼的孩子、孩子的亲生母亲及那些"孩子的母亲"留在屋里，一如既往地歌舞；其他人则走到门外，在寒冷中准备好干牛粪，以迎击青年的返回。青年们到来时，同样发生一场模拟的战斗。一旦青年中有人进入屋内，战斗就停止。所有人都一同歌舞。执长矛的青年表现出抛掉长矛的动作，装满水的葫芦被放在了东北角。取圣水仪式至此结束。

　　黎明时分，按事先挑好的时刻，割礼开始。地点是房屋面西的门槛处，牛粪和米臼是必备的，割礼的血必须滴在上面。女子全部留在屋里，男子全部到屋外，面对门槛围成半圆。孩子的祖父坐在米臼上，扶着孩子坐在他的大腿上。当操刀者开始行割礼时，一直拿着长矛的年轻人用长矛猛击一个金属制的筛子，周围的人也一起大喊，声音震耳欲聋，直到割礼结束才停止。与此同时，屋内的妇女在跳舞时却要手脚并用地双膝跪地，把地上的脏东西撒在自己头上。有些妇女甚至做出想出门的举动，但被阻止了。屋外的喊声一停，妇女们就开始用芦苇编小篮子，虽然她们从不会把篮子编完。割下的包皮要交给亲戚中的一位长辈，他会将其吞下。盛圣水的葫芦从屋里传到一位长者手中，他把水泼在小孩身上，尤其泼在阴茎上。操刀者此时还要给小孩的伤口敷上药。泼完水后，银币被取出收藏，空葫芦则被扔向人群。在哄抢之下，完整的葫芦变成了一片片被珍藏的碎片。做完割礼的小孩，这时要被从房屋的窗户里递进去，由母亲来安慰。而之前未做割礼的孩子是不能从窗户进出的。到此为止，割礼即算结束。

　　虽然割礼是一种祝福，但在仪式中出现的各种象征，细化了这种祝福的含义。割礼仪式首先被强调的就是"祖先的事务"。割礼仪式中面向东北方向的祖坟及房屋东北角最神圣，都是敬祖的一种表现。而且在当地人的观念中，祖先历来是作为一个匿名的群体出现，不会专门突出其中的某位祖先。割礼仪式上的长者有男有女，接受割礼的孩子在仪式中需要选择仪式性的父母来替代其亲生父母的角色，也是对整体的强调，包括男女双系继嗣。这里强调的是继嗣上的永久性，以祖坟中祖先的骸骨浑然一体为标志。仪式上举行了四种祝福，前三种是来自祖先的祝福，通过作为中介的长者，传递给所有在场的人及接受割礼的小孩。第四种是圣水的祝福，通过长者、"孩子的父母""父母双全"的青年及接受割礼的孩子，一代代地延续到子孙后代。但圣水中包含的祝福，并不纯然来自祖先，是一种经过转换的力量。

　　经过转换的力量是一种野的力量，当地人称为 mahery。它具有最根本的生命力，会增加祝福的力量。具有这种力量的东西通常是自然存在或生长的东西，如割礼仪式中出现的甘蔗、香蕉、水、牛、芦苇、草等。瓦金巴人在当地人的观念中也具有同样的力量。在他们看来，瓦金巴人最早居住在这片土地上，是土地的主人、坟墓的所有者，同时是带来生命的源泉。但瓦金巴人现在已经没有后代了。因此，他们就与自然的东西一样，具有最根本的、人类需要的生命力，但这种力量可能给人类带来福祉，也可能带来危险，关键要看人们能否控制这些野的力量，将其转换为有利的力量。割礼仪式的一个重点就是把野的力量通过暴力，转换成祖先的祝福。葫芦盛水就典型地说明了这点。葫芦原本具有 mahery，但经过老人的捆绑、戳穿之后，就变成了 masina；流动的水原本也是 mahery，装到葫芦里之后就变成了 masina。经老人的手泼到孩子身上后，野的力量就转换成了祖先的祝福。接受割礼的孩子在得到这些祖先的祝福之后，本身也完成了一个转变。

　　这个转变与妇女及房屋的象征意义密切相关。在完成割礼之前，孩子主要待在房屋里。房屋与温暖、出生、妇女具有同样的象征含义，它们所象征的温暖世界与祖坟所象征的冰冷世界形成鲜明的对比。同时，孩子与亲生母亲一对一的个别关系，也与整个德枚的浑然一体相背离。割礼首先就是要让孩子离开妇女所象征的温暖世界。暴力在这一离开中扮演了关键的角色。在门槛处对孩子施行的割礼、长矛刺穿葫芦、芦苇捆绑葫芦及青年男子强行冲入屋内等，都是一种象征性的暴力。经由这些暴力，孩子脱离了女性的世界，成了一个男人，同时占有了野性的或女性的生殖力。因此，当男孩在割礼之后重新从窗口进入屋内时，隐喻了性交能力的获得，但此时获得的生殖力已经转变成了祖先的祝福，有利于整个德枚的维系，而不是分裂。

割礼在把自然及野性的生殖力转换为祖先的祝福中，强调了祖先至高无上的地位，也强调长幼尊卑的等级体系。正是这一点，突出了割礼仪式具有的功能上的政治意义。

四

有关割礼的神话基本上证实了仪式实践中的象征主题。神话提到了四个重要的人物，分别是梅里纳王朝的创始者 Andriamanelo、瓦金巴的女王 Rangita 及身份和性别都很含糊的 Ranoro 和 Ramasy。神话中，Rangita 死后沉在了湖中，Andriamannelo 举行割礼时从湖中取来水，不幸的是，割礼失败，孩子死了。Ranoro 认为原因是没有掌握正确的方法，于是他提出了用葫芦、香蕉、甘蔗、银链子等一系列做法，依此行事才保证了割礼的成功。Andriamannelo 于是命令从此以后举行割礼必须遵循这固定的程序，同时派 Ranoro 和 Ramasy 去督促这些事情。传说中，Andriamannelo 既是推翻瓦金巴的英雄，也是 Rangita 的儿子，这同样反映了男性对女性生殖力的占有。

除神话外，根据史料文献，割礼仪式的历史可以分成五个阶段来介绍：

1793 年到 1825 年，割礼仪式必须遵照相关的规定来举行。首先，举行的日期由国王确定。其次，举行之前要对全国可能存在的施巫者举行神判式的考验。再次，举行仪式时要向国王缴税。最后，举行仪式的时间必须以七年为周期。这样，割礼仪式就不再仅仅是一个家族自己的事情，而被上升到了一个国家的层次。但就当时具体的仪式程序而言，除了放到葫芦中的是一串银链子，以及割礼前要割掉一头小公牛的耳朵，其他步骤与前边描述的并无不同。

1825 年的割礼就发生了一些变化。如取圣水的青年要在外扎营住一天一夜，当天还要吃一顿含有甘蔗和香蕉的饭；割礼前要杀一头羊，羊头扔到人群中供人争抢；装香蕉的篮子要扔到固定的地点，没有人敢碰；以及一些器物上的小变化。这些变化除了增加的仪式，如扔篮子就是强调香蕉中具有"野"的一面，主要还是由于国王的对仪式的直接介入。仪式中关键的用长矛刺穿葫芦，在此时必须由国王本人或国王的代表进行。因此，青年们必须长途跋涉去首都或附近的行宫，否则无法继续仪式。而且，国王还用借银链子的方式让葫芦中的银币让位给国王的银链子，把祖先的祝福改造成来自国王的祝福。割礼仪式开始转变成国家仪式了。

1844 年和 1854 年的皇家仪式，表明了作为国家仪式的割礼变得愈发庞大和精致，但对比民间举行的割礼，却可以发现仪式基本的象征结构没有改变。皇家仪式上，由全副武装的士兵到大海去取圣水，荷枪实弹的军事游行，凸显王权的盛大的 sorata 舞蹈，香蕉分成肥瘦两种，等等，都只是在既定的主题上锦上添花。民间的割礼仪式，烙上更多向国家臣服的痕迹。国王或代表的到场，献给国王的献词和舞蹈，仪式性的缴税，仪式上获准鸣枪等，表明了当权者要把割礼转变为国家宗教以对抗西方宗教的努力。

1862 年，新的当权者全面地抛弃传统，发布命令废除皇家的割礼仪式，民间可以自由地随时举行割礼仪式。这导致了全国性的混乱。虽然一场千年禧的运动促成了当权者的垮台，但作为国家仪式的皇家割礼并没有恢复，割礼在皇家和民间都变成家族的私事。割礼仪式回复到比较简单的形式，原本追求盛大规模的部分都消失了。1869 年，在当权者皈依天主教，奉其为国教的时候，仍然举行基本的割礼仪式。但民间的割礼已经不再跟随皇家割礼的时间了。

1895 年法国入侵，实行直接的殖民统治，推翻了梅里纳王室，断绝了皇家仪式恢复的任何可能性。虽然梅里纳 1960 年才获得独立，但在天主教和新教的压力下，割礼变成隐秘的活动，规模都很小，甚至在传教士的印象中几乎已经不复存在了。但到作者调查的 1971 年，举行割礼的数量和规模都有显著的增加。矛头直指都市里的新兴资产阶级。这一阶段割礼的基本程序与作者观察到的大同小异。

五

通过以上对割礼仪式的象征意义及历史变化的描述，作者指出了一个吊诡的现象，即尽管梅里纳的政治经济发生了重大的变化，但割礼仪式的基本程序、象征物品、象征意义并没有随之发生相应的变化，而是显示了惊人的稳定性。在政治经济变化的影响下，割礼在历史上也出现了变化，但这些变化都可以归结为以下三类：新添的仪式，但不能融入基本结构；不同象征物品对相同主题的复杂化或简化；某些精致化仪式的出现和消失。这种变化甚至可以在地方性的差异中发现。因此，这种变化并不能改变割礼仪式中的象征意义。

要理解变与不变的道理，首先要注意割礼仪式所具有的意识形态的特点，使其能够适应多变的政治经济环境。割礼仪式中，通过对"生命世界"的操纵，把生命、父母与孩子的生物性联系、个体等都贬低为无价值的东西，反而建构出一个无时间的永恒的世界。这个世界由死去的祖先构成，他们才是"生命世界"的生命力的源泉。生命，只有经过祖先暴力的控制，才变得有意义。每一个人，正因为本身活在当前，但同时带有日后成为祖先的预期，才使割礼仪式成为自愿的，而且具有权威感的活动。这也就让祖先，实际上是代表祖先的长者或国王、官员等的统治合法化了。正是在这点上，割礼仪式可以被视为一种意识形态。但这么说的时候，仍然面临着与功能主义相同的循环论证的缺陷。只有更进一步地分析仪式的本质，才能避免同样的错误，从中拓展我们对意识形态的认识。

作者采用了人类学中的沟通理论来避免仪式研究中两种两极分化的认识。一种认为仪式是对世界或社会的一种阐述，人们可以通过对象征的了解而理解仪式；另一种认为仪式仅仅是具有意图的一种行动。作者对仪式本质的认识就处在这二者之间。首先，仪式中的象征具有能指的意义，但意义是含糊不清的。这本该使对象征意义的解释具有灵活度，但仪式必备的程序化又在减少这种灵活度，表现在仪式中就是简单词句和相同象征意义的无休止的重复。正是这种程序化的象征组合及其重复保证了仪式基本结构的恒定。其次，仪式建构的是一个超验的无时间的道德世界，与日常生活中的具体知识处在两个不同的范畴之中，二者虽然对立，却并行不悖。而且仪式还以象征的方式同时展示了两个世界，建构了超验世界对日常生活的暴力征服。基于此，仪式不可能只是一个自我封闭的知识体系，其本质就是在象征符号的陈述性（propositional）和展演性（performative）之间取得平衡，而不是倒向任何一端。因此，仪式才能够在具有适应性的同时保持自身的完整性。

意识形态一般认为是统治者欺骗被统治者的谎言，是以一种虚假的想象来代替真实的生存状态，从而按照统治者的意愿来组织政治经济的再生产。但如前面仪式分析所揭示的那样，意识形态与实际的政治经济环境也不是直接的对应关系。虚假的想象与真实的现状并不相互代替，二者虽然并存，但只保持间接的关系。这就使统治者对被统治者的欺骗变成了双方的共谋，这种共谋形成的幻象所具有的情感力量，使人们乐于接受，并且成为一种自觉和自律。仪式与意识形态的共通点就在于此。

最后，作者指出，对割礼200年的历史研究，虽不足以解释割礼仪式的形成，但已经揭示了仪式基本结构的稳定性。这虽然不能回答仪式本质性变迁何以发生的问题，但却留下了人们从仪式的视角理解或塑造历史的可能。

《制度如何思考》(1986)

刘 琪

《制度如何思考》[①]并不是玛丽·道格拉斯（Mary Douglas）的成名之作。这是道格拉斯学术生涯晚期的一本讲演集，在这本书中，既没有《洁净与危险》（*Purity and Danger: An Analysis of the Concepts of Pollution and Taboo*）中随处可见却又引人深思的案例，也没有《自然的象征》（*Natural Symbols: Explorations in Cosmology*）中富有激情的对现实的不满，然而，道格拉斯却坦言，这是她应该写作的第一本书。事实上，虽然只是一本薄薄的册子，但《制度如何思考》却为道格拉斯究其一生所关注的认知和社会的关系问题提供了理论框架。这本书，或许可以视为理解道格拉斯的"导论"。[②]

单就书名而言，《制度如何思考》就带有反讽的意味。从表面上看，这与列维-布留尔（Lucien Lévy-Bruhl）所著《土著如何思考》（*How Natives Think*）一书极为类似，但实际上，道格拉斯追溯导师埃文思-普里查德（E. E. Evans-Pritchard）的路数，从根本上对列维-布留尔的论述进行了否定。在列维-布留尔看来，原始人的思维和心智是元逻辑的、非批判性的和不可救药的，而进化就是逐渐从原始分类中挪移的过程，去除其中矛盾和神秘的因素，找到逻辑上的因果关系。[③]这实际上是一种自我中心主义的强盗式行为。在道格拉斯看来，列维-布留尔提出了一个有意思的问题，即"原始人如何思考？"然而，他对这个问题的回答却是非颠倒。道格拉斯自己的回答是，原始人的思考和今天我们的思考并没有本质区别，它们的共同点在于，每一个人的思考都是制度性的（institutionally）。[④]

---

① Mary Douglas, *How Institutions Think*, New York: Syracuse University Press, 1986.

② Ibid., p.x.

③ 参见列维-布留尔：《原始思维》，丁由译，441—442 页，北京：商务印书馆，2004［1981］；埃文思-普里查德：《原始宗教理论》，孙尚扬译，98 页，北京：商务印书馆，2001。

④ Richard Fardon, *Mary Douglas: An Intellectual Biography*, London and New York: Routeledge, 1999, p.212.

在《制度如何思考》的开篇，道格拉斯带领我们重温了那个困扰人类千年的问题：如果每个人都是理性选择的生物，只追求自己利益的最大化，那么，在什么情况下，他们会为了更大的集体利益而牺牲自我？为了展现这种选择的困境，道格拉斯讲述了一个虚构却又极具冲击力的故事：

五个人被派遣去探测一个很深的洞穴。他们进入洞穴之后，很不幸地，一块巨石落下，阻塞了唯一的出口。一个由很多人组成的营救队展开了救援行动，但由于任务既危险又艰巨，先后有十个人因此丧命。营救行动仍然在紧张地进行，然而，被困在洞穴里的五个人却发现，他们的食物不够坚持到得救的那一天。于是，他们做出了一个决定：通过掷骰子的方式，选出他们中间的一个人，其他四人吃掉这个不幸的人，以维持自己的生命。

当洞穴终于被打开的时候，四个人走了出来，还有一个人"为了群体的利益"牺牲了自己。然而，却有人指控这四个幸存的人是杀人犯，将他们告上了法庭。在法庭上，不同的法官产生了激烈的争辩，各自的论点都拥有各自的前提，如人的本性、自然法、权责限制等，并由此得出了截然相反的结论。故事讲到这里，道格拉斯并没有做出自己的判断，而是提纲挈领地指出，这些法官都是从自己所认同的制度性思维方式出发，从而得出结论。这正是本书要考察的主题，即心智（mind）与制度的关系。

首先，道格拉斯提出的问题是，制度是否有自己的心智？制度是否会思考？从表面上看，这个问题似乎是荒谬的，因为只有人才拥有思考的能力，而社会是由这些"思考者"们组成的群体。然而，涂尔干却把这个问题倒转过来，指明了一条新的出路：事实上，任何个体的思考，都有着社会性的起源。弗雷克（Ludwik Fleck）继承了涂尔干的思路，提出了"思考集体"（thought collective）和"思考样式"（thought style）两个概念。弗雷克指出，某个特定社会中的思考样式是任何个体认知的前提，它虽然隐藏在思考集体之后，但却在暗中设定了思考的界限和标准。道格拉斯用"思考世界"（thought world）一词代替了弗雷克提出的"思考集体"，并指出，在现代社会，存在着各式各样的"思考世界"，例如，科学、艺术、神学、人类学等，它们都拥有自己独特的思考样式，但又同时嵌入到更大范围内的思考世界及其制度之中。[1]

在道格拉斯看来，涂尔干和弗雷克的思路无疑是正确的，但她同时指出，这

---

① Richard Fardon, *Mary Douglas*, p.228.

两位学者在讨论中回避了最根本的问题，即社会秩序的起源。没有人相信，社会秩序会自动出现并获得成员的委身，因此，它需要获得某种自治的合法性。在考虑这一问题的时候，很多人类学者都对社会的规模大小进行了区分。通常认为，在小规模的社会中，很容易滋生相互信任的氛围，普遍的相互信任最终导致了社会团结的形成。然而，道格拉斯驳斥了这种理论，并指出，对规模的区分恰恰掩盖了真正的问题。无论是社会的规模、宗教的神圣观，还是非理性和情感，都不能解释个体为什么会做出群体导向的选择。

为了深入并简化问题，道格拉斯提出了一个重要的概念："潜在群体"（latent group）。道格拉斯认为，在现代社会中，有很多这样的"潜在群体"，在某些特定事件发生的时候，他们可能会浮出水面，组成可见的群体并共同行动。但是，这样的群体只是暂时的，并不会持续个体的一生，甚至，当使他们联合在一起的事件消失之后，这个群体也就土崩瓦解了。显然，在道格拉斯看来，只要我们阐明了"潜在群体"的形成和消亡，也就对"社会如何可能"的问题做出了回答。

"潜在群体"的出现只需要一个基本的假设：人们希望在不损害自主的前提下加入某个集体。在这样的限制之下形成的群体需要具备两个特征：弱领导和强边界。[①]一方面，群体成员会不断计算保留群体身份的代价及预期的收益，一旦付出超过了所得，他们就会以退出作为威胁。这样，每一个希望群体延续的成员都会敏感于其他人退出的威胁，无法树立起强大的领导权威。另一方面，为了保证每一个群体成员对集体利益的贡献，杜绝"搭便车"的现象，群体又需要维持强边界。

由于群体内外的严格区隔，以及群体内部不明显的等级划分，这样的群体常常会被党派斗争所困扰，并导致群体成员普遍相信，始终有一种邪恶的力量存在，正是这种外在于群体并弥散在世界中的邪恶力量，导致了人们对群体创立的

---

① 从表面上看，道格拉斯在这里提到的"弱领导、强边界"群体与她在《自然的象征》一书中写到的"弱栅格、强群体"[Mary Douglas, *Natural Symbols: Explorations in Cosmology* (with a new introduction), London: Routeledge,1996, pp.63—64.]有着类似之处。但是，正如法登（Richard Fardon）所言，这里的"潜在群体"所具有的群体特征只在很微弱的层面上体现出来，因此，它在"栅格–群体"分类法中无法被赋予明确的归类。（Richard Fardon, *Mary Douglas*, p.226.）

基本原则的背离。① 在这里，群体没有利用宗教信念维持自身，相反，是群体的运作导致了宗教信念的产生。这样，通过共享最基本的前提，不同的个体向着同样的方向前进，最后，形成了一种集体性的思考模式。到了这个时候，群体本身成了一个新的主体，它用自己的方式思考，它拥有了自己的心智。

在阐明了"潜在群体"的特征之后，道格拉斯又回到了最初的问题：这种多少对个体进行了限制的制度，它的合法性来自何处？道格拉斯认为，要回答这个问题，我们需要摒弃工具性或实践性的论述，回到宇宙观的层面上寻找答案。"在这里，我所假定的是，大多数确定的制度如果遇到了挑战，能够将它们的合法性建立在对宇宙性质的适应上。当一项习俗回答这个问题：'为什么你要这样做'的时候，它就被制度化了。虽然，首要的回答可能是按照相互利益的术语进行的，但为了回答进一步的质疑，最终的回答会涉及星球在天空中定居的方式，或者植物、人类或动物自然的行为方式。"② 通过将社会分类自然化，脆弱的制度得以巩固，并掩饰了自己社会构造的身份。例如，"女人之于男人就像左之于右"，这样的等式将男女的社会分工赋予了自然的内涵，制度本身似乎也就成为自然的一部分，于是，它度过了初期阶段的危机，获得了牢不可破的合法性。

到这里，追问仍旧没有停止。制度与自然之间的类比从哪里来？为什么人们认为，某两样东西是相似的？这种相似性（sameness）来自何处？道格拉斯的回答是极为肯定的：来自制度。③ 通常认为，事物之间的相似性内在于它们自身，而道格拉斯却明确指出，这种相似性只可能被某种具有内部一致性的图式所赋予。一方面，创造类比的情感力量来自社会；另一方面，个体将时间和精力花在难题上的诱惑和退后并接受社会已经建立的类比之间存在着紧张关系，"像往常一样思考"最终将会占据上风。这样，个体接受并巩固了社会创造的分类，他们迫使自己只能在其中进行思考。进一步，道格拉斯又从历史的层面指出，制度

---

① 这与道格拉斯在雷利人（the Lele）中看到的情形类似。雷利人以村庄为基本单位，但村庄内部却不存在任何清晰可见的权威形式；他们相信，在他们四周弥漫着巫术的力量，用巫术杀人的巫师属于另外一个非人的、邪恶的世界。（Mary Douglas, *The Lele of the Kasai*, Worcester and London: The Trinity Press, 1963.）在写作关于雷利人的民族志的时候，道格拉斯并没有明确阐述宗教观念与社会制度的关系，但可以相信，雷利人的案例引导了之后道格拉斯对西方社会的思考，并最终提出了上文所述的观点。（见 Richard Fardon, *Mary Douglas*, p.70。）

② Mary Douglas, *How Institutions Think*, p.47.

③ 在法登看来，道格拉斯虽然想要证明相似性来自制度，但实际上，她只是证明了分类图式是在社会情境下发展的。二者存在着微妙差别，即究竟相似性和差异性是制度性的，还是制度赋予了相似性？（Richard Fardon, *Mary Douglas*, pp.232—233.）

不仅仅对事物进行分类，还从事着记忆和遗忘的工作。在这个意义上，当我们审视过去的时候，事实上却很少真正与过去相关，而是与现实紧密连接在一起。例如，道格拉斯指出，早期人类学进化论式的描述正是殖民时期的产物，并为后者提供了自然化的支持。

到这里为止，道格拉斯似乎将自己逼入了一条死胡同：就像福柯（Michael Foucault）所描述的那样，制度似乎是笼罩在个体身上的无形的网，彻底并完全地控制着个体的心灵和身体。然而，正是在这里，道格拉斯又从绝境中走了出来。"制度系统性地引导着个体记忆，并使我们的认知形式与制度所认可的关系一致。制度固定了本质上动态的过程，将自己的影响隐藏起来，同时，把我们的情感激发到标准议题的标准程度。在所有这些之外，制度还赋予了自身公正性，并将不同制度之间的相互印证渗透到我们的信息的每一个层次。所以，毫不奇怪，制度轻而易举地使我们加入它们自恋式的自我沉思之中。我们试图思考的每一个问题都自动转换成了制度自身组织性的问题。……制度像计算机一样，具有可悲的妄想症，它们对世界的所有认识就是自己的程序。对于我们而言，使理性获得独立的希望在于抗拒，而抗拒必要的第一步就是发现制度性的栅格如何加于我们的心智之上。"①

在道格拉斯看来，制度性思考的最大胜利就在于让制度完全隐形。当某个时代所有伟大的思想家都认为，现今的社会和以往所有时代都不一样的时候，恰恰正是制度的力量最强大的时候。相反，如果我们承认，除非运用制度建立类别，否则我们根本无法进行思考，这正是获得个体自主性的第一步。

个体无法赋予事物分类，也无法控制分类，但是，他可以在制度提供的分类中进行选择，而这种选择的依据是自己的意愿。道格拉斯指出，当社会情景发生变化的时候，会出现改变社会控制的可能，即新选择的可能。这时，人们可以选择一种新的制度。然而，随着这种新制度的出现，新的分类也会随之产生，之后，这种制度又会步入自己的轨道，产生与之前的制度形式不同但却同样有力的控制，并迫使人们接受新的思考方式。这样，在制度的夹缝中，道格拉斯为人的主体性和自由留出了些许的空间。

在阐明了制度对个体心智的控制之后，道格拉斯又将制度起作用的范围推向了更深的层面。通常认为，制度只是从事一些日常性的、低层次的思考，并会把

---

① Richard Fardon, *Mary Douglas*, p.92.

重要和困难的事情留给个体。然而，道格拉斯却认为，事实刚好相反，个体在做重要的决定时，往往会诉诸制度，而自己却沉溺在细枝末节的事情之中。这里的"重要决定"主要指道德问题，在道格拉斯看来，正义原则的神圣化是制度真正得以巩固自己权威的方式。事实上，今天我们看来最"神圣不可侵犯"，并最应具有普适性的正义观，如平等、财产权等，恰恰是自己社会独特的创造，并与宇宙观紧密连接在一起。当宇宙观，即道格拉斯所言的自然与社会的关系发生变化时，正义观也会随之变化。

但是，道格拉斯又避免让自己陷入道德相对主义的窠臼之中。虽然不同的社会有着不同的正义观，但这并不意味着不能在道德观念之间进行比较或判断。道格拉斯为这种判断树立了三个标准：首先，我们可以考察正义系统内部的一致性和自治性；其次，根据正义系统是否成功为行为规范提供了抽象原则，我们可以评价这些系统的有效性；最后，很多时候，对道德系统的判断会从善或恶的问题简化为真或假的问题，这为我们建立起了比较的根基。在道格拉斯的这些辩驳中，只有最后一点触及了根本问题，但却多少有些牵强和无力。例如，即使我们凭常识就能够判断，人不可能同时出现在两个地方，但是，对于非洲一些相信巫术的人而言，这具有毋庸置疑的真实，并且，在此基础上，他们形成了关于巫术完整而自洽的逻辑系统。真或假，又是否具有普适性的评判标准？

在全书的最后，道格拉斯又回到了导论中写到的"岩洞困境"。在道格拉斯看来，这个问题归根结底是无法回答的。原因在于，这件事发生在所有的制度情境之外，而除非依靠制度，个体根本无法进行思考。事实上，正如前文所述，任何一个法官都是根据自己的"制度性思考"做出判断，这是悲哀的，也是无可奈何的，因为我们根本无法从没有社会制度的岩洞中得出结论。在充满悬念却最终没有得到任何答案的故事中，道格拉斯结束了这本精彩而犀利的著作："涂尔干和弗雷克告诉我们，任何一种社会都是一个思考世界，以它自己的思考样式作为表述，贯穿于成员的心智之中，定义他们的经验，并为他们的道德理解设立了参照系。……无论是好是坏，个体的确共享了他们的思想，并且，他们的确在某种程度上使他们的偏爱相互协调，他们没有任何做出重大决定的方法，除非在他们创建的制度范围之中。"[1]

不得不承认，阅读这本书的过程是一种享受。无论是一气呵成的起承转合，

---

[1]　Richard Fardon, *Mary Douglas*, p.128.

还是近乎完美的逻辑结构，都让艰深的理论变得趣味盎然。掩卷思索，或许我们能明白，为什么道格拉斯会把这本书视为学术生涯中基础性的一本著作。事实上，无论是道格拉斯第一本田野民族志《卡塞河的雷利》（ *The Lele of the Kasai* ），还是最具影响力的代表作《洁净与危险》，直到学术生涯临近结束时的著作《思考样式——关于品味的批评文集》（ *Thought Styles: Critical Essays on Good Taste* ），贯穿始终的，都是对"神圣—观念—实践"之间相互关系的思考。

从涂尔干和导师埃文思-普里查德那里，道格拉斯继承了整体的社会观和结构主义的方法；从自身的信仰出发，她对宇宙观如何构成并维持社会运作产生了好奇；然而，她又不愿意把个体视为机械的行动者，这促使她对个体与制度的关系问题提出了大胆的见解。虽然，在道格拉斯的学术生涯中，她的田野对象从土著人转向了西方社会，视角也从经济政治生活转向了日常仪式行为，但她致力于探究的理论脉络却非常清晰。道格拉斯一直试图打破的，是原始人和现代人的截然二分；她独特的勇气在于，是她率先把"解剖"的目光投向了自视甚高的西方社会。从这个意义上说，《制度如何思考》的确是理解道格拉斯的钥匙。一方面，它所阐明的社会制度与个体心智的关系，奠定了道格拉斯学术思考方法论的基础；另一方面，它又从卷帙浩繁的资料中提炼出了精彩的理论概括，其中，对于自然与社会关系的考察，对于"思考世界"和"思考样式"的阐述等，都是道格拉斯其他著作的理论框架和前提。它是道格拉斯的"第一本书"，也是不容忽视的一本书。

《形成中的宇宙观》(1987)

刘雪婷

　　弗雷德里克·巴斯(Fredrik Barth, 1928—2016),从 20 世纪 60 年代起就是当今世界最重要和最具活力的人类学家之一。他于 1957 年获得剑桥大学的博士学位。虽然生于德国,又在芝加哥大学受社会人类学硕士教育,并受到高尔曼(Erving Goffman)影响,但在学术传统上,巴斯自认为属于英国学派。离开剑桥后,他在挪威卑尔根大学创立了挪威的第一个社会人类学系并长期在此任教。60 年代,这个机构在他的领导下,以"卑尔根学派"(Bergen School)在人类学界享有盛名。巴斯的一大特点是,他在范围相当广博的地区都分别做过深入的田野调查,包括伊拉克、波斯的 Basseri 人、苏丹的 Darfur 人、巴基斯坦的斯瓦特人(Swat)、阿曼的 Sohar 人、新几内亚的 Bakhtaman 人、巴厘人等多个群体,这在人类学家中是罕见的。他的研究都不限于地区研究,而是对一般人类学有所启发;对每一个新地点的阐释都蕴含着比较分析的眼光,各有侧重,试图对人类学各分支学科有所贡献。例如,1959 年,基于对斯瓦特人的研究而出版的博士论文《斯瓦特巴坦人的政治过程》集中于政治过程的探讨,其后出版的《Darfur 人的经济场》注重经济过程的分析,而对波斯地区游牧社会的田野研究则推进了生态人类学。[①]

　　在学术生涯的早期,巴斯注重过程分析,强调应关注体系的生成过程和自我更新的方式,主张"过程"与当时流行的"结构"相区分。 在以斯瓦特人、Darfur 人的研究之后,巴斯逐渐开始直接以过程视角和相互作用分析(transactional analysis)发展族群研究的基本理论,在族群间的相互关系中理解族群的建构和自我认同。1969 年,他主编的文集 *Ethnic Groups and Boundaries:*

---

① Fredrik Barth, *Political Leadership among Swat Pathans*, London: Athlone Press, 1959; 中译本《斯瓦特巴坦人的政治过程》,黄建生译,上海: 上海人民出版社,2005 ; "Spheres of Exchange in Darfur", in *Process and Form in Social Life: Selected Essays of Fredrik Barth*, Boston: Routledge &Kegan Paul, 1981 [1967] ; *Nomads of South Persia*, Waveland Press,1961.

the Social Organization of Culture Difference[①] 出版后影响巨大，几乎算得上彻底改变了族群研究的取向。

70 年代后，巴斯从过程分析和对社会组织的探讨，转向一种知识的人类学。他仍旧关注相互间紧密作用的不同群体，这时，内部包括许多次级群体的新几内亚 Bakhtaman 人构成了他叙述的来源。1975 年，他出版著作讨论 Bakhtaman 人的仪式和知识。[②] 在 1985 年出版的《斯瓦特最后一位头人——一部自传》中，他用头人的一生串起了斯瓦特山谷在 20 世纪中部落政治的变迁、国家的形成，以及与外部社会的复杂关系。[③] 这位头人是历史的创造者、观察者和参与者，因此，他的生活史不仅是个人的，而且是地区的政治史和社会史。

看起来，这些著作所关注的地区和问题各异，但它们共同承袭了巴斯早年对动态、过程和互动的重视，并均注重文化的变动（variation），将知识看作文化的来源，将个人创造性作为文化变动的重要力量，这样几个特点共同构成了巴斯"比较的知识人类学研究"（comparative anthropology of knowledge），与巴斯此前的研究并观，也可看出其中理论发展的内在逻辑。

本文集中介绍的是巴斯 1987 年出版的《形成中的宇宙观——新几内亚内陆文化变异的一种生成途径》（*Cosmologies in the Making: A Generative Approach to Cultural Variation in Inner New Guinea*）一书。[④] 这本书既不是纯粹的民族志，也不是广泛摘取世界各地的民族志材料以阐明某普遍的理论观点的著作。它关注一个几乎与世隔绝的小地方内部充满差异性的群体，同时使用了他本人的田野调查材料及在他调查之后其他人类学家的发现，因此，所使用的材料在时间和关注点上都相当丰富，但他又将这些多样化的材料连缀成了整体。巴斯说，他的写法是精细编织了的（tailored），[⑤] 他的理论思考与民族志材料时时相互穿插和印证。

---

① Fredrik Barth, ed., *Ethnic Groups and Boundaries*, Oslo: Universitetsforlaget, 1969.

② Fredrik Barth, *Ritual and Knowledge among the Baktaman of New Guinea*, New Haven: Yale University Press, 1975.

③ Fredrik Barth, *The Last Wali of Swat: An Autobiography as Told to Fredrik Barth*, Compiled by Fredrik Barth, New York: Columbia University Press, 1985.

④ Frederik Barth, *Cosmologies in the Making: A Generative Approach to Cultural Variation in Inner New Guinea*, Cambridge and New York: Cambridge University Press, 1987.

⑤ Ibid., p.1.

如同他对用它开创一种普遍的比较研究方法的尝试，在这本书的写法上，他也试图开创一种新的有普遍意义和启发性的体例。

一、奥克（Ok）山谷概况和调查

巴斯所关注的是新几内亚内地的奥克山谷居民，当地人以农业和狩猎为生。1969 年，他亲至当地的 Baktaman 群体调查，这是奥克山谷中一个小群体，当时只有 185 人。在巴斯调查之前，从未有人类学家在那里做过田野调查，山谷内几乎是与山谷外的世界隔绝的，甚至连传教士都从未履足。巴斯当时研究的是当地的信仰，尤其注重男性成年仪式，当地的世界观是一种神秘主义的信仰，以生殖力、丰产和祖先崇拜为核心。在巴斯的这次调查中，他已经开始关注知识问题，并对当地人的想象力惊叹不已。但这个小山谷可能给知识人类学带来的巨大启发，巴斯是在 1981—1982 年重访时才意识到的。在这个时候，已经有不少其他人类学家沿着巴斯的足迹研究过这个山谷中除 Baktaman 人外的其他群体，并写出了民族志。这些民族志及巴斯在重访时对这些群体的比较，使他开始思索文化变动（cultural variation）的问题。具体地讲，所有的奥克人分为 6 个相邻的群体，总共 15000 人左右。这些群体初看起来似乎是同质的——他们在技术、生计、经济活动上都几乎完全相同，统统以种芋头为生，也养猪和狩猎；他们的语言相同，都没有发展出文字；在体质、衣饰和建筑样式上也一样。如果哪个外来者为这 6 个群体的村庄分别拍下照片，那从照片上恐怕看不出任何差异。[①] 联系到巴斯 1969 年的名作《族群与边界》（*Ethnic Groups and Boundaries*），我们大概可以说，这些群体恰恰证明了巴斯当时的观点，即群体的区分未必依赖于所谓客观的外在的不同文化特征。

有趣的是，这 6 个群体在宗教和信仰实践上却存在着显著的差异。他们的信仰在核心观念上有相似之处，比如都是祖先崇拜，但在具体的实践上却不仅多样化，而且差异巨大。例如，他们都以祖先头骨和骨头作为圣物，但在其中一个群体中，所有不同氏族的人都信仰一个头骨，而邻近的群体却严格规定着，各个氏族只能信仰自己氏族祖先的头骨。也就是说，社会组织和信仰的关系在两个群体中大有不同。奥克人普遍都是男性信仰，这使在他们的仪式体系中，男性成年仪

---

① Frederik Barth, *Cosmologies in the Making*, pp.1—3.

式最为重要，但在一个群体中，居然发展出了对女性骨头和经血的崇拜，而这在其他的群体中是无法想象的，简直就是大逆不道。在不同的群体中，神圣的颜色也不同，一个群体中象征着生殖力的符号，在相邻的群体中恰恰是生殖力的破坏者。一个群体中几乎没有神话，而邻近群体中神话则是信仰和男性成年仪式中的核心要素。这几个"日常生活"几乎完全一致，又彼此相邻且没有受到外界影响的群体，其信仰世界有着相似的核心观念，因此可以被称为存在着一个整体的传统，但其内部又存在着如此巨大的区别，巴斯对这种状态的奇异程度所做的比喻恰如其分：就好像在同样信仰着基督教的英国乡村，一个村子十字架上的是耶稣，而另一个村子虽然只隔了几英里，但十字架上的换成了撒旦。[1]

巴斯认为，已有的人类学理论似乎都不足以解释奥克山谷的现象：同源、体质上同族、相邻、密切沟通、与外界隔绝的这些群体，在仪式形式和过程、宗教组织和社会结构上有着巨大的区别。它们可以被称为一个文化传统，但内部各群体存在着巨大差异，对这种情况，社会人类学过去有三个解释取向：一种取向是立足于一种群体而不追求对它与其他群体的差异做理论的解释；另一种是发展一系列功能的或逻辑的模式，对这些群体做类型学划分，也就是放弃普遍的解释；第三种则是列维-斯特劳斯式的，寻找到一个模式，使它适用于所有这些群体，每个群体的具体情况都可以放在这模式逻辑转化后的变种下理解。但这三种取向都不能让巴斯满意，它们或是放弃了对文化变动的理解，或是仅静态地比较不同的文化。[2]巴斯追求的，是动态地在过程中理解，为何从一个整体的知识传统中会诞生出这样不同的次传统，而它们各自又是如何发展和转化的。换句话说，他所关注的这种文化变动包括两个层面，其一是整体的文化传统与次传统的关系，也就是文化的分化，其二是次传统的再生产，也就是文化的变迁。他认为人类学其实从未发展出一套行之有效的文化比较方法，而奥克山谷的研究则可能为动态的文化比较带来启发。恰恰是这种关注，使巴斯的这项研究没有停留于地区研究，而成了对普遍方法的探讨。

援引雷德菲尔德（Robert Redfield）对大小传统的定义之后，巴斯认为，奥克山谷与雷德菲尔德所关注的印度文明传统在特点上存在重要区别，大小传统的概念不适用于奥克地区这些平行发展、在地区的地位也没有明显差异的群体。[3]

[1] Frederik Barth, *Cosmologies in the Making*, pp.3—6.
[2] Ibid., p.6.
[3] Ibid., p.81.

他所使用的概念是传统（tradition）与次传统（sub-traditions）。次传统是每个地方共同体所认同的观念，有独特的宇宙观表达，而各个次传统共同构成了当地的传统，传统是这些在体质上属同族，又密切互动的这些共同体的观念和象征的聚合。他所要做的，就是分析这种整体的知识传统中次传统的差异及再生产，也就是知识的创造、传播和变迁。他强调，第一，不能停留在一个知识传统内部理解它的特征，而必须在与邻近的知识传统的比较中把握次传统和整体传统，第二，知识的变异是历史过程，必须重视过程和事件。在这个意义上，他称这项研究是在致力于一种"比较的知识人类学"（comparative anthropology of knowledge）。[1]

当将这些无文字的、近乎"新石器时代"的群体的宇宙观也作为知识传统来理解时，借助我们所熟悉的、似乎复杂得多的知识传统来理解前者，自然就可能带来启发。在全书中，巴斯多次把奥克人的知识传统与人类学史做比较：奥克不同群体的仪式和知识存在差别，又在更大的意义上构成总体，这就像人类学中不同的学派构成了整体一样；奥克不同群体中象征、观念、意义和世界观的差异，是一系列事件的结果，这些事件，就像人类学的一部部专著、一次次经典的调查、一系列重要的演讲，它们逐渐使学派得以形成，而又构成了各学派不断再创造的来源，使学派之间有所交流，无论是学派还是整体的人类学，都在这些事件中不断得以更新。[2]

对过程和事件的重视，是巴斯在研究中的一贯特点。当将这一重视贯注于对知识的研究时，就存在挑战。像奥克山谷人这样的无文字群体，历史上事件的细节往往因缺乏材料而难以复原，研究者只能关注近世事件。那么，是否就要放弃对历史的追索？巴斯的回答是，可以通过现在可观察的事件的过程来理解历史中的变异。在他的方法中，过程成为一种模式，既是历史的模式，也是研究者分析的模式。

二、仪式、仪式专家与个人思想

在第四章中，他进入了对奥克山谷最重要的事件，男性成年仪式的讨论。

---

[1] Frederik Barth, *Cosmologies in the Making*, p.1.
[2] Ibid., p.21, p.81.

之所以分析仪式，是因为奥克宇宙观主要在一系列象征中概念化，并在一系列仪式展演之中交流，而最集中的体现，就是在男性成年仪式中。对于奥克山谷所有群体来说，男性成年仪式都是最重要的仪式，但恰恰又是最稀少、最罕见的，大约每 10 年才举行一次。1982 年 2 月，三个 Bolovip 群体的头人，包括庙头，向巴斯讲述了他们群体中男性成年仪式的 9 个复杂步骤。这知识是巨大的秘密，他们本不可能告诉任何外人，或者部落里的女人，或者尚未通过成年仪式的男人。之所以能对巴斯讲，是因为这位敬业的人类学家已在 Baktaman 群体中经过了成年仪式，也就是具有了"当地人"的资格。巴斯惊奇地发现，这三个头人中，也只有庙头才熟悉仪式的具体过程，对仪式的器具有详细的知识。其他的头人只知道个大概，无法说清具体流程。而且，就算是庙头，也并非对仪式熟极而流，而是要在思考中渐渐表达，似乎他并非在记诵和承袭，而是，每次重温都是对仪式过程的整理和筹备。而且，无论庙头还是另两个头人，在讲述中都完全不是阐释仪式的含义，只是描述流程和参加者在其中的各种行为。这种讲述方式不是因为他们不关注仪式的含义，而是因为他们对表达准确的含义没有把握。[1]

这恰恰证明，这个仪式在重要的同时，又是极其隐秘的，它表达着最重要、最秘密、最少人掌握的知识。恰恰是这种知识所具有的特殊性，也就是重要、秘密和最少人掌握这几个特点的合一，使巴斯的知识人类学研究如此地重视个人的创造性。如果当地的仪式不是每隔 10 年才举行一次，其知识不是如此隐秘地依赖于个人的记忆，那么，思考主体可能对知识传统不会这样重要。

具体地说，当地没有文字，也就没有记录仪式过程的典籍；讨论仪式也是种禁忌——这是一种如此重大而秘密的知识，只能在神圣的时间表达，而不能在日常生活中随便地说。可仪式又复杂而难以记忆，因此，在仪式间隔的 10 年中，仪式的引导者——主持者，他也是仪式中启发参与者，使他们得以从男孩成长为男人的人——几乎是靠着一人之力，记忆着上次仪式的过程，保管着这种神圣复杂的知识，使仪式传统得以流传。辅助他的记忆的，是在这 10 年中，他和另外几个部落头人可以参加四五次邻近部落的仪式。但各个群体的仪式都不相同，因此，仪式引导者不会直接借用其他部落的知识，而只是以其他部落的仪式启发他自己的记忆和思考。这位引导者是部落的大师，负有保管和传递知识传统的重大责任，当 10 年之后，又到仪式举办之期时，这位引导者必须再次引导仪式，部

---

[1] Frederik Barth, *Cosmologies in the Making*, pp.24—25.

落赋予了他个人的责任去重温和重新创造仪式。当然，部落中也有其他仪式专家，但他们只会参与和观察仪式，所了解的秘密知识远远不如引导者多。因此，部落中的头人、仪式参与者都会尊重他的记忆和创造。仪式的好坏，也就是仪式引导者的成败可以由两个因素判断：其一，在仪式当中，未成年的参与者是否能全体、彻底进入着魔状态，并且之后再成功地全体脱离这种状态，也就是这些参与者是否成功地成年；其二，从仪式举办后的长期效果看，两次仪式之间这 10 年，部落的芋头是否丰产，参与者是否能保持充沛的生殖力和维持健康。①

奥克人非常清楚地表明，他们认为仪式在很大程度上依赖于个人，也就是仪式专家的再创造。也就是说，他们也并不指望或期待仪式专家对仪式做准确的重演，而以仪式专家对传统的再创造为理所当然。1968 年，巴斯在田野调查中见证了仪式专家苦思冥想的过程。② 仪式举办前，仪式引导者把自己锁起来好几天，好能回忆和重构仪式过程。当然，这 10 年间，他从未有一刻忘记他负有的重大责任，但愈到仪式临近时，他愈有压力要将过程和思考清晰化。当他感到还有一些地方没想清楚时，他就找群体中其他的专家请教，并讨论是否能够、是否应该借用邻近群体的仪式细节。但是，其他人对仪式只有非常模糊和碎片化的记忆，因为他们本人在经历仪式时，会进入着魔状态而不可能记忆所有的细节。因此，奥克人处在一种非常有趣的状态中：关于仪式的知识是如此的重要，群体未来 10 年生活的福祉也凭靠于仪式的成功举行；但对仪式的记忆却依赖于关键的个人，这个人若在 10 年中遭遇不测，则秘密知识就会陷入危机。因此，奥克的每个群体都始终处于对"丢失传统"的恐惧之中。在实在找不回传统的时候，借用邻近群体的仪式过程也是可以接受的，但那是所有人都极力避免的情况。这种焦虑没有使奥克人觉得有必要使神圣知识为每一个人所知——那将降低知识的价值——而是使他们更加珍视他们的宝贵传统，也就是说，反而增加了知识的秘密性。祖先留下的传统，就这样在"丢失的恐惧"与"添加的必要"间不断地再生产。

这一不断往复的过程，被巴斯称为公开展演与私人保管的交替，③ 仪式的 10 年周期就是 10 年的少数仪式专家的私人秘密保管知识，与 10 年后知识的公开展演（这种公开展演也是知识的见证和确认）之间的循环。这使得每个次传统都

---

① Frederik Barth, *Cosmologies in the Making*, p.25.

② Ibid., p.26.

③ Ibid., p.29.

得以传承。每个仪式专家都担负着传承传统的任务，因此，仪式引导者就是对本群体负有责任的宇宙观专家。他保管着秘密知识的 10 年，就如同知识的发酵期，他酿造着知识，知识在他的头脑中潜伏，等待着 10 年后的公开确认。

仪式引导者成为集体传统的保管者和集体性的代表，保卫和代表着重大的价值，确保 10 年后仪式能得到实施，使群体得以安康。这一过程展现出一种独特的个人与社会的关系：在仪式中，仪式引导者给出的是他个人思考的结果，是个人的陈述，但是，这陈述是基于集体传统，经整个群体认可和由整个群体形塑的。他在思考和创造时，也时时不忘要使自己群体的传统与其他群体相区别。因此，个人的创造性不仅是由群体允许的，而且是由群体所要求的；它不仅是个人的行动，而且是群体所期待、所迫使的再创造。换句话说，群体要求个人保管、再创造和再次呈现知识给群体。

奥比耶斯克勒（Gananath Obeyesekere）在《美杜莎的头发》（*Medusa's Hair*, 1981）中给出的对文化之主体化和客体化的理解，被巴斯认为是最接近他本人看法的：主观想象往往是文化的原型，是创造中的文化；当然，只有在群体接受它，更大的文化认可它的情况下，主观想象才会成为文化；文化的主体化（subjectification），就是文化模式和符号系统回到人的头脑中，再次锻造和准备重新出炉的过程；而它的出炉，经由群体的接受而得到认可，也就是它的客体化过程。[①]

三、知识的再生产模式与次传统的变迁过程

在描述了个人对于传统再创造的作用之后，巴斯进入了对个人的知识的再生产技术的探讨，也就是说，具体而言，这些次传统有哪几种变迁的方式。巴斯区别了仪式专家的三种知识再生产技术，分别是，对神圣象征意义的添加和调整、私人象征的公众化，以及对古老宇宙观视界的清晰化。在第五章到第七章中，他分别描绘了这三种技术。

（一）对神圣象征的意义做添加或调整

奥克宇宙观的特点之一，就是神圣象征的多义性。比如水是作为冷的力量，

---

① Frederik Barth, *Cosmologies in the Making*, p.29.

与仪式中象征生殖的热的力量相对立，因此，在仪式中的很多阶段，水都是禁忌；而且，水还同时象征着驱除（邪恶和肮脏）/生长的奇妙性（尤其是朝露神奇地出现在树叶上）这两种相对的意义。因此，水并不是某种特定意义的符号，毋宁说，它是一种载体，承载着更复杂微妙的意义。像露水，能表达人对生长奇迹的想象，这难以捉摸的意义不容易概念化，也不容易直接用语言表达。① 因此，就像前面所说到的，三位头人对巴斯讲述仪式过程时重视描述行为而不阐发含义一样，对神圣象征的意义，往往不是由思想权威直接讲述的，而是由他带领着，众人在仪式和具体语境下体验这些象征的含义。因此，含义不由语言表达，也就不可能单纯是种复述或记诵；以仪式来表达这些微妙的含义，必然要求个人智识的努力。仪式专家的思考，就是在捕捉那些内在于神圣象征之中的古老想象，并在仪式中表达出来，也试图让参与者领悟。

因此，恰恰是神圣象征的多义性及它那含义难以直接用语言表达而要求在行为中体验的禀性，使得仪式专家不可能停留于知识权威，而必然成为思想的权威。他不可能只是复述神圣象征的意义，而必然会对其做添加或调整。

在另一个例子中，Baktaman 群体在成年仪式中历来视为禁忌的野猪，在群体中一个叫 Ngaromnok 的家伙的努力下，不再为仪式所回避和驱逐。在奥克山谷中，野猪既由于它的强大雄性力量和当地人为家养母猪配种的需要而被当成生殖力来源的象征，又因为它对当地人所种植的芋头的破坏而被当成毁坏的象征。Baktaman 群体主要使用的是后一种意义，将野猪当成对群体福祉的破坏者，因此，在成年仪式中，野猪是禁忌，他们只用家猪的脂肪涂抹身体，而绝不用野猪的，也不允许野猪靠近。这也是因为在他们的祖先崇拜中，男性成年仪式意味着要承继祖先的力量，而祖先的雄性力量是一种平静持续的力量，而不是野猪这种破坏性的野性力量。但巴斯惊讶地观察到，在一次成年仪式中，野猪居然被允许出现在仪式之内。追索其原因，他发现，这完全是一个叫作 Ngaromnok 的人努力的结果。Ngaromnok 小时候特别懒惰，为大家所嘲笑，被同年龄组的人起了外号叫"无用之人"（good-for-nothing）。长大之后，他的个性变了个样儿，但难以摆脱这个外号，他对这个外号和他人对他的印象极为痛恨。因此，当他有机会在成年仪式中参加狩猎时，他专门去捕猎野猪并带入仪式——与其他人在仪式中重视平静持续的力量相比，他因为要甩掉自己那"无用"的履历，因此尤其强

---

① Frederik Barth, *Cosmologies in the Making*, pp.32—34.

调野性的、难以控制的巨大力量。①

当然，野猪只在他参加成年仪式的那一次进入了仪式，后来就再度被驱除了。但这是因为 Ngaromnok 不是部落的仪式精英，而不是因为部落拒绝对仪式的创新。这个故事充分地说明，个人有意识的创新有可能开启意义的大门，使次传统得以改变和发展。改变的动力来自个人创造性的熔炉，当仪式被公开展演时，个人有机会表达他们的创造性，而群体将确认、理解或反对。这个故事中，群体反对了 Ngaromnok 的创造；而当群体确认或理解时，次传统就将被带向不同的方向。

（二）私人象征的公众化

前一种技术强调的是在 10 年的"秘密潜伏期"中个人的思考和探索，而第二种技术，所谓私人象征的公众化，所强调的则是从个人的秘密思考到公众的共享理解，这种被认可的过程。二者共同构成了私人—公开的知识循环。之所以个人的秘密思考能被公众所共享，也与仪式中主导者对参与者的引导性权威关系有关。仪式的过程是主导者在指导着一批聚精会神的新手，这些未成年人的前半生都在热切等待着这个仪式以长成男人，他们准备好了在这个伟大的时刻去领会秘密。因此，在这种权威关系下，这些已经在尽最大努力去领会引导者意思的仪式参与者，就非常容易共享引导者的私人象征的公开表达，用巴斯的话来说，就是"我也在想你所想的"（I-am-also-thinking-of-what-you-are-thinking-of）的逻辑。②

除了仪式中引导者与参与者的权威关系，知识的秘密性也使得引导者的理解非常容易被公众化。当地知识的秘密性，使得人们认为，最神圣的含义就是最难以得知也最含蓄的，那长达 10 年的潜伏期本身就是对含义的压抑。因此，当引导者揭示象征的含义时，即使那含义为人们所不熟悉，甚至与人们所熟悉的含义相反，参与者也倾向于认为这含义可能恰表现了它的神圣性。

但是，私人象征之所以可能被公众所理解，恰恰是因为仪式专家的理解并非无源之水，虽然当地象征的多义性给了他阐释的自由，但这些多样化的意义也是他所必须依赖的材料。例如与性相关的意义，自然是极为复杂的一套意义体系，

---

① Frederik Barth, *Cosmologies in the Making*, pp.35—37.

② Ibid., p.44.

男性对女性的几种基本经验和情感构成了意义体系的基础性材料，譬如：性动力、爱欲、排斥、恐惧、爱、依赖、养育。没有哪个宇宙观中的象征能同时充分地表达以上所有这些与两性结合有关的复杂微妙的含义。因此，仪式专家将会发展出不同的次传统，但他的思考也必然在这些材料的基础上发展。[①] 在性相关的意义这个例子中，各群体中特定的宇宙观专家在再生产和阐明仪式中的隐喻时，采用不同的意义，这一过程的不断往复，也就发展出了不同的次传统，使 20 世纪 80 年代初巴斯能观察到 6 个群体对性的态度区别极大，从一个群体极度的拘谨严苛到另一个群体将性作为快乐之源。

第二个使秘密思想得以共享的条件，是仪式专家的再生产依赖于当地的社会组织和整个信仰体系。在阐明任何一个象征中的某一种含义时，他们不可能停留于对那种含义的抽象描述（抽象化和概念化不是奥克宇宙观的特点），而必然会将该象征与社会组织中其他的方面相联系。例如，两性结合的隐喻会与促进芋头生长的力量联系起来；也就是说，性的元素是在崇拜丰产、生命力和祖先的语境下，才具有如是象征意义的。

（三）观念的逐步清晰化

这种技术，是一个次传统中的人在已有的视角，理论和历史中，发展出更清晰和深入的想法。在这种情况下，仪式主导者并非刻意创新和改变已有的传统，而是试图在一条逻辑之链下自然地发展传统。这种技术解释了为什么一个传统中会逐渐形成不同的次传统，而它们又共享着一些核心观念。

奥克山谷的群体在世界观上有类似之处：他们都相信过去比现在更美好。在美好的过去，伟大的祖先还活着，那时芋头收成更好，猪更肥，人们也更幸福；而现实则是祖先已死去，美好不再。不同群体都在尝试将这种共同的对过去的怀恋逐步清晰化，而就是在这种过程中，他们发展出了不同的次传统。Baktamen 群体所发展出的是"担忧"，他们强调现在的人与丰裕的祖先不同，活在收成的不确定性之中，尤其持久地焦虑于知识传统可能会突然丧失，在那种情况下，他们也就失去了一切能改善收成和福祉的手段。但另一个群体 Telefolmin 所发展出来的世界观则专注于在不美好的现在如何能以行动的力量达成自我挽救，他们大大清晰化了"过去胜过现在"的世界观，设想了社会的最终阶段，而那个末世

---

① Frederik Barth, *Cosmologies in the Making*, pp.38—43.

的无比黑暗，反而构成了他们挽救自我的动力，他们要与消耗对抗，要从时间的流逝中拯救出珍贵之物。[1]因此，在类似的社会发展阶段论下，两个群体却分别成为虚无主义者和存在主义者。

在将越来越多的事实或阐释附着于已存的观念或图式的过程中，这个观念不仅会清晰化，而且会因为它承载的意义更丰富而在宇宙观中占据更重要的位置。

四、宇宙观的特点

在巴斯的写作年代，民族志作者已经对宇宙观多加注意。但巴斯认为，对于为什么不同的文化各自选择了不同的宇宙观，人类学家仍然注意得不够，前人往往在描述宇宙观的基础上，从内部理解其变化。在本书中，他所关心的则并非这种具体的宇宙观知识，而是想将它作为一个整体的知识传统，与其他的知识传统做比较，看它具有哪些特点。他主要比较的是奥克宇宙观与西方宇宙观，试图寻找到奥克宇宙观的特殊之处。

这种比较之于他所给出的文化变迁模式也非常重要。本书对于个人作为思考主体的作用的强调，对于知识的变迁和借用的分析，都在极大程度上来自于奥克宇宙观的既有特点。恰恰是奥克山谷的特殊宇宙观，为个人的理解和洞见提供了丰富的作用空间。

在具体讨论了奥克仪式专家和个人的知识再生产技术之后，巴斯进入了对奥克宇宙观中这些特殊性的描述，讨论奥克宇宙观主要关注哪些主题，他们选择了哪些现象加以格外地注意。

（一）对自然的重视

如果说，有的宇宙观强调社会和社会关系，有的喜爱道德、正义或惩罚，有的关注天文或地理；那么，奥克宇宙观的特点在于对自然（nature）的重视，[2]他们重视环绕着他们的山地环境的自然中的生命形态，给植物动物都赋予了重大的象征意义。但是，这并不意味着他们不关注自我，而是说，他们面向自然的宇宙观提供了一张概念、联系和认同的网，自我对世界不同部分的态度和自我的定

---

[1] Frederik Barth, *Cosmologies in the Making*, pp.48—49.

[2] Ibid., pp.67—69.

位都依赖这张网确定方向和形塑。在这种宇宙观下，外在的世界不是孤立于自我的，自我也不必处在对冲破外在世界的焦虑之中。

（二）象征的复杂含义与艺术化的思考方式

奥克宇宙观习惯于给象征赋予多重意义和多重价值，而不爱好确定性；习惯于在体验中，而非通过概念化或抽象化来理解含义。与西方人不同，奥克人不喜欢逻辑化的思考，但这并非他们的局限。正与奥比耶斯克勒在南亚文化中发现的特点相似，奥克人更重视幻想和主体的想象。但是奥比耶斯克勒描画的南亚文化中，其幻想家更像是精神失常的预言家，是相当悲观的形象；而奥克的仪式领袖则是自己社会里文艺复兴式的巨人，是掌握着整个文化的大师和神圣知识的掌控者。这是他们在几乎倒转于西方的知识传统中得以不断地发挥创造性的源泉。西方宇宙观的核心建立在不断地做二分法和等级分类的分类学上，并用分类学来描述一切，又热衷于因果关系带来的抽象和一般化。奥克山谷则完全不同，他们普遍使用着体验的交流方式，而这种交流方式，在西方被限定为只有伟大的天才艺术家才有使用的资格。[1] 奥克人重视想象力，把这作为评判人才能力的标准；他们并非不懂得概括，但其概括方式来自同化或凝练，而非西方式的因果推断。这种宇宙观引导和塑造人的主体经验，使与自然和谐的人的情感得以可能。

（三）主动求变的传统

前文已描述过，奥克宇宙观不倾向于固化，而是主动求变。例如，为了使芋头丰产，Faiwolmin 人主动尝试了新的象征，在全为男性的秘密信仰群体中，他们开始尝试将女性的骨头神圣化作为圣物，也尝试用经血作为新的力量来源。[2] 仪式主导者清楚他们有一系列选择，这选择既包括本群体的次传统中已经存在的仪式的调整和清晰化，也包括邻近群体的制度和宇宙观提供的选择，譬如他们可以用邻近的宗教建筑造型和宗教时间来修订自己的传统。当这种修订不是在本传统丢失的情况下被迫选择之时，这种借用就不是替代，而是补充。

有趣的恰恰在于，这种宇宙观下的文化变迁，因此得以是一种追寻和奋斗（search and struggle），而绝非悲观主义的。就这样，巴斯暗示了他的赞美。[3] 奥

---

[1]　Frederik Barth, *Cosmologies in the Making*, p.73.

[2]　Ibid., pp.50—54.

[3]　Ibid., pp.56—73.

克人没有陷入西方式的困境，在朝向自然，不刻意区分主客体的同时，奥克人的主体性恰恰得以上升。在这种宇宙观下，人可以有更大的能动性，而且这种能动性绝非二元论式的人的搏斗，而是一种个人与自然、个人与社会相融的能动性。

五、比较知识传统的方法

巴斯在这项研究中试图对人类学比较的方法论做出贡献。他强调，脱离特征所在的情境去比较所谓的"文化特征"是无意义的，有差异的文化特征都与社会生活的其他方面相互联系，每个观念和象征都必须放在其他所有观念和象征的语境和社会生活的语境下理解。在这里，他试图与结构主义的抽象化有所区别。那么，如何确定文化差异与社会生活的其他方面之间存在关联？为解决这个问题，他强调了"co-variation"的概念。例如，他强调宇宙观与社会组织和交流方式密切相关，但是，以宇宙观和社会组织为例，只有在宇宙观特点与社会组织特点同时存在差异，并且同时变动时，在二者间建立具体联系才能构成精确的比较。以奥克山谷为例，部落组织方式的不同，会影响到仪式专家和仪式领袖的选拔方式，以及成年仪式的环节。在其中一个群体中，精英群体有严格的限定，仪式主导者只能从精英中选拔，这就影响该群体中仪式知识的传授方式。再以继嗣和受孕的观念为例，奥克山谷一边是母系继嗣，一边是父系继嗣。父系的群体中，孩子就被视为由父亲的种子生长出来的，母亲只是植物所生长的土壤，而非孕育者。①

在讨论了一般的比较方法之后，巴斯强调，对知识传统的比较，必须放在社会组织和交流手段的语境下理解。②知识传统与社会组织相互影响的复杂关系，已经是人类学的经典议题，从涂尔干提出的，社会分工限定和再生产了知识和技术，而知识和技术又影响社会的团结方式开始，人类学家就在讨论二者的关系。在奥克人这里，他们的社会组织设定了知识和观念散布的方式，而社会组织的一些特点则反过来也是信仰和仪式中观念和实践的后果。

奥克社会组织有以下四个重要特点：整个山谷区分为小的地方群体；每个地方群体都按性别和年龄分化出小组；仪式的引导者也就是青年人的启发者，昌权

---

① Frederik Barth, *Cosmologies in the Making*, pp.10—17.
② Ibid., pp.75—76.

威的知识人和秘密的启示者；在漫长的时期中，知识作为秘密在极其缺乏交流的情况下被私人存储，发酵期后又集中地突然展现在大家面前，其威力由公众所鉴证。[①]这几个特点同时影响着仪式的引导者和参与者。仪式的引导者成为卡里斯玛式的人物，社会组织强制他要有创造力和调适能力，并关心其他群体的传统以便借用；而仪式的参与者的一生被划分为诸多阶段，每个阶段领会的宇宙观有所不同，不同年龄组所持有的宇宙观也有所差别，这助长了知识的神秘性，也逼迫着个人去发展自己的情感和想象力。

宇宙观与交流的物质手段的关系，可以从奥克人没有文字的特点来领会。没有文字，使得仪式难有固定的章程，反而鼓舞了他们的创造性。当没有文字，与使用大量象征相结合，他们就趋向一种充满着多义的象征的宇宙观——事物所蕴含的意义朝向多重方向，有多重价值；而且意义是内在于事物的，等待和要求着人们去发现。物从来，也永远都不是它所直接表现出的样子。因此，这种宇宙观中的人会不断经历发现的过程：脏的其实是干净的，令人厌恶的其实是神圣的。于是，现实要以神秘的方式去不断领悟，不断尝试，而绝非追求绝对的、最终的真理。这种趋向使奥克宇宙观不可能自我僵化，而始终处在开放的状态。

六、事件、过程与知识

事件与过程是巴斯的两个核心分析工具。当仪式被理解为事件（event）时，它就具有了交流的意义和生成性（generative）：并非仪式的主导者或集体在仪式之前有意或无意地编码了宇宙观，而是随着事件的发生，仪式本身获得意义，仪式中的每个人也获得了不同的意义，知识得以更新。而事件会构成序列（sequence），过程（process）就是一系列交流的事件的集合，与静止的形式（form）形成区别。

互动性的事件（interactional events）形成过程的模式，当这种过程反复出现时，便是民族志所显示出来的总体模式。具体研究中则会是，当研究者发现一个模式时，他应当寻找能用来理解它的过程。因此，要研究的是研究者进入时，还能够观察和访问到事件，只有这样才能捕捉到事件中知识（或其他主题）的具体变化、传播和创造过程。在这点上，巴斯认为自己与结构主义形成了显著

---

① Frederik Barth, *Cosmologies in the Making*, p.78.

差别，不再关注那"最初的知识"，而关心小的、日积月累的变化如何逐渐重构了庞大的集体制度。[①] 因此，巴斯理解宇宙观传统时，并不大关注宇宙观内部的秩序，而专注于解释其生产过程。在奥克山谷的成年仪式中，引导者"造就"了一群年轻人，他们从男孩变成男人，用一系列新的方式，伴随着一系列想象，学习思考、感受自然及他们自己的方式。而仪式的结果也不是一个一致统一的受全部人认可的固定知识系统，而是一系列的理解和体验，使成员能受同样的符号和思想的打动。宇宙观成为一种活的知识传统，而不是集体意识中一系列的抽象观念。传统中发生的事件都可以在"变迁"的语境下理解，都是传统不断重建的过程中的组成部分。

反对结构主义的同时，巴斯倡导了一种"自然主义"。他认为，存在着一个"真实世界"，人们试图把握它而建构了一个意义世界，在这一过程中出现了一系列观念，也就产生了文化传统。人类学不能只去研究人的这些观念，还必须研究人类试图把握世界的过程，也就是观念的生产与再生产。结构主义的缺陷就在于它只讨论这些观念，也就是只讨论人类所建构的那个世界，而忘却了过程，忘却了建构是在人试图把握"真实世界"，也就是"自然世界"的过程中产生的。[②]

在这种框架下，巴斯所讨论的文化差异，就不是结构化的整体，而是个从未停止运转的过程。他所沿袭的是从韦伯到格尔兹（Clifford Geertz）对文化的定义：韦伯将文化看成无意义、无穷的世界过程中，人们赋予其意义和重要性的片段；格尔兹说，人们是自己编织出的意义之网中的动物。同样地，巴斯关心人如何选择和赋予意义，如何编织了意义之网，而不是那已建构出的文化大厦的外部形状。[③] 但与格尔兹不同，巴斯区分了知识（knowlegde）与意义（meaning），在这两个概念中，他醉心的是知识，因为它更充满动态，而不像意义那样，难以对其做相互作用分析。而理解知识的方式，必须拒绝抽象而重视情境，不能结构主义式地呈现图式，而要在情境和习惯（context and praxis）中理解。[④]

正是这一点构成了他对人类学研究意图及对人类学家与当地人关系的看法的

---

① Frederik Barth, *Cosmologies in the Making*, p.84.

② Ibid., p.87.

③ Ibid., p.69.

④ Ibid., p.68.

基本立场。过程分析的眼光，让巴斯强调研究者不能把当地社会和文化当成观察的对象，那种固化的立场会使观察者和对象相隔离。田野调查应该是参与和互动的过程——巴斯在奥克山谷度过了他本人的男性成年仪式，这不仅是功利地试图以此了解更多当地的秘密或更好地被当地人接受，也是他对深层次互动的身体力行。

更重要的是，他不认为人类学该追求普遍知识，但这不是一种简单的文化相对主义立场，其背后有更深的理论考虑——人类学家所研究的文化，就像人类学本身一样，构成一种知识传统，因此，人类学家的研究永远是用人类学的知识传统（而不仅是人类学家本人所属的文化的知识传统）进入另一种知识传统的过程。人类学家以自己的知识体系研究另一种文化，这种努力完全和那个土著文化在把握相邻群体文化时的尝试相同，区别只在于，人类学家更重视概念，习惯于抽象化。那么，当人类学家用已有的概念去理解对方时，也就已经给对方的知识传统增加了些东西。例如，当地人使用名词和动词，不代表他们有名词和动词的抽象概念。那么，当人类学家用名词和动词概念解释当地人的表达体系时，虽然没有改变他们的语言，但已经在改变对方的知识传统。除此之外，对方传统中的概念会冲击人类学家的概念，就像巴斯本人在奥克山谷为当地人对想象力的重视而惊奇一样。[①] 在这种情况下，普遍知识是不可能达到的。但是，巴斯同时相信，普遍的方法是可能和适用的，例如他所致力于的事件分析和过程分析的视角，就是他对普遍方法的追求。

七、余论

巴斯用研究思想家的方式研究当地知识精英，用写学术史的方式写当地知识史。这个路径，显然能对人类学研究有巨大的启发。但它建基于奥克地区仪式和知识的特殊性之上，这些特殊性也构成了它结论的限制条件。最重要的仪式，男性成年仪式，每隔10年才举行一次，每次参与的都是一批热切等待启示和接受神圣知识的新人，因此，仪式引导者作为知识权威的责任和他能对知识传统产生的影响都非常巨大。而且，单个仪式引导者有可能连续影响这个知识传统数十年，将次传统带向由他牵引的方向。这使得奥克仪式引导者不仅是知识权威，也

---

① Frederik Barth, *Cosmologies in the Making*, pp.87—88.

是思想权威，理应用思想史家研究任何一个文明社会中的伟大思想家的方式来研究。而在其他地方，个人虽然也可能是伟大的思考主体，但对群体的影响未必如此显著。

除仪式的特殊性外，奥克直到 20 世纪 80 年代还是个还相当孤立的社会。巴斯第一次在奥克山谷做调查的 1968 年，那里与山谷之外文明社会的接触几乎是零，传教士都从未去过那里。奥克山谷中的 6 个小群体组成了当地的整体传统，但并未与其他文明发生关系。如果不是讨论这么与世隔绝的地方，或者在分析中加入那些离开当地到了外界，接受了外来观念又影响着当地的人群，那么仪式领袖的单一知识权威便可能被打破。

而且在巴斯的观察中，这 6 个群体是在文化上不存在等级的平行群体，其中没有哪个群体在文化上更具权威地位或被其他群体认为有更高的价值。这使奥克山谷呈现出极大的宽容度，其他群体的象征意义可以被本群体所接受。

不过在这本书中，巴斯所希望做的，也并非通过民族志呈现某个结论，而是试图提供普遍的分析路径。因此，以上限制条件并没有这本书所带来的启发那么重要。这本书创造了一种研究混乱的人类学：巴斯认为，已有的理论都过分重视秩序（order），而不重视混乱（disorder）。像奥克这样充满变动和差异（variations）的地方，往往只是刺激人类学家去更努力地寻找乱背后的秩序，而不是研究乱本身。单就对宇宙观的研究而言，倘若用秩序来描述宇宙观，那么得到的必然只能是宇宙观的构型；只有用混乱的观念理解宇宙观，才能够理解这本书标题中所说的"形成之中的宇宙观"，也就是宇宙观的生产和再生产过程。这样，宇宙观就是交流过程中的知识，而不是确定的信念。

更重要的是，舍乱而取治的取向，实际上反映着人类学家并没有同等地对待自己的知识传统与当地的知识传统——在学术史的书写中，混乱历来被认为是有活力和创造性的，思想最伟大的时代，恰恰是思想最乱而不是统一的时代。可是，当人类学家转而注目于自己所研究的社会时，却放弃了以上的想法，往往绕开了当地观念中的乱而寻求一致解释。实际上，当地社会的观念也像学术史中的流派一样，不断地处在争斗和辩论之中，并且当地的人就如同文明社会的思想家，始终努力着寻找灵感和启蒙。

巴斯在书中一再将奥克知识传统与英国社会人类学史对比，他本人也尝试着用写学术史的方式写奥克知识史。英国大学中人类学的社会组织恰恰类似于奥克的社会组织——大学中的人类学系可分为几个学派，各有其领军人物，背景和哲学立场各异，分别影响着自己系中一代又一代入学的年轻学生。在任何一个系的课堂中，知识都在不断的争辩中发展，教师的再创造需要得到学生的确认，而教师在使自己区别于其他学派的领军人物的同时，也关注和借鉴着其他人对知识传统的创新。而就像奥克山谷的各个次传统都属于一个整体传统一样，英国人类学各学派都自认为属于共同的智识和理论传统：英国社会人类学。英国人类学家的书架上总有着相同的几本书，他们读一样的期刊，而有着不同的理解。就这样，这个传统本身在不断生长和改变，其中的争辩和学派分野反而成了它内聚力的来源。[①]

除了引发人类学家重视"乱"，这本书也从理论上使人类学通过对关键个人的思想的研究来理解集体知识传统的取向得以可能。这种取向其实同时暗示了几层意思。首先，是人类的思想始终在引领人类前行，因此，对一个社会的历史进程的把握，必须通过对思想进程的把握来理解，在这一点上，巴斯站在了对物质文化和日常生活高唱赞歌的庸俗物质论者的对立面。其次，所谓作为整体的人类思想，实际上是由知识精英统摄着的集体思想，因此，与所谓对底层民众的心灵史研究相比，更重要的是通过对关键个人的思想的把握来理解整体的知识传统，通过关键个人来理解社会。宇宙观不是个人的造物，而是在集体的社会过程中生产和再生产的。但是其中个人活动的作用需要得到充分的重视。

有关个人创造性对于知识传统的再生产的重要性，前文已有详述。需要进一步阐明的是，对当地个人创造性的忽视，也与人类学家对"乱"重视不够有关。[②] 当地社会的信仰和宇宙观中，可能存在着大量的灰色地带，这是当地知识精英做诠释的可用资源。但民族志者往往致力于从当地提炼出种种思考模式，因此，后设的解释框架使他们忽视混乱、不一致和灰色，而安上了秩序，其进一步后果就是忽视当地个人的解释能力和创造性。

巴斯的精彩之处在于，他同时强调，这种创造性并非内在于知识精英个人的，而是从他与环境的关系中激发出来的，这种关系则是由社会组织所结构的。具体到奥克山谷的例子，是社会组织使仪式引导者有责任、媒介和观众——社会赋予引导者以责任，他有义务突然地、戏剧性地表达自然、丰产等神秘的知识；群体传统提供的一系列内涵丰富的隐喻是引导者使用的交流手段；而观众则是仪

---

① Frederik Barth, *Cosmologies in the Making*, p.21, p. 81.

② Ibid. p.6, p.46.

式的参与者，他们有一定的知识和感受能力，又期待着领会引导者传达的知识。换句话说，恰恰是公开仪式要求和期待个人表达和分享他的私人思想，是社会给个人提供将私人思想公众化的过程。个人的思想只是"有潜力"公众化，是社会组织给了它潜力和公众化的机会。个人之所以被激发思想并创造，是因为社会赋予他责任也给他压力，让他保管秘密，寻找传统，阐发思想。仪式专家是集体知识的容器，但并非仓库，而是熔炉。因此，个体的思想绝非个体的，也不能仅从个体层面理解。

这使得巴斯的探索不局限于对文化变迁的研究，而是对个别表达 / 集体意识、个人 / 社会关系的再思考。在巴斯看来，英国人类学倾向于将个人当成具有社会性的个体，那么，这实际上阻断了人类学对个人的探索，使人类学只探索个体的社会性，而个体性的那一面成了无法探究也无须人类学探究的黑匣子。而实际上，所谓个体的、私人的那一部分并非和社会无关，个别表达也不应与集体意识割裂。[1] 以奥克的知识精英，也就是宇宙观思想家为例，他们是嵌入社会关系中的个人，却能生产出独特的表达和仪式。所谓个人的创造性并非"私人的"，绝不是个人一拍脑门儿想出来的主意，而是个体思想的能动性在社会中获得意义。

这种再思考也涉及个人 / 仪式的关系。在人类学中，仪式总被当成超越个人的社会力量的表达，其中个人的力量往往被忽视。巴斯则看到了个人力量对仪式的再创造。使仪式得以按其现在的面貌呈现的，不仅是所谓的深层意义结构，还有现实的有意识的思想创造；不仅是长期的、古老的神话式的历史，还有当代史，也就是当代的个人的努力。而且，若研究者仅将仪式当成超越个人的力量的表达，也就是在将不同的个人一概地当成仪式中的当事人，而缺乏对主导者和参与者的区分。

重要的是，在强调关键个人的思考的同时，他并没有坠入反抗理论或能动理论之中。一方面，这是由于巴斯在重视个人时，所强调的不是个人的动机和意图，而是个人的思想和技术（因此他观察的是个人思想和技术的后果，个人的直接陈述则不那么重要）。另一方面，这再次涉及个人与社会的复杂关系：社会的压力既给了个人思考的责任，又给了他将自己的理解公众化的机会；知识传统中复杂多义的象征既是个人思考的限制框架，又是他的可用资源；个人试图表达和

---

① Frederik Barth, *Cosmologies in the Making*, p.86.

突破群体的困惑，可恰恰是群体要求他去突破；他既有压力，又有自由。无论是社会之于知识精英，还是知识精英之于大众，都存在着这种压力／自由的张力关系。恰恰是巴斯对这种压力与自由并存的生存状态的强调，使他强调个人思考的人类学并没有成为个体主义的人类学。

《人民的传说，国家的神话》(1988)

赵旭东

布鲁斯·卡培法勒（Bruce Kapferer, 1940— ），出
生于悉尼，曾供职于多所大学，1999 年加盟贝根大学
之前曾在澳大利亚的詹姆斯·库克大学任教，担任过
阿德莱德大学及伦敦学院大学社会人类学教授。曾在
加州大学洛杉矶分校、哥本哈根大学、曼彻斯特大学
及耶路撒冷大学访问教授。他以研究全球背景下的民
族主义而著称。早年曾经在非洲从事田野研究，后来
兴趣逐渐转移到亚洲，有多部著作出版，主要有《一
个非洲工厂的策略与交易》(*Strategy and Transaction*

in an African Factory, 1972)、《恶魔的欢庆》(*A Celebration of Demons: Exocism and
the Aesthetics of Healing in Sri Lanka*,1983/1991)、《人民的传说，国家的神话》
(*Legends of People, Myths of State: Violence, Intolerance and Political Culture in Sri
Lanka and Australia*, 1988)、《巫师的筵席》(*The Feast of the Sorcerer: Practices of
Consciousness and Power*, 1997)。他还编辑出版过《交易与意义》(*Transaction
and Meaning*, 1976)及《权力、过程与转型》(*Power, Process and Transformation*,
1987)等文集。

布鲁斯·卡培法勒的《人民的传说，国家的神话——在斯里兰卡和澳大利
亚的暴力行为、狭隘主义和政治文化》[①]（以下简称《人民的传说，国家的神话》）
这本书是围绕着这样的主题而展开论述的，即与民族主义的意识形态相伴随的两
种完全不同的社会实践。如萨林斯（Marsholl Sahlins）曾指出的，历史所展现

---

① Bruce Kapferer, *Legends of People, Myths of State: Violence, Intolerance and Political Culture in Sri Lanka and Australia*, Washington: Smithsonian Institution Press, 1988.

出来的是结构的实践与实践的结构之间的一种连续不断和相互交流的运动。而利奇（Edmund Leach）对克钦社会的分析，也得出了很重要的一点结论：意识形态与社会实践从来就没有过完全一致的对应。正如利奇所指出的，同样的克钦神话及宇宙观可以被用来适应两种非常不同的理想的社会秩序，即平权制的贡劳和等级制的贡萨。

《人民的传说，国家的神话》一书更进一步指出了这种意识形态象征的模棱两可或者说是"多重意义"，使得在政治上对此加以操纵成为可能。卡培法勒明确地指出，对于同样一个神话，斯里兰卡的僧伽罗人和泰米尔人会有相当不同的观点，他们各自会为了不同的政治目标而对神话加以剪裁以适应各自的意识形态。

要知道，民族主义的产生是与族性这一观念紧密地联系在一起的。民族主义与族性（ethnicity）的联系往往要通过强调有所谓的"客观文化"（objective culture）这样的观念而获得实现。这种观念核心的意义在于它强调，不管文化如何变迁，种族认同都会保持下来。

《人民的传说，国家的神话》一书所要探讨的是两种现代的民族主义，即僧伽罗人佛教论者的民族主义和澳大利亚人的平权式民族主义。二者都已体认到他们自己濒于瓦解的存在。死亡与灭绝便是他们生活的关键象征。[①]

卡培法勒对上述两种对立的民族主义的描述，显然受到杜蒙（Louis Dumont）对印度和欧洲的意识形态系统比较研究的影响。杜蒙在印度的等级世界及建立于平权主义和个人价值之上的欧美意识形态之间做了区分。很明显，杜蒙的用意在于借此批评西方人想当然认为的并且渗透到西方的哲学和社会科学理念之中的那种看法，即认为西方知识和实践优越于其他知识和实践的根由就在于平权主义。

卡培法勒关心的是民族主义的宗教形式及由这种宗教形式中的民族主义者所界定的文化的影响力。更进一步地说，在体现人类苦难的民族主义激情的生产中，两者的有机结合是其分析的核心。要在此指出的是，在对民族主义的研究中有一种倾向认为，由于民族主义是一种世界范围的现象，因而在形式上它也就必

[①] 僧伽罗人的民族主义是在其历史的神话及其英雄人物的所作所为之外建构出来的。在那里，泰米尔人试图摧毁和取代僧伽罗人的统治，但他们自己却受到了征讨和摧毁；而澳大利亚人的民族主义则是集中在战争所带来的毁灭这样的愤怒之下。在死亡与毁灭中间，产生了澳大利亚人的民族认同的传说。这中间所包含的并不比僧伽罗人的民族主义者的神话更少有民族解放精神的那类主题，也具有触发人类痛苦的力量。庆典仪式实践中他们观念的激情与澳大利亚人中存在的偏执和偏见的特定形式有着一种关系。

然是带有普遍性的。比如像吉尔纳（Ernest Gellner）所提出的在社会学意义上民族主义的普遍性，即他认为所有的民族主义从根本上来说都是建立在同样的社会与物质条件之上的。格尔兹则从文化主义出发把民族主义想象成为一种类似宗教的态度和形式。

实际上，随着欧洲个体主义的出现而诞生的民族主义是一种输出的精神商品，它会围绕着同样的意识形态的主题而有多种变形。从一定意义上说，僧伽罗人和澳大利亚人的民族主义在许多方面都是相似的。他们的根基都是英国殖民主义的背景，而他们社会中的精英都倾向于接受英国的价值观，尽管他们在表面上极力反对这些价值观。虽说有诸多相似性，但是在宗教形式上及政治文化上，有些民族主义之间却存在着相当大的差异。比如，僧伽罗人和澳大利亚人的民族主义的宗教在其主张上是大不相同的，这些不同的主张，即所谓在逻辑和推理结构上的不同观点是他们宗教形式的一部分，并且被加诸到他们的宗教激情之上。

僧伽罗人和澳大利亚人的民族主义的推理包含在他们的宇宙观之中，包含在神话、传说及其他的民族主义所依赖的价值传统之中。他们的宇宙观逻辑还体现在对民族的仪式诠释当中，体现在对由这种仪式所提供的民族文化的解释当中，体现在民族主义者看重的或在日常的经验中会出现的使他们的神话和传统变得敏感的其他仪式事件上。

而另一方面，僧伽罗人的佛教民族主义的宇宙观与澳大利亚人的民族主义的宇宙观在民族、国家、权力及人的概念上又存在着极大的差异，而卡培法勒所关注的核心就是这些差异的形式。恰如卡培法勒所指出的，不同的民族主义的动力、作为广泛的文化世界中一部分宗教意识形态的力量、它们所能引起的痛苦性格及对他们实际行为的影响，全部都被纳入民族主义者的宇宙观中并予以精细加工，最终出现了不同形式的民族主义的意识形态或者说宇宙观。

僧伽罗佛教的民族主义的宇宙观认为，民族与国家是结为一体的。在他们的宇宙观概念中，国家保护性地包容了僧伽罗人的佛教徒，其个人的整合是有赖于这种包容性的。在这样一种观念中，国家的观念包括了其他并非是僧伽罗佛教徒的人民和民族。但关键在于，这些人民要保持对僧伽罗佛教徒的等级性服从。国家的包容性和排序性的权力实际上是有等级性的，在僧伽罗人的国家观念中，国家的分裂也就是民族的分裂，同时是个人的分裂。①

---

① 着重号为本文作者所加，下同。——编者注

在僧伽罗佛教的等级概念中，民族与国家有着特殊的意义。民族为国家所包容，这种情形象征性地表现在皇权之中，这里，整体就是部分之和。因此，构成了一个等级性的相互关联的社会秩序的民族或人民，就会在国家权力之中发现他们自己，而之所以有这种联合在一起的力量，重要的一点就是，大家都要服从于佛教。

澳大利亚民族主义的宇宙观，是将民族与国家摆在一种相互矛盾的关系之中。在澳大利亚民族主义的民粹派传统中，民族是包括国家的。国家获得其整合要依照民族和人民的意志。理论上来说，在澳大利亚的民族主义之中，国家的权力是游荡于民族、人民和个人之间的。

在澳大利亚，"等级"这个词被用来指涉一种秩序，这种秩序相对于澳大利亚平权的民族主义者来说是势不两立的。在澳大利亚人的意识形态中，等级被看成所有愚昧和非理性的根源，这会压抑个体，泯灭人性。实际上，在澳大利亚人看来，等级就是指分层，并且或许平权主义中的不平等意识形态的概念也能被称为分层，以区别于僧伽罗佛教的意识形态概念中等级性世界概念。在澳大利亚的等级中，所接受的是平权主义逻辑而非真正的等级社会的逻辑。而这种区分的关键在于，在等级逻辑中，个体的价值是各有不同的，而且这里世界的秩序并非被想成是在个体之外建构出来的，而是个体参与其中的一个包容性过程。

从理论上来说，在平权主义社会之中，部分应该决定整体。平权论者眼中的社会很像千层盒那样，大盒里套着小盒，依次类推下去。每一种社会类别、群体或组织单位都会比它下一级的社会类别、群体和组织单位更有包容性。个体在这里是一个基本的出发点，从这个点生发出去，更大的秩序单位就会被建立起来。

民族主义可以在日常生活世界中通过神话和传说而得到建构和重新建构。与英雄传说一样，这些神话讲述了宇宙的起源、国家的起源、位于等级制度顶点的皇帝制度、邪恶的代言人对于国家的攻击，以及最终国家的没落与随之而来的新国家的诞生。正如卡培法勒所构想的，这些有关邪恶的神话国家的神话的诸多联系迫使他去探究更深层的、本体论联系的可能性。在僧伽罗人的政治话语中，这些神话常常被当成历史事实或有事实基础的东西来看待。

正如萨林斯曾指出的，神话能够提供一个框架，通过这一框架有关世界的经验便可获得意义。而神话所含有的推理能力也会加诸到日常生活的现实中去，并成为世俗世界想当然的或"惯习"的一部分，而神话本身是能够激发情绪和点燃激情的。可以说历史就是宇宙观而宇宙观就是历史，换言之，我们的宇宙观反映在我们对历史的建构的过程中，反之亦然。

维伽亚的故事是有关僧伽罗人起源的神话，这一神话讲述的是一位不服管教的王子的故事。这位王子是一对双胞胎中年长的儿子，他们都是一头狮子和一位四处闲荡的印度梵伽皇帝的女儿结合而生的后代。由于维伽亚桀骜不驯的性格和破坏性的行为，他的父亲僧哈巴胡将他从印度赶了出来。僧伽罗人便依从僧哈巴胡的名姓，即是狮子的人民。在经历了诸多磨难之后，维伽亚及700名男性同伴到达了兰卡海岸。在这里他们遇到了亚克斯（Yakks，即魔鬼），并在女魔库维尼（Kuveni）的帮助之下杀死了亚克斯。后来，维伽亚抛弃了已经成为其妻子的库维尼，在兰卡建立起了一种新的秩序和许多的聚落点。随后，他又让他带来的男性与从印度带来的女性结婚，他自己则与印度的一位公主结合，由此而建立起僧伽罗人皇室世系。而维伽亚也从一位放荡不羁的王子转变成为一位行为端正的皇帝。

在斯里兰卡僧伽罗人的神话中，维伽亚等于是双胞胎兄妹僧哈巴胡和僧哈斯瓦丽乱伦结合后所生的双胞胎中年长的一个。他们的双胞胎关系及乱伦表明了他们在认同上差异性的一致，以及通过差异而具有的认同，这是在封闭的等级性体制中的理想形式。这一主题在有关僧哈巴胡的故事中建立起来，并在其儿子维伽亚的传说中得到了精细的加工。

再来看僧哈巴胡的故事，它构成了一个民族的宇宙发生学。僧哈巴胡和他的妹妹是一只凶猛残暴的狮子与一位印度的四处闲荡的梵伽皇帝的公主相结合的产物。这里的公主亦像一头狮子，她站在人类社会的道德秩序之外，并且像一头狮子一样带着一班商队在各个政治领地上横行穿越，并会向商队发动攻击。公主与狮子拥有同样的英勇无谓的品质，在商队四散逃离之后，她敢于单独迎战狮子。卡培法勒进一步解释道，他们在品性上的一致及游离于社会之外的处境，才使他们二者结合在了一起。狮子的权力使他们之间的差异产生一种结合，狮子随之带着公主离开了他的兽穴。作为这种结合的后代，僧哈巴胡便具有了狮子和人两者的身体特征。在他的人民当中，他的象征意义是其依赖自然的基础和与自然的实质性的结合。这一主题在佛教和印度教中不断地出现，在这里人类的构成及所有的自然界中的物质形式都被看成产生差异和破裂及痛苦的原因。佛教宇宙观的实质就是在出现破裂时有统合的潜力的一种宇宙观。实际上，自然与文化各自都有在相互统合与和谐之时使对方破裂和瓦解的潜力。与人类秩序被分割的现实相对立的就是自然的包容性的世界。这一点通过游荡的狮子和闲荡的公主而被赋予象征意义。他们跨越和涉入由人类政治秩序所武断地创造出来的边界。

僧哈巴胡的神话宇宙观争论又出现在他的儿子维伽亚的传说中。相似的主题会不断地重复出现：结合、分裂、差异和破裂、发生改变的暴力、向秩序的运动，以及通过再生和牺牲的隐喻而对国家的重构。

僧哈巴胡与僧哈斯瓦丽结合生出十六对双胞胎的儿子。第一对双胞胎就是维伽亚和苏米塔，维伽亚为长。维伽亚是一位不服管教的王子，他带着自己的一班人马摧毁了他父亲的王国。因而，维伽亚及其幕僚便成了魔鬼一般的人物。维伽亚穿越的海洋就成了深层次的死亡与再生的模棱两可的象征。而维伽亚落脚于兰卡海岸则是标示着重大的转变性事件的开始，在那里，维伽亚从一个魔鬼般的王子一跃而成为一位仁慈的、办事有条理的国君。这种转变发生的同时伴随着一种新的原初国家秩序的创生。随着等级制国家秩序的出现，库维尼和维伽亚之间的结合崩溃了。库维尼想回到自己的社区中去，却被当作间谍杀害了，她和维伽亚生养的孩子则逃到深山野林之中。

当维伽亚的故事在僧哈巴胡的神话中得以精致化的同时，杜特格姆努的传说构成了一个进一步的发展，也许这一发展达到了登峰造极的程度。杜特格姆努的传说实际上是有关僧伽罗人的政治与宗教复苏的故事。通过杜特格姆努的军事领导，僧伽罗人使自己摆脱掉了从属于外国统治的诸侯国的地位。他们失去的土地又被重新征服，而杜特格姆努皇帝则以全部的佛光普照在兰卡的土地上。而另一方面，维伽亚和杜特格姆努的神话常常被当作历史的事实或有根有据的事实来看待。古代编年史中的维伽亚和杜特格姆努的神话在学校课本中重新印刷出来，并成为僧伽罗人认同和僧伽罗人政治权利的基础。杜特格姆努传说的事件发生在斯里兰卡建立起佛教之后。维伽亚和杜特格姆努都是一种等级制逻辑的产物。杜特格姆努和维伽亚的暴力是一种神圣的暴力。这是对抗、出生、再创造性转化的暴力。这种暴力并非是体现在人们心中的普遍的暴力，它是在一种宇宙观的等级制的文化原则中获得形态和意义的暴力。

僧伽罗人有关魔鬼的神话都是关于邪恶的神话。在民间的传统中，一些传说中的民间英雄显然被理解为具有魔鬼的形态并在神话中表现出来。因此，依照一些驱鬼人物的情形来看，如卡鲁·库嘛拉，一位黑脸的王子，这位魔鬼贪恋女色，吞食自己的孩子，打掉子宫里的胚胎，使妇女不能生育，这是维伽亚的变形。有些驱鬼的人就认为，库嘛拉是维伽亚和库维尼所生的孩子。

邪恶的神话和历史的神话一样，都是有关国家的本质及其与邪恶的关系的宇宙观上的争论。邪恶的神话是依照佛教原则组织起来的国家对邪恶及痛苦加以控制和消除的神话。在历史的神话中，邪恶及其所伴随的破坏性的分裂是国家的演变过程及其没落、改革，以及依照佛教宇宙观的法则来重新创造这一过程的隐喻。因而，邪恶及国家的神话是有关佛教国家本质的神话。它们是将其等级秩序描画成完全的毁灭与完美的超越的统一之间连续不断地表现出来的那些时刻。简言之，邪恶实际上蕴含着一种国家的可能性。

杜特格姆努作为一位法官和一位行为端正的皇帝，自然就成了一个正义与英明的佛教国家的隐喻象征。它从本体论上使破坏力成为正当的力量，转而又成为重建国家的暴力。杜特格姆努建立的暴力并不完全是邪恶的暴力，最终也并非是非理性的带有分裂性的破坏力量。恰恰相反，这是一种最终导致以理性统一起来的有序国家的重建。

神话与传说中所体现的邪恶与国家的本体论强烈地表现在当下的现实中。它的逻辑框定了现代斯里兰卡国家，即僧伽罗人佛教的"民族－国家"的政治意识形态。

而在澳大利亚，最核心的象征是坐落于首都堪培拉的"澳大利亚战争纪念馆"，这是一处民族象征的游览胜地。在1915年4月25日凌晨4点30分，澳新联军（即所谓的安哉克）在达达尼尔海峡的加利波利海岸登陆。而安哉克纪念日则实际上是澳大利亚人为纪念澳新联军登陆以后在与土耳其军队作战时，因为战术和指挥上的种种失误，致使澳新联军在土耳其边境上蒙受了巨大损失最后退出加利波利这一历史事实。这场战役使澳新联军死伤惨重，只加利波利一役，便有一万澳新联军死于土耳其战场，受伤的人为两万人。这场战役在澳新战争史上被认为是最惨痛的一页，也被看作最光荣的一页。从此，每年的4月25日便成为纪念澳大利亚民族英雄的节日，即"安哉克纪念日"。

安哉克是澳大利亚民族主义者想象的象征性体现，因为它们在西方文明这一意识形态背景中为澳大利亚人建构起了一种认同。在安哉克战役中，人的暴力、恐怖和痛苦塑造了澳大利亚人的民族主义想象。实际上作为民族纪念日的"安哉克日"要比1月26日的国家纪念日更为重要。在卡培法勒的分析当中，澳大利亚日是国家的节日，而安哉克日则是民族的节日。在澳大利亚民族主义当中，存在着国家与民族带有根本性的紧张关系。

澳大利亚人通过安哉克建构民族认同，他们以暴力行动象征性地表明他们进入了西方文明的核心。在这样做的时候，他们便以象征的方式表达了他们在本体论层次上的一体性，也以象征的方式表达了以西方欧洲世界为代表的民族一体性。安哉克以他们的行动使他们澳大利亚人与欧洲民族的联系更加紧密，当然，所谓的传统也由此得到了加强。

不只是把安哉克想成是制造历史，而且还想成是创造了澳大利亚人的历史。在安哉克日那一天对竞技的看重，便从意识形态上强调了战争的重要。可以说，战争及战争中的死亡是现代民族主义的共同主题。由安哉克所制造和标定的澳大利亚人的历史，是一种与先前的秩序保持连续的历史。安哉克的死亡代表的是一种意识到的、外在的、再生的象征。大量的死亡人数、纯粹的生命浪费、在历史与其他的对安哉克的纪念中无休止的回忆等都是人类社会没落的隐喻。而对安哉克灾难负有完全责任的国家科层制行政上的错误，以及毫无头脑的权威主义，常常是旧的社会秩序堕落的隐喻。

澳大利亚民族主义者的崇拜就表明了现代民族主义的宗教形式。更进一步说，安哉克日支持了一个一般论题，即民族主义崇拜已经成为现代民族-国家的支配性宗教，而更根本的原因则是作为政治世俗化的一种转型。

在澳大利亚，每年的 4 月 25 日都要举办安哉克日的纪念仪式，而且这个纪念日的仪式差不多在每个地方都是一样的。最开始的仪式是"破晓仪式"，一般是在上午 6 点，有些地方会更早一些，为的是与攻占土耳其的加利波利时的登陆时间一致。这一般在中央纪念馆之前举行。主要仪式围绕着基督的死亡、牺牲与复活的主题而组织起来。大家默默地祈祷，然后为纪念馆献花圈。

接下来，就是为远征仪式做准备。参加远征仪式的人伴随着军乐来到纪念馆中心的地域，这个地方一般是在政府行政和商业中心的边上。当参加远征仪式的人到达他们的目的地之后，中午的纪念仪式便开始了。这一仪式过程实际上与"破晓仪式"类似。下午是仪式的高潮，参加仪式的人都会聚集到俱乐部和旅馆里，大家在这里狂饮。澳大利亚主要的自愿组织"复员服务联盟"负责组织一天的纪念活动。

安哉克的纪念仪式总会随着新的历史环境而产生新的意义。在堪培拉，安哉克日最主要的仪式是从国会大厦行进到战争纪念馆的脚下。这里象征的意义是，人民与国家在结构上是可以互换位置的。这是因为人民从国家建筑的方向走来，而国家面对着人民的殿堂。人民与国家可以相互交换地创造，一个与另一个可以达到相互的认同。更进一步地说，人民与国家的认同在仪式上达到了平等。

安哉克日最重要的意义在于它告诉人们，人民是主导，并且是由人民组成和创造了民族-国家。在安哉克日这一天，人们逗留于澳大利亚的乡镇和城市，也逗留于城市的中心空间，这里也是政府行政和权威的所在地，人们占据着国家权威与权力的象征中心。

参加安哉克日的许多官员都是人民代表，他们来自人民当中，成为人民的合法控制者。安哉克的官员并没有强制的权力，他们的决定就是人民的决定。警察与安哉克日官员的一个重要区别在于，后者没有抓人的权力，因而不能够违抗人民的利益；而作为国家代理人的警察，其所作所为是与人民相对抗的。实际上，在安哉克日上所表现出来的是人民与国家的潜在对立。安哉克日是可能会对国家权威所建构起来的秩序构成挑战的日子。

在澳大利亚，饮酒作为一种个人自主的符号，作为一种个人权力形成的要素，它是一种意识形态的舶来品。酒的消费是与其权力成正比的，酒喝得越多，象征意义上获得的权力就会越大。人们往往会把不喝酒的人与女性联系在一起来思考。因而，在安哉克日时的喝酒，所体现的是一种个体权力、自主性和个体的控制（酒不能喝得过多）。另外，在安哉克日大量喝酒，也意味一种从死到再生的转换。饮酒主要体现在再生的那一点上，体现在重新拥有权力这一隐喻上。因而，安哉克参与者自己的再生也就是民族的再生，这在他们的饮酒中表现出来。在饮酒的时候，安哉克恢复了他们个体的权力和个体的自主性，这也恢复了一个民族，一个自认为是建构在个人主义意识形态基础之上的优越民族。

澳大利亚男人的饮酒也是"伙伴关系"的象征，这是在澳大利亚的学者及民间文献中连续不断地提及的安哉克传统中一个核心主题和澳大利亚文化的一个重要特征。伙伴关系贴近于平权主义的本质意义，这是其精神气质和社会凝聚力之核心原则的即刻表达。换言之，伙伴关系体现的是一种两个平等的人之间的平权原则。它是社会得以构成的基础，是不依赖于国家这类的人为中介机构而形成的。

因而，公开在一起喝酒的人是极为平等的人，而喝酒的主要特征就在于通过"叫喊"制造出一派"喧嚷"的氛围。"喧嚷"制度意在直接反对任何社会的差异或特权。相当简单，喊酒令就是通过竞赛的方式由一个人来为群体中的其他人买酒的活动。一旦喊酒令开始，从理论上说，要等到这个群体中的每一个人都为这个群体中的所有其他人买一杯之后才能停止。喊酒令把所有喝酒的人都纳入一种平等的关系，而不管各人的社会和经济地位是怎样的。

安哉克传统极为强调澳大利亚士兵的个体性，对他们的反抗精神、对他们的不屑于军事命令的惩罚规则，以及他们独立的精神气质给予了特别的关注。另外，澳大利亚人意识形态的思想是与无政府的概念相接近的，他们将人类看成自然地体现着理想的社会并且天生便有互助的互惠。互惠和社会性并不是通过社会或国家的力量而产生出来的，而是早已存在于人类之中的本质。澳大利亚平权思想中有一点就是大家天生就是共享和相互帮助的。作为平等价值观的一种表达的理想的社会便是个体的发展。

所有的讨论都表明了一种在平权的个人主义意识形态中发展出来的民族主义的一般特征。作为一个整体来看，安哉克日可以被解释为在礼品交换的庆典结构中采取了象征的形式。人民向国家贡献他们的服役和生命，国家反过来要给予感激的回报。安哉克庆典的最后阶段可以在这一结构中找到它们的意义。国家放宽规则和秩序及科层制的权威，把城市和乡镇还给人民，还给人民的自主，这便是他们最高的礼物。

在这里有必要进一步批评民族主义的文化建构论。这一建构过程使文化成为一个客体和一种受到敬拜的东西。换言之，文化成了权力的奴仆。澳大利亚的安哉克民族主义就是一个例子。在斯里兰卡的国旗上，僧伽罗人的狮子占据着中心位置，它手举国家之剑。而少数派泰米尔和穆斯林的反抗，则被安排在边缘的位置上，并以不同于中心的颜色来代表。对于澳大利亚的国旗则存在着一些争议，既有说是表现与英国的连续一体的，又有说是表现人民反抗国家的代理人的。

传统的选择与民族主义庆典的组织并非人为的。对于历史的取向，不管是神话上还是事实上，僧伽罗人的等级主义与澳大利亚人的平权主义都存在着巨大的差异。对于僧伽罗人来说，过去总是在眼前，而且人是不能够与历史分开的。人与历史构成了一个宇宙观上的统一体。澳大利亚的平权主义者则将历史置于他们自己的历史之外。澳大利亚的个体是先于历史而构成的，可以说澳大利亚人是朝向与历史做斗争、与历史相结合及制造历史。僧伽罗人因为历史的可能性和连续性而害怕历史。澳大利亚人不会因为历史而受到困扰。僧伽罗人强调历史融入他们的民族心理统一体中去。他们的历史塑造了没外在于历史而存在的人，并且他们通过历史而认识到一种与其他人在情感上的统一性。这种统一性的任何一点的破裂，即部分与整体的分离，都是对等级制的反抗，从而产生个人与民族整合的丧失。

澳大利亚民族主义对事物的想象则大不相同。他们的认同并不像僧伽罗人那样在于其自身内部，而是为了其本身。由此，他们建立起了竞争、冲突、对立和对抗的关系。安哉克的战争隐喻在这种背景上便具有了重要性。实际上，澳大利亚人是以冲突来界定他们自身的。

卡培法勒的分析为人类活动方向中的意识形态因素的力量增加了一种理解，而方法论上是要在神话、在仪式事件及在日常生活实践的分析这样的背景中来探求观念的逻辑，更重要的意义是在于当两种民族主义并置在一起的时候，每一个都会成为对另一个加以分析的一部分，因而这里所述及的两种民族主义是批判性地相互映照的。

《礼物的性别》（1988）

马　啸

　　玛丽琳 · 斯特雷森（Marilyn Strathern, 1941— ），1941 年出生于英国北威尔士，1960 年进入剑桥社会人类学系。1963 年，她通过荣誉学位考试取得考古学和人类学文学学士学位，1968 年取得博士学位。1971 年，她发表了《自我装饰在海亘山区》（*Self-Decoration in Mount Hagen*），一年以后，出版《间中的女人》（*Women in Between*）。1976 年，斯特雷森被英国皇家人类学会授予里弗斯纪念奖章。1981 年，她运用剑桥人类学系学生在 20 世纪 60 年代一项调查中取得的资料，完成了《核心亲属关系》（*Kinship at the Core: An Anthropology of Elmdon*）一书。1983—1984 年，斯特雷森加入澳大利亚国立大学"西南太平洋地区的性别关系：意识形态、政治和生产"小组。1985 年起，她担任英国曼彻斯特大学社会人类学系系主任。1988 年，她近 16 年学术生涯中对美拉尼西亚社会研究的持续关注，终于经由《礼物的性别》（*The Gender of the Gifts: Problems with Women and Problems with Society in Melanesia*）的写作，使她成为美拉尼西亚研究的集大成者。90 年代，斯特雷森出版了《自然之后》（*After Nature: English Kinship in the Late Twentieth Century*, 1992）、《财富、物质和结果》（*Property, Substance and Effect: Anthropological Essays on Persons and Things*, 1999）、《亲属制度、法律与意外》（*Kinship, Law and the Unexpected: Relative are often a Surprise*, 2005）等著作，并编辑合编了许多文集。斯特雷森于 1993 年回到剑桥主持社会人类学系，并一直担任剑桥"威廉 · 怀斯社会人类学教授"，还被授予爵士爵位。

玛丽琳·斯特雷森无疑是 20 世纪最伟大的人类学家之一，但学界对其作品的解读程度却远远无法同这些著作对于人类学甚至整个人类思想的贡献相匹配。西方人类学学者并非忽略斯特雷森的研究，相反，近年来人们对"斯特雷森人类学"的兴趣不断攀升；但是，正如吉尔（Alfred Gell）在他那篇堪称《礼物的性别——女性的问题和美拉尼西亚社会的问题》[①]（以下简称《礼物的性别》）导读的文章中指出的那样，斯特雷森的写作风格确实使其作品在某些程度上令人望而却步。[②] 道格拉斯（Mary Douglas）在《伦敦书评》中风趣地将《礼物的性别》那"狡猾的设计"同巴黎蓬皮杜艺术中心相比较——那座著名建筑将所有的管道都安排在表墙外部，就连自动扶梯也安装在楼外的透明管道里，像一条匍匐前进的毛虫——复杂的外部结构所展现的艺术与内部的一样多。[③]

《礼物的性别》一书以对女性主义和西方人类学理论的批判起始，转而引入一系列概念，阐述了由性别关系建构的美拉尼西亚社会，最后以对支配权和比较研究的讨论作结，借由对美拉尼西亚的民族志写作的解读，给知识界展示了一个透视美拉尼西亚社会与文化的新角度。《礼物的性别》主体内容的写作实际可以分为两个部分：第一部分回顾并且反思了过去 20 年间西方人类学家和女性主义研究者在美拉尼西亚社会民族志的写作过程中所提出的问题和尝试给出的答案；第二部分描述了美拉尼西亚人用以概念化自身社会关系的技术，或称策略。这两个部分的联系在于，前一部分中，作者的意图在于以批判的方式提出问题或发现问题，后一部分则是针对前文提出的问题的解答——这种解答并非是直接的，而是回到原点，提供给人们一个新的视角，力图展现不同视角之间的差异，其实也就是展现了解答问题方式的新可能。从这个角度来看，将《礼物的性别》称为"关于民族志的民族志"是不错的。在提出问题的过程中，似乎始终萦绕在作者脑际的问题，不仅在于审视学术前辈的研究成果，也在于探究女性主义理论对于这些研究的影响。这种问题意识不是狭隘地围绕"性别"兜圈子，而充满了建构新的人类学理论的积极关怀——女性主义的视角不仅可以改变人类学书写男性-女性关系的方式，更可以改变人类学家书写整个社会和文化的方式，那么，这种改变应该生发出怎样的思想成果？在 20 世纪 60 年代晚期和 70 年代早期，女性

---

①　Marilgn Strathern,*The Gender of the Gifts: Problems with Women and Problems with Society in Melanesia*, Berkeley: University of California Press,1988

②　Alfred Gell, *The Art of Anthropology: Essays and Diagrams*, London: The Athlone Press, 1999.

③　Mary Douglas, "A gentle Deconstruction", *London Review of Books*, May 4, 1989, pp.17—18.

主义研究和民族志研究同时在美拉尼西亚蓬勃发展的时候，两者交互影响，争相抛出各自对当地社会的理解。从社会群体、势力范围、权力和劳动这四个与性别有关的角度，《礼物的性别》综合了这两股学术力量努力的成果，澄清研究的问题，并对既有的答案逐一批判反思。她探究人类学问题意识的实质及西方学者用以建构思想的语言和概念工具，重新审视长期以来作为西方思想先验预设的个人与社会的关系、男性范畴与女性范畴的差异、我们和他者的区别。同时，她用很多笔墨批判女性主义意识形态不顾文化背景的差异，武断地将同一性别的个体等同起来，不问性别关系的实质就判定女性的附属地位。这些将西方人类学和女性研究的许多原有的假设问题化的批判式写作尖锐而具创造性，使得《礼物的性别》成为当代人类学思想发展的一个地标。

经过第一部分精心的材料铺陈和对理论的修补，已经有足够的铺垫来重构一种立于新角度之上的理解美拉尼西亚社会的思想体系——"性别的理论"呼之欲出。"性别"在斯特雷森看来具有与以往不同的意义。她的性别概念拥有扩大了的外延。在传统的社会科学中，性别仅被视为针对人类的分类标准；在《礼物的性别》中，所有可以引起关于性别的想象的，包括人、人造物、事件、结果等，都可以被赋予性别。在仪式交换的过程中，礼物的性别并非简单地指称男性交换女性，或者说单是男人之间的交易，在这一过程中，交换者、交换物、交换这一事件及其结果均被性别化。但是，斯特雷森似乎觉得这样仍旧不能算是真正的创新，她所真正期待的是使用性别的观点解释社会关系。具体地说，要理解美拉尼西亚人将性别关系呈现给自己的方式，就不能逃避理解他们如何这样呈现社会性（sociality）。

斯特雷森的分析始于对马克思主义女性研究者的批评，他们经常使用一种建立在阶级不平等基础上的性别不平等来评价美拉尼西亚社会的性别关系。例如，约瑟芬蒂斯在《不平等的生产》中认为，女人在家庭内部劳动成果的价值被男人在仪式交换中转换为可以摄取公共声誉的交换价值；因为女人不具备控制价值转换的权力，也不能从中获益，所以这种交换隐瞒了劳动力控制和使用的不平等。斯特雷森认为马克思理论的背后站立着的是西方思想预设：人必须占有和控制他／她的劳动成果——这是马克思异化理论和剩余价值理论的必要前提。但在海亘山区，劳动产品不是像马克思描述的那样，从生产者自身异化出去，而是作为从生产者自身割离的部分（detached parts），在交换圈中流通，本质上讲，产品完全是作为劳动者个人的换喻于交换圈中制造更多的社会关系。从这个意义上讲，这种礼品经济根本不是经济，而是社会性（sociality）的系统。因此，斯特雷森认为在这种礼品经济中，劳动并没有被异化。进一步而言，劳动的产物是男女共同劳动的成果，被男女共同拥有，在以男性为主体的交换行为中，女性的劳动，以及她自己的劳动成果只不过都被遮蔽了。换言之，价值转换的过程是在以男性为代理的外部氛围中进行的，家庭内部领域所发生的交换这时被遮蔽了。在交换圈礼物的不断流动中，夫妻双方的，以至凝结在礼物中的所有创造性劳动都会被认同。女性劳动的价值，在她丈夫屠杀了作为礼物获得的猪，并将猪肉转交给妻子的时候，最终实现。因为女性创造性的生产劳动在仪式交换中转化为财产，得到认同，所以不能说女性在这一交换关系中受到剥削。

为了便于读者更全面深入地理解斯特雷森的思想图景，有必要引入吉尔的关系图式，把眼光暂时集中在巴布新关系几内亚高地人在仪式交换中的猪身上：

首先，被用于交换的猪是公猪和母猪生产性交换的产物，也就是说，公猪和母猪的交换关系是以小猪为载体呈现出来的。与此同时，小猪也是美拉尼西亚人家庭内部，夫妻之间交换关系的载体。虽然表面上，饲养小猪的劳动看起来是女人的活计，是妻子生产能力的体现，但是，里面同样包含了丈夫种植庄稼用以维持家庭生计和提供给小猪饲料的劳动。从这个意义上，小猪可以被看成夫妻共同劳动的成果，也代表了他们之间特殊的交换关系——这种交换关系同公猪与母猪的交换关系一样，都是跨越性别的，没有"礼物"，或者称无中介的交换。值得注意的是，当小猪被看作夫妻之间交换关系的呈现物时，它在生物意义上作为公猪和母猪生殖性交换关系产物的身份便被覆盖——或者，用斯特雷森式的术语来说——被遮蔽了。"遮蔽"一词同魏格纳（Roy Wegener）用于表达相同符号行为的"遮断"（obviation）几乎同义，不过"遮断"带有一种强烈的暗示——后一组关系的进入去除掉了前一组关系——而"遮蔽"一词则暗示前一组关系是暗含于后一组关系中的，它并没有消失，只是在后一组关系的影蔽之下无法显现出来，就好像日食中，太阳只被月亮遮住并不因此消失。与此同理，当小猪作为交换物在仪式交换的过程中被丈夫让渡给另一个男性的时候，这种新的两个男人之间的交换关系，遮蔽了家庭内部夫妻之间的交换关系，更加遮蔽了公猪和母猪的生殖性交换关系。以此类推，一路交换遮蔽下去，我们最终得到这样的图式：将家庭内劳动和家庭外交换，不同性别间无中介的交换和同性别间有中介的交换归纳到同一个动态的社会过程之中，不难发现，猪作为凝结了多重性别关系和劳动的"礼物"，其实是多个主体的造物，也是多重关系碎片的结合体。

综观整个交换过程，我们可以发现斯特雷森的思想世界是以"关系"（relation），而不是传统西方思想所预设的个人和社会为核心的。这种将关系提升为人类学研究主题的做法，改变了人类学思考世界的方式。实际上，列维-斯特劳斯（Claude Lévi-strauss）早在 1949 年就指出"传统人类学家的错误在于只考虑物项（term），而不考虑物项之间的关系"。斯特雷森似乎将这种取向推向了极致，她眼中的美拉尼西亚世界就是由"物项之间的关系构成的"，以至于吉尔不得不说从一个唯心论者的角度更有助理解她力图在《礼物的性别》中呈现给读者的世界的架构。

关系和物项是不可分割的。所谓物项，其实是一个理想实体，而非现实世界中的物品，并只作为它所参与其中的关系的组成部分而存在。在美拉尼西亚社会中所有物项之间的关系都是交换关系，且所有关系两端的物项都被性别化了。这里所谓的性别化并非是从性别差异的角度将交换关系指定在两个不同性别的物项之间——一端为男 / 雄，一端为女 / 雌；同时包括相同性别之间的交换。以猪的交换为例，猪作为家庭内部财产的一部分在家内亲属关系中被多重占有，而只在仪式交换中，被视为参与交换的男子的财物。在与妻子的关系中，男性自身是多重的，而产品是被分享的；在外部的交换关系中，他的身份是单一的。夫妻之间的交换关系是无中介的：他们对彼此的界定有相互的直接影响，不需要分离自身的部分或赠予人格化的物品给对方；而两个男性之间的礼品交换是有中介的：礼物的授出方割离了好像附着于他皮肤上的财物，赠予另外一方。这两种交换的过程，其实都是交换双方互相界定彼此身份的过程，也都是性别化的过程。

关系和物项都不是不可感知的，它们只有借助物质世界中可被感知的符号载体才能被呈现。这一呈现过程便是对象化过程（objectification），人和物品由此被建构成为人们主观动机和创造性的产物。具物化（reification）和人格化（personification）是这一过程得以完成的技术。对象化方式的迥异使礼品经济和商品经济区分开来。琼利（Margaret Jolly）在书评《可分的人和复合的作者》①中总结道，斯特雷森和她所追随的克里斯托弗·格雷高利都将礼品交换 / 社会同商品交换 / 社会区别看待：商品交换只在交换的商品之间建立联系，礼品的交换在交换主体之间建立联系；商品经济中，人们占有特定物品的欲望不断扩张，而在礼品经济中，人们欲求扩大社会关系；商品社会中，人与物被假设为以物的社

---

① Margaret Jolly, "Partible Persons and Multiple Authors", *Pacific Studies*, 1992, 15, pp.137—148.

会形式存在——他们被具物化了，反之，礼品社会中，人和物以人的社会形式存在——他们被赋予人格。格里高利和斯特雷森的分歧在于，前者承认两种交换形式在当前美拉尼西亚社会中并存，而后者着意在叙说中将商品经济和礼品经济分而视之。两种社会的差异决定我们不能够用分析西方社会的工具和眼光来分析美拉尼西亚社会。

埋伏于马克思主义女性研究批判之下的，是斯特雷森对于人类学乃至整个西方思想的潜在预设——社会与个人关系的深切反思。在西方，个人与社会被设置成两个互相对立的概念，个人的性别是由社会根据不同性别之间肉身的差异建构的。这实际上是一种商品社会的逻辑："确定事物的形式要通过想象事物存在于自身之中：它们的用途必须与它们的自然属性具有某些联系。"[1]然而，在美拉尼西亚社会中，个人与社会的独立存在及它们之间的关系根本是不存在的，而且，个人的性别也不是由社会决定的：其一，西方人用以决定性别的肉身差异是不存在的，每个人都是由不同性别的碎片拼凑成的组合体，他们的性别是与他人交换的过程中，自身中被抽离出来的那一方面；其二，凌驾于个人之上的社会根本不存在，更不要说支配社会的男性力量了。

我们的思路如果跟随着斯特雷森的分析延伸到人的层面，就会发现个体的人其实也是多方创作、多样关系、多重性别化的产物。孩子首先是父母之间交换关系的结晶，而孩子的父母也是其各自父母间交换关系的产物，也即孩子是由他的父亲和其他亲属从母亲体内提取的。不能轻易依据身体特征说这个小孩究竟是男孩还是女孩，他／她这时既是男孩又是女孩——作为多重性别关系凝结体而存在。一个不错的注脚是基米（Gimi）男性成年礼中的笛子。基米地区的男性成年礼同新几内亚高地其他地区的一样，在仪式过程中，男人们要在森林的禁区吹奏一对被视为圣物的笛子。而这男性拥有的神圣的笛子其实原本是女性的所有物，在基米的神话传说中，属于女性的笛子，很久之前被男性偷取了。笛子不仅是一件乐器，它换喻了人身体的一部分，甚至，整个的身体。笛子是一种管子，而人的身体就是由笛子一样的管子组构的，甚至它本身就是一根笛子一样的管子。所以笛子就是整个人——一个雌雄统一体——它自身的性别必须通过被不同性别的人从身体中抽离出生殖能力才可以确定，同时，笛子也是这个人被性别化了的身体部分，其中最具有性别特色的，对于女性而言是阴道，对于男性是阴

① Marilyn Strathern, *The Gender of the Gifts*, p.134.

茎；而管状的女性的阴道，内外翻转就成为男性那管状的阴茎。在男性的成年礼中展示从女性那里偷盗来的笛子，其实是为唤起这样的意识：使男性成为男性的那种能力，必须通过女性来获得认同，也就是说，只有同女性进入无中介的生殖交换关系之中，男人才成为男人。作为呼应的是，另一个基米神话中称，女性的月经开始于她们的笛子被男性偷走之后。更加有趣的是，即将加入男人群体的男孩常被告之，在成年礼后即将生出的胡须是他姐妹私处的毛发，因为神话中的笛子是被女性私处的毛发缠绕在身上的，男性最初的胡须即来源于此。可见，性别的不同方面——男性和女性，其实被同时包含在每一个身体里。对于笛子，没有必要像西方人那样追问它是代表男性还是女性，因为它的性别身份也不能单靠校验男性 / 女性其中一方来确定，而是性别两个方面互动的结果。同样，个人也不是我们原本认为的那样，"不是男人就是女人"般那样绝对，他 / 她可以两者都是，甚至性别器官都可以被认为是雌雄同体的，这取决于人们使用他们的性别器官来干什么，以及他们所置身其中的关系是什么。甚至，历来被视为男性领地的"森林"的范畴也满溢着女性的特征。

　　如果说将人视作雌雄同体，男女纠结的个体，提供了重新思考问题的起点，那么，我们接下来要追问的就是，个体的性别究竟是如何在特定的社会情境下被激活的？《礼物的性别》引述了赫特（G. Herdt）在 1984 年发表的《萨姆比亚文化中的精液交换》中对萨姆比亚（Sambia）男性成年礼同性交媾的仪式分析，在反驳赫特的本质主义观点之后，斯特雷森的新视角给出了与众不同的精妙分析。在萨姆比亚男性的成年礼中，未成年的男性要作为被插入者，同年长的男性——通常是他姐妹未来的丈夫——发生性关系，接受他们的精液，用以完成从男孩到男人的转变。赫特给出的解释是，在成年礼中作为被插入者，通过把男性限制在一个完全男性的氛围里，确认了他们男性的身份；当他们在结婚之后，与他们的妻子发生性关系时，他们在婴儿时就具有的男性本质就会自然而然地焕发出来。斯特雷森同意赫特将精液视为可用于交换的物品，但是显然反对他那由西式概念工具和理论预设生发出来的眼界。她的看法是，有限量的精液作为一种可用于交换的物品被储藏于男性生殖器官里；但是，在未成年阶段，男孩的生殖器官处于没有被激活的状态。在成年仪式中，通过接受年长男性的精液，男孩被赋予了生殖的能力，这时，才有资格通过婚姻向成为他妻子的女性传输精液，生育后代。深入发掘萨姆比亚男性取得社会认同的过程，《礼物的性别》提示我们必须调动我们的想象力看待以下三个问题：

第一，性别角色关系。在同性间的仪式交媾中，未成年男子作为接受精液的一方，其实扮演着成年男子的妻子的角色；相对地，成年男子就成了他所授予精液的男孩的丈夫，之后，他又将成为男孩姐妹的丈夫。男孩不是依靠进入到一个完全是男性的仪式氛围中才成为男人的，他是因为进入了一种特殊的性别间交换，即接受他姐妹的未来丈夫的精液才焕发出男性所拥有的能力。可以说，他姐妹丈夫的精液把他与他的姐妹关联起来，也正是这精液确定了个体作为一个不可分割整体的性别表征。而当身体中的男性生殖能力被精液激发出来以后，男性就有资格作为插入者同女性进入生殖活动，同时，也有资格在别人的成年礼中激活未成年男性的男性能力。当一个男孩的男性身份实现的时候，他的这种单一的性别认同实际上遮蔽了他作为年长男性妻子的身份，所以他只在次级意义上与女性的身份关联。

第二，亲子关系。仪式交媾的过程，经常被分析为男性模仿女性的生殖过程，以使自己不能自然完成的事情借助仪式在文化上得以实现。斯特雷森认为这种指称男性欲图拥有女性生育能力的解释，其前提是女人因为孕育并分娩而自然成为母亲，男性的父亲身份则是文化建构的。因为父亲同其子女在身体上的关联远远不如他们母亲的直接，孩子在母体里孕育，从母体中分离，并依靠母乳生长，他因此常被看作母亲身体自然延伸出来的部分，而被认定是属于母亲的。但是，按照萨姆比亚人的生活经验来看，孩子恰恰是男人、男性，并非女性，塑造了人的身体——他们是精液在母亲身体内的凝结物——子宫中的婴儿是由母亲身体中的父亲的精液养育的，而在婴儿出生之后，他所依赖成长的母亲的奶水其实是父亲在生殖活动中输送到母亲身体里的精液的转化形式。也就是说这一交换关系中的礼物——母亲的奶水，其实是女性化了的男性物质。

第三，精液与奶水的换喻。这一换喻的直接结果是，以上谈及的所有关系都可以化为以精液/奶水为中介的交换看待。成年仪式中，成年男子向未成年男子输送精液的过程，可以与母亲用奶水喂养孩子的过程等同视之。进一步说，仪式活动中，成年男子作为插入者等同拥有了母亲的身份，他给年轻的同性"喂养"精液，使其成为与自己相同的，拥有成为"插入者"资格的成熟男性；而给孩子喂养奶水的母亲，从同样的"插入者"的角度看来，拥有与成年男性相同的身份，孩子此时相对于母亲而言，是女性。当然，拥有母亲身份的成年男子仍旧是男性，给孩子喂养奶水的母亲仍旧是女性，但是，他们的性别决定不是因为他们拥有阴茎或乳房之类的身体器官，而是通过遮蔽的技术完成的。例如，母亲在喂养孩子的时候并不自觉地被当作男性，而成年男性在仪式过程中的地位却直接同母亲的角色联系，那是因为他作为男孩丈夫的身份遮蔽了他作为插入者的身份，而插入者的身份遮蔽了哺乳的母亲的身份。

统而观之，性别身份的认同是依靠性别间的交换完成的。男性从作为妻子的女性身体里抽离出她潜在拥有的生殖能力，女性的性别身份就此得到认同；而男性的再生产过程实际是通过与他自己，也是他姐姐的丈夫的跨性别仪式交换完成的。所以，人除了是性别化的礼物及礼物所包含关系的合成体，他／她也是可以分化的单一个体。兄弟和姐妹因为共同接受了同一个男子的精液而彼此联系，这精液构成了他们身体不可分的部分。而男性的精液作为交换的礼物是可分的，一部分传输给他的妻子及他妻子的兄弟，用以激活他们的生殖能力；另一部分，传输到他妻子身体里转化为奶水，哺育他的孩子，或者，传输到他妻子弟弟的身体里，等待再次被传输。这种传输的前提是，这对兄妹所接受的物质同他们本身所拥有的——创造和喂养了他们身体的父亲的精液不同，但是却可以用于发育他们的身体器官，从而提升或者说完成了父母的养育过程。姻亲关系因此被联系起来。

《礼物的性别》挑战了个人与社会、男性范畴与女性范畴、自然与社会的先验预设。实际上，对以上任意两个对立范畴的评说都是立于我们／他者这个宏观角度之上的评说。哪怕斯特雷森在写作过程中不遗余力地比较了基米、海亘、萨姆比亚等多种社会形态，如她自己所坦陈的，所有的比较都是关于美拉尼西亚和西方社会的比较。以往民族志写作中使用的那些与当地社会实际相去甚远的西方思路，往往得出缺少实际解释力的结论，使得我们有理由怀疑以西方思想现有的那些概念工具和分析途径是否有能力理解这个社会和文化。斯特雷森所以选择使用集群行为、社会性、有中介交换、无中介交换、多样化的可分个人等根据美拉尼西亚人建构知识的方式而创造的概念，分析笛子、乳房、精液等被赋予了性别认同的象征性事物，以发掘当地人呈现性别关系、呈现社会性的方式。这种尝试取得的成果无疑将对未来的美拉尼西亚研究，乃至整个人类学发展产生革命性的影响，但是与任何杰出的著作一样，《礼物的性别》也受到多方面的挑战。首当其冲的便是它那繁复模糊、闪烁不定的叙述方式。琼利在书评中无奈地叹息，对西方民族志写作的批判偏偏使用了极端西方化的书写方式；尽管闪光的观点在叙述中无处不见，却因为不成体系而难以捕捉。其次，书中那集中了多重身份的合成体个人，作为丈夫、亲族关系成员或交换中的一方行动时，我们似乎只看见一个个角色而不见其个人意志。其三，礼品经济和商品经济的划分过于绝对。美拉尼西亚社会作为曾经的西方殖民地，本身已发生转变，完全将商品经济排除在外的看法不符合实际。最后，也是我认为最值得反思的地方，就是书中对于个人/社会、男性/女性、物品/个人、自然/文化等一系列对立概念的使用，让人隐约怀疑斯特雷森仍旧是戴着西方二元对立预设的枷锁在跳舞。

　　显然，《礼物的性别》遮蔽了 20 多年以来民族志写作者在美拉尼西亚社会的辛勤创作。作为一个阅读者，当你向斯特雷森汲取思想的时候，你所面对的不只是附着在这个杰出的人类学头脑上的部分，亦是许多同样值得致敬的头脑多年思考和创造的结晶。吉尔说有三个斯特雷森：作为女性主义人类学的研究者，作为知识人类学家和作为纯粹的人类学家。就前两个角色很多人有过精彩评论，但是这些评论多关乎她在学术传统中的地位及其作品的意义和价值，吉尔的兴趣是最后一个，作为一个人类学家，她是如何利用别人和自己的田野经验建构理论的。如果要在所有的故纸新作中为人类学的初学者寻得一个理解的角度，我想，最合适不过的也正是三个互相遮蔽的斯特雷森中作为纯粹人类学家的那个。她向读者讲述的并不是故事本身，而是如何开启新鲜的视角读出一个故事可能蕴含的多样意义，特别是如何站在他者的角度讲述当地人头脑中的故事。人类学知识作为"我们"和"他者"交换的产物，一直在我们世界中被建构、传播、解读甚至误读，斯特雷森想引导我们做的，或许是寻找和关注"我们人类学"那巨大背影之后被叫作"当地社会"的母亲。

《作品与生活》（1988）

杨清媚

《作品与生活——人类学家作为作者》[①]（ *Works and Lives: The Anthropologist as Author*，以下简称《作品与生活》）一书是格尔兹（Clifford Geertz）的一个文集，出版于 1988 年，属于他稍微晚近的著作——在这时候他个人的象征主义风格已然成熟，因此这本书也带有这一深刻烙印。相比他最为著名的《文化的解释》（1973）、《地方性知识》（1983）和《尼加拉——十九世纪巴厘剧场国家》（1999），《作品与生活》可以说是其貌不扬。但实际上，这本书可视为格尔兹创立其解释人类学之努力的最后一个阶段的代表，从自身的经验研究转向了对人类学民族志文本的关注，从理论上再度阐发其"解释之解释"的重要特点，即将他者与自身都纳入一个多重交织的解释过程，不仅要从当地人的观点出发去解释当地人的文化，还要对我们所提供的这个解释，进行再度解释，以洞察作为现代人类学之基石的民族志是如何被建构，而这一人类学的知识生产过程又是如何被形塑的；并在瓦解民族志迷思的过程中，提出我们应该如何树立一种新的民族志；这本书的完成，也完成了格尔兹"解释之解释"的彻底性。

从经验的田野到民族志的书写，在格尔兹看来是一个从"在别处"（being there）到"在此处"（being here）的过程；那么对照其一生的经历，这本书恰恰也印证了他学术生涯的回归。这个回归延续其反思的路径，但却不再从他者身上寻找魔镜，而是回到民族志作者自身去求证，从这个意义上来说，格尔兹似乎也在寻找一种反思学科史的新的可能方式。在他最后一本散文式自传体著作《事实之后——两个国家，四个十年，一个人类学家》（ *After the Fact: Two Countries, Four Decades, One Anthropologist*，1995）中，作为对《作品与生活》的补充，他亦将自我呈现于穿梭在"彼处"（there）与"此处"（here）之间的旅程，融化在 20 世纪 50 年代至 90 年代的美国人类学历程中。所不同的是，《作品与生活》

[①] Clifford Geertz, *Works and Lives: The Anthropologist as Author*, Standford: Standford University Press, 1988.

或可视为"在别处",而《事实背后》则是"在此处"。

一、人类学家与民族志作品

全书共有六章,依次分别以"在别处:人类学及其写作的场景"(Being there: Anthropology and the Scene of Writing)、"文本中的世界:如何阅读《忧郁的热带》"(The World in a Text: How to Read *Tristes Tropicques*)、"幻灯片放映:埃文思–普里查德的非洲幻灯片"(Slide Show: Evans-Prichard's African Transparencies)、"我见证:马林诺夫斯基的孩子们"(I-Witnessing: Malinowski's Children)、"我们/非我们:本尼迪克特的旅行"(Us/Not-Us: Benedict's Travels)及"在此处:究竟是谁的生活?"(Being Here: Whose Life Is It Anyway?)为题;其中前四篇曾经在 1983 年,他应邀参加的芝加哥大学 Harry Camp Memorial Lecture 上发表过。

综观这个目录,从列维–斯特劳斯(Claude Lévi-Strauss)到埃文思–普里查德(E. E. Evans-Pritchard),从马林诺夫斯基(Bronislaw Malinowski)到本尼迪克特(Ruth Benedict),这些人物都分别影响了法、英、美现代人类学特征之形成,而他们作为典范式的人类学民族志作品,引起过褒贬不一的评价,而尤其在 20 世纪 60 年代中后期以来,几乎遭到全面的否定和批评——在某种意义上,它们集中承载了人类学从"在别处"到"在此处"的困惑,虽然这个困惑从一开始就存在,但却不是一开始就受到如此关注的;也就是说,民族志作品成为问题的前提,在于它集中呈现了人类学家与他者的关系,而它之所以成为论题的条件,却是在当代复杂的社会学术环境下促成的。

或许是对自己独特的晦涩文风也有所察觉,格尔兹为《作品与生活》写了一个前言,特意对本书之论题进行两点说明。一是廓清了本书所讨论的"人类学"之范围,指的是"民族志"或称"基于民族志方法上的作品";二是说明他所采取的方法,是一种修辞学的艺术,不同于文学或历史学。①

他进一步指出,这里所使用的"人类学"实际上指社会文化人类学,尤其是针对其中以民族志研究为出发点的人类学;并且表明,他在狭义上使用的人类学概念,是要排除历史学、比较语言学和体质人类学——这三门学科在美国同属于

---

① Clifford Geertz, "Preface", in *Works and Lives: The Anthropologist as Author*.

人类学名下，与文化人类学并列。格尔兹使用"社会文化人类学"这一说法，一方面是顾及他在本书里所进行分析的民族志作者不仅仅局限于美国的学术圈，还有法国、英国的学者，在他们的学术传统中，或者以"社会"为其核心的研究概念，或者对于"文化"的内涵及所指有不同于美国人类学传统中的认识；另一方面，虽然在历史上，英、美、法、德都有各自的学术脉络及特征，但各自的发展却从来不是单独的。从 20 世纪 50 年代开始，这种相互影响对于今天产生了更为重大的结果，沿袭自 19 世纪英国人类学体系及受博厄斯学派形塑的美国人类学，接受较多的英国社会人类学的研究范式和规范，发生了英国人类学和美国人类学两种研究传统的合流，[①] 同时，延续至今的学术反思与批评的热潮，进一步对这种合流产生深远影响。

　　基于此，或者更能体会格尔兹在写作这本书时候的心情。1967 年马林诺夫斯基日记在美出版，1983 年围绕米德（Margaret Mead）的萨摩亚人民族志之争论，可谓一波未平，一波又起；面对这所谓的两大"丑闻"，整个英美人类学界似乎一下子变成了众矢之的。人类学家不仅面对着来自自身职业的挑战，也面临着众多其他学科的夹击，而在人类学家内部，已是自乱阵脚，不少人依附后现代主义，对人类学从认识论、方法论甚至道德观上展开全面攻击。在格尔兹看来，这些批评中少有真诚的声音。在最后一章中，他对这些混乱的状况及以救世主面目出现的实验民族志进行了直接且详尽的批评。这种批评也是对当时他正遭到美国人类学界猛烈批评的一种回应。批评的声音集中在 1984 年在美国新墨西哥州圣菲（Santa Fe）的美洲研究院（School of American Research）召开的题为"民族志文本的打造"（The Making of Ethnography Texts）的研讨会上，会后出了一本论文集，名字就叫作《写文化》（Writing Cultrual）。[②] 旗帜鲜明的后现代主义者以文本分析和文化批评的方式，抨击格尔兹在巴厘的研究，但他们并不是要否定他在解释人类学方面的贡献，而恰恰是认为，格尔兹的研究已经成为解释人类学的限制，有点过时了。也许，这也是格尔兹从经验的文化解释转向文本的解释的一个原因。这本书也是对这些批评者的回应。

---

　　① 参见马库斯（George Marcus）、费彻尔（Michael Fisher）:《作为文化批评的人类学——一个人文科学的实验时代》，王铭铭、蓝达居译，7—9 页，北京：生活·读书·新知三联书店，1998。

　　② 参见高丙中:《〈写文化〉与民族志发展的三个时代（代译序）》，以及拉比诺（Paul Rabinow）:《表征就是社会事实——人类学中的现代性与后现代性》，赵旭东译；分别见格尔兹（James Clifford）、马库斯:《写文化——民族志的诗学与政治学》，高丙中等译，6 页、293 页，北京：商务印书馆，2006。

格尔兹认为，应从文本出发（textually oriented）去考察人类学者是如何写作的（how anthropologists write）；[1]这不同于传统历史学或文学分别占据着事实（fact）和虚构（fiction），他用的是一种修辞学的艺术，其灵感的直接来源，是美国当代修辞学家博克[2]（Kenneth Burke）的文学批评理论。博克的新修辞学首先否定了亚里士多德的"工具论"，将作者与读者的关系导向一种在宏大场景和具体情境中产生的相互关联，认为话语意义不仅存在于"所指"（reference），更表现为社会符号性质的"话语动机"（motives of discourse act），参与社会性交往，从而推动社会文化作为社会符号学性质的意义体系得以建构。同时，话语分析理论最小的语义单位不再是单个"言语行为"，而是"言语行为"复合体——话语行为（discourse act），是发话人、主题及受众在社会情境中的互动，它作为符号行为阐述并现实化社会符号学性质的"意义潜势"，在不同话语行为的持续互动过程中，社会现实得以建立、维护和发展、变革。[3]

简言之，在后现代主义那里，修辞是掩饰主观性的伪装，而在格尔兹这里，修辞是由民族志作者、他者和读者在不同的关系中所共享的。

上述对这两点说明的说明，奠定了我们对格尔兹《作品与生活》一书进行理解的基础。

二、作为作者的人类学家

在回答"人类学家是如何写作的？"这个核心问题之前，格尔兹首先讨论了两个问题：第一个问题是，民族志是什么？第二个问题是，何谓作为作者（author）的人类学家？

他在开篇即说："民族志实际上是将奇风异俗分类，并把不规则的事实排列成熟悉而又整齐的类别，这一幻象很早以前就被揭露了。但是，替代的认识是什

---

[1] Clifford Geertz, "Preface".

[2] 在《作品与生活》这本书里，格尔兹并没有明示他借用了博克的哪些观点，这里仅是从对格尔兹这本书中的阅读理解获得的线索，以及关于博克一般性的理解来讨论的，如果可以就两者的关系进行梳理，无疑将加深我们对格尔兹的理解。

[3] 参见李鑫华：《规劝与认同：亚里士多德修辞学与博克新修辞学比较研究》，载《四川外国语学院学报》，2002（4），53—55页；张滟：《超越解构：话语行为的社会符号性动机分析》，载《外语学刊》，2006（2），20页。

么，却仍旧不清楚。"①关于这个问题一直有不同的回答。有的人认为，民族志是人类学者亲自到远方去，带着有关远方人们如何生活的信息回来，并以实在的形式使这些信息对人类学的职业团体有所用处。有的人则认为，人类学文本不值得如此精雕细琢，好的民族志应该只告诉我们那里发生了什么，不需要任何修饰；更极端的看法则认为，民族志不过是一种想象或象征、语言的游戏，只不过有的表达高明些，有的表达不那么高明而已。实际上，一方面，人类学家不能脱离对远方的描述，另一方面，又必须对民族志特殊的写作性有严肃的认识。人类学家让我们信以为真的，更主要是因为他们有一种能力，能说服我们相信他们所说的全都是自己对另外一种生活方式进行考察后的成果，他们是真正"到过彼处"的人；并且，在当劝说我们相信这种幕后的奇迹时，写作发生了。②

对格尔兹来说，民族志是什么，这个问题并没有统一的共识，与其关注它，不如关注民族志作者在生产作品的时候发生了什么；通过文本，我们需要指向的是作者（author）与文本（text）的关系，而不是观察者（observer）与被观察者（observed）的关系。③从这个意义上说，民族志表述的困境常被归咎于不完善的田野调查基础，而不是描述的话语（discourse）。

他引述了福柯（Michel Foucault）和罗兰·巴特（Roland Barthes）对"作者"的讨论。福柯区分了两种话语层次：虚构（fiction）与科学（science）。前者比如历史学、传记、哲学和诗歌，其中仍保留着"功能性的作者"（author-function）的影子；后者比如私人信件、法律合同、政治评论等，很大程度上已经没有功能性的作者存在了。这种功能性的作者通常都是匿名的，仅承担创作的任务。我们现在使用的"作者"这一概念已经与此不同，它是具体署名的，其产生与 17 世纪到 19 世纪期间现代科学的兴起直接相关，背后联系着产权、个体、发明等一系列复杂因素。署名的作者最早是出现在科学协定中，因之"作者"的含义实际上隐藏了一种科学主义或理性主义的态度。④这种"署名的作者"又可分为两种类型：一种是合法生产了一个文本、一本书和一部作品的作者，另一种是其创作的东西远远超出了一部作品和一个文本的范围，它们可能是一个理论、

---

①　Clifford Geertz, *Works and Lives*, p.1.

②　Ibid., p.2—5.

③　Ibid., p.10.

④　Ibid., p.7.

一个传统或一些规范，为后来的作品提供源泉和讨论的基础。[①] 通俗地说，前一种指大多数的创作者，后一种则被称为"大师"——这种作者的关键在于，他们不仅仅是在写作，而且在他们写作的过程中同时生产出其他符号性和权力性的东西，为其他文本提供了规则和领域，因此实际上他们所创造的是话语的无限可能性。

巴特的讨论以书写的话语作为自己考量的标准，在"作者"与"写作者"（writer）及由此引申的"作品"（work）与"文本"（text）之间进行区分。他认为，与文字书写直接相关的人，并不一定是作者，也包括写作者；"作者"应该起到一种作用，而"写作者"仅仅是采取行动。"作者"以一种牧师的身份参与写作，"书写"对于他是一个不及物动词，他是一个在一种如何书写的考量中，从根本上吸收了世界的各种解释之人；而"写作者"则像教堂执事，"书写"对于他是一个及物动词，他只是在写作一些东西。换言之，"作者"在"写作"时，具有神圣性，是一种直指心灵的思考，并不是指向一个设定的目标；"写作者"在"写作"时，语言只是作为表意的工具在使用。[②] 相比福柯，格尔兹更中意巴特的观点，它能将作者、话语、文本联系起来，而不像福柯的观点有那么重的权力痕迹。

但是，将作者与创造性及理性联系起来的观点，很容易引起一种看法，即将"作者"与"人民"（people）区分开来，作者可以是人民中的一分子，但是人民却无法成为作者，因此作者掌握了某种话语权威，两者之间有冲突和对立。格尔兹则认为，不可否认，在人类学历史上的确有这么一些人，不管我们叫他们什么——作者也好，天才也好，他们以各自的方式设定了表达话语，给后来者提供得以前进的基础。[③] 但实际上这种区别并不就意味着权力的不平等，而有可能是知识上的相授予。回顾人类学史，那些光辉的名字：博厄斯（Franz Boas）、本尼迪克特、埃文思-普里查德、列维-斯特劳斯等，正是他们为我们创造出整个知识的轮廓，并区分了不同的话语领域，使我们整个学术主体能够获致各自不同的学术生命。其次，福柯的推理奠基人与文类生产者的区别和巴特的"作者"和"写作者"的区别，实际上都不是其本质的价值——意思是说这两者之间不能够进行道德比较，而许多非原创者的"作品"可能要超过作为创作模板的原创，比

---

① Clifford Geertz, *Works and Lives*, p.18.
② Ibid.
③ Ibid., p.19.

它更具有代表性；同时，这也不是完全由学院派教育所形成的，更不是一种绝对的分类。格尔兹认为，在我们这个时代，作者与写作者已经混合，成为一种"作者-写作者"的类型，既是牧师，又是教堂执事，既是思考者，又是实践者。学者们处于一种两面出击的境地：一方面是要创造富于魅力的语词，以进入"话语剧场"——专业话语圈，一方面想要把事实与观点粘合起来，使信息系统化，并且沉醉在这种不同欲望之间，乐此不疲。①

那么格尔兹所要谈论的作为作者的人类学家形象，应该是什么样的呢？这个形象除了上述混合了"作者"与"写作者"，还有个人的个性，以及文学意义上的、政治意义上的，等等；总而言之，这个形象无法明确区分，无法明确归类，也无法明确定义，是处于神圣思考者和庸俗写作者之间的一个状态，而且重要的是，这些品格内在于他与其文本之中，不是预先设定的，而是包含了场景性。因此，格尔兹说："呈现于个性特征表达的这种不确定性，是如何及在何种程度上侵入一个文本的，它呈现在话语表达中，就是如何及在何种程度上富于想象力地创作了它。"② 要探索这种非单一的人类学作者的形象，就要回到文本中寻找解释。

对"什么是民族志？"及"何为作为作者的人类学家？"这两个问题的解释，充满了格尔兹式的风格，不能定义，意义重叠；对一个问题的说明，通常要以对另一个问题的解释来进行解释。在这一点上，拉比诺对他的评论还是有点道理的："作为一个奠基性的人物，格尔兹也许会在论述中停下来，思考关于文本、叙述、描述和解释的问题……（他）仍然致力于借助文本中介而重新创造一门人类学的科学，他的核心活动仍然是对异文化的社会描述，尽管它已经过新的话语、作者或文本的概念调整。"③

三、文本的旅行：从民族志作品到人类学家

后现代主义认为，民族志的权威来自作者对田野真相的掩盖，以各种话语策略隐藏了殖民立场，并伪装成一个客观的报道人在陈述事实；格尔兹则认为，民族志的权威与作者的创作风格有密切关系，这种风格通过话语的策略笼罩着文

---

① Clifford Geertz, *Works and Lives*, p.20.

② Ibid.

③ 拉比诺：《表征就是社会事实》，293—294 页。

本，指向的是作者内心的真实性。由此，同样是对文本进行分析，前者是在解构，后者是在解释。

在人类学学科史上的任何一个阶段，民族志写作都不是一件简单的事情，叙述（narration）与描绘（description）、自我（self）与他者（other）、虚构与科学……汇集了许多内在的冲突，这项工作往往会耗费人类学者巨大的心力。它不是一个独立呈现的文本，而是关联着彼处与此处的桥梁。"在别处"与"在此处"，既是通常意义上人类学家的田野过程，在这里也指格尔兹在四个文本中的旅行状态——一个永远处在动态之中的过程，他用现在时来表示。

从列维-斯特劳斯开始到埃文思-普里查德，经过马林诺夫斯基再到本尼迪克特，呈现出四种风格（style）的并置。所谓风格，具有文学式的特征，但却不全是文学式的理解；它基于一种现实的社会关系而产生，在创作之前已经存在，在社会关系的互动中会发生变化。它为个人的个性、审美、旨趣、表述、行为等提供框架和指导。话语在其中起到非常重要的符号作用，我们不仅依赖它来写作，还依赖它来思考和生活。在讨论别人的风格的同时，格尔兹也在有意展现自己的风格。在文中穿插着大量的英美法文学名家和文学典故，加上他惯用的隐喻、转喻、双关和回环等修辞，显得非常富于文采。这种风格与他的"深描"如出一辙，实际上也是他文本分析的手段的展演。

（一）如何阅读大师

人一旦成为大师，反而常常容易被忽视，人们以你的发现命名你，以你的风格代替你，作为人的丰富性常常会简化成符号。列维-斯特劳斯——结构主义，便是例证。

结构主义在20世纪60年代所受到的广泛追捧是史上少见的，它被视为一种开创性的理论冲击了之前以实体性的社会结构或社会文化为核心的人类学研究体系。一方面，它给人类学带来了一种复归，即重新唤起人们对智力的关注，以前弗雷泽（James Frazer）、摩尔根（Lewis Morgan）、弗洛伊德（Sigmund Freud）等人都从事过这项工作；另一方面，它改变了时代的意识，将一种新的话语注入生活当中：语言、符号、结构、象征……几乎在生活的所有领域，都被覆盖在它的分析之下。列维-斯特劳斯开辟了一个新的知识领域，他不仅是个真正的作者，更是一位大师——或者他本身就是一个迷思。

阅读列维-斯特劳斯，首先要排除两种错误的阅读方式：一是将他的作品视为一个整体，以为相互之间会有直接的、必然的联系；二是将其视为一个从自然到文化，从行为到思想的升华。这种误读只会使我们离列维-斯特劳斯越来越远。格尔兹认为，列维-斯特劳斯的作品充满了离散性，正确的阅读方式应该是放弃年表，观察其实际上的互文关系，以及在不同作品中观点的独立性。[①] 不像通常那样讨论他理论的贡献和局限，而是讨论他的理论是如何在文本中建构起来的。由此，列维-斯特劳斯应被理解成一个巴特式的"作者-写作者"，他的写作既是理论的思考，也是理论的实践。

　　格尔兹选择了《忧郁的热带》作为分析的文本，他认为，在列维-斯特劳斯的诸多作品当中，没有一本能像这本书那样，能够充分体现他的这种风格特征。

　　《忧郁的热带》开篇呈现的是一场已经结束的航行。1934 年，列维-斯特劳斯从法国马赛港出发，陆续经由西班牙和阿尔及利亚的若干港口，穿过直布罗陀海峡之后，航行到摩洛哥，最后到达塞内加尔的达卡尔港口，由此出发，进入赤道郁热的无风带，巴西——新世界遥遥在望。[②] 探险的旅程随着他的叙述展开，从巴西港口到城市，从交通线到丛林，渐往大陆腹地，靠近亚马孙无人区，他一路寻找野蛮人的踪迹，并且总想找到"最野蛮"的那一支。他遇见了多个被称为"野蛮人"的印第安人部落，但是却发现他们有文明；他在文明化的城市中停驻的时候，却发现文明在衰败。列维-斯特劳斯在文本中达到了"生活在别处"。作为一本游记，其文笔优美流畅，俨然重叠着法兰西第三共和国的旅行文学家纪德（André Paul Guillaume Gid）、马尔罗（André Malraux）、洛蒂（Pierre Loti）等人的身影。同时，作为一个民族志，它围绕着列维-斯特劳斯心中的疑惑：人类风俗有其特有的风格，但它们又共同构成了系统。此外，它也是一个哲学的文本，背后有一串名字：卢梭（Henry Rousseau）、马克思、弗洛伊德、休谟（David Hume）；支持它改良主义理想的，还有法国的福楼拜（Gustave Flaubert）、德国的尼采（Friedrich Wilhelm Nietzsche），以及英国的阿诺德（Matthew Arnold）或拉斯金（John Ruskin），在象征文学方面则有马拉美（Stephane Mallarme）等思想渊源。这是一个多部合一的经过精心混融的结构，五个非常不同的部分叠置在一起，成为一个综合的非等级式整体，我们对它的每一种理解都会探索其中一个层次；但是在我们阅读的时候，这些部分是同时呈现

---

　　① Clifford Geertz, *Works and Lives*, pp.29—32.

　　② 参见列维-斯特劳斯：《忧郁的热带》，王志明译，63—77 页，北京：生活·读书·新知三联书店，2000。

的，因之相互之间会对立并存。

上述分析即体现了格尔兹的文本策略的分析。他对后现代那套指向田野情境的解构表示不以为然："在最后一章中谈及对文本建构的无知，我认为是属于我们专业的普遍情况，这当然不包括列维-斯特劳斯。"[1] 他对文本策略分析实际指向作者内心的思考。在《忧郁的热带》中所叙述的旅行中，列维-斯特劳斯背负的是人类学田野民族志者的一种理想——民族志作者不明智地放弃自己的人性，力图从一个充满优越感的傲慢和疏远中去了解和估计他的研究对象：只有如此他才能把他们从特殊的未知中提炼出来，置于这种或那种文明之下去理解。[2] 这即是格尔兹在最后一章中所说的民族志作者的信仰（faith）[3]，这种信仰在其后他所分析的埃文思-普里查德、马林诺夫斯基、本尼迪克特等人中都存在着不同的表现，但是如今已经失落。列维-斯特劳斯说，"经验与事实没有任何联系"，意思是说，以为"being there"的经验主义或实证主义能够发现事实，这是不可能的，我们必须在其自身的关系中去理解"存在"（being）而不是从其他带有良知、敏感、感觉等诸如此类情绪性的关系中去理解。[4] 他的信仰便在于，了解他者的最佳方式，不是通过私密的关系、分享他们的生活而获得的，而是通过将他们的文化表达编织成一些抽象的关系。列维-斯特劳斯会关心神话、音乐、数学，是因为他把它们视为现实最直接的表达，而对它们的研究是他唯一真正的使命。理解列维-斯特劳斯的关键便在于，从对其语言策略进行分析入手，去理解他的这种信仰。上述的分析得出的五个特征，分别在各自的层次上与法国的知识传统、学术氛围及社会环境相联系，它们在不同程度上影响了列维-斯特劳斯的创作风格及创作内容，表现了他的思想。

格尔兹的策略分析并不是要将一个列维化身为五个，然后再去讨论在不同情境下他的不同面目，像心理分析所做的那种人格分析；相反，他是在文本中探索不同的内容表达指向列维-斯特劳斯思想中的哪些火花，这些内容是整体存在的，甚至有的部分既相互矛盾又紧密共存在同一层次，就像结构主义二元对立的特征一样。《忧郁的热带》中呈现出的思考是一种自我封闭的内心独白，用一种普世性的分析溶解了异文化可以直观的陌生外表，我们仿佛隔着玻璃在观察，却永远

[1] Clifford Geertz, *Works and Lives*, p.28.

[2] Ibid., p.36.

[3] Ibid., p.131.

[4] Ibid., p.46.

触及不了也进入不去。我们以为它们是经验的，因而是事实的，以为它们是科学的，因而是合理的，却再度忘记了这种极为强烈的主观性，令世界为了它而存在而非相反。

（二）自信的埃文思–普里查德

"有的声音很容易模仿，但是几乎难以描绘，它们如此特别地变化着，精确地展示着，准确地远离平庸……在那些人类学史上的大人物中，对那间遥远的牛津高级公共休息室来说，没有一个主人能比埃德蒙·埃文·埃文思–普里查德更为伟大了。"① 格尔兹如是评价埃文思–普里查德。为了描绘这个难以描绘的风格，格尔兹找到了埃文思–普里查德的一篇文章《对阿科博河与希拉河的军事行动，1940—1941》②（"Operations on the Akobo and Gila Rivers"，1940—1941），这篇文章发表在 1973 年的英国军事期刊上——那是他生命的最后一年。格尔兹认为，这篇文章能呈现出埃文思–普里查德所有重要的语篇特征，保留了在他作为人类学家论述时所没有的形象。

通常，提到埃文思–普里查德，会提到他的两本著作：《阿赞德人的巫术、神谕和魔法》和《努尔人——尼罗河畔一个人群的生活方式与政治制度的描述》，提及他先后师从马林诺夫斯基和拉德克利夫–布朗的经历，以及他的研究超越这两人的地方。他的学生道格拉斯（Mary Douglas）推崇他为本土社会人类学家的典范，在各种欲望之间张弛有度。③ 格尔兹却认为，埃文思–普里查德对事物的看法有自己清晰的界线，而不是在调和各种因素。在 BBC 电台的讲座中，埃文思–普里查德向公众宣称，当代英国社会人类学的任务已经从帝国传统发生了转变，新一代对原始民族的充分了解正在逐渐替代以前的不了解，这相当于把已有的知识都派上用场。他的文本风格实际上体现了他的这种看法。

在《对阿科博河与希拉河的军事行动，1940—1941》这篇文章中，他仿佛一个幻灯片讲解员，将观众带进了"二战"期间的东非、英–意前线。他先介绍了缘起："二战"爆发的时候，埃文思–普里查德正在牛津大学担任讲师，他报名参军。团部接收了他，但是他也因此被禁止上讲台，仅保留职位。于是他借口自

---

① Clifford Geertz, *Works and Lives*, p.49.

② 阿科博河位于非洲，现位于埃塞俄比亚境内东南部，流域内有多个部落族体；希拉河位于美国新墨西哥州，途经希拉峡谷，那里是一个美国印第安部落的发源地。

③ Clifford Geertz, *Works and Lives*, p.68.

己要继续做田野调查，跑到了苏丹。由于他曾经在苏丹南部做过好几年田野调查，且通晓当地努尔人（Nuer）和阿努厄人（Anuak）的语言，得以很快加入了苏丹雇佣保卫队。当时的英国政府和意大利政府都纷纷雇佣当地部落以组成游击队打仗，埃文思-普里查德受命到阿努厄人那里招募战士，以 15 支来复枪和他对这个族群的了解，组成了一支行动有效的游击队，在阿科博河附近伏击对方的雇佣军游击队……

埃文思-普里查德叙述的语气非常自信，非常肯定，他利用的策略是，关注地方的日常生活，并在叙述中利用读者对日常生活经验接近的预设，尽可能简化自己的表述，去除掉任何有关倾向性的描述，使读者毫不察觉到自己被引导。他偏好使用的平白简单的陈述句加深了这种日常性，压制了任何词语上的矛盾冲突，一切叙述都是那么自然、那么清晰，好像他在谈论你家的后花园。这种建构策略使其语篇显示出强烈的直观性和形象性，并散发着一种淡淡的感觉：没有什么很特别的，都是平常不过的事儿。埃文思-普里查德之所以会觉得这么做非常自然，是因为他相信向无知的大众提供野蛮人的丰富知识和事实根据，实际上也是一种启蒙，是人类学家受命的任务。这项任务很困难，人类学家的田野调查必须跨越语言的障碍和个人偏见的障碍，彻底抛弃个人，抵消偏见。埃文思-普里查德的自信便来自于此。他说，对于一个知道自己想找什么并且知道怎样去找的人来说，如果他在一个小的文化同质的人群中待了两年时间，除了研究他们的生活，什么都不干，是不可能对事实有任何错误的。[1]

因此，埃文思-普里查德在作品中一件一件把他收集到的事实摆放出来，形成每一个非常独特且令人印象深刻的印象，如同展览；这些印象本身就是他的理论直观化的表现。比如一提及阿赞德人（Zande）那个坍塌的"谷仓"，就会立即令人联想到他的"巫术因果律"（colliding-causes-and-unfortunate-events theory of witchcraft）的巫术理论。他所做的，是证明了我们所依赖的社会感知（social perception）完全足以支持他将任何奇风异俗都转化为人类学的幻灯片。这种图片还刻画了他对社会结构的表述，一切含混不清、令人生疑、没有答案的社会事物，都在其文本中获得了清晰的轮廓。这种清晰，就是他文本的灵魂。

他的关注也一如既往地明确：没有科学而能维持认知的秩序，没有国家而能维持政治的秩序，这些在我们被灌输的经验里认为是人类生活之真正基础的

---

[1] Clifford Geertz, *Works and Lives*, p.63.

东西，是如何在没有我们的制度之下得以存在并维持的。他的经典研究就随着这个发问而来：在阿赞德人中，取代我们对自然和道德原因之间区别的，是巫术；在努尔人中，取代我们对国家强制的法律和控制暴力犯罪的结构的，是裂变组织……诸如此类，皆有替代。基于同样的文本建构策略，"阿科博现实主义"（Akobo Realism）最终得以实现，战争场景现实化为生活场景。

　　埃文思-普里查德在谈论这些奇风异俗时是如此镇定自若，仿佛他是他们中的一员；他将他们描绘成另类之情况而非另类的他者，其核心并不是说他们和我们一样，而是想表达，他们和我们的这种不同并不那么重要。在格尔兹看来，正是英国学院派的文化分类方式，给埃文思-普里查德提供了证明这些他者合理的合法性。他并没有使他的阿努厄人或努尔人成为"黑色的英国人"，而是使他们在自己空间中的位置被认识到，这与其任何民族志中的人们一样。这样一种方式并不是种族中心主义的，而是一种富于同情心和宽容心的真实。格尔兹对埃文思-普里查德的分析，是通过使其文本的直观性再度形象化呈现出来而达成的，他意在表达一种批评——也仍旧是一种回应：我们罹患的是认识论上的疑心病，焦虑的是谁能知道一个人所说的，关于其他人的生活方式是否属实这种问题，实际上是我们自己丧失了自信心，并随之带来了民族志的写作危机，这已经成为一种当代现象，并应归咎于当代的发展；世事变迁，如今已是事物如何与我们并存的问题，而不再是埃文思-普里查德爵士他们那个时代的问题，即使是毁是誉，都宜休矣！

（三）在马林诺夫斯基的身后

　　在格尔兹写作《作品与生活》这本书的时候，马林诺夫斯基的"丑闻"或许已经是一个旧闻了，之所以还有一些"不得不说的话"，可能只是为了找一个由头而已。"有的人描绘异文化是将其感官直觉转化为思维的对称，比如列维-斯特劳斯；有的人是将它们转化成一个非洲神瓮上的图案，比如埃文思-普里查德；而有的人在描述它的时候，迷失了自己的灵魂。"格尔兹如是说。[1] 他的意思首先是指马林诺夫斯基式的民族志中典型的分裂症——内心真正是谁，而外在又想表现成谁，对这种区分意识得太过清楚；在田野中强调一种完全的浸没（immerse），抹去观察者与被观察者之间的距离，而在文本中却强调"我见证

---

　　① Clifford Geertz, *Works and Lives*, p.77.

了"（I-witnessing），是一种旁观者的证词。马林诺夫斯基并不是没有意识到这一点，事实上，这是他毕生都感到困难的问题——如何将那些散布在零星田地和丛林中的野蛮人，刻画成为一幅精确测量过了的、有法制的社会事实。这并不是田野技术问题，也不是社会理论问题，甚至无关乎神圣的客体——"社会事实"。而是话语的问题：如何创作一种真实可信的表述？这是马林诺夫斯基给我们留下的最重要的遗产，也是最有非议的地方。

马林诺夫斯基当时做到的，今天的我们恐怕很少人能做到，或者忌讳，或者怯懦。他在文本中树立起两种根本对立的形象，一边是当代经验丰富的民族志作者和探险家，一边是本土化了的土著代言人；一边是绝对的世界主义的自我膨胀，能够见土著所见，听他们所听，想他们所想，另一边是完美的调查者，严谨、客观、冷淡、精确；他同时以高度的罗曼蒂克和高度的科学主义，用一种诗人的热忱及一种解剖学家的热忱来萃取它，使两者极为不易地联系在一起。他建构了一种研究模式，也是一种文本风格，也许在现在老一辈的学者当中还有生命力；他们理解的是作为一种研究方法的"参与观察"，而不是作为文本困境的"参与描述"。[①]

毕竟在他身后，"马林诺夫斯基难题"依然存在。格尔兹举出了两类人都试图对其进行修补，一类是在文本中自我暴露，把马林诺夫斯基用以自我隐匿的日记形塑成一种有秩序的、公共的风格类型；一类是在文本中竭力要消灭自我，然而实际上它仍然属于"I-witnessing"类型，只不过它的自我被更深地隐藏起来而已。

里德（Kenneth Read），这位马林诺夫斯基传人，在其《高地河谷》（*The High Valley*，1965）一书中，依旧采取了参与观察式的民族志调查方法和民族志撰写的客位描述，但是，不同于马林诺夫斯基式的阴暗的"我"，里德式的"我"充满了自信、正直、宽容、耐心；他笔下的巴布亚新几内亚人亦开放和高贵。他想保持着一种表里如一的良好的观察者的形象，但是在一次生病中，他被当地人所救，才突然发现自己和当地人已没有了距离感，最终还是离开了。正如巴特说的，当你选择了貌似最"直接"、最"自然"的写作方式之后，却往往发现自己变成了一个最为蹩脚的演员。[②] 这种策略只能是自我欺骗，"I"的书写远

---

① Clifford Geertz, *Works and Lives*, p.83.

② Ibid., p.90.

比阅读难。① 马林诺夫斯基和里德的困境是一枚硬币的两面：你既永远也无法成为他者，也无法与之隔绝。

那么对拉比诺、克拉潘扎诺（Vincent Crapanzano）和杜勒（Kevin Dwyer）来说，他们的策略是选择不书写"I"，而发明了"I's"②的形式，由模糊的"我"与假扮的"他"轮流出现，服务于文本不同部分的叙述需要。这三位都是后现代阵营中的大将，格尔兹戏称为"一块儿长大的一伙人"③。他们的田野点都在摩洛哥。拉比诺《田野调查之映射》（Reflections on Fieldwork）的文本风格是，由剧中人物的出场引出下一个出场的，其主体性表现为一个流浪者；克拉潘扎诺的《图哈米——对一个摩洛哥人的追踪》（Tuhami: Portrait of a Moroccan），类似扩展了的新的心理分析，由一个知道如何提问的访谈者和一个生活已经被毁坏了的自我揭露者，同被锁在一个清静的小房间里，"我"是一个字母人；杜勒的《摩洛哥人的对话》（Moroccan Dialogues），把人类学民族志常见问题安排成剧中人的对话，发生的事件都是在场景之外的；它以一种自我与他者"一对一"的关系，凸现了喋喋不休的"我"。他们认为与他者一同生活的田野方式是真正的困难，并且会带来一些具腐蚀性的东西——拉比诺认为是符号暴力，克拉潘扎诺认为是衰败的死亡，杜勒认为是霸权。实际上，这三个作品意图颠覆马林诺夫斯基式的民族志，但是相反，他们却不知不觉继承了它。他们企图消灭自我，正是格尔兹说的迷失了灵魂。

我们应有勇气承认，生活在他者中间，而又不可能真正融入他者的生活并不是一种局限，而是一种机会。④

（四）虚构世界的隐喻

照片上的本尼迪克特带着温柔的微笑，在成为人类学家之前，她是一个诗人。与格尔兹所形容的实在大相径庭，他说，本尼迪克特的文本风格充满激情、距离感，直接和强硬得如此彻底以至于非常符合她的巨人榜样；她没有斯

---

① 这里格尔兹用了双关语，原文"'I' is harder to write than to read."中的"read"与"Read"谐音，意思也是指，对于里德来说，创作中的主观性依然存在，这个问题甚至更难解决（Ibid., p.90）。

② 这里格尔兹用了反语，"I"属于第一人称代词，"is"是第三人称单数的系动词，这里连用表示两者混合，意思是由主观的"我"，发出客观的"他"的动作（Ibid., p.93）。

③ Clifford Geertz, Works and Lives, p.91.

④ 拉皮埃尔（Nicole Lapierre）:《生活在他者中》，汤芸译，载《中国人类学评论》，第4辑，36—40页，北京：世界图书出版公司，2007。

威夫特 ①（ Jonathan Swift ）的风趣，但是有他对目标的稳定性及简明性，这种钢铁般的气质，在本尼迪克特的著作中形成直言不讳的风格，但并没有被充分理解。②

从她 1919 年进入哥伦比亚大学开始，本尼迪克特终身未曾离开过那里。1923 年她获博士学位并留校任教，1936 年起任该校人类学系代理主任。1934 年写成《文化模式》（ *Patterns of Culture* ）一书，1940 年著《种族：科学与政治》（ *Race : Science and Politics* ），1946 年著《菊与刀》（ *Chrysanthemum and the Sword* ）。其中《文化模式》和《菊与刀》是她最脍炙人口的著作，也是学术畅销书。在今天的人类学学科史课堂上，这两本书使本尼迪克特置身于博厄斯历史文化学派当中，指向了文化与人格和文化相对论。但是实际上，格尔兹认为，即使如此，本尼迪克特并不属于当时的任何一个学者群体。③ 她气质中未被充分理解的部分，实际上超出了我们常规解释的范围。当我们试图从《文化模式》中寻找例证，在《菊与刀》中寻找史实的时候，我们已经离她渐行渐远。

格尔兹的策略是要在比较中理解。他把本尼迪克特的文本与斯威夫特的虚幻讽刺小说《格列佛游记》相比，实际上是把本尼迪克特笔下的人祖尼人（ Zuni ）、克瓦基特尔人（ Kwakitutl ）、多布人（ Dobu ）与《格列佛游记》中的慧骃人（ Houyhnhnms ）、布罗卜丁奈格人（ Brobdingnagians ）和耶胡人（ Yahoos ）相比较，来讨论本尼迪克特的文本建构策略及其风格之形成。

熟悉《格列佛游记》④ 的人应该都有印象，主角格列佛因在海上遇难，被冲到了一个奇异的地方，由此开始其冒险。在八年之中，他先后游历了利立浦特（小人国）、布罗卜丁奈格（大人国）、勒皮他（飞岛）和慧骃国。利立浦特国人贪婪狡诈、忘恩负义；布罗卜丁奈格国人骄傲自大；勒皮他人相貌异常、衣饰古怪，整天沉思默想，不事生产；慧骃国最有意思，形状像人的"耶胡"实际上是畜生，它们有贪欲且愚蠢，而形状像马的"慧骃"则是有理性有智慧之"人"。慧骃国的"houyhnhnm"在他们的语言里意味着"自然的完美典型"，也就是我们的理想国或乌托邦。

---

① 约拿旦·斯威夫特（1667—1745），英国著名文学家，写作《格列佛游记》，被高尔基称为世界"伟大文学创造者之一"。

② Clifford Geertz, *Works and Lives*, p.105.

③ Ibid., p.115.

④ 斯威夫特：《格列佛游记》，杨昊成译，上海：译林出版社，1995［1726］。

一经对比，便能理解本尼迪克特是在用虚构的小说来写民族志，也便能够理解她的作品通常都是一种社会批评模式，充满冷嘲和讽喻；而她所使用的修辞手法就是，把本文化司空见惯的熟悉之物与未开化的奇风异俗相并置（juxtaposition），而且这种并置是互换位置的——如同慧骃国的马与人角色互换一样。在文本中如雕刻一般硬的语词，终极性的尖锐一直持续，只有内容在不断转换，她是要成为一个宣布真相者，并且是唯一真相，在这一点上，她比格列佛要强硬得多。这种虚构之旅，甚至已经超出了文本旅行的意味，being there——那是一个终极的理想，这一点对于米德来说，是她无法看到也无法企及的，也是她无法提供给本尼迪克特的。

这不仅仅是讽喻，而且隐藏着更深的含义：本尼迪克特在相反的空间里写作，存在着绝对的直率，建构了那些写在文本之外的隐喻——"我们食人者的面目"[①]：自诩为文明的高贵的"人"实际上最为驽钝、自私和野蛮。

围绕这种占主导地位的转喻，本尼迪克特把我们已经遇见的这些"非我群者"，同时是"非美国人"，聚集在一个民族志报告中，更为明显地突出了日神型/酒神型。这一对概念已在尼采（Friedrich Wilhelm Nietzsche）《悲剧的诞生》中有所体现。在这两者之间，一端是气质上的极不相称，两者背反；另一端是提供了选择的范围，两者共同排他，这些都是事先设计好，将民族志材料从其根本的独特性中拯救出来，使其描述中的独特性在其简明性中简化。因之，在本尼迪克特那里，经由诗学的科学，在对"原始文明"研究时，成为一种类似以生物为基础的生物学的精确分析。她认为，文化研究如同达尔文对昆虫的研究一样，应从简单的类型入手，分析其结构和进程，这样能使层次更清晰，论述有力。[②]不过，格尔兹认为，这种做法并没有指向一种狭隘的文化达尔文主义的表现，而是出现一种企图，欲建立一种文化普遍主义的分类目录，这就是她的目标——证明"文化相对论的认知"理论。同理，她的虚构世界也是如此。

考虑到两次世界大战之间，人类学的概念被定义为找出社会化生活的本质所在，这一本质被复杂的现代社会所掩盖，而此时这种努力达到高峰，成为英美人类学共享的目标，并且，原始社会被视为"最天然的实验室"的观点也应运而生。本尼迪克特之所以与当时的学者群体不同，恰是因为她想成为一个真正的社

---

①　Clifford Geertz, *Works and Lives*, p.113.

②　Ibid., p.115.

会科学家的企图和她本质上诗人气质的张力，由她的率直直接对接，给她带来了方法论上的困境，并与她文本想表达的东西矛盾。

于是，她写作了《菊与刀》，希望能从中抽身。当时西方的想象自我膨胀到了这样一种程度，可以用概念来讨论一个庞大而难以理解的实体，为它自己建构起诸多他者的表象，比如非洲："黑暗之心"——诸如混乱的性、巫术、禁忌仪式，亚洲："倾塌的大厦"——诸如衰弱的文明、腐朽的官僚和心腹之患的割据势力，土著澳大利亚、大洋洲及部分美洲："低级的人类"——诸如最初的亲属制度、最初的宗教信仰和最初的科学，等等。[①] 这些民族志里自我想象的映照，已经作为一种"真实"存在。本尼迪克特著作的独到之处便在于，她并非以减轻怪异感的方式来写日本人，而是以相反的方向加强它——仍然是她的颠倒对照的惯例。这种对照的真实性在于描绘了亚洲与美国，在战争中僵直地对立和转向；并且是在珍珠港事件之后，她出版了这个著作，仅仅这些已足以表明她坚强的勇气。可惜的是它常被人当成训练手册，而不是一个充满讥讽的民族志。

格尔兹说，以一种斯威夫特、孟德斯鸠（Charles Louis Montesquieu）和凡勃伦（Thorstein Veblen）等人的方式来看本尼迪克特，就会理解《菊与刀》不再是一种美化理性科学主义的策略，而是像她自己所说的，"让这世界苦恼而非让它转向"[②]。

列维-斯特劳斯、埃文思-普里查德、马林诺夫斯基和本尼迪克特，经过格尔兹的分析，已经脱离了原来理论符号的影子，每个人都有自己鲜明的风格。对他们的回顾，实际上也是对学科传统的回顾，看看我们已经遗失了的、错判了的，今天能否重新拣拾。我们常常因为要使学科立而有据会对他们进行理论化的梳理，实际上，格尔兹的旅行告诉我们，理论相继的前后之间，不一定有明显的关系，重要的是人，心态的变化、思想的闪烁，常常给予我们知识的礼物。如果排除了主观性，等于要消灭自我，创作也就不会可能。如同创作的多点式和离散性一样，知识的积累也不会只沿着一个方面前进，有可能我们会因为线性的历史观而失去把握历史的机会。

在以上四个个案之后，格尔兹在最后一章，又回到了这里——being here，结束了他的旅程。

---

① Clifford Geertz, *Works and Lives*, p.116.

② Ibid., p.127.

四、结语

《作品与生活》这本书，实际上是格尔兹与后现代主义者论战的直接成果，这直接体现在他最后一章里，对后现代主义和实验民族志的详细批评。但是它所获得的成就远远超越了提供答案。格尔兹的解释人类学，实际上不仅是对自己解释人类学的进一步探索，也是对20世纪80年代西方知识界批评浪潮的反思。从民族志到民族志作者，以一种直指心灵的方式，重新回归到对自身真实的关怀。

首先应该承认的是，人类学家是作为人存在的，而不是作为理论存在的。人的思想，心灵的变化与文本的丰富性，可以像列维-斯特劳斯那样，指向思考，而不是指向外部。应该允许主观性的存在，因为那是我们进行创作的重要源泉；自我不可能完全等同于他者，也没有必要等同于他者。我们的努力，应该是尽力靠近一种真实，这种真实是部分的真实，而不是全部的真实，也给主观性留下了空间。

其次，对自我与他者的思考，不仅仅是陷于民族志调查过程，更包含在民族志创作的过程中。在这方面，格尔兹继承的阐释学传统发挥了很大的作用。也有的学者批评格尔兹将人类学化约成了话语，其实这种批评并不公正。将人类学的写作视为文学文本并不是对知识的质疑，而是要引导我们理解知识是如何生产的。[1]

再者，格尔兹阐释人类学的解读路径，既带来了启发，又有可能成为我们的障碍。他所关注的修辞策略和文本风格，都是在解释的基础上进行再解释，这个过程本身可以是多义的。具有厚度的描述，也有可能在文本呈现当中湮没了被呈现者的特色。其中的度的把握，是比较实际的问题。

同时，中国古代历史上的文论批评和史传传统，是否可以结合西学，成为中西合璧的一个研究路径？我们传统上不缺乏对作品与作者关系的讨论，比如，六朝文论中谈的"风骨"，个人作品的风格和精髓或许也可以纳入我们的视野。

通过作品看人生，通过人生理解时代和历史，这是一个从小渐大的过程，需要具有丰富的想象力及扎实的史学功底才能做好。问题的关键在于，这样一种文本分析，与文学批评之间的区别在哪里？基于文本的分析策略，如何能够体现个

---

[1] 拉皮埃尔："生活在他者中"，39页。

体内心和社会的关系？即使承认文本本身含有的情境性，那么这种情境性又应如何发掘？这些问题都可以再讨论。

　　总之，格尔兹这个探索的意义，在于对知识生产进行去魅化的探讨，但是又并非将其肢解破碎。他摒弃主客二分的通常观念，试图将文本（text）与情境（context）视为合而为一的具体呈现，将对冷漠无情的时间之追溯转化为可以进一步、再进一步回味和讨论的记忆——基于与他人相联系的部分，我们得以理解他人对具体社会时空的理解，而不是相反在远离他者之外寻找解释。这一点，或许值得我们关注并继续探讨下去。最后，综上所述，笔者对格尔兹《作品与生活》这本书的理解，当然也只是一种解释方式，不能排除其他的多样性；或者他晦涩的用意，便在于此。

《恶的人类学》(1989)

刘 琪

大卫·帕金（David Parkin, 1940—　），现为牛津大学社会人类学系教授。帕金的研究兴趣涵盖以下四个领域：伊斯兰教与医药研究，东非地区的民族志和历史研究，人类进化中语言发展和情感表达的关系研究，以及对人类学中新物质性的研究。他的田野点集中在东非地区，主要包括乌干达、肯尼亚和坦桑尼亚等地，以及环印度洋的广大区域。他的主要作品有《棕榈叶、酒和目击者——在非洲农业社区的公共精神与私人牟益》(*Palms, Wine and Witnesses: Public Spirit and Private Gain in an African Farming Community*, 1972)、《恶的人类学》(*The Anthropology of Evil*, 1989, 主编)、《神圣的空白——肯尼亚吉瑞亚马人工作及仪式中的空间想象》(*The Sacred Void: Spatial Images of Work and Ritual among the Giriama of Kenya*, 1991)、《跨越印度洋的伊斯兰祈祷者》(*Islamic Prayer across the Indian Ocean*, 2000)等，还翻译了法国著名人类学家杜蒙（Louis Dumont）的《社会人类学两种理论简介——继嗣群体和联姻》(*An Introduction to Two Theories of Social Anthropology: Descent Groups and Marriage Alliance*, 2006)一书。

在犹太-基督教的宇宙观图式中，存在着一位全能的、至善的上帝，他是世界的创造者和护理者。然而，信徒们必须面对这样的问题：世界上的恶从何而来？如果真的有这样的一位上帝，那么恶就不应该存在。但是很显然，恶的确存在，还具有某种令人畏惧的力量，所以，上帝的至善或全能就遭到了质疑。或者上帝不是完全的善，所以他允许恶，甚至他本身就是恶的始作俑者；或者虽然上帝是至善的，并且会竭尽所能地防止恶，但他却不是全能的，没有力量制止它。第一个问题指向的是上帝的本质，第二个问题怀疑上帝防范恶的可能性。要反驳前者，必须阐明恶的来源，并证明这一来源与上帝的至善没有矛盾之处；要反驳后者，则必须回答恶如何被纳入上帝的管理之中，又如何被上帝的全能所包容。

从早期犹太教的拉比到新教的神学家，都一直试图从逻辑上给出对这两个问题的回答。泰勒（Donale Tylor）在《关于恶的神学思想》①一文中，就为我们梳理了犹太–基督教中关于恶的思想。

在早期犹太人那里，并没有经常讨论到恶，因为一神论的前提不允许把恶视为与上帝对等的势力。但是，他们仍旧意识到了某种神秘的，造成危害并使人害怕的力量，并把它具体化为邪恶的灵界存在（evil spirits）。抽象的恶的概念在犹太教制度化以后才开始出现。这个时候，对恶的理解被放置于上帝与人的契约关系之中。人对契约的破坏就会造成恶，在宏观层面上，恶体现为对秩序的损害；在微观层面上，则体现为人的不洁净。

到了启示文学的时期，犹太先知（以但以理为代表）开始使用动物的象征描绘恶，但并没有明确定义魔鬼撒旦的形象。早期基督教发展了恶的实体化程度，撒旦形象的逐渐清晰使它的宇宙观偏向二元论，但邪恶的势力最终会被上帝所战胜。在对观福音中，作为上帝力量代表的耶稣与撒旦形成了强烈的对抗，耶稣的死和复活标志着上帝的胜利。这一故事在大众宗教的层面展现了善恶的故事，但是，天主教的神学家们并不想停留在这里，很快，他们就开始试图从理论上阐明恶的起源。

与犹太教的拉比一致，首先，神学家们否认上帝与恶有任何关联，恶的原因只能从人类身上寻找。然而，人类也是上帝所创造，既然上帝知道人类可能作恶，又为什么要给予人类作恶的能力？如果作恶的能力是从上帝而来，那么，人类是否不应该为恶负责？对这一系列问题做出最明确回答的是奥古斯丁。他指出，恶的来源是人类的自由意志。正是自由意志使人类有了作恶的可能，但是，自由意志本身又是善的，因为如果没有自由意志，人类也就没有行善的可能。因此，上帝把自由意志赋予人类是正当的，而恰恰是人类对自由意志的误用才导致了恶。②对恶的来源进行的这种追溯最后落脚于原罪说。由于人类的始祖亚当夏娃背叛了上帝，人类所有的后裔就都被打上了罪的烙印，这使得他们从出生到死亡都被作恶的倾向所辖制，没有行善的可能。

---

① Donald Tylor, "Theological thoughts about evil", in David Parkin, ed., The Anthropology of Evil, Southampton: The Camelot Press,Ltd., 1989, pp.26—41.

② 见 Augustine, On Free Choice of the Will, trans. by Thomas Williams, Indianapolis: Hackett Publishing Company, Inc., 1993。

改教运动之后，新教开始对原罪说持怀疑态度，认为人们作恶不是因为原罪，而是因为本性上的欠缺。可以看到，虽然在不同时期，犹太-基督教对于恶的问题有着不同的解释，但归纳起来，它们都有着以下几个明显的特点：

1. 恶的定义被放在了上帝与人的关系中去考察，这种关系不会因为时间地点的不同而改变。上帝的标准具有绝对性和普适性，任何违反上帝的行为都是恶。

2. 恶绝对不是从上帝而来，上帝与恶不可能有任何沾染。造物主是绝对完美的，恶并不是必然，只是因为偏离造物主而得以实现的一种可能。

3. 善恶之间存在着绝对的对立，没有任何妥协余地。最终，善必定会战胜恶。

这种关于恶的论述是否是唯一的？这即是《恶的人类学》[①]（ The Anthropology of Evil ）这本书所要回答的问题。除犹太-基督教外，书中的数位作者还为我们描述了不同宇宙观之下的恶的概念。这些"恶"或多或少都与犹太-基督教图式下的恶有所不同，甚至从根本上说是南辕北辙的。如果说多样性是人类学一直以来的追求，这本书就把多样性的视角投向了通常认为理所当然的道德规范，把比较研究的领域推广到了伦理的层面。下文所选取的案例并没有涵盖全书所有的民族志，但已经足以体现它们与上文所列举的恶的特点之间的差别。

首先，让我们来到霍巴特（Mark Hobart）笔下的巴厘社会。在这里，印度教、佛教、古老的爪哇宗教及巴厘社会自身的宗教观念被糅合在了一起，形成了多种多样的"恶"。秩序和规范不是由一位至高的上帝所制定的，也不是普遍性的，而是对于每一种存在都各不相同的，并且会随着时间、地点、情景而变化。吃人是老虎的任务，攻击别人则是巫师应该做的事，虽然它们会给人带来痛苦，但这些行动本身是无可指责的。同一位神灵既可能是瘟疫的起源，也可以是在瘟疫流行时期人类的庇护者。与犹太-基督教"万物本于一"的观念不同，在巴厘，生命的不同形式都拥有自己形而上学的预设，并且由此产生不同的知识、理性及生存目标，它们之间的碰撞构成了巴厘的主旋律。善恶在其中没有一致的标准，对于同样的事情，不同的人也可能做出不同的判断。[②]

其次，让我们来考察印度教的一支。在曾经占据印度教主导地位的Pancaratra Vaishnavas派的宇宙观中，世界是由三种不同的基质（strand）形成

---

① David Parkin, ed., *The Anthropology of Evil*, Southampton: The Camelot Press, Ltd., 1989.

② Mark Hobart, "Is God evil？", in ibid., pp.165—193.

的。这三种基质的等级有所不同，所创造的东西也各不相同。从最高的基质产生了秩序和道德，从中等的基质产生了更新的能力，从最低的基质则产生了毁灭的倾向。世界不能仅仅只有最高的基质，而必须同时拥有三种基质才能存在。最低的基质即包含了恶，因此，恶就是世界不可缺少的组成部分，没有人能够创造没有恶的世界，造物主也不能。此外，世界在产生之后不是静止不动的，而是一个活着的存在，它会一直处于变动的进程之中。这样的进程由永无休止的出生、成长和死亡组成，而三者又分别与三种基质相互对应。也就是说，恶不仅仅是在创世时必不可少，在之后宇宙的运转过程中，它也是无法避免的力量。在这里，不存在全能、至善的上帝与恶如何共存的问题，因为恶就是上帝的一部分，没有它，就没有宇宙的生命。并且，虽然人们总是试图削弱恶的影响，但它却总是比善更为强大。①

再次，马来苏非派（Malay Sufi）同样拥有自己独特的宇宙观和对恶的态度。他们受到伊斯兰教的影响，又做出了自己的发挥。"万物都源自上帝"，这是伊斯兰教和犹太-基督教共有的思想，而苏非派则把它推向了极致，认为不仅仅存在一位至高的上帝，并且除了上帝，就什么都没有。上帝与宇宙同一，上帝既同等又完全地存在于每一件事物之中。同时，与伊斯兰教和犹太-基督教大多数派别为人类的自由留有余地相反，他们把上帝绝对的预定也推向了顶点。是上帝创造了善，也是上帝创造了恶。但是，他们又认为，至高尊贵的上帝只意愿（will）善。在这里，苏非派似乎把自己逼到了绝境，然而，在"极端的必然"（radical necessity）中，他们找到了出路——如果上帝使某人作恶，然后又惩罚他，那么上帝就是不正义的；然而，上帝在创造之前就已经在它自己里面预定了这一切，也就是说，作恶的人在本质上就是罪人，而这又属于宇宙秩序的一部分，因此，上帝的惩罚是正义的。更进一步，在事实上根本就没有作恶者和受惩罚者存在，一切都是上帝，上帝既是作恶者，也是承受惩罚者，正是在这样的循环中，上帝显示了它的力量和威严。②

如果 Pancaratra 只是把恶视为一种无可避免的存在，苏非派则使恶获得了一定程度上的合法性，那么，在巴厘人对困扰西方人几千年的神正论的嘲讽的大笑

① Ronald Inden, "Hindu evil as unconquered Lower Self", in ibid., pp.142—164.
② John Bousfield, "Good, evil and spiritual power: Reflections on Sufi teachings", in David Parkin, ed., *The Anthropology of Evil*., pp.194—208.

中，恶的正当性就被推演到了极致——上帝不仅仅允许恶存在，也不仅仅是恶的制造者，它在本质上就是恶的。如果上帝不是既善又恶，那么我们就不可能知道某种行动或思想是善的，因为没有东西和它比较。只有上帝既是善的又是恶的，人类才可能谈论善恶，世界上也才可能有善恶之事存在。这一回答对于整个犹太-基督教宇宙图式是致命的：为什么我们一定要假设，至高全能的上帝也是至善的？即使不得不承认恶的存在，犹太-基督教的信徒们也坚定地相信，至善的上帝一定会取得最后的胜利。然而，巴厘人却把这一陈述的顺序倒转了过来：如果善总是会战胜恶，那么，胜者就是善的。[1]

或许，西方的神学家们会为这些宇宙观冠以"相对主义""泛神论""实用主义"等各种标签，为自己的绝对权威进行辩护，然而，在西方资本主义社会的历史中，我们同样可以看到类似的恶的正当化过程，只不过所采取的路径与上述三个社会又有所不同。

从早期犹太教到中世纪天主教，恶是人们普遍关注的话题。它带来恐惧，带来污染，带来破坏，因此，繁复的消除恶的影响或恶本身的仪式由此产生。由大祭司主持的犹太教的赎罪仪式包含两方面的功能：一是代表以色列人进行忏悔，从而恢复与上帝的关系；二是通过把人的不洁净转移到祭物身上，使人得以洁净。天主教提出的原罪概念也类似于不洁净状态，但它所采取的应对方式不是寻找替罪羊，而是洗礼；在洗礼之后，如果人又犯下了罪，就需要通过制度化的补赎圣礼加以弥补。新教则不同意洗礼除去原罪的说法，认为罪人的本质不会变化，而洗礼只是作为信仰的一种宣告，使得罪人在上帝面前"称义"；此外，弥补自己犯下的罪也不需要制度性的规条，只需要罪人向着上帝单独的忏悔。[2]

到了这个时候，对于罪恶的关注已经从社会转向个人，很快，它又与资本主义的兴起相互结合，开始了善恶模糊化的进程。"贪财是万恶之根"[3]，这种对于金钱的态度源自基督教建立初期，它使得长久以来的西方文明陷入受欲望束缚的痛苦之中。然而，从亚当·斯密（Adam Smith）开始，对于金钱，以及与金钱相关的交换、贸易、积累等行为的评价又出现了另外一个维度，个体欲望、对于金钱的爱慕及对于利益的追求开始获得了正当性。到了市场经济占据主导地位的

① Mark Hobart, "Is God evil?" in ibid., pp.188—189.
② Donald Taylor, "Theological thoughts about evil", in ibid., pp.26—41.
③ 《圣经·提摩太前书》，6卷，10页，见戈登·菲（Gorden Fee）、斯图尔特（Douglas Stuart）：《圣经导读（下）——按卷读经》，李瑞萍译，北京：北京大学出版社，2005。

时代，金钱的价值更是被提到了一个前所未有的高度。在资本主义兴起之前的英国，善恶本就是可以相互转换的概念，并没有绝对的黑白之分，而现代社会中的金钱则彻底抹杀了绝对的道德观念。财富需要从邪恶的欲望中产生，贪财，这一万恶之源同时成了万善之源，如果没有它，资本主义社会就将不复存在。[①]

从罪恶的来源和表现，到"必要的恶"，再到社会德行的无上体现，曾经被视为"万恶之根"的个人欲望所经历的正当化过程，正是恶在西方历史命运的缩影。但是，对于个体的恶，社会的态度又是矛盾的：一方面，它高举欲望的价值，另一方面，它又想方设法要将个体欲望限制在自己的控制范围以内。无论是按照霍布斯（Thomas Hobbes）的观点将社会视为对追求自我满足的个人所施加的必要限制，还是按照亚当·斯密的观点将它看作对个人自由的不必要的强制，从个人为了避免无休止的欲望所引发的争斗而形成社会的时候开始，社会和个人就一直处于对抗性的关系之中。[②]

没有法庭，没有监狱，没有审判，没有刑罚，个体在道德上是绝对自足的，不需要强制性的规范，只需要个体内在的平衡。个体自由与社会和谐不是相对的，正是个体自由才能保证社会和谐。在西方人看来，这样的国度只能在天堂找到。然而，仅仅通过颠倒对人性的基本假设，这一理想国在 Piaroa 就得到了实现。在 Piaroa 的观念中，自然状态的个体是中性的，相反，恰恰是在进入到社会状态之后，人类才开始具有攻击性。人的本性不是恶的，然而，不幸的是，在获得社会必需的知识和能力的时候，他也就同时获得了作恶的可能。原因在于，知识和能力本身具有毒性，会使人难以控制自己的欲望，而一旦失去了审慎，他就会作恶。[③] 可以看到，Piaroa 延续了西方传统中社会是人存在的必要条件的假设，但又带有了更多无奈的意味。人们所要驯服的，不是罪恶的本性，而是有毒的文化。

恶从何而来？不仅仅是犹太-基督教，在世界的任何一个角落，不同的人们都在追寻着对这一问题的不同回答。把这些答案看作一个窗口，我们就能发现不同的宇宙观和建构社会的方式。即使是在同一个社会，善恶的概念也会在历史进

[①] Macfarlane, "The root of all evil", in David Parkin, ed., *The Anthropology of Evil*, pp.57—74.

[②] 萨林斯：《甜蜜的悲哀》，王铭铭、胡宗泽译，13 页、33—34 页，北京：生活·读书·新知三联书店，2000。

[③] Joanna Overing, "There is no end of evil: the guilty innocents and their fallible god", in David Parkin, ed., *The Anthropology of Evil*, pp.244—278.

程中不断变动。因此，虽然所讨论的是看似普适的道德问题，也仍旧不能忽视不同的故事讲述方式，不能离开具体的文化和历史情景。这就是本书对人类学者们做出的最重要的提醒。

《穿越时间的文化》① （1990）

张　原

大贯惠美子（Emiko Ohnuki-Tierney，1934—　），出生于日本，在东京津田塾大学获得学士学位以后，到美国留学，1968 年获得美国威斯康星大学博士学位，现任威斯康星大学人类学系教授。她最初的人类学研究是关于底特律华人群体在此地落户的历史，后来转向研究定居在北海道的来自库页岛的阿伊努人。1984 年出版的《当代日本的疾病与文化》（*Illness and Culture in Contemporary Japan*）一书，标志着她从研究他者转向研究日本的开始。此后大贯惠美子的研究都力图关照日本历史的长时段以理解"穿越时间的文化"，其焦点在于如何在广泛的社会政治语境和比较的视野中探讨日本人身份认同的各种象征。这方面的代表有《猴子作为日本文化中的自我》（"The Monkey as Self in Japanese Culture"）一文，收录在她主编的《穿越时间的文化——人类学的路径》（*Culture through Time: Anthropological Approaches*）一书中；还有《作为自我的稻米——穿越时间的日本人身份认同》（*Rice as Self: Japanese Identities Through Time*，1993）一书。2002 年，她的《神风队、樱花与民族主义——日本历史上的军国主义美学》（*Kamikaze, Cherry Blossoms, and Nationalisms: The Militarization of Aesthetics in Japanese History*）一书，成为入围"桐山"奖的五部现实主义作品之一。继此之后，她又写了《神风日记——日本童子军之反思》（*Kamikaze Diaries: Reflections of Japanese Student Soldiers*，2006）一书，仍然继续在历史、符号和象征路径上探索人类学。

---

① 本文曾以"符号中的历史与历史中的符号——评《穿越时间的文化——人类学的路径》"为题，发表在王铭铭主编：《中国人类学评论》，第 1 辑，北京：世界图书出版公司，2007。现经修订收录。

以"远观自身"这样一种具有超越性的原则定位自身，不仅使得人类学与历史之间具有了一种天然的亲密性，也促进了人类学的"历史化"。历史，作为人类学的一个关怀对象，它在时间的维度上为人类学提供一种用来实现反省自身的"他者"；作为一种研究的路径，它促使人类学家自觉地站在一个不仅是空间意义上的，也是时间意义上的遥远的"他处"，去发现一种不同于我们这个世界的知识与观念，以此来补充我们现有的知识框架。当然，人类学若只是简单地在自己的研究中加入一些历史关怀，或者只是单纯地借鉴历史学的一些方法，显然不可能创造出一种值得学界去尊敬的"历史人类学"。既然人类学与历史学的简单相加不等于历史人类学，那么，什么是历史人类学？历史人类学与先前存在的种种关注历史的人类学研究相比，又有什么特别之处？对于这些问题，大贯惠美子（Emiko Ohunki-Tierney）主编的论文集《穿越时间的文化——人类学的路径》①（*Culture through Time: Anthropological Approaches*，以下简称《穿越时间的文化》）给我们提供了一些颇具启发的讨论。

《穿越时间的文化》缘起于 1986 年 1 月在摩洛哥举办的一场题为"时间中的象征"（Symbolism Through Time）的研讨会，共收录了包括利奇（Edmund Leach）、萨林斯（Marshall Sahlins）、奥特纳（Sherry Ortner）、费南德兹（James Fernandez）等 10 位在象征人类学领域有所建树的人类学家的 10 篇论文。书中的论文都有一个共同的主题：历史。这些作者和他们的论文本身已经体现了象征人类学的"历史化"倾向。可以说，《穿越时间的文化》是象征主义学派在 20 世纪 80 年代针对历史人类学的研究和讨论所形成的一个主要成果，虽然这部论文集没有穷尽"历史人类学是什么"这一问题，也没有构成一个统一的和系统的历史人类学范式，但它却集中展现了象征人类学历史研究的面貌。在书中，作者们表达了一个共同主张：人类学的历史研究，应在人类学的脉络中展开；也就是说，人类学家对于历史的叙述、理解与阐释必须从人类学的关键词"文化"出发，否则他们就不可能缔造一种值得称道的历史人类学。那么何为"文化"？在象征主义人类学家的理解中，文化就是经由符号表达的象征意义体系。基于这样的共识，《穿越时间的文化》所收录的论文围绕着"如何在符号中理解历史，又如何在时间中解读符号"这两个密切相关的问题，从不同角度探讨

---

① Emiko Ohunki-Tierney,ed., *Culture through Time: Anthropological Approaches*, Stanford: Stanford University Press,1990.

了历史人类学的基本特征。

一、历史的结构与结构的历史

当代人类学的历史化其实是源于当代人类学在认识论层面上的一些反思。正如大贯惠美子在该书导论中指出的，由于现代人类学的理论方法中所暗含的殖民主义与科学主义的色彩一直没有得到有效的革除与反思，人类学家在相当一段时期中不能正确地理解"他者"的历史，也不能认识到文化之中历史过程的重要性，从而忽视了对历史与变迁的关怀。因此，人类学家对于他们研究的社会与文化所进行的"无历史的想象"与"零时间的虚构"（the zero-time fiction），不过是欧洲中心主义的一种反映。要实现对西方现代知识经验与解释框架的超越，人类学必须在"历史的垃圾箱中"获得启发，从"无历史"中洞察"历史"，从"零时间"中体验"时间"。也只有这样，人类学才能实现那句好似自嘲般的承诺："人类学除非是历史学，不然就什么也不是。"当然，人类学一旦成为历史学，象征人类学家会自信而坚决地宣告说："历史除非是一种意义的结构，不然就什么也不是。"可以说，在《穿越时间的文化》一书中，象征人类学的历史研究代表了一种历史化的结构主义，是一种关注于"历史结构"的历史学。

事实上，将历史视为一个结构，并不是要把历史化约为一套空洞的分类逻辑，而是要从变迁之中看到一种历史精神的延续。在象征人类学这里，历史精神不仅包含了文化赋予历史的意义，也体现了文化对于历史的解释。正是通过彰显历史结构的内部所蕴含的一个动态的结构意义的历时（在此指一种非线性时间观）过程，象征人类学的历史研究体现了一种在动静之间洞察变与不变的历史智慧。这种对历史的体验也是符合中国历史上的文化意识的，正如我们曾经把自己几千年的历史归结为一种"一治一乱，分分合合"的循环结构一样，历史的变与不变已在这样的循环往复之中被我们参透。这表明，中国人类学要成为一种富有洞见的历史学，在基本观点上还是不能舍弃列维-斯特劳斯（Claude Lévi-Strauss）的"垃圾论"，要从"冷"看"热"，从"无时间"看"时间"，从被"大历史"——漫长的 20 世纪的大历史——舍弃的"小传统"（不见得只是"民间文化"）的冷静中，寻找历史的结构与意义。①

---

① 王铭铭：《走在乡土上——历史人类学札记》，322—323 页，北京：中国人民大学出版社，2006。

　　对于那些散落于太平洋的"历史之岛"来说，历史结构是以神话的方式呈现出来的，这些夏威夷的土著作为一群没有文字的人群，他们经由宇宙神话来体验历史的方式印证了作为结构的历史是具有一种被文化所浸透的精神的。论文集中，萨林斯的论文《1810—1830 年夏威夷的威严政治经济》("The Political Economy Of Grandeur in Hawaii from 1810 to 1830")描写了在西方资本主义的扩张所开拓的世界贸易中，夏威夷的酋长们如何在现实生活里通过语用学的意义挪用，将西方的商品转变为一种能够昭显自己古老名望的"威严"的物品。萨林斯用"并接结构"（structure of conjuncture）这一概念阐明，在长时段结构里，根植于本土神话与仪式中的文化结构在"宇宙戏剧"（a cosmological drama）的不断重演中，通过语用学的符号转换，使其自身与关键的历史事态在结构上相互切合，从而在历史过程之中保持着稳定，并决定着人们以特定的方式处理新的历史事件。如何解决历史过程的"变"和神话结构的"不变"的关系，一直是萨林斯所关心的问题，通过描述夏威夷人经济史的变迁，这篇论文揭示了深藏在神话结构中的宇宙观或世界观的稳定持续性。为结构加上时间过程，不仅突显了历史作为一种文化结构的存在，也突显了文化结构作为一种历史被人们实践的过程，这正是萨林斯揭示神话般的历史的巧妙之处。

　　关怀文化结构的时间性呈现，象征人类学的历史研究要强调的是历史自身具有一种被文化所结构的历史精神。这种精神意志在不同的阶段被历史事件表现出来的过程，显示了文化具有在符号结构上并接和涵盖不同关系的能力，这也是象征人类学要从文化出发来理解历史的缘由。在《历史的模式——夏尔巴人宗教机构建造中的文化图式》("Patterns of History: Cultural Schemas in the Foundings of Sherpa Religious Institutions")一文中，奥特纳描述了 19 世纪中期的夏尔巴地区，随着经济增长，出现了一种与村庄寺庙不同的新型的制度化寺院，这种寺院作为当地宗教系统中的一个非常新颖的事物，也为夏尔巴社会带来了新的社会关系。当地这种新型寺院的修建，尽管可从政治经济的观点来解释，如头人可以通过寺院的修建树立自己的政治威信，以及获得征收税金的合法性等，但奥特纳指出，这样的历史理解并不完整，因为它没有涵盖文化与个人的因素。通过对仪式与传说的分析，她发现当地文化图式中的"关键剧本"[①]（key scenarios）是显

---

　　① "关键剧本"是指，在特定文化中被预先组织起来的行为的图式（schemes of action），是为标准的社会互动的形成与运作所设定的象征程序（symbolic programs），也是为实施文化上的典型的关系与情境而组织的图式。见 Emiko Ohunki-Tierney, *Culture through Time*, p.60。

现于新型寺庙的修建之中的，而且宗教仪式的结构与寺院建造传说的结构是相互吻合的。这说明，当一些新的事件、关系出现之时，有一种通用的文化图式在历史变迁中起着作用，人们可以利用它来结构广泛的社会境遇。正是通过"关键剧本"，文化图式基于行动者的实践（即真实的、可感受的行为）在新型寺院的修建中得以再现，最终结构了寺院修建的历史意义。夏尔巴社会中新型寺院的修建突显了历史自身具有的一种模式："文化建构与文化阐释的关系模式可能以一种复杂的方式，约束历史变迁将采取的形式。"

在历史过程中，我们虽然可以在经济、社会与文化这三个层面上观察变迁，但唯有在最深层次的结构中，我们才能看清历史的精神意志。因此描述变迁时，层次越深，则力道越强，费南德兹的论文就树立了一个研究"现代化变迁"的典范。《圈地——不同时期阿斯图里亚斯（西班牙）山村的边界保持及其再现》［"Enclosure: Boundary Maintenance and Its Representation over Time in Asturian Mountain Villages（Spain）"］一文中，费南德兹将焦点集中于欧洲山村中的一些区别自我与他人的空间标志上，如屋舍、庭院、院门、山间小路中的公共牧场等。作为一种特殊的符号形式，这些空间场所在长时段中所发生的象征意义与符号形式上的变化，说明当地社会在现代化过程中，随着个人主义的农耕生产的兴起，村落作为一个整体的道德性意义已经衰落。如此一来，村落中的各种场所越来越成为一种区分和标示私人领域的象征符号，而这些场所的象征意义的变化正是对马克思所说的"圈地运动"的政治经济变革的一种隐喻。因此，观察现代化浪潮中阿斯图里亚斯乡村社会的变迁，仅从经济、政治层面来看，并没有突显出这一地区变迁的实质，而从符号象征的变迁出发，更能揭示当地的私有化进程与欧洲大陆的现代化变迁的关系。通过揭示一些用来定义自我的符号在不同时期中形式与意义上的变迁所隐喻的社会的巨大历史变迁，费南德兹以一种"四两拨千斤"的符号研究方法描述了一个复杂的社会变迁。这种以小见大的研究策略也被大贯惠美子运用在日本文化变迁的探讨中，《猴子作为日本文化中的自我》（"the Monkey as Self in Japanese Culture"）是一篇从微观的符号象征入手来呈现宏观的历史变迁的精彩论文。在一种相似性的基础之上，日本人自我形象的再现是与猴子的象征隐喻相关联的，而猴子这个符号所发生的象征意义的变迁正好反映了历史上日本社会中自我与他者的看法的三个平行阶段：（1）猴子作为人与神的中介具有一种纯洁的隐喻在其中，这呈现了日本社会未被世俗化的阶段；（2）猴子作为替罪羊具有一种不纯洁的隐喻在其中，则显示了日本社会的市场化与幕府化的变迁；（3）猴子作为小丑，成了一个"他者"的象征，这标志着日本社会的西方化。通过分析猴子这样一种在日本文化中标示自我的符号在与政治经济相关联的场景中所发生的一系列意义变迁，该论文生动且深刻地呈现了日本社会所经历的"世俗化"（secularization）的历史过程。

从上述四篇论文所选取的研究角度和切入点来看，象征人类学对于变迁研究是有一定策略的，与那些只是浅显而庸俗地描写社会变迁的历史研究相比，这四篇论文更加关注的是在特定历史时期中特定的结构转型。通过将结构的转型（structural transformations）与结构的复制（structural reproductions）区分开来，这些论文在反映历史过程中的社会变迁的同时，也关注了历史变迁后面的文化精神如何得到时间性的呈现。以结构的转型来呈现历史的变迁，历史过程便不再是结构的断裂，因为结构转型本身也是一种结构延续的方式。在当今这样一个追求"发展"与"变革"的时代，象征人类学在对待"变迁"时保持了一种难能可贵的冷静态度。受益于历史年鉴学派大师布罗代尔（Fernand Braudel）对变迁层次进行"表层波动"（surface oscillation）与"长期转型"（long-term transformation）的区分，象征人类学处理变迁问题时，关心的是这些变迁究竟发生在什么样的层次上，并且倾向于通过文化的长时段（longue durée）研究来揭示文化结构随着时间发生了什么样的变化，又是如何在历史过程中保持其持续稳定性的。这种态度无疑给我们泼了一头善意的凉水，也促使我们反思：当代中国的人类学研究在热心于去构筑一个"现代化变迁"与"全球化进程"的"热历史"之时，是否犯下了在探讨历史之时疏离历史的错误。特别是当人们兴奋而武断地宣称我们发现了种种的变迁之时，是否正割裂了历史本身所具有的延续性。

为避免对历史变迁机制的一种预设，象征人类学在讨论历史的因果关系这一的问题时，对"历史过程"（historical process）这一概念的使用十分谨慎。大贯惠美子概括了历史过程研究的两个问题：确认文化规则中哪一个是导致历史变迁的首要原因，以及影响历史变迁的结构与作为因果动力的历史事件间的力量对比。而学者们对这两个问题的处理则基于他们对文化与社会的理解与态度，如涂尔干式的学者会认为"社会结构"对历史的变迁具有支配性和决定性，历史唯物主义者和结构马克思主义者则认为是"生产"。在象征人类学家的理解中，"意义的结构"才是支配性与决定性的核心，文化的各种维度是从这个核心中产生的。① 如萨林斯所言，在西方社会中经济是象征生产的主要场所，所以经济活动的变迁本身就意味着意义结构的变迁；而在部落社会中象征生产的主要场所则是亲属关系，所以经济活动的变迁并不会导致意义结构的变迁。② 因此，在象征人类学看来，文化结构既是历史的"因"也是历史的"果"，而历史的变迁无非是象征体系结构历史的过程中的一个片段。

当然，象征人类学在强调历史是如何被文化所结构的同时，并没有忽视对于行动者（actor）的关怀。借助"关键剧本"这一概念，奥特纳试图说明文化结构不仅仅是一种阐释的框架（an interpretive frame），也是行动的图式（a schema for action）。通过赋予特定的行为过程以意义和价值来使之强于其他过程，"关键剧本"不仅显示出历史过程中的因果关系是由文化或符号来规定（order）的，它也在限定行动者的同时，为行动者留出非常大的自由空间。因为行动者只是在某些特定的场景中通过行动去再现抽象的文化图示，在其他一些场景下，行动者可能只是将"关键剧本"视为一个相对抽象的象征系统。概言之，"关键剧本"与行动者的关系是弹性的。费南德兹所论述的"基本过程"（primary process）则表明文化结构中那些深层的隐喻式的意义只是在特定时刻，在经验上显现于个体的头脑之中，正是在这些"基本过程"中，文化结构不再是抽象存在的意义系统而成为历史行动者的一种鲜活的经验。"基本过程"能让行动者意识到行为的意义与给定符号的意义，但它并不总是发生，因为对于历史过程中的行动者来说，文化结构中存在着许多模糊的、多义的边缘性符号。正是这些边缘性符号构成了文化结构发生历史转变的内在机制。由于在现有的文化结构中无法将这些边缘性的符号归类，这反倒使它们获得一种在体系之外进行评判的能力，甚至能赋予意义体系以新的意义与能量。在历史变迁中，边缘性的符号可被视为促使意义体系发生变迁的内在机制，行动者可以通过它们对现有意义体系进行批判，并在适当时候促成变迁。

比较而言，同样是重视于历史研究的政治经济学派，虽也貌似诚恳地关心非西方社会的本土文化与当地居民在历史过程中的主体性，但他们的关怀远未及象征人类学的研究来得深邃而又超脱。沃尔夫（Eric Wolf）的《欧洲与没有历史的人民》和西敏司（Sidney Mintz）的《甜蜜与权力》可以算得上政治经济学派

---

① Emiko Ohunki-Tierney, *Culture through Time*, pp.11—12.
② 萨林斯：《文化与实践理性》，赵丙祥译，272—273 页，上海：上海人民出版社，2002。

历史研究的扛鼎之作，二位学者虽然也对欧洲之外人民的历史主体性有所关怀，并力图寻找一种西方之外的历史，但拘泥于政治经济学的视角，使得他们对非西方世界的近代史的叙述成为一个西方近代世界史翻版。他们所描述的近代以来的世界史，无非就是西方资本主义如何实现对非西方社会的征服、扩张与剥削，并最终把非西方社会纳入一个由西方世界所支配，并以西方文化为标准的世界体系之中的历史过程。从资本市场与物质生产的角度来论述的世界历史，实质上正是当代西方社会唯经济论的意识形态的反映和延伸，以这样的视角来切入非西方社会的历史，除了找到西方人自己的历史，他们什么也没有得到。[①] 萨林斯也正是基于这一点，对沃勒斯坦的世界体系理论提出了有力的批评，他认为世界体系理论其实是将西方资本主义经济置于霸权地位，但实质上西方市场体系在其他地区获得的力量并非是由其物质形式所决定的，西方市场体系只有在当地的文化图式中获得本土的意义时才获得了一种力量。[②] 正如夏威夷土著虽然是在利用源于本土社会之外的物品、人物、事件来编织自己的文化图式，而这不过是他们通过世界体系的产品来实施自己的文化情景，如以来自西方的商品来表明头人神圣的"马那"（mana）。在这一历史过程中，夏威夷土著并没有成为日益上升的资本主义经济的傀儡，也非简单地被吸纳到世界体系之中。[③] 以此观点来看，沃尔夫写作《欧洲与没有历史的人民》时，已经失去了对于西方社会之外的历史的理解力和解释力，笔者认为这本书改名为"欧洲与没有欧洲历史的人民"也许会更为妥帖。

二、历史再现中的"历史感"

在导论中，大贯惠美子专门解释了她眼中的"历史"是指"试图在来自过去的信息的基础之上，再现（represent）过去的一种阐释（interpretation）或建构（construction）"。因此，在象征人类学这里，历史过程并非是客观的，对于历史

---

① 沃尔夫在《欧洲与没有历史的人民》的"余论"中宣称：动员劳动的方式为历史确定了条件，在这些条件下，西方与西方之外的人民都面临着共同的命运。[沃尔夫：《欧洲与没有历史的人民》，赵丙祥、刘传珠、杨玉静译，457 页，上海：上海世纪出版社，2006（1982）。] 事实上，他在这里所说的历史条件是针对西方而言的，因而他是用西方的历史命运来遮蔽本土人民的历史命运。

② 萨林斯对于世界体系理论的批判可主要参考其《资本主义的宇宙观——"世界体系"中的泛太平洋地区》一文，见萨林斯：《历史之岛》，蓝达居等译，360—401 页，上海：上海人民出版社，2003。

③ 同上。

的理解和阐释，应该是基于对"历史感"（historicity）的把握而进行的。与前面所提及的历史精神不同，历史感是指由文化所确立的一种或多种集体的历史经验与历史理解，两者的区别在于，历史精神应该被视为一种深层的无意识的历史结构，历史感则是一种鲜活而多元的历史意识（historical consciousness）。可以说，历史感的提出是象征人类学对于历史人类学研究的一大贡献。

在《建构的历史——夏威夷人王权的合法化中的谱系与叙述》（"Constitutive History: Genealogy and Narrative in the Legitimation of Hawaiian Kingship"）这篇论文中，瓦莱里（Valerio Valeri）基于他对夏威夷历史的研究，指出历史的变迁不是一种单纯的循环复制。夏威夷人在对王权进行合法化的历史叙述中，存在着两种风格不同却又紧密联系的历史文本，它们分别反映了两种历史再现的模式：体现在对夏威夷谱系历史的叙述之中的例证模式（paradigmatic mode）与体现在颂扬夏威夷谱系的诗歌之中的组合模式（syntagmatic mode）。在例证模式的历史叙述中，过去与现在相似，并在相互关联中相互决定，从而使得所有的事件都被归为一类；而在组合模式的历史叙述中，过去与现在是在一种转喻（metonymic mode）之中相互决定的，这种模式强调的是事件，而事件的重要性又是根据其与现实发生联系的程度来决定的，因此这些事件作为标记将历史作为一个逐渐累积的过程表述出来。正是在例证模式的"去时间化"叙述与组合模式的"时间化"叙述中，历史将过去和现实融为一体，并将规则示范出来使人们牢记，而这两种历史叙述模式也正是社会展演的组成部分。瓦莱里指出，尽管历史的先例被用作判断变化是否合理的依据，但是过去与现实的关系从来不是一种机械的复制与再造，而是具有类比性的，这不仅意味着两者存在着相似性，也暗示了人们对于历史的再现与建构存在着诸多的差异和选择。《形塑时间——以色列国徽的选取》（"Shaping Time: The Choice of National Emblem of Israel"）一文中，Handelman 夫妇则通过叙述犹太人建国时如何选取一个象征符号作为国徽的过程，显示了犹太人的历史是如何被视觉再现与图像编码的。从中我们不仅可看到符号中的时间，更能看到符号中所再现的历史是一种主观的，充满了情感的历史。作为一个再现犹太人历史的象征符号，以色列的国徽有意地弱化甚至忽视了一些人们所熟悉的历史事件，如犹太人的离散流亡（diaspora）、被屠杀等。之所以这样，是因为犹太人认为这些事件是在非历史的时期内发生的，因而无法进入他们的历史。事实上，以色列国徽的选取过程正好反映了犹太人的历史感，从中我们能看到历史再现中所具有的"丰富的人性"（rich humanity），以及历史主体的力量。

上述两篇论文的研究恰如其分地证明了大贯惠美子在导论中关于"历史感"的论述,她指出,经由历史感再现的历史并非是由文化所给定的一个沉默的东西,它还包括了卷入其中的行动者,这些行动者遵照着集体的关于历史感的观念来利用、选择并创造他们对于历史的理解。因而历史感包括了这样几个含义:(1)历史感是被高度选择的,这种选择常常是有意的,这是理解历史再现中的历史感的关键;(2)特定人群的历史再现是多元的,而非单一的;(3)在历史感中,过去与现在是通过隐喻与转喻的关系而相互依存与相互决定的;(4)历史也就是一种对过去的组合(the structuration of the past),历史通常是被建构历史的人根据其意图与动机而分化与缓和(mitigate)的,即历史的再现就是要有意地忽略或强调一些东西。① 大贯惠美子似乎要告诉我们,只有找到了历史感,历史人类学才找到了正途,历史感应该被视为人类学历史研究中的一个真正的核心概念与中心问题。

作为另一种再现历史的方式,历史书写(historiography)是指通过文字来再现和编撰历史。因此反思性地审视书写历史的人与历史文本的关系,能为我们找到一个新的角度去理解文字所表达的历史是否是一种没有历史感的"客观"记录。

利奇在题为"雅利安人入侵的这四千年"(Aryan Invasions over Four Millennia)的论文中,以历史学家们如何书写和编撰雅(亚)利安人入侵古印度的历史为例,指出历史学家所书写和编撰的貌似客观深入的历史学术作品,其实深刻地受到他们自身所属社会文化的一些观念及意识形态的影响。在西方学者们对于雅利安人入侵印度的历史书写中,就隐含着一种"东方学"(orientalism)的意识形态,为了证明西方人对于亚洲文明地区的征服具有合法性与道德性,经过一系列语言学、考古学和人种学的包装后,侵入古印度的雅利安人被描绘成一种说"原欧洲"(proto-European)语言的人群。于是雅利安人入侵古印度的历史,被书写成一群带有欧洲古文明因子的外来者在征服印度当地黑肤色的土著之后开启了印度文明的历史。利奇认为欧洲人书写的这个历史,其实是在制造一个对现实充满了各种隐喻的"神话"。在《近代印尼历史的形式与意义——在伽达默尔历史哲学基础上的反思》("Form and Meaning in Recent Indonesian History:

---

① Emiko Ohunki-Tierney, *Culture through Time*, p.20.

Some Reflections in Light of H-G Gadamer's Philosophy of History"）这篇论文中，皮科克（James Peacock）以他自己学术成长历程中三次重要的在印尼的田野经历为基础，强调人类学家在田野与民族志书写中所扮演的角色并未能表明阐释者与文本是合一的。而且，本土学者的历史书写也未必能够深刻地呈现和阐释自己民族的历史。虽然阐释者可以控制对历史的阐释，但阐释者不在场时，历史仍在上演。通过与伽达默尔（Hans-Georg Gadamer）《真理与方法》的阐释哲学进行对话，皮科克进而对民族志的本质进行了具有认识论意义的反思，他指出民族志的书写者对历史的阐释仍停留在方法论的层面上，而将民族志书写者对历史的阐释本体化，不过是一种浪漫的想象。

这两篇论文表明，经由非本土的人士来书写的历史——如西方学者书写的非西方社会的历史——其实也是一种充满了书写者自身历史感的阐释与建构，这些外来的历史书写者非但没有摆脱自己文化的观念局限，他们也未必能将自己的阐释理解与本土的历史文本结合在一起。

对于中国学界反思历史的建构、再现和书写而言，历史感这一概念也是十分关键的。台湾学者王明珂从"历史心性"的角度来研究和阐释的中国民族史，[①]可为我们理解历史感这一概念提供一定的参考。事实上，基于历史感来把握历史，承认历史本身具有的主观性和丰富的感情力量，并非让我们远离了历史的真相，相反，这帮助了我们穿越经验理性的重重迷雾，去接近一个可能的历史本质：历史可以是一种隐喻，神话也可以是一种现实。

三、从符号中发现历史

作为一个论文集，《穿越时间的文化》的论文选取和编排是比较讲究的。通过理论探讨、方法反思，以及精彩的个案研究，本书为我们清晰地呈现了象征人类学历史研究的基本路径。虽然书中论文所关注的问题各有侧重，但聚合在一起则正好体现了象征人类学历史研究的三重关怀：历史过程、历史感、历史书写。也正是从这种"三位一体"的历史研究中，象征人类学洞察到只有将历史视为意义结构的过程，并将历史感视为历史主体的活生生的经验时，才能在历史实践的动态与意义系统的多元背后揭示出那个持续稳定的历史结构。通过在符号意义与

① 王明珂：《华夏边缘——历史记忆与族群认同》，北京：社会科学文献出版社，2006。

象征结构的研究中加入时间的维度，本书的论文突破了象征人类学以往较为静态和刻板的研究框架。这种动态的象征人类学研究，可以视为结构人类学与法国年鉴学派史学密切互动的结果之一，它代表了人类学历史化的一种趋势。

20 世纪 80 年代，人类学的历史化已近成熟，象征人类学与政治经济学派都在这一时期异军突起，尤其是政治经济学派的历史研究逐渐成为一种主流，对知识界的影响极大，国内学者也多受其影响，为其张目。这种局面有着一定的现实背景，自 20 世纪 80 年代开始，随着中国的"改革开放"，世界体系的形成、全球化的进程、现代化的变迁等似乎成了我们这个时代所必须面对的问题。因此，如果我们只是从符号象征出发，特别是像象征人类学那样过于关注历史结构内在的稳定持续性，而不是从政治经济的角度来看当代中国社会的变迁，去突显我们国家种种令人欣喜的变迁，或者去揭批西方社会在世界体系中的霸权地位，这显然不符合"时代的精神"。应该说，象征人类学所期待的这种历史人类学，在世界范围内都受到了来自各方面的挑战。既然如此，把这样的理论与方法介绍到中国来，到底会对我们中国学界产生什么样的启发呢？这本论文集的最后一篇文章，在某种程度上对这个问题已经给出了一种很有见地的回答。

在《历史学家、人类学家与符号》（"Historians, Anthropologists, and Symbols"）一文中，英国著名的历史学家伯克（Peter Burke）通过批判西方知识界在方法论和知识论上所犯的错误，表达了他对象征人类学历史化的一种积极的肯定和期望。伯克首先在文中梳理了历史学与人类学的关系，认为历史学与人类学在方法论层面上的结合体现于两个方面：（1）人类学的历史学转向，人类学可以学习历史学的演变观；（2）历史学对人类学的吸取，在于对小社区研究的学习。但在今天，正是由于缺乏对象征符号的深入研究，大多数历史学家仍只注重所谓的"事实"，而人类学家的历史研究仍没有历史的深度，因此如果历史学与人类学仅仅是在方法论层面上相结合，不重视对符号的研究，必不能促使一种地区深度与历史深度并重的"历史人类学"的产生。继而，伯克着重反思了为什么今天的西方学者会失去对符号研究的兴趣。他指出，这与欧洲社会中符号象征地位的两次转折有关。第一次转折，始于 1521 年的新教改革。宗教改革者对传统教堂中繁复的象征体系进行猛烈抨击，导致学者们开始关注词与物的关系，并将"符号体系"限定在语言、意象、仪式与精神实质的关系中，这其实是对符号体系的反叛，其深远影响反映在后来的学者对于"转型"的研究中。如人类学界的格尔兹（Clifford Geertz）的"调和"（congruity）理论，错误地认为社会结构与符号结构之间是不一致的；而历史学中则出现了霍布斯鲍姆（Eric Hobsbawm）的"传统的发明"（the invention of tradition）这一概念，将符号体系武断地理解为一种反映政治经济基础的上层建筑。第二次转折，则是随着自 1651 年以来的欧洲传统世界观向现代世界观的转变而发生的。在这次转折中，仪式的有效性逐渐丧失，符号也因而从一种强势地位衰败下来。与此同时，西方世界人们的务实心态却逐渐兴起，这在学术上表现为西方学者无法突破以一种所谓的"务实"态度看待异文化，因而他们不能理解符号在当地人观念之中的"真实性"。也正是在这个意义上，西方的知识界丧失了对历史的想象力和领悟力。

　　笔者认为，伯克针对西方知识界的批评，对于今天中国的学术研究来说同样是具有启发性的。今天中国的知识分子已经深陷于一种庸俗的唯物论和唯经济论的泥沼之中，在过于相信"理性"、强调"发展"的同时，我们也正逐渐失去对历史的想象力和对文化的感悟力，成为一种"满脑子文字的"（literal-minded）盲人。"从符号中发现历史，在意义中感悟文化"作为象征人类学所期望的一种历史人类学，在中国应该得到重视。阅读《穿越时间的文化》这部论文集，从象征人类学的历史研究路径中理解什么是"好的"历史人类学也许并非是最重要的收获，最有意义的或许在于我们能够从中得到这样的启示：人们对知识探寻的种种冲动，正是源于人类历史与文化之中所释放出来的，充满想象力的诗性和充满感悟力的知性。

《殖民情景》（1991）

伍婷婷

　　乔治·斯托金[①]（George Stocking, 1928—2013），曾为芝加哥大学人类学系及科学概念化原理委员会（the Committee on Conceptual Foundations of Science）的荣休教授，曾被授予 Stein-Freiler 杰出教授的称号。他早年受教于宾夕法尼亚大学，1960 年获博士学位。1960—1968 年，斯托金在加州大学伯克利分校历史系教书，之后接受芝加哥大学的邀请，同时执教于芝加哥大学人类学系和历史学系。1974 年，因正教授职称问题，他离开历史系，到科学概念化原理委员会工作。除此之外，斯托金还兼任人类学系的教职，以后出任该系系主任，并且执教至今。

　　在学期间，斯托金即对知识分子史（intellectual history）研究产生浓厚兴趣，以人物勾连人类学史是其研究的一大特色，英美两国的人类学史是他用力最勤的领域。作为美国著名的人类学史研究者，其主要贡献有：

　　一、两本有关博厄斯（Franz Boas）及美国人类学的著作。一本是《种族、文化和进化论——人类学历史论文集》（*Race, Culture and Evolution: Essays in the History of Anthropology*, *1968*）。本书汇集了他早年的论文，围绕 19 世纪种族和进化论范式的命运展开。重点是博厄斯和美国人类学，另一本是他 1974 年主编的论文集《弗朗兹·博厄斯读本：美国人类学的形成（1883—1911）》（*A Franz Boas Reader: The Shaping of American Anthropology*, 1883—1911），作为《种族、语言和文化》（*Race, Language and Culture*, 1940）的增补本，斯托金

---

　　①　此部分写作参阅芝加哥大学网站 http://anthropology.uchicago.edu/faculty/faculty_stocking.shtml 以及耶鲁大学网站 http://classes.yale.edu/03-04/anth500b/biblio_notes/BB_Stocking.htm。

专门写了长篇导言《博厄斯式人类学的基本假设》（"The Basic Assumptions of Boasian Anthropology"）。

二、两本有关英国人类学的重要作品。《维多利亚时代的人类学》（ *Victorian Anthropology*, 1987）是他计划完成的英国社会人类学史三部曲的第一部，叙述了1850—1879年英国人类学的历史，以学者的活动及古典社会进化论为关注点。书中首次运用他以后的代表性观点——多重情景化（multiple contextualization）原则书写人类学史。1995年出版的《泰勒以后——1888年至1951年的英国社会人类学》（ *After Tylor: British Social Anthropology*, 1888—1951），实际是第二部曲和第三部曲的合编。本书改用一种线性的编年体书写，旨在展现爱德华时期人类学内在的发展历史。

三、1992年，斯托金将自己对英美两国人类学历史的研究综合成集，名为《人类学史上民族志者的想象和他者论文集》（ *The Ethnographer's Magic and Other Essays in the History of Anthropology*），文章选自他1968年以来发表过的旧作。

最后，主编《人类学历史》（ *History of Anthropology*）系列。早在1973年，斯托金就曾主编过《人类学历史通讯》（ *History of Anthropology Newsletter*）；之后，开始筹划编辑一本专门以人类学史研究为主题的年刊性书籍。1983年《人类学历史》创刊，他担任了8辑主编。到2004年为止，这一年刊已有11辑，成为美国人类学史研究重要的言论领地。

将人类学及其学者当作田野对象来考察，研究人类学知识的发展及学者思想的来龙去脉，是人类学史研究的重要责任；启发学者对人类学现有知识进行补充、修正和更新，是人类学史研究存在的意义。西方人类学各研究领域中，人类学史是其中必不可少的一环。最初西方人类学史的研究，采用了惯常研究学科史的做法，即客观记录人类学知识间相互吸纳、交锋和积累的过程。"二战"以后，问题意识更为强烈和明确的人类学史研究出现，人类学史研究整体上呈现出多样化的局面，其中与反思殖民主义的浪潮结合形成的新研究视野是一条重要脉络，研究者认为人类学是殖民时代的产物，它的发展实际上也是与殖民主义同谋的结果。持这种观点的学者以阿萨德（Talal Asad）为代表。而另一条路径上的学者则认为，尽管人类学身上背负了许多殖民主义的烙印，但是看待这门学科时需要采取一种更为复杂多样的眼光。《殖民情景——民族志知识情景化论集》[①]（以下简称《殖民情景》）的主编乔治·斯托金（George Stocking）即力主此观点的一员干将。

一、人类学的殖民遭遇

在人类学诞生的一百多年前，西方已经在全球范围内建立了殖民体系。人类学学科的孕育和成长均受惠于此时代，因而无论如何也无法抹去学者及知识身上的殖民印迹。然而，20 世纪 50 年代以前，人类学学界对自身的殖民性尚没有清晰的认识，直到"二战"结束后，自法国首次发起对人类学背后殖民性的探讨以来，经历了 20 世纪 60 年代和 70 年代的殖民主义反思思潮，人类学与殖民主义的关系早已为人熟知，而且到目前为止，学界对此的讨论从未中断过。1991 年《人类学历史》年刊出版了第七辑，即这本《殖民情景》，探讨的主题是权力和知识生产的关系，此书也是反思人类学与殖民主义关系的又一本力作。书中的 7 篇文章从不同角度，展现了不同时空里，人类学发展过程中无处不在的殖民情景（colonial situation）。

马林诺夫斯基（Bronislaw Malinowski）在《西太平洋的航海者》开篇，就为人类学阐述了一套科学的方法论，他确信这套理论能让人类学通过冷峻客观的描述，全面准确地展现"他者"文化。然而，斯托金在《马克莱、库贝瑞、马林诺夫斯基——人类学黄金时期的原型》[②]（"Maclay, Kubary, Malinowski: Archetypes from the Dreamtime of Anthropology"）一文中指出，马林诺夫斯基与殖民探险时代的人类学家 Maclay 和 Kubary 一样，均受制于各自身处的殖民情景。马林诺夫斯基关注特罗布里恩德岛人的文化因素和经济的功能，建立文化功能论，以后又努力想把人类学变成"实用人类学"（practical anthropology），这些学术活动背后一个主要目的是希望通过科学的民族志研究为殖民当局提供有效的行政管理依据，并且以此为土著人口在殖民管理下适应新生活寻找科学的答案。另一方面，秉承科学实证的思想，他又要求自己建立一套价值中立的客观理论，因此他极力弱化并规避了身上的殖民色彩。总之，马林诺夫斯基的人类学典

---

①　George Stocking, ed., *Colonial Situations: Essays on the Contextualization of Ethnographic Knowledge*, *History of Anthropology*, Vol.7, The University of Wisconsin Press, 1991.

②　Ibid., pp.9—74.

范理论是殖民场景的产物。斯托金认为，不存在"纯粹"的人类学知识，其中必然隐含着权力的不均衡性。但只要权力和知识生产间仍存在一定的距离，那么人类学家就能为理解"他者"留出一处想象中的"纯粹"空间。

　　同样，拉德克利夫-布朗（A. R. Radcliffe-Brown）基于安达曼岛田野调查建立起结构-功能论的过程，与马林诺夫斯基的经历几乎同出一辙。《职业的工具——1852—1922 年出品的安达曼岛人族志》（"Tools of The Trade: the Production of Ethnographic Observations on the Andaman Islands, 1858—1922"）[1] 讲述了现代英国人类学研究安达曼岛人采用的分析工具的 70 年变迁史。英国殖民者为了实现文化涵化，并从行政上有效管理安达曼岛人，1863 年在南安达曼岛上建立了第一个"安达曼人之家"[2]（Andaman Homes）。从此这里就逐渐成了英国人类学学者民族志观察的主要场所，为英国人类学家研究安达曼人提供了稳定的田野工作地。1858—1922 年，从弗劳尔（William Flower）到爱德华·贺瑞斯·曼（Edward Horace Man），再到拉德克利夫-布朗，伴随着人类学家不停变化的关注点：从体质和物质品，到语言、文化实践、心理和信仰，再到社会结构、功能，研究安达曼人的手段和分析方法也在变——从头盖骨测量，到语言问卷和实用性手册《人类学的记录与询问》[3]（Notes and Queries on Anthropology），再到结构-功能分析法。托马斯（David Tomas）认为，安达曼人研究工具变迁的历史等同于"安达曼人之家"对当地土著文化改变和破坏的历史。但是借助研究方法的更新，研究者不仅成功过滤掉了"安达曼人之家"在研究中起到的作用，还修补了它所带来的负面影响。从而让安达曼人继续在英国人类学者笔下扮演未受污染的"他者"形象。布朗不可避免地参与了这个建构工程，并用自己的理论再为殖民情景添了一块遮羞布。

　　在另一个英国海外殖民的重镇非洲，学科知识更是直接成为政治权力利用的工具。《莫衷一是的历史遗址：非洲南部考古学里的政治》[4]（"Contested Monuments: The Politics of Archeology in South Africa"）论证了大津巴布韦遗

---

[1]　George Stocking, ed., Colonial Situations, pp.75—108.
[2]　19 世纪末，南岛的安达曼人、大部分北岛和中部岛屿的安达曼人全部住进了"安达曼人之家"。安达曼人习惯在这里生活的一个重要代价是，自己的文化在与殖民者的接触过程中被逐步侵蚀掉（Ibid., pp.77—83）。
[3]　为了帮助即将进入田野的业余人类学者在短时间内掌握科学的分类体系，以实现田野工作的科学化，英国科学促进协会（British Association for the Advancement of Science）编写了该手册（Ibid., p.87）。
[4]　George Stocking, ed., Colonial Situations, pp.135—169.

址①（Great Zimbabwe）的考古研究如何成为不同时期政权利用的政治工具。无论是英属殖民时期还是非洲民族独立运动时期，考古学应政治之需对遗址的断代、建筑风格、建造者、文化特征做出了不同的解释，由此各政权为自己政权统治找到了依据。关于遗址的争论主要有两派，一派将遗址视为外来文明殖民于此的产物，另一派认为它是当地非洲人的杰作，具有明显的非洲文化特征。英属殖民时期，英国人为了证明殖民统治的合理性而支持遗址文明外来说，从进化论的角度否认当地黑人具有修造这座古代文明遗址的能力，把英国人解释成修建遗址的外来文明者的继承者；甚至结合考古和文献材料把该地区说成《圣经》中所罗门王的金矿所在地，借此为基督教英国在该地区统治的正当性提供了又一个证据。20 世纪 20 年代该地区成为享有政治自治权的英属殖民地，Carton-Thompson 的科考中和了两派意见，在承认遗址的非洲性的基础上部分接受前期外来说的内容。此举同样是出于争取英国人和当地人（包括白人和黑人）对现政权支持的考虑。因此，作者库克里克（Henrika Kuklik）总结道："考古学以其精深的专业知识为天真的看客揭开了不可见的过去，没有了这些'神圣手段'，殖民者将无法证明非法殖民行为的正当性。"②

知识不仅会被政治所利用，而且有些知识本身就是学者政治实践和学术实践双方的混血儿。美国是世界殖民市场上的新贵，其主要的海外活动均始于"二战"。然而，美国却很早就有了内部殖民的传统，其对象是美洲的土著居民——印第安人。《阿尔冈昆人狩猎领地的建构——作为道德训诫、政策宣传和民族志过失的私有财产》③（*The Construction of Algonquian Hunting Territories: Private Property as Moral Lesson, Policy Advocacy, and Ethnographic Error*）中，菲特（Harvey Feit）以第一个提出家庭狩猎领地④（family hunting territory）是阿尔冈昆人（Algonquian）私有财产的美国人类学家斯佩克（Frank Speck）为对象研究，说明斯佩克对印第安人的社会实践和政治主张是他提出该观点的基

---

① 在今津巴布韦境内。本文讨论的地区，19 世纪以来已是英国殖民地，更名为罗得西亚（Rhodesia）；1914 年自治；1923 年拒绝并入南非而作为英属殖民地享有政治自治；1953—1964 年，南罗得西亚加入中非联邦；1964—1979 年，脱离中非联邦，当地白人建立罗得西亚国；1980 年并入津巴布韦。

② George Stocking, ed., *Colonial Situations*, p.165.

③ Ibid., pp.109—134.

④ 狩猎领地指："印第安人和他的家人通常沿着一条河或在一个湖泊的周边展开自己的行踪，他们把这个范围叫作狩猎范围（hunting ground），这是祖先留给子孙的财产。印第安人有自己的法则去维护这个范围内的生态。"（Ibid., p.116.）斯佩克的观点早已被推翻，因为印第安人的狩猎领地虽然看似属于家庭个人，但是总体上它仍归属于整个部落。

础，只有回到他生活的 20 世纪初方可理解斯佩克观点的形成。美国政府为占有印第安人土地，表面上宣称印第安人与白人对森林、原野、土地等享有平等的权利，实则是使白人占有印第安人土地的行为合法化。斯佩克根据自己研究加拿大 Temagami 印第安人狩猎领地的材料，强调狩猎领地是印第安人不可剥夺的财产，印第安人对此拥有绝对权力，并以此来批评美国政府的印第安土地政策。同时，为了反对主导美国政策制定的进化论，1915 年他在《美国人类学家》（*American Anthropologist*）杂志上发表了《作为阿尔冈昆人社会组织基础的家庭狩猎群体》（"The Family Hunting Band as the Basis of Algonkian Social Organization"）一文，反驳进化论者路威（Robert Lowie）根据亲属制度断定印第安社会是简单社会的论点。尽管斯佩克并没有在文中强调印第安人的土地权利，但是结合他之前的政治经历和立场，家庭狩猎领地是印第安人不可侵犯的财产已经成为斯佩克独到的观点了。

　　人类学家和研究对象的关系是人类学史研究始终关心的话题。在研究施奈德（David Schneider）首次田野的失败经历的《殖民情景下建立友善关系的力量——大卫·施奈德的 Yap 田野》[①]（*The Dynamics of Rapport in A Colonial Situation: David Schneider's Fieldwork on the Islands of Yap*）中，巴什考（Ira Bashkow）揭示了二者关系背后的殖民权力。殖民时代人类学家和土著人友善关系背后的推动力不是人类学家天真的"移情法则"，而是无法回避的殖民关系。1946 年施奈德跟随哈佛大学参与了默多克（George Mudock）主持的密克罗尼西亚人类学联合调查项目（CIMA）。[②]施奈德原计划通过调查 Yap 人的亲属制度来与他们建立友善关系，继而完成有关人格和心理分析的研究。然而，在 Rumung 的 Fal 村的田野调查却打乱了他的计划。一方面受项目约束，同时为了调查方便，他自己无法摆脱与项目资助者——美国海军的联系，另一方面随着友善关系的建立，施奈德自己逐渐卷入了当地人的文化逻辑（既是传统的又是新兴的）。当地人观念里，施奈德变成一个比海军更富有和更有权力的殖民保护者。友善关系非但没有把他与殖民者区分开，反而还提高了他的殖民地位。在此情况

① George Stocking, ed., *Colonial Situations*, pp.170—242。
② 出于军事战略考虑，美国海军"二战"时已加强控制该地区。为帮助军方制定战后该地区政治发展政策，大批学者参与了密克罗尼西亚地区研究。耶鲁大学的人类学家默多克是军方最积极的响应者。1946 年，随着美国决定对此地实施（海）军政府管理，默多克集合美国各大学的人力再次对当地进行应用性科考，调查一切与土著社区政治和社会结构有关的内容，比如该政府、土地占用，从而服务于海军在当地的管制。

下，施奈德很难再按原计划进行调查，只得转向用默多克应用型的研究框架、调查手册去完成海军的任务，并思考和组织他的亲属制度研究。[①]

在另一篇讨论人类学者和研究者关系的文章《表达、抵抗、反思——Kayapo 文化的历史变迁及人类学的自觉》[②]（"Representing, Resisting, Rethinking: Historical Transformations of Kayapo Culture and Anthropological Consciousness"）里，当印第安人变成巴西国内的少数族群后，政府就力图把他们改造成符合现代国家标准的公民。此时印第安人如何与国家相处，如何应对强大的国家压力并获得更多的权利，成为新形势下的新问题。对比了 20 世纪 60 年代和 80 年代自己对巴西境内 Kayapo 人的田野考察，特纳（Terence Turner）发现，正是人类学家对异文化的兴趣，使 Kayapo 人逐渐认识到自己文化身上巨大的政治价值。因此与 60 年代 Kayapo 人被迫隐藏或改变原有的文化特征[③]相比，80 年代出现了 Kayapo 文化的复兴。变迁中他们学会了用新的手段，比如媒体、影像技术来实现自己的政治目的。此时 Kayapo 人已成为主动应对共存局面的政治家。可以说，在新旧交替的文化和政治变迁中，人类学扮演了重要角色，而且这个过程使人类学家的角色从参与式观察（participant observation）变成了观察式参与（observant participation）。人类学家被自己的观察对象变成一种利用手段的同时，也与他们共同创造了自己的民族志。

不同于前面单论一国人类学的文章，塞勒明克（Oscar Salemink）的《Mois 人和游击队员——从萨巴蒂埃到美国中情局对越南山地民族的发明和占用》[④]（"Mois and Maquis: The Invention and Appropriation of Vietnam's Montagnards from Sabatier to the CIA"）一文证明了法美两国对越南山地民族的经营，在民族志研究和政策实施上体现出了连贯性。越南中央高地（the central Highlands）对法国和美国都具有重要的战略地位，因此诸山地民族[⑤]（Montagnards）成为两

[①] 按照默多克的理论，施奈德将 Yap 的亲属体系解释成双边继嗣，由父系主导土地继嗣的特征；多年后他反思了自己的早期研究，并让学生重回 Yap 调查亲属制度，得出其亲属体系应该是以母系群，母系主导土地继承为特征。

[②] George Stocking, ed., *Colonial Situations*, pp.285—324.

[③] 比如衣着的改变。暗中举行仪式；SPI 要求他们在 SPI 营地里按一街两边的形制建筑村庄，而废除原有的村庄建制：围成圈建房，中央是男人屋（men's house）。Kayapo 人虽然遵照了这些规定，却按自己的方式修改了它，他们不在街道的中央建男人屋，而是在街道的尽头，两边房屋的中间建。

[④] George Stocking, ed., *Colonial Situations*, pp.243—284.

[⑤] 诸山地民族在越南语中被叫作 Mois，意思是野蛮人，法国人占领越南以后沿用这个词语。萨巴蒂埃将其更名为 Montagnard，但直到"二战"时期，这个名字才被使用开。

国控制越南，甚至整个印度支那地区的重要政治筹码。从法属时代到战后美国间接统治时期，两国对山地民族的政策均受身兼殖民者和人类学者双重身份的法国殖民官员萨巴蒂埃（Leopold Sabatier）民族志思想及其行政措施的影响。萨巴蒂埃以文化相对主义的态度承认山地民族文化的价值和独特性，并将山地民族视为和越南人一样平等的人。他的殖民管理措施不仅是让山地民族效忠于法国，而且借强调山地民族与越南人的差异性，来鼓励双方的敌对情绪，以达到把越南势力排挤出该地区的目的。萨巴蒂埃的思想虽然成为影响之后民族志写作的主要力量，但是法国各时期的民族志作品又各自服务于国家政治的不同需要。1954年以后应"冷战"之需，美国接受法国经验，利用山地民族打击并消灭越共势力，巩固亲美的南越政府对越南的统治。无论是民族志还是政策实施，法美两国一以贯之的思想是由人类学定下的：强调山地民族的重要性，排挤越南人，并强化二者的对立性。人类学的民族志为殖民当局提供了恰当的意识形态。

二、殖民情景下的人类学

全书不同的文章共同回应了一个马克思主义式的主题：时代造就了人物，时代决定了知识的生产。阿萨德在书后序《从殖民主义人类学的历史到西方霸权的人类学》（"From the History of Colonial Anthropology to the Anthropology of Western Hegemony"）中点明："欧洲殖民势力扩张的进程占据人类学研究的中心位置，人类学记录和分析研究对象的生活方式均围绕着它进行。人类学试图理解的现实，以及理解现实的方式都有欧洲权力的事实存在，这种权力既是话语也是实践。"[①] 这就是说，被喻为"殖民主义之子"的人类学，在知识的生产过程中，人类学者及其民族志无一例外地沾染上了殖民性。

首先，人类学者思想和行为中的殖民性。进化论为西方殖民者提供了一套合理解释世界文明体系的思想逻辑，它成为殖民扩张的坚强后盾。根据进化论的模式，人类种族和文化统统被排列进一个以西方文明社会为终极阶段的时间谱系中。进化论也是现代人类学产生的一个重要思想基石，因此它成为一代人类学者思想深处的印记。不但"Maclay男爵"（Baron de Maclay）对巴布亚人采取家长式的保护，反映了把土著人看作弱势的、被保护的种族的进化观；而且无论是

① George Stocking, ed., *Colonial Situations*, p.315.

考古界在大津巴布韦遗址内外学说之间的摆动，还是马林诺夫斯基为殖民管理出谋划策，均用实际研究论证了土著人是低等的、需要改造的进化观。进化思想被付诸实践后，不仅产生了一大批像 Kubary 一样直接参与殖民管理的业余人类学者，而且以默多克为代表的众多职业人类学者也自觉地加入进了殖民主义实践的队伍中。而马林诺夫斯基虽然尽力拉开人类学研究与殖民现实的距离，但无可否认，他的诸项"实用人类学"实践背后，直接为殖民建设服务是一个重要目的。

其次，民族志知识中的殖民性。斯托金在本书"前言"中有语："无论是进化论时期，还是结构-功能主义时期，人类学不是提供证据证明文野之分的文明进程的合理性，就是为殖民当局的行政统治提供翔实的'他者'材料，甚至在人类学的萌芽期及后殖民时期，人类学背后殖民权力的影子同样挥之不散。"[1] 人类学民族志既受殖民形势的制约，反过来又为殖民进程所用，已经成为不争的事实。人类学发展的早期，研究体质人类学成为最重要的课题，这是因为体质人类学的"科学"证据证明了"野蛮"的非欧洲人代表了人类种族进化谱系的底端，而"文明"的欧洲人代表了最先进的进化种类。体质人类学的"发现"为欧洲殖民扩张找到了合理的行动依据。而人类学田野调查方法在安达曼岛上从体质测量，到语言调查，再到设问访谈一路变化，也说明了知识的更新在为不断向前推进的殖民形势服务。

当然，后殖民时期，西方霸权和知识的互动也是显著的事实。民族志的生产与前期一样，往往随着政治的走向而变动。"二战"结束以后，伴随着法国力挽行将失去的殖民权力，越南山地民族的民族志里充满了法国对山地民族文化贡献的描述。此外，为了配合战后法国国内的需求，这时的民族志研究转向了对涵化、教育、经济发展等问题的探讨。到了美国"越战"时期，本来就为美国军方所用的山地民族研究转向了为反暴乱服务（counterinsurgency）。[2] 而施奈德1946 年参加的那次密克罗尼西亚人类学调查行动，形式和内容均操控在美国海军手里。因此，贯穿这本论文集的一个观点可以说是，没有所谓"纯粹"的学术存在，政治权力决定了学术的走向。看似学术争辩的话题实际上也受着殖民政治权力的左右，大津巴布韦遗址争论背后体现出的政治意愿即属于这样的例子。此外，正如阿萨德所看到的，不仅民族志的内容中包含了殖民权力的影子，就连描

① George Stocking, ed., *Colonial Situations*, p.5.

② Ibid., p.274.

述民族志的语言中也充斥着相当多的西方话语霸权。①

　　最后，被研究对象的殖民性。②自欧洲殖民兴起以来，土著群体就从未停止过与外来殖民势力的互动往来，在此过程里他们的社会也随之发生了深刻的变化。然而，人类学不是把自己的研究对象安放在时间的他处，就是将他们制造成静止不变的他者，人类学的解释力量面对诸如社会变迁的问题一度显得无能为力。以往人类学家尽力屏蔽掉土著人身上的殖民性，是造成这种研究局面的一个重要原因。关于民族志里表露出的殖民性前文已经谈过，那么被研究对象身上的殖民性又是如何体现的？一方面许多被人类学者研究的所谓"传统"文化不过是为殖民所用的新传统，比如萨巴蒂埃在当地原有政治系统内创造了由法国人任命的中层官员 chefs du canton，或者改造了 palabre du serment 仪式，将它变成土著首领宣誓效忠法国的仪式。另一方面，殖民性还通过土著人应对外界殖民挑战表现出来。Yap 人深知与殖民者沟通的重要性，所以要求施耐德以教授他们英语来换取 Yap 的文化细节。同样，Kayapo 人先是通过改变传统，后来又借复兴并表达传统来反抗权力间的不平衡。而告诉斯佩克印第安狩猎领地的 Temagami 首领 Aleck Paul 则用理想型的狩猎领地概念和诸如"法律""权利"等外来概念来维护日益受威胁的印第安领地。不仅如此，土著人被殖民势力塑造的同时也影响了人类学的研究。施耐德低估了 Yap 人对殖民权力的认知，未能有效处理他们夸大其（施耐德）身上殖民权力的举动，最终导致田野调查以失败告终。而特纳本人却在田野过程中成了 Kayapo 人记录的对象。斯佩克得出印第安人狩猎领地为私有财产的结论很大程度上是受保罗（Aleck Paul）的引导而生。总之，漠视被研究对象的殖民性是殖民情景下民族志的普遍现象和缺失所在。

　　在诸多决定知识产生的时代因素中，政治经济权力量是决定性的因素。本书通过对殖民时代政治经济力量和人类学关系的梳理，亦是对这种决定论的承认和强调，揭露他们之间的关系正是这本论文集最重要的意义所在。然而，除此之外，难道其他力量对知识出品的影响真的是微不足道的吗？

　　① 对此阿萨德在后序《从殖民主义人类学的历史到西方霸权的人类学》里有详细论述（George Stocking, ed., *Colonial Situations*, pp.318—321）。
　　② 这里被研究对象的"殖民性"是指，他们遭遇殖民并和殖民力量互动过程中产生出来的一种特征或创造。

三、多重情景下的人类学

将历史置身于多重情景化（multiple contextualization）的语境中分析，是斯托金自《维多利亚时代的人类学》就一向倡导的研究路径，这也是斯托金编辑这本论文集的一个旨趣。他说："如果从人类学历史的维度去看待这个问题的话，单纯用政治、文化霸权对学科影响不能解释全面。我关心的是在特定的民族志场景（ethnographic locales）下，不同人类学家各具特色的活动。这些面向需要用一种复线性的'殖民情景'概念（pluralization of the 'colonial situation' concept）方能全面地解释。而唯有这样，我们才能看到更为宽广的画面中，不同的个人与群体色彩纷呈的活动。特定的人类学知识正是在这些错综复杂的相互往来里塑造的。"①

人的一生固然受制于时代，然而人生经历也会成就一个人。萨巴蒂埃生长于法国南部山区，又不甘于之前受人驱使的公务员生活，因此自愿申请到当时法国殖民势力尚未深入的越南中央高地地区任职，这样的决定才使他有了以后被众人效仿和推崇的民族志描述和殖民行政管理政策。② 少年时代斯佩克因家人迁居外地，自己又体弱多病，于是7岁到15岁他被父母委托给朋友菲尔丁（Fidelia Fielding）夫人照料。与这位传统保守的莫希干女性生活的几年间，斯佩克不仅学会了莫希干语，而且养成了挑战常规和反叛的个性。斯佩克的密友兼同事魏特夫（John Witthoft）谈到这位女性时称"斯佩克一生受其影响最深"③。对印第安人的感情，以及敢于挑战权势的性格，使他在政治上成了为印第安人的权益呼吁的"印第安之声"（native voice），同时这两个因素成就了他带有政治色彩的民族志的底蕴。可以说，斯佩克政治经历和学术思想的确定都能够从他早年的这段经历中找到雏形。

在一定程度上，生活经历塑造了人的行为，也形成了人的思想观念。Maclay和马林诺夫斯基一样，早年的生活经历让他们的思想都带上了浓厚的浪漫主义色彩。Maclay因母亲的影响而推崇俄国十二月党人，并深信他们的革命理想，而少年马林诺夫斯基在母亲的教养下多次游历欧洲各地。④ 浪漫主义思想让二人不

---

①　George Stocking, ed., *Colonial Situations*, p.5.

②　Ibid., p.248.

③　Ibid., p.114.

④　Ibid., p.14, p.34.

仅迷恋异国文化，而且都认为这些异文化的"他者"应该是一直不受污染的人群。因此面对殖民入侵，才会有 Maclay 天真的行为——不断在各国殖民者中寻找支持者去建立巴布亚自治区；也才会有马林诺夫斯基用无时间性的功能论来回避殖民入侵给土著带来的变化，并认为功能主义不仅可以保护土著生活，而且按功能主义的建议行事才是更有益的殖民管理方式。尽管他们的行为和思想仍跳不出殖民时代的大框架，但正是因为这些举措，他们才有别于其他殖民者，拉开了自己与殖民主义的距离。

此外，人生经历中的一些偶发事件也会影响人类学者的创造，马林诺夫斯基和拉德克利夫-布朗各自提出参与观察法和结构-功能论均属于这种情况。马林诺夫斯基田野期间与当地白人殖民者来往频繁已是众所周知的事实。他在 Mailu 初期的调查得益于传教士塞维勒（Saville），他是马林诺夫斯基田野调查的向导。但是马林诺夫斯基很快发现塞维勒随时表现出的强烈欧洲优越感，以及传教士的工作实际上是在任意毁坏土著原有的生活，再加上塞维勒不断对调查指手画脚，这些都让马林诺夫斯基感到塞维勒已经成为自己调查的绊脚石，他的在场和询问让马林诺夫斯基无法真正与土著人相处并了解他们。此后借塞维勒外出几周之机，马林诺夫斯基独立调查获得的成果让他更强烈地意识到，远离白人和白人定居点，并且与土著生活在一起，是比任何之前诸如测量、拍照和询问的方法更能理解异文化的调查方法。在 Mailu 的田野经历对马林诺夫斯基而言是一个重要的阶段，从此他的人类学方法逐步走向成熟，这就是参与观察法。[①] 不同于马林诺夫斯基的是，拉德克利夫-布朗抵达安达曼人岛时，那里已经有稳定的田野调查场所——安达曼人之家，然而拉德克利夫-布朗首次不成功的田野却归因于安达曼人之家已经改变了安达曼人原初的模样。他们不再是森林里一群采集狩猎的民族，而早已习惯了安达曼人之家的生活。非但如此，由于安达曼人对过去生活的印象已日渐模糊，加之语言障碍难以克服，因此先前通过询问去研究他们的方法显然已经不太有效了。然而，拉德克利夫-布朗安达曼之行的首战受挫却标志着英国人类学田野观察实践转折。接受涂尔干认为社会的各部分都为维护社会整体起着作用，而社会中的信仰和仪式在其中又起着重要作用的理论，拉德克利夫-布朗废弃了前期用问卷调查研究安达曼人的做法并指出，问卷得出的所谓当地人对自己的解释不是科学的，它们只不过为功能主义的人类学家提供了真正的解释

---

① George Stocking, ed., *Colonial Situations*, p.40.

材料。[①] 从此，他转而开始研究以往不可研究的信仰、仪式、神话，并寻找它们在安达曼社会中的功能，最终写出了日后被誉为研究安达曼人最好的作品《安达曼岛人》。对于他们二人来说，正是田野偶然经历的事情成就了他们以后各自在这门学科历史上的地位，他们经典民族志成为奠基现代人类学的知识基石。

如前所述，人类学家书写民族志的过程离不开其生活的殖民时代，他们在思想上很容易受到代表殖民主义主流思潮的进化论的影响。但是菲特关于斯佩克的论述，以及塞勒明克关于萨巴蒂埃的论文均指出，这两位学者反进化论的思想是影响他们研究和行动的主因。进化论是当时美国社会思想的主流，是影响政府决策的主要思想，而斯佩克却为印第安人争取土地所有权而反对政府侵占印第安人土地的政策，反进化论的态度已很明显。学术上斯佩克受博厄斯学派的影响，同时有其政治立场的推动，他反对进化论把印第安人视为低等的和需要改造的种族，也反对用摩尔根式的亲属制度类型将印第安社会排列成简单的初级社会的观点。于是那篇发表在 1915 年《美国人类学家》上，确立他学术观点的文章，旨在通过阿尔冈昆人社会结构的基本单位是狩猎领地中表现出的家庭群体，来驳斥进化论主张的印第安狩猎社会结构的论点。另一个例子中，萨巴蒂埃用文化相对论的民族志反驳进化论对山地民族的污蔑。在他创造的民族志图景里，他承认每个社会都会创造价值去引导自己的生活，每个风俗内都有令人尊敬的内在连贯性。此外，巴什考对施耐德的研究及特纳的自述中也可以看到，尽管以西方为中心的世界殖民体系已经瓦解，然而西方的权力霸权仍然没有被消解，依旧以各种形式存在着。后殖民主义时期，反思殖民主义的思潮成为西方霸权话语以外的一个重要声音，施耐德和特纳的反思言行也说明了，人类学者观点的前后转变是不同思想共同塑造的结果。

除受各种思想影响外，对自身学术旨趣的坚持同样证明知识是不同声音制造出的结果。罗得西亚英属殖民时期，整个考古学界的主流是从学理上为英国殖民的合法性寻找根据。然而，1905 年英国的专业考古学者兰德尔-麦基弗（David Randall-Maciver）提出了与主流不同的异论。他否认先前学者的论断，认为他们故意抬高大津巴布韦遗址的文明程度，并从风格、用途等方面认定大津巴布韦遗址不是外来者而是当地非洲人修建的，首次向学界揭示了该遗址非洲本土性。兰德尔-麦基弗的行为证明，意见相左的学术研究不会因政治权力的压迫而消失。

---

① George Stocking, ed., *Colonial Situations*, p.102.

尽管这种观点很快又被新的政权所利用，但是它开启了关于大津巴布韦遗址的长久论战，起码让学术讨论不会只是一家之言了。

学者能动地参与了学科历史的塑造，这是斯托金借助多重情景化的学科史想要表达的一个意思。当然，这种能动性仍然受到人物生活的社会历史时代约束，则是这本书要表达的根本思想。透过七位作者笔下不同时空中学者的不同学术人生经历，知识与权力、知识人与知识、知识人与权力等错综复杂关系下复调的人类学史得到了复原。

四、结语

多重情景下人类学殖民遭遇的阐释对中国人类学史有何借鉴意义吗？20 世纪是中国人类学发生、发展的土壤。如何书写中国人类学史是研究者一直探索的问题。现有的研究成果已经用史实展现了人类学知识积累的过程，代表作如《中国民族学史》[①]。然而斯托金主编的这本书及其提倡的多重情景人类学史研究法，或许还能够为今后的研究提供一些启示。其一，人类学的历史如何回应剧烈变迁的中国社会，学科的发展与哪些政治、经济或意识形态因素有关；其二，近现代中国思想的复杂性为研究提供了一个多重的思想空间，如何在东西方、传统现代、主流边缘的现代中国思想体系中发掘学科思想的脉络应该是中国人类学研究的重要领域；其三，如何处理学者人生经历和知识生产的关系，以及学者学术思想的多重来源，从中去看多样的人物经历与线性学科历史的互动关系；最后，是否存在偶发性事件的影响也是研究中值得留意的层面。对诸如这些问题的解答势必将让中国人类学史的研究呈现出一幅立体图景。

---

① 王建民等：《中国民族学史（上、下）》，昆明：云南人民出版社，2001［1997］。此处人类学和民族学含义相同，关于中国人类学和民族学学科名称上的辨析，非本文涉及内容，故文中不做辨析。

马歇尔·萨林斯

《甜蜜的悲哀》(1996)

赵丙祥

任何一门"科学"都是从某种特定的文化传统中生长出来的，人类学也不会例外。但这绝不是意味着对人类学本身的否定，因为所有的科学都有着土著性或地方性的起源，而且现在也是土著性的或地方性的。萨林斯（Marshall Sahlins）对本土西方人类学仍然占据着学院式人类学（和其他社会科学）的核心的论断不应成为人类学家的障碍，而应当成为一个里程碑。

在《甜蜜的悲哀——西方宇宙观的本土人类学探讨》[①]（"The Sadness of Sweetness:The Native Anthropology of Western Cosmology"，1996）这篇著名论文中，萨林斯首先引用利科（Paul Ricoeur）对亚当神话的阐释，人类堕落的故事"可能是一则极精彩的人类学神话，是唯一公开宣扬人是罪恶之源（或人与罪恶同源）的故事"。此外，利科还区分了《圣经·创世纪》的传统和宇宙观，在宇宙观中，罪恶是原发性的，而非历史性的，它先于世界的创造，而不是造物的后果。

亚当从知识树上获取食物之时，他就将人类送入了严重的无知状态，与此同时，人类社会关系也产生了不幸的后果。人类在知识上经历了一次全面的退步，因为当亚当受上帝之命为动物命名时，他拥有一种几乎神圣的知识，但巴别塔的故事却表明，人类又经历了一次知识的退步，从此人类的语言陷入了混乱状态。这样，人类的有限性即"形而上的罪恶"涵盖了其他一切欠缺。更重要的是，亚当（或"人"）不但是原初的罪恶的中介，还由此在肉体上成为罪恶的体现。从此，在西方本土人类学中，人的肉体成为最受关注，而且可能是唯一的对象。人类所有的不幸都不是由上帝种下的，而是由于人类自身的特性创造的，人性是罪

---

① 此文发表在《当代人类学》（Current Anthropology, 1996, 37:3, pp.395—428）上，现已有中译本《甜蜜的悲哀》，王铭铭、胡京泽译，北京：生活·读书·新知三联书店，2000。除此文外，中译本另收录王铭铭《萨林斯及其西方认识论反思（代译序）》、萨林斯《何为人类学启蒙？——20世纪的若干教诲》，以及7篇评论和回应文章。——编者注

恶的源头。

正是由于人类的有限性，人类才会努力追求自己肉体的需求，但这种追求注定是徒劳的，因为当人类遵从自己的意愿时，他就已经冒犯了上帝；另外，他的追求注定无法得到最终的满足。正如奥古斯丁所说的那样，"自从亚当堕落以后，人注定要在满足自己身体的需求的无谓努力中耗尽自己的体能，因为人类在遵从自己愿望的同时，人业已冒犯了上帝。由于人把自己的爱放在唯一能满足人之需要的上帝面前，人成了自己需求的奴隶"。由这种人性论中，产生了西方本土社会的生物论。这种本土社会的"文化"恰好就在于他们是"生物决定论者"，没有一个其他民族会这样以人的肉体来定义自身。看来，西方人并不真的是生物决定论者。

对肉体需求的追求最终导致西方的经济学的产生，在萨林斯看来，经济学的创生就是关于《创世纪》本身的经济学。在《圣经》的宇宙观中，对肉体需求的追求是由于亚当（"人"）的自由意志（free will），而"经济学"则意味着人会倾向于"理性的选择"（rational choice）。这种"提升"究竟是如何完成的呢？因为这种对肉欲的需求，在奥古斯丁（Augustine）的时代仍然被认为是一种束缚，是应当遭到压制的，而到了自由-资产阶级的思想中，却转变成了自由本身的必要条件。这其中的关键就在于需求已经促使人类同上帝自足的完美区分开了，人类对自身的爱已经改变了它的道德标志。由此，奥古斯丁笔下的原初罪恶和极度悲哀之源，霍布斯（Thomas Hobbes）笔下的身体需求，如今已经变成仅仅是自然性的需求，而与人的"精神"方面分离开来。最终，到了亚当·斯密（Adam Smith）的时代，这种"罪恶"反而成了社会德行的无上源泉，人类也由此变成了霍布斯所说的那种趋乐避苦的动物。

这样，在亚当·斯密的时代，人的不幸-需求的满足，最终完全转变为一门实证科学，而这种科学的用处，正在于探明人如何充分利用我们永恒的不足，如何从那些总是无法满足我们需要的手段中获取最大程度的满足。如果我们选择了一样东西，我们就必须放弃那些我们在许多情况下不愿放弃的东西，用以满足重要程度不同的目标之手段的缺乏，几乎成了人类行为无所不在的限制条件，人的需求总是要超过其能力，因此人永远是一个不完美的屡遭苦难的生命体。

唯其如此，爱尔维修（Helvetius）才提出了他的著名法则："肉体的快乐和痛苦，通过唤起需求和兴趣，产生了对物体的比较和判断。追求自我享乐的个人，原来被指责为是罪恶的缔造者，现在看来似乎变成了好东西，最终也真的成了最好的东西。"①正如他所言，把个人和贪欲当成社会性之基础的不断尝试，已经成为传统人类学较能诱发人们关注的研究主题之一，许多文化人类学家都主张个人的自利是社会的基本黏合剂，并且认为人们聚集成群并发展社会关系，这或许是因为如此做对彼此都有利可图，或许是因为他们发现，他人能成为满足自身需求的手段。

正如马林诺夫斯基（Bronislaw Malinowski）把文化简化成肉体的欲求是对启蒙时代社会科学进行学究式的阐发，拉德克利夫-布朗把社会整体看成一个有机体，一个生物学的个体，认为它的各项制度在效果（功能）和形态（结构）方面满足它的生活需求；斯宾塞采纳功利主义原则，认为社会是一种布局，人们进入这个布局以满足自身利益；涂尔干和莫斯认为人在社会制度中使利己的个人得到升华，也总是把这些制度当成满足于社会需求的东西。

由对人类肉体需求的关注中，最终产生了一种"社会生物学"，这种生物决定论是无处不在的，人是效力于满足需求的生物的观念充斥在人类社会的所有领域。无论赞成与否，哲学家们都一直认为进步就是需求得以满足的理由，人类的生活永远处在自相矛盾中，矛盾的一方是进步，人们认为它代表着人类的精神战胜了肉体，避开了我们的动物性。而矛盾的另一方是这种幸福的结果依赖于对身体苦难（日益增加的需要）的日益意识。因此我们可以看出西方资本主义社会一方面正在享受着技术进步给予人们巨大满足的幸福甜蜜之中，而另一方面，却陷入永远无法满足人类日益增加的需要的悲哀之中。

文化取决于生物性，这是西方本土社会理论的核心，由此，人类的"灵"与"肉"的冲突最终也是无法化解的。难道不是涂尔干这位社会理论的大师坚决在社会与个人之间做了清晰的划分吗？"人是双重的。他本身有两种存在：个人的存在，它的基础是有机体……以及社会的存在，它在我们能通过观察而认知的智识和道德秩序中表现为最高层次的现实。"②而且涂尔干本人也明确地意识到，他是在为读者勾画一种长期存在的哲学和神学传统。只要是出于肉体的需要，肉体就总是精神难以对付的敌手，因为肉体具有固定性、质量、重量及其他不可抗拒的直观感受。

但实际上不是人性决定着文化，而是文化决定着人性。格尔兹（Clifford

---

① 萨林斯：《甜蜜的悲哀》，12 页。
② 同上，25 页。

Geertz）运用人种考古学的资料证明了，人类行为的模式来自符号，人们借以建构自己生活的象征符号，"不仅仅是我们生物性存在、心理存在和社会存在的表现、媒介和相关物，它们还是这种存在的前提条件"。因此，人类并不是首先拥有了肉体，然后又有了文化，想一想，这不正是人类学家自身对"文化"概念的定义吗？"文化是习得的。"但文化不是习得的，人类的肉体是以文化为前提演化并存在的，"文化"在人类产生之初就已经参与了对肉体演化的塑造，格尔兹明确地指出，如果人类真的能够将文化从肉体上抽出，那么，"它们将成为无法行动的怪物，只有非常少的本能，更为少见的情感，而且还缺乏理智"①。

但是，如果文化和社会都是由人类创造的产物，西方思想为什么还要把社会当成一种压制性的力量？为什么人们会对社会保持一种压抑的感受？当今的学者大多把权力看成"同个人相对立"的东西，看成恐吓个人的巨兽。无论人们是从霍布斯或涂尔干的观点将这个巨兽当成对追求自我满足的个人所施加的必要限制，还是从亚当·斯密和福柯（Michel Foucault）的观点把它看作对个人自由的强制，他们都把社会和个人看作对抗性的。艾尔罗斯指出，尘世规则是上帝为了各民族的利益而指定的，所以在畏惧人类统治的前提下，人们不可能像鱼一样互相吞食；奥古斯丁在《上帝之城》、霍布斯在《利维坦》中有相同的看法，他们都认为人们由于无休止地追求权力，变得恶毒并彼此害怕对方。在人们不懈地追求自利所导致的资源稀缺的状态下，没有人能够确信，不需要让他人的身体和感情服从于自身的利益。

西方人类学家由此提出了一个牢固的观点：社会是纪律，文化是强制，只要自利是个人的特性，那么权力就是社会的本质。由于人们对权力的要求，导致了霍布斯所说的"他人是豺狼"，国家就应运而生了。他们说国家是人与人之间狼一样关系的修正者，不管国家产生于上帝的神旨（奥古斯丁的看法），还是源于人的理性（霍布斯的看法），一旦国家产生后，人们即使不能控制他们的贪欲，但也由此控制他们的敌意。国家永远维持着它所要压制的罪恶，因为国家把人对丧失生命、财产和自由的恐惧变成了对秩序加以合法认可的手段。个人是具有各种欲望的人，那么道德和社会最为重要的手段就是训诫，而社会本身具有双重特征，它不但是强制的，而且是可爱的。

萨林斯提出，与其以这样的悲观论调来看待社会，不如试着将社会与人的关

---

① 萨林斯：《甜蜜的悲哀》，32 页。

系颠倒一下来想问题，我们完全可以把社会看作赋予人们权力的手段，而不是逼迫人们臣服的手段。西方人类学界受到社会即为控制个人的手段这一观点的激发，多次把社会的起源与国家的起源混同起来。从民族志的角度看，这个观点无疑是荒唐的，人类学家已经知道的绝大多数社会，包括那些历史悠久的史前型社会，大多能够生存至今而不需要国家的帮助。

其次，人类学家还大都相信，整体的完美取决于并在实际上在于个体部分存在着不同程度的不完美。而且他们把这个整体看作上帝创造出来的，把社会的和谐看作由相当神秘的且机械的，好像是由看不见的手的途径得以实现的。他们企求一个看不见的、行善的且无所不包的整体去减轻经验事物所具有的和承受的欠缺和苦难。因此，从伽利略和开普勒到牛顿和爱因斯坦，现代物理学的早期表述者都相信，上帝本不可能将这个宇宙变得像日常经验中看起来的那么混乱。事实上，牛顿认为固定不变的自然法则就是上帝的律令。

文艺复兴的"人文化"和启蒙运动的"世俗化"将无所不在的神性转交给了至少同样值得敬畏的自然。尽管自然处于被蔑视的地位，但它依然表现为上帝的手工制品，而且还盗用了上帝的权力。于是，许多人类学家刻意去发现上帝制品的那些依稀可辨的痕迹并操纵它们以满足自己的需要。他们认为看得见的和有形的事物之中没有哪一项不意指着某种看不见和无形体的东西，通过本来可能表现为虚假之物的伟大真理和权力的协调，上帝的知识体系根据某些可以感受的相似性和这些尘世之物建立起联系，把异民族的各种风俗习惯看作神创的文化加以理解和解释。在西方本土宇宙观中，上帝是绝对超验的，自然是纯物质性的，而对人类来说，现实是通过感觉印象获得的。导源于人类永远无法满足的那些需要，在人们的主观经验中就表现为痛苦，但是上帝，这想象中的整体，为个人的苦难提供目标和安慰。从上帝那儿，人类的不幸被重新安置在充分利用永恒不足的实证科学当中：经济学靠的是一只"看不见的手"，它后来在理性选择的思想中被神圣化，从而使宇宙成了资本主义的世界秩序。

如果文化是一个具有超验的、功能的和客观秩序的包容性实体，并且，"上帝并不是神化了的社会，相反社会才是社会化了的上帝"[1]，那么，我们又该如何看待这种神创秩序论呢？

"耶稣从未笑过"，在这个意义上，直到今天，西方人也"从未笑过"。这种

---

[1]　萨林斯：《甜蜜的悲哀》，54页。

宇宙观的延续性由西敏司（Sidney Mintz）对加勒比海的蔗糖与西方作为消费社会的关系的研究做出了最好的解说。在西敏司看来，西方人之所以迷恋于糖，他们在茶、咖啡、巧克力等饮料中加入糖，是为了学会让工业革命变得可以忍受。"甜蜜"成为一种"隐喻"的质料，这些饮料在产地没有哪一种是加糖的，可一旦引入西方后就要加糖饮用。茶、咖啡等加糖之后甜中带着的苦涩味道，似乎也在人们的感官中创造出一种历史的道德变迁的意味，人们在对甜蜜的追求中逃脱现实的悲哀。确实，在这个意义上，西方作为消费社会，至今仍然没有逃脱《创世纪》的罪孽，资本主义体系在由新教伦理生产出来的同时，也由此生产了"创世纪"中的"物质主义"：

> 不难断言，当代美国社会，即便以史无前例的速度去消费物质产品，依然可以发现它被道德舞台占据着，在这个舞台上，罪孽和德性不可分割，每一方是当另一方在场时才发现自己的现实。[1]

当然，正像萨林斯在回应对这篇文章的评论时所说的那样，这种本土人类学在某种意义上是无法逃避的，唯一可能的做法就是在"比较人类学"的视野中将不同的宇宙观和本土人类学并置起来，既意识到西方本土宇宙观的独特性，也意识到其他本土人类学的可能性。那么，对于我们自己的社会，又究竟是怎样一种人类学呢？

---

[1]　萨林斯：《甜蜜的悲哀》，68页。

参考文献

中文文献

阿隆（Raymond Aron）．2000［1935］．社会学主要思潮．葛志强等译．北京：华夏出版社

埃里蓬（Didier Eribon）．1997．今昔纵横谈——克劳德·列维-斯特劳斯．袁文强译．北京：北京大学出版社

埃文思-普里查德（E. E. Evans-Pritchard）．2006［1937］．阿赞德人的巫术、神谕和魔法．覃俐俐译．北京：商务印书馆

埃文思-普里查德（E. E. Evans-Pritchard）．2001［1965］．原始宗教理论．孙尚扬译．北京：商务印书馆

埃文思-普里查德．2002［1940］．努尔人——尼罗河畔一个人群的生活方式与政治制度的描述．北京：华夏出版社

安德森（Benedict Anderson）．2005［1983］．想象的共同体．吴叡人译．上海：上海世纪出版集团

本尼迪克特（Ruth Benedict）．1988[1934]．文化模式．王炜等译．北京：生活·读书·新知三联书店

博厄斯（Franz Boas）．1999．人类学与现代生活．刘莎等译．北京：华夏出版社

波兰尼（Karl Polanyi）．2007［1944］．大转型——我们时代的政治与经济起源．冯钢，刘阳译．杭州：浙江人民出版社

杜蒙（迪蒙，Louis Dumont）．2003［1986］．论个体主义．谷方译．上海：上海人民出版社

菲，戈登（Gorden Fee），道格拉斯·斯图尔特（Douglas Stuart）．2005．圣经导读（下）——按卷读经．李瑞萍译．北京：北京大学出版社

费孝通．1996．人的研究在中国．见：学术自述与反思：费孝通学术文集．北京：生活·读书·新知三联书店

费孝通．2004［1995］．从马林诺斯基老师学习文化论的体会．见：论人类学与文化自觉．北京：华夏出版社

费孝通．2004［1998］．读马老师遗著《文化动态论》书后．见：论人类学与文化

自觉. 北京：华夏出版社

　　高丙中. 2006.《写文化》与民族志发展的三个时代（代译序）. 见：写文化——民族志的诗学与政治学. 格尔兹（James Clifford），马库斯（George Marcus）著. 高丙中等译. 北京：商务印书馆

　　格尔兹（Clifford Geertz）. 1999［1982］. 尼加拉——十九世纪巴厘剧场国家. 赵丙祥译. 王铭铭校. 上海：上海人民出版社

　　格尔兹. 1999［1975］. 文化的解释. 纳日碧力戈等译. 上海：上海人民出版社

　　龚佩华. 1988. 景颇族山官制社会研究. 广州：中山大学出版社

　　怀特（Leslie White）. 1988［1949］. 文化的科学——人类与文明研究. 沈原等译. 济南：山东人民出版社

　　黄应贵主编. 2004. 物与物质文化. 台北："中研院"民族所

　　霍贝尔（Adamson Hoebel）. 2006［1954］. 原始人的法. 严存生等译. 北京：法律出版社

　　景颇族简史编写组. 1983. 景颇族简史. 昆明：云南人民出版社

　　拉比诺（Paul Rabinow）. 2006. 表征就是社会事实. 赵旭东译. 见：写文化——民族志的诗学与政治学. 克利福德·格尔兹（Clifford Geertz）、马库斯著. 高丙中等译. 北京：商务印书馆

　　拉德克利夫-布朗（A. R. Radcliffe-Brown）. 1999［1952］. 原始社会的结构与功能. 潘蛟等译. 北京：中央民族大学出版社

　　拉皮埃尔（Nicole Lapierre）. 2007. 生活在他者中. 汤芸译. 见：中国人类学评论. 第4辑. 北京：世界图书出版公司. 36—40页

　　莱曼（F. K. Lehman）. 1997. 开寨始祖崇拜及其与东南亚北部及中国西南边疆民族的政治制度的关系. 见：中国社会科学季刊（香港）. 春夏季卷（总第18—19期）. 261—285页

　　李鑫华. 2002. 规劝与认同——亚里士多德修辞学与博克新修辞学比较研究. 见：四川外国语学院学报. 第4期. 53—55页

　　里克尔（Paul Ricoeur）. 2003［1967］. 恶的象征. 公车译. 上海：上海人民出版社

　　理查兹（Audrey Richards）. 1992［1956］. 东非酋长. 蔡汉敖、朱立人译. 北京：商务印书馆

　　利奇（李区，Edmund Leach）. 2003［1965］. 上缅甸诸政治体制——克钦社会结构之研究. 张恭启、黄道琳译. 台北：唐山出版社

利奇. 1990［1976］. 文化与交流. 郭凡、邹和译. 广州：中山大学出版社

利奇. 1999［1976］. 列维-斯特劳斯. 吴琼译. 北京：昆仑出版社

列维-斯特劳斯（Claude Lévi-Strauss）. 1987［1962］. 野性的思维. 李幼蒸译. 北京：商务印书馆

列维-斯特劳斯. 1995［1958］. 结构人类学. 谢维扬、俞宣孟译. 上海：上海译文出版社

列维-斯特劳斯. 1999［1973］. 结构人类学（第二卷）. 俞宣孟、谢维扬、白信才译. 上海：上海译文出版社

列维-斯特劳斯. 2000［1955］. 忧郁的热带. 王志明译. 北京：生活·读书·新知三联书店

列维-斯特劳斯. 2002［1962］. 图腾制度. 渠东译. 上海：上海人民出版社

列维-斯特劳斯. 2006［1978］. 嫉妒的制陶女. 刘汉全译. 北京：中国人民大学出版社

林顿（Ralph Linton）. 1989［1955］. 文化树——世界文化简史. 何道宽译. 重庆：重庆出版社

列维-布留尔（Lévy-Bruhl）. 2004［1981］. 原始思维. 丁由译，北京：商务印书馆

马库斯（George Marcus）、费彻尔（Michael Fisher）. 1998［1986］. 作为文化批评的人类学——一个人文科学的实验时代. 王铭铭、蓝达居译. 北京：生活·读书·新知三联书店

马林诺夫斯基（马凌诺斯基，Bronislaw Malinowski），2001［1922］. 西太平洋的航海者. 梁永佳、李绍明译. 北京：华夏出版社

马林诺夫斯基. 2001［1940］. 文化论. 费孝通译. 北京：华夏出版社

马林诺夫斯基. 2003［1927］. 两性社会学. 李安宅译. 上海：上海人民出版社

米德（Margaret Mead）. 1988［1928］. 萨摩亚人的成年. 杭州：浙江人民出版社

莫斯（Marcel Mauss）. 2002［1925］. 礼物——古式社会中交换的形式与理由. 汲喆译. 陈瑞桦校. 上海：上海人民出版社

齐美尔（Georg Simmel）. 2002［1900］. 货币哲学. 陈戎女等译. 北京：华夏出版社

萨林斯（Marshall Sahlins）. 2000［1996］. 甜蜜的悲哀. 王铭铭、胡宗泽译. 北京：生活·读书·新知三联书店

萨林斯. 2002［1976］. 文化与实践理性. 赵丙祥译. 上海：上海人民出版社

萨林斯．2003［1981］．历史的隐喻与神话的现实．蓝达居等译．见：历史之岛．上海：上海人民出版社

萨林斯．2003［1985］．历史之岛．蓝达居等译，上海：上海人民出版社

史密斯（Grafton Smith）．2002［1930］．人类史．李申等译．北京：社会科学文献出版社

斯威夫特（Jonathan Swift）．1995［1726］．格列佛游记．杨昊成译．上海：译林出版社

特纳（Victor Turner）．2006［1967］．象征之林——恩登布人仪式散论．赵玉燕、欧阳敏、徐洪峰译．北京：商务印书馆

特纳．2006［1969］．仪式过程——结构与反结构．黄剑波译．北京：中国人民大学出版社

涂尔干（Emile Durkheim）、莫斯（Marcel Mauss）．2005［1903］．原始分类．汲喆译．渠东校．上海：上海世纪出版集团

涂尔干．第二版序言．见：社会分工论．2000．梁东译．北京：生活·读书·新知三联书店

涂尔干．1999［1912］．宗教生活的基本形式．上海：上海人民出版社

王明珂．2006［1997］．华夏边缘——历史记忆与族群认同．北京：社会科学文献出版社

王铭铭．2006．心与物游．桂林：广西师范大学出版社

王铭铭．2006［2003］．走在乡土上——历史人类学札记．北京：中国人民大学出版社

王铭铭主编．2004．西方人类学名著提要．南昌：江西人民出版社

王筑生．1995．社会变迁与适应——中国的景颇与利奇的模式．见：中国社会科学季刊（香港），冬季卷（总第13期）．84页

威斯勒（Clark Wissler）．2004［1936］．人与文化．钱岗南、傅志强译．北京：商务印书馆

沃尔夫（Eric Wolf）．2006［1982］．欧洲与没有历史的人民．赵丙祥、刘传珠、杨玉静译．上海：上海世纪出版社

吴文藻．2003［1935］．功能派社会人类学的由来与现状．原见：北平晨报（副刊《社会研究》）．第111—112期．今见：西方与非西方．王铭铭编．北京：华夏出版社

张海洋．1999．科学的文化理论·译序．见马林诺夫斯基：科学的文化理论．黄建

波等译. 北京：中央民族大学出版社

张滟. 2006. 超越解构——话语行为的社会符号性动机分析. 见：外语学刊. 第 2 期. 20 页

英文文献

Appadurai，Arjun. ed. 1986. *The Social Life of Things: Commodities in Cultural Perspective*, Cambridge: Cambridge University Press

Association，Andaman. Appendix A: Pioneer Biographies of the British Period to 1947: Alfred Reginald RADCLIFFE-BROWN（1881—1955）. http://www.andaman.org.

Augustine. 1993. *On Free Choice of the Will*. Trans. by Thomas Williams. Indianapolis: Hackett Publishing Company，Inc.

Barth，Fredrik. 1959. *Political Leadership among Swat Pathans*. London: Athlone Press

Barth，Fredrik. 1961. *Nomads of South Persia*. Waveland Press

Barth，Fredrik. 1975. *Ritual and Knowledge among the Baktaman of New Guinea*. New Haven: Yale University Press

Barth，Fredrik. 1981［1967］. *Spheres of Exchange in Darfur. in Process and Form in Social Life: Selected Essays of Fredrik Barth*. Boston: Routledge &Kegan Paul

Barth，Fredrik. ed. 1969. *Ethnic Groups and oundaries*. Oslo: Universitetsforlaget

Bloch，Maurice. 1986. *From blessing to violence: History and Ideology in the circumcision ritual of the Merina of Madagascar*，Cambridge: Cambridge University Press

Douglas, Mary. 1966. *Purity and Danger: An Analysis of the Concepts of Pollution and Taboo*, London: Routledge & Kegan Paul

Douglas，Mary. 2002［1966］. *Purity and Danger: An Analysis of the Concepts of Pollution and Taboo*. London and New York: Routledge

Douglas，Mary. 2003［1970］. *Natural Symbols: Explorations in Cosmology*. London and New York: Routledge

Douglas，Mary. 1963. *The Lele of the Kasai*. Worcester and London: The Trinity Press

Douglas，Mary. 1982. *Cultural Bias*. in Mary Douglas ed. In the Active Voice.

London: Routledge & Kegan Paul, pp.183—254

Douglas, Mary. 1986. *How Institutions Think*. New York: Syracuse University Press

Douglas, Mary. May 4, 1989. *A gentle Deconstruction*. in *London Review of Books*. pp.17—18

Douglas, Mary. 1996. *Natural Symbols: Explorations in Cosmology (with a new introduction)*. London: Routeledge

Dumont, Louis. 1980 [1966]. *Homo Hierarchicus*. George Weienfeld and Nicolson Ltd. and University of Chicago

Evans-Pritchard, E. E. 1962. *Social Anthropology and Other Essays*. The Free Press

Evans-Pritchard, E. E. 1937. *Witchcraft, Oracles and Magic among the Azande*. Oxford: Clarendon Press

Fabian, Johannes. 1983. *Time and the Other: How Anthropology Makes Its Object*. New York: Columbia University Press

Fardon, Richard. 1999. *Mary Douglas: An Intellectual Biography*. London and New York: Routeledge

Geertz, Clifford. 1983. *Local Knowledge: Further Essays in Interpretive Anthropology*. New York: Basic Books. Inc.

Geertz. Clifford. 1988. *Works and Lives: The Anthropologist as Author*. Standford: Standford University Press

Gell, Alfred. 1999. *The Art of Anthropology: Essays and Diagrams*. London: The Athlone Press

Gellner, Ernest. 1964. *Thought and Change*. Chicago: University of Chicago Press

Gluckman, Max. 1965. *Politics, Law and Ritual in Tribal Society*. Oxford: Basil Blackwell

Godelier, Maurice. 1999. *The Enigma of Gift*. The University of Chicago Press

Granet, Marcel. 1932. *Festivals and Songs of Ancient China*. Trans. E. D. Edwards. Routledge, London

Jolly, Margaret. 1992. *Partible Persons and Multiple Authors*. Pacific Studies. 15:137—148

Kapferer, Bruce. 1988. *Legends of People Myths of State: Violence, Intolerance and Political Culture in Sri Lanka and Australia*. Washington: Smithsonian Institution Press

Kuper, Adam. 1996. *Anthropology and Anthropologists: The modern British school*. London and New York

La Fontaine, J. S. et al. 1972. *The Interpretation of Ritual: Essays in Honour of A. I. Richards.* Edited by J. S. La Fontaine. London: Tavistock Publications

Leach, Edmund. 1961. *Rethinking Anthropology*. Athlone

Leach, Edmund. 1964. *Political Systems of Highland Burma: A Study of Kachin Social Structure*. London: G. Bell and Sons, Ltd.

Leach, Edmund. 1982. *Social Anthropology*. New York: Oxford University Press.

Levi-Strauss, Claude. 1969. *The Elementary Structures of Kinship*. Beacon Press

Lévy-Bruhl, Lucien. 1985. *How Natives Think*. Trans. by Lilian A. Clare. Princeton: Princeton University Press.

Malinowski, Bronislaw. 1947. *Freedom and Civilization*. London: George Allen & Unwin Ltd.

Mauss, Marcel. 1972. *A General Theory of Magic*. Trans. by Robert Brain. London: Routledge and K. Paul

Mauss, Marcel. 1990. *The gift: The Form and Reason for Exchange in Archaic Societies*. Trans. by W. D. Halls. Routledge

Moore, Jerry. 1997. *Visions of Culture: An Introduction to Anthropological Theories and Theorists.* Walnut Greek. London, and New Delhi: Altamira Press

Ohunki-Tierney, Emiko. ed. 1990. *Culture through Time*. Stanford: Stanford University Press. pp.11—12

Parkin, David. ed. 1989. *The Anthropology of Evil*. Southampton: The Camelot Press Ltd.

Radcliffe-Brown, A. E. 1914. *Notes on the Languages of the Andaman Islanders*. Anthropos 9:36—52

Radcliffe-Brown, A. E. 1922. *The Andaman Islanders*. The University of Cambridge Press

Richards, Audrey. 1932. The Concept of Culture in Malinowski's Work. in R. Firth (ed.). *Man and Culture: An Evaluation of the Work of Bronislaw Malinowski*. London : Routledge & Kegan, Paul. pp.15—31

Robert, B. ed. 1994. *Assessing Cultural Anthropology*. New York: McGraw, Inc

Schneider, David. 1984. *A Critique of the Study of Kinship*. Ann Arbor: The University of Michigan Press

Stocking, George. ed. 1991. *Colonial Situations: Essays on the Contextualization of Ethnographic Knowledge, History of Anthropology,* Vol.7. The University of Wisconsin Press.

Strathern, Marilyn. 1988. *The Gender of the Gifts*. Berkeley: University of California Press

Strathern, Marilyn. 1991. *Partial Connections*. A. S. A. O. Special Publication 3. Lanham, MD.: University Press of America

Taussig, Michael. 1980. *The Devil and Commodity Fetishism in South America*. University of North Carolina Press

Tew, Mary. 1955. *Social and Religious Symbolisms among the Lele of the Kaisai*. Zaire. 9（4）: 385—402

Turner, Victor. 1969. *The Ritual Process: Structure and Anti-Structure*. New York : Aldine

Weiner, Annette. 1976. *Women of Value, Men of Renown*. Austin: University of Texas Press

Wolf, Eric R.. 1982. *Europe and the People without History*. Berkeley, Los Angeles, London: University of California Press

Worsley, Peter. 1968. *The Trumpet Shall Sound: A Study of "Cargo" Cults in Melanesia*. New York: Schocken Press

人名及关键词索引

出版后记

《20 世纪西方人类学主要著作指南》（以下简称《指南》）即将发行，为了让这本书更具实用性，真正地成为人类学学习者的指南，编者在《西方人类学名著提要》（以下简称《提要》）的基础上，进一步完善：《指南》只择取《提要》中 20 世纪人类学著作进行评述，有所增删，凡 58 篇。

在这里，需要特别指出的是，《指南》所遴选的西方人类学著作，均是对 20 世纪人类学理论和方法发展创新产生过重要影响的作品，为欧美著名社会学人类学家的代表之作，其中一部分国内仍未译介。对这些著作的介绍，包括了作品基本内容和叙述框架、关注的问题、缘何学理进行探讨、相关的争论和背景，以及对作品的简要评论，等等。同时，还有对著者生平及其主要著作的简介，有兴趣的读者可以按图索骥，延伸阅读。这是本书的一大特色。

本书的另一大特色是增加了相关著者的照片，可以使读者在第一时间认识 20 世纪的著名人类学家，并结合书评，加深对其人、其著作的进一步了解。600 多页读下来，犹如在人类学的海洋中畅游，实乃一大快事。

《指南》以《提要》为基础，但它并不照搬其原有书评，而是在尊重原述评者及其写作风格的前提下，对书评内容做了适当的修改。为便于读者阅读，同时提高图书的科学性，按照学术规范，本书对引文部分做了注释，以方便读者查找原书出处。

本书还有一个小小的缺憾：由于资料有限，书中涉及的人类学家像霍贝尔（Adamson Hoebel）、施奈德（David Schneider）、巴斯（Fredrik Barth）、帕金（David Parkin），未能找到相关照片，在此提出，希望得到读者的支持和帮助，以期日后完善。关于文稿中可能存在的错谬不当之处，敬请读者批评指正。

服务热线：133-6631-2326　　188-1142-1266

读者信箱：reader@hinabook.com

后浪出版公司

2018 年 12 月

© 民主与建设出版社，2018

图书在版编目（CIP）数据

20世纪西方人类学主要著作指南 / 王铭铭主编. --
北京：民主与建设出版社, 2018.7
　ISBN 978-7-5139-2150-3

　Ⅰ.①2… Ⅱ.①王… Ⅲ.①人类学—著作—介绍—
西方国家—20世纪 Ⅳ.①Q98

　中国版本图书馆CIP数据核字(2018)第092314号

20世纪西方人类学主要著作指南
20SHIJI XIFANG RENLEIXUE ZHUYAO ZHUZUO ZHINAN

出 版 人	李声笑
主　编	王铭铭
筹划出版	银杏树下
出版统筹	吴兴元
责任编辑	袁 蕊　王 越
特约编辑	马春华　汪 慧
封面设计	墨白空间·张莹
出版发行	民主与建设出版社有限责任公司
电　话	（010）59417747　59419778
社　址	北京市海淀区西三环中路10号望海楼E座7层
邮　编	100142
印　刷	天津旭丰源印刷有限公司
版　次	2018年12月第1版
印　次	2018年12月第1次印刷
开　本	720毫米×1030毫米　1/16
印　张	41.5
字　数	700千字
书　号	ISBN 978-7-5139-2150-3
定　价	88.00元

注：如有印、装质量问题，请与出版社联系。